中等专业学校试用教材

建筑概论

霍加禄　编

中国建筑工业出版社

本书是普通中等专业学校水暖通风、给水排水专业《建筑概论》课程教材，内容共分两篇，第一篇建筑材料，包括建筑材料的基本性质，无机胶凝材料，混凝土及砂浆，防水材料，建筑塑料与油漆涂料，保温材料，建筑材料试验；第二篇房屋建筑构造包，括房屋构造概述，基础与地下室，墙体，地面与楼板，楼梯，屋顶，窗与门，预制装配式建筑，单层工业厂房等。

中等专业学校试用教材

建 筑 概 论

霍加禄 编

*

中国建筑工业出版社出版（北京西郊百万庄）

新华书店总店科技发行所发行

北京密东印刷有限公司印刷

开本：787×1092毫米 1/16 印张：13¼ 字数：319千字

1994年6月第一版 2005年6月第十一次印刷

印数：52101—53300册 定价：**13.70**元

ISBN 7-112-02151-0

G·201（7171）

前　言

本书是根据建设部中等专业学校水暖通风、给水排水专业《建筑概论》课程教学大纲编写的。也适用于非工民建专业的其他专业学习和参考。

本书内容全部采用现行国家技术标准和规范，并全部采用法定计量单位。

本书内容共分两篇，第一篇为建筑材料，第二篇为房屋建筑构造，以民用建筑为主要内容。工业建筑构造只讲钢筋混凝土单层工业厂房，作为一章放在第二篇最后。

本书尽量结合专业实际，力求通俗易懂，便于自学，并附有多幅插图，以帮助读者理解书中内容。

建筑材料部分按教学大纲编写了试验内容，每章末附有复习思考题，以帮助读者复习所学内容。

本书由山东省济南城建学校霍加禄同志编写，广西建筑工程学校朱冰羽同志主审。

广西规划设计院覃世瑶同志参加了初评审阅，并提出了宝贵意见，在此表示衷心的谢意。

由于编写时间较紧，编者水平有限，错误和不足之处在所难免，敬请读者批评指正。

目　录

第二篇 房屋建筑构造

绪　论

一、本课程的内容与任务

《建筑概论》是为水暖通风、给水排水和电气安装等专业设置的专业基础课程，内容包括建筑材料❶和房屋建筑构造两部分。

建筑材料是各项基本建设重要的物质基础。无论是房屋建筑、道路桥梁、给水排水工程，都要消耗大量的建筑材料。根据我国多年来的统计资料，在基本建设中，建筑材料的费用占工程总费用的60%以上。因此，正确地选择和合理地使用建筑材料，是提高工程质量，加快施工进度，节约建设资金的重要措施。

给水排水工程除安装大量的工艺设施外，还需修建若干建筑物和构筑物。在设计和施工这些工程时，自然会遇到选择和使用建筑材料的问题，因此，作为给水排水专业的工程技术人员，必须了解建筑材料的各种性质。本书第一篇建筑材料部分，将介绍建筑材料的种类、性质、技术标准及使用方法。为在实际工作中能够正确地鉴别、选择、管理和使用建筑材料打下基础。

供热通风、给水排水和电气安装专业与房屋建筑有着十分密切的关系。仅有房屋建筑而无供热、供水、供电等设施，则不能满足生产和生活的需要，是一种不完善的建筑。随着生产的发展和人民生活水平的提高，各种建筑对供热通风、给水排水和电气安装的要求也将越来越高。

在进行房屋供热通风、给水排水和电气安装之前，首先要熟悉建筑设计的图纸和资料，并在此基础上考虑如何布置管道（或管线）和设备。在具体设计时，这些管道设备必然和房屋的各组成部分（如基础、墙身、地面、门窗等）发生关系。为此，必须采取支撑、悬挂、附着与穿过等方式与房屋各部分相联系。那么，当管道和设备以上述方式和构件相连时，会不会出现矛盾、会不会对这些建筑构件的原有作用产生不良影响呢？如果从事水暖通风、给水排水和电气安装专业的技术人员对房屋建筑的有关知识比较了解，就有可能处理好上述问题，从而提供优质工程。学习本书第二篇，可以了解房屋建筑各部分构造的基本知识。

综上所述，通过本课程的学习，要求学生掌握建筑材料的基本知识和使用方法，了解房屋建筑的一般构造方式。为今后专业课学习及实际工作，具备必要的基础知识。

二、建筑材料的分类

建筑工程使用的材料种类繁多，范围极广。通常根据建筑材料的组成元素，分为金属材料和非金属材料两大类。如表绪-1所列。

三、建筑物的分类

（一）按建筑物的用途分类

---

❶ 除给水排水专业外，其他专业不学建筑材料。

建筑材料的分类 表绪-1

非金属材料	无机材料	天然材料（粘土、砂、石子及各种岩石加工的石材） 烧土制品（粘土砖、瓦、陶瓷） 胶凝材料（石灰、石膏、水泥等） 人造石材（混凝土、砂浆、水泥制品、硅酸盐制品） 保温材料（石棉、矿物棉、膨胀蛭石等） 玻璃及其制品
	有机材料	天然材料（木材、竹材） 胶凝材料（沥青、合成树脂） 保温材料（软木板、毛毡等） 涂料、塑料
金属材料	黑色金属	生铁、铸铁、碳钢、合金钢
	有色金属	铜、锌、铅、铝、锡及其合金

1.民用建筑

（1）居住建筑　供人们生活起居用的建筑物，如住宅、宿舍、旅馆、招待所等。

（2）公共建筑　供人们从事社会性公共活动用的建筑物，如各类学校、图书馆、影剧院、体育馆、医院、商店等。

2.工业建筑

（1）生产类　进行全厂最主要的生产过程，如机械制造业的铸工、锻工车间，机械加工、机械装配车间，给排水工程中的水泵房等。

（2）辅助类　为主要车间服务的车间，如机修车间、工具车间等。

（3）动力类　发电站、锅炉房、变电站、压缩空气站等。

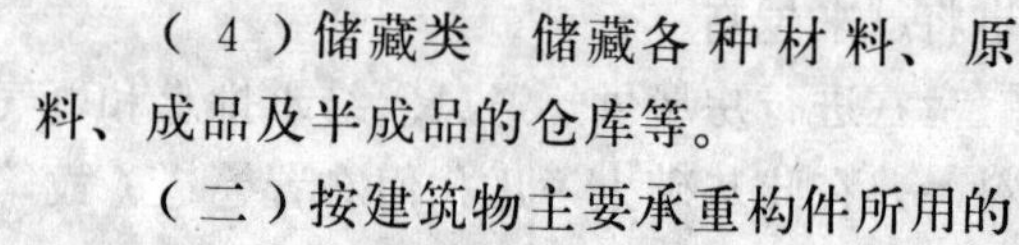

（4）储藏类　储藏各种材料、原料、成品及半成品的仓库等。

（二）按建筑物主要承重构件所用的材料分类

1.砖木结构　这类房屋的主要承重构件用砖、木做成。其中竖向承重构件如墙、柱等采用砖砌，水平承重构件的楼板、屋架等采用木材制做。这种结构形式的房屋层数较少，且多用于单层房屋。为节约木材，此类结构在大、中城市已很少采用，但在小城镇及农村的民居中仍被广泛应用。

2.砖混结构　建筑物的墙、柱用砖砌筑，梁、楼板、楼梯、屋顶用钢筋混凝土制做。称为砖-钢筋混凝土混合结构，简称砖混结构。这种结构多用于层数不多（六层以下）的民用建筑及小型工业厂房，是目前广泛采用的一种结构形式。

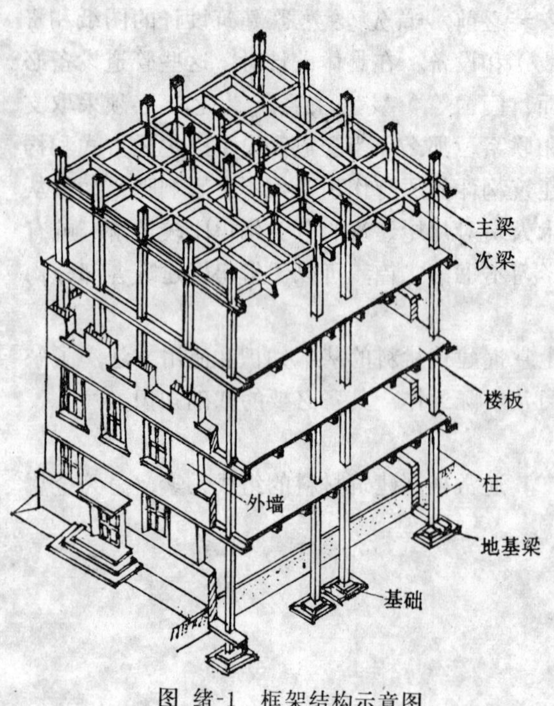

图 绪-1　框架结构示意图

3.钢筋混凝土结构　建筑物的梁、柱、楼板、屋顶、基础全部用钢筋混凝土制做。梁、楼板、柱、基础组成一个承重的框架，因此，也称“框架结构”（图绪-1）。墙只起围护作用，用砖砌筑。这种结构用于高层或大跨度房屋建筑中。由于钢筋混凝土可以在工厂中预制成各种构件，符合建筑工业化的要求。因此这种结构形式发展前途极为广阔。

4.钢结构　建筑物的梁、柱、屋架等承重构件用钢材制做，墙体用砖或其他材料制成。这种结构多用于大型工业建筑。

（三）按建筑物的功能，常把部分建筑物称为构筑物。人们不能在其内部生活或进行生产活动的建筑物称为构筑物。如给水排水工程中的水塔、水池、管道、检查井、吸水井以及建筑工程中的烟囱、挡土墙、粮仓、栈桥等均称为构筑物。

第一篇　建　筑　材　料

第一章　建筑材料的基本性质

建筑材料的种类繁多，性质各异。通常将一些材料共同具有的性质称为基本性质。如物理性质（密度、孔隙率等）、力学性质(强度、变形等)、化学性质(如化学稳定性等)。本章只介绍建筑工程常用材料的物理和力学性质。

第一节　材料的物理性质

一、材料与质量有关的性质

（一）密度

密度是指材料在绝对密实状态下单位体积的质量。

材料的内部结构包括材料实体、开口孔隙和闭口孔隙三部分，如图1-1-1（ *a* ）所示。各部分所占的质量和体积，如图1-1-1（ *b* ）所示。

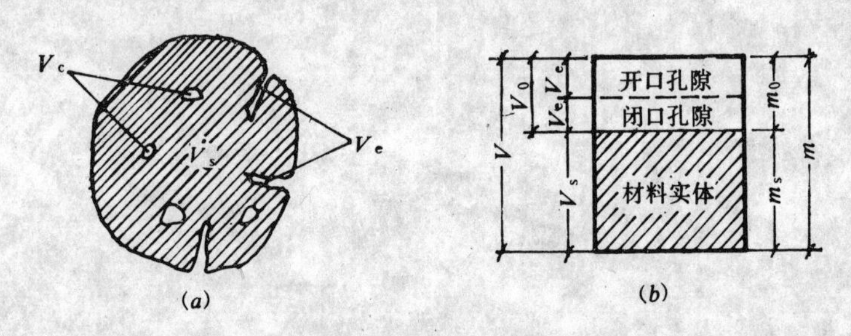

图 1-1-1　材料结构示意图

根据密度的定义，应按下式计算其数值：

$$\rho=\frac{m_s}{V_s} \tag{1-1-1}$$

式中　ρ——材料的密度（g/cm^3或kg/m^3）；

m_s——材料实体的质量，即干燥材料的质量（g或kg）；

V_s——材料绝对密实状态下的体积（cm^3或m^3）。

密度是材料的重要属性，是鉴别材料的重要标志，每种材料都有一定的密度。绝对密实状态下的体积，是指不包括孔隙在内的材料实体体积。在测定有孔隙的材料密度时，应把材料磨成细粉，置于烘箱中烘至恒重，然后取一定质量的粉末倒入盛有某种液体（如水或煤油）的比重瓶内，测定其体积，根据已知的质量和体积按式（1-1-1）计算其密度。材料磨得越细，测得的密度数值越精确。砖、石等块状材料的密度即用此法测得。

（二）表观密度

材料在自然状态下单位体积的质量称为表观密度。由图1-1-1（b）可知

$$\rho_0=\frac{m}{V} \tag{1-1-2}$$

式中 ρ_0——材料的表观密度（g/cm³或km/m³）；

m——材料在自然状态下的质量（g或kg）；

V——材料在自然状态下的体积（cm³或m³）。

材料在自然状态的体积，是指包含内部孔隙的体积。材料在干燥状态下的表观密度称为干表观密度。由图1-1-1（b）可知，材料在干燥状态时，$m_0=0$，$m=m_s$，所以干表观密度的表达式为

$$\rho_0=\frac{m_s}{V} \tag{1-1-2'}$$

当材料含有水分时，其质量增加，将影响材料的表观密度，故测定表观密度时，必须注明其含水状态。通常所谓材料的表观密度，是材料在气干（长期在空气中干燥）状态下的表观密度。

砂、石等散粒材料，按自然堆积体积计算，其单位体积的质量称为堆积密度。若以振实体积计算，则称为紧密密度。

在建筑工程中，计算构件自重、进行配料计算、确定堆放空间，经常要用到材料密度和表观密度的数据。应用时可查有关施工手册或荷载规范，几种常用材料的密度和表观密度见表1-1-1。

几种常用材料的密度、表观密度　　表 1-1-1

材料	密度 (g/cm³)	表观密度 (kg/m³)
石灰岩	2.4～2.6	1600～2400
花岗岩	2.6～2.9	2500～2800
碎石(石灰岩)	2.60	1400～1700
砂	2.60～2.65	1450～1650
水泥	3.0～3.15	1250～1600
普通混凝土	2.70	2200～2400
普通粘土砖	2.50～2.70	1600～1900
钢材	7.85	7850
水(4℃)	1.00	1000

（三）密实度

密实度是指材料体积内，固体物质充实的程度。即材料的绝对密实体积与总体积之比。由图1-1-1（b）可知：

密实度 $$D=\frac{V_s}{V}\times 100\% \tag{1-1-3}$$

将 $V_s=\frac{m_s}{\rho}$，对于干表观密度$V=\frac{m_s}{\rho_0}$代入上式，化简后得

$$D=\frac{\rho_0}{\rho}\times 100\% \tag{1-1-3'}$$

即材料的密实度等于干表观密度与密度之比。密实度越大，材料越密实，干表观密度也越大。

（四）孔隙率

孔隙率是材料体积内孔隙体积所占的百分率。即材料的孔隙体积与总体积之比。由图1-1-1（b）可知

孔隙率
$$P=\frac{V_0}{V}\times 100\% \qquad (1\text{-}1\text{-}4)$$

将$V_0=V-V_s$，　$D=\frac{\rho_0}{\rho}$代入上式，化简后得：

$$P=\left(1-\frac{\rho_0}{\rho}\right)\times 100\% \qquad (1\text{-}1\text{-}4')$$

或$P=1-D$即$P+D=1$

即密实度与孔隙率互补。密实度越大，孔隙率越小，反之亦然。

孔隙率的大小及孔隙构造上的特征和材料的许多重要性质如强度、吸水性、抗渗性、抗冻性、导热性都有密切关系。

【例 1-1-1】 某批普通粘土砖的密度为$2.5g/cm^3$，干表观密度为$1800kg/m^3$，求其密实度和孔隙率是多少？

【解】 将已知量代入（1-3′），并将干表观密度化为$1.8g/cm^3$，得密实度$D=\frac{\rho_0}{\rho}\times 100\%=\frac{1.8}{2.5}\times 100\%=72\%$

由于$P+D=1$

所以孔隙率　$P=1-D=1-72\%=28\%$

二、材料与水有关的性质

（一）吸水性

吸水性是材料在水中吸收水分的性质。材料在水中能吸收水分，并把水分存留在材料内部。例如把一块砖放入水中，待其吸水饱和（约需24h）后取出，放在空气中，砖中的水分仍能保留一段时间。

材料的吸水性用吸水率表示。即材料吸水饱和时，吸收水分的质量与材料干燥时质量的百分比。也称为质量吸水率。由下式计算：

$$W_{质}=\frac{m_{湿}-m_{干}}{m_{干}}\times 100\% \qquad (1\text{-}1\text{-}5)$$

式中　$W_{质}$——材料的质量吸水率（%）；

$m_{湿}$——材料吸水饱和后的质量（g）；

$m_{干}$——材料干燥状态下的质量（g）。

各种材料的吸水率相差很大，如新鲜花岗岩的吸水率为0.2～0.7%，普通混凝土为2～3%，普通粘土砖为8～20%，而木材及其他轻质材料的吸水率常大于100%。

（二）吸湿性

吸湿性是指材料在空气中吸收水分的性质。例如生石灰放在空气中，能吸收空气中的水分变为熟石灰。

材料的吸湿性用含水率表示，即材料吸收空气中水的质量与干燥材料质量的百分比。由下式计算：

$$W_{含} = \frac{m_{含} - m_{干}}{m_{干}} \times 100\% \quad (1\text{-}1\text{-}6)$$

式中 $W_{含}$——材料的含水率（%）；

$m_{含}$——材料吸收空气中水分后的质量（g）；

$m_{干}$——材料干燥状态下的质量（g）。

材料的吸湿性对工程有较大影响。木材由于吸水或水分蒸发，往往造成挠曲、开裂等缺陷；石灰、水泥等胶凝材料，会由于吸收空气中的水分而失效；保温材料吸收水分后，其保温性能将下降。

材料含水率的大小，除与材料本身的成分、组织构造等因素有关外，还与周围环境的温度、湿度有关。气温越低，相对湿度越大，材料的含水率越大。

【例 1-1-2】 按计算每次拌合混凝土需用干砂300kg，现工地砂子实际含水率为3%，求每次拌合混凝土需用现有砂子多少公斤？

【解】 在式（1-1-6）中，已知$W_{含}=3\%$，$m_{干}=300$kg，需求$m_{含}=?$

将公式化为$m_{含}=(1+W_{含})m_{干}$并将有关数据代入，则

$$m_{含}=(1+3\%)\times 300=309\text{kg}$$

即需用现有砂子309kg，其中包含了9kg的水分。

（三）耐水性

耐水性是指材料在长期吸水饱和状态下不破坏，强度也不显著降低的性质。材料的耐水性用软化系数表示，由下式计算：

$$K_{软} = \frac{f_{饱}}{f_{干}} \quad (1\text{-}1\text{-}7)$$

式中 $K_{软}$——材料的软化系数；

$f_{饱}$——材料在吸水饱和状态下的抗压强度（MPa）；

$f_{干}$——材料在干燥状态下的抗压强度（MPa）。

材料的软化系数在0～1之间。材料的软化系数越大，耐水性越好。软化系数大于0.85的材料称为耐水材料，可用于潮湿环境中的建筑物。

（四）抗渗性

材料抵抗压力水渗透的性质称为抗渗性。给水排水工程中的蓄水和输水构筑物，常受到水压力的作用，所以材料应具有一定的抗渗性，混凝土的抗渗性将在第三章讲述。

（五）抗冻性

材料在吸水饱和状态下，抵抗多次冻融循环而不破坏，同时也不严重降低强度的性质称为抗冻性。

冰冻使材料破坏的原因，是由于材料孔隙内的水分结冰时体积膨胀而引起的。水在结冰时，体积约增大9%，当材料孔隙中充满水时，结冰后对孔壁产生很大的压力，而使孔壁开裂。冰在融化时，先从表面开始，然后向内逐层进行，这样就会在内外层之间产生压力差和温度差，加速材料的破坏。

材料的抗冻试验，一般在－15℃下冻结（孔隙水的冰点在－15℃以下），然后在20℃

的温水中融化，每冻结和融化一次，称为一次冻融循环。材料抵抗冻融循环的次数越多，其抗冻性越好。材料的抗冻标号就是以抵抗冻融循环的次数划分的。对于冬季最低气温高于－10℃的地区，一般可不考虑材料的抗冻性。

三、材料与热有关的性质

（一）导热性

材料本身具有传导热量的性质称为导热性。如图1-1-2所示，当材料两侧的温度不相等时，热量就会由温度高的一侧（t_1）传向温度低的一侧（t_2）。导热性的大小，用导热系数表示。

$$\lambda=\frac{Qa}{Az(t_1-t_2)} \tag{1-1-8}$$

式中 λ——材料的导热系数（W/m·K）；

Q——传导热量（J）；

a——材料厚度（m）；

A——传热面积（m^2）；

z——传热时间（s）；

t_1-t_2——材料传热时两面的温度差（K）。

在物理意义上，导热系数为单位厚度的材料，两面温度差为1K时，在单位时间内，通过单位面积的热量。

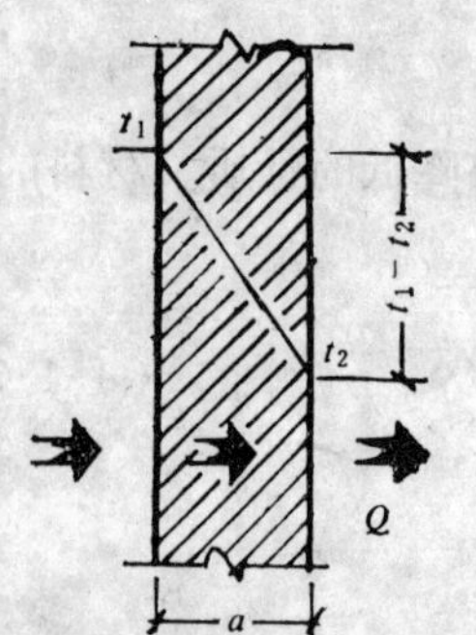

图 1-1-2 材料导热示意图

导热系数的大小与材料内部孔隙及孔隙特征有关。由于空气的导热系数很小（λ= 0.0237W/m·K），所以材料的孔隙率越大，其导热系数越小。如果是粗大和贯通的孔隙，由于增加了热量的对流，材料的导热系数反而较大。

材料受潮或冰冻后，其导热系数明显增大。这是由于水的导热系数 λ=0.56 W/m·K，冰的导热系数 λ = 2.24 W/m·K，它们都远大于空气的导热系数的缘故。

材料的导热系数越大，热的传导越多，保温性能越差。一般建筑材料的导热系数在0.03～3.5W/m·K之间，导热系数小于0.29W/m·K的材料，称为保温隔热材料。

（二）热容量

材料在受热时吸收热量，冷却时放出热量的性质称为热容量。热容量的大小用比热表示。

$$C=\frac{Q}{m(t_1-t_2)} \tag{1-1-9}$$

式中 C——材料的比热（J/kg·K）；

Q——材料吸收或放出的热量（J）；

m——材料的质量（kg）；

t_1-t_2——材料温度升高或降低的度数（K）。

比热是指质量为1kg的材料，温度升高或降低1K时，吸收或放出的热量（J）。比热大的材料，对于室内温度能起调节作用，能较好地保持室内温度的稳定性。在冬季或夏季施工中计算材料的加热或冷却时，对房屋进行供热或降温设计时，都要考虑材料的比热。常用材料的导热系数和比热见表1-1-2。

几种材料的导热系数和比热 **表 1-1-2**

材料	λ (W/m·K)	C (kJ/kg·K)	材料	λ (W/m·K)	C (kJ/kg·K)
钢	58.20	0.48	膨胀蛭石	0.14	1.05
钢筋混凝土	1.74	0.92	软木	0.06	1.89
普通混凝土	1.51	0.92	锅炉炉渣	0.29	0.92
加气(泡沫)混凝土	0.22	1.05	水(0℃)	0.56	4.20
普通粘土砖	0.81	0.80	冰(0℃)	2.24	2.04
花岗岩	2.90	0.92	空气(0℃)	0.023	1.01

第二节　材料的力学性质

材料的力学性质，是指材料在外力作用下产生变形和抵抗破坏的能力。

一、强度

材料在外力作用下抵抗破坏的能力称为强度。强度用材料破坏时单位面积上所受的力表示。

根据受力情况不同，材料有抗压、抗拉、抗剪和抗弯等几种强度。材料的各种受力情况，如图1-1-3所示。

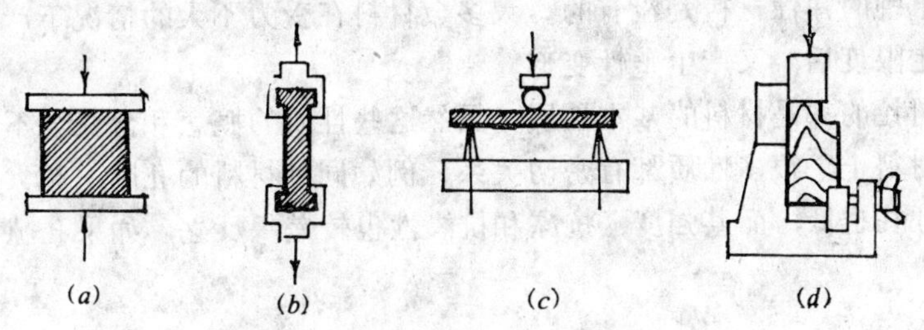

图 1-1-3　材料承受外力示意图

(a)压缩；(b)拉伸；(c)弯曲；(d)剪切

材料的抗压、抗拉和抗剪强度可按同一公式计算：

$$f=\frac{P}{A} \tag{1-1-10}$$

式中　f ——材料的抗压、抗拉和抗剪强度（MPa）；

P ——材料受拉、压、剪破坏时的荷载（N）；

A ——材料的受力面积（mm^2）。

材料的抗弯强度与受力情况有关。试验时将试件做成矩形断面小梁，两端搁置在支点上，中间加一个集中力，即可利用材料力学公式计算抗弯强度：

$$f_{cm}=\frac{3pL}{2bh^2} \tag{1-1-11}$$

式中　f_{cm} ——材料的抗弯强度（MPa）；

p ——受弯时的破坏荷载（N）；

L——两支点间的距离（mm）；

b、h——试件横截面的宽和高（mm）。

材料的强度与它的化学成分和结构有关。不同种类的材料，其强度亦不同。相同的材料，随其孔隙率及构造特征的不同，其强度也有较大差异。一般表观察度越小，孔隙率越大的材料，强度越低。

强度是材料的重要力学性质。在建筑工程中，根据强度的大小，将材料划分为不同的强度等级。不同的工程和部位，采用不同强度等级的材料。

二、变形

材料在外力作用下发生形状或体积变化的性质称为变形。材料产生变形的原因，是由于外力的作用，改变了材料质点间的平衡位置，而产生相对位移的结果。材料的变形可分为弹性变形和塑性变形两种。

（一）弹性变形

材料在外力作用下产生变形，当取消外力后能完全消失的变形称为弹性变形。材料产生弹性变形的性能称为弹性。

弹性是材料的一种优良性质。钢轨因具有弹性，在长期使用中，仍能保持形状不变，使列车或吊车能正常运行。

（二）塑性变形

材料的变形在外力除去后，不能消失的变形称为塑性变形。除去外力后，仍保持变形后的形状和尺寸，并且不产生裂缝的性质称为塑性。

事实上单纯的弹性材料是没有的。大多数材料在受力不大的情况下产生弹性变形，但受力超过一定限度后，又产生塑性变形。

以上所讨论的都是材料的基本性质。虽然这些性质的概念和含义各不相同，但它们体现在每一种材料上，很多性质都有密切关系。例如同种材料的孔隙率越大，其表观密度越小，导热性往往也低，而其强度、抗冻和抗渗性也较差。反之，如果孔隙率小，也会推出相反的结果。

复 习 题

1.何谓密度?何谓表观密度?同一种材料的密度和表观密度之差的大小说明什么问题?

2.何谓材料的密实度和孔隙率?如何计算?二者有什么关系?

3.当某一建筑材料的孔隙率增大时，下表内其他性质将如何变化（用符号填写：↑增大，↓下降，一不变，?不定）?

孔隙率	密度	表观密度	强度	吸水率	抗冻性	导热性
↑						

4.何谓材料的吸水性及吸湿性?有何区别?吸水性和吸湿性的大小，决定于哪些因素?

5.何谓材料的抗冻性和抗渗性?什么样的材料抗冻性和抗渗性较大?

6.普通粘土砖进行抗压试验，浸水饱和后的破坏荷载为172.5kN，干燥状态的破坏荷载为207.0kN（受压面积为$115\times120mm^2$），问此砖是否宜用于建筑物中常与水接触的部位?

7.何谓材料的导热性和热容量?其大小用什么表示?在工程上有何实用意义?

8.按计算每次拌合混凝土需用干砂332kg，干石子678kg，现工地砂子含水率为2%，石子含水率为1%，求每次拌合混凝土需用现有砂子、石子各多少公斤?

9.砖的抗折强度试验如图1-1-4所示，若测得破坏时的力p为4.5kN,则其抗折强度f_{cm}是多少MPa?

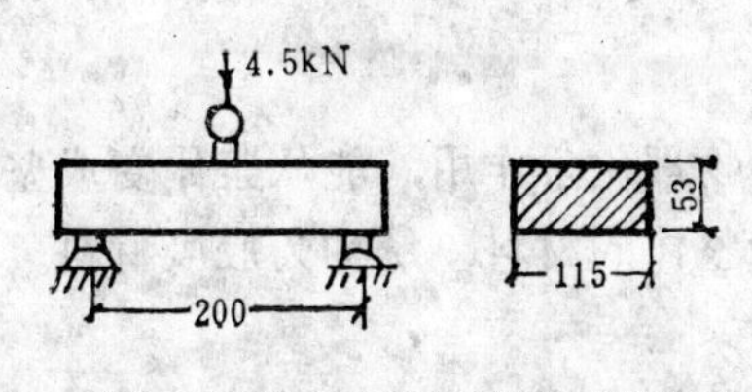

图 1-1-4 习题9用图

第二章　无机胶凝材料

在建筑工程中，凡以自身的物理化学作用，能从浆体变成坚固的石状体，并将松散矿质材料（如砂石等）胶结成一个整体的材料，统称为胶凝材料。根据化学成分，胶凝材料可分为有机和无机两大类。

无机胶凝材料是由无机化合物组成的，又称矿质胶凝材料。按硬化条件又可分为气硬性和水硬性两种。气硬性胶凝材料只能在空气中硬化，也只能在空气中保持或继续增长强度，如石灰、石膏等。水硬性胶凝材料不仅能在空气中而且能更好地在水中硬化，保持并继续提高其强度，如各种水泥即属此类。

气硬性胶凝材料只能用于地上或干燥环境，水硬性胶凝材料既可用于地上，也可用于地下或水中的建筑物。

第一节　石　　灰

以块状石灰岩或其他以碳酸钙为主要成分的岩石，经900℃～1300℃的温度煅烧，得到的块状材料称为石灰。它是人类最早使用的建筑材料之一，由于制造石灰的原料广泛，工艺简单，造价低廉，所以至今仍被广泛地应用于建筑中。

一、石灰的制造

石灰岩的主要成分是碳酸钙，以及少量的碳酸镁，在石灰窑中经高温煅烧后，放出二氧化碳，得到以氧化钙和氧化镁为主要成分的生石灰。其化学方程式如下：

$$CaCO_3 \xrightarrow{>900℃} CaO + CO_2\uparrow$$

$$MgCO_3 \xrightarrow{>600℃} MgO + CO_2\uparrow$$

当生石灰中氧化镁含量≤5％时，称为钙石灰，＞5％时称为镁石灰。镁石灰熟化较慢，但硬化后强度较高。

二、石灰的熟化

生石灰在使用前需加水进行熟化，熟化后的石灰称为熟石灰或消石灰。熟石灰具有一定的塑性和粘结力，其主要成分是氢氧化钙，生石灰的熟化方程式如下：

$$CaO + H_2O \longrightarrow Ca(OH)_2 + 64.9kJ$$

质量比　100　31.2　131.2

理论上熟化石灰所需的水量，仅为氧化钙质量的31.2％，但由于石灰熟化是放热反应，为防止部分水分蒸发而不能使生石灰充分熟化，故实际需要70％或更多的水。另外，石灰熟化时，体积约增大1～2.5倍。

根据加水量的不同，可以得到不同形态的熟石灰。

（一）用于拌制灰土时，将生石灰熟化成石灰粉，加水量为生石灰质量的60～80％，能足以完成熟化反应又不过湿成团为宜。

（二）用于拌制石灰砂浆时，将生石灰熟化成石灰浆，加水量约为块灰质量的2.5～3倍。生石灰先在化灰池中加水熟化（图1-2-1），石灰浆和尚未熟化的小块颗粒，通过筛网流入贮灰池，而大块的欠火和过火石灰仍留在化灰池中并被清除。石灰浆在贮灰池中沉淀，水分经渗透和蒸发后，剩在池中的称为石灰膏。为消除未熟化石灰的危害，石灰浆应在贮灰池中陈放两星期以上，这一过程称为“陈伏”。

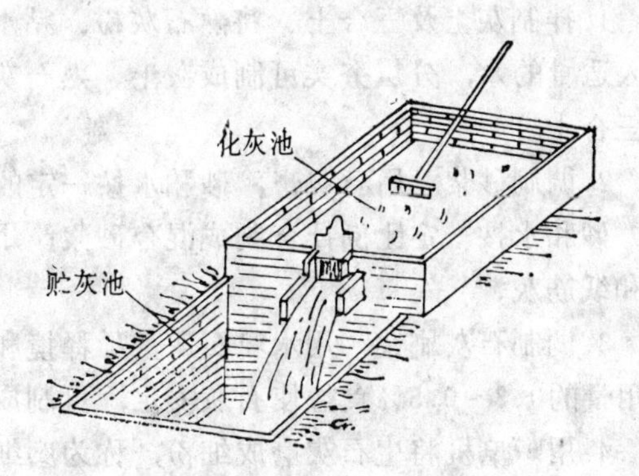

图 1-2-1　化灰池和贮灰池

三、石灰的技术性质和质量标准

（一）石灰的技术性质

1.外观检查　从石灰的颜色、结构、硬度和表观密度、杂质含量进行检查，大致判断石灰的质量。正火石灰（煅烧正常的石灰）质轻、色淡、无明显的烧结和体积收缩，无裂缝或微裂缝，质量好。过火石灰表面有裂缝及玻璃状外壳，体积收缩明显，颜色呈灰黑色，块体重量大。欠火石灰呈暗灰色，内部有未分解的内核，重量大。生石灰中如有粉末，表示有部分生石灰已经熟化，活性降低。煤渣、石块等杂质含量应少于8％。

2.活性CaO和MgO含量　CaO和MgO是石灰的主要成分，是石灰粘结力的主要来源，含量越多，质量越好。其含量用CaO和MgO质量之和与石灰总质量之比的百分率表示。此项检查比外观检查可靠，是评定石灰等级的主要指标。

3.未消化颗粒含量　指石灰中未熟化颗粒（渣子）的烘干质量，占石灰总质量的百分率。未消化颗粒含量越多，石灰质量越差。

4.细度　用过筛的方法了解石灰的熟化作用是否完全。也可鉴定生石灰的磨细程度。

（二）石灰的质量标准见表1-2-1，表1-2-2。

生石灰技术标准（GB1594—79）　　表 1-2-1

项目	钙质生石灰			镁质生石灰		
	一等	二等	三等	一等	二等	三等
有效氧化钙加氧化镁含量不小于(％)	85	80	70	80	75	65
未消化残渣含量(5mm圆孔筛的筛余)不大于(％)	7	11	17	10	14	20

消石灰粉主要技术指标（GB1594—79）　　表 1-2-2

项目		钙质消石灰粉			镁质消石灰粉		
		一等	二等	三等	一等	二等	三等
有效氧化钙加氧化镁含量不小于(％)		65	66	55	60	55	50
含水率不大于(％)		4	4	4	4	4	4
细度	0.71mm方孔筛筛余不大于(％)	0	1	1	0	1	1
	0.125mm方孔筛累积筛余不大于(％)	13	20	—	13	20	—

四、石灰的应用及贮存

（一）石灰的应用

1.拌制灰土及三合土　将熟石灰粉、粘土按体积比2:8（或3:7）的比例拌合均匀，并加入适量的水，分层夯实可制成灰土。熟石灰粉、粘土、砂按1:2:3的比例，加水夯实制成三合土。

2.调制砂浆　用石灰膏、砂和水按一定的配合比拌合制成石灰砂浆；用石灰膏、水泥、砂和水按一定比例拌合制成混合砂浆；用石灰膏分别掺入麻刀或纸筋拌合可制成麻刀灰和纸筋灰。

3.调制石灰刷浆　用水将石灰膏稀释搅和，并用1200孔/cm^2的筛过滤，再加入石灰浆用量的0.3～0.5%食盐使石灰安定，可制成粉刷墙面的刷浆。

4.用球磨机将生石灰磨成细粉，称为磨细生石灰。磨细生石灰使用时可不必经过熟化而直接使用。磨细生石灰主要用来制造无熟料水泥和硅酸盐制品，也是制造碳化石灰板的原料。

（二）石灰的贮存

1.新鲜块灰应防潮防水，在工地应放在封闭的仓库中；存放期不宜过长，一般以出厂后三个月内投入使用。

2.如需要长期保存，可将生石灰化成石灰膏，并覆土压住使与空气隔绝，可保存较长时间而不变质。

3.块灰在运输时，应尽量用带盖的车或用帆布盖好，以防水分浸入自行熟化。

第二节　硅酸盐水泥

水泥是水硬性胶凝材料，也是建筑工程中应用最广，使用数量最大的一种建筑材料。与木材、钢材合称三大材料。水泥的应用虽然只有一百多年的历史（1824年），但由于它有很多优异的技术性质，因此在品种、数量和质量上都发展很快，超过了其他各种胶凝材料。

硅酸盐水泥是一种应用最广最基本的水泥，其他品种的硅酸盐水泥，只是在此基础上，加入一定量的混合材料或改变水泥的矿物成分而制成的。因此我们将着重学习硅酸盐水泥，其他水泥仅作一般介绍。

一、硅酸盐水泥的定义与生产过程

（一）定义与代号

按现行国家标准《硅酸盐水泥、普通硅酸盐水泥(GB175—92)》定义：“凡由硅酸盐水泥熟料、0～5%石灰石或粒化高炉矿渣、适量石膏磨细制成的水硬性胶凝材料，称为硅酸盐水泥（即国外通称的波特兰水泥）。硅酸盐水泥分两种类型，不掺加混合材料的称Ⅰ型硅酸盐水泥，代号P·Ⅰ。在硅酸盐水泥熟料粉磨时掺加不超过水泥重量5%石灰石或粒化高炉矿渣混合材料的称Ⅱ型硅酸盐水泥，代号P·Ⅱ。”

定义中的熟料应理解为，凡以适当成分的生料烧至部分熔融，所得以硅酸钙为主要成分的产物，称为硅酸盐水泥熟料（简称熟料）。

生料是未经煅烧而已经磨细的水泥原料，熟料是指生料经煅烧而成的块状材料。

（二）生产过程

1.水泥原料　硅酸盐水泥的原料主要包括两大类，一类是石灰质原料（如石灰石、白垩、泥灰岩、大理石、贝壳等），以$CaCO_3$为主要成分，在生料中占80％左右。另一类是粘土质原料（如粘土、黄土、页岩等），主要成分是SiO_2、Al_2O_3和少量的Fe_2O_3，在生料中约占11～17％。

水泥原料除主要原料外，还有校正原料。在水泥生产中，往往会遇到主要原料化学成分的不足，有的是Fe_2O_3含量不足，有的SiO_2和Al_2O_3含量不足，为弥补这些化学成分，需选用含该成分较高的原料，这种原料称为该成分的校正原料。各种校正原料的常用材料见表1-2-3。

校正原料常用材料　　表 1-2-3

校正原料	常用材料
铁质原料	硫铁矿渣（俗称铁粉）、铁矿石
硅质原料	硅、藻土、硅藻石、高岭土、砂岩
铝质原料	炉渣、煤矸石、铝矾土

除校正原料外，还有延缓水泥凝结时间的辅助原料——缓凝剂。

目前我国水泥厂常用的硅酸盐水泥原料是石灰石、粘土、铁矿粉和天然石膏。

2.生产过程　生产水泥的工艺比较复杂。按煅烧熟料窑的结构可分立窑和回转窑两种生产方法。两种窑生产的工艺流程类似，主要过程可划分为生料制备、熟料烧成、磨细制成三个阶段，简称“两磨一烧”，我们可用图1-2-2了解其生产过程。

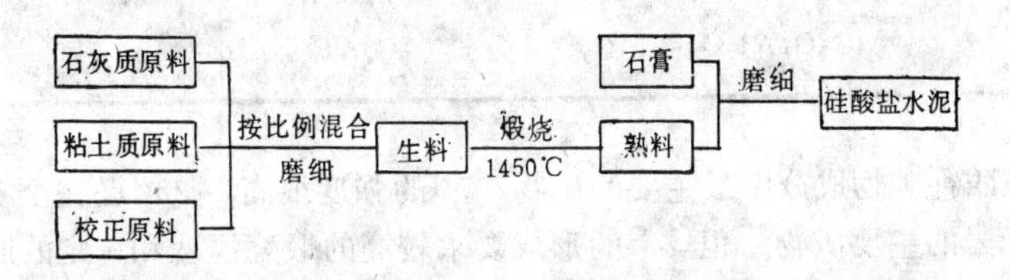

图 1-2-2　硅酸盐水泥生产过程示意图

二、硅酸盐水泥的化学成分及矿物成分

（一）化学成分

生料经高温煅烧发生一系列的物理化学变化，其中有粘土的脱水与分解、石灰石的分解及各种固相和液相反应，不同的温度生成不同的化合物，最后形成水泥熟料。熟料的化学成分主要有四种氧化物，其总含量在95％以上。各种氧化物所占比例如表1-2-4所列。

CaO是水泥熟料中最主要的化学成分，一般说增加熟料中的CaO含量能增加水泥的强度，加速水泥的硬化过程。但CaO含量过多，其中一部分不能完全化合成矿物成分，以游离CaO存在，是水泥安定性不良的主要原因。

SiO_2是水泥熟料的主要成分之一。其与CaO作用生成水泥熟料的主要矿物成分硅酸钙，可以说，没有SiO_2的熟料就不能称其为硅酸盐水泥熟料。

水泥熟料的化学成分 表 1-2-4

氧化物名称	化学分子式	含量(%)
氧化钙	CaO	62～67
氧化硅	SiO_2	21～24
氧化铝	Al_2O_3	4～7
氧化铁	Fe_2O_3	2～6

Al_2O_3与CaO和Fe_2O_3化合生成铝酸三钙和铁铝酸四钙。当Al_2O_3含量增加时，水化放热量高，水泥的凝结及硬化速度变快，但后期强度增长缓慢。

增加熟料Fe_2O_3的含量，能降低水泥熟料的煅烧温度，但水泥的凝结和硬化过程变慢。

（二）矿物成分

硅酸盐水泥熟料，并不是各种氧化物的简单混合，而是由各种氧化物经高温煅烧，相互作用生成的矿物所组成。或者说氧化物是存在于各种矿物之中。水泥熟料的四种矿物成分列于表1-2-5。各种矿物的特点如下：

水泥熟料的矿物成分 表 1-2-5

矿物名称	化学分子式	缩写	含量(%)	
硅酸三钙	$3CaO \cdot SiO_2$	C_3S	37～60	75～82
硅酸二钙	$2CaO \cdot SiO_2$	C_2S	15～37	
铝酸三钙	$3CaO \cdot Al_2O_3$	C_3A	7～15	18～25
铁铝酸四钙	$4CaO \cdot Al_2O_3 \cdot Fe_2O_3$	C_4AF	10～18	

1.C_3S是四种矿物成分中最主要的矿物。7d的强度很高，28d已完全发挥出其强度，是确定水泥标号的主要矿物。但C_3S的形成要求较高的煅烧温度和一定的时间，熟料的烧成比较困难。其水化热较高。

2.C_2S水化速度较慢，早期强度不高，28d以前不论是强度绝对值还是增进率都是很低的。但3～6个月后强度增进率很大，后期强度高。其优点是水化热最低。

3.C_3A水化硬化很快，3d就能发挥出全部强度，但强度绝对值不高，后期强度甚至会降低。水化热很高，并集中释放出来。

4.C_4AF的强度能不断增长。水化热小且易熔，能降低熟料液相出现的温度，有助于C_3S的形成。

综上所述，在28d龄期内，各性能的顺序如下：

强度绝对值顺序　$C_3S > C_4AF > C_3A > C_2S$

硬化速度顺序　$C_3A > C_4AF > C_3S > C_2S$

水化热顺序　$C_3A > C_3S > C_4AF > C_2S$

了解各种矿物成分的特性是很重要的。目前国内外生产的特种水泥，主要是变化这些矿物的比例（或掺加少量特种材料）而制成。例如，要使水泥具有快硬高强的性能，就必须提高C_3S和C_3A的含量；若要求发热量较低的水泥，就必须提高C_2S和C_4AF的含量而控制C_3S和C_3A的含量。

三、硅酸盐水泥的凝结与硬化

水泥是一种很有价值的胶凝材料。水泥与一定量的水调和后，能很快生成塑性的胶状物质，具有粘结性能。这种胶状物质，以后会逐渐失去塑性，硬化成具有一定强度的石状物体-水泥石。并能与其胶结的砂石等骨料一起形成坚固的整体。

上述过程是一个连续而复杂的物理化学变化过程，为了研究的方便，我们通常分为凝结和硬化两个阶段。水泥浆失去可塑性，由流动状态向固体状态转化，但尚不具有强度的过程称为凝结。随后水泥产生明显的强度，并逐渐发展成为坚硬的水泥石，这一过程称为水泥的硬化。水泥的凝结和硬化，主要是水泥和水相互作用的结果。水泥的水化方程式如下：

$$\underset{\text{硅酸三钙}}{2(3CaO\cdot SiO_2)}+6H_2O=\underset{\text{水化硅酸钙}}{3CaO\cdot 2SiO_2\cdot 3H_2O}+\underset{\text{氢氧化钙}}{3Ca(OH)_2}$$

$$\underset{\text{硅酸二钙}}{2(2CaO\cdot SiO_2)}+4H_2O=3CaO\cdot 2SiO_2\cdot 3H_2O+Ca(OH)_2$$

$$\underset{\text{铝酸三钙}}{3CaO\cdot Al_2O_3}+6H_2O=\underset{\text{水化铝酸三钙}}{3CaO\cdot Al_2O_3\cdot 6H_2O}$$

$$\underset{\text{铁铝酸四钙}}{4CaO\cdot Al_2O_3\cdot Fe_2O_3}+7H_2O=3CaO\cdot Al_2O_3\cdot 6H_2O+\underset{\text{水化铁酸一钙}}{CaO\cdot Fe_2O_3\cdot H_2O}$$

另外水泥熟料中的C_3A遇水后很快水化，使水泥迅速凝结，为控制水泥的凝结时间，一般在熟料中加入二水石膏一起粉磨。石膏与水化铝酸三钙作用生成难溶于水的水化硫铝酸钙：

$$\underset{\text{水化铝酸三钙}}{3CaO\cdot Al_2O_3\cdot 6H_2O}+\underset{\text{二水石膏}}{3(CaSO_4\cdot 2H_2O)}+19H_2O=\underset{\text{水化硫铝酸钙}}{3CaO\cdot Al_2O_3\cdot 3CaSO_4\cdot 31H_2O}$$

生成的水化硫铝酸钙包裹在熟料颗粒表面，形成一层不易透水的薄膜，减慢了C_3A和C_3S等矿物的水化作用，从而延缓了水泥的凝结过程。

四、硅酸盐水泥的主要性质

（一）密度与表观密度

硅酸盐水泥的密度为$3.0\sim3.15g/cm^3$，通常采用$3.10g/cm^3$；表观密度为$1000\sim1600kg/m^3$，通常采用$1300kg/m^3$。

（二）细度

细度是指水泥颗粒的粗细程度。颗粒越细与水接触的表面积越多，水泥水化越快，因而凝结硬化越迅速，早期强度越高。但水泥颗粒越细，粉磨时消耗的能量越大，成本越高。且水化时需水量多，硬化后体积收缩率大，易产生裂缝。且易受潮失效。所以水泥的细度要适当。

国家标准GB175—92规定，硅酸盐水泥的细度以比表面积表示，硅酸盐水泥的比表面积应大于$300m^2/kg$。

（三）标准稠度用水量

水泥净浆达到标准稠度时的用水量称为标准稠度用水量。标准稠度是做水泥的安定性和凝结时间时，国家标准规定的稠度。因做这两项试验时，加水量的多少对试验结果影响很大，为了使不同品种的水泥具有可比性，必须规定一个标准稠度。

影响标准稠度用水量的因素很多，其中最主要的是粉磨细度、矿物组成以及混合材料的品种和掺入量。

国家标准规定，标准稠度用水量以占水泥重量的百分数表示，用锥体稠度仪测定，硅酸盐水泥的标准稠度用水量为21～28%。

（四）凝结时间

水泥的凝结时间分为初凝和终凝。初凝为水泥加水拌合时到水泥浆开始失去可塑性的时间，终凝为水泥浆开始拌合时到水泥浆完全失去可塑性并开始产生强度的时间。

为使混凝土和砂浆有充分的时间搅拌、运输、浇捣或砌筑，水泥初凝不能过早；当施工完毕，则要求尽快硬化产生强度，故终凝又不能太迟。为此，国家标准GB175—92规定："硅酸盐水泥初凝不得早于45min，终凝不得迟于390min"。

（五）体积安定性

安定性是指水泥在硬化过程中，体积变化是否均匀的性质。水泥硬化后，产生不均匀的体积变化，称为体积安定性不良。在工程中会使构件产生膨胀性裂缝，甚至引起严重事故。

安定性不良的原因，是由于水泥熟料中所含游离CaO、MgO或掺入过量石膏造成的。其中游离CaO是影响安定性的主要因素。游离CaO和MgO与水作用极为缓慢，其熟化作用不是在水泥凝结过程中完成，而是在硬化了的水泥石中进行。这些氧化物在熟化时体积膨胀，破坏了水泥体积的安定性。当石膏掺量过多时，在水泥硬化后，它还会继续与固态的水化铝酸钙反应生成水化硫铝酸钙，因含有大量的结晶水，体积约增大1.5～2倍，也会使水泥石开裂。

检验水泥安定性的方法是用标准稠度的水泥净浆做成圆饼，在标准条件下养护24h，再连续沸煮4h，经肉眼观察未发现裂纹，用直尺检查没有弯曲，则体积安定性合格。

上述方法只能检验游离CaO的危害，至于游离MgO和石膏的危害，二者均不便于快速检验。国家标准规定，水泥中MgO含量不得超过5%，SO_3（控制石膏用量）含量不得超过3.5%，以保证水泥的体积安定性。

（六）强度及标号

水泥的强度是水泥胶砂硬化一定龄期后，破坏时单位面积上所受的力。强度是水泥的重要技术指标，也是确定水泥标号的依据。

国家标准规定，水泥的强度用"软练法"测定。将水泥与标准砂按灰砂比1:2.5（质量比）的比例混合，加入规定数量的水，按规定的方法制成4×4×16cm的标准试件，在标准条件下养护，测其3d、7d、28d龄期的抗压及抗折强度，并以28d的抗压强度划分水泥的标号，但3d、7d的抗压强度及各龄期的抗折强度均不得低于规定的数值。硅酸盐水泥分为425R、525、525R、625、625R、725R六个标号（带R的为早强型）。表1-2-6列出了硅酸盐水泥各龄期强度值。

（七）水化热

水泥在水化时放出的热量称为水化热。大部分水化热在水化初期7d内放出，以后则逐渐减少。

硅酸盐水泥、普通水泥强度（GB175—92）(MPa)　　表 1-2-6

品种	标号	抗压强度		抗折强度	
		3d	28d	3d	28d
硅酸盐水泥	425R	22.0	42.5	4.0	6.5
	525	23.0	52.5	4.0	7.0
	525R	27.0	52.5	5.0	7.0
	625	28.0	62.5	5.0	8.0
	625R	32.0	62.5	5.5	8.0
	725R	37.0	72.5	6.0	8.5
普通水泥	325	12.0	32.5	2.5	5.5
	425	16.0	42.5	3.5	6.5
	425R	21.0	42.5	4.0	6.5
	525	22.0	52.5	4.0	7.0
	525R	26.0	52.5	5.0	7.0
	625	27.0	62.5	5.0	8.0
	625R	31.0	62.5	5.5	8.0

水化热主要与熟料的矿物成分和细度有关。水泥的标号越高，细度越细，水化热越大。

水化热对一般混凝土构件影响不大，因为热量容易散发出来。但对大体积混凝土工程，由于水化热积聚在内部不易散发，致使内外产生较大的温差，引起混凝土的温度应力，可能使混凝土产生裂缝甚至破坏。因此对于大体积混凝土工程应采用低热水泥。

第三节　掺混合材料的硅酸盐水泥

一、混合材料

在磨制水泥时，除掺加3～5%的石膏外，还允许掺加一定数量的矿质材料与熟料共同磨细，以改善水泥的性能，调节标号，增加水泥品种，提高产量和降低成本，并能综合利用工业废料和地方材料，这些矿质材料称为水泥的混合材料。

混合材料按其化学性质可分为活性和非活性两种。窑灰是介于二者之间的一种混合材料。

（一）活性混合材料

这类矿质材料本身并不具有水硬性，但磨细掺入水泥后，能与水泥熟料的水化物起化学反应，生成水硬性胶凝材料，并能改善硅酸盐水泥的某些性质，特别是对于立窑生产的游离CaO较高的熟料，掺入活性混合材料，不但能降低水泥中游离CaO的相对浓度，还可吸收部分游离CaO，改善硅酸盐水泥的体积安定性。属于活性混合材料者有符合标准要求的粒化高炉矿渣、火山灰质混合材料和粉煤灰。

（二）非活性混合材料

又称填充性混合材料。指质量的活性指标低于标准要求的粉煤灰、火山灰质混合材料和粒化高炉矿渣以及石灰石和砂岩。

非活性混合材料仅能起调节水泥标号、降低水化热、增加产量等作用。

（三）窑灰

窑灰是从水泥回转窑窑尾废气中收集下的粉尘。窑灰的性能介于活性和非活性混合材料之间，其主要组成物质有碳酸钙、脱水粘土、氧化钙及少量熟料矿物等。

二、普通硅酸盐水泥

（一）定义与代号

GB175—92定义：“凡由硅酸盐水泥熟料，6～15%混合材料，适量石膏磨细制成的水硬性胶凝材料，称为普通硅酸盐水泥，代号P·O。

“掺活性混合材料时，最大掺量不得超过15%，其中允许用不超过5%的窑灰或不超过水泥重量10%的非活性混合材料来代替。

“掺非活性混合材料时，最大掺量不得超过水泥重量10%。”

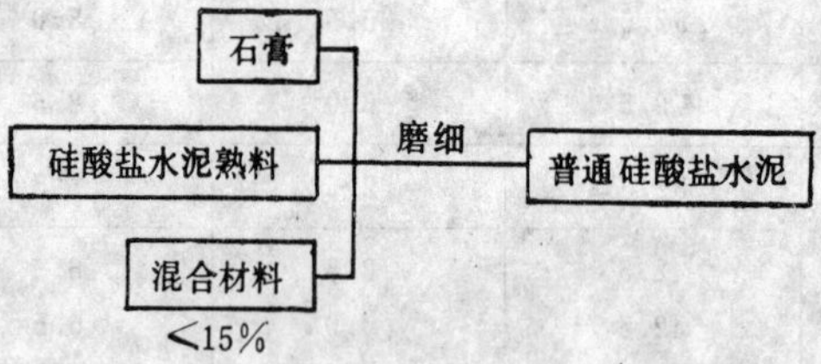

石膏
硅酸盐水泥熟料
混合材料
<15%
磨细
普通硅酸盐水泥

图 1-2-3 普通硅酸盐水泥流程图

也可用图1-2-3说明普通硅酸盐水泥的组成和工艺流程。

（二）标号

普通硅酸盐水泥分为325、425、425R、525、525R、625、625R七个标号。各标号水泥在各龄期强度值不得低于表1-2-6的数值。

（三）细度

普通硅酸盐水泥的细度用筛析法检验，GB175—92规定：“普通水泥80μm方孔筛筛余不得超过10%。”

（四）凝结时间

GB175—92规定：“普通水泥初凝不得早于45min，终凝不得迟于10h。”

普通水泥中掺混合材料较少，其组成与基本特性与硅酸盐水泥类似。但同标号水泥相比，普通水泥的早期硬化速度较小，其3d强度较硅酸盐水泥低。

三、掺混合材料的其他硅酸盐水泥

（一）定义与代号

1.矿渣硅酸盐水泥

按GB1344—92定义“凡由硅酸盐水泥熟料和粒化高炉矿渣、适量石膏磨细制成的水硬性胶凝材料称为矿渣硅酸盐水泥（简称矿渣水泥），代号P·S。水泥中粒化高炉矿渣掺加量按重量百分比计为20～70%。允许用石灰石、窑灰、粉煤灰和火山灰质混合材料中的一种材料代替矿渣，代替数量不得超过水泥重量的8%，替代后水泥中粒化高炉矿渣不得少于20%。”

粒化高炉矿渣（简称矿渣）是高炉冶炼生铁的废渣。熔融矿渣经淬冷成粒后，即为粒化高炉矿渣。主要化学成分是硅酸钙和铝酸钙。我国每吨生铁的排渣量一般在700～800kg左右，是一项数量较大的工业废料。

2.火山灰质硅酸盐水泥

GB1344—92定义：“凡由硅酸盐水泥熟料和火山灰质混合材料、适量石膏磨细制成的水硬性胶凝材料称为火山灰质硅酸盐水泥（简称火山灰水泥），代号P·P。水泥中火山灰质混合材料掺加量按重量百分比计为20～50%。”

火山喷发时，随同熔岩一起喷发的大量碎屑沉积在地面或水中形成松软物质，称为火山灰。它的主要成分是活性氧化钙和氧化铝。火山灰质混合材料泛指火山灰一类物质，可分为天然的（火山灰、凝灰岩、浮石、硅藻土等）和人工的（煤矸石、烧粘土、烧页岩等）两大类。

3.粉煤灰硅酸盐水泥

GB1344—92定义：“凡由硅酸盐水泥熟料和粉煤灰、适量石膏磨细制成的水硬性胶凝材料称为粉煤灰硅酸盐水泥（简称粉煤灰水泥），代号P·F。水泥中粉煤灰掺加量按重量百分比计为20～40%。”

火力发电厂锅炉以煤粉为燃料，从煤粉炉烟道气体中收集的粉末称为粉煤灰，又称飞灰。主要成分是活性氧化硅和氧化铝。

（二）三种水泥的主要性质

1.三种水泥的标号均为275、325、425、425R、525、525R、625R等7种。其各龄期强度见表1-2-7。

矿渣、火山灰、粉煤灰水泥强度（GB1344—92）（MPa） 表 1-2-7

标号	抗压强度			抗折强度		
	3d	7d	28d	3d	7d	28d
275	—	13.0	27.5	—	2.5	5.0
325	—	15.0	32.5	—	3.0	5.5
425	—	21.0	42.5	—	4.0	6.5
425R	19.0	—	42.5	4.0	—	6.5
525	21.0	—	52.5	4.0	—	7.0
525R	23.0	—	52.5	4.5	—	7.0
625R	28.0	—	62.5	5.0	—	8.0

2.三种水泥的细度、凝结时间要求同普通硅酸盐水泥。体积安定性用沸煮法检验必须合格。

3.三种水泥与硅酸盐水泥不同之处有：

（1）初期强度增长慢，后期强度增长快　对照表1-2-6和1-2-7可以看出，同为425R水泥，硅酸盐水泥3d的强度为22MPa，而三种水泥为19MPa。原因是加入了大量的混合材料后，熟料中快硬早强的C_3S和C_3A的含量相对减少，所以初期强度低于硅酸盐水泥，但后期由于混合材料中的SiO_2和Al_2O_3与熟料中水化物$Ca(OH)_2$结合，生成具有高强度的水硬性化合物，所以后期强度还可能高于硅酸盐水泥。

（2）抗腐蚀性强　由于水泥水化时产生的$Ca(OH)_2$与混合材料中的活性SiO_2和Al_2O_3作用生成新的水化物，这样就在很大程度上消除了由$Ca(OH)_2$引起的各种腐蚀。

（3）水化热低　由于掺入了活性混合材料，使发热量大而快的C_3A和C_3S的含量相对减少，故水化热比硅酸盐水泥低，宜用于大体积混凝土工程。

（4）干缩率大、抗冻性差　原因是这种水泥使用时需水量多，硬化后由于大量水分散失，使体积收缩率大。由于硬化后密实性差，所以抗冻性不如硅酸盐水泥。

第四节　水泥的腐蚀与防止

一、水泥的腐蚀

水泥处于某些液体或气体介质中，由于发生物理化学变化而发生破坏的现象，称为水泥的腐蚀。水泥的腐蚀可分为三种类型：

（一）软水腐蚀

软水是指含钙盐和镁盐很少的水，如雨水、雪水、某些湖水和河水等。

水泥石中的水化产物，都必须在一定CaO浓度的液相中才能稳定存在，否则将被分解。软水能使已硬化的水泥石组成部分（如$Ca(OH)_2$）逐渐溶解于水中，特别是在大量或流动水中，$Ca(OH)_2$能不断溶解并被水冲走，直到水泥石中的$Ca(OH)_2$全部溶解为止。这样不仅减小了水泥石的密实度，强度降低，而且由于液相中$Ca(OH)_2$浓度降低，还会迫使其他水化物分解。最终可能引起整个结构的破坏。

软水腐蚀的剧烈程度与水的硬度和水压等因素有关。水压越大，水质越软、腐蚀性越强。

（二）酸性腐蚀

在某些地下水或工业废水中，常含有游离的酸，这些酸类能与水泥石中的$Ca(OH)_2$起作用生成相应的钙盐。例如

$$Ca(OH)_2 + 2HCl = CaCl_2 + 2H_2O$$

$$Ca(OH)_2 + H_2SO_4 = CaSO_4 \cdot 2H_2O$$

生成的$CaCl_2$易溶于水。石膏则在水泥孔隙内形成结晶，体积膨胀，而使水泥石破坏。

（三）硫酸盐腐蚀

在海水、地下水及某些沼泽水中，常含有较多的硫酸盐类，如硫酸镁（$MgSO_4$）、硫酸钠（Na_2SO_4）、硫酸钙（$CaSO_4$）等，均对水泥有严重的破坏作用。

硫酸盐能与水泥石中的$Ca(OH)_2$作用生成石膏，石膏在水泥石孔隙中结晶时体积膨胀，使水泥石破坏。

更严重的是，石膏与水泥石中的固态水化铝酸钙作用生成三硫型水化硫铝酸钙（$C_3A \cdot 3CaSO_4 \cdot 31H_2O$），由于含有大量的结晶水，体积比原来的水化铝酸钙增大2倍左右，能对水泥石起巨大的破坏作用，$C_3A \cdot 3CaSO_4 \cdot 31H_2O$呈针状结晶，故常称为“水泥杆菌”（图1-2-4）。

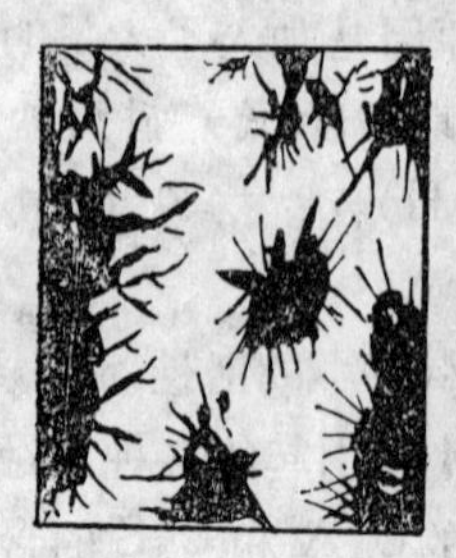

图 1-2-4　水泥石中的针状晶体

二、为了防止水泥的腐蚀，可采取下列措施

（一）根据环境特点，选择适当的水泥品种，例如在硫酸盐含量较多的介质中，应选择C_3A含量小于5%的抗硫酸盐

水泥。

（二）提高水泥石的密实度，减少介质的渗透，是防止腐蚀的根本措施，例如合理选择骨料级配，减少用水量等都是行之有效的方法。

（三）将浇筑好的水泥石构件，在空气中放置一段时间（30～40d），使表层的$Ca(OH)_2$碳化成难溶的碳酸钙硬壳，也可增加抗水性能。

第五节　其他品种硅酸盐水泥

一、快硬硅酸盐水泥

其制造方法与硅酸盐水泥基本相同。主要是在熟料中提高C_3S和C_3A的含量，通常C_3S为50～60%，C_3A为8～14%，二者的总含量不少于60～65%，石膏掺量多（8%），并提高粉磨细度（在80μm方孔筛上的筛余量<10%）。其凝结时间要求同普通水泥。

快硬水泥的标号以3d的抗压强度来划分，分为325、375、425三个标号。快硬水泥成本高，主要用于紧急抢修工程。

二、硅酸盐膨胀水泥

硅酸盐膨胀水泥在硬化过程中体积略有膨胀。它是由硅酸盐水泥熟料、膨胀剂和石膏按一定比例混合磨细制成的水硬性胶凝材料。

常用的膨胀剂是高铝水泥。在水泥浆硬化初期，高铝水泥中的高碱性水化铝酸钙遇水和石膏化合，生成水化硫铝酸钙晶体（钙矾石），使水泥在硬化过程中体积膨胀。

膨胀水泥常用于混凝土构件接缝、管道接头、机器底座及浇注地脚螺栓和修补工程。

三、白色硅酸盐水泥

硅酸盐水泥熟料的颜色，主要由Fe_2O_3的存在而引起的，并随Fe_2O_3的减少而变浅（表1-2-8）。因此，生产白水泥主要依靠降低水泥熟料中Fe_2O_3的含量来达到。一般采用不含着色物质（Fe、Mn、Cr的氧化物）的生料，如纯净的石灰石、高岭土、石英砂等。在煅烧和粉磨时，防止着色杂质混入，常用液体（重油）或气体（煤气）燃料。粉磨时用硬质石板和石球代替球磨机衬板和钢球。Fe_2O_3的减少，对降低水泥熟料的煅烧温度不利，所以白水泥的煅烧温度较高（1500～1600℃）。

Fe_2O_3含量对水泥颜色的影响　　表 1-2-8

Fe_2O_3 含量（%）	熟料颜色
3～4	暗灰色
0.7～0.45	淡绿色
0.4～0.3	白色

白水泥的标号有325、425两种。按白度分为四个等级，其中一级最白。白水泥主要用于建筑装饰工程。

第六节 水泥的应用与保管

一、五种水泥的主要特性及适用范围见表1-2-9。

五种水泥的特性适用范围 表 1-2-9

名称	硅酸盐水泥	普通水泥	矿渣水泥	火山灰水泥	粉煤灰水泥
密度 (g/cm³)	3.00～3.15	3.00～3.15	2.90～3.10	2.80～3.00	2.80～3.00
表观密度 (kg/m³)	1000～1600	1000～1600	1000～1200	1000～1200	1000～1200
特性	1.快硬、早强 2.水化热大 3.抗冻性较好 4.耐水、耐热、耐腐蚀差	1.早期强度较高 2.水化热较大 3.抗冻性好 4.耐水、耐热、耐腐蚀性差	1.早期强度低，后期强度增长较快 2.水化热较小 3.耐水、耐热、耐硫酸盐侵蚀较好 4.抗冻性较差、干缩性大	1.抗渗性较好 2.耐热性较差 3.其他同矿渣水泥	1.干缩性较小 2.抗裂性较好 3.耐热性差 4.抗碳化能力差 5.其他同矿渣水泥
适用范围	快硬早强工程，配制高强度混凝土，遭受冻融作用的结构	地上、地下及水中混凝土、钢筋混凝土、预应力混凝土遭受冻融作用的结构及快硬早强工程	有耐热要求的工程、大体积混凝土工程、蒸汽养护构件、抗硫酸盐侵蚀构件地上、地下及水中混凝土工程	有抗渗要求的工程，其他同矿渣水泥(有耐热要求的工程除外)	除耐热工程外，其他同矿渣水泥
不适用范围	大体积混凝土工程，受化学侵蚀及海水侵蚀工程，受水压作用的工程	同硅酸盐水泥	早期强度要求较高的工程，严寒地区处在水位升降范围内的工程	处在干燥环境的工程，有耐磨要求的工程，其他同矿渣水泥	有抗碳化要求的工程，其他同火山灰水泥

二、水泥的保管

（一）水泥有袋装和散装两种。采用散装水泥可大量节约包装用纸，减少包装费用，从而降低水泥造价。但散装已造成抛撒浪费，因此应解决散装车辆和散装库等问题。

袋装水泥每袋净重50kg，且不得少于标志重量的98%。随机抽取20袋，水泥总重量不得少于1000kg。

水泥袋上应清楚表明：工厂名称、生产许可证编号、品种名称、代号、标号、包装年、月、日和编号。掺火山灰质混合材料的普通水泥、矿渣水泥还应标上“掺火山灰”的字样。包装袋两侧应印有水泥名称和标号，硅酸盐水泥和普通水泥的印刷采用红色，矿渣水泥采用绿色，火山灰和粉煤灰水泥采用黑色。

散装运输时应提交袋装标志相同的卡片。

（二）水泥在运输和贮存时不得受潮和混入杂物，堆放袋装水泥应垫木板，离地30cm，堆放高度一般不超过10袋。贮藏散装水泥室内应做好水泥地面，并做防潮层，以隔绝潮气。不同品种和标号的水泥应分别堆放，不得混杂。

（三）水泥贮存超过三个月强度约降低10～20%，从出厂日期算起，超过三个月的水泥为过期水泥，使用时应重新试验检定标号。

复 习 题

1.什么叫气硬性和水硬性胶凝材料？并各举出一种材料为例。

2.生石灰是怎样制成的？写出石灰石、生石灰和熟石灰的化学分子式。

3.现有甲乙两厂生产的硅酸盐水泥熟料，其矿物成分如下表，试估计和比较这两厂生产的水泥其强度增长速度和水化热等性质有何不同?为什么?

生产厂	熟料矿物成分（%）			
	C_3S	C_2S	C_3A	C_4AF
甲	56	17	12	15
乙	42	35	7	16

4.用50g的普通水泥做细度试验，在80μm方孔筛上的筛余量为3.5g，问该水泥的细度是否合格？

5.造成水泥体积安定性不良的因素有哪些？工程中为什么不能应用安定性不良的水泥？

6.水泥的标号是依据什么划分的?五大水泥各有哪些标号?

7.何谓混合材料?有几种?生产水泥为什么要掺混合材料?

8.生产水泥为什么要掺适量石膏?

9.矿渣、火山灰和粉煤灰水泥与硅酸盐水泥相比，有哪些特点?

10.有一批存放超过三个月的425R普通水泥，送试验室检验，其28d强度试验结果如下：抗压破坏荷载101.00kN、93.16kN、112.77kN、102.96kN、114.73kN、128.51kN。抗折破坏荷载2775N、2755N、2765N。问这批水泥能不能按原标号使用?

提示：本题应参考试验一中（三）强度试验的有关内容。

11.硅酸盐水泥由哪些矿物成分所组成？它们对水泥的性质有何影响？其水化产物是什么？

第三章　混凝土及砂浆

混凝土是由胶凝材料、粗细骨料和水按一定比例配合拌制成混合料，再经硬化而成的人造石材。

混凝土的分类方法很多，一般有以下几种：

按混凝土的表观密度ρ_0可分为：

特重混凝土　$\rho_0 \geqslant 2700 kg/m^3$，是用密度较大的骨料制成的，如重晶石、钢屑等。特种混凝土具有不被X、γ射线穿透的性能；

重混凝土　ρ_0在$1900 \sim 2500 kg/m^3$之间，常用石子和砂作为粗细骨料，建筑工程中常用的普通混凝土即属此类；

轻混凝土　$\rho_0 < 1900 kg/m^3$，用多孔的轻骨料或不加骨料制成，常用作保温材料或维护构件。

按胶凝材料不同可分为水泥混凝土、石膏混凝土、沥青混凝土和聚合物（合成树脂）混凝土等。

按用途可分为普通混凝土、道路混凝土、水工混凝土、防水混凝土、耐热混凝土等。

按流动性可分为干硬性混凝土、塑性混凝土和流态混凝土等。其中塑性混凝土应用最广，普通混凝土即属此类。

第一节　普通混凝土的组成材料

普通混凝土是由水泥、砂、石子和水组成的。其中砂、石子起骨架作用，称为骨料（或集料）。砂为细骨料，石子为粗骨料，骨料占整个混凝土体积的70%以上。水泥与水形成水泥浆，填充砂的空隙，并包裹在砂子表面；水泥浆和砂子组成砂浆，填充石子空隙并把石子包裹起来。水泥混凝土的结构如图1-3-1所示。

混凝土的技术性质在很大程度上取决于原材料的性质，因此，我们必须首先了解原材料的各项性能、作用和质量要求，才能为配制高质量的混凝土打好基础。

一、水泥

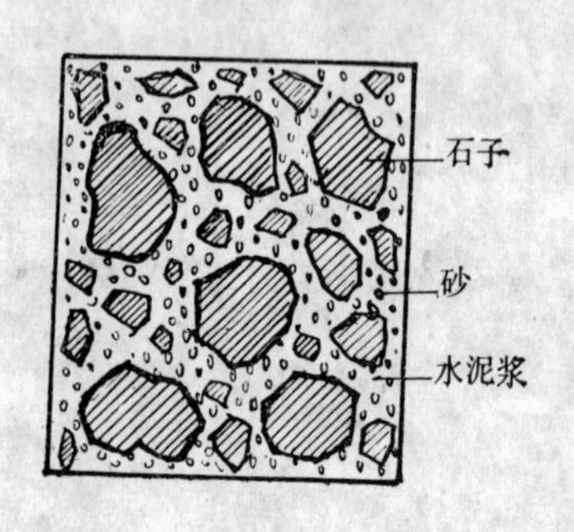

图 1-3-1　混凝土结构示意图

（一）水泥品种

根据工程特点和所处环境参考表1-3-1适当选择水泥品种。

（二）水泥标号

水泥标号必须与混凝土的设计强度等级相适应，既节约水泥，又能获得良好的技术性能。一般情况下，水泥标号应为混凝土强度等级的1.5～2倍。当配制强度较高的混凝土时，此值可降低为0.9～1.5倍。

常用水泥的选用（GBJ204—83） 表 1-3-1

工程特点或所处环境条件		优先选用	可以使用	不得使用
普通混凝土	1.在普通气候环境中的混凝土	普通水泥	矿渣水泥、火山灰水泥、粉煤灰水泥、硅酸盐水泥	
	2.在干燥环境中的混凝土	普通水泥	矿渣水泥	火山灰水泥、粉煤灰水泥
	3.在高湿度环境或永远处在水下的混凝土	矿渣水泥	普通水泥、火山灰水泥、粉煤灰水泥	
	4.大体积混凝土	粉煤灰水泥、矿渣水泥、火山灰水泥	普通水泥	硅酸盐水泥、快硬硅酸盐水泥
有特殊要求的混凝土	1.要求快硬的混凝土	硅酸盐水泥、快硬水泥	普通水泥	矿渣水泥、火山灰水泥、粉煤灰水泥
	2.高强(≥C40)混凝土	硅酸盐水泥	普通水泥、矿渣水泥	火山灰水泥、粉煤灰水泥
	3.严寒地区的露天混凝土，寒冷地区处在水位升降范围内的混凝土	普通水泥(≥325号)	矿渣水泥(≥325号)	火山灰水泥、粉煤灰水泥
	4.严寒地区处在水位升降范围内的混凝土	普通水泥(≥425号)		火山灰水泥、矿渣水泥、粉煤灰水泥
	5.有抗渗要求的混凝土	普通水泥、火山灰水泥		矿渣水泥
	6.有耐磨要求的混凝土	硅酸盐水泥、普通水泥(≥325号)	矿渣水泥(≥325号)	火山灰水泥、粉煤灰水泥

二、砂子

在混凝土中，凡粒径为0.16～5mm之间的骨料称为砂子。一般采用天然砂，有时也应用石屑或矿渣屑。

天然砂为岩石风化后形成的。依产地不同可分为山砂、河砂和海砂三种。河砂和海砂因形成过程受到水的冲刷，颗粒较圆滑，质地坚硬，成分纯净，是优良的细骨料，其中河砂应用最广。对砂的品质要求如下：

（一）砂的有害杂质含量

砂中有害杂质包括粘土、淤泥、云母、轻物质、硫化物、硫酸盐及有机物质。它们吸附在砂粒表面，阻碍砂粒与水泥浆的结合，降低混凝土的强度和耐久性。硫化物和硫酸盐对水泥有腐蚀作用。有害杂质的含量，应控制在国家标准规定的范围内，如表1-3-2所列。

（二）砂的颗粒级配和粗细程度

砂的颗粒级配是砂中大小颗粒的搭配关系。优良的级配可使砂的空隙率达到最小程度。砂的级配以筛分法测定。将砂样烘干并称取500g，用一套孔径为5、2.5、1.25、0.63、0.315、0.16mm的标准筛由大到小顺次过筛，然后称出留在各筛上的砂子质量，

砂、石子中杂质含量及石子中针片状颗粒含量的规定(JGJ52.53—79)　　表 1-3-2

项目		混凝土强度等级	
		≥C30	<C30
含泥量，按质量计不大于(%)	碎石或卵石	1.0	2.0
	砂	3	5
针片状颗粒含量，按质量计不大于(%)	碎石或卵石	15	25
硫化物及硫酸盐含量，折算为SO_3，按质量计不宜大于(%)	砂	1	
	碎石或卵石	1	
有机质含量(按比色法试验)	卵石	颜色不得深于标准色，如深于标准色，则应以混凝土进行强度对比试验，予以复核	
	砂	颜色不得深于标准色，如深于标准色，则应配成砂浆进行强度对比试验，予以复核	
云母含量，按质量计不宜大于(%)	砂	2	
轻物质含量，按质量计不宜大于(%)		1	

称为各筛的“分计筛余”。各筛的分计筛余占砂样总质量的百分率称为各筛的“分计筛余百分率”。某筛孔的分计筛余百分率与大于该筛的各筛分计筛余百分率之和，称为该筛的“累计筛余百分率”。累计筛余百分率与分计筛余百分率的关系见表1-3-3。

累计筛余与分计筛余的关系　　表 1-3-3

筛孔尺寸（mm）	分计筛余（%）	累计筛余（%）
5	a_1	$A_1=a_1$
2.5	a_2	$A_2=a_1+a_2$
1.25	a_3	$A_3=a_1+a_2+a_3$
0.63	a_4	$A_4=a_1+a_2+a_3+a_4$
0.315	a_5	$A_5=a_1+a_2+a_3+a_4+a_5$
0.16	a_6	$A_6=a_1+a_2+a_3+a_4+a_5+a_6$

累计筛余百分率越大，砂子越粗。

砂的粗细程度是指不同粒径的砂粒，混在一起后总体的粗细状况。砂的粗细程度可用细度模数来表示（M_x）：

$$M_x=\frac{A_2+A_3+A_4+A_5+A_6-5A_1}{100-A_1} \quad (1\text{-}3\text{-}1)$$

式中　A_1、A_2……A_6的意义见表1-3-3。

细度模数越大，砂粒越粗。JGJ52—79规定，M_x在3.7～3.1之间为粗砂，3.0～2.3为中砂，2.2～1.6为细砂，1.5～0.7为特细砂。

对细度模数为3.7～1.6的普通混凝土用砂，JGJ52—79规定，按0.63mm筛孔的累计筛余（%）分成三个级配区（表1-3-4）。

砂级配区的规定（JGJ52—79） **表 1-3-4**

筛孔尺寸 (mm)	1 区	2 区	3 区
	累计筛余（%）		
10.00	0	0	0
5.00	10～0	10～0	10～0
2.50	35～5	25～0	15～0
1.25	65～35	50～10	25～0
0.63	85～71	70～41	40～16
0.315	95～80	92～70	85～55
0.16	100～90	100～90	100～90

在三个级配区中，1区的砂含粗颗粒较多，保水性能差，适于配置水泥用量多及低流动性混凝土；2区砂的级配适中，粗细适宜，适于配制普通混凝土；3区的砂含细颗粒较多，混凝土拌合物粘聚性大，保水性好，但硬结后干缩性大，表面易产生裂缝。

以累计筛余（%）为纵坐标，筛孔尺寸为横坐标，按表1-3-4的数据画出级配曲线，称为砂的筛分曲线，如图1-3-2所示。

砂样经筛分后，其级配只能处于表1-3-4中的一个级配区，将其级配曲线画在砂的筛分曲线图上，可检验其级配是否合格。

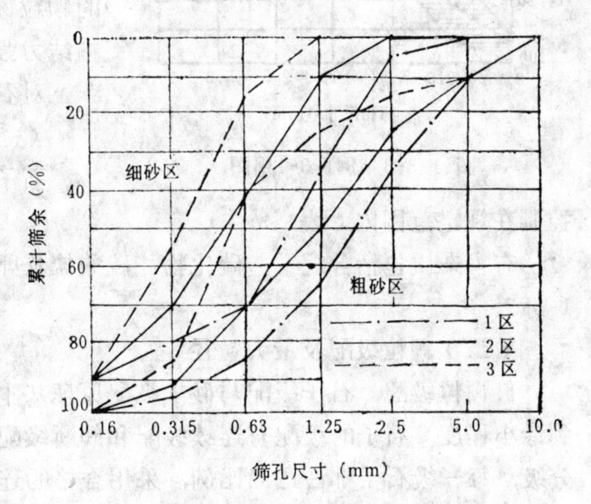

图 1-3-2 砂的筛分曲线

【例 1-3-1】 用500g干砂做筛分试验，其各筛筛余量如表1-3-5所示，确定该砂级配和粗细程度。

表 1-3-5

筛孔尺寸 (mm)	10.00	5.00	2.50	1.25	0.63	0.315	0.16	<0.16
分计筛余(g)	0	25	35	90	140	115	70	25
分计筛余(%)	0	5	7	18	28	23	14	5
累计筛余(%)	0	5	12	30	58	81	95	100

【解】 计算出表1-3-5中的分计筛余（%）和累计筛余（%），由表中可看出筛孔0.63mm的累计筛余（%）为58%，对照表1-3-4可知，该砂洋级配属于2区。故只要画出2区筛分曲线，并将所求砂样级配曲线画在同一坐标系中，如图1-3-3所示。由图知该砂样的级配曲线全部落在2区范围内，级配良好，属于中砂。

该砂的细度模数为：

$$M_x=\frac{A_2+A_3+A_4+A_5+A_6-5A_1}{100-A_1}=\frac{12+30+58+81+95-5\times5}{100-5}=2.64$$

M_x在3.0～2.3之间，属于中砂。

三、石子

在普通混凝土中，粒径大于5mm的骨料称为石子。常用的石子有天然卵石和人工碎石两大类。

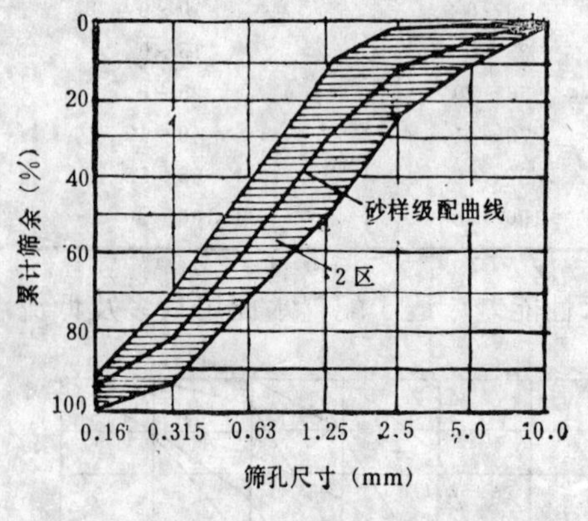

图 1-3-3　例1-3-1用图

岩石由自然条件作用而形成的，粒径大于5mm的颗粒称为卵石。按产源可分为山卵石、河卵石和海卵石三种。其中河卵石杂质少，表面圆滑，质地坚硬，使用较多。

天然岩石经破碎、筛分而得的粒径大于5mm的颗粒称为碎石。碎石含杂质少，棱角多，与水泥粘结力强，是目前最常用的骨料。

对石子的品质要求如下：

（一）针片状颗粒及有害杂质含量

石子的形状应接近立方体，针片状颗粒含量应控制在规定范围内（表1-3-2）。

有害杂质包括含泥量、硫化物、硫酸盐及卵石中有机杂质含量，其规定标准范围见表1-3-2。

（二）颗粒级配及最大粒径

1.颗粒级配　石子级配与砂子级配原理基本相同，好的级配使骨料空隙及总表面积达到最小程度。石子的级配有连续级配和间断级配两种。连续级配是颗粒尺寸由大到小连续分级，每一级石子都占适当比例，采用合格的连续级配制成的混凝土和易性好，不易发生分层和离析现象，是工程中广泛采用的级配方法，其缺点是空隙率较大。

间断级配是人为地剔除一个或几个分级，造成颗粒粒级的间断，形成不连续的级配。大颗粒之间的空隙由很小的石子来填充，可使空隙率降低，密实度增加，减少水泥用量，但易产生离析现象。

碎石或卵石的颗粒级配，应符合表1-3-6的要求。

2.最大粒径　表1-3-6中，公称粒级的上限为该粒级的最大粒径。如5～30mm粒级的石子，其最大粒径即为30mm。石子粒径越大，总表面积越小，配制混凝土所用水泥越少，混凝土越密实，硬化收缩越小。所以在级配合格的情况下，最大粒径越大越好。但在实际工程中，最大粒径还受到构件断面尺寸、钢筋间距和施工条件的限制。现行规范GBJ204—83规定："混凝土用的粗骨料，其最大颗粒粒径不得大于结构截面最小尺寸的$\frac{1}{4}$，同时不得大于钢筋间最小净距的$\frac{3}{4}$。混凝土实心板，允许采用最大粒径为$\frac{1}{2}$板厚的颗粒级配，但最大粒径不得超过50mm"。

四、水

凡可饮用的水，均可用于拌制和养护混凝土。含有油脂、糖类的水，污水、工业废水、沼泽水和pH值小于4的酸性水均不能使用。

钢筋混凝土和预应力混凝土均不得用海水拌制。

碎石或卵石的级配范围（JGJ53—79）　　表 1-3-6

级配情况	公称粒级（mm）	累计筛余，按质量计（%）											
		筛孔尺寸（圆孔筛）（mm）											
		2.5	5	10	15	20	25	30	40	50	60	80	100
连续粒级	5～10	95～100	80～100	0～15	0								
	5～15	95～100	90～100	30～60	0～10	0							
	5～20	95～100	90～100	40～70		0～10	0						
	5～30	95～100	90～100	70～90		15～45		0～5	0				
	5～40		95～100	75～90		30～65			0～5	0			
单粒级	10～20		95～100	85～100		0～15	0						
	15～30		95～100		85～100			0～10	0				
	20～40			95～100		80～100			0～10	0			
	30～60				95～100			75～100	45～75		0～10	0	
	40～80					95～100			70～100		30～60	0～10	0

注：1.公称粒级的上限为该粒级的最大粒径。单粒级一般用于组合成具有要求级配的连续粒级。它也可与连续粒级的碎石或卵石混合使用，以改善它们的级配或配成较大粒度的连续粒级。

2.根据混凝土工程和资源的具体情况，进行综合技术经济分析后，在特殊情况下允许直接采用单粒级，但必须避免混凝土发生离析。

第二节　混凝土的技术性质

一、混凝土拌合物的和易性

混凝土组成材料按一定比例配合搅拌后，在未凝结之前称为混凝土拌合物（亦称混合料、新浇筑混凝土）。

和易性是指混凝土拌合物能保持成分均匀，不致发生离析现象，易于施工操作（拌合、运输、浇筑、捣实）的性能。它是一项综合的技术性质，包括流动性、粘聚性和保水性三方面的含义。

流动性是指混凝土拌合物在自重或机械振捣作用下，能产生流动，并能均匀密实填满模板的性能。

粘聚性是混凝土拌合物在施工过程中，其组成材料间有一定的粘聚力，保持成分均匀，不产生分层和离析现象的性质。

保水性是混凝土拌合物在施工过程中具有一定的保水能力，不产生严重的泌水现象的性质。

（一）和易性的测定及选择

目前还没有一种测试方法能综合反映和易性的技术指标，通常用坍落度反映拌合物的流动性，并辅以经验评定粘聚性和保水性的方法。

1.坍落度的测定方法　将混凝土拌合物按规定方法分三层装入坍落度筒内，每次插捣25下，三层装完后刮平。垂直向上将筒提起移到一旁，拌合物因自重产生坍落现象，量出筒高与坍落后拌合物最高点之间的高差，以mm计，即为该拌合物的坍落度。如图1-3-4所示。坍落度试验只适用于骨料粒径不大于40mm，坍落度值不小于10mm的混凝土拌合物。

2.坍落度的选择　在施工中，混凝土拌合物坍落度的大小，应根据构件种类、钢筋疏密程度和振捣方法按表1-3-7选择。

混凝土浇筑时的坍落度（GBJ204—83）　　表 1-3-7

项　次	结　构　种　类	坍落度（mm）
1	基础或地面等的垫层、无配筋的厚大结构（挡土墙、基础或厚大的块体等）或配筋稀疏的结构	10～30
2	板、梁和大型及中型截面的柱子等	30～50
3	配筋密列的结构（薄壁、斗仓、筒仓、细柱等）	50～70
4	配筋特密的结构	70～90

（二）影响和易性的因素

1.水泥浆数量及水灰比　混凝土拌合物的流动性主要来自水泥浆，水泥浆填充骨料间的空隙，并包裹骨料形成润滑层。当水灰比（在混凝土中水与水泥的质量比）一定时，增加水泥用量则拌合物中水泥浆增加，流动性增加。但水泥浆过多，则单位体积内骨料的含量必然会相对减少，至一定限度时，就会产生流浆及泌水现象，使混凝土的粘聚性和保水性变差，对强度和耐久性也有一定影响。因此，单位体积内水泥浆用量，以使拌合物达到所要求的流动性为准，不应任意加大。

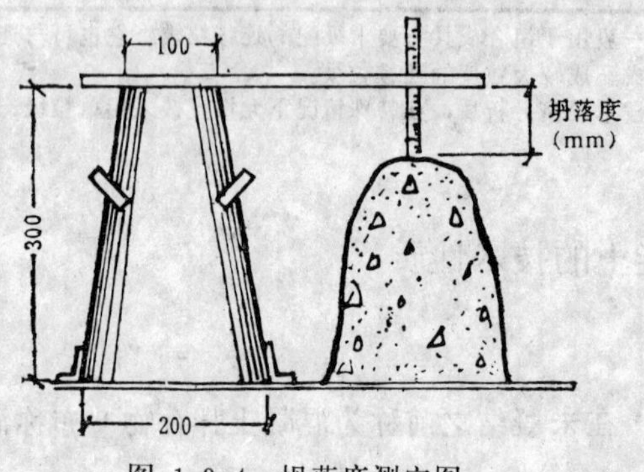

图 1-3-4　坍落度测定图

拌合物的和易性不但与水泥浆多少有关，还与水泥浆本身的稠度有关，水泥浆的稠度决定于水灰比。当水泥用量一定时，水灰比小，水泥浆较稠，拌合物的流动性小，粘聚性好，但施工时不易成型密实。反之，水灰比大，水泥浆稀，拌合物的流动性大，但粘聚性和保水性差。为了使拌合物能够成型密实，具有一定的流动性，水灰比不能过小；为了使拌合物具有良好的粘聚性和保水性，水灰比不能过大；通常水灰比有一定的变化范围，应根据混凝土的强度和耐久性合理地选用。

2.砂率　砂率指混凝土中砂的质量占砂石总质量的百分率。在混凝土拌合物中，水泥浆包裹在砂子周围组成砂浆，填充石子间的空隙。在水泥浆一定的情况下，砂率过大，则骨料的总表面积增大，包裹砂子的水泥浆层变薄，砂粒间摩阻力增大，拌合物的流动性减小。砂率过小，则砂量不足，粗骨料之间没有足够的砂浆层起润滑作用，拌合物的流动性也要减小，并影响其粘聚性和保水性。所以砂率不能过大，也不能过小，有一个最佳值。

最佳砂率就是在水及水泥用量一定的情况下，能使拌合物获得最大的流动性，而又不致出现离析、泌水等现象的砂率。图1-3-5表示了最佳砂率示意图。大型混凝土工程应通过试验找出最佳砂率。

3.其他因素　当粗骨料颗粒圆滑级配优良时，拌合物流动性大。在其他条件相同时，卵石比碎石拌合的混凝土流动性大。

矿渣水泥、火山灰水泥的需水量大，在同样用水量情况下，其拌合物比硅酸盐水泥和普通水泥的拌合物流动性小。

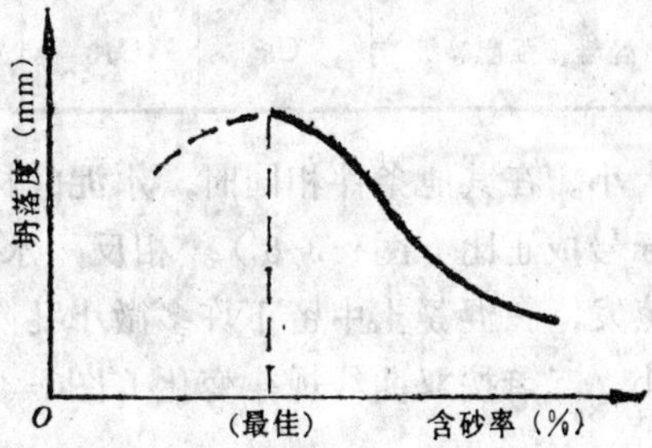

拌合物的流动性随温度上升而减小，夏季施工时应考虑温度的影响，可适当增加用水量。

适当增加搅拌时间，也能增加拌合物的流动性。

图 1-3-5　含砂率与坍落度关系

二、混凝土的强度

抗压强度是混凝土的主要强度指标，它比混凝土的其他强度高的多，工程中主要是利用其抗压强度。抗压强度也是进行结构设计的主要依据。

（一）混凝土立方体抗压强度标准值与强度等级

国家标准《普通混凝土力学试验方法》GBJ81—85规定："制作边长为150mm的立方体试件，在标准条件（温度20±3°C，相对湿度90%以上）下，养护28d龄期，测得的抗压强度值为混凝土立方体试件抗压强度（简称立方抗压强度），以R❶表示。"

国家标准《混凝土检验评定标准》GBJ107—87规定混凝土"立方体抗压强度标准值❷系指对按标准方法制作和养护的边长为150mm的立方体试件，在28d龄期，用标准试验方法测得的抗压强度总体分布中的一个值，强度低于该值的百分率不超过5%"。标准值用$f_{cn,k}$表示（下标k是标准的意思），单位是MPa。

在这里我们必须了解，混凝土立方体试件抗压强度是由具体试件实测的抗压强度值，而立方体抗压强度标准值不是实测的抗压强度，而是利用数学概率方法得到的抗压强度的统计平均数值。即对某种配合比的混凝土，在所有被统计的试件中，有95%试件的立方体抗压强度将高于这批试件的立方体抗压强度标准值，只有5%试件的立方体抗压强度低于标准值。

GBJ107—87规定："混凝土的强度等级按立方体抗压强度标准值划分。混凝土强度等级采用符号C与立方体抗压强度标准值表示。"

混凝土的强度等级有C7.5、C10、C15、C20、C25、C30、C35、C40、C45、C50、C55、C60等12个等级。强度等级C20，就是表示立方体抗压强度标准值为20MPa的混凝土。

过去我国旧规范TJ10—74按混凝土立方体抗压标准强度（即标准值）划分混凝土标号。混凝土的标号有75、100、150、200、250、300、400、500和600等9种。标号200号就是表示立方体抗压标准强度为200kg/cm²的混凝土。混凝土标号与强度等级的换算见表1-3-8。

（二）影响混凝土强度的因素

1.水泥标号和水灰比　水泥标号和水灰比是影响混凝土强度的主要因素。混凝土的强度主要取决于水泥石的强度及其与骨料间的粘结力，二者又取决于水泥的标号和水灰比的

❶ 按GBJ83—85规定，材料强度一律用f表示。

❷ 《混凝土结构设计规范》GBJ10—89规定"立方体抗压强度标准值系指按照标准方法制作养护的边长为150mm的立方体试件在28d龄期，用标准方法测得的具有95%保证率的抗压强度"。

混凝土标号与强度等级的换算（GBJ107—87） 表 1-3-8

混凝土标号	100	150	200	250	300	400	500	600
混凝土强度等级	C8	C13	C18	C23	C28	C38	C48	C58

大小。在其他条件相同时，水泥的标号越高，混凝土的强度也越高，混凝土的强度与水泥标号成正比（图1-3-6）。相反，水灰比大，用水量多，多余的游离水在水泥硬化后逐渐蒸发，在混凝土中留下许多微小孔隙，使强度降低，因此，水灰比越大，混凝土强度越小，二者按双曲线规律变化（图1-3-7）。

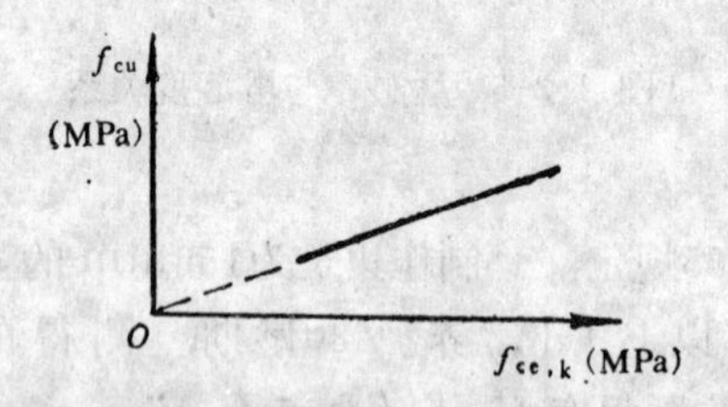

图 1-3-6 混凝土强度与水泥标号的关系

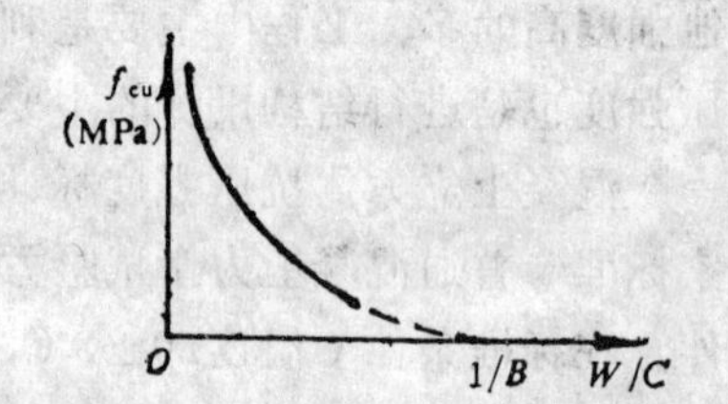

图 1-3-7 混凝土强度与水灰比的关系

根据对塑性混凝土的大量试验，总结出混凝土28d的立方体抗压强度与水泥标号和水灰比的关系如下：

$$f_{cu}=Af_{ce}\left(\frac{C}{W}-B\right) \quad (1\text{-}3\text{-}2)$$

式中 f_{cu}——混凝土28d的立方体抗压强度（MPa）；

f_{ce}——水泥的实际强度（MPa）；

$\frac{C}{W}$——灰水比（质量比）；

A、B——经验系数。

上式是瑞士学者鲍罗米于1927年提出的，故又称鲍罗米公式。

2.骨料 骨料中有害杂质过多，质量低劣时，将降低混凝土的强度。质地坚硬，表面粗糙多棱角的骨料，与水泥的粘结力大，所配制的混凝土强度高。

3.养护条件与龄期 混凝土的强度是在一定的温度、湿度条件下，通过水泥水化逐步发展的。在保持一定湿度的条件下，温度越高，水化速度越快，混凝土的强度增长越快。温度越低混凝土强度增长越慢，当温度在零度以下时，硬化不但停止，混凝土孔隙内的水分结冰，体积膨胀，使混凝土结构遭到破坏，强度降低，甚至完全崩溃。

混凝土在硬化过程中，若湿度不够，不能满足水泥水化作用的需要，将影响混凝土强度的增长，且容易干缩开裂，影响耐久性，所以混凝土在养护期必须保持一定的湿度，保证混凝土强度的正常发展。

《钢筋混凝土施工及验收规范》GBJ204—83规定：

（1）在混凝土浇筑完毕后，应在12h以内加以覆盖和浇水；（2）混凝土浇水养护日期，硅酸盐水泥、普通水泥和矿渣水泥拌制的混凝土，不得少于7d；掺用缓凝型外加剂或有抗渗性要求的混凝土，不得少于14d；（3）浇水次数应能保持混凝土具有足够的湿润状态；（4）如平均气温低于5℃时，不得浇水。

混凝土强度随龄期增加而提高，最初7d增长较快，以后逐渐减慢，28d达到标准强度。

（三）提高混凝土强度的措施

1.采用高标号水泥或特种水泥　结构的重要构件或预应力混凝土工程，要求强度较高的混凝土，此时应相应提高水泥标号，一般应在425号以上。

2.采用干硬性混凝土　干硬性混凝土水灰比小，含砂率小，稠度大，游离水少，施工时需强力振捣，因而密实度大，混凝土强度高，在水泥用量相同的情况下，强度较塑性混凝土可提高40～80%。

3.采用机械拌合与振捣　能使拌合物成分均匀，成型密实，从而提高强度。

4.采用蒸汽养护和蒸压养护　蒸汽养护是将混凝土放在温度低于100℃的常压蒸汽中进行。一般混凝土经过16～20h蒸汽养护后，强度可达正常养护条件下28d强度的70～80%。蒸压养护是将混凝土构件放在175℃的温度及800kPa的压蒸锅内进行养护，可使混凝土硬化加快，强度提高。

5.掺加早强剂或减水剂　早强剂能提高混凝土的早期强度。减水剂能在流动性相同的条件下，减少用水量，从而可提高混凝土强度。

三、混凝土的耐久性

混凝土能抵抗各种自然环境的侵蚀而不破坏的能力称为耐久性。对混凝土除要求具有一定的强度安全承受荷载外，还应具有耐久性，如抗渗、抗冻、耐磨、耐热、耐风化等。

（一）抗渗性

混凝土抵抗压力水渗透的性质称为抗渗性。产生渗透的原因是由于混凝土内部具有孔隙。因此，提高混凝土的密实度或掺用适量的引气剂，在混凝土中产生不连通的微小气泡，截断渗水孔道，可提高混凝土的抗渗性。

混凝土的抗渗性用抗渗标号表示。抗渗标号有S_2、S_4、S_6、S_8、S_{10}、S_{12}等，S_4表示28d龄期的标准试件，在规定试验条件下，承受0.4MPa的水压力无渗透现象。抗渗标号越大，抗渗性越好。

（二）抗冻性

抗冻性是指混凝土在水饱和状态下，能经受多次冻融循环不破坏，同时也不严重降低强度的性质。抗冻性用抗冻标号表示，混凝土的抗冻标号有D25、D50、D100、D150、D200、D250和D300等7种。D25表示混凝土在水饱和状态下，经受25次冻融循环后，质量损失不超过5%，强度降低不大于25%。

（三）抗蚀性

混凝土抵抗各种介质侵蚀的能力称为抗蚀性。混凝土的抗蚀性与水泥品种、混凝土的密度度和孔隙特征有关。水泥品种的选择可参考表1-2-6和本章表1-3-1选用。

（四）提高混凝土耐久性的措施

1.合理选择水泥品种　根据工程所处环境和要求，按表1-3-1选用。

2.适当控制水灰比和水泥用量　水灰比的大小是决定混凝土密实度的主要因素。足够的水泥用量同样可起到提高混凝土密实度和耐久性的作用。现行规范规定了混凝土的最大水灰比和最小水泥用量，以提高其耐久性（表1-3-9）。

混凝土的最大水灰比和最小水泥用量表(GBJ204—83)　　表 1-3-9

项次	混凝土所处的环境条件	最大水灰比	最小水泥用量(kg/m³)			
			普通混凝土		轻骨料混凝土	
			配筋	无筋	配筋	无筋
1	不受雨雪影响的混凝土	不作规定	225	200	250	225
2	(1)受雨雪影响的露天混凝土 (2)位于水中及水位升降范围内的混凝土 (3)在潮湿环境中的混凝土	0.7	250	225	275	250
3	(1)寒冷地区水位升降范围内的混凝土 (2)受水压作用的混凝土	0.65	275	250	300	275
4	严寒地区水位升降范围内的混凝土	0.6	300	275	325	300

注：1.本表所列水灰比，系指水与水泥(包括外掺混合材料)用量之比。
2.表中最小水泥用量(包括外掺混合材料)，当用人工捣实时应增加25kg/m³；当掺用外加剂、且能有效地改善混凝土的和易性时，水泥用量可减少25kg/m³。
3.寒冷地区系指最冷月份的平均温度在-5～-15℃之间，严寒地区则指最冷月份的平均温度低于-15℃。

3.选用较好的砂石骨料及改善骨料级配。

4.掺加引气剂或减水剂对提高抗渗抗冻性有良好的作用，并可节约水泥。

5.改善混凝土的施工方法。在混凝土施工中应搅拌均匀，振捣密实及精心养护，均可提高混凝土的耐久性。

第三节　混凝土的配合比设计

混凝土的品质不仅与各组成材料的技术性质有关，而且还与各组成材料在混凝土中的相对含量有关。各组成材料数量之间的比例关系称为混凝土配合比，正确、合理地选择配合比，称为混凝土配合比设计。通常以1m³混凝土所使用的各种材料的质量之比表示。

配合比设计的任务，就是将各种材料合理地配合，使拌制出的混凝土能满足强度、和易性和耐久性的要求，并尽量节约水泥降低成本。

一、初步配合比计算

根据理论计算得出的混凝土配合比称为初步配合比。它的理论基础就是确定四项材料用量之间的三个比例关系。即水与水泥之间的比例关系，常用水灰比表示；砂与石子之间的比例关系常用砂率表示；水泥浆与骨料之间的比例关系，常用单位用水量（1m³混凝土用水量）来反映。水灰比、砂率、单位用水量称为混凝土配合比的三个参数。这三个参数与混凝土的各项性能之间有着密切的联系，正确地选择三个参数，能使混凝土满足各项技术与经济要求。其具体计算步骤如下。

（一）确定混凝土施工配制强度f'_{cu}

由于施工现场各种因素的影响，混凝土强度有较大的离散性。为使配制的混凝土绝大部分都达到或超过设计的混凝土强度等级，或者说，为使混凝土的强度保证率满足规定的要求，在混凝土配合比设计时，必须使混凝土的配制强度高于设计要求的强度等级，二者相差多少，不但与强度保证率有关，还与施工控制水平有关，计算必须反映这两方面的内容。国家现行标准GBJ107—87规定：混凝土施工配制强度根据设计混凝土强度等级及混凝土强度标准差由式（1-3-3）计算求得：

$$f'_{cu}=f_{cu,k}+1.645\delta \quad (1\text{-}3\text{-}3)$$

式中 f'_{cu}——混凝土施工配制强度（MPa）；

$f_{cu,k}$——混凝土立方体抗压强度标准值，即设计混凝土强度等级（MPa）；

δ——混凝土强度标准差（MPa）。

δ的取值如下：

1.如施工单位有30组以上混凝土试配强度的历史统计资料时，δ可按下式求得：

$$\delta=\sqrt{\frac{\sum_{i=1}^{n}f_{cu,i}^{2}-n\mu_{f_{cu}}}{n-1}} \quad (1\text{-}3\text{-}4)$$

式中 $f_{cu,i}$——统计周期内第i组试件的立方体抗压强度值（MPa）；

$\mu_{f_{cu}}$——统计周期内n组试件立方体抗压强度平均值；

n——统计周期内相同强度等级的混凝土试件组数，$n\geqslant25$。

2.如施工单位无历史统计资料时，δ可按表1-3-10取值。

δ 取 值 表（GBJ204—83） **表 1-3-10**

$f_{cu,k}$	C10～C20	C25～C40	C50～C60
δ(MPa)	4.0	5.0	6.0

为了使用方便，按公式（1-3-3）的计算结果列于表1-3-11，以备查用。考虑到目前混凝土生产单位的管理水平，还规定了强度标准差的下限值，对C20、C25的混凝土，δ的下限值取2.5MPa，对≥C30的混凝土，δ的下限值取3.0MPa，表1-3-11中的黑线反映了这一问题。

混凝土施工配制强度(MPa)(GBJ107—87) **表 1-3-11**

强度等级	强度标准差 δ (MPa)					
	2.0	2.5	3.0	4.0	5.0	6.0
C7.5	10.8	11.6	12.4	14.1	15.7	17.4
C10	13.3	14.1	14.9	16.6	18.2	19.9
C15	18.3	19.1	19.9	21.6	23.2	24.9
C20	24.1	24.1	24.9	26.6	28.2	29.9
C25	29.1	29.1	29.9	31.6	33.2	34.9
C30	34.9	34.9	34.9	36.6	38.2	39.9
C35	39.9	39.9	39.9	41.6	43.2	44.9
C40	44.9	44.9	44.9	46.6	48.2	49.9
C45	49.9	49.9	49.9	51.6	53.2	54.9
C50	54.9	54.9	54.9	56.6	58.2	59.9
C55	59.9	59.9	59.9	61.6	63.2	64.9
C60	64.9	64.9	64.9	66.6	68.2	69.9

（二）确定水灰比

先按强度要求计算水灰比，由式（1-3-2）

$$f'_{cu} = Af_{ce}\left(\frac{C}{W} - B\right)$$

所以水灰比 $\dfrac{W}{C} = \dfrac{Af_{ce}}{f'_{cu} + ABf_{ce}}$

式中 f_{ce}——水泥的实际强度（MPa），无法取得水泥实际强度时，可采用下式计算：

$f_{ce} = k_c f_{ce,k}$；

k_c——水泥标号富余系数，无统计资料时$k_c = 1.13$；

$f_{ce,k}$——水泥的强度标准值，即水泥标号（MPa）；

A、B——系数，碎石混凝土$A = 0.46$，$B = 0.52$；

卵石混凝土$A = 0.48$，$B = 0.61$。

按上式计算的水灰比应不大于表1-3-9按耐久性要求规定的最大水灰比。否则，应按表1-3-9规定的水灰比取值。

（三）确定单位用水量W_0

确定用水量应以混凝土拌合物达到要求的流动性为准。但影响用水量的因素很多，如石子最大粒径、砂石级配、水泥的需水量等。所以用水量很难用公式计算出来，可根据本地区本单位经验数据选用，也可参照表1-3-12选用。

混凝土用水量选用表（kg/m³）（**JGJ55—81**）　　**表 1-3-12**

所需坍落度 (mm)	卵石最大粒径（mm）			碎石最大粒径（mm）		
	10	20	40	15	20	40
10～30	190	170	160	205	185	170
30～50	200	180	170	215	195	180
50～70	210	190	180	225	205	190
70～90	215	195	185	235	215	200

（四）计算水泥用量C_0

根据已确定的水灰比及用水量可求出水泥用量

$$C_0 = \frac{W_0}{\left(\dfrac{W}{C}\right)}$$

计算出的水泥用量应符合表1-3-9按耐久性规定的数值。若计算值小于规定的数值，可能由于水泥标号过高造成的，应调整水泥标号或按最小水泥用量取用。

（五）确定砂率S_p

砂率可根据本单位多次配制混凝土的经验确定，也可参照表1-3-13选用。

（六）计算砂石用量S_0、G_0

计算砂石用量可用绝对体积法或假定表观密度法求得。

1.绝对体积法　组成混凝土拌合物的水泥、砂、石子及水等材料，经过充分搅拌后，

混凝土砂率选用表（%）（JGJ55—81）　　表 1-3-13

水灰比（W/C）	碎石最大粒径（mm）			卵石最大粒径（mm）		
	15	20	40	10	20	40
0.4	30～35	29～34	27～32	26～32	25～31	24～30
0.5	33～38	32～37	30～35	30～35	29～34	28～33
0.6	36～41	35～40	33～38	33～38	32～37	31～36
0.7	39～44	38～43	36～41	36～41	35～40	34～39

互相填充而达到绝对密实的程度。即混凝土体积（$1m^3$）等于各组成材料的绝对体积之和。可列出下列关系式

$$\frac{C_0}{\rho_c}+\frac{W_0}{\rho_w}+\frac{S_0}{\rho_s}+\frac{G_0}{\rho_g}+10\alpha=1000(\mathrm{L})$$

根据已知砂率可列出下式：

$$\frac{S_0}{S_0+G_0}=S_p$$

式中　C_0、W_0、S_0、G_0——分别为$1m^3$混凝土中水泥、水、砂、石子的质量（kg）；

ρ_c、ρ_w、ρ_s、ρ_g——分别为水泥、水、砂、石子的表观密度（g/cm^3）；

α——混凝土含气量百分数（%），在不使用含气型外加剂时，α可取为1；

S_p——砂率（%）。

联立以上两式，可求出S_0、G_0两个未知量。

2.假定表观密度法　此法假定混凝土拌合物的表观密度为已知，用ρ_{0h}表示，则有

$$C_0+W_0+S_0+G_0=\rho_{0h}$$

$$\frac{S_0}{S_0+G_0}=S_p$$

联立以上两式，可求出S_0、G_0两个未知量。

式中ρ_{0h}可在2400～2500kg/m^3的范围内选用。

二、混凝土的试配和调整

初步配合比是根据经验公式和图表计算出来的，不一定满足实际要求，必须进行试拌调整，直至满足和易性要求，并提供检验强度用的配合比。

混凝土试拌用量　　表 1-3-14

骨料最大粒径(mm)	拌合物数量(L)
30或以下	15
40	30

（一）满足和易性的调整

按初步配合比称取材料进行试拌，试拌数量不应少于表1-3-14所规定的数值。砂、石应以干燥材料的质量为基准。测定混凝土坍落度，并观察其粘聚性及保水性。当坍落度小于设计要求时，应保持水灰比不变，适当增加水泥浆用量，一般每增加10mm坍落度，约需增加2～5%水泥浆。若坍落度过大，可保持砂率不变，增加砂石用量。当粘聚性和保水性较差时，应提高砂率（保持砂石总量不变，增大砂量，减少石子用量）。至和易

性满足要求时，最后提出供检验混凝土强度用的基准配合比。

（二）强度复核

按基准配合比成型立方体试块，做试块时至少采用三个不同的配合比，一个是按上述方法得出的基准配合比，另外两个配合比的水灰比，应较基准配合比分别增加和减少5%，其用水量应该与基准配合比相同，但砂率可做适当调整。对每一配合比的混凝土，都应检验其和易性，并测定其实际表观密度$\rho_{0实}$。然后分别制成三组（每组三块）试件，养护28d后，测定抗压强度。从中选出强度符合要求而水泥用量少的一组作为所需配合比。也可由试验得出的各灰水比的混凝土强度，用作图法或计算求出与f'_{cu}相对应的灰水比值，据此确定所需配合比。

假定满足要求（和易性和强度）的试拌混凝土各材料用量为水泥$=C_{拌}$、砂$=S_{拌}$、石子$=G_{拌}$、水$=W_{拌}$，则1m³混凝土材料用量为

$$C=\frac{C_{拌}}{C_{拌}+S_{拌}+G_{拌}+W_{拌}}\times\rho_{0实}\quad(\mathrm{kg})$$

$$S=\frac{S_{拌}}{C_{拌}+S_{拌}+G_{拌}+W_{拌}}\times\rho_{0实}\quad(\mathrm{kg})$$

$$G=\frac{G_{拌}}{C_{拌}+S_{拌}+G_{拌}+W_{拌}}\times\rho_{0实}\quad(\mathrm{kg})$$

$$W=\frac{W_{拌}}{C_{拌}+S_{拌}+G_{拌}+W_{拌}}\times\rho_{0实}\quad(\mathrm{kg})$$

此即为试验室配合比的各材料用量。

三、施工配合比

试验室配合比是以干燥骨料为基准的，而施工现场的砂、石都含有一定的水分，所以应该算出材料的实际用量，称为施工配合比。

设实测砂的含水率为$a\%$，石子的含水率为$b\%$，则施工实际材料用量为

水泥用量不变　$C'=C$　(kg)

砂的用量　$S'=S(1+a\%)$　(kg)

石子用量　$G'=G(1+b\%)$　(kg)

水的用量　$W'=W-S\cdot a\%-G\cdot b\%$　(kg)

四、配合比设计例题

预制钢筋混凝土T形梁（不受雨雪影响），混凝土设计强度等级C20，要求坍落度30～50mm，机械拌合与振捣，不使用含气型外加剂，施工单位无试配强度历史统计资料，试设计配合比。

原材料经检验规格如下：

水泥　普通水泥，425号，密度$\rho_c=3.1\mathrm{g/cm^3}$；

砂　中砂，视密度[1] $\rho_s=2.65\mathrm{g/cm^3}$；

碎石　最大粒径40mm，视密度$\rho_g=2.70\mathrm{g/cm^3}$。

水　自来水

工地砂子含水率2%，石子含水率1%。

---

[1] 视密度为包括闭口孔隙在内的材料单位体积的烘干质量。

【解】（一）确定初步配合比

1.确定试配强度f'_{cu} 由于施工单位无历史统计资料，查表1-3-10，当强度为C20时，$\delta=4.0$MPa，再查表1-3-11（或计算），得$f'_{cu}=26.6$MPa。

2.确定水灰比$\frac{W}{C}$

水泥的实际强度$f_{ce}=k_c f_{ce,k}=1.13\times 41.7=47.12$MPa

碎石混凝土$A=0.46$，$B=0.52$

$$\therefore \quad \frac{W}{C}=\frac{Af_{ce}}{f'_{cu}+ABf_{ce}}=\frac{0.46\times 47.12}{26.6+0.46\times 0.52\times 47.12}=0.57$$

查表1-3-9，最大水灰比不作规定，所以$\frac{W}{C}=0.57$符合耐久性要求。

3.确定单位用水量W_0

查表1-3-12，碎石最大粒径40mm，坍落度30～50mm，得用水量$W_0=180$kg。

4.计算水泥用量

$$C_0=\frac{W_0}{\left(\frac{W}{C}\right)}=\frac{180}{0.57}=316\text{kg}$$

对照表1-3-9，最小水泥用量为225kg，计算$C_0=316$kg，符合耐久性要求。

5.确定砂率S_p

查表1-3-13，应用内插法，得$S_p=35\%$。

6.计算砂石用量S_0、G_0

（1）绝对体积法

$$\begin{cases}\frac{C_0}{\rho_c}+\frac{W_0}{\rho_w}+\frac{S_0}{\rho_s}+\frac{G_0}{\rho_g}+10\alpha=1000(\text{L})\\ \frac{S_0}{S_0+G_0}=S_p\end{cases}$$

代入已知量，并取$\alpha=1$

$$\begin{cases}\frac{S_0}{2.65}+\frac{G_0}{2.70}=1000-\frac{316}{3.1}-180-10\times 1=708\\ \frac{S_0}{S_0+G_0}=35\%\end{cases}$$

解以上方程组得 $S_0=665$kg，$G_0=1234$kg

（2）假定表观密度法

设混凝土拌合物的表观密度$\rho_{0h}=2400\text{kg/m}^3$，则

$$\begin{cases}C_0+W_0+S_0+G_0=\rho_{0h}\\ \frac{S_0}{S_0+G_0}=S_p\end{cases}$$

代入已知量得 $S_0+G_0=2400-316-180=1904$

所以 $S_0=(S_0+G_0)S_p=1904\times 0.35=666$kg

$G_0=(S_0+G_0)-S_0=1904-666=1238$kg

计算结果与绝对体积法相近，以下计算以绝对体积法为准。

7.列出初步配合比（见表1-3-15）

初步配合比 表 1-3-15

材料名称	水泥	水	砂	石子
$1m^3$混凝土用量(kg)	316	180	665	1234
质量配合比	1	0.57	2.10	3.91

（二）试配与调整

1.和易性调整　按初步配合比试拌30L，其材料用量为：

水泥　　$0.03\times316=9.48$kg

水　　$0.03\times180=5.40$kg

砂　　$0.03\times665=19.95$kg

石子　　$0.03\times1234=37.02$kg

按上述材料拌合后，测得拌合物的坍落度为20mm，小于设计要求的坍落度（30～50mm），可保持水灰比不变，水和水泥各增加5％，重新拌合试验，测得的坍落度为30mm，符合要求。调整后的材料用量为水泥$9.48\times1.05=9.95$kg，水$5.40\times1.05=5.67$kg，砂19.95kg，碎石37.02kg。做混凝土表观密度试验，测得其实际表观密度为$\rho_{0实}=2410kg/m^3$。据此可求出混凝土的基准配合比。

2.强度复核

采用水灰比0.52、0.57和0.62三个不同的配合比，其材料用量是砂、石子和水用量不变，水泥的质量分别为$\frac{5.67}{0.52}=10.90$kg，$\frac{5.67}{0.57}=9.95$kg，$\frac{5.67}{0.62}=9.15$kg。

经和易性和表观密度检验后，分别做成三组试件（每组三块），养护28d后，测定其抗压强度，三组中以水灰比为0.57的一组，既满足强度要求，又节约水泥。该组配合比可确定为试验室配合比（见表1-3-16）。

试验室配合比 表 1-3-16

材料名称	水泥	水	砂	石子
$1m^3$混凝土用量(kg)	330	188	662	1229
质量配合比	1	0.57	2.00	3.72

已知　$C_{拌}+S_{拌}+G_{拌}+W_{拌}=9.95+19.95+37.02+5.67=72.59$kg

$$\rho_{0实}=2410kg/m^3;$$

则试验室配合比各材料用量为：

$$C=\frac{9.95}{72.59}\times2410=330kg$$

$$S=\frac{19.95}{72.59}\times2410=662kg$$

$$G = \frac{37.02}{72.59} \times 2410 = 1229\text{kg}$$

$$W = \frac{5.67}{72.59} \times 2410 = 188\text{kg}$$

（三）施工配合比

根据现场砂石含水率，计算出施工中1m³混凝土材料用量

水泥用量不变　$C' = C = 330\text{kg}$

砂　$S' = S(1 + a\%) = 662(1 + 2\%) = 675\text{kg}$

碎石　$G' = G(1 + b\%) = 1229(1 + 1\%) = 1241\text{kg}$

水　$W' = W - Sa\% - Gb\% = 188 - 662 \times 2\% - 1229 \times 1\% = 163\text{kg}$

施工配合比　　**表 1-3-17**

材料名称	水泥	水	砂	石子
1m³混凝土用量(kg)	330	163	675	1241
质量配合比	1	0.49	2.05	3.76

第四节　混凝土的外加剂

在混凝土制造过程中掺入的，其掺量小于或等于水泥质量的5%，能按使用要求改善混凝土某些性质的外掺物，称为混凝土的外加剂。

掺入外加剂可以在不增加水泥用量的情况下，提高混凝土质量，改善施工性能，节约原材料，缩短施工周期，满足工程的特殊要求。因此近数十年来，国内外都在大力推广和应用各种混凝土外加剂，逐渐成为混凝土的第五种组成材料。

外加剂的种类很多，按化学成分可分为无机和有机两大类。现就常用的品种介绍如下。

一、减水剂

减水剂是在不影响混凝土和易性的条件下，使混凝土用水量减少的外加剂。也可以在不改变用水量的情况下，增加混凝土的和易性。

国内目前常用的品种主要是木质素磺酸钙（俗称木钙粉）。它是以亚硫酸盐制造纸浆的废液为原料，经发酵处理，脱糖烘干而成的黄褐色粉末。掺量一般为水泥质量的0.2～0.3%，减水率10～15%，节约水泥10～15%，也称M型混凝土减水剂。适用于普通混凝土和大体积混凝土。

该产品货源充足，提取工艺简单，造价低廉，因而是一种应用广泛的品种。

二、早强剂

凡能加速混凝土硬化过程，提高其早期强度的外加剂称为早强剂。多用于冬期施工、紧急抢修、需要加速模板周转的混凝土工程。

（一）无机早强剂

1.氯化物系　氯化物系常用的有氯化钙（$CaCl_2$）和氯化钠（$NaCl$）。能缩短水泥

的凝结时间，提高混凝土早期强度。冬期施工能降低混凝土内部水的冰点，防止混凝土早期受冻，又可作为防冻剂。该品种造价低廉，使用方便，掺量为水泥质量的1～2%。

氯化物对钢筋有锈蚀作用，因此在钢筋混凝土中应尽量不用或少用（用量一般不超过1%）。

2.硫酸盐系　硫酸盐系有硫酸钠（Na_2SO_4），硫代硫酸钠（$Na_2S_2O_3$），能加快水泥硬化，对钢筋无锈蚀作用，掺量一般为水泥质量的0.5～2%。

（二）有机早强剂

国内常用的品种是三乙醇胺$N(C_2H_4OH)_3$，为无色或淡黄色粘稠液体，无毒，易溶于水，呈强碱性，对钢筋无锈蚀作用，掺量为水泥质量的0.02～0.05%。

三乙醇胺可与无机盐制成复合早强剂，效果更佳。

三、引气剂

引气剂是使混凝土内部产生微小气泡的一种外加剂。在混凝土拌合时，加入引气剂可以产生适量的均匀分布而又各自分离的气泡。在混凝土硬化后，这些微气泡仍然存在，其直径为0.05～1.25mm（一般是空气泡）。

气泡的存在使混凝土拌合物摩阻力减小，对骨料起润滑作用，改善了混凝土的和易性。由于微小气泡能缓冲因水的冻结而产生的膨胀压力，减少冰冻的破坏，从而增加了混凝土的抗冻性。气泡能切断混凝土中的毛细管，减少因毛细作用引起的渗透，也就提高了混凝土的抗渗性。

但微小气泡的存在会使混凝土受力面积减小，使混凝土强度有所降低。目前国内常用的引气剂有松香热聚物、松香酸钠与氯化钙的复合剂等。

松香热聚物是松香经石炭酸（苯酚）和硫酸聚合后再用NaOH中和而制得的阴离子型表面活性剂，深棕色固体，不溶于水，使用时需溶于NaOH溶液，是水泥混凝土优良的引气剂，掺加量为水泥质量的0.005～0.015%。松香酸钠是将松香加入煮沸的氢氧化钠溶液中经搅拌溶解，缓慢冷却至80～90°C，再加入60～70°C热水配成5%的溶液而成。

第五节　其他混凝土

工程中除大量使用普通混凝土外，还应用一些特殊要求的混凝土，如防水混凝土、轻骨料混凝土等。

一、防水混凝土

防水混凝土是一种抗渗性能较好的混凝土。主要用于防水抗渗要求较高的工程，如水工构筑物，给水排水构筑物等。

防水混凝土的抗渗能力用抗渗标号表示，如本章第三节混凝土的耐久性所述。用于水池的混凝土抗渗标号不应低于S6。

（一）普通防水混凝土

普通防水混凝土是依靠自身的密实性，不加任何外加剂和其他防水措施，达到防水目的的混凝土。

在普通防水混凝土中，水泥砂浆的质量和数量对混凝土的抗渗性影响很大。水泥砂浆除起填充、润滑和粘结作用外，并在粗骨料周围形成一定厚度的包裹层，以切断混凝土内沿石子表面的毛细渗水通路，增强混凝土的粘滞性，减少骨料的沉降，提高混凝土的密实性，达到抗渗的要求。

所以采用较小的水灰比，适当增加水泥用量和砂率，掺加一定量的细粉料（粒径<0.15mm），控制最大骨料粒径，保证施工质量，都能使混凝土结构得到综合改善，达到防水抗渗的目的。

根据试验和工程实践，配制抗渗标号在S8以上的防水混凝土，水灰比宜采用0.5～0.6，常用0.55左右，坍落度采用30～50mm；常用30mm左右；水泥用量为300～400kg/m³，常用350kg左右（包括细粉料在内）；砂率在35～40%之间，常用38%左右；灰砂比（水泥与砂的质量比）采用1:2.0～2.5，常用1:2左右；粗骨料最大粒径不超过400mm，并采用中砂。

（二）掺外加剂的防水混凝土

普通防水混凝土用水泥较多，对混凝土施工和原材料也提出不少要求，既不经济且制作也较困难。通常也采用掺外加剂法以达到抗渗目的。

1.引气剂防水混凝土　引气剂的作用已在本章第四节讲述。防水混凝土含气量应控制在3～6%为宜，引气剂除松香热聚物外，还可应用松香酸钠和氯化钙的复合引气剂，松香酸钠掺量为水泥质量的0.05%，氯化钙为0.075%，氯化钙能起稳定气泡的作用。

2.防水剂防水混凝土　常用氯化铁（$FeCl_3$）防水剂，为深棕色液体，用量为水泥质量的3%。用时将防水剂倒入80%的混凝土拌合水中，搅拌均匀后，再拌合混凝土，最后加入剩余的净水，严禁直接将防水剂倒入拌合物中。此剂呈酸性，对钢筋有轻微的锈蚀作用。

此外还有掺三乙醇胺早强剂的防水混凝土，掺量为水泥质量的0.05%。

二、轻骨料混凝土

凡是用轻质粗、细骨料，水泥和水配制的容重小于1900kg/m³的混凝土称为轻骨料混凝土。

轻骨料混凝土具有质轻、保温、隔热、吸音等性能，多用于高层建筑的隔墙、楼板、屋面板等。

所用轻骨料有天然多孔岩石，如浮石、火山渣等；多孔工业废料加工制成的，如粉煤灰陶粒、膨胀矿渣珠、自然煤矸石等；人造轻骨料，如页岩陶粒、粘土陶粒、膨胀珍珠岩等。

轻骨料混凝土的强度等级与普通混凝土相似，按立方体抗压强度标准值划分为CL5.0、CL7.5、CL10、CL15、CL20、CL25、CL30、CL35、CL40、CL45和CL50等11种。其中CL5.0的混凝土，表观密度$\rho_0 \leqslant 800kg/m^3$，主要用作保温材料；CL7.5～CL15　$\rho_0 \leqslant 1400kg/m^3$，主要用于不承重的围护结构；CL20～CL50　$\rho_0 \leqslant 1900kg/m^3$，用于承重的钢筋混凝土结构。

第六节　建筑砂浆

建筑砂浆是由胶凝材料、细骨料和水按适当比例配合调制而成的。胶凝材料有水泥和石灰，细骨料有天然砂、石屑和矿渣屑等。其组成情况与混凝土相似，所以又称细骨料混凝土。

砂浆可以将单块的砖、块石或砌块胶结成整体；墙面、地面及梁柱表面都需要用砂浆抹面；大理石板、釉面砖、马赛克等也需要砂浆来粘贴。所以砂浆是一项用量大，用途广泛的建筑材料。

砂浆按胶凝材料可分为水泥砂浆、石灰砂浆和混合砂浆三种。混合砂浆又有水泥石灰砂浆、水泥粘土砂浆和石灰粘土砂浆等。

按用途又可分为砌筑砂浆、抹面砂浆和防水砂浆等。

一、砌筑砂浆

（一）砌筑砂浆的组成材料

1.水泥　一般采用普通水泥，若用于潮湿环境和地下水位较高的建筑砌体，可采用矿渣水泥和火山灰水泥。水泥标号一般为砂浆强度等级的4～5倍，所以拌制砂浆宜采用较低标号的水泥。

2.石灰　石灰膏及磨细生石灰粉都可用作拌制石灰砂浆的胶凝材料。

3.细骨料　一般采用天然砂，其技术要求与混凝土用砂相同。对含泥量要求可放宽。用于毛石砌体的砂浆，砂的最大粒径不应大于灰缝的1/5～1/4，使用天然砂时可不必过筛。而砌筑砖墙和砌块砌体时，砂的粒径不应大于2.5mm，使用前必须过筛。

4.水　对水的质量要求与混凝土相同。

（二）砌筑砂浆的技术性质

1.新拌砂浆的性质　新拌砂浆必须有良好的和易性。和易性好的砂浆，容易在砖石底面铺成均匀的薄层，并能与砌块紧密粘结。砂浆的和易性包括流动性和保水性两个方面。

流动性也称砂浆的稠度。其与多种因素有关，如胶凝材料用量、用水量、砂粒的形状、粗细和级配、搅拌时间等都会影响砂浆的流动性。在工地上常用施工操作经验来掌握。

保水性是砂浆保持水分的能力。影响保水性的主要因素是胶凝材料的用量和细度。若砂浆保水性差可掺入石灰膏、粉煤灰、粘土膏等。

一般说混合砂浆的和易性比水泥砂浆好。

2.硬化后砂浆的性质　砂浆在砌体中主要起粘结和传递压力的作用，所以硬化后的砂浆应有一定的强度，并以抗压强度作为砂浆的主要强度指标。

将砂浆制成边长为70.7mm的立方体试块，在规定条件下养护28d的抗压强度值，划分砂浆的强度等级。

砌筑砂浆的强度等级分为M15、M10、M7.5、M5、M2.5、M1、M0.4等7种。强度等级M15，表示砂浆28d的立方体抗压强度≥15MPa。

二、普通抹面砂浆

普通抹面砂浆是普遍采用于地面、墙面的抹面材料，用以提高建筑物的耐久性，并使墙面达到平整、光洁和美观的效果。

抹面砂浆通常分二层和三层施工。底层主要起与基层粘结和初步找平作用，其水分易被底面吸收，因此必须有较好的保水性和粘结力，一般稠度较大。中层主要起找平作用，同时弥补因底层干燥收缩出现的裂缝，材料与底层相同，但稠度较小，多用石灰砂浆和混合砂浆。

面层主要起装饰效果，要求大面平整无裂痕，多用混合砂浆，麻刀石灰灰浆和纸筋石灰灰浆。

在容易碰撞或潮湿的地方，应采用水泥砂浆，如墙裙、踢脚板、地面、雨篷及水池等处。

抹面砂浆配合比一般采用体积比，且胶凝材料比砌筑砂浆用量较多。

三、防水砂浆

给水排水构筑物和建筑物，如水池、水塔、地下式或半地下式泵房，都有较高的防渗要求，常用防水砂浆抹面作防水层。

防水砂浆是在普通水泥砂浆中掺入一定量的防水剂，常用的防水剂有氯化物金属盐类防水剂，金属皂类防水剂等。

氯化物金属盐类防水剂又名防水浆。主要有氯化钙、氯化铝和水配制而成的一种淡黄色液体，其配比大致为氯化铝:氯化钙:水＝1:10:11，掺量一般为水泥质量的3～5%。一般市场均有成品供应，可用于水池或其他地下建筑物。

氯化铁防水剂也是氯化物金属盐类防水剂的一种。是由制酸厂的废硫铁矿渣和工业盐酸为主要原料制得的一种深棕色液体，主要成分是氯化铁（$FeCl_3$）和氯化亚铁（$FeCl_2$），可提高砂浆的和易性、密实性和抗冻性，减少泌水性，掺量一般为水泥质量的3%。

金属皂类防水剂又名避水浆，是用碳酸钠（或氢氧化钾）等碱金属化合物掺入氨水、硬脂酸和水配制而成的一种乳白色浆状液体。具有塑化作用，可降低水灰比，并能生成不溶性物质堵塞毛细管通道。掺量为水泥质量的3%左右。

防水砂浆的配合比一般采用水泥:砂＝1:2.0～2.5，水灰比在0.50～0.55之间，水泥选用325号以上普通硅酸盐水泥，砂子宜用中砂。

复 习 题

1.普通混凝土由哪些材料组成？各种材料在混凝土中起什么作用？

2.用500g干砂做筛分试验，各筛筛余量如表1-3-18所列。计算分计筛余（%），累计筛余（%）和细度模数。将级配曲线画在砂的筛分曲线图上，并确定砂类和评价级配情况。

表 1-3-18

筛孔尺寸(mm)	5	2.5	1.25	0.63	0.315	0.16	<0.16
筛 余 量(g)	27.5	42	47	191.5	102.5	82	7.5

3.某工程现浇混凝土梁，梁断面为40×60cm，钢筋最小净距为4cm，设计混凝土强度等级C20。工地现存下列材料，试选用合适的一种石子及水泥（水泥不考虑富余系数k_c）。

水泥　275号火山灰水泥、矿渣水泥。325号普通水泥，425号普通水泥，525号硅酸盐水泥。

石子　5～10、5～20、5～30、5～40、5～60mm。

4.何谓混凝土拌合物的和易性？影响和易性的因素有哪些？

5.为提高混凝土强度和促使混凝土强度增长，可采用哪些措施？

6.混凝土的强度等级是怎样划分的？普通混凝土有哪些强度等级？

7.解释混凝土抗压强度的几个名词

（1）立方体试件抗压强度；（2）标准立方体试件抗压强度；（3）抗压强度代表值（看混凝土试验）；（4）立方体抗压强度标准值；（5）强度等级；（6）配制强度；（7）设计强度。

8.何谓混凝土的耐久性？一般指哪些性质？

9.某教学楼大梁用C20混凝土，采用机械搅拌和振捣，施工要求坍落度30～50mm，不使用含气型外加剂，计算该混凝土的初步配合比，原材料技术性质如下：

水泥　425号普通水泥，$\rho_c = 3.1g/cm^3$；自来水；

砂子　中砂，$\rho_s = 2.60g/cm^3$；

石子　碎石，$d_{max} = 20mm$、$\rho_g = 2.70g/cm^3$。

10.某混凝土试样经调整后各材料用量为：水泥3.10kg，水1.86kg，砂子6.24kg，碎石12.48kg，混凝土拌合物的实际表观密度$\rho_{0实} = 2450kg/m^3$，试计算$1m^3$混凝土的各材料用量。若工地砂子含水率为2.5%，石子含水率为0.5%，求施工配合比。若每次拌合用一袋水泥，求其他材料用量。

11.在混凝土中掺加减水剂有何作用？木质素磺酸钙的适宜掺量是多少？

12.何谓防水混凝土？如何配制掺外加剂的防水混凝土？

13.按C20混凝土配合比例，制做一组150×150×150mm的试件，在龄期28d时做抗压强度试验，测得破坏时的荷载分别为555kN，525kN，423kN，问该组试件的混凝土是否符合强度等级？

提示：本题可参考试验二一三、普通混凝土抗压强度试验（五）试验结果。

14.建筑砂浆按胶凝材料和按用途怎样分类？

第四章　防　水　材　料

防水材料是保证房屋建筑能够防止雨水、地下水及其他水分渗透的建筑材料，是建筑工程中不可缺少的材料之一。目前常用的防水材料有沥青及其制品、防水涂料和防水油膏等。

第一节　沥　　青

沥青是一种有机胶凝材料。主要由不同分子量的碳氢化合物及其非金属（氧、氮、硫等）衍生物所组成。常温下呈固体、半固体或液体状态，颜色为黑色或黑褐色。

沥青可分为地沥青和焦油沥青两大类。地沥青按产源又可分为天然沥青和石油沥青两种。天然沥青是存在于自然界的沥青矿经开采加工的产品。焦油沥青按原材料不同又可分为煤沥青、木沥青、页岩沥青及泥炭沥青等几种。工程中最常用的是石油沥青和煤沥青。

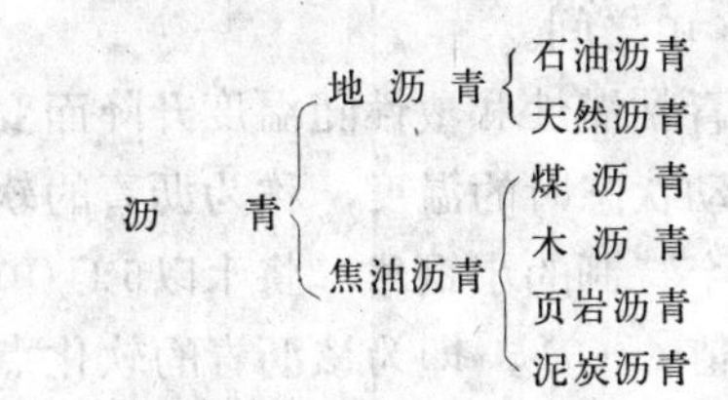

一、石油沥青

石油沥青是石油原油经蒸馏提炼出各种燃料油（汽油、煤油、柴油等）及润滑油以后的残渣，再经加工制成的产品。

（一）主要技术性质

1.粘滞性（稠度）　粘滞性是指沥青在外力作用下抵抗变形的能力。

固体、半固体沥青的粘滞性用针入度表示。当温度为25℃时，用特制的质量为100g的标准针，经5s自由沉入沥青中的深度，即为该沥青的针入度（图1-4-1）。以0.1mm为单位，即每沉入0.1mm，针入度为一度。如沉入沥青的深度为10mm，则针入度为100。针入度越小，粘滞性越大。

液体沥青的粘滞性用粘滞度表示。体积为50mL的沥青试样，在温度为60℃或25℃时，通过规定孔径（3、5、10mm）流出所用的时间（以s计），称为该沥青的粘滞度。如图1-4-2所示。常用符号C_t^d表示，d为孔口直径（mm），t为试验时沥青的温度（℃）。

2.塑性　塑性是指沥青在外力作用下产生变形而不破坏，除去外力后，仍保持变形后的形状的性质，用延度表示。

将沥青制成“8”字形试件，中间最窄处为1cm²，置于温度为25℃的延伸仪水槽中，以5cm/min的速度拉伸，拉断时的伸长值（cm）即为延度。如图1-4-3所示。延度越大，

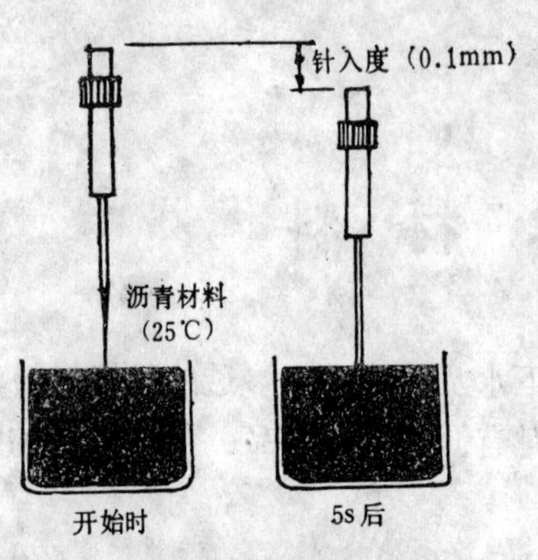

图 1-4-1 针入度测定示意图

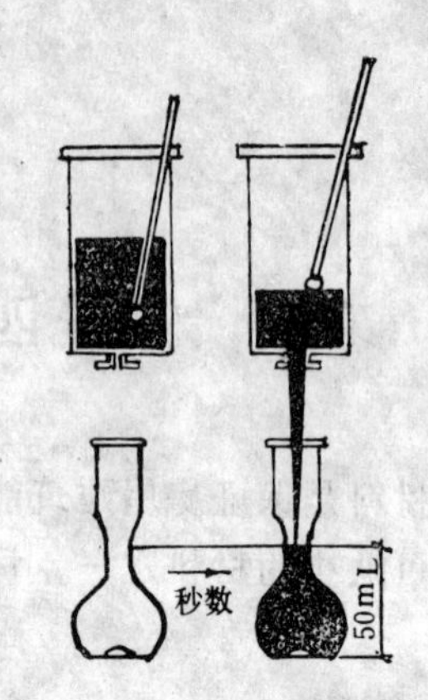

图 1-4-2 粘滞度测定示意图

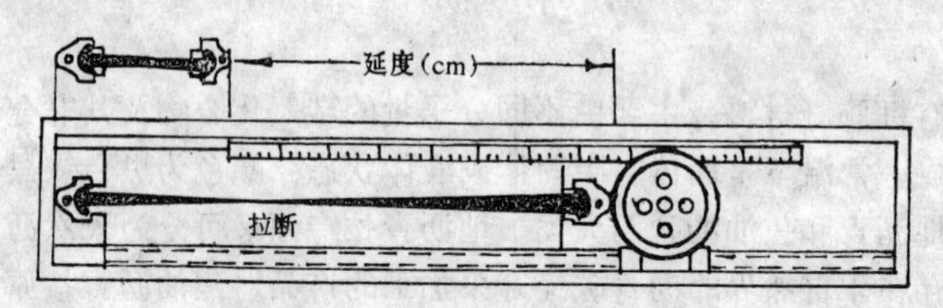

图 1-4-3 延度测定示意图

沥青塑性越好。延度常在1～100cm之间。

3.温度稳定性　是指石油沥青粘滞性和塑性随温度升降而变化的性能，常用软化点表示。沥青由固体状态变为一定流动状态时的温度，称为沥青的软化点。将凝固在特制铜环中的沥青平放在水中，上面放一个特制的小钢球，将水以5℃/min的速度升温，直至沥青软化下垂达25.4mm时水的温度值（℃），即为该沥青的软化点（图1-4-4）。软化点愈高，沥青的温度稳定性愈好，其粘滞性和塑性随温度的升降变化愈小。使用时可以保证沥青夏天不软化，冬天不脆裂。

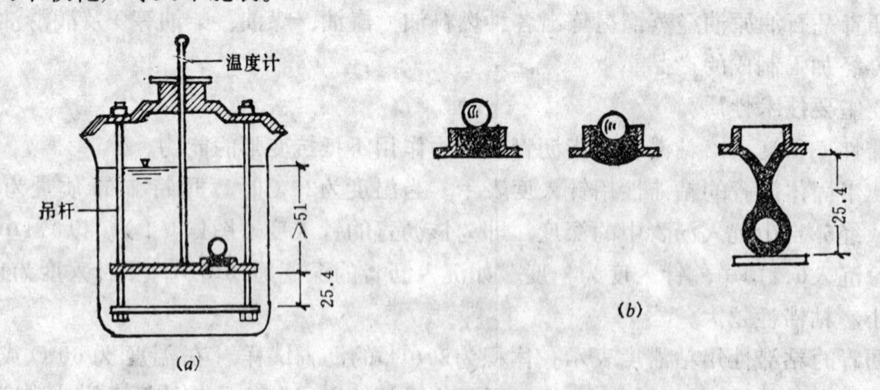

图 1-4-4 软化点测定示意图

(a)环球仪装置；(b)沥青软化过程示意图

4.大气稳定性　指石油沥青在热、阳光、空气和潮湿的综合作用下，抵抗老化的性能。随着时间的增加，沥青的流动性和塑性降低，脆性增大，粘结力减小，称为沥青的老化。

大气稳定性以蒸发损失和蒸发后针入度比表示。其测定方法是：先测定沥青试样的质量和针入度，然后将试样置于专用的烘箱中，在160℃下蒸发5h，待冷却后再测定其质量和针入度，计算蒸发损失质量占试件原质量的百分数，称为蒸发损失；计算蒸发后针入度占原针入度的百分数，称为蒸发后针入度比。蒸发损失愈小，蒸发后针入度比愈大，则表示沥青的大气稳定性愈好，“老化”越慢。

此外评定石油沥青的品质还有溶解度、闪点等性质。

溶解度是指石油沥青在三氯乙烯、三氯甲烷、四氯化碳或苯中溶解的百分率，以表示石油沥青有效物质的含量。

闪点是加热沥青至挥发出可燃气体和空气的混合物，在规定条件下与火焰接触，初次闪火时的沥青温度。

（二）石油沥青的牌号及应用

现行国家标准，根据石油沥青的针入度、延度和软化点等性质，将石油沥青分为道路石油沥青，建筑石油沥青和普通石油沥青三大类（表1-4-1）。

石油沥青技术标准　　　　表1-4-1

项目	道路石油沥青（SY1661—85）							建筑石油沥青（GB494—85）		普通石油沥青（SY1665—77）		
	200号	180号	140号	100号甲	100号乙	60号甲	60号乙	30号	10号	75号	65号	55号
针入度（25℃，100g），0.1mm	201～300	161～200	121～160	91～120	81～120	51～80	41～80	25～40	10～25	75	65	55
延度（25℃）cm，不小于	—	100①	100①	90	60	70	40	3	1.5	2	1.5	1
软化点（环球法），℃，不低于	30	35	35	42～50	42	45～50	45	70	95	60	80	100
②溶解度（三氯甲烷，三氯乙烯、四氯化碳或苯），％不小于	99	99	99	99	99	99	99	99.5	99.5	98	98	98
蒸发损失（160℃，5h），％不大于	1	1	1	1	1	1	1	1	1	—	—	—
蒸发后针入度比，％不小于	50	60	60	65	65	70	70	65	65	—	—	—
闪点（开口）、℃不低于	180	200	230	230	230	230	230	230	230	230	230	230

①当25℃延度达不到100cm时，如15℃延度不小于100cm也认为是合格的。

②道路石油沥青无四氯化碳，普通石油沥青无三氯乙烯。

三种石油沥青都是以针入度划分牌号，每个牌号还应保证延度、软化点、溶解度等规定的数值。

道路石油沥青有7个牌号，牌号越高，针入度越大（沥青越软），粘滞性越小，塑性越好（延度大），温度稳定性越差（软化点低）。

道路石油沥青主要用于路面或车间地面工程，可制成沥青混凝土，沥青砂浆应用。

建筑石油沥青有两个牌号，其针入度较小（粘性较大），软化点较高（温度稳定性好），延度较小（塑性差），主要用作制造油毡、油纸、防水涂料和沥青胶，多用于屋面及地下防水工程。

普通石油沥青含有害成分蜡质较多，常大于5％，有的高达20％以上，故又称多蜡石油沥青，其粘滞性和塑性均较差。软化点虽然较高，但软化点与达到流动状态的温差值却很小，当达到软化点时，沥青已接近流动状态，施工后易产生流淌现象。故普通石油沥青在建筑中不宜单独使用，常与建筑石油沥青掺配使用。

二、煤沥青

煤沥青是炼焦或生产煤气时的副产品。烟煤干馏所挥发的物质冷凝生成煤焦油。煤焦油继续蒸馏而得到轻油、中油、重油、蒽油后所剩的残渣，即为煤沥青。

根据软化点的大小，煤沥青分为低温沥青、中温沥青和高温沥青三种。建筑上所采用的煤沥青多为粘稠或半固体的低温沥青。其技术标准见表1-4-2。

煤沥青技术标准（GB2290—80）　　表 1-4-2

指标名称	低温沥青		中温沥青		高温沥青
	一类	二类	电极用	一般用	
1.软化点(环球法)℃	30～45	＞45～75	＞75～90	＞75～95	＞95～120
2.甲苯不溶物含量(%)	—	—	15～25	＜25	—
3.灰分(%)不大于	—	—	0.3	0.5	—
4.水分(%)不大于	—	—	5.0	5.0	5.0
5.挥发分(%)	—	—	60～70	55～75	—
6.喹啉不溶物含量(%)不大于			10		

作为防水材料，煤沥青的性能不如石油沥青，其塑性、温度稳定性和大气稳定性较差，老化快。但其抵抗微生物的腐蚀能力较强，适用于地下防水工程及木材的防腐处理。

第二节　沥青防水制品

沥青与其他材料复合可制成多种产品，用于建筑物的防潮和防水。常用的有防水卷材、沥青胶、冷底子油、沥青防水涂料、沥青防水油膏等。

一、沥青防水卷材

沥青油毡油纸是目前工程中最常用的防水卷材。

油毡是用低软化点沥青浸渍原纸，然后用高软化点沥青涂盖油纸两面，再撒以撒布材料制成的一种纸胎防水卷材。当撒布材料为粉状物（如滑石粉）时，称为粉毡，为片状物（如云母片）时，称为片毡。

油纸是用低软化点的沥青浸渍原纸制成的一种无涂盖物的纸胎防水材料。

油毡和油纸按原纸质量（g/m^2）划分标号，石油沥青油毡分为200、350和500三种标号；石油沥青油纸分为200、350两种标号；煤沥青油毡只有350一种标号。沥青油毡和油纸的性能及指标见表1-4-3。

石油沥青油纸适用于防潮包装、建筑防潮和多层防水层的底层；200号油毡适用于简易建筑防水和临时性建筑防水层或防潮层；350号和500号粉毡适用于多层防水层的各层；片毡适用于单层防水。煤沥青油毡多用于防潮和地下防水。

使用油毡时，表面的防粘撒布物必须清扫干净，否则影响粘贴。油毡应存放在阴凉透风处，不能在强烈阳光下曝晒；油毡必须立放，堆放高度不超过两层，以免时间长了引起粘结和压裂。

二、沥青胶和冷底子油

（一）沥青胶

沥青卷材质量标准 表 1-4-3

名称	石油沥青油毡(GB326—73)						煤沥青油毡(JG73—64)		石油沥青油纸(GB328—73)	
	粉毡200	片毡200	粉毡350	片毡350	粉毡500	片毡500	粉毡350	片毡350	石纸200	石纸350
每卷质量不小于(kg)	17.5	20.5	28.5	31.5	39.5	42.5	23	25	7.5	13
油毡浸水24h油纸浸水6h后吸水率不大于(%)	1	3	1	3	1	3	3	5	20	
原纸质量(g/m^2)不小于	200		350		500		350		200	350
抗拉强度(在18°±2℃时)不小于(N)	320		440		520		400		200	360
不透水性 动水压法15min不小于(MPa)	0.05		—		—		0.1		—	
不透水性 动水压法30min不小于(MPa)	—		0.1		0.15		—		—	

沥青胶是沥青和适量的粉状或纤维状的矿质填充料配合而成的胶结材料，俗称玛琋脂。主要用于粘结防水卷材、涂刷防水层及嵌缝、接头等。

掺加填充料的目的是为了提高沥青的耐热性，改善低温时的脆性和节约沥青用量，使沥青的粘结力、温度稳定性和大气稳定性都得到提高。一般说填充料掺量越多，沥青胶耐热性越高，粘结力越大，但柔韧性降低，施工流动性越差。

配制石油沥青胶可采用10号、30号建筑石油沥青和60号道路石油沥青或其熔合物；也可采用55号普通石油沥青掺配10号、30号建筑石油沥青的熔合物或单独采用55号普通石油沥青；配制焦油沥青胶应采用中温焦油沥青与煤焦油的熔合物。

采用粉状填料时，其掺入量为10～25%，宜优先采用碱性矿粉（如滑石粉、白云石粉、石灰石粉、石棉粉等）；在酸性介质作用的环境中，亦可采用酸性矿粉（如石英石粉、花岗石粉等）。细度要求应全部通过0.21mm孔径的筛子，其中粒径大于0.085mm的颗粒不应超过15%，含水量不应大于3%。

采用纤维状填充料时，掺入量一般为5～10%，如石棉绒等。

沥青胶有热用和冷用两种，一般工地多为热用。

配制热用沥青胶时，先将矿粉预热到120～140°C，使其脱水干燥，然后慢慢倒入已熔化的沥青中，继续加热，搅拌均匀，直至具有适宜的流动性为止。

冷用沥青胶一般是用石油沥青和稀释剂（绿油、汽油、煤油）调成沥青溶液，再加入填充料（熟石灰粉、石棉粉等）搅拌而成。冷用沥青胶使用时不再加热，可在常温下施工，改善劳动条件，能涂成均匀的薄层，节约沥青，但成本较高。

冷石油沥青胶参考配合比（质量%） 表 1-4-4

10号石油沥青	轻柴油或煤油	油酸	熟石灰粉	石棉粉
50	25～27	1	14～15	7～10

（二）冷底子油

冷底子油是沥青与多量有机溶剂调制而成的溶液，故又称沥青溶液。它的流动性好，便于喷涂。把它涂刷在水泥、混凝土、木材和金属表面，能很快渗透到基层，溶剂挥发后，基层表面形成一层胶质薄膜，能提高沥青胶与基层的粘结能力。

因多在常温下用于防水工程的底层，俗称冷底子油。

配制冷底子油应先将沥青加热溶化，使其脱水至不起泡为止。将熔化后的沥青倒入料桶中，放置在背离火源上风向25m以外。如加入快挥发性溶剂(苯、汽油)，沥青温度一般不超过110℃；如加入慢挥发性溶剂（轻柴油、煤油），沥青温度一般不超过140℃。按配合比将溶剂慢慢注入沥青中，搅拌均匀为止。也可将熔化的沥青成细流地加入溶剂中。配制好的冷底子油应加盖密封，以防挥发。

冷底子油可用10号或30号建筑石油沥青，60号道路石油沥青，软化点为50～70℃的煤焦沥青，加热熔化后掺入溶剂，其参考配合比列于表1-4-5。

冷底子油参考配合比　　表1-4-5

用途	沥青(质量%)			溶剂(质量%)		
	10号或30号石油沥青	60号道路石油沥青	软化点50～70℃的煤焦沥青	轻柴油或煤油	汽油	苯
涂刷在终凝前的水泥砂浆基层上	40	—	—	60	—	—
	—	55	—	45	—	—
	—	—	50	—	—	50
涂刷在已硬化干燥的水泥砂浆基层上	50	—	—	50	—	—
	—	30(60)	—	—	70	(40)
	—	—	55	—	—	45
涂刷在金属表面上	30	—	—	70	—	—
	35(45)	—	—	65	—	(55)
	—	—	45	—	—	55

三、防水涂料

以石油沥青为基料，加入改性材料和稀释剂制成的粘稠胶状材料称为沥青防水涂料。防水涂料可直接涂刷在基层表面，提高其抗渗性和耐久性，适用于屋面、墙面、沟槽等的防水、防潮工程。常用的有乳化沥青和改性沥青防水涂料。

（一）乳化沥青

乳化沥青是在机械的强力搅拌下，依靠乳化剂将熔化的沥青分散成细小的颗粒，悬浮于水中形成均匀稳定的液体。乳化沥青涂刷在基层上后，由于水分蒸发，沥青颗粒凝聚成膜，即形成沥青防水层。

乳化沥青的主要原料是沥青和水。由于用水代替了有机溶剂，改革了热沥青施工方法，改善了施工条件。乳化沥青常用的乳化剂有肥皂、洗衣粉、松香皂等。所用的乳化剂又称阴离子乳化剂。

（二）改性沥青防水涂料

改性沥青防水涂料品种很多，其中常用的是上海沥青油膏稀释涂料。这种涂料是以上海沥青油膏作基料，以汽油或松节油为溶剂，并掺入适量的颜料（氧化铁红）和云母粉配制而成。

此外常用的还有再生橡胶沥青涂料。该涂料是以石油沥青为基料，以再生橡胶为改性材料、以汽油、煤油为溶剂，并加入适量的颜料配制而成。施工时，先在基层上刷冷底子油一道，再涂刷该涂料四度。

四、沥青嵌缝油膏

沥青嵌缝油膏是以沥青为基料，加入改性材料、稀释剂及填充料混合制成的冷用膏状材料。常用的品种有沥青鱼油油膏、聚氯乙烯胶泥、马牌建筑油膏等。嵌缝油膏主要用于预制屋面板和大型墙板拼缝的嵌缝材料。

沥青鱼油油膏又称上海沥青防水油膏，是目前应用较广泛的一种。它是以石油沥青为基料，以松焦油、硫化鱼油为改性材料，以松节油为稀释剂，以石棉绒和滑石粉为填充料等配制而成。其各种材料的配合比如表1-4-6所列。

上海沥青防水油膏配合比　　表 1-4-6

油膏种类	油料				填料		油料与填料之比
	石油沥青	松焦油	硫化鱼油	重松节油	石棉绒	滑石粉	
南方用	100(70°C软化点)	10	20	60	87.4	131.3	1:1.15
北方用	100(60°C软化点)	15	30	60	66.5	155	1:1.08

施工时先将板缝中的杂物和尘土清扫干净，刷一道冷底子油，待冷底子油干燥后，用刮刀将油膏分两次填嵌在缝内，使油膏略高出板面2～3mm，并盖过板缝两侧10～20mm。本油膏适用于常温下施工。

复习题

1.石油沥青的主要技术性质有哪些？怎样测定？

2.石油沥青的牌号是如何划分的？牌号的大小与主要性质的关系如何？

3.现有三种石油沥青，其牌号不详，经检验结果如下：

表 1-4-7

项目	类别		
	A	*B*	*C*
25°C时针入度(0.1mm)	70	100	11
25°C时延伸度(cm)	50	90	2
软化点(°C)	50	45	102

问*A*、*B*、*C*属何品种，何牌号的沥青？

4.什么是沥青的老化？其性质有何变化？对工程有何影响？

5.什么是煤沥青？其来源与石油沥青是否相同？

6.油毡和油纸的标号是如何划分的？各有哪些标号？适用于何处？

7.何谓沥青胶和冷底子油？有何用途？

8.沥青防水油膏和防水涂料有何用途？

第五章　建筑塑料与油漆涂料

第一节　塑料的组成

塑料是以合成树脂为主要成分，并掺入适量的填料、染料、增塑剂、硬化剂……等原料，在一定温度下加压成型的产品。建筑塑料具有质轻、高强、耐水、耐腐蚀等特点，是一种较为理想的代钢代木材料。

塑料可作装修材料（做成塑料门窗、楼梯扶手、踢脚板和地板等），也可制成塑料管道及卫生设备零件，用于室内给水排水工程。

一、塑料的组成

多成分塑料除合成树脂外，尚含有填料、增塑剂、硬化剂、着色剂及其他添加剂，现分别介绍如下：

（一）合成树脂

合成树脂是由石油或煤等天然材料加工后得到的低分子有机化合物（如乙烯、苯等），经加聚或缩聚反应生成的高分子有机化合物。它具有和天然树脂（如松香、虫胶等）相似的性质。

加聚反应

$$\underset{\text{乙烯}}{nCH_2=CH_2} \longrightarrow \underset{\text{聚乙烯}}{\left[CH_2-CH_2 \right]_n}$$

$$\underset{\text{氯乙烯}}{nCH_2=\underset{\displaystyle Cl}{\underset{|}{CH}}} \longrightarrow \underset{\text{聚氯乙烯}}{\left[CH_2-\underset{\displaystyle Cl}{\underset{|}{CH}} \right]_n}$$

式中 n 称为聚合度。n 越大，聚合度越高，树脂的粘滞度越大。

缩聚反应

$$\underset{\text{苯酚}}{nC_6H_5OH} + \underset{\text{甲醛}}{nHCHO} \longrightarrow \underset{\text{酚醛}}{\left[C_6H_4OHCH_2 \right]_n} + \underset{\text{水}}{nH_2O}$$

加聚反应在反应过程中不产生副产物，聚合物的化学组成与原单体的化学组成基本相同。分子结构大多为线型。

缩聚反应除获得聚合物外，还生成低分子量的化合物（如H_2O、CO_2等）。缩聚合物的化学组成与原单体的组成完全不同。分子结构可为线型或体型。

合成树脂按受热时所发生的变化不同，可分为热塑性和热固性两种。

热塑性树脂是在一定的温度范围内具有受热软化（或熔化），冷却变硬，可反复塑制的树脂。软化状态下能受压进行模塑加工，当冷却至软化点以下，又能保持模具形状。加工成型简便，机械性能好，但耐热性和刚性较差。分子结构为线型，它包括全部加聚树脂和部分缩聚树脂，如聚乙烯、聚丙烯、聚氯乙烯、聚苯乙烯等。

热固性树脂是指经加热成型以后，不再因受热而软化或熔融的树脂。高温会分解破坏，不能反复塑制。分子结构为体型，包括大部分缩聚树脂，如酚醛树脂、脲醛树脂、环氧树脂等。

合成树脂在塑料中起胶结作用，不但本身胶结在一起，而且能把其他成分也牢固地胶结起来。塑料的性质决定于所采用的合成树脂，其在塑料中的含量为30～100%。

（二）填料

填料是具有填充作用或为改善制品性能而加入的补充物料。加入填料后能增加塑料的化学稳定性，提高塑料的强度、硬度和耐热性，并能降低成本，含量约为40～70%。

填料的种类很多，按化学成分可分为有机填料如木粉、纸屑、棉布、植物纤维等，和无机填料如滑石粉、石灰石粉、铝粉、石棉、玻璃纤维等。按形状又可分为粉状、片状和纤维状等。

（三）增塑剂

为提高塑料加工时的可塑性而加入的一种低挥发性物质。增塑剂能增加塑料的可塑性和流动性，降低塑料的软化温度，使塑料的塑制温度下降。增塑剂必须与树脂有很好的混溶性，并要求耐热、耐光、耐寒、不燃、无毒、价廉等，但一种增塑剂难以满足多种要求，故常将两种以上不同性能的增塑剂配合使用。

常用的增塑剂有邻本二甲酸二丁酯、邻本二甲酸二辛酯、磷酸三甲酚醛、樟脑、二苯甲酮等。

（四）硬化剂

也称固化剂或熟化剂。它的作用是使树脂具有热固性。某些合成树脂如酚醛树脂或环氧树脂等，本身不能硬化，需加入适量的硬化剂。酚醛树脂常用的硬化剂为乌洛托品（六亚甲基四胺）、环氧树脂常用的为胺类（乙二胺、间苯二胺）及酸酐类等。

（五）着色剂

着色剂可使塑料具有一定的颜色和光泽，可分为染料和颜料两大类。染料多为有机物质，可溶于水、醇、酯等溶剂中，颜色透明，但无白色。常用的染料有联苯胺黄、甲苯胺红、酞青蓝、酞青绿、苯胺黑等。颜料多为无机物质，不能溶解，形成不透明的颜色，常用的颜料有铁红、锌黄、铬绿等。

（六）附加剂

加入附加剂是使聚合物具有更好的性能和满足特殊的要求。常用的附加剂有润滑剂、抗氧剂、防火剂、发泡剂、紫外线吸收剂等。其中润滑剂是为防止塑料成型时粘模，使成品表面光滑而加入的，常用的有硬脂酸锌、石蜡等。

第二节　几种常用的合成树脂塑料

一、热塑性塑料

（一）聚乙烯塑料（PE）❶

聚乙烯塑料是由乙烯单体在压力和催化剂作用下加聚而成的热塑性塑料。按制造方法可分为高压、中压和低压三种。高压制成的塑料质轻，透明及柔软性好，宜制造薄膜。中

❶ 为该塑料的英文缩写符号。

低压产品密度较大，刚性、熔点、强度和硬度均较前者高，并具有较好的耐低温性，可制做冷水管和水箱及电线套管等。

（二）聚氯乙烯塑料（PVC）

由聚氯乙烯树脂加入一定量的增塑剂、润滑剂及填料等加工制成的。聚氯乙烯树脂是由氯乙烯单体加聚而成的无定型热塑性树脂，呈白色或浅黄色粉末。随着石油工业的发展，可从石油裂化气中得到乙烯，使原料来源丰富。聚氯乙烯塑料价格低廉，容易加工成软硬透明制品，具有良好的可加工性和耐腐蚀性，因此在工农业生产和日常生活中应用十分广泛。

聚氯乙烯塑料中，加入不同数量的增塑剂可得软质和硬质产品。

加入一定数量的增塑剂时，可得软质聚氯乙烯塑料，质软而有弹性。可制造塑料薄膜、壁纸、雨衣、人造革、电缆电线外皮及泡沫塑料等。

如果不加或少加增塑剂时，可得硬质聚氯乙烯塑料，质硬而轻，不易燃烧，在建筑工程中可制成各种装饰板材，如踢脚板、墙裙板、天花板、窗帘盒等。还能制成各种室内上下水管，以及天沟、落水管和楼梯扶手等。

（三）聚甲基丙烯酸甲酯塑料（PMMA）

聚甲基丙烯酸甲酯树脂是由甲基丙烯酸甲酯单体加聚而成的热塑性树脂。当树脂中不加其他组份时，制成的塑料具有高度透明性（透光率91～92%），常制成平板或瓦楞板供建筑采光之用，故也称有机玻璃。也可制做三角板、丁字尺、半圆仪等文教用品。广泛应用于航空、汽车、光学仪器制造业及涂料工业。

在该树脂中加入颜料、染料、稳定剂和填料时，可用挤压或注射模塑的方法制成颜色鲜艳、表面光洁的制品；用玻璃纤维增强的树脂可浇注成面盆、浴缸及其他卫生制品。

二、热固性塑料

（一）酚醛塑料（PF）

是在酚醛树脂中加入填料、润滑剂、增塑剂等而制成的。是最古老、至今仍占重要地位的通用塑料。

酚醛树脂是苯酚和甲醛缩聚而成的。改变酚与醛的配比以及使用不同类型的催化剂，可制成分子结构为线型和体型的两类树脂。

当甲醛用量少于苯酚，即苯酚过量时，在酸性催化剂（常用盐酸）作用下合成线性酚醛树脂。

若醛过量时，在碱性催化剂（如氨水、氢氧化钠）作用下，可得到体型酚醛树脂。

酚醛树脂为象牙色或褐色粘液或固体。在树脂中加入石英粉或云母粉等粉状填料，可制成压塑粉（俗称电木粉），再经热压加工制成绝缘性能很高的酚醛塑料，称为电木。可制各种电工器材如灯头，开关、插座及仪器外壳和机器零件等。

（二）脲醛塑料（UF）

脲醛树脂是由脲素和甲醛缩聚而成的热固性树脂。低分子量的是液体，溶于水或某些有机溶剂，常用作胶粘剂和涂料。高分子量的是白色固体，无色、无味、无毒、无臭、着色性好、粘结强度高。在树脂中加入填料等物，加工制成脲醛塑料，俗称“电玉”。可以制造色彩鲜艳的日用品和电气绝缘材料。

三、塑料在建筑中的应用

塑料是一种用途广泛的新型建筑材料，是今后国家大力推广的建材之一。其在建筑工程中的应用可归纳如下：

（一）饰面材料

制成有美丽花纹的漆布、壁纸、塑料板和饰面砖，可用来装饰家具和建筑物的表面。

（二）屋面防水材料

可制成塑料波纹瓦，塑料防水涂料和塑料止水等。

（三）隔热材料

泡沫塑料具有隔热、吸音、防震、耐湿等优点。

（四）管道材料

用塑料制成的输水管具有摩阻力小、耐水、耐腐蚀、导热低等优点。

（五）承重材料

用玻璃纤维浸渍塑料，热压而成玻璃钢，作承重构件及机器零件，可代替木材和钢材。

第三节　油漆涂料的组成和分类

天然漆是从漆树❶的树干上采取的汁液，经加工制成的产品。漆树是我国的特产，所以又名国漆。后来出现了用动植物油（如桐油、梓油、亚麻仁油、鱼油等）制造的漆，称为油漆。早期的油漆主要是这些材料制成的。随着合成材料工业的发展，又出现了少用或完全不用油料的合成漆。合成漆的出现使油漆的结构、性能、品种都发生了根本变化，因而“油漆”这一名词已不能概括所有产品了，所以现在把各种材料制成的油漆通称为涂料，则更为合适，但习惯上仍沿用“油漆”这一名词。

油漆是一种粘稠液体，它涂在物体表面，经挥发和氧化后，结成坚硬的薄膜，紧贴在物体表面，起到保护和装饰作用，同时还便于清洗，改善卫生条件，所以油漆已成为工农业生产和人们日常生活中不可缺少的材料之一。

一、油漆的组成

油漆的组成包括粘结剂、颜料、溶剂和辅助材料等几种。

（一）粘结剂

又称主要成膜物质、漆料、基料等。是构成油漆的基础物质，它可以单独成膜，也可以粘结颜料等物质成膜，包括油脂和树脂两大类。

油脂即各种动植物油，其中以干性油（桐油、梓油、亚麻仁油、大麻仁油……）应用最广。

树脂包括天然树脂（虫胶、松香、沥青、天然漆等）、人造树脂（石灰松香、甘油松香、石油树脂、硝化棉……）和合成树脂（醇酸、酚醛、环氧……）等。

（二）颜料

颜料又称次要成膜物质，它能供给色彩，增加美观，并能充实漆膜，增加遮盖力。它

---

❶ 漆树科，多年生落叶乔木。高达20余米。自8～40年可割漆。

包括着色颜料、防锈颜料和体质颜料三种。

着色颜料使涂料具有色彩，能增加漆膜厚度。着色颜料种类很多，如氧化铁红、镉红、镉黄、群青（蓝色）、铁蓝、钛白、锌白、碳黑等。

防锈颜料使涂料具有防锈能力，如红丹（Pb_3O_4），锌镉黄（$ZnCrO_4$）等。

体质颜料用以增加漆膜厚度，增加油漆的强度、耐磨和耐久性。如重晶石粉（$Ba \cdot SO_4$）、大白粉（$CaCO_3$）、石膏粉（$CaSO_4$）、滑石粉($3MgO \cdot SiO_2 \cdot 2H_2O$)、高岭土（$Al_2O_3 \cdot 2SiO_2 \cdot 2H_2O$）等。

（三）溶剂

凡能溶解油类、树脂等成膜物质的液体均称为溶剂。在涂料中占比例很大，涂刷成膜后，绝大部分溶剂挥发到空气中去，其对漆膜的形成和油漆施工都有很大影响。溶剂的种类很多，常用的有石油溶剂、植物油溶剂和煤焦溶剂等。

石油溶剂是油基漆、醇酸树脂漆、沥青漆常用的溶剂，有120号溶剂汽油、200号溶剂汽油（俗称松香水），是石油蒸馏而得的产品。120号以下的汽油和煤油也可充当溶剂，但效果较差。

植物油溶剂常用的品种是松节油，它是蒸馏松脂所得的挥发性油，常用于油基漆中。

煤焦溶剂是煤焦油蒸馏而得的产品，它包括纯苯、甲苯、二甲苯等，是醇酸树脂漆、硝基漆、聚氨酯树脂漆的溶剂。

此外还有醇类（如乙醇）、酯类、酮类等溶剂。

（四）辅助材料

包括催干剂、增塑剂、固化剂等，用以改善油漆的某些性质。

二、油漆的分类

（一）按主要成膜物质不同分为油脂漆和树脂漆。

（二）按有无次要成膜物质（颜料）分为清漆和色漆，无颜料者为清漆。

（三）按使用的溶剂分为溶剂漆和水性漆。

第四节　常用的油漆涂料

一、油脂漆（亦称油性漆）

油脂漆是以干性油为主要成膜物质的油漆。包括清油、厚漆、调和漆、油性防锈漆等。

（一）清油

清油是干性油（如梓油、亚麻仁油等）加入少量溶剂和催干剂制成的透明状液体。清油漆膜软，耐水、耐磨。可以单独作为涂料应用，供一般家具罩光，也可用来调稀厚漆。

（二）厚漆

又名铅油。是由精炼干性油、着色颜料、大量的体质颜料并加湿润剂经研磨而成的稠浆状物。使用时必须加入清油或油基清漆、溶剂、催干剂等调和均匀，可用于一般家具的底漆。

（三）调和漆

是已经调和好，可直接使用的意思，故称“调合漆”。调和漆是以干性油为主要成膜物质加入着色颜料、体质颜料及溶剂、催干剂配制而成的一种不透明色漆。

基料中不加任何树脂的称为油性调和漆，附着力强，弹性耐候性好，但干燥慢，光泽差，适于室外物面涂刷。

基料中加入少量树脂的称为磁性调和漆。漆膜硬，干燥快，耐水耐候性差，适于室内物面涂刷。如酚醛调和漆、醇酸调和漆等。

（四）油性防锈漆

是以精炼干性油、防锈颜料及体质颜料经混合研磨后加入溶剂、催干剂而成的。用于涂刷钢门窗和室内外金属管道的表面防锈打底。主要品种有红丹、铁红、锌灰油性防锈漆等。

二、树脂漆

以天然树脂或合成树脂为主要成膜物质的油漆称为树脂漆。

（一）天然树脂漆常用的有虫胶漆和大漆。虫胶漆是用虫胶与酒精配制的一种淡黄色透明液体。大漆即国漆。

（二）合成树脂漆主要有清漆和磁漆两类

1.清漆是一种不含颜料的，以树脂为主要成膜物质的透明油漆，分油基清漆和树脂清漆两类。

油基清漆成膜物质除树脂外，还加入干性油，再加入溶剂、催干剂等制成。常见的品种有酚醛清漆（凡立水）、醇酸清漆等。油基清漆干燥快、漆膜硬、光泽好。

树脂清漆成膜物质只有树脂，不含干性油，常见的品种有硝基、氨基、环氧、过氯乙烯等清漆。树脂清漆具有漆膜光亮、坚韧、耐磨等优点。

2.磁漆是油基清漆中加颜料制成。它和清漆的不同是具有颜料，和调和漆的不同是成膜物质中树脂较多。如酚醛、醇酸、酯胶磁漆。

3.树脂防锈漆　以树脂为主要成膜物质加入防锈颜料制成，如红丹酚醛、红丹醇酸、锌黄醇酸防锈漆等。

三、墙、地面常用涂料

（一）内墙涂料

聚乙烯醇水玻璃内墙涂料　商品名称是“106内墙涂料”，是以聚乙烯醇树脂水溶液和钠水玻璃为基料，加入颜料、填料及少量表面活性剂经碾磨制成的水溶性涂料，具有无毒无味、不燃、施工方便、干燥快、表面光洁等优点，能配成多种色彩，用于住宅和一般公共建筑的内墙涂料。用于内墙的还有聚乙烯醇缩甲醛内墙涂料等。

（二）外墙涂料

JH801无机建筑涂料　以硅酸钾为胶结剂，磷酸铝为固化剂，与体质颜料、着色颜料及分散剂和水等混合搅拌而成。有各种颜色，耐水、耐酸碱，可用于各种基层的外墙。

用于外墙的还有JH802无机建筑涂料，丙烯酸乳液涂料等。

（三）地面涂料

聚乙烯醇缩甲醛厚质地面涂料　又称777水性地面涂料。主要成膜物质是聚乙烯醇缩甲醛溶液和水泥。水泥必须用普通硅酸盐水泥，颜料常用耐碱性好的无机颜料。罩面材料常用地板蜡或氯乙烯-偏氯乙烯共聚乳液涂料。其配比见表1-5-1。

此外常用的还有过氯乙烯地面涂料。

氯乙烯-偏氯乙烯共聚乳液涂料配比表　　表 1-5-1

材　料	水　泥	聚乙烯醇缩甲醛溶液(107胶)	着色颜料	水
配合比	100	50	10	10

四、金粉和银粉涂料

（一）金粉

俗称黄铜粉，又名铜粉，是铜和锌合金的细粉。按铜和锌的不同比例，可制成青金色、黄金色、红金色等各种不同色调的颜料。颗粒为平滑的鳞片状，颜色鲜艳，遮盖力高。

金粉在建筑工程上可代替“贴金”或作装饰涂金之用。施工时可将金粉调于清漆内，使稀稠适度即可使用。为了使金粉不受氧化、硫化和水汽的侵蚀，保持一定时期鲜艳光泽，可在金粉涂刷以后，再用清漆罩面。

（二）银粉

银粉即铝粉。纯铝为银白色的轻金属，颜色淡雅，是室内水暖管道最常用的表面涂料。

银粉的使用方法与金粉相同。将银粉调于清漆内稀稠适度即可。为了保护银粉层，应在涂层完成以后，再罩清漆1～2道。

复　习　题

1.说明塑料的组成材料及其在塑料中的作用。
2.何谓热塑性和热固性树脂？分别举出一种树脂为例。
3.何谓有机玻璃？其组成材料有何特点？
4.聚氯乙烯树脂是由什么单体经什么化学反应制成的？可制成什么塑料？有何用途？
5.说明油漆组成材料的种类、作用和特性。
6.说明调和漆、磁漆、清漆和清油在主要成膜物质和颜料使用上有哪些异同点。
7.常用的防锈漆有几类？有何特点？举出每类的一种防锈漆。
8.列举出内外墙和地面使用的一种涂料。

第六章　保　温　材　料

为了防止建筑物和热工设备（如锅炉、暖气管道等）的热量散失，或隔绝外界热量的传入（如冷藏库），所用导热系数小于0.29W/m·K，表观密度小于1000kg/m^{3}的围护材料，称为保温材料。

建筑工程中，保温材料主要用于屋面和墙面的保温及热工设备的表面围护，这样不仅可以减少围护结构（屋面、墙面）的厚度及自重，而且还可以降低采暖和制冷设施的能源消耗。

根据保温材料的成分，保温材料可分为无机和有机两大类。

第一节　无机保温材料

无机保温材料按构造可分为纤维质材料、粒状材料和多孔材料三类。具有不腐、不燃、不受虫害、耐高温等优点。

一、纤维质材料

纤维质保温材料常用的有石棉、矿渣棉、玻璃棉和火山岩棉等。

（一）石棉及其制品

石棉是蕴藏在中性或酸性火成岩矿床中的一种非金属矿物，主要成分是硅酸镁（$3MgO\cdot 2SiO_2\cdot 2H_2O$）。其特点是经机械加工后，能得到有弹性的纤维，不但有较大的抗拉强度（60～90MPa），还具有保温、绝缘和耐腐蚀等性能。按矿物的化学成分和结晶构造，可分为蛇纹石石棉（温石棉）和角闪石石棉（青石棉）两类。平常所说的石棉一般指温石棉。

1.石棉粉　常用的品种为碳酸镁石棉粉。是由轻质碳酸镁80%与石棉纤维20%（质量比）混合拌匀至粉末状。表观密度ρ_0＜350kg/m^3，导热系数$\lambda = 0.08$W/m·K，最高使用温度35℃。可直接用于填充或调制石棉灰膏使用，也可制成块材。为高效能保温材料。

此外还有硅藻土石棉粉，用硅藻土85%与石棉纤维15%混合组成，最高使用温度900℃。

2.石棉板（纸）　系由石棉纤维65%，高岭土30%和淀粉5%，加水打浆造纸，经层迭、加压、干燥、剪切而成。厚度在1mm以下的称为石棉纸，大于1mm的称为石棉板。最高使用温度600℃。可用于表面隔热、结构保温和防火覆盖等。

（二）矿渣棉及其制品

矿渣棉是冶金矿渣（高炉或平炉矿渣）用焦炭熔化或直接用炉中流出的熔融物，用蒸汽喷吹或离心法制成的短细纤维。具有质轻、不燃、保温和耐腐蚀等性能，最高使用温度600℃。

由于矿渣棉直接用于工程时弹性小、吸水性大及对人体刺痒等缺点，故常用沥青、酚醛树脂作胶结材料制成矿渣棉毡、板、管壳等制品，使其性能得到改善，其技术性能见表1-6-1。

矿渣棉制品的技术性能 　　表 1-6-1

名　称	容　重 (kg/m³)	导热系数 (W/m·K)	抗拉强度 (MPa)	抗折强度 (MPa)	吸湿性 (%)	含水量 (%)	沥青含量 (%)	使用温度 (℃)
沥青矿渣棉毡	一级100	0.044	≥0.012	—	1.07	—	3～5	≤250
	二级120	0.047	≥0.008	—	1.03	—	3～5	≤250
	130～160	0.048～0.052	—	—	—	—	7.74	—
酚醛树脂矿渣板管壳	一级<150	≤0.047						
	二级<200	≤0.052	—	0.2	0.8～1.3	<3	--	<300

（三）火山岩棉及其制品

火山岩棉是由火成岩的玄武岩为主要原料，加入一定数量的辅助料（石灰石等），在冲天炉或池窑等设备中熔化，用喷吹法或离心法制成的短纤维状新型保温材料。岩石往往比矿渣难熔，熔化时物料粒度应小，并加助熔剂。但其质量优于矿渣棉，纤维长且富有弹性，耐腐蚀性好，常用沥青、水玻璃作胶结材料制成棉毡、棉板、管壳等。其应用与矿渣棉相似。

（四）玻璃棉

由熔融玻璃制成的蓬松状短细纤维称为玻璃棉。包括短棉和超细棉两种。短棉纤维长50～150μm，纤维直径12μm左右。它是由熔融玻璃液流经多孔漏板形成一排液流，用过热蒸汽或压缩空气喷吹液流而成。超细短棉纤维直径在4μm以下，生产工艺与短棉不同，系由熔融玻璃液流经漏板后，经橡皮胶辊拉制成一次纤维再经高温高速燃气喷吹而成。

玻璃棉表观密度一般为12～80kg/m³，常温导热系数λ=0.027～0.058W/m·K，是一种高级保温材料。用沥青、酚醛树脂作胶结材料，可制成毡、板、管壳等，用作建筑及工业设备的隔热、保温和减震材料。

二、粒状保温材料

（一）膨胀蛭石及其制品

蛭石是一种复杂的铁、镁含水硅铝酸盐类矿物，化学成分和矿物组成极其复杂。主要由金云母和黑云母变化形成，仍然具有云母的外貌，在较低温度下即开始膨胀，加热到800～1000℃时，因脱水产生剥离膨胀现象，比原体积增大10～25倍，表观密度显著减小，很象水蛭（蚂蝗）蠕动，故名蛭石。

膨胀蛭石是蛭石原料经烘干、破碎、筛分、焙烧（800～1100℃）、膨胀等工艺而制成的。产品粒径一般为0.3～25mm，具有质轻（表观密度80～200kg/m³）、耐热、导热系数低（λ=0.047～0.07W/m·K）、吸水性大等特点。膨胀蛭石可单独为松散填料使用，也可用胶结材料制成混凝土作保温层或预制成各种构件。水泥、水玻璃膨胀蛭石制品见表1-6-2。

（二）珍珠岩及其制品

珍珠岩系酸性玻璃质火山喷出岩，因具有珍珠状球形裂纹而得名。主要成分为火山玻璃，有时夹有白色或淡黄色的石英和长石斑晶。SiO_2含量为65～75%。性脆、结构松散、

水泥、水玻璃膨胀蛭石及制品的技术性能　　　表 1-6-2

名　　称	容重(kg/m³)	抗压强度(MPa)	导热系数(W/m·K)	耐热温度(℃)
水泥膨胀蛭石制品	300～500	0.2～1.0	0.076～0.105	<600
水玻璃膨胀蛭石制品	300～400	0.35～0.65	0.079～0.084	<900

易风化。颜色种类很多，一般为黄白、灰白、暗绿、褐黑等色。

膨胀珍珠岩是珍珠岩矿石经破碎、筛分、预热处理后，在1300～1450℃高温下急速受热膨胀而制得。为白色或灰白色多孔粒状材料。具有质轻、隔热、无毒、不燃等特性。表观密度40～300kg/m³，常温导热系数$\lambda=0.0245\sim0.048$W/m·K。

膨胀珍珠岩可直接用作填充保温材料，也可与胶结材料混合制成砖、板及管壳制品。膨胀珍珠岩制品技术性能见表1-6-3。

膨胀珍珠岩制品的技术性能　　　表 1-6-3

名　　称	表观密度(kg/m³)	抗压强度(MPa)	导热系数(W/m·K)	吸水率(%)	使用温度(℃)
水泥膨胀珍珠岩制品	300～400	0.5～1.0	常温0.058～0.087 低温0.088～0.120 高温0.067～0.150	110～130 (24h)	≤600
水玻璃膨胀珍珠岩制品	200～300	0.6～1.2	常温0.053～0.065	120～180 (96h)	650
磷酸盐膨胀珍珠岩制品	200～250	0.6～1.0	常温0.044～0.052		1000
沥青膨胀珍珠岩制品	400～500	0.7～1.0	常温0.07～0.08		常温和负温

三、多孔材料

（一）加气混凝土

加气混凝土是由含硅材料（如石英砂、粉煤灰、尾矿粉等）和钙质材料（如水泥、石灰等），加水并加入适量的发气剂❶和其他附加剂，经混合搅拌、浇注发泡、坯体静停与切割后，再经蒸压或常压蒸汽养护制成。

加气混凝土是在料浆中掺入发气剂，通过化学反应产生气体使料浆膨胀，硬化后形成多孔结构。常用的发气剂是铝粉，它与含钙材料中的$Ca(OH)_2$作用放出氢气，形成气泡，其化学反应式如下：

$$2Al+3Ca(OH)_2+6H_2O=3CaO\cdot Al_2O_3\cdot 6H_2O+3H_2\uparrow$$

除铝粉外，还可用双氧水、碳化钙和漂白粉作发气剂。发气剂是靠化学反应析出气体，在混凝土内形成气泡，与第三章讲的引气剂有所不同，应用时要注意。

加气剂混凝土具有表观密度小、保温性能好和可加工等优点，可兼作保温和承重材料，可制做砌块、屋面板、墙板和保温管等制品，广泛应用于工业与民用建筑中。

（二）泡沫混凝土

泡沫混凝土是用机械方法将泡沫剂水溶液制成泡沫，再将泡沫加入含硅材料（砂、粉

❶又称加气剂。

煤灰）、钙质材料（石灰、水泥）、水及附加剂组成的料浆中，经混合搅拌、浇注成型、蒸汽养护而成的轻质多孔材料。

泡沫混凝土的原理，是将物理机械作用产生的泡沫掺入料浆中，经硬化后形成多孔结构，其间并无化学变化。

常用的泡沫剂有松香胶泡沫剂和水解性血泡沫剂。

松香胶泡沫剂是用烧碱（苛性钠或苛性钾）加水溶入松香粉，使碱与松香中松脂酸中和生成松香皂，再加入适量的稳定剂——胶溶液（皮胶或骨胶），再加水熬制而成的液体泡沫剂。

水解性血泡沫剂是用动物血加苛性钠、硫酸亚铁和盐酸制成。

生产泡沫混凝土时，一般用普通水泥和火山灰水泥，每$1m^3$用量为300～400kg。

泡沫混凝土常用作屋面保温层，管道保温罩及加筋屋面板等。

（三）泡沫玻璃

又称多孔玻璃，一种多孔轻质玻璃制品。将玻璃粉100、发泡剂（如碳酸钙）1～2混合，在高温（800℃）下烧制而成。内部形成大量封闭不连通的气泡，气泡率达80%以上。表观密度120～500kg/m^3，导热系数0.058～0.128W/m·K，抗压强度0.7～8MPa。为高级保温隔热材料，具有绝热、吸声、不燃等特点。可割锯、粘接、易于加工。常用作冷藏库隔热，高层建筑围护结构的填充物及热工设备的表面隔热。

第二节 有机保温材料

有机保温材料是由各种植物纤维、动物毛皮及塑料经加工制成的产品。其特点是吸湿性大，受潮易腐烂，高温下易分解，容易燃烧。优点是表观密度小，材料来源较广且价格低廉。

一、软木及软木板

软木俗称栓皮。是栓皮栎❶的树干生成的厚栓皮层经采剥干燥的产物。栓皮质轻而富弹性，具有绝热、耐磨、耐腐蚀、不透水等特点，经加工可制成软木纸、软木砖、瓶塞、软木粉等。

软木板是将栓皮栎的树皮或碎料经轧碎、筛分、压制成型经热加工制成的板材。有加胶和不加胶两种。表观密度为150～250kg/m^3，导热系数0.05～0.07W/m·K。

软木板是一种高级保温材料，价格较贵，常用于冷藏库和某些重要工程。

二、木丝板和纤维板

木丝板是木丝用氯化钙、氯化镁、硫酸铝或水玻璃溶液进行矿化处理后，再加入胶结物质经拌合、成型、冷压，在一定温度下养护而成。根据胶结材料不同，分为菱苦土木丝板和水泥木丝板两种。

两种木丝板性质相似，但菱苦土木丝板强度大，较耐久，成本高。因此目前多生产水泥木丝板。

根据压实程度可分为保温木丝板和构造木丝板两种。保温木丝板用于墙和屋顶的保

❶ 山毛榉科。落叶乔木，树皮具有发达的栓皮层，可剥栓皮。木材坚实耐久，供建筑、器具、枕木等用。

温，构造木丝板用作木骨架墙、间壁墙和天棚等。

纤维板是以木材废料和3～5%的氢氧化钠溶液为原料，经切割、碾磨、浸泡、打浆、脱水成型、干燥、切边等工艺制成的。分为硬质和软质两种。硬质用作结构维护，软质是优良的隔热隔音材料。

三、毛毡

毛毡是用劣等马毛（或牛毛）、植物纤维及浆糊掺料制成的，符合技术要求的毛毡成分均匀，厚度一致，没有空洞，没有酸味和腐朽味。导热系数0.047～0.07W/m·K，表观密度100～300kg/m³，毛毡主要用于门窗的保温及衬垫和堵塞之用。

四、泡沫塑料

泡沫塑料是以各种树脂为基料，加入一定数量的发泡剂（如碳酸氢钠）、催化剂、稳定剂经加热发泡制成的，是一种新型的轻质保温材料，它的种类很多，均以所用树脂命名。当前生产较多的有聚苯乙烯、聚氯乙烯、聚氨基甲酸酯等泡沫塑料。表观密度≤50 kg/m³，导热系数0.047W/m·K。

泡沫塑料可用于屋面、墙面保温、冷藏库隔热及仪器设备的衬垫等。

复 习 题

1.何谓保温材料？按材料成分可分为哪几类？

2.无机保温材料有哪些优点？根据结构形态可分为哪几种？

3.何谓膨胀蛭石和膨胀珍珠岩？有哪些主要性质和用途？

4.何谓加气混凝土和泡沫混凝土？其制造原理有何不同？

5.常用的有机保温材料有哪些？其主要性能如何？

第七章　建　筑　钢　材

钢材是基本建设的三大材料之一，是现代建筑工程中十分重要的建筑材料。

钢材是生铁经过冶炼，浇成钢锭，再经轧制、锻压等加工工艺制成的材料。建筑工程中大量使用的有钢筋、型钢、钢板及钢管等。

第一节　钢　的　分　类

一、按化学成分分类

按化学成分不同，钢可分为碳素钢和合金钢两大类。

（一）碳素钢

碳素钢又称碳钢，是含碳量小于2％的铁碳合金（＞2％为生铁）。碳素钢除含铁和碳以外，还含有少量的硅、锰、硫、磷等元素。根据含碳量的不同，碳素钢又可分为低碳钢（含碳量⩽0.25％）、中碳钢（含碳量为0.25～0.60％）和高碳钢（0.60％＜含碳量＜2％）。

（二）合金钢

合金钢是含一定量合金元素的钢。即在钢中除含铁、碳和少量的不可避免的硅、锰、硫、磷等元素外，还含有一定量（有意加入的）硅、锰、钛、钒、铬、镍、硼、稀土等元素或几种合金元素。按合金元素含量可分为

1.低合金钢　合金元素总含量＜5％；

2.中合金钢　合金元素总含量为5～10％；

3.高合金钢　合金元素总含量＞10％。

二、按钢中有害杂质的含量分

（一）普通钢：含硫量⩽0.055～0.065％，含磷量⩽0.045～0.085％；

（二）优质钢：含硫量⩽0.03～0.045％，含磷量⩽0.035～0.040％；

（三）高级优质钢：含硫量⩽0.02～0.03％，含磷量⩽0.027～0.035％。

三、按用途分

（一）结构钢　用于建筑结构和机械制造。又分碳素结构钢（一般为低、中碳钢）和合金结构钢（一般为低合金钢）两种。

（二）工具钢　用于制造各种工具。如金属切削工具、模具和一般刀具等。又可分为碳素工具钢和合金工具钢。

（三）特殊钢　具有特殊性能的钢，如不锈钢、耐热钢、耐酸钢、磁钢等，一般为高合金钢。

四、按钢的冶炼方法分

平炉钢、转炉钢和电炉钢三种。转炉钢又可分为空气转炉和氧气转炉两种类型，炼钢

时分别向转炉内吹入空气和氧气。

五、按炼钢时的脱氧程度分

沸腾钢、镇静钢和半镇静钢。

（一）沸腾钢是脱氧不完全的钢，钢液中保留相当数量的Fe，浇铸后由于C与FeO继续反应生成大量的CO气体逸出，形成沸腾现象而得名。

（二）镇静钢是用锰、硅和铝等脱氧剂完全脱氧的钢，浇铸后钢水呈静止状态，故称镇静钢。

（三）半镇静钢是脱氧程度介于沸腾钢和镇静钢之间的钢。

第二节　钢材的主要技术性质

一、化学成分对钢性能的影响

（一）碳

在钢中除铁以外，碳是含量最多的化学元素，它对钢的性质有决定性的影响。碳在钢中组成碳化铁（Fe_3C）或分散在纯铁内，含碳量增多时，由于质硬而脆的碳化铁含量增多，因而提高了钢的强度及硬度，但伸长率，断面收缩率和韧性降低，锻造焊接性变差。

（二）硅

炼钢时加入硅作为脱氧剂，因此碳钢中不可避免地含有少量的硅。硅的含量增加，钢的强度、硬度和弹性都得到提高，但韧性、塑性、锻造和焊接性均降低。碳素钢中硅的含量<0.35%。

（三）锰

锰在炼钢中起脱氧和脱硫作用，能提高钢的强度、硬度和耐磨性，消除硫所引起的热脆性，但塑性和韧性要降低。钢中含锰量<0.9%时，对钢的性质无显著影响。

（四）磷

磷是由矿石带入钢中的有害元素。能显著降低钢的塑性和韧性，而强度和硬度稍有增加。在普通碳素钢中含磷量一般在0.05%以下。

（五）硫

硫是在炼钢时由矿石与燃料带到钢中来的杂质，属有害元素。硫与铁化合成硫化铁（FeS），能与铁形成低熔点的共晶体，使钢在热加工时容易开裂。硫的含量一般也控制在0.05%以下。

（六）氧和氮

氧是由炼钢氧化过程而存在钢中的，主要以氧化物存在于非金属夹杂物内，少量溶于铁素体中。氧能降低钢的机械性能，特别是韧性，氧是有害元素，应尽量减少其含量，一般不超过0.05%。氮主要嵌溶于铁素体中，也可呈化合物形式存在，氮对碳钢的影响与碳、磷相似，含量一般不超过0.03%。

二、钢材的机械性质

钢材的机械性质包括拉伸、冷弯、冲击韧性和硬度等，其中拉伸和冷弯是建筑钢材最主要的技术性质。

（一）拉伸性质

钢材的拉伸试验是用低碳钢制成一定规格的标准试件，在万能试验机上进行拉伸，该机能自动绘出拉力和试件伸长的关系曲线（也可人工绘出），俗称拉伸图。据此可绘出钢材的应力应变关系曲线，即

$$\text{应力}\qquad \sigma=\frac{P}{A_0}=\frac{\text{试件承受的拉力}}{\text{试件的受拉面积}}$$

$$\text{应变}\qquad \varepsilon=\frac{\Delta L}{l_0}=\frac{\text{试件被拉伸的长度}}{\text{试件原长}}$$

以ε为横坐标，σ为纵坐标，绘出σ-ε关系曲线，如图1-7-1所示。从图中可以看出，钢的拉伸过程包括四个阶段。

1.弹性阶段（OB） 在曲线OB段，如在某一时刻卸去拉力，试件能恢复原状，变形消失，这种性质称为弹性。与B点对应的应力称为弹性极限，用σ_e表示。该段中A点以前呈完全的直线关系，对应于A点的应力称为比例极限，以σ_p表示。A点以后稍微偏离直线，但至B点前均无残余变形。A、B两点极为接近，实践中对两个应力值常不加区别。在弹性阶段内应力与应变成正比。即$\frac{\sigma}{\varepsilon}=\mathrm{tg}\alpha=E$。对同一种钢材来说$E$是一个常量，称为弹性模量。建筑工程中常用的碳素结构钢Q235的弹性模量$E=2.1\times10^5$MPa。

2.屈服阶段 应力超过B点后，即开始有残余变形，至C点时曲线将出现上下波动，应力变化不大，应变却急剧增长，这种现象称为屈服。此时钢材暂时失去了抵抗外力的能力，对应于C点的应力称为钢的屈服强度（屈服点）。$C_{上}$称为屈服上限，$C_{下}$称为屈服下限。$C_{下}$转为稳定，一般以$C_{下}$对应的应力作为钢的屈服极限，以σ_s表示。屈服强度对钢材的使用有重要意义，应力达到屈服点时，试件虽未断裂，但产生了很大的塑性变形，已不能满足使用上的要求，因此屈服点是确定钢材设计强度的重要依据。

3.强化阶段 屈服阶段以后，试件抵抗变形的能力又重新提高，材料内部结构发生了调整与变化，曲线上升直至最高点D，CD段称为强化阶段，对应于D点的应力称为强度极限（或抗拉强度），用σ_b表示。

屈服强度与抗拉强度的比值称为屈强比。比值越小，说明屈服强度与抗拉强度的差值越大，结构的可靠性越高。但比值太小，钢材强度的有效利用率太低，不够经济。

4.颈缩阶段 超过D点以后，试件各截面的直径不断缩小，最后在某一较弱的横截面明显收缩，称为颈缩。此后变形只在颈部进行，颈部急剧地缩短（横向）和伸长（纵向）同时荷载急剧下降，最后在颈缩截面断裂。

试件拉断后将其拼合，量出拉断后的标距L_1（图1-7-2），计算试件的伸长率：

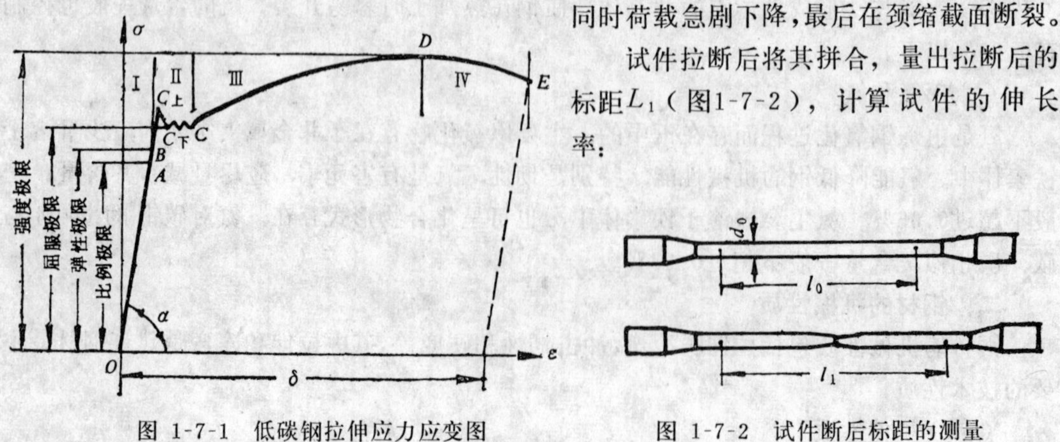

图 1-7-1 低碳钢拉伸应力应变图

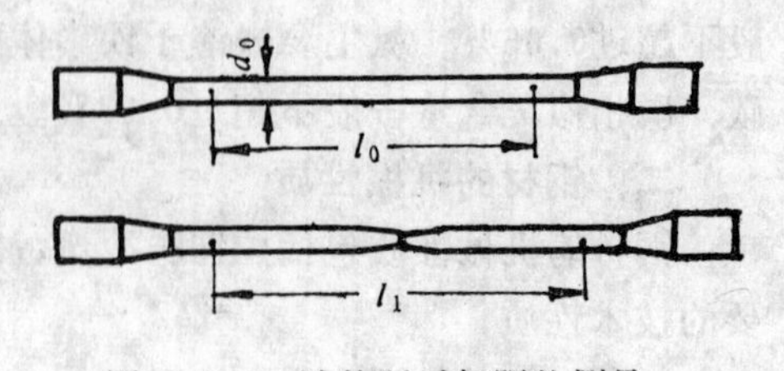

图 1-7-2 试件断后标距的测量

$$\delta = \frac{l_1 - l_0}{l_0} \times 100\%$$

式中　δ——试件伸长率（%）；

l_0——试件拉伸前的标距长度（mm）。

δ的数值越大，表明钢的塑性越好，易于加工。

试件断裂处面积的收缩量与原面积之比，称为断面收缩率，用ψ表示。

$$即\quad \psi = \frac{A_0 - A_1}{A_0} \times 100\%$$

式中　A_0——试件原断面面积（mm^2）；

A_1——试件拉断处的断面面积（mm^2）。

（二）冷弯性能

冷弯表示钢材在常温下承受弯曲变形的能力，也是衡量钢材塑性的指标之一。将钢材试件在规定的弯心直径上冷弯到180°或90°，若在弯曲处的外侧不发生裂纹和鳞落现象，即认为符合要求。弯心直径越小，冷弯角度越大，钢的塑性越好（图1-7-3）。

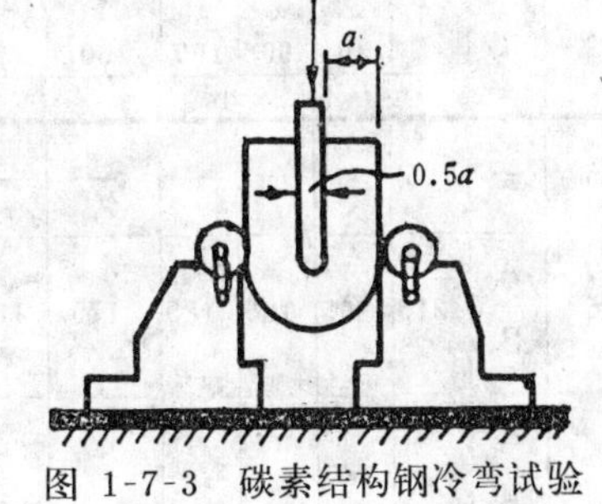

图 1-7-3　碳素结构钢冷弯试验

（三）冲击韧性

钢的冲击韧性是指在突然施加外力（即冲击荷载）的情况下，钢材抵抗破坏的能力。在温度降低至负温度后，其冲击韧性能显著降低。因此，对于在负温度下承受冲击、重复荷载作用的结构，必须鉴定其冲击韧性。

第三节　建筑钢材的标准和应用

目前我国使用的建筑钢材主要有碳素结构钢、优质碳素结构钢和普通低合金钢三种。

一、碳素结构钢

碳素结构钢是碳素钢的一个分支，属低、中碳钢。由于碳素结构钢冶炼容易，工艺性能好，造价低，在建筑工程中得到广泛应用。适用于一般结构钢和工程热轧钢板、钢带、型钢、棒钢等。产品可供焊接、铆接、栓接构件使用。

碳素结构钢的牌号由代表屈服点的字母Q、屈服点数值、质量等级符号和脱氧程度四部分按顺序组成，如表1-7-1所示。例如Q235-A·F，表示屈服强度为235MPa，质量等级为A级的沸腾钢。在牌号组成表示方法中，“Z”与“TZ”符号予以省略。

碳素结构钢按屈服强度分为Q195、Q215、Q235、Q255和Q275五个牌号。牌号越大，含碳量越多，强度和硬度越高，但塑性和韧性越差。其力学性能见表1-7-2。

Q235号钢有较高的强度和良好的塑性、韧性，且易于加工，故广泛地应用于建筑结构中。目前应用最广的光圆钢筋，即由Q235轧制而成。也可用于屋架、闸门、管道及桥梁桁架等。

二、优质碳素结构钢

优质碳素结构钢简称优质碳素钢。这类钢与碳素结构钢相比，有害杂质含量少（硫、

碳素结构钢牌号表示方法　　表 1-7-1

名称		汉字	字母代号
屈服点		屈	Q
质量等级		—	A、B、C、D
脱氧程度	沸腾钢	沸	F
	半镇静钢	半	b
	镇静钢	镇	Z
	特镇静钢	特镇	TZ

碳素结构钢力学性能（GB700—88）　　表 1-7-2

牌号	等级	拉伸试验													冲击试验		与原GB 700—79 标准牌号对照
		屈服点σ_s(MPa) 钢材厚度(直径)(mm) 不小于						抗拉强度 σ_b (MPa)	伸长率 δ_5 (%) 钢材厚度(直径)(mm) 不小于						温度 (℃)	V型冲击功(纵向)(J) 不小于	
		≤16	>16~40	>40~60	>60~100	>100~150	150		≤16	>16~40	>40~60	>60~100	>100~150	150			
Q195	—	(195)	(185)	—	—	—	—	315~430①	33	32	—	—	—	—	—	—	1号钢②
Q215	A	215	205	195	185	175	165	335~450①	31	30	29	28	27	26	—	—	A2
	B														20	27	C2
Q235	A	235	225	215	205	195	185	375~500①	26	25	24	23	22	21	—	—	A3
	B														20		C3
	C														0	27	—
	D														-20		—
Q255	A	255	245	235	225	215	205	410~550①	24	23	22	21	20	19	—	—	A4
	B														20	27	C4
Q275	—	275	265	255	245	235	225	490~630①	20	19	18	17	16	15	—	—	C5

注：①本栏上限数值已按国家技术监督局92第148号文修改。
②Q195的化学成分与GB700—79 1号钢的乙类钢B_1同，力学性能（抗拉强度，伸长率和冷弯）与甲类钢A_1同

磷含量不大于0.04%），性能稳定。

国家标准《优质碳素结构钢技术条件》（GB 699—88）规定，按含锰量不同其牌号分为两组。第一组为普通含锰量钢，含锰量小于0.7%，计有08F、10F、15F、……85F共20个牌号；第二组为较高含锰量钢，锰含量在0.7~1.2%之间，计有15Mn、20Mn、25Mn、…70Mn共11个牌号。

优质碳素结构钢的牌号以两位数字表示，数字代表平均含碳量的万分数，如35——称为35号钢，其平均含碳量为万分之35（即0.35%）。一般为镇静钢，若为沸腾钢，数字后面加F以示区别，如08F。较高含锰量钢在数字后面加“Mn”字，如“15Mn”表示含碳量为万分之15的较高含锰钢。

优质碳素结构钢由于成本较高，在一般钢结构中应用较少。30~45号钢常用于高强

螺栓，45号钢用作预应力钢筋的锚具，65～80号钢用于预应力钢筋混凝土的碳素钢丝，刻痕钢丝和钢绞线。

三、普通低合金钢

普通低合金钢是在碳素钢的基础上，添加少量的一种或多种合金元素以提高其强度、耐磨、耐腐蚀和低温冲击韧性的钢材。其屈服强度比碳素结构钢高25～150%。由于强度大大提高，用普通低合金钢可大量节约钢材，减轻构件自重，并能提高结构的耐久性。

普通低合金钢的钢号以万分之几的平均含碳量和主要合金元素表示。合金元素的角标表示其平均含量，当合金元素平均含量为1.5～2.5%时，角标为2；2.5～3.5%时，角标为3，其余类推。平均含量<1.5%时，不标数字。最后附有“b”，表示为半镇静钢，否则为镇静钢。其表示方法如图1-7-4所示。

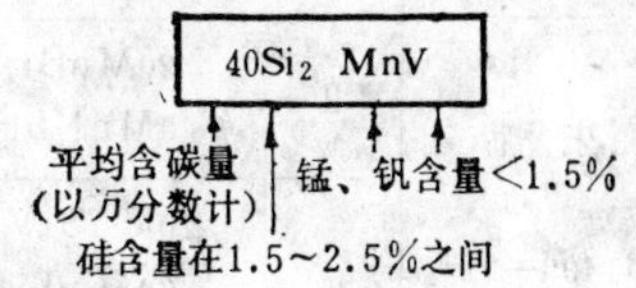

图 1-7-4 普通低合金钢钢号表示法

普通低合金钢适用于建造桥梁，高层及大跨度建筑，轧制高强钢筋。

第四节 常用建筑钢材

一、钢筋

钢筋是钢锭经热轧加工而成，故又称热轧钢筋。热轧钢筋是建筑工程中用量最大的钢材品种。

钢筋按外形可分为光圆钢筋（图1-7-5*a*）和带肋钢筋。带肋钢筋的表面有两条纵肋和沿长度方向均匀分布的横肋。横肋的纵截面高度相等，且与纵肋相交者称为等高肋钢筋，螺旋肋和人字肋均属等高肋钢筋（图1-7-5(*c*)、(*d*)）；横肋的纵截面呈月牙形，且与纵肋不相交者称为月牙肋钢筋（图1-7-5(*b*)）。

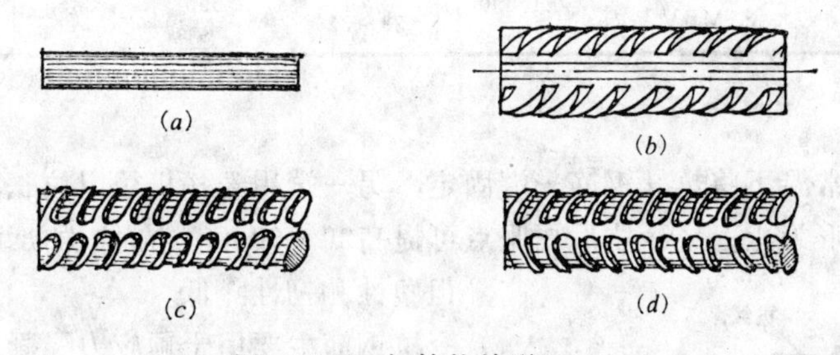

图 1-7-5 钢筋的外形

(*a*)光圆；(*b*)月牙肋；(*c*)螺旋肋；(*d*)人字肋

钢筋按钢种可分为碳素钢钢筋和普通低合金钢钢筋。

热轧钢筋按强度分为Ⅰ、Ⅱ、Ⅲ、Ⅳ四个等级，Ⅰ级钢筋为低碳钢钢筋，Ⅱ、Ⅲ、Ⅳ级为低合金钢钢筋（表1-7-3）。

GB 1499—91还规定了较高质量热轧带肋钢筋的技术要求（表1-7-4）。

钢筋按供应形式可分为盘圆钢筋（直径不大于10mm）和直条钢筋（长度为3.5～12m）。

热轧钢筋的力学性能 **表 1-7-3**

表面形状	钢筋级别	钢材牌号	强度等级代号	公称直径 d_0 (mm)	屈服点 σ_s (MPa)	抗拉强度 σ_b (MPa)	伸长率 δ_5 (%)	弯曲角度	弯心直径
					不小于			冷弯	
光圆 GB13013-91	Ⅰ	Q235	R235	8～20	235	370	25	180°	d_0
月牙肋 GB1499—91	Ⅱ	20MnSi 20MnNbb	RL①335	8～25 28～40	335	510 490	16	180° 180°	$3d_0$ $4d_0$
	Ⅲ	20MnSiV 20MnTi 25MnSi	RL400	8～25 28～40	400	570	14	90° 90°	$3d_0$ $4d_0$
等高肋 GB1499—91	Ⅳ	$40Si_2MnV$ 45SiMnV $45Si_2MnTi$	RL540	10～25 28～32	540	835	10	90° 90°	$5d_0$ $6d_0$

① R为热轧的汉语拼音字头，L为肋字汉语拼音字头。

较高质量热轧带肋钢筋技术要求（GB1499—91） **表 1-7-4**

表面形状	钢筋级别	钢材牌号	强度等级代号	公称直径 d_0 (mm)	屈服点 σ_s (MPa)	抗拉强度 σ_b (MPa)	伸长率 δ_5 (%)	弯曲角度	弯心直径
					不小于			冷弯	
月牙肋	Ⅱ	20MnSi	RL335	8～25 28～40	335～460	510	18	180° 180°	$3d_0$ $4d_0$
	Ⅲ	20MnSiV 20MnTi	RL400	8～25 28～40	400～540	590	14	90° 90°	$3d_0$ $4d_0$
等高肋	Ⅳ	$40Si_2MnV$ 45SiMnV	RL590	10～25 28～32	≥590	885	10	90° 90°	$5d_0$ $6d_0$

二、冷拉钢筋

冷拉钢筋是在常温下将热轧钢筋一端固定，另一端用卷扬机予以拉长，使应力超过屈服点至产生塑性变形为止。经冷拉后屈服点可提高20～30%，抗拉强度和硬度也有所提高，但塑性和韧性降低。

冷拉钢筋主要用于预应力混凝土，其力学性质见表1-7-5。

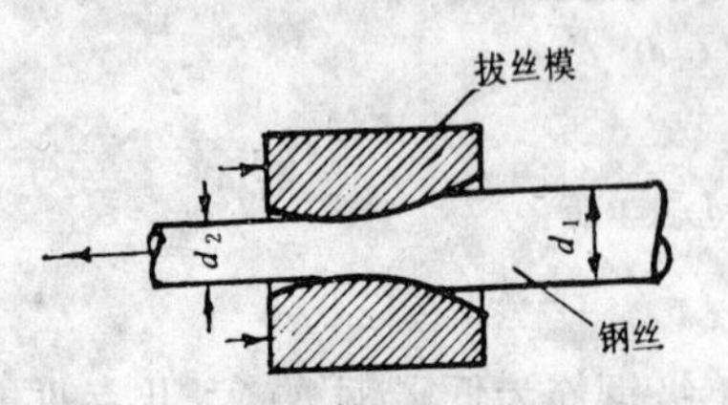

图 1-7-6 钢筋的冷拔

三、钢丝

钢丝是将钢筋用强力拔过比其直径稍小的硬质合金拔丝模，使它产生塑性变形而制成的（图1-7-6）。经多次冷拔后，钢丝的强度比原来提高很多，但塑性降低。因在常温下进行所以称为冷拔。工程中用的钢丝有冷拔低碳钢丝和碳素钢丝两种。

冷拉钢筋的机械性能（GBJ204—83）　　　　表 1-7-5

钢筋级别	代号	直径	屈服点（MPa）	抗拉强度（MPa）	伸长率 δ_{10}（%）	冷弯	
		（mm）	不小于			弯曲角度	弯心直径
冷拉Ⅰ级	Φ^L	6～12	280	380	11	180°	$3d_0$
冷拉Ⅱ级	$\underline{\Phi}^L$	8～25 28～40	420	520 500	10	90° 90°	$3d_0$ $4d_0$
冷拉Ⅲ级	$\underline{\underline{\Phi}}^L$	8～40	500	580	8	90°	$5d_0$
冷拉Ⅳ级	$\overline{\underline{\Phi}}^L$	10～28	700	850	6	90°	$5d_0$

冷拔低碳钢丝是由直径6.5～8mm的Ⅰ级热轧盘圆钢筋经冷拔而成。直径有3、4、5mm三种。主要用作预应力钢筋、箍筋及构造钢筋等（表1-7-6）。

冷拔低碳钢丝的机械性能（GBJ204—83）　　　　表 1-7-6

钢丝级别	直径	抗拉强度（MPa）		伸长率（标距100mm）	反复弯曲（180°）
		Ⅰ组	Ⅱ组	%	次数
	（mm）	不小于			
甲级	5 4	650 700	600 650	3 2.5	4 4
乙级	3～5	550		2	4

碳素钢丝是由优质碳素钢盘圆经冷拔和热处理制成，又称高强钢丝。强度一般为1300～1900MPa，直径有3、4、5mm三种规格。具有强度高、柔性好、避免接头等优点，主要用作预应力钢筋。

四、型钢

型钢是由钢锭经热轧而成的各种截面的钢材，按截面形状有钢板、圆钢、扁钢、方钢、六角钢、角钢、槽钢、工字钢等。各种型钢的表示方法及理论重量见表1-7-7。

钢材的表示方法及理论重量公式　　　　表 1-7-7

名称	断面形状	各部分称呼	规格表示方法（mm）	理论重量公式
圆钢钢丝	ϕd	d 直径	直径，例 ϕ 25	$W=0.00617d^2$
方钢	a a	a 边长	边长，例50^2	$W=0.00785a^2$
六角钢	a	a—对边距离	对边距离，例25	$W=0.0068a^2$

续表

名称	断面形状	各部分称呼	规格表示方法(mm)	理论重量公式
扁钢	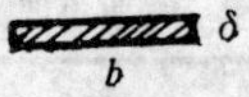	δ—厚度 b—宽度	厚×宽，例6×20	$W=0.00785b\delta$
钢板		δ—厚度	厚度，例$\delta=9$	$W=7.85\delta$
Ⅰ字钢	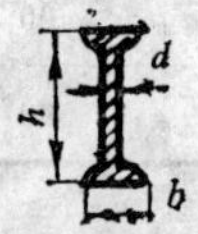	h—高度 b—腿宽 d—腰厚	高×宽×厚或以型号表示，例100×68×4.5 Ⅰ10	a，$W=0.00785d[h+3.34(b-d)]$ b，$W=0.00785d[h+2.65(b-d)]$ c，$W=0.00785d[h+2.26(b-d)]$
槽钢	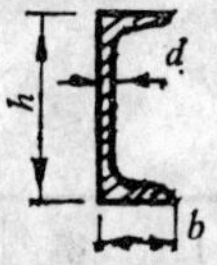	h—高度 b—腿宽 d—腰厚	高×宽×厚或以型号表示，例100×48×5.3 [10	a，$W=0.00785d[h+3.26(b-d)]$ b，$W=0.00785d[h+2.44(b-d)]$ c，$W=0.00785d[h+2.24(b-d)]$
等边角钢	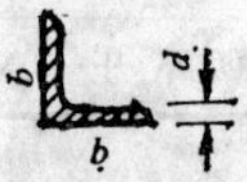	b—边宽 d—厚度	L$b\times b\times d$ 例，L7.5×7.5×10	$W=0.00795d(2b-d)$
不等边角钢	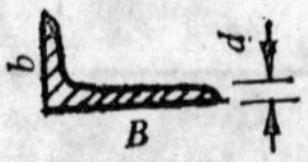	B—长边宽 b—短边宽 d—厚度	L$B\times b\times d$ 例L100×75×10	$W=0.00795d(B+b-d)$
钢管		D—外径 t—壁厚	外径×壁厚 例，102×4	$W=0.02466t(D-t)$

注：钢的密度按7.85t/m³；W的单位kg/m(钢板为kg/m²)。

五、钢管

钢管按制造方法可分为无缝钢管和焊接钢管两种。

无缝钢管是由整块钢坯轧制而成，截面下没有接缝的钢管。按生产工艺又分热轧管、冷轧管、挤压管、顶管等。主要用于石油钻探管、石油化工裂化管、锅炉管等。建筑工程中应用较少。

焊接钢管是用带钢或钢卷板焊接而成，截面有接缝。分电弧焊管、高频或低频电阻焊焊管、气焊管、炉焊管等；按焊缝形式有直缝焊接管(对边或迭边)和螺旋缝焊接管（直径较大）；按表面处理有镀锌和不镀锌两种。适用于输送水、煤气及采暖系统的管道。建筑工程中用于施工脚手架、楼梯扶手及钢结构中。

复习题

1.钢有几种分类方法？按化学成分分为几种？

2.低碳钢拉伸时的$\sigma\sim\varepsilon$图分为哪几个阶段？各阶段有何特点？

3. 热轧钢筋按强度分为几级?依据什么划分?各级钢筋的表面形状是怎样的?

4. 何谓钢筋的冷拉和冷拔?对钢材性质有何影响?冷拉和冷拔是否能提高钢筋的抗压强度?

5. 工程中常用的型钢有哪些?其规格如何表示?

6. 推导表1-7-7中圆钢、方钢、六角钢、扁钢、钢板和钢管的理论质量公式?

7. 两根直径为16mm的钢筋,拉伸试验达到C_F点数值分别为70.35kN和72.35kN,达到D点时的数值分别为104.52kN和108.54kN,试件标距为80mm(5d),拉断后的标距分别为95和94.4mm,求其屈服强度、抗拉强度和伸长率。根据以上数值判断该钢筋属于几级?

8. 说明下述代号所代表钢材的钢种、脱氧程度和主要化学成分含量:(1)20MnNbb;(2)25MnSi(3)$45Si_2MnTi$。

建筑材料试验

建筑材料试验是测试材料质量的重要手段，为正确评价材料性能，合理而经济地选用材料提供必要的依据。

建筑材料试验是建筑材料教学的重要组成部分。通过试验不仅可以验证建筑材料的基本理论，从而加深对课程的理解，还可以培养学生实际动手操作的能力。

根据本专业教学大纲的要求，选择了水泥、混凝土、沥青、普通粘土砖、钢筋几个典型试验作为试验内容，可结合理论教学的需要穿插进行。

试验一 水泥胶砂强度检验方法

一、试验目的

根据GB175—85规定，采用软练法检验水泥的标号。

二、试验方法

采用软练法测定水泥标号，是将水泥、标准砂和水按一定比例混合，制成4×4×16cm的试件，在标准条件下养护28d所测得的强度值来确定。

三、试验设备

（一）双转叶片式胶砂搅拌机（图1-试-1）

搅拌叶和搅拌锅作相反方向转动。锅内径195mm，深150mm，叶片和锅底锅壁的间隙均为1.5±0.5mm，叶片转速为137r/min，锅转速为65r/min。

（二）胶砂振动台（图1-试-2）

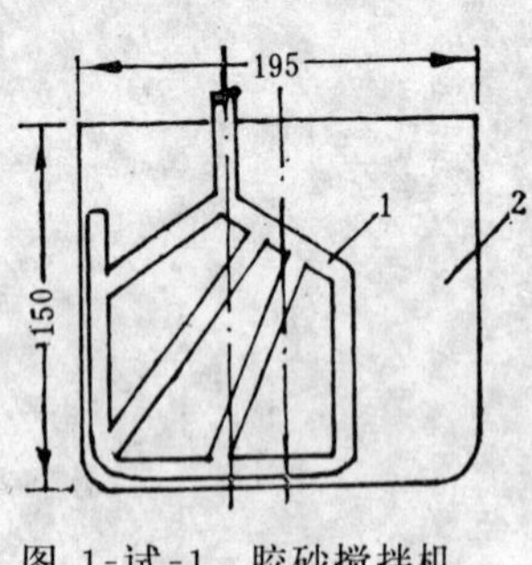

图 1-试-1 胶砂搅拌机
1—搅拌叶；2—搅拌锅

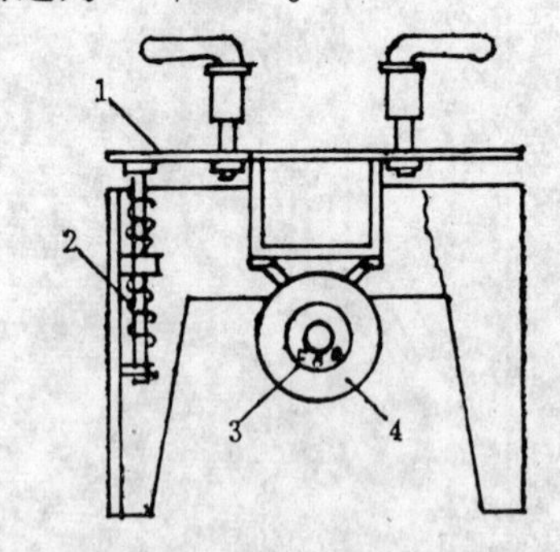

图 1-试-2 胶砂振动台
1—台面；2—弹簧；3—偏重轮；4—电动机

台面面积为360×360mm，台面装有卡具，振动频率为2800～3000次/min，台面放上空试模时，中心振幅为0.85±0.05mm，振动台装有制动器，能使电动机在停车后5s钟内停止转动。

（三）试模（图1-试-3）

试模为可装卸的三联模，由隔板、端板、底座组成。组装后内壁各接触面应互相垂直。试模模腔的基本尺寸：A为160mm、B为$40^{+0.05}_{-0.10}$mm、C为40＋0.10mm。底座外型尺寸：245×165×60mm。

（四）试模下料漏斗（图1-试-4）

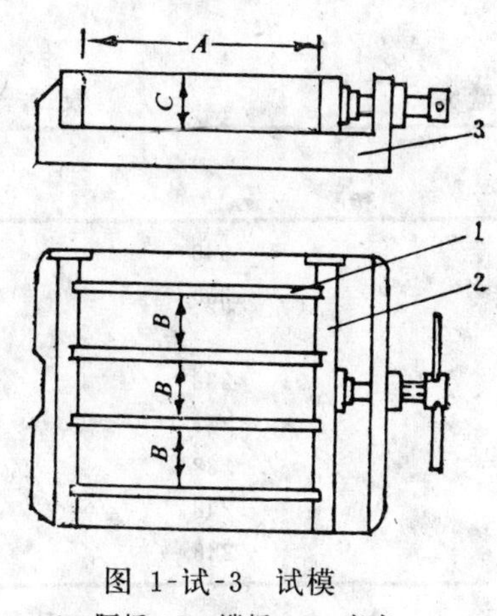

图 1-试-3　试模

1—隔板；2—端板；3—底座

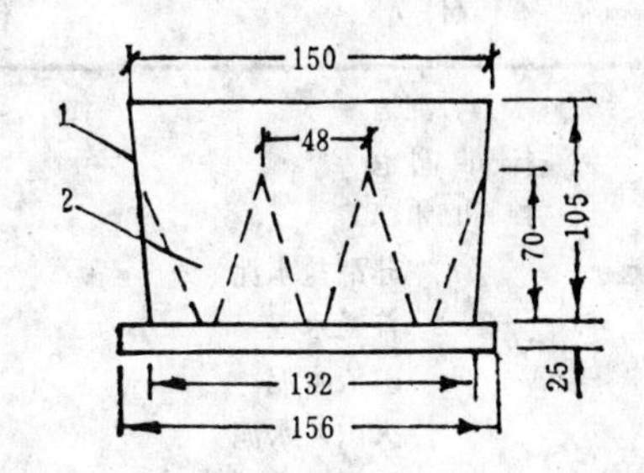

图 1-试-4　下料漏斗

1—模套；2—漏斗

由漏斗及模套组成。漏斗用0.5mm白铁皮制做，下料口宽一般为4～5mm。模套高25mm，用金属材料制做。下料漏斗的重量为2～2.5kg。

（五）抗折试验机（图1-试-5）

一般采用杠杆比值为1:50的双杠杆式。抗折夹具的加荷圆柱与支撑圆柱直径均为10±0.1mm，有效长度均为46mm。两个支撑圆柱中心距为100±0.1mm，平行度不大于0.1mm。加荷和支撑圆柱都应转动，配合间隙不大于0.05mm。

（六）抗压试验机及抗压夹具

抗压试验机量程以200～300kN为宜，误差不得超过±2%；抗压夹具由硬质钢材制成，上、下压板长度62.5±0.05mm，宽度大于40mm，加压面必须磨平。

（七）刮平刀

断面为正三角形，有效长度26mm，包括两个手柄的总长度约为320mm。

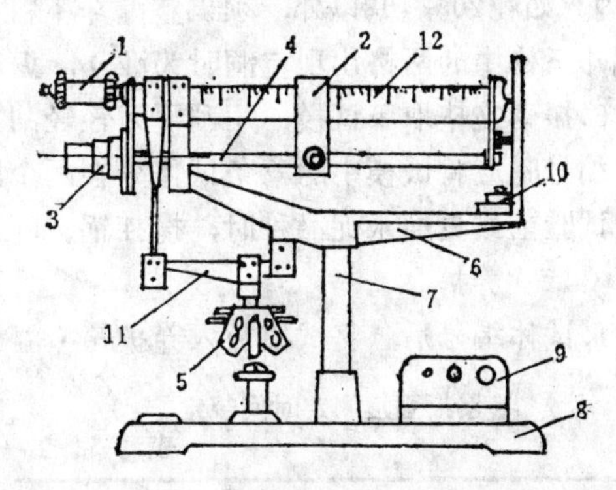

图 1-试-5　电动水泥抗折试验机

1—平衡钟；2—游动砝码；3—电动机；4—传动丝杠；5—抗折夹具；6—机架；7—立柱；8—底座；9—电器控制箱；10—启动开关；11—下杠杆；12—上杠杆

四、试验步骤

（一）试件制做

1.将试模擦净，四周模板与底座的接触面上应涂黄油，紧密装配，防止漏浆。内壁均匀刷一薄层机油。

2.水泥与标准砂的质量比为1:2.5。水灰比按同品种水泥固定为：硅酸盐水泥、普通水泥、矿渣水泥为0.44；火山灰水泥、粉煤灰水泥为0.46。

注：（1）水泥试样应充分拌匀，通过0.9mm方孔筛，并记录筛余物。

（2）标准砂应符合GB178—77《水泥强度试验用标准砂》的质量要求。

（3）试验用水必须是洁净的淡水。

（4）试验室温度为17～25℃（包括强度试验室），相对湿度>50%。水泥试样、标准砂、水及试模的温度与室温同。

3.每成型三条试体所需材料及用量见表1-试-1。

试件材料用量　　表1-试-1

材料	用量
水泥g	540
标准砂g	1350
拌和水ml	
硅酸盐水泥	238
普通水泥	238
矿渣水泥	238
火山灰水泥	248
粉煤灰水泥	248

4.胶砂搅拌时，先将称好的水泥与标准砂倒入搅拌锅内，开动搅拌机，拌合5s后徐徐加水，20～30s内加完。自开动机器起，搅拌180±5s停车，将粘在叶片上的胶砂刮下，取下搅拌锅。

5.在搅拌胶砂的同时，将试模及下料漏斗卡紧在振动台台面中心。将搅拌好的全部胶砂均匀装入下料漏斗中，开动振动台，胶砂通过漏斗流入试模的下料时间应控制在20～40s内。如在20～40s以外，须调整漏斗下料口宽度或用小刀划动胶砂加速下料（下料时间以漏斗三格中的两格出现空洞时为准），振动120±5s停车。

6.振动完毕取下试模，用刮平刀轻轻刮去高出试模的胶砂并抹平，接着在试体上编号，编号时应将试模中的三条试体分在两个以上的龄期内。

试验前或更换水泥品种时，搅拌锅、叶片和下料漏斗须用湿布擦干净。

（二）养护

1.试体编号后，将试模放入养护箱（温度20±3℃，相对湿度>90%），养护箱内箅板必须水平。养护24±3h后取出脱模，脱模时应防止试体损伤。硬化较慢的水泥允许延期脱模，但须记录脱模时间。

各龄期强度测定时间规定　　表1-试-2

龄期（d）	时间
3	3d±2h
7	7d±3h
28	28d±3h

2.试体脱模后即放入水槽中养护，水温应为20±2℃，试件之间应留有间隙，水面高出试体至少20mm，每两周换水一次。

（三）强度试验

各龄期的试体必须在表1-试-2规定的时间内进行强度试验，试体从水中取出后，在强度试验前应用湿布覆盖。

1.抗折强度试验

（1）每龄期取出三条试体先做抗折强度试验。试验前先擦去试体表面的水分和砂粒，清除夹具上圆柱表面粘着的杂物，试体放入抗折夹具内，应使试体侧面与圆柱接触。

（2）采用杠杆式抗折试验机时，试体放入前，应使杠杆在不挂铅桶的情况下成平衡状态。试体放入后，调整夹具，使杠杆在试体折断时尽可能地接近平衡位置。

（3）抗折试验加荷速度为50±5N/s。采用1:50双杠杆抗折试验机时，铅弹流出速度为100±10g/s。试件折断后称量铅弹及桶总质量时应精确至10g，即0.01kg。

（4）抗折强度按下式计算

$$f_{cm}=\frac{3PL}{2bh^2}=2.34P$$

式中 f_{cm}——抗折强度（MPa）；

P——破坏荷载（kN）；

L——支撑圆柱中心距（100mm）；

b、h——试体断面宽和高，均为40mm。

抗折强度算至0.01MPa。当杠杆比为1:50时，2.34须乘以50，即为117。

（5）抗折强度结果取三块试体的平均值并取整数。当三个强度值中有一个超过平均值的±10%时，应予剔除，以其余两个数值平均作为抗折强度试验值。如果有两个超过平均值的±10%时，应重做试验。

2.抗压强度试验

（1）抗折试验后的两个断块应立即进行抗压试验。抗压试验须用抗压夹具进行，试体受压面为40×62.5(mm²)。试验前应清除试体受压面与加压板间的砂粒或杂物。试验时以试体的侧面作为受压面，试体的底面靠紧夹具定位销，并使夹具对准压力机压板中心。

（2）压力机加荷速度应控制在5±0.5kN/s的范围内，在接近破坏时更应严格掌握。

（3）抗压强度按下式计算

$$f_c=\frac{P}{A}=0.4P$$

式中 f_c——抗压强度（MPa，算至0.1MPa）；

P——破坏荷载（kN）；

A——受压面积40×62.5=2500mm²。

（4）六个抗压强度结果剔除最大和最小的数值，以剩下的四个数据的平均值作为抗压强度试验结果。如不足六个时，取平均值；不足四个时应重做试验。

水泥胶砂强度试验记录　　表 1-试-3

三条试件所需材料	水泥(g)		砂(g)		水(mL)		
试验次数	抗压强度				抗压强度		
	破坏荷载(kN)	试件尺寸 宽×高(cm)	支点间距(cm)	抗折强度(MPa)	破坏荷载(kN)	受压面积(cm²)	抗压强度(MPa)
1							
2							
平均							
养护条件	温度	℃	湿度(%)		水泥标号		

试验二　普通混凝土试验

一、混凝土拌合物试验室拌合方法

（一）试验目的

学习在试验室内拌合混凝土的方法，为后继试验作准备。

（二）一般要求

1.拌制混凝土的原材料应符合技术要求，并与施工实际用料相同。拌合用的骨料应提前运入室内，以保证材料的温度与室温相同。水泥如有结块现象，应用64孔/cm^2的筛子过筛，筛余团块不得使用。

2.拌制混凝土的材料以质量计，称量精度：骨料为±1%，水、水泥及混合材料为±0.5%。

（三）主要仪器设备

1.混凝土搅拌机　容量75～100L，转速18～22r/min。

2.台秤　称量50kg，感量0.05kg。

3.其他用具　天平（称量5kg，感量1g），量筒200、1000mL各一个，拌铲、钢板（1.5×2m左右）、装料容器、抹布等。

（四）拌合方法

1.人工拌合

（1）按所定配合比备料，装在容器中。

（2）将拌铲和钢板用湿布湿润后，将砂倒在钢板上，然后加入水泥，用铲自钢板一端翻拌至另一端，如此重复，直至充分混合，颜色均匀，再加上石料，再一次拌合均匀。

表 1-试-4

混凝土拌合物体积(L)	拌和时间(min)
少于30	4～5
31～50	5～9
51～75	9～12

（3）将干混合物堆成堆，在中间作一凹槽，将已称好的水倒一半左右在凹槽中（勿使水流出），然后仔细翻拌，并徐徐加入剩余的水，继续翻拌，每翻拌一次在拌合物上铲切一次，直至拌合均匀为止。

（4）拌合时力求动作敏捷，拌合时间从加水算起，应大致符合表1-试-4规定。

2.机械拌合

（1）按所定配合比备料。

（2）预拌一次：即用比例与配合比相同的水泥、砂和水组成的砂浆及少量石子，在搅拌机中进行涮膛（也称挂浆），然后倒出并括去多余的砂浆。目的是使水泥砂浆粘附满搅拌机的筒壁，以免正式拌合时影响拌合物的配合比。

（3）开动搅拌机，向搅拌机内依次加入石子、砂和水泥，干拌均匀，再将水徐徐加入，全部加料时间不超过2min，全部水加入后，继续拌合2min。

（4）将拌合物自搅拌机卸出，倾倒在钢板上，再经人工拌合1～2min，使之均匀。

3.以上两种拌合方法，从开始加水算起，全部操作须在30min内完成。并立即做坍落度测定和试件成型。

二、混凝土拌合物的坍落度试验

（一）试验目的

1.掌握用坍落度测定混凝土拌合物流动性的方法。

2.检验所设计的混凝土配合比是否符合和易性要求，作为调整配合比和控制混凝土质量的依据。

（二）试验方法

塑性混凝土的流动性常用坍落度表示。将要测定的混凝土拌合物按一定方法装入规定的筒内，插捣一定次数后刮平提起，立即以坍落后混凝土试体的最高点为基准，量出筒高与坍落后试体最高点之间的高差，以此表示坍落度值。本方法只适用于石子粒径不大于40mm，坍落度值不小于10mm的混凝土拌合物。

（三）试验设备

1.坍落筒(图1-试-6)　为钢板制成的圆台形筒。筒的内部尺寸：底部直径200±2mm，顶部直径为100±2mm，筒高300±2mm，壁厚不少于1.5mm。

2.捣棒　直径为16mm，长650mm的钢质圆棒。

3.其他　小铲、木尺、小钢尺、镘刀、钢板等。

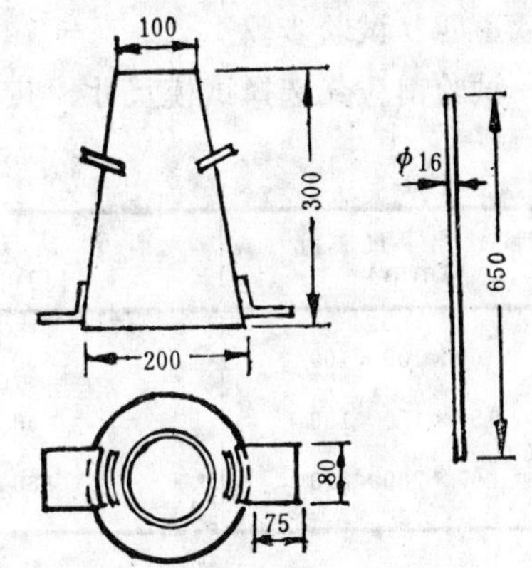

图 1-试-6　坍落筒及捣棒

（四）试验步骤

1.用湿布湿润坍落筒内部，并放在湿润过的水平钢板上。

2.用脚踩住筒下端的踏板，把混凝土拌合物用小铲分三次装入筒内，使捣实后每层高度为筒高的1/3左右。每层用捣棒插捣25次，沿螺旋线由边缘向中心插捣。插捣底层时插至底部，插捣其他两层时，应插透本层并插入下层约2～3cm。在插捣顶层时，装入的混凝土应高出坍落筒，随插捣随添加拌合料，顶层插捣完后，刮去多余的混凝土，并用抹刀抹平。

3.立即垂直地提起坍落筒，提筒在5～10s内完成，从开始装筒到提起筒的全过程不应超过2.5mm。

4.将坍落筒放在锥体混凝土试样一旁，筒顶平放木尺，用小钢尺量出尺底面至试样最高点的高差，以mm计，精度至5mm，即为该混凝土拌合物的坍落度值(参看图1-3-4)。

5.用同一次拌合的混凝土，重复上述试验，如两次结果相差20mm以上，须做第三次试验，如第三次结果与前两次均相差20mm以上时，整个试验重做。如两次结果在20mm以内，取其平均值作为试验结果。

6.用捣棒在已坍落的混凝土一侧轻轻敲打，如锥体逐渐下沉，表示粘聚性良好，如锥体突然倒塌，部分崩裂或出现离析现象，则表示粘聚性不好。

7.坍落筒提起后，如有较多的稀浆从底部析出，锥体部分的混凝土也因失浆而骨料外露，则表明混凝土拌合物的保水性不好，如无稀浆或仅有少量稀浆从筒底部析出，则表示保水性良好。

三、普通混凝土抗压强度试验

（一）试验目的

测定混凝土立方体试件抗压强度，作为检查混凝土质量和确定强度等级的依据。

（二）试验方法

按一定的方法浇筑成混凝土立方体试件，在标准条件下养护至规定龄期，试件在压力机上加压至破坏时的荷载，除以试件的受压面积，即得立方体试件抗压强度。

（三）试验设备

1.压力试验机　精度应在±2%以内。压力机量程要求试件破坏时的荷载读数不小于全量程的30%，也不大于全量程的80%。

2.试模　由铸铁或钢制成，每组三个，尺寸为150×150×150mm，视石子最大粒径不同亦可采用100×100×100mm或200×200×200mm。

3.振动台　振动频率为3000±200次/min。

4.抹刀、捣棒等。

（四）试验步骤

试验前应先选择试模尺寸。其与骨料最大粒径的关系如表1-试-5。

表 1-试-5

试件尺寸 (mm)	骨料最大粒径 (mm)	每次插捣次数	抗压强度换算系数
100×100×100	30	12	0.95
150×150×150	40	25	1.00
200×200×200	60	50	1.05

1.将试模擦干净并在模内涂一薄层机油。

2.当坍落度大于70mm时，用人工成型，混凝土分两次装入试模，每次插捣次数见表1-试-5。

3.试件成型后，用湿布覆盖表面，在室温20±5℃、相对湿度＞50%的条件下，静放1～2d，然后拆模。拆模后的试件应放在20±3℃，相对湿度＞90%的标准条件下养护。试件应放在架上，彼此间隔1～2cm，养护至试压龄期为止（在缺乏标准养护室时，试件应放在温度为20±3℃的水中养护）。

4.试件取出后检查其形状，表面倾斜偏差不得超过0.5mm，量出棱边长度精确到1mm，据此计算承压面积A。

5.将试件放在压力机压板中心（成型时的侧面为受压面），加荷速度应为：混凝土强度等级低于C30时，取0.3～0.5MPa/s，强度等级≥C30时，取0.5～0.8MPa/s。当试件接近破坏开始迅速变形时，应停止调整试验机油门，直至试件破坏，记下破坏荷载P。

（五）试验结果

1.混凝土立方体试件抗压强度f_{cu}按下式计算：

$$f_{cu}=\frac{P}{A}$$

式中　f_{cu}——混凝土立方体试件抗压强度（MPa）；

P——破坏荷载（N）；

A——受压面积（mm^2）。

2.根据《混凝土强度检验评定标准》（GBJ107—87）规定：取三个试件强度的算术平均值作为该组试件的强度代表值；当一组试件中强度的最大值或最小值与中间值之差超过中间值的15%时，取中间值作为该组试件的强度代表值；当一组试件中强度的最大值和最小值与中间值之差均超过中间值的15%时，该组试件的强度不应作为评定的依据。

3.以标准试件（150×150×150mm）在标准条件下养护28d的抗压强度值，确定混凝土的强度等级。

试验三 石油沥青试验

取样方法 同一批出厂牌号相同的沥青，以20t为一个取样单位，不足20t时，也作为一个取样单位。从每个取样单位的不同5桶（或袋）中抽取试样，每桶所取数量大致相等。如只做某项指标取样1～2kg，如需了解材料的全面性质，取样5～10kg。取样时应避免杂质混入污染，不宜在容器的表面或底部取样。

一、石油沥青的针入度试验

（一）试验目的

针入度是固体、半固体石油沥青粘滞度（稠度）的主要指标。目前我国所用石油沥青技术标准就是以针入度划分牌号的。

（二）试验方法

当沥青温度为25℃时，用特制的质量为100g的标准针，经5s自由沉入沥青的深度，即为沥青的针入度，每0.1mm为1度。

（三）仪器设备

1.针入度仪（图1-试-7）下部有三脚底座并装有可调螺丝，用以调平。座上附有放置试样的圆形平台和固定支柱。柱上附有上下滑动的两个悬臂，上臂装有针入度盘（每格0.1mm），下臂装有标准针及升降操纵机件。固定支柱下端装有可自由转动并能调节长度的悬臂，臂端装有反光镜，借以观察针尖与沥青表面是否接触，贯入针连同扶持此针之标件，共重50g，并附有50g和100g砝码，用以调整荷载。

2.标准针 见图1-试-7。

3.盛样皿 内径55mm，高为35mm，金属制；

4.温度计 0～50℃，分度0.5℃；

5.恒温水浴 容量不小于1.0L，高度不小于60mm。瓷或金属皿（熔化试样用）、筛子（过滤试样用，筛孔0.6～0.8mm）、秒表、小玻璃棒。

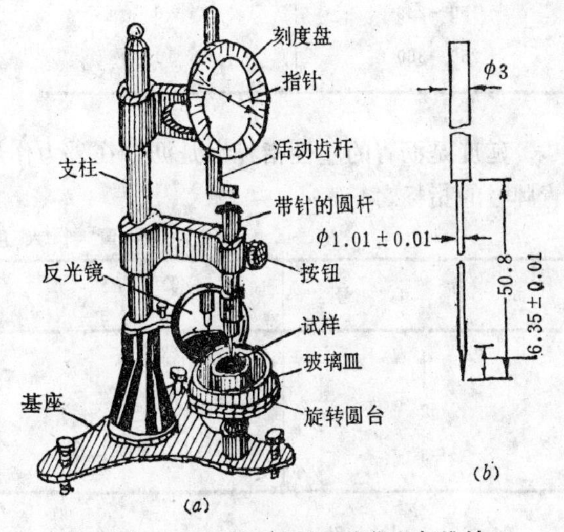

图 1-试-7 沥青针入度仪与标准针

(a)针入度仪；(b)标准针

（四）试样准备

1.将沥青放入带柄的铁锅内熔化（120°C～180°C），脱水，用筛过滤盛入器皿中，高度不小于30mm，彻底搅拌使气泡全部除去为止。

2.将盛样金属皿放在15～30°C的空气中冷却1h，冷却时不要使灰尘落入。

3.将盛样金属皿放入25±0.5°C的恒温水浴中冷却1h，试样上面水层的高度不得小于25mm，保持浴中温度不变。

4.将盛样金属皿由水浴中取出，置在保温皿中，皿中盛水，试样面上的水层高度不得小于10mm，水温严格控制为25±0.1°C，将保温皿置于针入度仪的转盘上，针入度仪须先借垂球安置水平。

（五）试验步骤

1.下降标准针至试样面上，使针尖与试样表面轻轻接触而不得刺入试样，可利用转盘边上的小镜帮助观察。

2.拉下活动杆，使其下端与带有标准针的连杆上端接触，将指针调至0点或记录初始读数。

3.开动秒表，俟秒表正指5s时，用手紧压按钮，任针自由刺入试样至秒表正指10s时，即放松按钮。

4.再拉下活动杆与连杆顶端接触，此时指针即随之转动，指出标准针在5s内贯入试样的深度（以度计）。

5.同一试样在不同点重复试验至少三次，每次测定前都应使水温保持在25°C，每次穿入点相互距离及与皿边缘距离不得小于10mm。每次试验后都应将标准针取下，用浸有溶剂（煤油、汽油或苯）的棉花将针尖擦净，再用干布擦干。

表 1-试-6

针入度值（度）	允许差数（度）
0～49	2
50～149	4
150～249	6
250～350	10

6.以每一试样的三次测定值的算术平均值作为该试样的针入度值。三次读值中的最大与最小之差，应符合表1-试-6的规定。

二、沥青延度试验

（一）试验目的

延度是沥青的塑性指标，是沥青在外力作用下产生变形而不破坏的能力，也是确定沥青牌号的指标之一。

石油沥青针入度测定记录　表 1-试-7

试件编号	试验温度（°C）	针入度（度）	平均值（度）
1			
2			
3			

（二）试验方法

将沥青制成“8”字形试件，置于25°C延伸仪水槽中，以5cm/min的速度拉伸，拉断时的伸长值（cm）即为延度。

（三）试验设备

1.延度试验仪（图1-试-8）

由一个内衬镀锌白铁或涂磁漆的长形木箱构成。箱内装有一个可以转动的螺旋杆，其上附有滑板，螺旋杆转动时使滑板自一端向他端移动，其速度为50±2.5mm/min，滑板上有一指针，借箱壁上所装标尺指示滑动距离，延度可自尺上直接读出。螺旋杆由手摇或电机带动。

2.试模（图1-试-9）由两个端模和两个侧模组成。

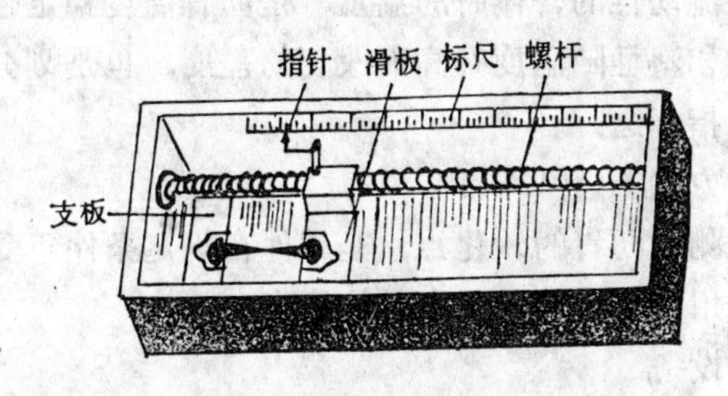

图 1-试-8　沥青延度仪

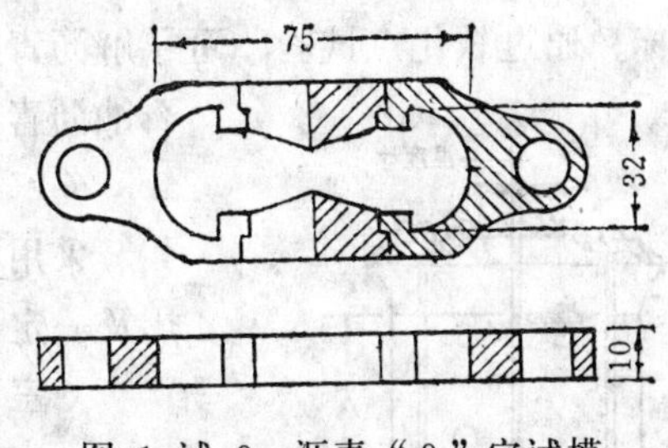

图 1-试-9　沥青“8”字试模

3.温度计　0～50℃，分度0.5℃。

4.其他　磁皿或金属皿（熔沥青用）、滤筛（孔0.6～0.8mm）、金属板（附有夹紧模具的活动螺丝）、刀（切沥青用）、酒精灯、棉花、甘油、滑石粉隔离剂（甘油2份、滑石粉1份，以质量计）。

（四）试验准备

1.将隔离剂拌合均匀，涂于磨光的金属板上和“8”字模两侧模的内侧（注意端模勿涂），将试模拼好放在金属板上卡紧。

2.将脱水试样加热过筛，并充分搅拌至气泡完全排出，然后将试样自试模的一端至他端往返数次，缓缓注入模中，并略高出试模。

3.试件在15～30℃的空气中冷却30min后，用热刮刀将高出试模部分的沥青刮去，务使沥青表面与试模面齐平。

4.将试模连同金属板置于水温保持在25±0.5℃的水槽中至少1h。沥青面上水层高度不少于25mm。

5.检查延度仪滑板的速度是否符合要求，然后移动滑板使其指针正对标尺零点。

（五）试验步骤

1.试件在水槽中保持1h后，将试模自金属板上取下，然后将试模两端的孔分别套在滑板与槽端的金属柱上，取下试件侧模，水面距试件表面不少于25mm，水温应恰为25±0.5℃。

2.开动电动机，观察试样的延伸情况。如发现沥青细丝浮于水面或沉于槽底时，可在水中加入酒精或食盐调整水的密度至与试样密度相近，再重新试验。

3.试件拉断时，指针所指标尺上的读数，即为试样的延度（cm）。

4.取三个试件平行试验的算术平均值作为试验结果，准确至1cm。三个平行试验结果与平均值之差，不得大于±10%。

石油沥青延度测定记录　　表1-试-8

试样编号	试验温度（℃）	延伸度（cm）	平均值（cm）

三、石油沥青的软化点试验

（一）试验目的

软化点是沥青由固体状态转变为具有一定流动性的膏体时的温度，是沥青温度稳定性的指标。通过软化点试验，可了解沥青的粘性和塑性随温度升高而改变的程度，也是划分石油沥青牌号的指标之一。

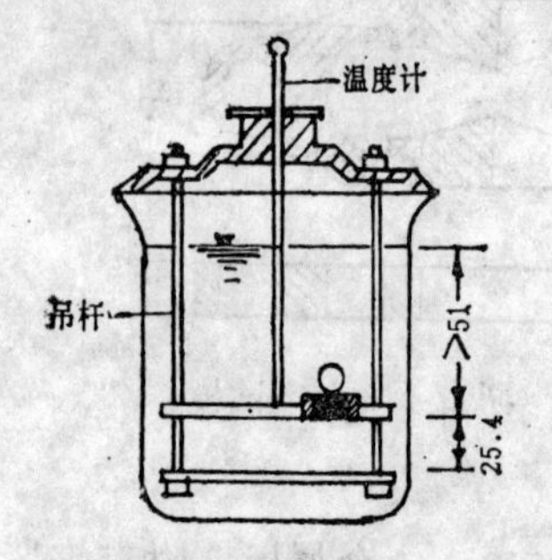

图 1-试-10　软化点测定仪

（二）试验方法

采用环球法测定沥青的软化点，是试件在规定条件下受热及一定质量作用下下沉25.4mm时的温度。

（三）试验设备

1.沥青软化点测定仪(图1-试-10)，包括800mL烧杯、测定架、铜环、钢球等。

2.电炉或其他加热器。

3.温度计　全浸玻璃棒式。刻度0～100°C，分度0.5°C一支；刻度0～200°C，分度1°C一支。

4.其他　金属板或玻璃板、刀（切沥青用）、筛（孔径0.6～0.8mm）、甘油滑石粉隔离剂、新煮沸的蒸馏水、甘油。

（四）试验准备

1.将黄铜环置于涂有隔离剂的金属板或玻璃板上。将预先脱水的试样加热熔化，加热温度不得高于估计软化点100°C，搅拌过筛后注入黄铜环内，至略高出环面为止。若估计软化点在120°C以上，应将铜环与金属板预热至80～100°C。

2.试样在空气（15～30°C）中冷却30min后，用热刀刮去高出环面的试样，务使与环面齐平。

3.若估计软化点不高于80°C的试样，将盛有试样的黄铜环及板置于盛满水的保温槽内，水温保持在5±0.5°C，恒温15min；若估计软化点高于80℃的试样，则将盛有试样的黄铜环及板置于盛满甘油的保温槽内，甘油温度保持在32±1℃，恒温15min。或将盛试样的环水平地安放在环架中层板的圆孔内，然后放在盛有水或甘油的烧杯中，恒温15min，温度要求同保温槽。钢球及其定位环也置于水或甘油中。

4.烧杯内注入新煮沸并冷却至5℃的蒸馏水（估计软化点不高于80℃的试样），或注入加热至32℃的甘油（估计软化点高于80℃的试样），使水面或甘油面略低于连杆上的深度标记。

（五）试验步骤

1.从水或甘油保温槽中取出盛有试样的黄铜环，放在环架中承板的圆孔中，并套上钢球定位环，把整个环架放入烧杯内，调整水面或甘油面至深度标记。环架任何部分均不得有气泡。将温度计由上层板中心孔垂直插入，使水银球与铜环下面齐平。

2.移烧杯至放有石棉网的三角架上或电炉上，然后将钢球放在试样上，立即加热使烧杯内水或甘油温度3min后保持5±0.5℃/min上升，在整个试验过程中，如温度上升速度超过此范围时，则试验应重做。

3.试样受热软化下坠至与下层板面接触时的温度即为试样的软化点。

4.同一试样至少试验两个试件，取其算术平均值作为试验结果。两试件试验结果的差数不得大于下列规定：软化点＜80℃时，允许差值不大于0.5℃；软化点≥80℃时，允许差值为1℃。

石油沥青软化点测定记录 表1-试-9

烧杯中液体种类	烧杯中液体开始时的温度	加热时每分钟上升度数	沥青包裹钢球坠下钢板的温度		软化点（℃）		平均软化点（℃）
			1		1		
			2		2		

试验四　普通粘土砖的强度等级试验

一、试验目的

测定普通粘土砖的强度等级。

二、试验方法

通常以砖的抗压强度为主要指标确定砖的强度等级，同时各强度等级砖的抗折强度也要满足标准要求。

三、试验设备

（一）压力机300～500kN或万能试验机。

（二）锯砖机或切砖器、量尺、馒刀等。

（三）附有抗折承压板及柱形或棱柱体支承的10kN压力试验机或砖瓦抗折试验机。

四、试验步骤

（一）抗压强度

1.试件制做　每次试验用砖样5块。将砖样切断或锯成两个半截砖，断开的半截砖边长不得小于10cm（图1-试-11（a）），如不足10cm时，应另取备用砖补足。将已断的半截砖放入室温的净水中浸10～30min后取出，并以断口相反方向迭放，两者中间用325～425号水泥调制成稠度适宜的水泥净浆粘结，厚度不超过5mm。上下两面亦用厚度不超过3mm的同种水泥浆抹平，制成的试件上下两个面互相平行并垂直于侧面（图1-试-11（b））。

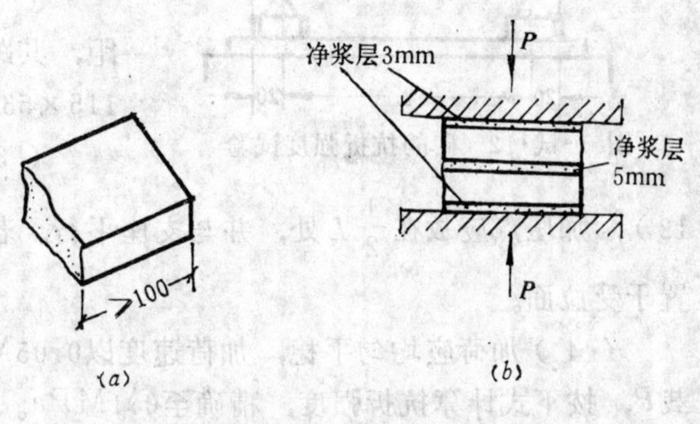

图 1-试-11　抗压强度

（a）断开的半截砖；（b）砖的抗压强度试验

2.试件养护　制成的抹面试件应置于不通风的室内养护3d，室温不得低于10℃。

3.试验步骤

（1）测量每个试件连接面的长宽尺寸各两个，精确至mm，取其平均值计算受压面积A（mm^2）。

（2）将试件平放在压力机承压板中央，并垂直于受压面，加荷时应均匀平稳，不能发生冲击或振动，加荷速度以0.5MPa/s为宜，直至试件破坏为止。

（3）读出并记录每个试件的破坏荷载，读数以N计，抗压强度按下式计算

$$f_c=\frac{P}{A}$$

式中 f_c——砖的抗压强度（MPa）；

P——破坏荷载（N）；

A——试件受压面积（mm^2）

（4）试验结果 抗压强度以5块试件测定结果的算术平均值表示，并需附有单块试件的最小强度值。

砖的抗压强度试验记录 表1-试-10

试件编号	试件尺寸 (mm)		受压面积 A (mm^2)	最大荷载 P (N)	抗压强度 f_c (MPa)	平均值 (MPa)	备注
	a	b					

（二）抗折强度

1.砖样数量 每次试验时用砖样5块，砖样需外形完整，一块砖样即一个试件。

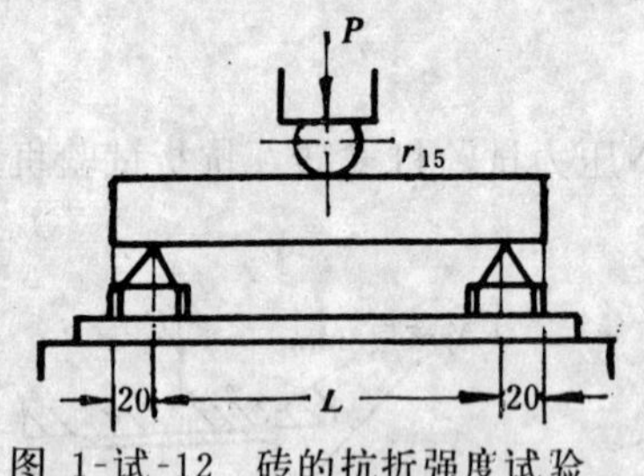

图 1-试-12 砖的抗折强度试验

2.试验步骤

（1）测量每个试件中间的宽度b与厚度h各两个，精确至mm，取其平均值。

（2）调整好试验机和抗折活动支架的支座跨距，其跨度L为试件最长边减去40mm（例如240×115×53mm的粘土砖，其跨度为200mm）。

（3）将试件大面平放在支架上（图1-试-12），加压点应放在$\frac{1}{2}L$处，并与支座平行。若试件有裂缝或凹陷，应将裂缝或凹陷部分置于受拉面。

（4）加荷应均匀平稳，加荷速度以0.05MPa/s为宜，直至试件折断。记录破坏荷载P，按下式计算抗折强度，精确至0.1MPa。

$$f_{cm}=\frac{3PL}{2bh^2}=\frac{300P}{bh^2}$$

式中 f_{cm}——砖的抗折强度（MPa）；

P——最大破坏荷载（N）；

L——跨度，即两支点距离（200mm）；

b、h——试件计算宽度和高度（mm）。

3.试验结果　砖的抗折强度以5个试件测定结果的算术平均值表示，并需附有单块试件的最小强度值。

砖的抗折强度试验记录　　　　**表 1-试-11**

试件编号	截面尺寸 (mm)		支点距离 L (mm)	最大荷载 P (N)	抗折强度 f_{cm} (MPa)	平均值 (MPa)	备注
	b	h					

试验五　钢筋的拉伸试验

一、试验目的

测出钢筋的屈服强度、抗拉强度、伸长率，作为评定钢材质量及确定钢筋等级的依据。

二、试验方法

将制做好的试件置于拉力机的上下夹头间夹紧，以规定的加荷速度逐渐加荷，记录出屈服点及破坏时的荷载，分别除以试件原横截面面积，便可得到屈服强度和抗拉强度，也可算出钢筋的伸长率，以了解其塑性的大小。

三、试验设备

（一）万能试验机

其吨位应使试件达到最大荷载时，指针位于第三象限（即180°～270°）。试验机的测力示值误差不应大于1%。

（二）尖量爪游标卡尺，精确度为0.1mm。

（三）带有摩擦棘轮的千分尺，精确度为0.01mm。

四、试件制做和准备

（一）钢筋取样方法

钢筋应有出厂证明书或试验报告单。进厂时应分批验收，每批重量不大于60t，并抽样做机械性能试验。在每批钢筋中任取两根，在距钢筋端部50cm处各取一套试样（两根试件），在每套试样中取一根做拉力试验，另一根做冷弯试验。

（二）对于直径≤12mm的热轧Ⅰ级钢筋，有出厂证明书或试验报告单时，可不再做机械性能试验。

（三）试样一般不做切削加工（图1-试-13），如受试验机吨位的限制，直径为22～40mm的钢筋可制成切削加工试件，其形状尺寸如图1-试-14和表1-试-13。

（四）在试件表面以铅笔划平行于轴线的直线，在直线上以浅冲眼冲出标距端点，并沿标距长度用油漆划出10等分点和分格标点。

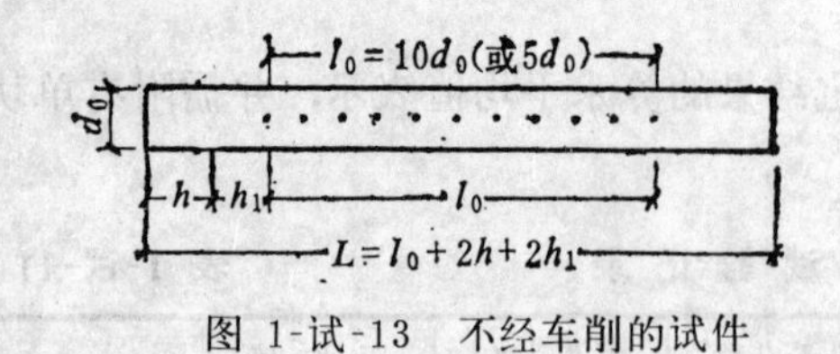

图 1-试-13　不经车削的试件

图 1-试-14　车削的试件

车 削 试 件 尺 寸 (mm)　　　　表 1-试-12

一般尺寸				长试件 $l_0=10d_0$			短试件 $l_0=5d_0$		
d_0	D	h	h_1	l_0	l	L	l_0	l	L
25	35	不	25	250	275	$L=l+2h+2h_1$	125	150	$L=l+2h+2h_1$
20	30	作	20	200	220		100	120	
15	22	规	15	150	165		75	90	
10	15	定	10	100	110		50	60	

注：头部长 h，决定于所用夹头的尺寸。

（五）测量标距长度L_0，精确至0.1mm。

（六）未经切削的试件，按质量法求出横截面积A。

$$A=\frac{m}{7.85L}$$

式中　A——试件横截面积（cm²）；

m——试件质量（g）；

L——试件长度（cm）；

7.85——钢材的密度（g/cm³）。

（七）经切削加工的标准试件，用游标卡尺沿标距长度在中部及两端测出直径d_0，每个试件测量不应少于 3 处，每处应在两个互相垂直的方向各测一次，精度为0.01mm，用所得 6 个数据的最小值作为试件的直径，计算横截面积。

五、试验步骤

（一）调整试验机测力度盘的指针，使对准零点，并拨动副指针使与主指针重迭。

（二）将试件安置在试验机夹头内，试件应对准夹头中心，并使试件轴线垂直。

（三）开动试验机进行拉伸，拉伸速度：屈服前应力增加速度为10MPa/s，屈服后试验机活动夹头在荷载作用下的移动速度应不大于0.5L/min（未经切削试件$L=l_0+2h_1$）。

（四）拉伸中，测力度盘的指针停止转动时的恒定荷载或第一次回转时的最小荷载，即为所求的屈服点荷载P_s（N）。按下式计算试件的屈服强度。

$$\sigma_s=\frac{P_s}{A_0}$$

式中　σ_s——屈服强度（MPa）；

P_s——屈服点荷载（N）；

A_0——试件的原横截面面积（mm²）。

σ_s应算至1.0MPa，小数点后数字按4舍6入，5时，若个位数字是奇则入，偶则舍。

（五）继续加荷直至试件拉断，由测力度盘读出最大荷载P_b，按下式计算抗拉强度

$$\sigma_b = \frac{P_b}{A_0}$$

式中 σ_b——抗拉强度（MPa），精度要求同σ_s；

P_b——最大荷载（N）；

A_0——试件原横截面面积（mm^2）。

六、伸长率测定

（一）将已拉断的两段在断裂处对齐，尽量使轴线位于同一直线上，如拉断处由于各种原因形成缝隙，则此缝隙应计入试件拉断后的标距长度内。标距l_1的计算方法如下：

1.如拉断处到邻近标距端点的距离大于$\frac{1}{3}l_0$时，可用卡尺直接量出已被拉长的标距长度l_1（mm）。

2.如果拉断处到邻近标距端点的距离$\leqslant\frac{1}{3}l_0$时，用移位法确定l_1。

在长段上从拉断处O取基本等于短段格数得B点，接着取等于长段所余格数（偶数，图1-试-15（a））之半，得C点；或者取所余格数（奇数，图1-试-15(b)）减1与加1之半，得C与C_1点。移位后的l_1分别为$AO+OB+2BC$或$AO+OB+BC+BC_1$。

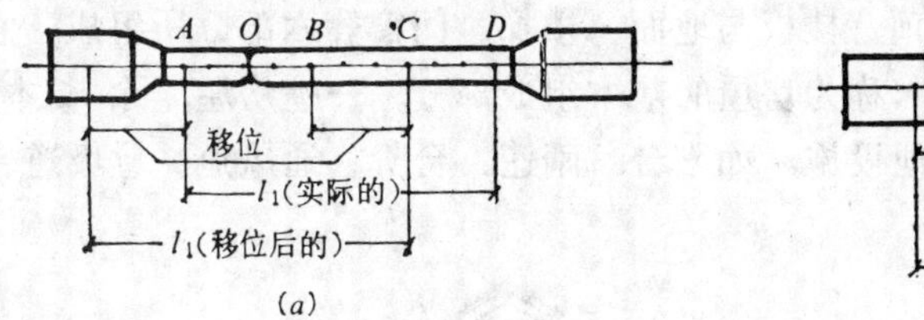

图 1-试-15 用移位法计算标距

如用直接量测所求得的伸长率能达到技术条件的规定值，则可不采用移位法。

（二）伸长率按下式计算（精确至1%）

$$\delta_{10}(\text{或}\delta_5) = \frac{l_1 - l_0}{l_0} \times 100\%$$

式中 δ_{10}、δ_5——分别表示$l_0=10d_0$和$l_0=5d_0$时的伸长率；

l_0——原标距长度$10d_0$或$5d_0$（mm）；

l_1——试件拉断后直接量出或按移位法确定的标距部分的长度（mm）（测量精确至0.1mm）。

（三）如试件在标距端点上或标距外断裂，则试验结果无效。

第二篇　房屋建筑构造

建筑构造是研究建筑物的构造形式、构造组成、材料选择、尺寸大小、构造做法和节点连接的综合性建筑技术科学。也是建筑设计的重要组成部分。

本篇将以民用建筑为主，阐明房屋建筑的基本组成，并分章介绍各组成部分的构造知识。最后一章以工程上最常用的单层工业厂房为例介绍工业建筑构造的一般知识。

第一章　概　述

第一节　民用建筑的基本组成

平常我们见到的房屋建筑，虽然其用途、形式、使用材料和构造各不相同，但它们大都由基础、墙身（或柱）、屋顶、楼板与地面、楼梯、门窗等六部分所组成。它们各处在不同的部位，发挥着各自的作用，称为房屋的基本组成部分。一幢房屋，除基本组成部分外，还有人们生活所必须的其他设施，如阳台、雨篷、台阶、通风道、垃圾道、烟囱等，称为房屋的附属组成部分。

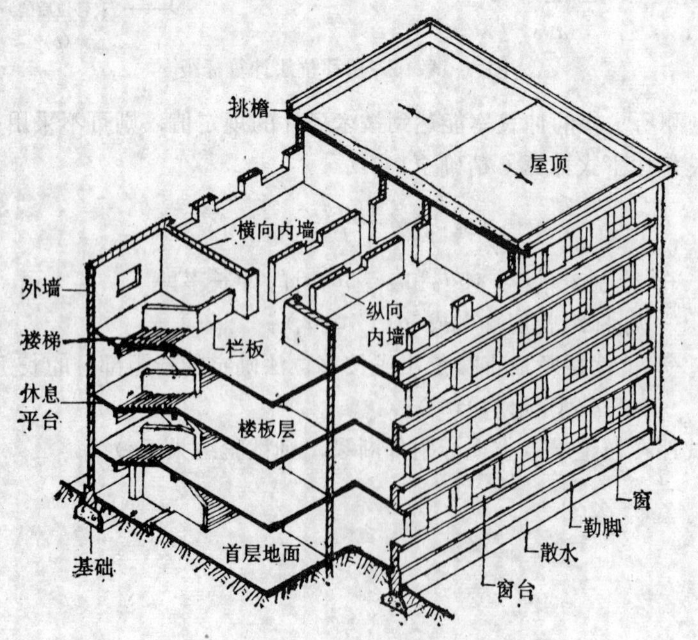

图 2-1-1　房屋的基本组成

屋顶和外墙组成了整个房屋的外壳，主要用来防止雨雪风沙对房屋内部的侵袭，夏季隔热冬季保温。我们把这些功能概括为围护作用。为了采光和通风，需要在墙上开窗。

楼板层按使用要求把建筑物在垂直方向分为若干层，它既是下层房间的顶板，又是上层房间的地面。为了上下楼层之间的联系，需要设置楼梯。

内墙把房屋内部分隔成不同用途的房间和走道。为了各房间之间的联系，就要在墙上开门。

有些组成部分还起承重作用。屋顶要承受风力、冬季积雪的重量和自重；楼板要承受人群和各种设备的重量及其自重；墙体要承受风力以及屋顶和楼板传给它的重量。所有这些重量都要通过基础传到地基上。屋顶、楼板、墙、基础这些承重部分组成了房屋的骨架，称为房屋的结构系统。梁、板、柱、屋架、基础则称为房屋的结构构件。

图2-1-1是一幢教室的示意图。从图中可以看出房屋各个组成部分和它们的名称。

第二节　建筑统一模数制与定位轴线

一、统一模数制

建筑业是国民经济的一个重要部门，其发展必须走工业化和现代化的道路。实现建筑工业化，首先应解决建筑设计标准化问题。使墙柱、楼板、楼梯、屋顶、门窗等构配件的类型和规格达到最少程度，并具有较大的通用性和互换性，有利于在工厂进行定型生产。这就使建筑业提高劳动生产率、缩短工期、降低造价有了可靠的保证。

为了达到上述要求，建筑物各部分的尺寸，必须服从一定尺寸系统的制约才行。这个尺寸系统称为统一模数制。

早在1955年我国就开始实行《建筑统一模数制》，并于1973年、1986年进行了两次修订。重新修订的标准称为《建筑模数统一协调标准》（GBJ_{2-86}）。

所谓模数就是选定的标准尺寸单位。作为建筑物、建筑构配件、建筑制品等尺度协调中的增值单位。模数协调中选用的基本尺寸单位称为基本模数。我国将基本模数定为100mm，并以M表示。若所用尺寸都是100mm的倍数，则构件的类型与规格仍嫌太多。因此在具体应用时，根据构配件不同的尺寸又规定了扩大模数（基本模数的整数倍数）和分模数（基本模数的分数）。扩大模数有$3M$、$6M$、$12M$、$15M$、$30M$、$60M$等6种。分模数有$\frac{1}{10}M$、$\frac{1}{5}M$、$\frac{1}{2}M$等3种。模数数列及其代号，见表2-1-1。

从表中可以看到，$1M$数列按100mm进级至$36M$；$3M$数列按300mm进级至$75M$；$6M$数列按600mm进级至$96M$，其他数列类同。

竖向模数$1M$至$36M$数列，应主要用于建筑物的层高、门窗洞口和构配件截面等处。

水平扩大模数$3M$、$6M$、$12M$、$15M$、$30M$、$60M$的数列，应主要用于建筑物的开间或柱距、进深或跨度、构配件尺寸和门窗洞口等处。

分模数$\frac{1}{10}M$、$\frac{1}{5}M$、$\frac{1}{2}M$的数列，主要用于缝隙、构造节点，构配件截面等处。

例如根据国家标准《住宅建筑模数协调标准》GBJ_{100-87}规定：砖混结构住宅建筑的开间应采用下列常用参数：2100、2400、2700、3000、3300、3600、3900、4200mm。

模数数列（mm）（GBJ2—86） 表 2-1-1

基本模数	扩大模数						分模数		
1M	3M	6M	12M	15M	30M	60M	$\frac{1}{10}M$	$\frac{1}{5}M$	$\frac{1}{2}M$
100	300	600	1200	1500	3000	6000	10	20	50
100	300						10		
200	600	600					20	20	
300	900						30		
400	1200	1200	1200				40	40	
500	1500			1500			50		50
600	1800	1800					60	60	
700	2100						70		
800	2400	2400	2400				80	80	
900	2700						90		
1000	3000	3000		3000	3000		100	100	100
1100	3300						110		
1200	3600	3600	3600				120	120	
1300	3900						130		
1400	4200	4200					140	140	
1500	4500			4500			150		150
1600	4800	4800	4800				160	160	
1700	5100						170		
1800	5400	5400					180	180	
1900	5700						190		
2000	6000	6000	6000	6000	6000	6000	200	200	200
2100	6300							220	
2200	6600	6600						240	
2300	6900								250
2400	7200	7200	7200					260	
2500	7500			7500				280	
2600		7800						300	300
2700		8400	8400					320	
2800		9000		9000				340	
2900		9600	9600						350
3000				10500				360	
3100			10800					380	
3200			12000	12000	12000	12000		400	400
3300					15000				450
3400					18000	18000			500
3500					21000				550
3600					24000	24000			600
					27000				650
					30000	30000			700
					33000				750
					36000	36000			800
									850
									900
									950
									1000

住宅建筑的进深应采用下列常用参数：3000、3300、3600、3900、4200、4500、4800、5100mm。

住宅建筑的层高应采用下列常用参数：2600、2700、2800mm。

二、定位轴线

定位轴线是确定建筑物结构或构件的位置及其标志尺寸的基线。定位轴线之间的距离应符合模数数列的规定。下面以砖混住宅建筑为例，说明定位轴线的布置原则。

砖墙的单轴线平面定位应符合下列原则：

（一）承重内墙顶层墙身中心线，应与平面定位轴线相重合（图2-1-2）；

（二）承重外墙顶层墙身内缘与平面定位轴线的距离应为120mm（图2-1-2）；

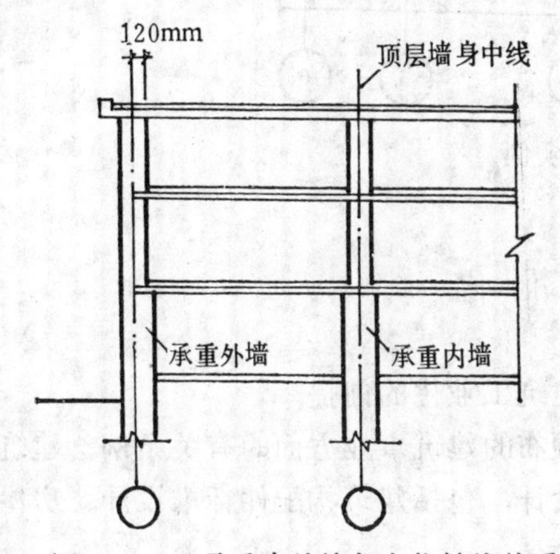

图 2-1-2 承重内外墙与定位轴线关系

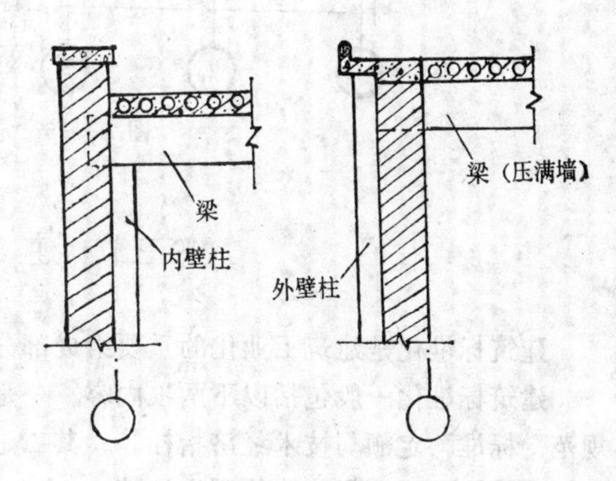

图 2-1-3 定位轴线与墙身内缘相重合

（三）非承重墙除可按承重内墙或外墙的规定定位外，还可使墙身内缘与平面定位轴线相重合；

（四）带壁柱外墙的墙身内缘与平面定位轴线相重合（图2-1-3）或距墙身内缘的120mm处与平面定位轴线相重合(图2-1-4)。

施工图中的定位轴线是定位、放线的重要依据。凡承重墙、柱子、大梁或屋架等主要承重构件的位置都应画上轴线并编号，凡需确定位置的建筑局部或构件，都应注明它们与附近轴线的尺寸。

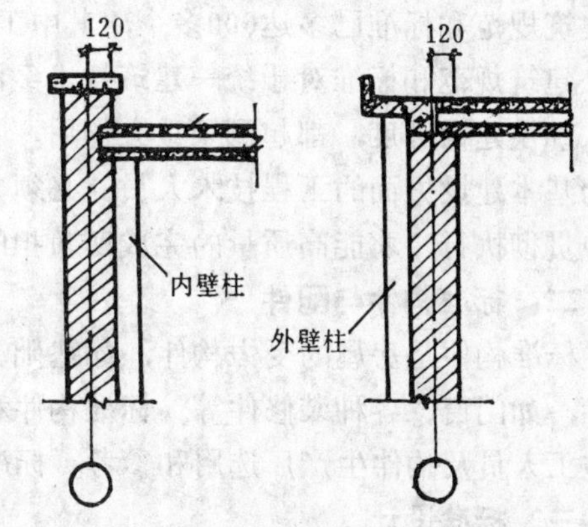

图 2-1-4 定位轴线距离身内缘120mm

轴线用细点划线表示，端部画圆圈（圆圈直径8～10mm），圆圈内注明编号。水平方向用阿拉伯数字自左至右顺序编号，垂直方向用大写拉丁字母自下而上依次编号，但字母I、O、Z不得用为轴线编号，图2-1-5为一平房的平面图，其定位轴线的画法如图所示。

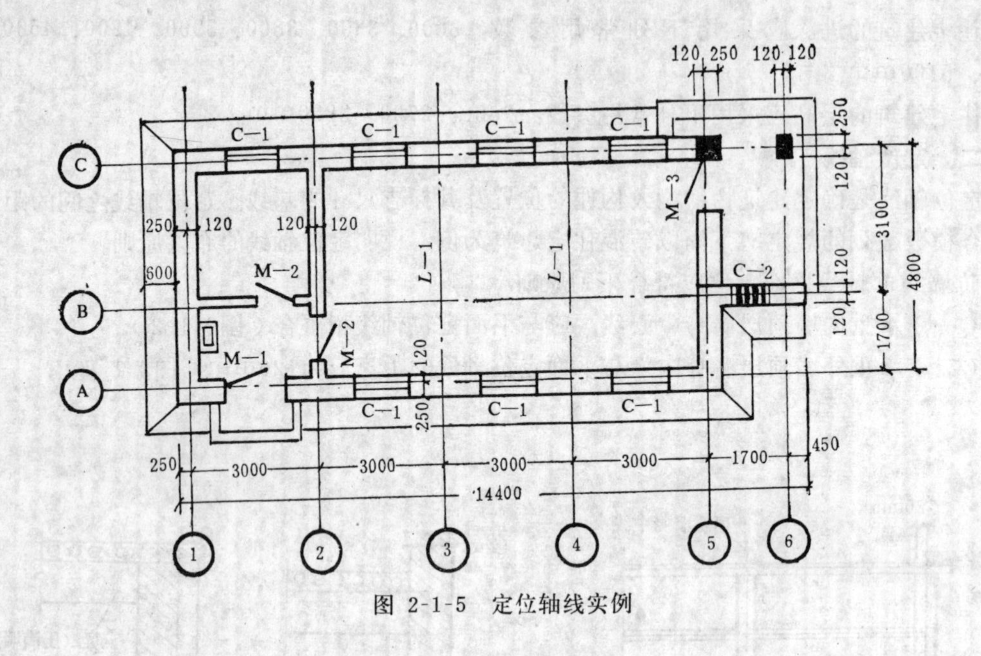

图 2-1-5 定位轴线实例

第三节 建筑标准化

建筑标准化是建筑工业化的重要组成部分，是建筑工业化的前提。

建筑标准化一般包括以下两项内容。一是国家颁布的建筑事业方面的有关条例、建筑规范、标准、定额与技术经济指标等。其二是标准设计，包括建筑构配件标准设计、房屋的标准设计和工业化建筑体系设计等。

一、建筑规范和标准

建筑规范和标准是我国建筑事业的法律性文件。它以建筑科学技术和实践经验的综合成果为基础，并吸收国外的先进经验，经有关方面协商一致，由国务院有关部委批准和颁发的。作为全国建筑行业共同遵守的准则和依据。它包括建筑设计、建筑结构和建筑施工三方面的内容。又可分为国家、专业（部）、地方和企业四个等级。现行国家、专业（部）级建筑规范和标准已多达600多个，其中工程规范和标准约占40％。

建筑规范和标准对于统一建筑技术经济要求，提高建筑科学管理水平，保证工程质量，加快建设进度，都起到了重大作用。随着科学技术的发展，它还要不断更新和完善。作为基本建设方面的工程技术人员，必须熟悉与自己专业有关的规范和标准，并在实际工作中贯彻执行，才能高质量的完成所负担的建设任务。

二、标准构件与配件

标准构件是房屋的受力构件，如基础、楼板、梁、楼梯等；标准配件是房屋的非受力构件，如门窗、各种装修件等。标准构件和配件一般由国家或地方设计部门编制，供设计和施工人员及构件生产厂选用和参考。标准构件一般用G表示，标准配件用J表示。

三、标准设计

标准设计包括整个房屋的设计和单元设计两部分。一般由地方设计院编制。整个房屋的标准设计通常只包括地上部分，以建筑设计为主。地下部分需根据当地地质条件，由具体设计单位另行出图。单元设计只是平面图的一个组成部分，应用时要进行拼接，形成一个完整的建筑组合体。标准设计在大量性民用建筑中应用较广，如住宅、托儿所、中小学等。

四、工业化建筑体系

工业化建筑体系是指对某类或某几类建筑，从设计、生产工艺、施工方法到组织管理进行统一规划，形成工业化生产的完整过程。可分为专用体系和通用体系两种。

专用体系是以房屋定型为主进行构配件配套的一种体系，其产品是定型房屋。构配件只能在本体系使用，不能互换。其优点是定型化程度高、构配件规格少、设备投资少、投产快。

通用体系是以构配件定型为主，进行多样化房屋组合的一种体系，其产品是定型构配件。各体系之间的构配件可以互换，构配件不仅在民用建筑之间，甚至可以与工业建筑通用。其优点是设计易于做到多样化、构配件的使用量大、便于组织专业化大批量生产。

复习题

1.民用建筑的基本组成包括哪些部分？各部分的作用是什么？

2.为什么要采用建筑统一模数制？我国国家标准规定的基本模数是多少？扩大模数和分模数有哪些？

3.住宅建筑中，当外墙有壁柱时，其定位轴线如何确定？不带壁柱时如何确定？

4.测量一下你宿舍的开间和进深，看是否符合常用参数？

5.图2-1-6为一输水泵房和配电室平面图。所有墙体厚度均为370mm，泵房及配电室之间设有变形缝❶，缝宽50mm。试画出该泵房的纵横定位轴线（本题亦可讲完第九章第三节后再做）。

提示：变形缝两侧的墙按外承重墙处理时（本题即为此种情况），变形缝处应设两条定位轴线（缝的两侧各一条），定位轴线均应距墙内缘120mm处。

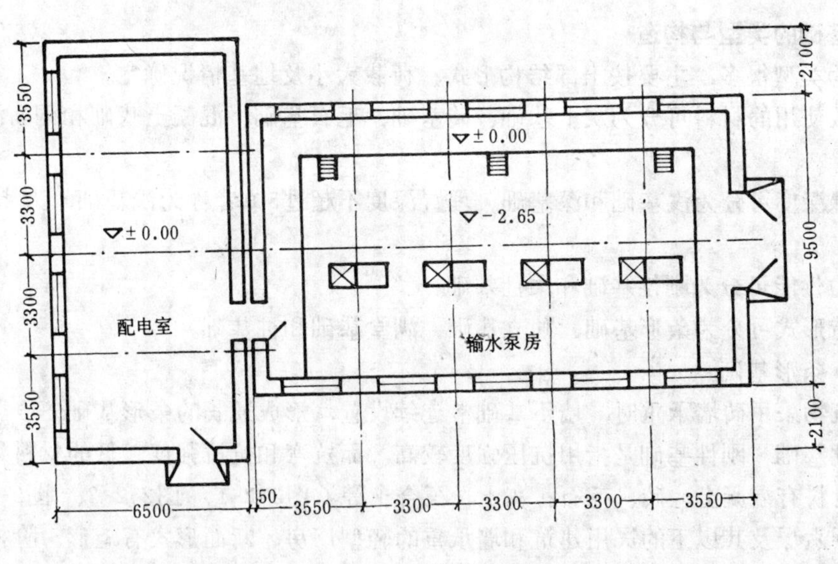

图 2-1-6　复习题5用图

6.建筑标准化包含哪些内容？

❶ 变形缝的概念见第九章第九节。

第二章　基 础 与 地 下 室

第一节　基础的类型与构造

一、地基与基础的概念

基础是建筑物的地下部分，直接与土层相接触，它承受建筑物的全部荷载，并把它传给地基。基础是建筑物的一个组成部分。

基础下面承受荷载的那部分土层叫做地基。承受由基础传来的整个建筑物的荷载，地基不是建筑物的组成部分。

地基在保持稳定的条件下，每平方米所能承受的最大垂直压力称为地基的承载力（或地耐力）。当基础对地基的压力超过地基承载力时，地基将出现较大的沉降变形，甚至产生地基土层滑动而破坏。为了保证建筑物的稳定与安全，必须将房屋基础与土层接触部分的底面尺寸适当扩大，以减小地基单位面积承受的压力。

凡天然土层具有足够的承载力，不需经人工改良或加固可直接在上面建造房屋的称为天然地基。

当土层承载力较差，如杂填土、冲填土、淤泥或其他高压缩性土层，必须进行人工加固才能在上面建造房屋的土层，称为人工地基。人工加固地基的方法有压实法、换土法和桩基础等。

二、基础的类型与构造

基础的类型很多，主要按上部结构形式、荷载大小及地基情况确定。

基础按使用的材料可分为灰土基础、砖基础、毛石基础、混凝土基础和钢筋混凝土基础。

按埋置深度可分为浅基础和深基础。埋置深度不超过5m者称为浅基础，大于5m者称为深基础。

按受力性能可分为刚性基础和柔性基础。

按构造形式可分为条形基础、独立基础、满堂基础和桩基础。

（一）条形基础

当建筑物采用砖墙承重时，墙下基础常连续设置，形成通长的条形基础。

1.刚性基础　刚性基础是指用抗压强度较高，而抗弯和抗拉强度较低的材料建造的基础。所用材料有混凝土、砖、毛石、灰土、三合土等（图2-2-1、图2-2-2、图2-2-3），一般可用于六层及其以下的民用建筑和墙承重的轻型厂房。断面形式有矩形、阶梯形、锥形等。基础顶部一般每边比墙宽出50～100mm。基础底部宽度是根据上面传来的总荷载与地基承载力，由结构计算决定的。条形基础常取1m长作为计算单元，设基础底宽为B，1m长基础上的总荷载为N（包括上部荷载、基础自重和基础上的土重），地基承载力为f，则对于中心受压基础有：

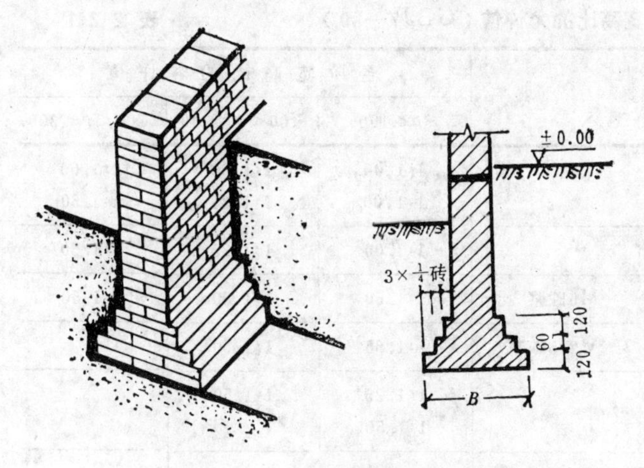

图 2-2-1　砖砌条形基础

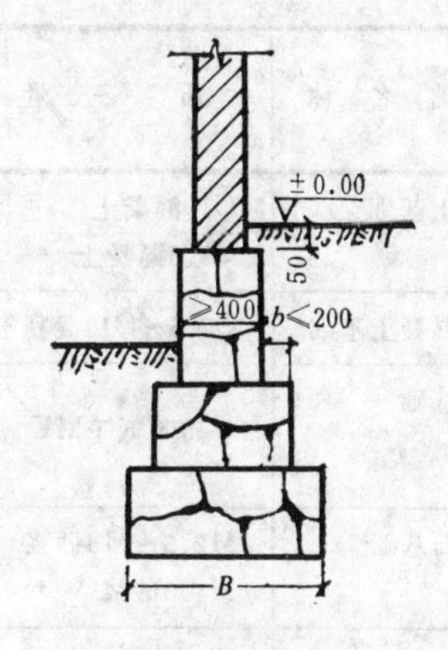

图 2-2-2　石砌条形基础

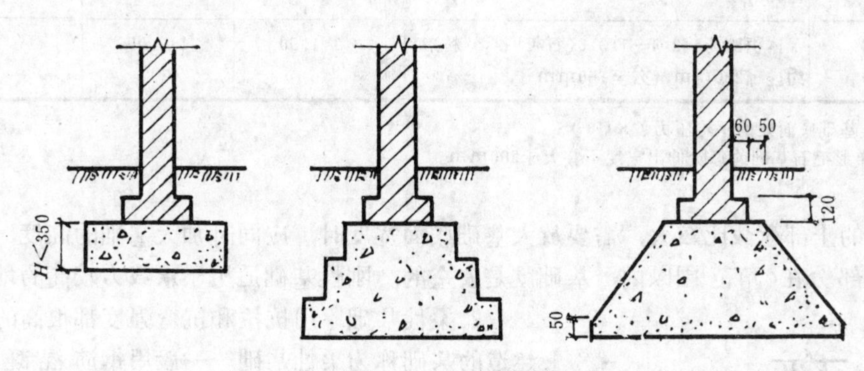

图 2-2-3　混凝土基础

$$p=\frac{N}{B\times 1}\leqslant f$$

式中　p——基础底面处的平均压力（kPa）；

所以$B\geqslant\frac{N}{f}$

上式表示基础底宽与荷载成正比，与地基承载力成反比。基础的顶宽和底宽确定后，就可确定基础的高度。为了满足基础材料的受力性能，刚性基础的底宽B尚应满足：

$$B\leqslant B_0+2H\operatorname{tg}\alpha$$

或

$$\frac{B-B_0}{2H}\leqslant\operatorname{tg}\alpha$$

式中　B_0——基础顶面的墙底宽度(m)，(图2-2-4)；

H——基础高度（m）（图2-2-4）；

$\operatorname{tg}\alpha$——基础台阶宽高比允许值，可按表2-2-1选用。

上式表明，基础挑出部分的宽高比不能大于台阶宽高比的允许值(每个小台阶也如此)。不同的材料，宽高比允许值也不同。α角也称材料的刚性角，其值越大，材料的抗拉能力越强。我们常用刚性角来控制基础放大部分的斜

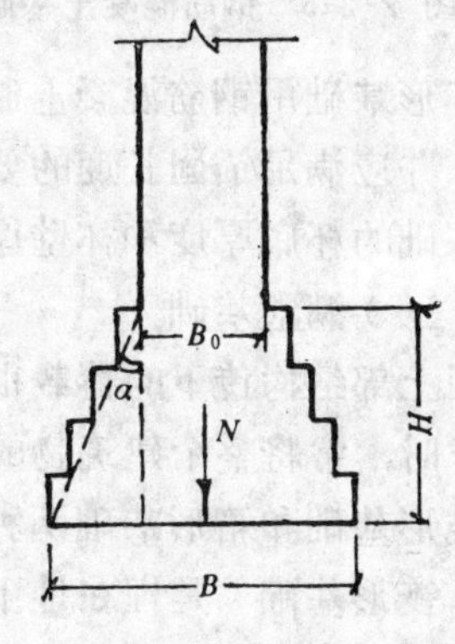

图 2-2-4　基础宽度与高度关系图

刚性基础台阶宽高比的允许值（GBJ7—89） **表 2-2-1**

基础名称	质量要求		台阶宽高比的容许值		
			$p\leqslant100$	$100<p\leqslant200$	$200<p\leqslant300$
混凝土基础	C10混凝土		1:1.00	1:1.00	1:1.00
	C7.5混凝土		1:1.00	1:1.25	1:1.50
毛石混凝土基础	C7.5～C10混凝土		1:1.00	1:1.25	1:1.50
砖石基础	砖不低于MU7.5	M5砂浆	1:1.50	1:1.50	1:1.50
		M2.5砂浆	1:1.50	1:1.50	
毛石基础	M2.5～M5砂浆		1:1.25	1:1.50	
	M1.0砂浆		1:1.50		
灰土基础	体积比为3:7或2:8的灰土，其最小干密度：粉土1.55t/m³；粉质粘土1.50t/m³；粘土1.45t/m³		1:1.25	1:1.50	
三合土基础	体积比为1:2:4～1:3:6(石灰:砂:骨料)每层约虚铺220mm，夯至150mm		1:1.50	1:2.00	

注：1. p—基础底面处的平均压力（kPa）；
2.阶梯形毛石基础的每阶伸出宽度不宜大于200mm。

度。当房屋的上部荷载比较大，需要放大基础底面宽度时，应同时加大基础的高度，只要基础的挑出部分在α角范围以内，基础就是安全的。刚性基础适用于承载力较高的地基。

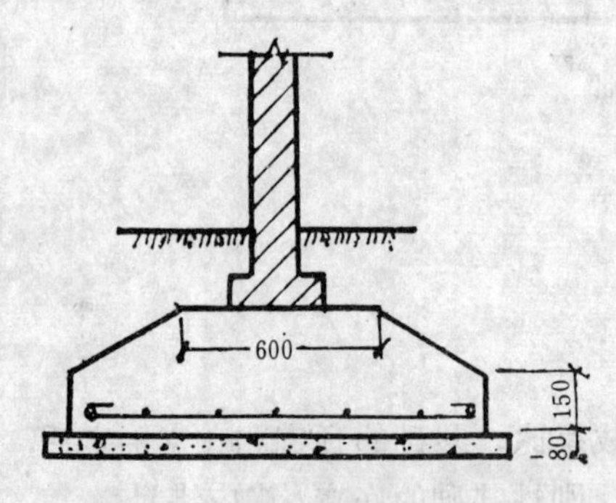

图 2-2-5 钢筋混凝土基础

2.柔性基础 用抗拉和抗弯强度都很高的材料建造的基础称为柔性基础。一般用钢筋混凝土制做。这种基础适于上部结构荷载比较大、地基比较软弱、用刚性基础不能满足要求的情况(图2-2-5)。柔性基础不受刚性角的限制，挑出部分可按需要加长，可减少基础高度和自重。

（二）独立基础

当建筑物上部为框架结构或单独柱子时，常采用独立基础（图2-2-6(a)），若柱子为预制时，则采用杯形基础形式（图2-2-6(b)）。

杯形基础用钢筋混凝土制做，接头采用细石混凝土灌浆。柱的插入深度可按表2-2-2选用。并应满足锚固长度的要求和吊装时柱的稳定性（即不小于吊装时柱长的0.05倍）。

基础的杯底厚度和杯壁厚度，可按表2-2-3选用。

（三）满堂基础

当上部结构传下的荷载很大、地基承载力很低、独立基础（或条形基础）不能满足地基要求时，常将整个建筑物的下部做成整块钢筋混凝土基础，称为满堂基础。按构造又可分为筏形基础和箱形基础两种。

1.筏形基础 是埋在地下的连片基础。适用于有地下室或地基承载力较低、上部传来的荷载较大的情况。筏形基础在构造上象倒置的钢筋混凝土楼盖，分为梁板式（图2-2-7

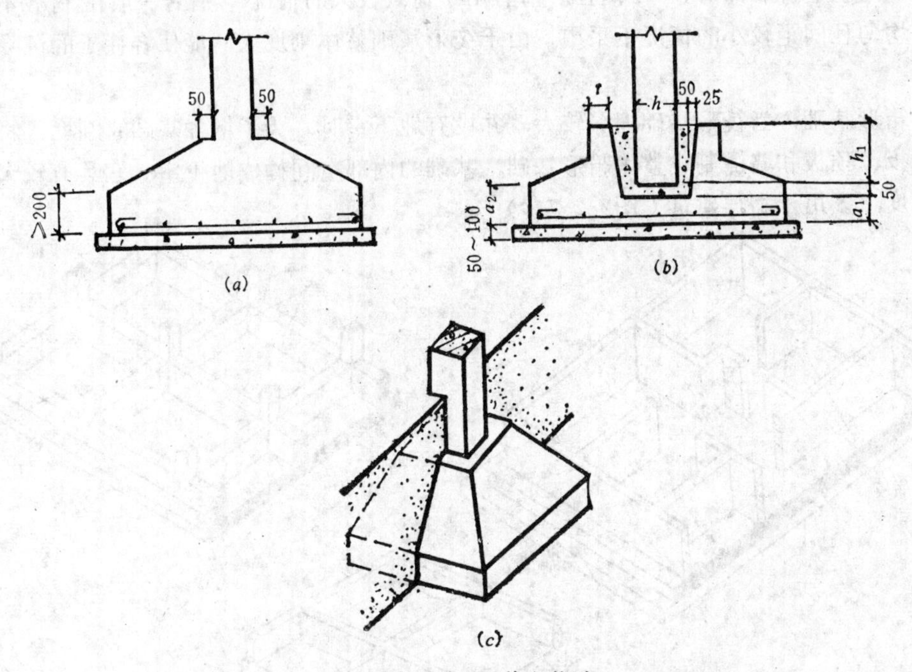

图 2-2-6 独立基础

（a）现浇柱基础；（b）预制柱基础（杯形基础）

柱的插入深度h_1（mm）（GBJ7—89） **表 2-2-2**

矩形或工字形柱				单肢管柱	双肢柱
$h<500$	$500 \leqslant h<800$	$800 \leqslant h \leqslant 1000$	$h>1000$		
$h \sim 1.2h$	h	$0.9h$ $\geqslant 800$	$0.8h$ $\geqslant 1000$	$1.5d$ $\geqslant 500$	$(1/3 \sim 2/3)h_a$ $(1.5 \sim 1.8)h_b$

注：1.h为截面长边尺寸；d为管柱的外径；h_a为双肢柱整个截面长边尺寸；h_b为整个截面短边尺寸；

2.柱轴心受压或小偏心受压时，h_1可适当减小，偏心距大于$2h$（或$2d$）时，h_1应适当加大。

基础的杯底厚度和杯壁厚度（GBJ7—89） **表 2-2-3**

柱截面长边尺寸 h (mm)	杯底厚度 a_1 (mm)	杯壁厚度 t (mm)
$h<500$	≥150	150～200
$500 \leqslant h<800$	≥200	≥200
$800 \leqslant h<1000$	≥200	≥300
$1000 \leqslant h<1500$	≥250	≥350
$1500 \leqslant h<2000$	≥300	≥400

注：1.双肢柱的杯底厚度可适当加大。

2.当有基础梁时，基础梁下的杯壁厚度，应满足其支承宽度的要求。

3.柱子插入杯口部分的表面应凿毛，柱子与杯口之间的空隙，应用比基础混凝土强度等级高一级的细石混凝土充填密实，当达到材料设计强度的70%以上时，方能进行上部吊装。

(*a*))和平板式(图2-2-7(*b*))两种。前者用于荷载较大的情况，后者一般在荷载不大，柱网较均匀且间距较小的情况下采用。由于筏形基础整体刚度大，能使各柱子的沉降较为均匀。

2.箱形基础　当筏形基础埋深较大，并设有地下室时，为了增加基础的刚度，将地下室的底板、顶板和墙浇制成整体箱形基础。基础的内部空间构成地下室，它具有较大的强度和刚度，多用于高层建筑(图2-2-7(*c*))。

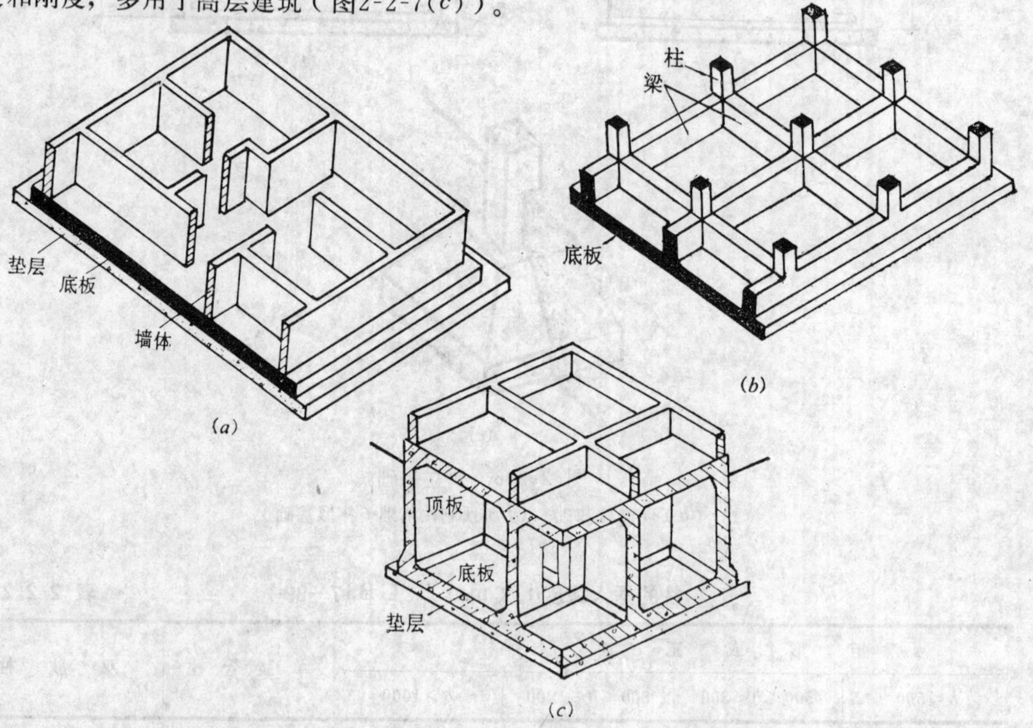

图 2-2-7

(*a*)板式基础；(*b*)梁板式基础；(*c*)箱形基础

(四)桩基础

当建造比较大的工业与民用建筑时，若地基的软弱土层较厚，采用浅埋基础不能满足地基强度和变形要求，做其他人工地基没有条件或不经济时，常采用桩基。桩基的作用是将荷载通过桩传给埋藏较深的坚硬土层，或通过桩周围的摩擦力传给地基。前者称为端承桩(图2-2-8(*a*))，后者称为摩擦桩(图2-2-8(*b*))。

端承桩适用于表面软弱土层不太厚而下部为坚硬土层的情况，其上部荷载主要由桩尖阻力来平衡。

摩擦桩适用于软弱土层较厚，下部有中等压缩性土层，而坚硬土层距地表较深的情形。摩擦桩的上部荷载由桩侧摩擦力和桩尖阻力共同来平衡。

目前，桩广泛采用混凝土或钢筋混凝土制作。按施工方法可分为预制桩和灌注桩(图2-2-9)两大类。灌注桩又可分为振动灌注桩、钻孔灌注桩和爆扩灌注桩三种。

1.钢筋混凝土预制桩　这种桩在施工现场或构件厂预制，用打桩机打入土中，然后再在桩顶浇筑钢筋混凝土承台。常用截面有钢筋混凝土方形桩和预应力混凝土管形桩两种。方形桩边长一般为250～500mm，长4～12m。管形桩直径为300～550mm，壁厚80mm，

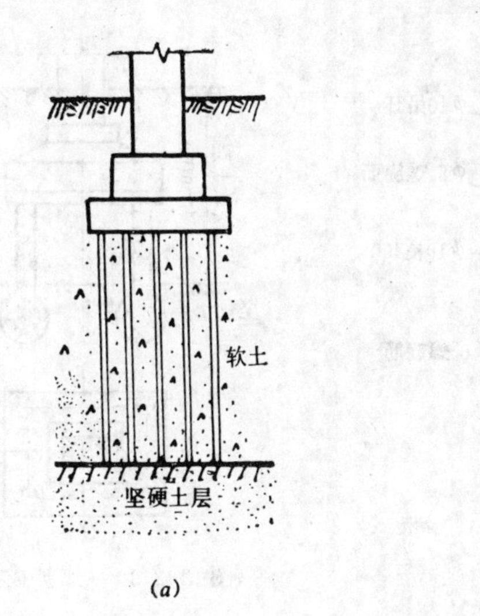

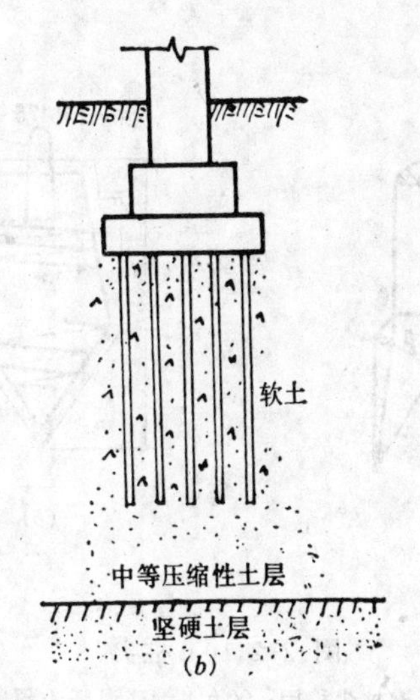

图 2-2-8 桩基

（a）端承桩；（b）摩擦桩

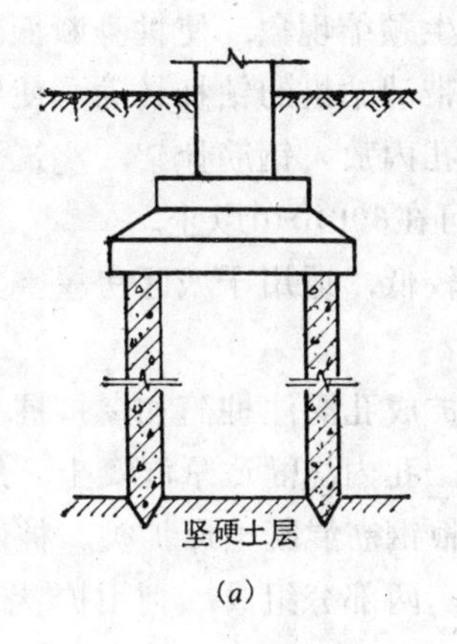

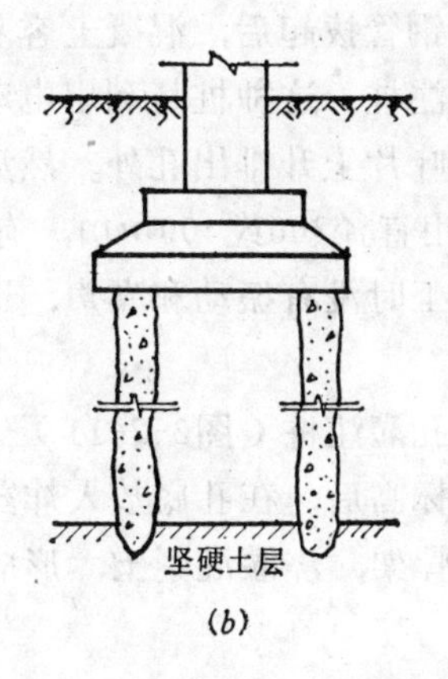

图 2-2-9 预制桩和灌注桩

（a）钢筋混凝土预制桩；（b）钢筋混凝土灌注桩

用钢制法兰或螺栓连接。

预制桩的混凝土强度等级不应低于C30。桩嵌入承台内的长度不宜小于50mm；当桩主要承受水平力时，不宜小于100mm，主筋伸入承台内的锚固长度，不宜小于30倍钢筋直径。

预制桩承载力大，不受地下水位变化的影响，耐久性好。但自重大，运输和吊装比较困难，打桩时有较大振动，对周围房屋有一定影响。

2.钢筋混凝土灌注桩

（1）套管成孔灌注桩　套管成孔灌注桩系采用振动沉桩机或锤击打桩机，将带有活瓣式桩尖或预制钢筋混凝土桩尖（图2-2-10）的钢管沉入土中，钢管挤压周围土壤，至设计标高后，边浇筑混凝土边振动或锤击钢管使混凝土密实，并以1～2.5m/min的速度拔出钢管，混凝土在孔中形成桩，直径一般为300mm。

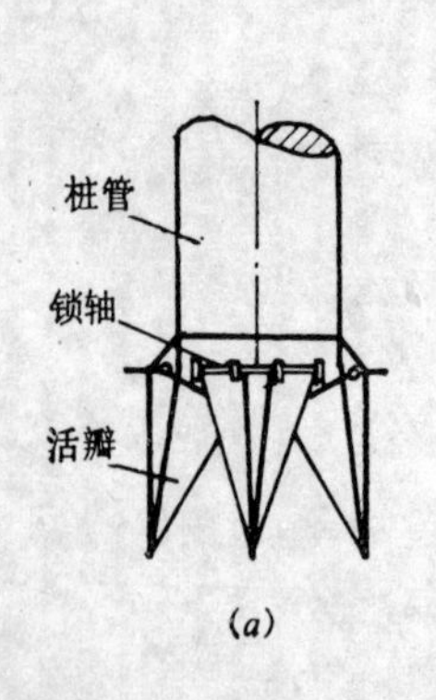

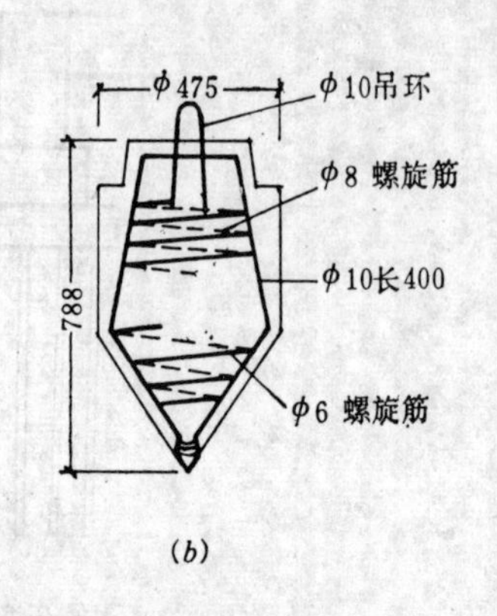

图 2-2-10 桩尖

（a）活瓣桩尖稳固；（b）钢筋混凝土预制桩尖

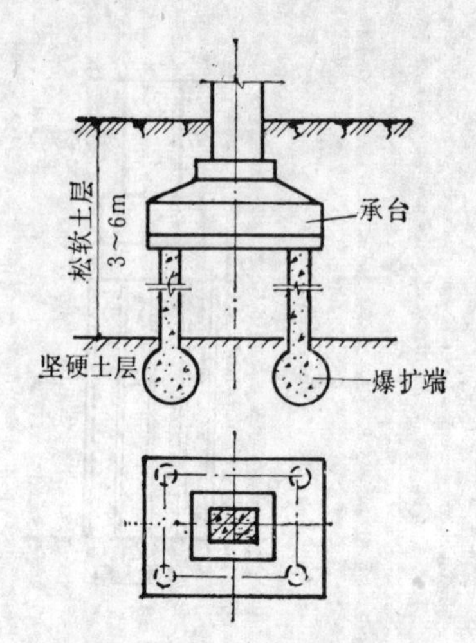

图 2-2-11 爆扩成孔灌注桩

套管灌注桩的优点是造价低，桩长可随地质条件变化，桩顶标高容易控制。但当地基土含水量较大时，钢管拔起后，混凝土容易发生颈缩现象，使桩身断面减小。

（2）钻孔灌注桩 这种桩是利用电动机带动钻机的钻杆转动，使钻头螺旋叶片旋转削土，土块随螺旋叶片上升排出孔外。然后在孔内放入钢筋骨架，浇筑不低于强度等级C15的混凝土，常用直径300或400mm，有时可在600mm以上。

钻孔灌注桩施工时没有振动和噪声，造价较低，适用于城区房屋密集的地区及挖深基础不经济的地区。

（3）爆扩成孔灌注桩（图2-2-11） 爆扩成孔灌注桩筒和爆扩桩，它是先用钻机或爆扩成孔，至设计标高后，在孔底放入炸药包，孔内浇灌适量混凝土，然后通电引爆成扩大头，再放置钢筋骨架，浇灌混凝土，形成一根钢筋混凝土爆扩桩。桩体由桩柱和扩大头两部分组成，利用扩大头部增加承载能力。

爆扩桩爆破时对周围房屋有一定影响，炸药易出事故，城市内使用受到一定限制。

图 2-2-12 基础的最小埋置深度

第二节 基础的埋置深度

由室外设计地面到基础底面的距离，称为基础的埋置深度。基础的埋置要有一个适当的深度，既保证建筑物的安全，又节约基础用材，并加快施工进度。实践证明，在没有其他不利条件影响时，基础的埋置深度不应小于500mm（图2-2-12）。这是因为接近地表的土层常被“扰动”，并带有大量植物根茎等易腐物质及灰渣垃圾等杂填物，又因地表面受雨雪、寒暑等外界因素影响较大，所以在0.5m深度以内一般不作为地基。决定建筑物基础埋置深度的因素很多，主要应考虑下列几个条件。

一、土层构造的影响

房屋基础应设置在坚实可靠的地基上，不要设置在承载力低、压缩性高的软弱土层上。基础埋深与土层构造有密切关系。一般有下列几种典型情况（图2-2-13）。

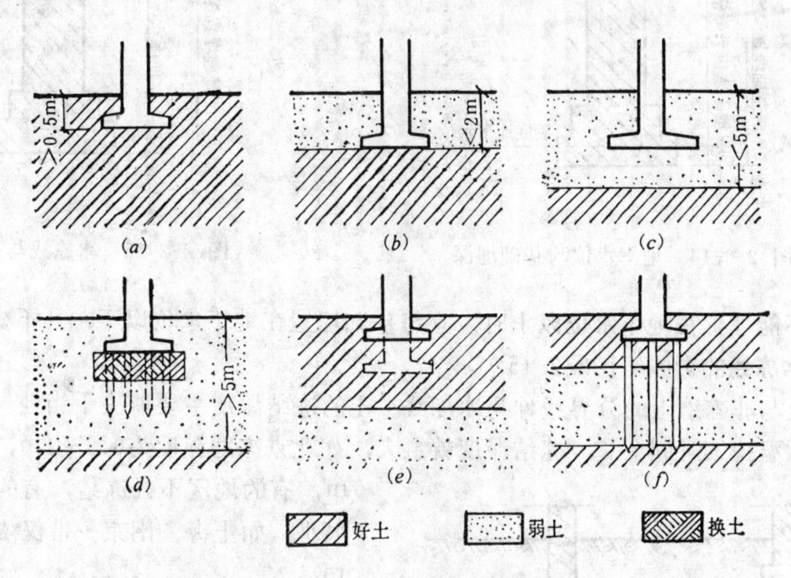

图 2-2-13　土层构造与基础埋深的关系

（一）地基由均匀的、压缩性较小的良好土层构成，承载力能满足上部结构的要求，基础按最小埋置深度设置。

（二）地基由两层土构成，上层软弱土层的厚度在2m以内，而下层为压缩性较小的好土，这种情况一般应将基础埋置到下面的良好土层上。

（三）地基由两层土构成，上面软弱土层厚度在2～5m之间。低层和轻型建筑争取将基础埋在表层的软弱土层内，可采用加宽基础的方法，以避免大量挖方。必要时可采用换土法、压实法等人工地基处理。而高层和重型建筑则应将基础埋在下面好土层上。

（四）如果表层软弱土层的厚度大于5m，对于低层和轻型建筑应尽量利用表层的软弱土层作为地基。必要时应加强上部结构和人工地基加固；高大、重型建筑是否需要将基础埋在下面的硬土上，应根据表层土的厚度、土质通过计算确定。

（五）地基仍由两层土构成，上层是压缩性较小的好土，下层是软弱土，这种情况应根据表层土的厚度确定基础的埋深。如果表层土有足够的厚度，基础应尽可能浅埋，同时应注意下卧层软弱土的压缩对建筑物的影响。

（六）地基是由好土与弱土交替构成，在不影响下卧层的情况下，应尽可能做浅基础。如高大建筑物持力层强度不能满足时，应做深基础。或用打桩法将上部荷载传到下面的坚硬土层上。

二、地下水位的影响（图2-2-14）

地下水对某些土层的承载力有很大影响。如粘性土含水量增加则强度降低；当地下水位下降，土的含水量减少，则基础将下沉。为了避免地下水位变化对地基承载力的影响，同时防止地下水对基础施工造成的困难，基础应尽量设置在地下水位以上。当地下水位较

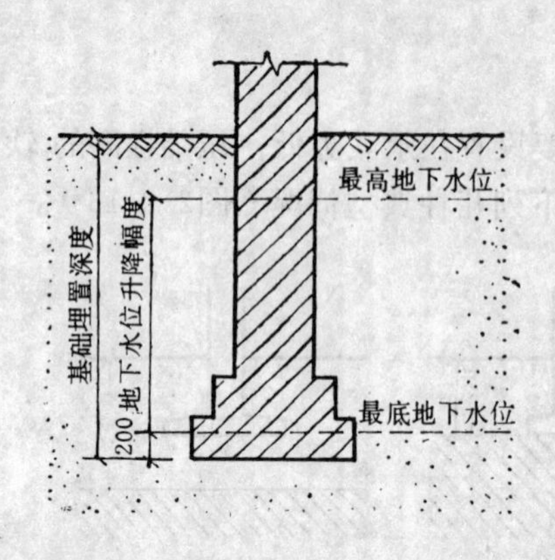

图 2-2-14 地下水位与基础埋深

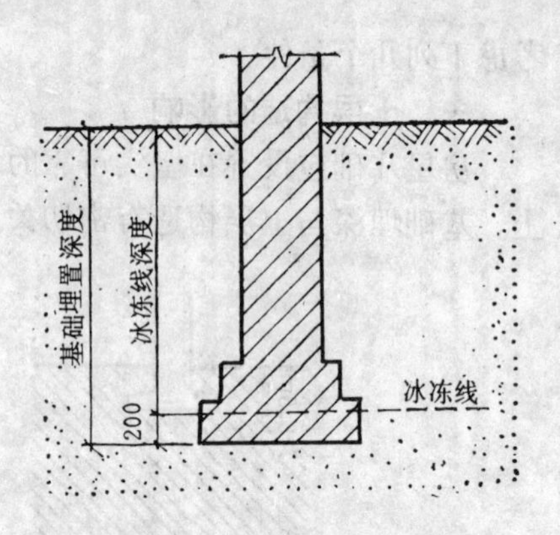

图 2-2-15 冰冻线与基础埋深

高，基础不能埋置在地下水位以上时，宜将基础埋置在地下水位以下，且不少于200mm。

三、冰冻线的影响（图2-2-15）

冻结土与非冻结土的分界线称为冰冻线。土的冻结深度主要取决于当地气候条件，气温愈低，低温持续时间愈长，冻结深度就愈大，如北京冻结深度为0.8～1m，哈尔滨是2m，有的地区不会冻结，有的则冻结深度很小，如上海、南京一带仅是0.12～0.2m。

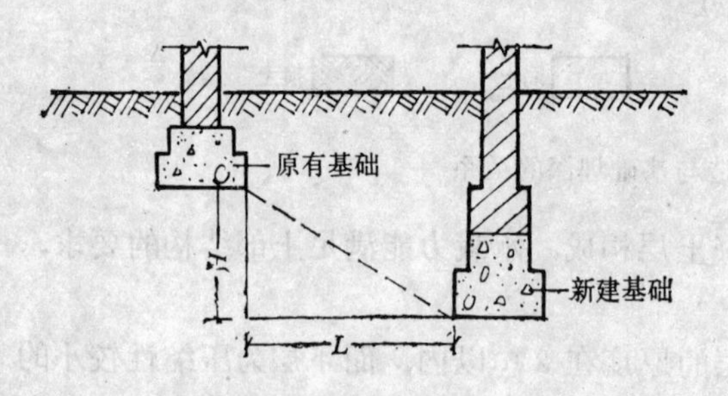

图 2-2-16 基础埋深和相邻基础的关系

当建筑物基础处在冻结土层范围内时，冬季土的冻胀会把房屋向上拱起，土层解冻时，基础又下沉，使房屋处于不稳定状态，在这种情况下，基础底面应设置在冰冻线以下至少200mm。

四、相邻建筑物基础的影响（图2-2-16）

如新建房屋附近有旧建筑物时，除应根据上述条件决定基础埋深外，还应考虑新建房屋基础对旧有建筑物的影响。如果必须将新建房屋基础做到旧有建筑物基础底面以下时，则需满足下列条件：$\frac{H}{L}\leqslant 0.5\sim1$，式中$H$为新旧建筑物基础底面标高的差，$L$为基础边缘的最小距离。

第三节 地 下 室

处在地下或半地下的房间称为地下室。

地下室按其功能可分为普通地下室和人防地下室两种。普通地下室主要用作仓库、采暖通风设备房、停车场、商店、办公室等；人防地下室是专门设置的战争期间人员隐蔽的工程。因此除要求坚固耐久外，还应具有一定的厚度和特殊构造，以防止冲击波、毒气和射线的侵袭。

地下室按构造形式可分为全地下室和半地下室两种类型（图2-2-17）。地下室顶板的底面标高低于室外地坪时，称为全地下室。半地下室埋置较浅，其顶板底面标高高于室外

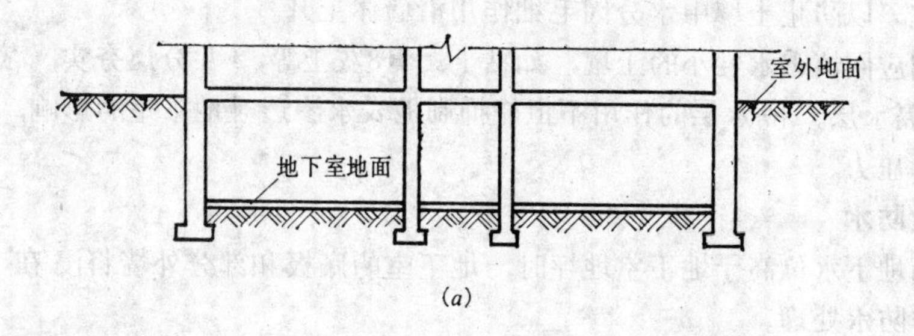

(a)

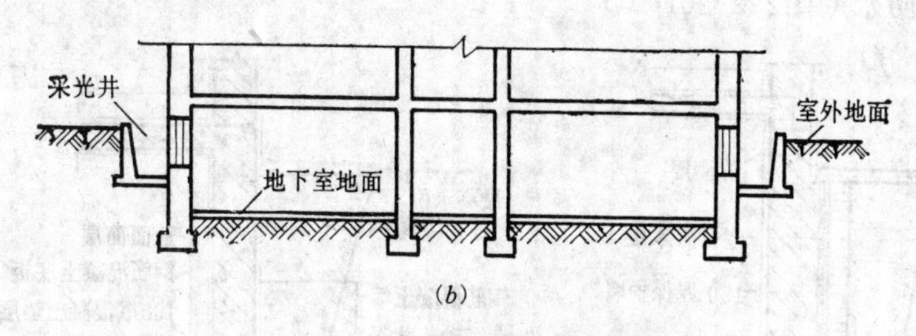

(b)

图 2-2-17　地下室剖面示意图

(a)全地下室；(b)半地下室

地坪，可利用侧墙外的采光井解决采光和通风问题。

地下室一般由顶板、底板、侧墙、楼梯、门窗、采光井等组成。

地下室的墙和底板埋在地下，其外墙除承受垂直荷载外，还承受土壤、地下水、土壤冻结产生的侧压力；地下室的底板除承受垂直荷载外，有时还要承受地下水的浮力，因此，地下室必须具有足够的强度、刚度和防水能力。

在给水排水工程中，根据工艺的要求，水泵房可做成半地上半地下的形式，即水泵和电动机及进出水管全设在地下部分，地上部分室内地坪处设置走道板，供管理人员巡视和观察，同时地上部分也是安置起吊设备的地方（图2-2-18）。

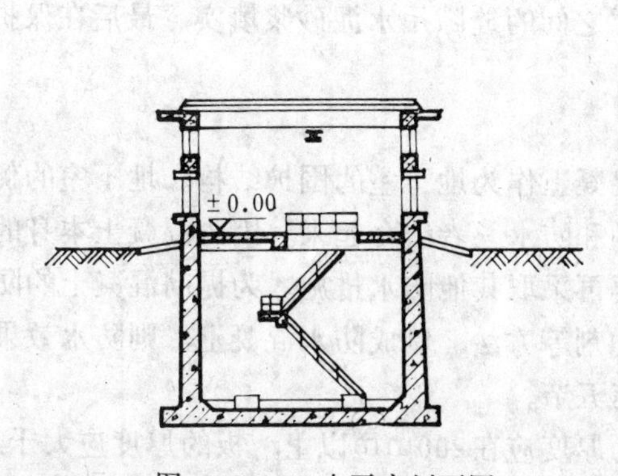

图 2-2-18　水泵房剖面图

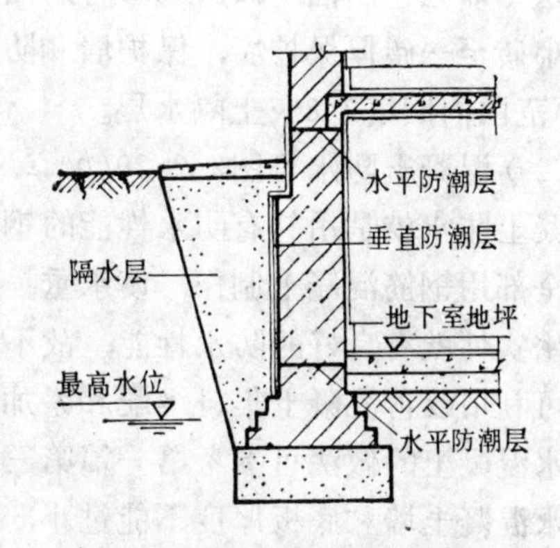

图 2-2-19　地下室防潮处理

一、地下室的防潮

当地下室地坪高于常年最高地下水位时，由于地下水不会直接浸入地下室，墙和底板仅受到土层中潮湿的影响，这时只需做防潮处理（图2-2-19）。防潮处理方法是在外墙外侧抹水泥砂浆，然后涂冷底油一道、热沥青两道。并在地下室顶板和底板处的侧墙内各设水平防潮层一道，以防止土壤中水分因毛细作用沿墙体上升。

防潮层外侧应回填透水性小的土壤，如粘土、2:8灰土等，并分层夯实，宽度不小于500mm，称为隔水层。隔水层的作用不但能抑制地表水渗透对地下室的影响，而且可减少土壤对侧墙的压力。

二、地下室防水

当常年最高地下水位高于地下室地坪时，地下室的底板和部分外墙将浸在水中，此时，地下室应作防水处理。

目前采用的防水处理有卷材防水和混凝土防水两种。

（一）卷材防水（图2-2-20(*a*)）

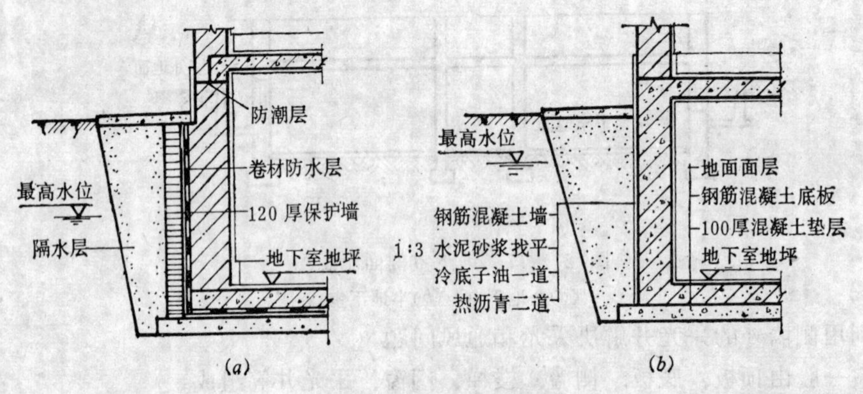

图 2-2-20 地下室防水

(*a*)卷材防水；(*b*)混凝土防水

卷材防水是沥青胶与油毡交替粘合做成的防水层。施工时先在墙外侧抹 20mm厚1:3水泥砂浆找平层，干燥后刷冷底子油一道，然后铺贴卷材防水层，此时应与底板下的防水层逐层搭接形成封闭的防水层。

卷材的层数应根据地下室最高水位与底板下缘的高差（水头）来确定，当高差≤3m时用三层（即三毡四油），3～6m时用四层。防水层应高出最高地下水位300mm。防水层外砌半砖至一砖厚保护墙，保护墙和防水层之间的缝隙用水泥砂浆填实，最后在保护墙外0.5m范围内回填2:8灰土隔水层。

（二）混凝土防水（图2-2-20(*b*)）

混凝土防水就是用具有防水性能的钢筋混凝土作为地下室的围护结构。地下室的侧墙和底板全部用钢筋混凝土制作，使承重、围护和防水三者结合起来。因为混凝土本身的防渗性和密实性就有良好的防水性能，故不需要再采取其他防水措施。为提高混凝土的防水能力，可利用改善混凝土集料级配和添加外加剂等方法，制成防水混凝土，则防水效果更佳。防水混凝土的做法可参考第一篇第三章第五节。

防水混凝土墙和底板厚度不能过小，墙的厚度应在200mm以上，板的厚度应大于150mm，否则影响防水效果。

第四节 基础与管道的关系

室内给水排水管道、供热采暖管道和电气管路都与房屋的基础发生关系。

室外给水排水管网一般都埋在地下，所以通向室内的给水干管和由房屋内通向室外的排水干管都须穿过房屋外墙的基础。

由锅炉房通向采暖房屋的供热水平干管和由房屋内通向室外的回水水平干管，都须通过房屋外墙的基础❶。

穿越建筑物基础的管道，应在基础施工时按照图纸上标明的管道位置（平面位置和标高位置），预埋管道或预留孔洞。预留孔洞的尺寸可参考表2-2-4。较大的洞口顶部应设置过梁，以承担上部墙体的重量。预留孔与管道间空隙用粘土填实，两端用1:2水泥砂浆封口，如图2-2-21(*a*)所示。当管道由基础下部进入室内时，其敷设方法如图2-2-21(*b*)所示。

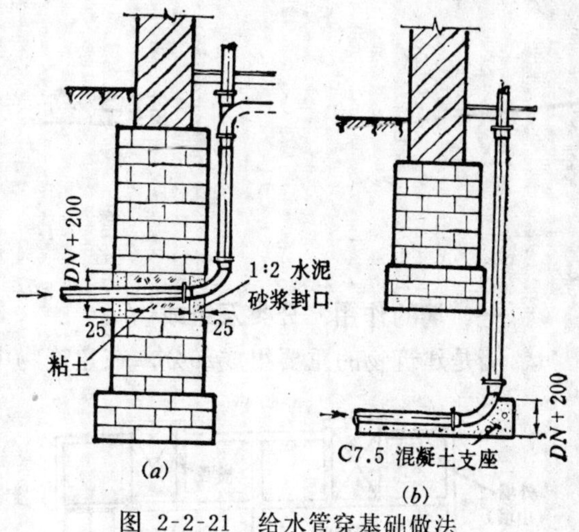

图 2-2-21　给水管穿基础做法

管道穿过基础预留洞尺寸（mm）　　表 2-2-4

管　径　*d*　(mm)	50～75	≥100
预留洞尺寸(宽×高)	300×300	(*d*+300)(*d*+200)

导线和电缆埋地敷设时，一般不宜穿过设备和建筑物的基础，以防基础下沉时破坏。

若必须穿过基础时，导线需穿管保护，穿线管宜采用无缝钢管，使之具有足够的强度。管内的导线必须是整条完整无损的，不允许在钢管内有导线的接头。此时在基础的穿管处，象其他管路一样，应预留孔洞。

电缆穿过基础时，除穿管敷设外，还可设置电缆沟。电缆沟的沟壁应用混凝土浇筑，厚度≥100mm，沟顶设钢筋混凝土盖板，以承担上部墙体的重量。

复　习　题

1.基础在房屋中起什么作用?按所用材料和构造形式各分为几种?

2.取1m长条形基础，上部传下来的总荷载及基础自重为250kN，地基承载力为200kPa，试计算基础底部宽度是多少?若基础顶面的墙体厚度为0.4m（石墙），计算该基础最小高度是多少（采用毛石基础、砂浆M5）?画出该基础横断图。

3.端承桩和摩擦桩有何不同?灌注桩有几种做法?

4.影响基础埋置深度的因素有哪些?为什么不直接放在地面上?

5.地下室的防潮和防水做法有何区别?

6.若管道直径为200mm，当穿过基础时，预留孔洞尺寸应为多少?

❶ 此处为地下式，若为架空管道，则只需穿过房屋外墙。

第三章　墙　　体

第一节　砖　　墙

一、墙的作用、分类及组成

墙是建筑物的重要组成部分，在建筑物中它起着围护和分割作用，同时它又可作为建筑物的重要承重构件。

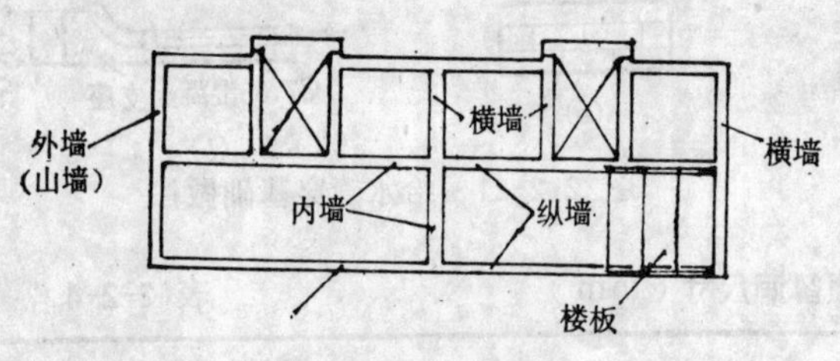

图 2-3-1　墙按平面位置分类

墙按其在平面中的位置，可分为内墙和外墙。凡位于房屋四周的墙称为外墙，其中位于房屋两端的墙称为山墙。凡位于房屋内部的墙称为内墙。外墙主要起围护作用，而内墙主要起分隔房间的作用。另外沿建筑物短轴布置的墙称为横墙，沿建筑物长轴布置的墙称为纵墙（图2-3-1）。

墙按其受力情况的不同，又可分为承重墙和非承重墙。直接承受上部传来荷载的墙称为承重墙，而不承受外荷载的墙称为非承重墙。在框架结构中，大多数墙是嵌在框架之间的填充墙，仅承受本身自重，称为承自重墙。只起围护和分割作用。

墙按其使用的材料，可分为砖墙、石墙、土墙以及砌块和大型板材墙等。

凡墙面进行装饰（粉刷或贴面）的墙称为混水墙；墙面只做勾缝不进行其他装饰的墙称为清水墙。

外墙主要有勒脚、墙身及檐口三部分组成，而墙身部分还设有门窗及其过梁、壁柱等构件；内墙的组成一般只有墙身。

二、砖墙的构造

我国采用砖墙的历史，从战国（公元前475年）时期开始，到现在已有两千多年。砖墙之所以有如此强大的生命力，主要原因是取材容易、制做简单，既能承重，又有一定的保温、隔热、隔声及防火性能。因此，从我国国情出发，砖墙在今后一段相当长的时期内，仍是我国广泛采用的一种墙体形式。

砖墙按构造又可分为实体墙、空体墙和复合墙三种类型。实体墙由普通粘土砖或其他实心砖砌筑而成；空体墙是由实心砖砌成中空的墙体（如空斗砖墙）或空心砖砌筑的墙体；复合墙是指由砖与其他材料组合成的墙体。实体砖墙是我国目前广泛采用的墙体形式。

（一）砖墙材料

砖墙材料包括砖和砂浆两部分。砂浆可参考第一篇第三章。

砖墙用的砖块种类很多，最常用的是普通粘土砖。普通粘土砖是以粘土为原料，经成型、干燥、焙烧而成。按颜色又可分为红砖和青砖。开窑后自行冷却者为红砖，若在干窑前浇水闷干，使红色的三氧化二铁（Fe_2O_3）还原成青色的低价氧化铁（FeO），即为青砖。除普通粘土砖外，还有利用其他材料制成的砖，如炉渣砖、灰砂砖、粉煤灰砖、煤矸石砖、页岩砖等。

1.普通粘土砖的标准尺寸为240×115×53mm（图2-3-2），砖的长宽厚之比为4:2:1（包括10mm灰缝）。即4块砖长加4道灰缝为1m，2块砖厚加一道灰缝等于砖宽，2块砖宽加1道灰缝等于砖长。1m^3砌体用砖量因墙厚不同稍有差异，各种不同墙厚每立方米砌体用砖量的公式为：

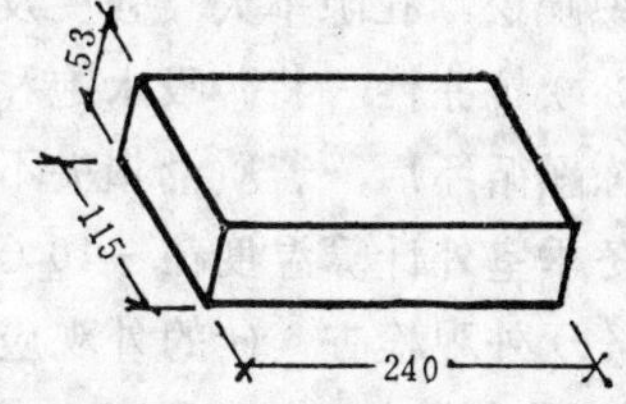

图 2-3-2 普通粘土砖

$$标准砖数=\frac{1}{墙厚(砖长+灰缝)(砖厚+灰缝)}\times 墙厚砖数\times 2$$

式中墙厚砖数当1砖墙时为1，1砖半墙时为1.5，2砖墙为2，其余类推。

$$例如1砖墙每立方米砌体用砖=\frac{1}{0.24(0.24+0.01)(0.053+0.01)}\times 1\times 2=529块$$

$$1砖半墙每立方米砌体用砖=\frac{1}{0.365(0.24+0.01)(0.053+0.01)}\times 1.5\times 2$$
$=522$块。

同样可计算出2砖墙每立方米砌体用砖为518块。

可见每立方米砌体用砖量随墙厚增加而略有减少。

2.普通粘土砖的强度等级按其抗压强度来划分（见试验四），同时也应满足抗折强度要求，分为MU20、MU15、MU10、MU7.5四个等级。MU20表示5块砖的抗压强度平均值不小于20MPa。

烧结普通粘土砖的强度指标见表2-3-1。

烧结普通砖的强度指标（GB5101—85） **表 2-3-1**

强度等级	抗压强度（MPa）		抗折强度（MPa）	
	五块平均值不小于	单块最小值不小于	五块平均值不小于	单块最小值不小于
MU20	19.62	13.73	3.92	2.55
MU15	14.72	9.81	3.04	1.96
MU10	9.81	5.89	2.26	1.28
MU7.5	7.36	4.41	1.77	1.08

注：试验结果的四项数值，按全部能达到强度指标者确定强度等级。

3.砖的耐久性　砖的耐火性是指砖能抵抗各种自然环境的侵蚀而不破坏的性能。影响砖耐久性的因素有石灰爆烈与泛霜现象、吸水率和抗冻性、砖的外观等。

（1）石灰爆烈与泛霜　当砖内夹有石灰时，待砖砌筑后，会因石灰吸水熟化产生体积膨胀，而使砖开裂，砌体强度降低。同时使砌体表面产生一层白色结晶，称为泛霜，有损砌体外观。

（2）吸水率　砖的吸水率与焙烧程度有关，焙烧温度高者吸水率低，同时强度较高；焙烧温度低者吸水率高，同时强度较低。一般粘土砖的吸水率为8～16%，吸水率过小的砖，组织密实，孔隙率小，强度高，但不宜用于有隔热要求的砌体中。吸水率过大的砖，组织疏松，孔隙率大，强度及耐久性较差，不宜用于承重砌体中。

（3）抗冻性　将砖吸水饱和后，在－15℃下冻结，再在10～20℃的水中融化各3h。经15次冻融循环后，若质量损失不超过2%，抗压强度降低不超过25%，即为抗冻性合格。当冬季室外计算温度在－10℃以上时，可不考虑抗冻性。

（4）外观检查　砖的外观应棱角整齐、尺寸准确、断面组织均匀、颜色一致。外观检查包括尺寸偏差、弯曲程度、有无坍棱掉角、裂纹等。还应检查砖的断面组织，有无爆烈性石灰质夹杂物；砖的焙烧火度是否正常，过火砖一般颜色较深，变形较大、密实、强度大、敲击时声音响亮；欠火砖色浅，孔隙率大，强度低，敲之声哑。

（5）砖的表观密度为1600～1800kg/m³，随砖的原料及制造方法而不同。

（二）砖墙的厚度

1.砖墙的厚度应符合砖的规格　当采用普通粘土砖时，砖墙的厚度一般以砖长表示，例如半砖墙、$\frac{3}{4}$砖墙、1砖墙、1砖半墙、2砖墙等，其相应厚度为115mm（称12墙）、178mm（称18墙）、240mm（称24墙）、365mm（称37墙）、490mm（称49墙）等（图2-3-3）。如果采用其他规格的砖，也应按此原则确定墙厚。

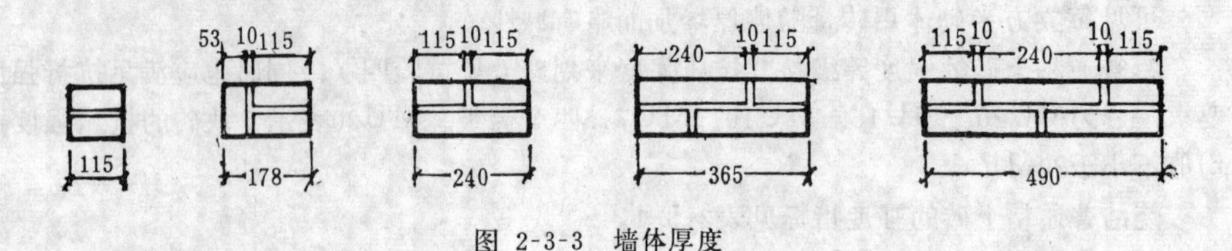

图 2-3-3　墙体厚度

2.墙厚应满足砖墙的承载能力　一般说来，墙体愈厚承载能力愈大，稳定性愈好。试验证明，砖砌体强度随砖和砂浆的强度增大而增大，但不是正比关系，其值约为所用砖块强度的20～30%。一般情况下，若仅从强度考虑，4～5层民用建筑的承重砖墙，墙厚采用240mm就能满足要求。有关砖墙的强度和稳定验算，将在《给水排水工程结构》课中讲述。

3.砖墙的厚度应满足一定的保温、隔热、隔声、防火要求　一般讲砖墙愈厚，保温隔热效果愈好。应根据建筑热工原理，计算出墙体需要的厚度。实践表明，常用的双面抹灰的一砖厚实砌粘土砖墙，基本上能满足我国南方地区的保温和隔热要求。但对于北方地区，则往往不能满足冬季保温要求。如果单纯用增加墙厚来提高保温能力是不经济的，通常可采用砖与其他轻质保温材料组合而成的复合墙或做成空体墙，来满足保温要求。

经验证明，双面抹灰的1砖墙，均能满足国家标准规定的隔声和防火要求。

第二节　过梁与圈梁

一、过梁

过梁的作用是承担门窗洞口上部荷载，并把荷载传递到洞口两侧的墙上。按所使用的材料过梁有以下几种。

（一）钢筋混凝土过梁

当洞口较宽（大于1.5m），上部荷载较大时，宜采用钢筋混凝土过梁，两端伸入墙内的长度不应小于240mm（图2-3-4(a)）。

过梁的高度和配筋根据荷载大小由计算确定。当采用普通粘土砖墙时，高度应为砖厚（60mm）的倍数，以便与砖的皮数相协调。常用过梁的断面高度为60、120、180、240mm。

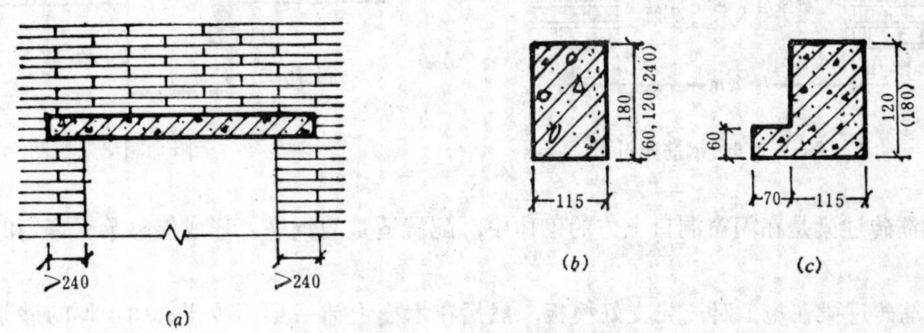

图 2-3-4 钢筋混凝土过梁

过梁的断面形式通常为矩形。宽度与砖墙厚度相等。在寒冷地区为了防止在过梁内壁产生冷凝水，可采用L形断面，使过梁暴露在外墙面的面积最小。为了提高装配式过梁的通用性，可以采用组合式过梁，即预制过梁的宽度采用半砖的大小，对各种墙厚的过梁可以拼合使用（图2-3-4(b)、(c)）。

用量较少的钢筋混凝土过梁，也可在洞口上直接支模现浇。

（二）砖砌过梁（图2-3-5）

砖砌过梁是我国的传统做法，常见的有平拱砖过梁和弧拱砖过梁两种。

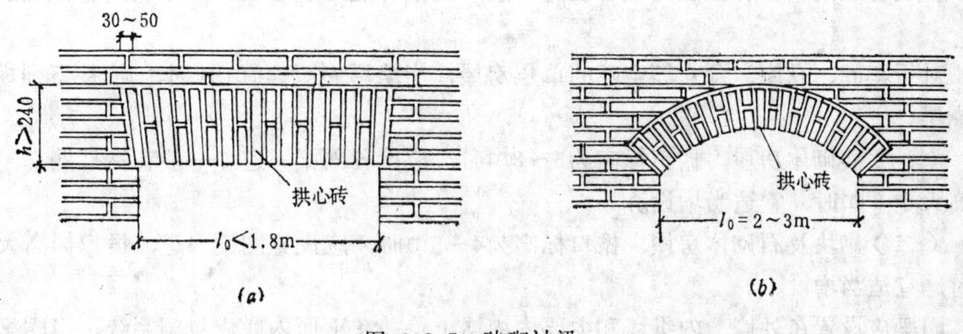

图 2-3-5 砖砌过梁

(a)平拱砖过梁；(b)弧拱砖过梁

平拱砖过梁高度不小于240mm，跨度不宜超过1.8m，由两边向中间同时砌筑，两端第一块砖的上侧应分别向外倾斜30～50mm，向券中心处砖块逐渐竖直，形成上宽下窄的梯形截面。跨中的竖砖叫拱心砖，为拱的对称中心。过梁高度内的砖，其强度等级不应低于MU7.5。

弧拱砖过梁矢高为跨度的$\frac{1}{10}$～$\frac{1}{5}$，可用于跨度为2～3m的洞口。砖砌过梁的上部不应有集中荷载（如梁）或振动荷载。

（三）钢筋砖过梁（图2-3-6）

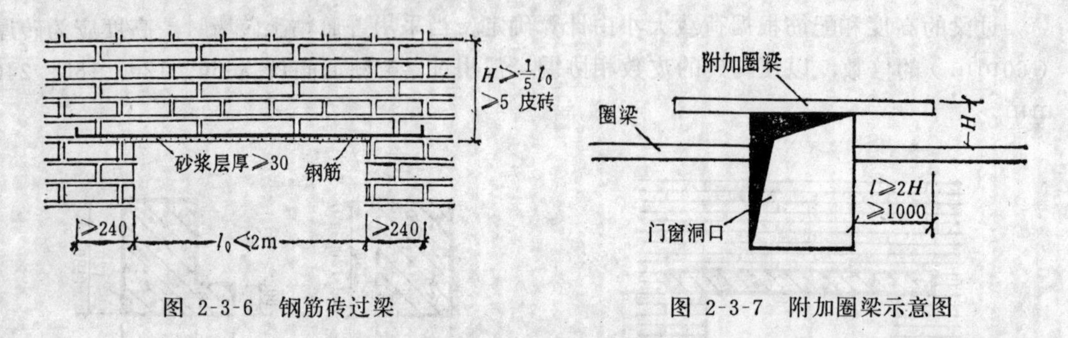

图 2-3-6　钢筋砖过梁　　　图 2-3-7　附加圈梁示意图

钢筋砖过梁是在门窗洞口上方的砌体中，配置适量的钢筋，形成能够承受弯矩的加筋砖砌体。

钢筋砖过梁在施工时，先支好模板，然后在木模上铺一层不少于30mm厚的砂浆（M5），再放入钢筋，钢筋数量按120mm墙厚不少于1ϕ6，钢筋两端伸入墙内不少于240mm。然后砌砖，方法同砌一般砖墙一样，过梁高度为洞口宽度的$\frac{1}{5}$，但不少于5皮砖。砌筑砂浆强度等级不低于M2.5。钢筋砖过梁的跨度不宜超过2m。

二、圈梁

为了增强房屋的整体刚度，防止由于地基不均匀沉降或较大的振动荷载对房屋引起的不利影响，常在房屋外墙和部分内墙中设置钢筋混凝土或钢筋砖圈梁。

圈梁的位置和数量根据楼层高度、层数、地基等状况确定。对于宿舍、办公楼等多层砖砌民用房屋，当墙厚$h\leqslant$240mm时，且层数为3～4层时，宜在檐口标高处设置圈梁一道。多层房屋的基础和顶层处宜各设置一道，其他各层可隔层设置，必要时也可层层设置。

对于车间、仓库、食堂等空旷的单层房屋，当墙厚$h\leqslant$240mm时，应按下列规定设置圈梁。

（一）砖砌体房屋，檐口标高为5～8m时，应设置圈梁一道（一般在檐口处），檐口标高大于8m时，宜适当增设。

（二）砌块及石砌体房屋，檐口标高为4～5m时，应设置圈梁一道，檐口标高大于5m时，宜适当增设。

圈梁应设置在外墙、内纵墙和主要内横墙上，并在平面内联成封闭系统；当圈梁被门窗洞口截断时，应在洞口上部增设相同截面的附加圈梁（图2-3-7），附加圈梁与圈梁的搭接长度不应小于其垂直间距的两倍，且不得小于1m。

钢筋混凝土圈梁的宽度，宜与墙厚相同，当墙厚$h\geqslant$240mm时，其宽度不宜小于$\frac{2}{3}h$。圈梁高度不应小于120mm，纵向钢筋不宜少于4ϕ8，箍筋间距不宜大于300mm（图2-3-8(*a*)）。

钢筋砖圈梁应采用不低于M5的砂浆砌筑，圈梁高度为4～6皮砖，纵向钢筋不宜少于6ϕ6，水平间距不宜大于120mm，分上下两层设在圈梁顶部和底部的水平灰缝内（图2-3-8(*b*)）。

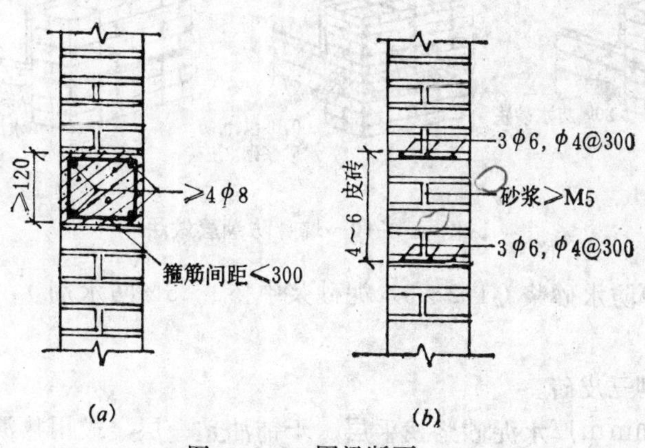

图 2-3-8 圈梁断面

(*a*)钢筋混凝土圈梁；(*b*)钢筋砖圈梁

圈梁兼作过梁时，过梁部分的钢筋，应按计算用量单独配置。

第三节 砖墙的细部构造

一、墙身防潮

在砖混结构中，为防止地下潮气和水分通过毛细作用沿墙体上升，提高墙体和内装修的耐久性，并保持室内干燥，通常应在墙脚的适当部位设防潮层。

（一）水平防潮层的位置，一般应在室内地面混凝土垫层的底面与顶面之间，约在室内地面标高下一皮砖的位置，使墙身防潮与地面防潮连成一片，同时还应设在雨水可能飞溅到墙面的高度以上，通常在不低于室外地面以上150mm处设置水平防潮层（图2-3-9(*a*)）；

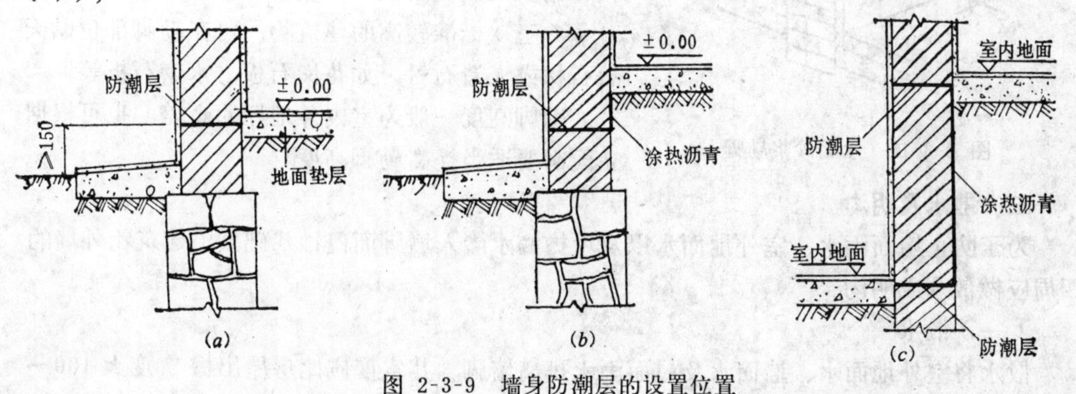

图 2-3-9 墙身防潮层的设置位置

（二）如果室内外地面标高相差较大，防潮层可设在垫层以下，此时需将墙的内表面涂热沥青，直到垫层处（图2-3-9(*b*)）；

（三）当内墙两侧的室内地面出现高差时，则应分别在两个地坪下6cm处设防潮层，并在靠土的墙面上涂两度热沥青，使两个防潮层连接起来（图2-3-9(*c*)）；

（四）防潮层常用的材料和做法（图2-3-10）

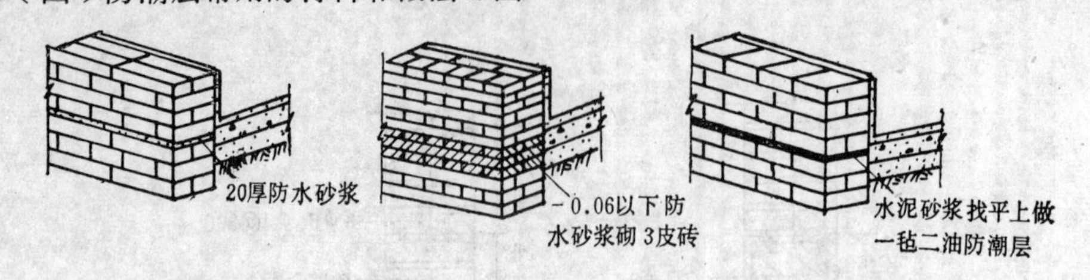

图 2-3-10 墙身防潮层做法

1.抹20mm厚防水砂浆（1:2～3水泥砂浆中掺3～5%防水剂），这种方法施工简单，经常采用。

2.用防砂浆砌三皮砖。

3.先抹一层20mm厚水泥砂浆找平层，干铺油毡一层，或用热沥青粘贴一毡二油防潮层。油毡的防潮效果较好，但使砖墙和基础的连接较差，降低了房屋的抗震能力，不宜用于有强烈振动的建筑和地震区。

4.在地基土较差的情况下，为了加强基础的整体性，可设钢筋混凝土圈梁，同时也起到防潮作用。

二、勒脚

外墙墙身与室外地面接近的部位称为勒脚。勒脚部位经常受到地面积雪和雨水的浸溅，同时又容易受到碰撞，如果不采取适当措施加以保护，就会引起墙面潮湿，墙体风化，影响房屋的坚固耐久与美观，通常的做法有三种。

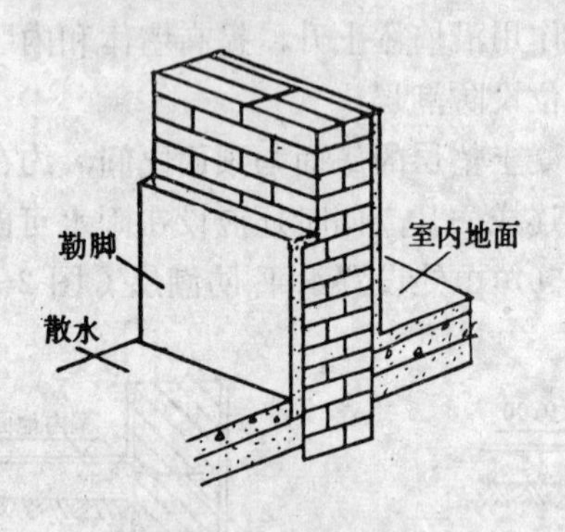

图 2-3-11 水泥砂浆勒脚

（一）在勒脚部位抹1:2.5水泥砂浆（图2-3-11），或做水刷石、斩假石等；

（二）在勒脚部位将墙体适当加厚，或用石材代替砌块砌成勒脚墙；

（三）标准较高的建筑物，可在勒脚部位贴天然石材或人造石材，如花岗石板、水磨石板等。

勒脚高度一般为室内外地坪的高差，也可根据立面需要适当提高勒脚高度。

三、散水及明沟

为了防止墙面雨水、室外地面水以及屋檐滴水渗入墙脚而侵蚀基础，沿建筑物外墙的四周应做散水或明沟。

（一）散水

散水将室外地面水、墙面水及屋面雨水排离墙脚。其宽度应比房屋出檐宽度大100～200mm，一般为1000mm左右。并向外做5%左右的排水坡度。

散水的做法通常有砖铺散水、块石散水和混凝土散水等（图2-3-12(*a*)）。

湿陷性黄土地区的散水，应用不透水材料，如混凝土。散水的下面应铺200mm厚的灰土垫层。

严寒地区的散水应增设300mm厚的砂垫层，以防止土壤冻胀对散水的不利影响。

（二）明沟

明沟将室外地面水、墙面水及屋面水排入地下管网，常见于多雨地区。明沟可直接设在外墙根部，也可在散水外缘。明沟的断面可做成矩形、梯形和半圆形，沟底应有不少于1％的纵向排水坡度。明沟的做法有砖砌、石砌和混凝土明沟等（图2-3-12(*b*)）。

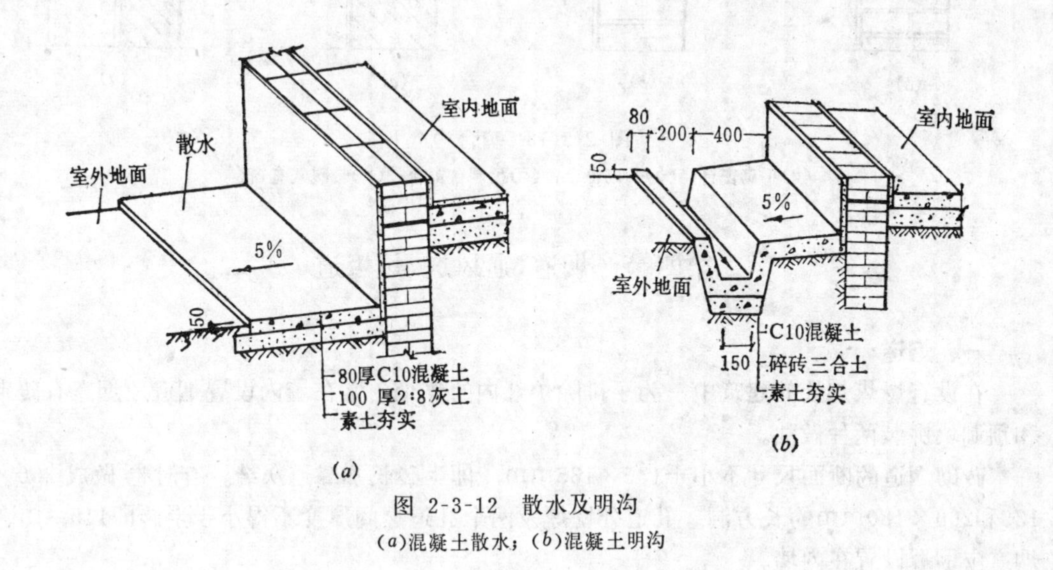

图 2-3-12　散水及明沟

(*a*)混凝土散水；(*b*)混凝土明沟

为了房前平整，行走方便，往往在排水明沟上加盖，形成暗沟，沟盖板常为预制，便于沟道清理和维修。

四、窗台

窗洞口的下部应设置窗台。根据窗子的安装位置可形成内窗台和外窗台。外窗台可防止窗洞底部积水，使水排离墙面；内窗台是为了排除窗上的冷凝水，保护室内墙面，并可存放东西。

按所用材料，窗台有砖砌和预制钢筋混凝土窗台两种。

（一）砖砌窗台（图2-3-13(*a*)、(*b*)）

砖砌窗台造价较低，砌筑方便，应用较广。有平砌和侧砌两种形式。外窗台一般均向外挑出60mm，窗台坡度可用斜砌的砖形成，也可由砂浆抹面形成。此时外窗台底面外缘应做成锐角或半圆凹槽，以防窗台水滴落到墙面上。

内窗台表面抹20mm厚的水泥砂浆，并突出墙面5～7mm。

（二）预制钢筋混凝土窗台

预制钢筋混凝土窗台多用于内窗台。为了增加内窗台面积，常使内窗台挑出墙外，而挑出部分又不宜太厚，所以多预制钢筋混凝土窗台板，同时也使内窗台坚固耐久，便于擦洗（图2-3-13(*c*)）。

另一种常见的情况是室内采暖的房间，多在内窗台下预留安装暖气片的凹龛，此时应采用预制钢筋混凝土窗台板来形成。窗台板两端支承在窗间墙上，每端伸入60mm，窗台板内常配有3ϕ6的钢筋。

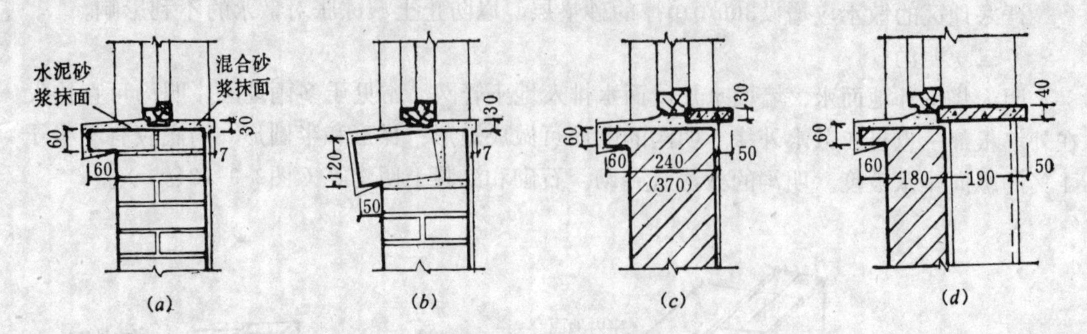

图 2-3-13 窗台构造

(a)平砌窗台；(b)侧砌窗台；(c)预制台窗台；(d)带暖气龛窗台

第四节 烟道、通风道、垃圾道

一、烟道

在设有燃煤炉灶的建筑中，为了排除炉灶内的煤烟，常在墙内设置烟道。烟道有砖砌和预制块拼装两种做法。

砖砌烟道的断面尺寸不小于135×135mm，即半砖长加二道灰缝。有时也做成260×135和260×180mm的长方洞。孔道外壁厚及两个孔道之间厚度不得小于半砖即115mm。烟道应尽量设置在内墙。

在多层建筑中，很难做到每个炉灶都有独立的烟道，往往几个炉灶合用一个，为了保持较大的热压，至少应隔层的炉灶使用同一烟道。图2-3-14为几种楼层烟道的设置和使用情况，可供参考。也有子母烟道的，子母烟道是每个炉灶的烟气，通过子烟道排入母烟道内，母烟道的截面尺寸为260×260mm。

烟道应砌筑密实，并随砌随用砂浆将内壁抹平。更不允许砌筑时将杂物带入烟道内，使烟道堵塞无法排烟。

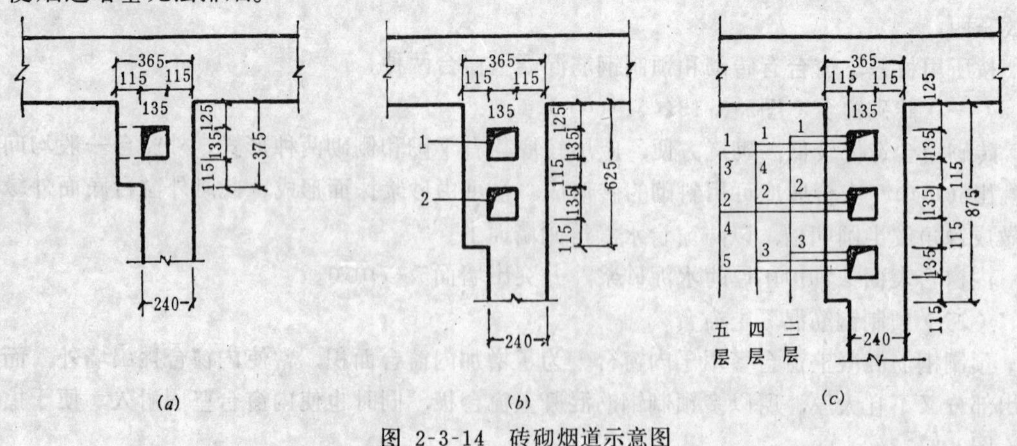

图 2-3-14 砖砌烟道示意图

(a)平房；(b)二层楼；(c)三、四、五层楼

为了施工方便，可制成预制块代替砖砌烟道。预制块一般有一孔和二孔两种类型，根据烟道数量组合使用。预制块孔径160mm，高170mm。在烟道处，为了增加楼板的搁置

长度，应在楼板下设置垫块，垫块比预制块每侧宽出60mm，中间预留相同直径的孔洞。砌块及其安装节点见图2-3-15和图2-3-16。

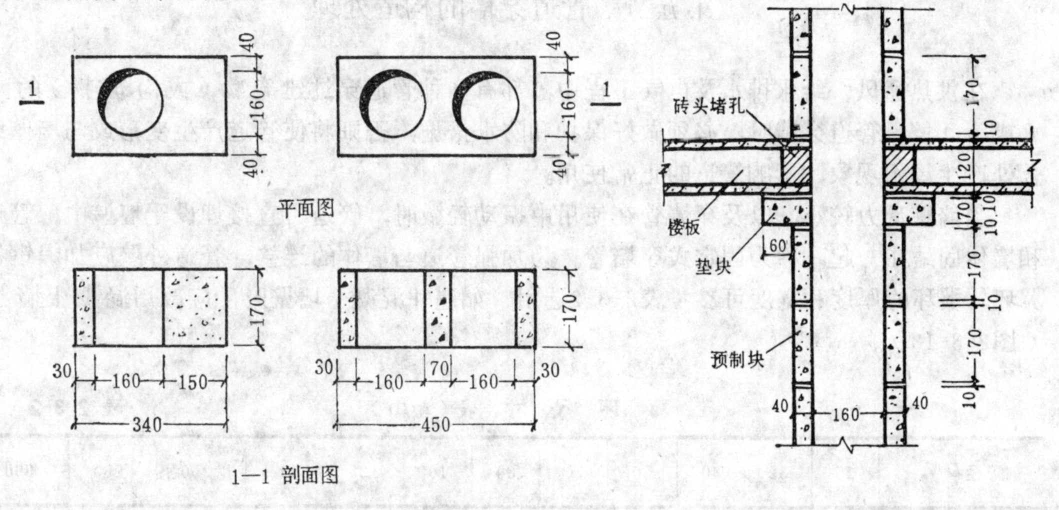

图 2-3-15　烟道预制块示意图

图 2-3-16　烟道安装剖面

二、通风道

在人数较多的房间，以及产生烟气和空气污浊的房间，如学校的教室、住宅的厨房、卫生间和厕所等，应设置通风道。

通风道应设置在内墙墙角处，排气口在天棚下300mm左右，并用铁箅子盖住。

通风道的断面尺寸、构造要求及施工方法均与烟道相同，但二者不能混用。

烟道和通风道上端应高出屋面，以免被雪掩埋或受风压影响使排气不畅。

三、垃圾道

多层楼房中（一般为四层以上），为了排除各户所清除的垃圾，需设置垃圾道。垃圾道一般布置在楼梯间靠外墙附近，每层垃圾进口设在休息平台处，出口在底层楼梯间外侧的垃圾箱。垃圾道一般由孔道、垃圾斗、通风口和垃圾出口组成。

垃圾道可用砖砌成，上部由通风口与室外连通，下部与垃圾箱相连。图2-3-17为砖砌垃圾道构造图，应用时均可参考各地区标准图集。

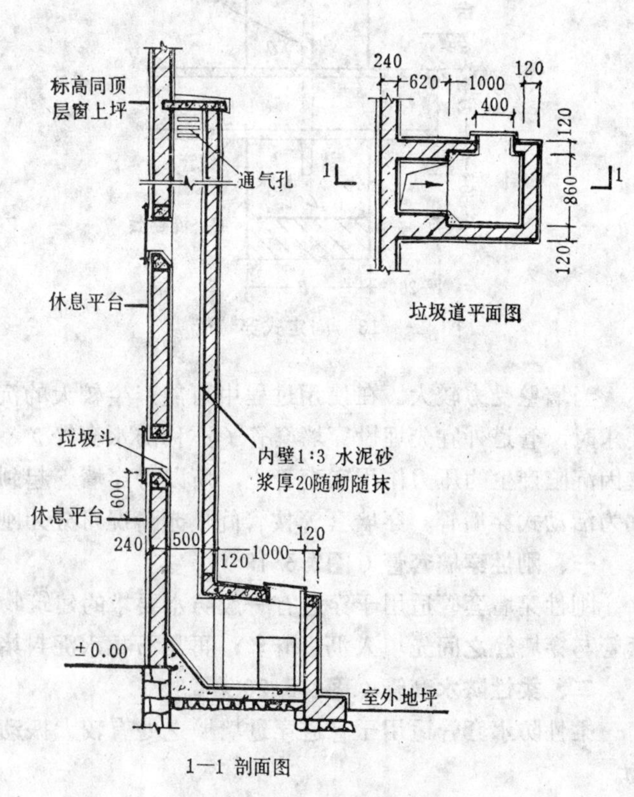

图 2-3-17　砖砌垃圾道

第五节　管道穿墙的构造处理

在供热通风、给水排水及电气工程中，都有多种管道穿过建筑物（或构筑物）的墙（或池）壁。管道穿墙时，必须做好保护和防水措施，否则将使管道产生变形或与墙壁结合处产生渗水现象，影响管道的正常使用。

当墙壁受力较小，以及穿墙管在使用中振动轻微时，管道可直接埋设于墙壁中，管道和墙体固结在一起，称为固定式穿墙管。为加强管道与墙体的连接，管道外壁应加焊钢板翼环，翼环的厚度和宽度可参考表2-3-2选用，如遇非混凝土墙壁时，应改用混凝土墙壁（图2-3-18）。

翼　环　尺　寸　表（mm）　　　　表 2-3-2

管径DN	25	32	40	50	70	80	100	125	150	200	250	300
翼环厚度　δ	5	5	5	5	5	5	5	5	5	8	8	8
翼环宽度　a	30	30	30	30	30	30	50	50	50	50	50	75

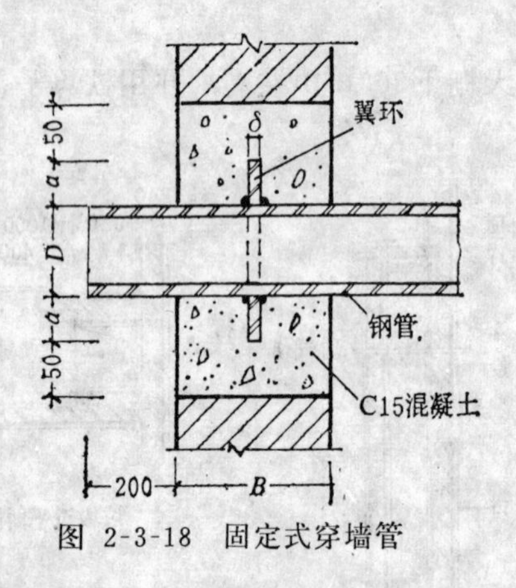

图 2-3-18　固定式穿墙管

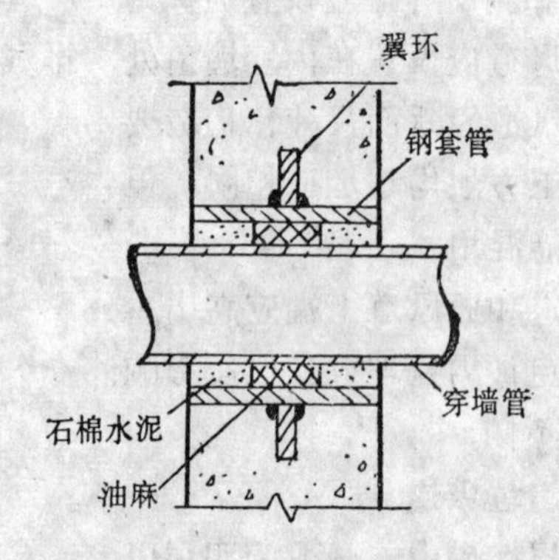

图 2-3-19　刚性防水套管

当墙壁受力较大，在使用过程中可能产生较大的沉陷以及管道有较大振动，并有防水要求时，管道外宜先埋设穿墙套管（亦称防水套管），然后在套管内安装穿墙管，由于墙壁因沉陷产生的压力作用在套管上，所以对穿墙管起到保护作用，同时管道也便于更换，称为活动式穿墙管。穿墙套管按管间填充情况可分为刚性和柔性两种。

一、刚性穿墙套管（图2-3-19）

刚性穿墙套管适用于穿过有一般防水要求的建筑物和构筑物，套管外也要加焊翼环。套管与穿墙管之间先填入沥青麻丝，再用石棉水泥封堵。

二、柔性防水套管（图2-3-20）

柔性防水套管适用于管道穿过墙壁之处有较大振动或有严密防水要求的建筑物和构筑物。

其一般构造为套管内焊有挡圈 3 、套管外焊有翼环 2 和翼盘 8 ，浇固于墙内。套管的一侧通过法兰盘 6 和双头螺栓 5，将另一短管 7 压紧套管与穿墙管之间的橡皮条 4，使之密封。

无论是刚性或柔性套管，都必须将套管一次浇固于墙内，套管穿墙处之墙壁如遇非混凝土时，应改用混凝土墙壁，混凝土浇筑范围应比翼环直径大200～300mm。

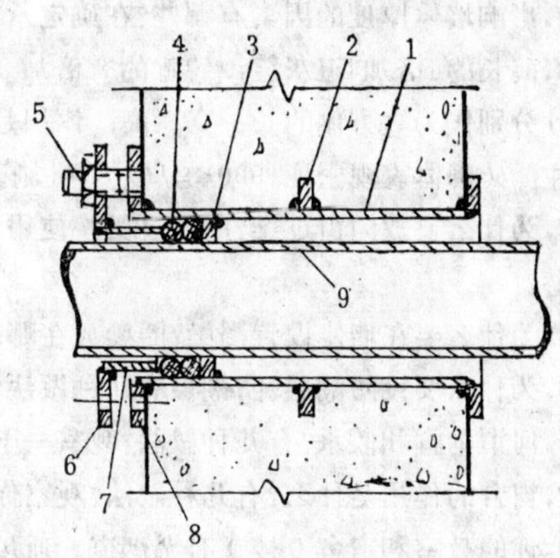

图 2-3-20 柔性防水套管

1—套管；2—翼环；3—挡圈；4—橡皮条；5—双头螺栓；6—法兰盘；7—短管；8—翼盘；9—穿墙管

套管处混凝土墙厚对于刚性套管不小于200mm，对于柔性套管不小于300mm，否则应使墙壁一侧或两侧加厚，加厚部分的直径应比翼环直径大200mm。

三、进水管穿地下室

当进水管穿过地下室墙壁时，对于采用防水和防潮措施的地下室，应分别按图2-3-21中的（a）和（b）图进行施工。

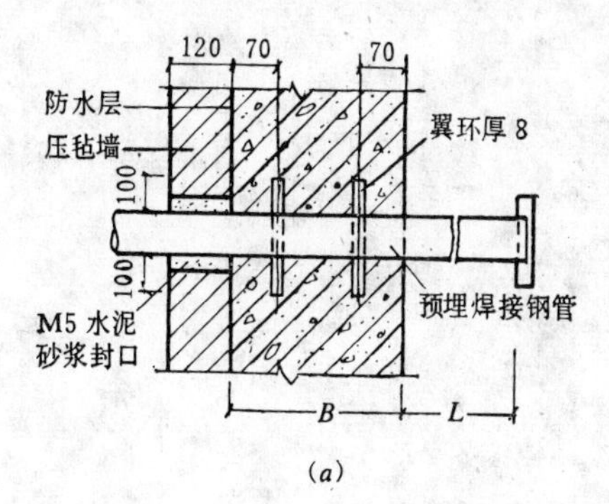

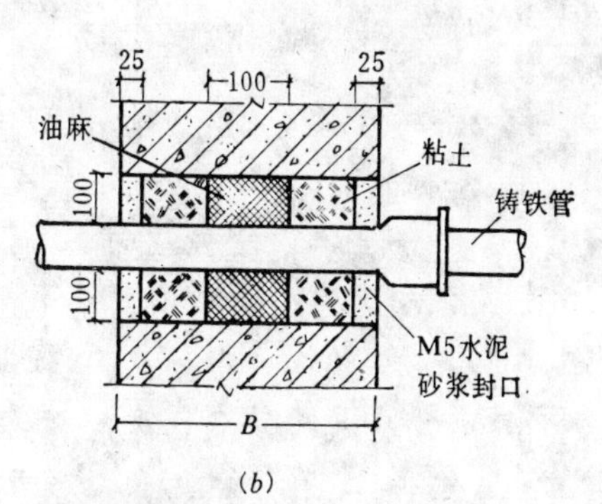

图 2-3-21 进水管穿地下室墙壁构造

(a)潮湿土壤(防水地下室)；(b)干燥土壤(防潮地下室)

四、电缆穿墙

电缆穿墙时，除可用钢管保护外，还可用图2-3-22所示刚柔结合的做法。

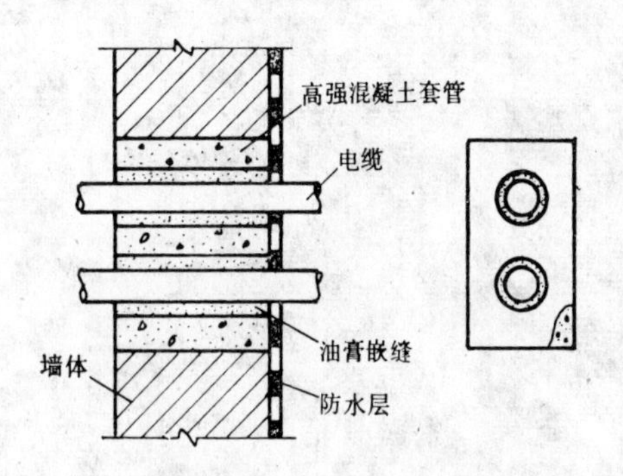

图 2-3-22 电缆穿墙处理

复 习 题

1.墙体在房屋中起哪些作用？墙体按平面位置、受力情况如何分类？观察你的教室和宿舍中的墙体，指出它们的名称。

2.影响墙体厚度的因素有哪些？在确定承重外墙和围护墙厚度时，考虑的因素有什么不同？

3.砖长的4倍加4道灰缝，砖宽的8倍加8道灰缝、砖厚的16倍加16道灰缝其尺寸各为多少？以这3个尺寸分别作为立方体的长、宽、高，体积是多少？共有多少块砖？质量是多少？

注：砖砌体表观密度1900kg/m³（机制砖）。

4.为什么要放门窗过梁？门窗过梁按使用材料有几种做法？使用条件和范围如何？过梁和圈梁能否互相代替？

5.为什么要在墙体设置圈梁？圈梁放在哪里比较好？圈梁在构造上有哪些具体要求？

6.为什么要设防潮层？防潮层有几种做法？其位置应设在何处？

7.何谓勒脚和散水？有几种做法？观察一下你校教学楼和宿舍楼的勒脚和散水（或明沟）如何做法？

8.窗台的作用是什么？有几种做法？观察你教室的窗台属于哪种？

9.你的教室和宿舍（楼）有无烟道、通风道和垃圾道？它们的位置在什么地方？

10.管道穿墙应采用哪些构造措施？穿墙套管有几种？各适用于何处？

第四章　地 面 与 楼 板

第一节　地　　面

一、地面的组成（图2-4-1）

地面是指建筑物底层的地坪。地面的基本组成有面层、垫层和基层三部分。当为块料面层时，为了将块料粘贴在垫层上，尚需设结合层。对于有特殊要求的建筑物地面，还设有防潮层、保温层、找平层等构造层次。每层楼板上的面层通常叫楼面，其构造组成与地面的面层相似，楼板所起的作用类似地面中的垫层和基层。

（一）面层

面层是人们日常生活、工作、生产直接接触的地方，直接承受各种物理和化学作用的地面与楼面表层。地面与楼面的名称，通常按其面层的名称而定。

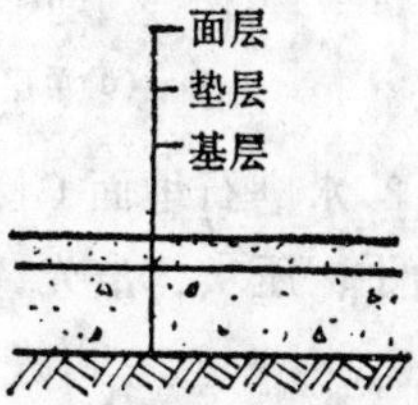

图 2-4-1　地面的基本组成

（二）垫层

在面层之下，基层之上，承受由面层传来的荷载，并将荷载均匀地传至基层。因此要求具有一定的强度。按照受力后的变形情况，垫层又可分为刚性和非刚性两种。

刚性垫层受力后变形很小，常用强度等级低的混凝土、三合土（碎砖、石灰、砂子）做戉。混凝土垫层的厚度不应小于60mm，强度等级不应低于C_{10}。三合土垫层的石灰应为消石灰，其厚度一般不小于100mm。

非刚性垫层能适应较大的变形，常用于块料面层的下面，由砂、碎石、炉渣等松散材料做成。砂垫层厚度不小于60mm，砂石（包括炉渣）垫层厚度不小于100mm。

（三）基层

垫层下面的土层就是基层。对较好的土层，施工前将土层压实即可。较差的土层需压入碎石、卵石或碎砖，形成加强层，压进土中的深度不小于40mm，所用碎石粒径应为40～60mm。并不得在冻土上进行压实工作。

对淤泥、淤泥质土及杂填土、冲填土等软弱土层，必须按照设计更换或加固。

二、地面的种类

按面层所用的材料和施工方法，地面可分为整体地面和块料地面两大类。

（一）整体地面

整体地面的面层是一个整体。它包括水泥砂浆地面、混凝土地面、水磨石地面、菱苦土地面、沥青砂浆和沥青混凝土地面等。

1.水泥砂浆地面　水泥与砂子和水按一定比例配合作为面层制成的地面。应采用中砂或粗砂，含泥量不应大于3%。水泥可采用硅酸盐水泥或普通水泥，标号不应低于325号。水泥砂浆应随铺随拍实，抹平工作应在初凝前完成，压光应在终凝前完成。

垫层可用混凝土、碎砖三合土、碎石灌浆等。水泥砂浆面层有单层和双层两种做法（图2-4-2）。

2.混凝土地面　混凝土地面有两种做法，一种是在混凝土垫层上铺30～40mm厚的C20细石混凝土（图2-4-3(*a*)）；另一种是C15混凝土提浆抹光，面层兼垫层，厚度不小于60mm（图2-4-3(*b*)）。水泥和砂子质量要求与水泥砂浆面层相同，对于细石混凝土，碎石和卵石粒径不大于15mm和面层厚度的2/3，对于C15混凝土石子粒径可采用10～30mm。

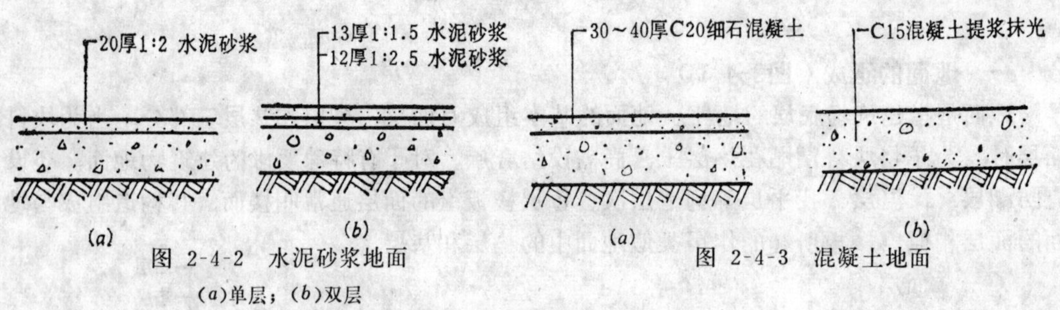

图 2-4-2　水泥砂浆地面
(*a*)单层；(*b*)双层

图 2-4-3　混凝土地面

3.水磨石地面（图2-4-4）　水磨石地面是将天然石料的石屑与水泥和水拌合作面层，经拍平、压实、磨光、打蜡而成。

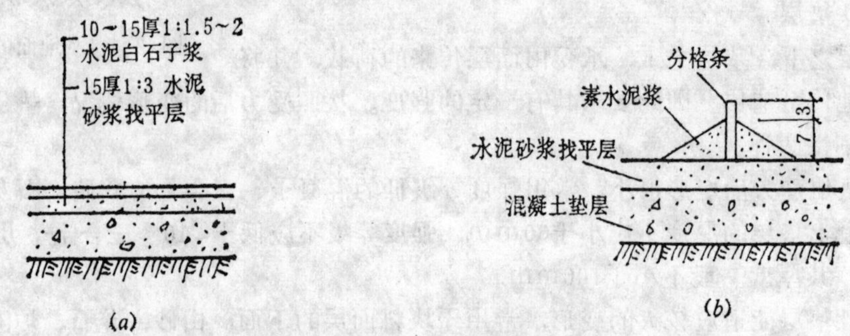

图 2-4-4　水磨石地面
(*a*)水磨石面层；(*b*)分格嵌条设置

具体做法是，在混凝土垫层上抹15mm厚水泥砂浆（1:3）找平层，抹平但不压光，砂浆干硬后，弹线分格，嵌玻璃条（或铜条、铝条）。嵌条高度与水磨石面层高度相同，一般为10～15mm，嵌条用素水泥浆固定。

待素水泥浆凝固后，先将找平层表面撒水湿润，刷一层素水泥浆，随即将水泥石子浆倒在垫层上推开抹平，再在表面均匀地撒一层纯石子并拍平，摊铺面层厚度一般高出分格条约1～2mm，然后用滚筒滚压，压至表面平整，直至水泥泛上面层为止。

待水泥石子浆具有一定强度后，用磨石机由粗到细分层磨光，磨光遍数不少于三次，面层的涂草酸和上蜡工作应在有影响面层质量的其他工程全部完工后进行。

所用石粒应为大理石、白云石、方解石等，粒径一般为4～12mm。

水磨石地面表面露出少量水泥，绝大部分是大理石渣，因此耐磨、光滑、不起尘，是较高级的地面之一。

4.菱苦土地面　菱苦土是以碳酸镁为主要成分的菱镁矿经焙烧粉碎而成。菱苦土地面是用菱苦土、锯末和氯化镁溶液等拌合料铺设而成。菱苦土地面可铺设成单层和双层（图2-4-5）。

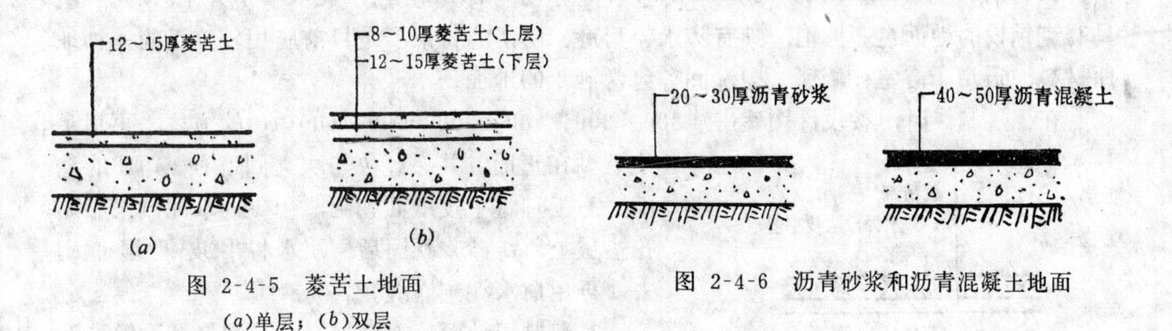

图 2-4-5 菱苦土地面

(a)单层；(b)双层

图 2-4-6 沥青砂浆和沥青混凝土地面

5.沥青砂浆和沥青混凝土地面（图2-4-6）

沥青砂浆面层是用热沥青、粉状填充料和砂的拌合料铺设而成。沥青混凝土面层是用热沥青、粉状填充料、砂和碎（卵）石的拌合料铺设而成。沥青砂浆面层厚度不小于20mm，沥青混凝土面层厚度不小于40mm。

所用砂和碎石的质量要求同普通混凝土。

粉状填充料，应采用磨细的石料、砂或炉灰、粉煤灰、页岩灰和其他粉状的矿物质材料。

沥青采用道路石油沥青或建筑石油沥青，其软化点宜为50～60℃，但不大于70℃（环球法）。

沥青砂浆和沥青混凝土地面适宜于大面积铺设，在工业厂房、停车场、篮（排）球场等公共设施中应用较多。

（二）块料地面（图2-4-7）

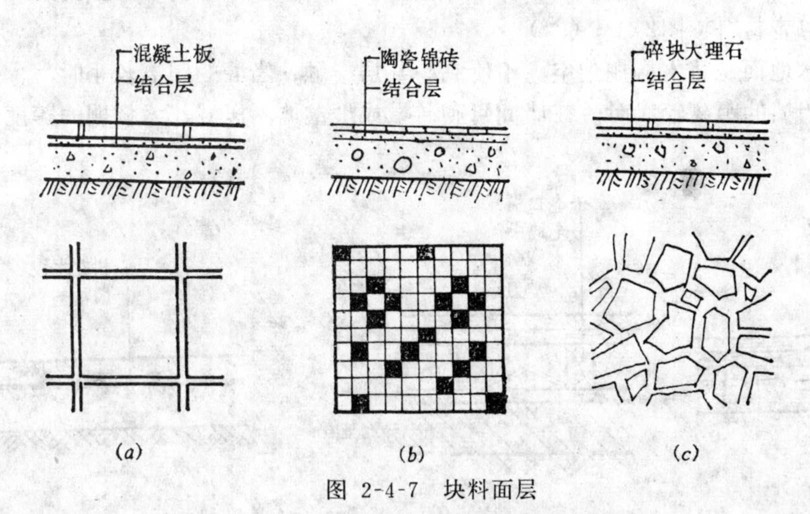

图 2-4-7 块料面层

(a)混凝土板；(b)陶瓷锦砖；(c)碎拼大理石

块料地面的面层不是一个整体，它是借助结合层将面层块料粘贴或铺砌在结构层上。常用的结合层有砂（厚20～30mm）、水泥砂浆（厚10～15mm）、沥青胶（厚2～5mm）等。块料种类较多，常用的有陶瓷锦砖、大理石、碎块大理石、水泥花砖、塑料板、以及用混凝土和水磨石制作的预制板块等。

1.陶瓷锦砖地面　陶瓷锦砖又称马赛克（图2-4-7（*b*）），是高级陶土烧成的小瓷砖，尺寸有19×19mm、25×25mm等多种，厚度为4mm左右，吸水率不大于0.2%。用马赛克铺设的地面色彩鲜艳，具有防水、耐磨、防滑的特点，是目前应用较广泛的一种地面材料，适用于浴室、厕所、盥洗间等经常洒水的地面。

在工厂制作时，按设计图案拼成300×300、400×400、600×600mm的方块，再用牛皮纸贴在正面，并保证块与块之间留有1mm的缝隙。施工时将牛皮纸面朝上，用1:3水泥砂浆粘贴在垫层上，待砂浆凝固后，用水将牛皮纸湿润刷去，再用白水泥浆嵌缝。

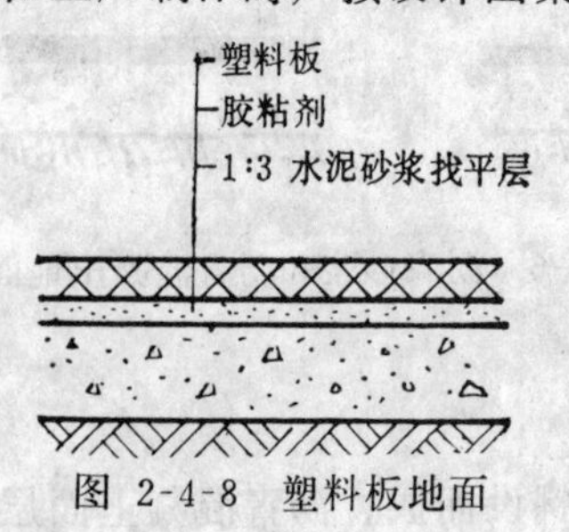

图 2-4-8　塑料板地面

2.塑料板地面　塑料板地面是用聚氯乙烯或石棉塑料板为面层，以胶粘剂作结合层铺贴而成的地面。垫层上面常做1:3水泥砂浆找平层(图2-4-8)。

目前应用较广的是半硬质聚氯乙烯塑料板。规格从100×100mm到500×500mm不等，厚1.5～1.7mm。所用胶粘剂有氯丁橡胶型、合成橡胶溶剂型、聚胺脂、环氧树脂等。

施工时先在找平层上按设计要求弹线、分格、定位，并距墙面留出200～300mm以作镶边。在塑料板底面和找平层表面满涂胶粘剂1～2遍，待不粘手时粘贴。

塑料板地面具有色彩鲜艳、施工简单、耐磨、维修简单等优点，现已广泛应用于民用建筑中。其缺点是长期受压有残余变形、易于老化等。

3.木板地面　木板地面是以木地板为面层，经铺钉或粘贴而成的地面。木板地面的面层有普通木地板、硬木条地板和拼花木地板三种。

按施工方法有实铺式、空铺式和粘贴式三种构造形式。

实铺式是将木搁栅铺于钢筋混凝土楼板或垫层上，再将木板钉在木搁栅上，木搁栅间填炉渣等隔音材料（图2-4-9（*a*））。

空铺式木地面是将木搁栅架空，不使它与基层接触。当墙的距离较小时，木搁栅可搁置在墙上，当墙的距离较大时，在墙间可砌砖墩或地垄墙，以减小木搁栅的跨度（图2-4-9（*b*））。

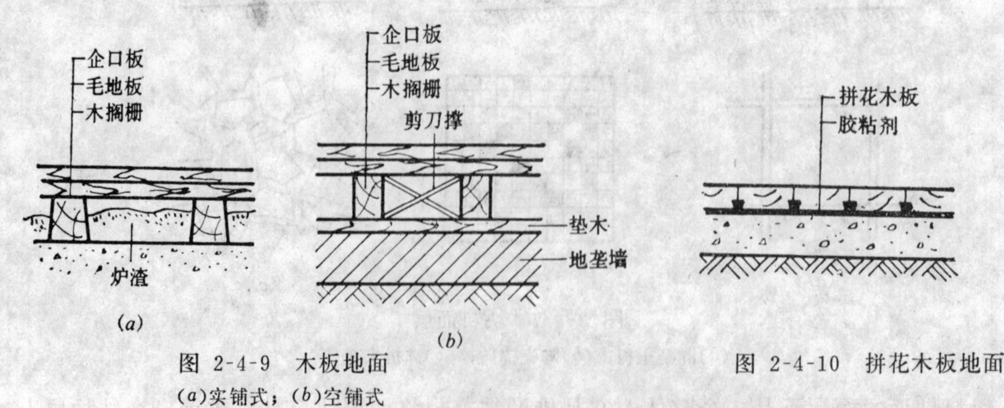

图 2-4-9　木板地面
(*a*)实铺式；(*b*)空铺式

图 2-4-10　拼花木板地面

粘贴式木地面是将拼花木板直接粘贴在找平层或垫层上，省去木搁栅。与有木搁栅的木地板比较，可节约木材30～50%。常用沥青玛琋脂和胶粘剂作结合层（图2-4-10）。

为了防止清扫地面时污染墙面，地面与墙面接触处，应设置高100～200mm的踢脚板，踢脚板表面应凸出墙面5～10mm，其材料应与地面材料相同。

某些房间（如浴室、厕所、厨房、走廊等）为保护墙面不受水和油污的侵蚀，需设墙裙，材料亦与地面材料相同，但高度应离地面至少1.2m。

第二节 楼 板

楼板是分隔承重构件。楼板将房屋沿垂直方向分隔为若干层，并把人和家具等竖向荷载及楼板自重通过墙体、梁或柱传给基础。

楼板按其使用的材料可分为砖楼板、木楼板和钢筋混凝土楼板等。砖楼板施工麻烦，抗震性能差、楼板层过高，目前已很少采用。木楼板自重轻，构造简单、保温性能好，但耐久和耐火性差，我国木材资源缺乏，所以除有特殊要求外，一般也很少采用。

钢筋混凝土楼板具有强度高、刚性好，耐久、防火、防水性能好，又便于工业化生产等优点，是目前采用最广泛的楼板类型。

钢筋混凝土楼板按施工方法可分为现浇和预制（即装配式）两种。

一、现浇钢筋混凝土楼板

现浇钢筋混凝土楼板整体性、耐久性、抗震性好，刚度大，能适应各种形状的建筑平面，设备留洞或设置预埋件都较方便，但模板消耗量大，施工周期长。

（一）钢筋混凝土现浇平板

当承重墙的间距不大时，如住宅的厨房间、厕所间，钢筋混凝土楼板可直接搁置在墙上，不设梁和柱，板的跨度一般为2～3m，板厚约70～80mm。

（二）钢筋混凝土肋形楼板

也称梁板式楼板，是现浇楼板中最常见的一种形式。它由板、次梁（或称肋）和主梁组成。主梁可以由柱或墙来支承。所有的板、肋、主梁和柱都是在支模以后，整体浇筑而成（图2-4-11）。

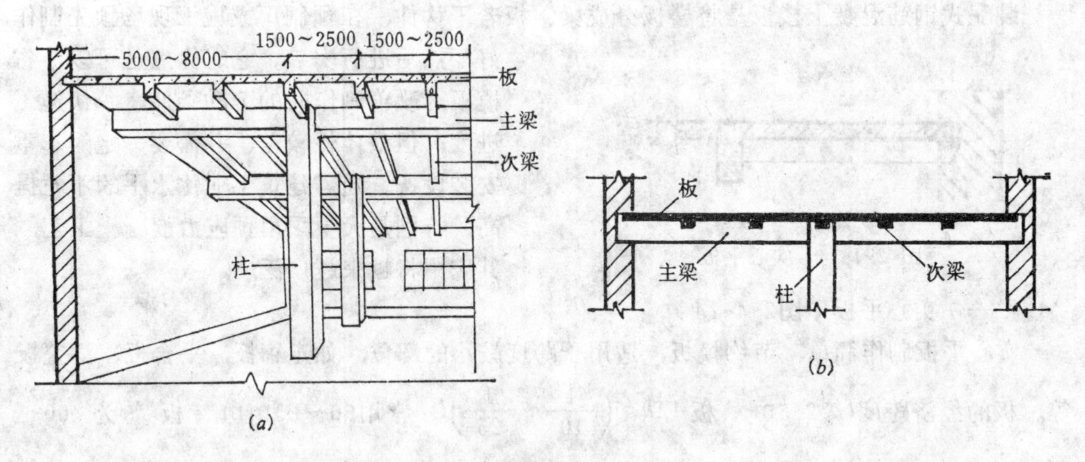

图 2-4-11 钢筋混凝土肋形楼板

（a）透视；（b）剖面

板的跨度一般为1.7～2.5m，板厚为60～80mm。主、次梁断面多为矩形，宽度为高度的$\frac{1}{3}$～$\frac{1}{2}$。次梁的经济跨度为4～6m，梁高为跨度的$\frac{1}{16}$～$\frac{1}{12}$；主梁的经济跨度为5～8m，梁高为跨度的$\frac{1}{14}$～$\frac{1}{8}$。

（三）无梁楼板

无梁楼板为等厚的平板直接支承在带有柱帽的柱上，不设主梁和次梁。

无梁楼板用作房屋楼盖时，天棚平滑无肋，有利于采光和通风，便于安装管道和布置电线，在同样的净空条件下，可减小建筑物的高度。其缺点是刚度小，不利于承受大的集中荷载（图2-4-12）。

无梁楼板多采用方形柱网，柱网轴线间距不超过 6 m。柱和柱帽采用正方形截面，板厚不宜小于120mm。

在给水工程中，清水池是净水厂的重要构筑物，其作用是将净化好的水储存起来，通过二级泵站加压后送入管网。清水池的底板和顶板常采用无梁板的形式。图2-4-13为圆形清水池的结构图。

图 2-4-12 无梁楼板

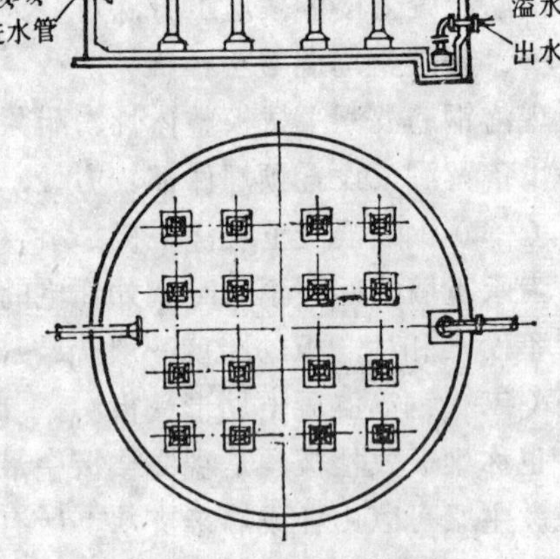

图 2-4-13 无梁板结构水池

二、装配式钢筋混凝土楼板

装配式钢筋混凝土楼板是将楼板分成梁、板若干构件，在预制厂或施工现场预先制作好，然后进行安装。它的优点是可以节省模板，改善制作时的劳动条件，加快施工进度；但整体性较差，并需要一定的起重安装设备。随着建筑工业化水平的不断提高，特别是大量采用预应力混凝土工艺，其应用将越来越广泛。

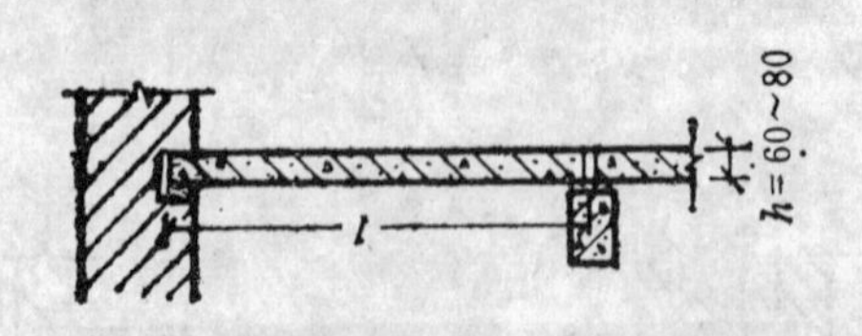

图 2-4-14 实心平板

（一）实心平板（图2-4-14）

实心平板制作简单，节约模板，适用于跨度较小的部位，如走廊板，平台板、沟盖板等。板的经济跨度$l \leqslant 2.5$m，板厚$h \leqslant \left(\frac{1}{10} \sim \frac{1}{25}\right)l$，常用60～80mm，板宽为400～900mm。

（二）槽形板（图2-4-15）

槽形板是一种梁板结合的构件，由面板和纵肋构成。作用在槽形板上的荷载，由面板传给纵肋，再由纵肋传到板两端的墙或梁上，因此面板可做得较薄。为了增加槽形板的刚度，需在两纵肋之间增加横肋，在板的两端以端肋封闭。

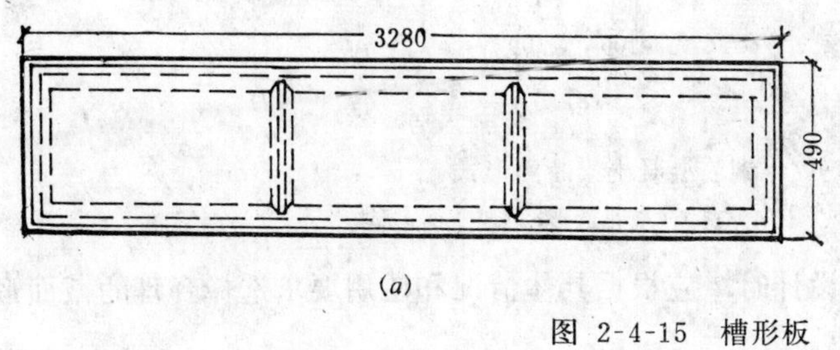

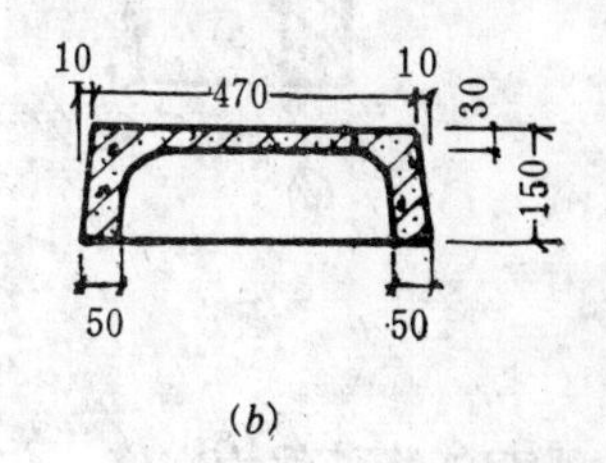

图 2-4-15　槽形板

（a）平面；（b）剖面

槽形板的板宽一般为500～1200mm，肋高为150～300mm，纵肋宽为50～70mm，板跨为3～6m，面板厚常为25～40mm。

槽形板大多用于荷载较大，对屋顶底面要求不高的厂房或仓库的屋盖。在给水排水工程中，也常用槽形板作为封闭式水池的顶盖。

（三）空心板（图2-4-16）

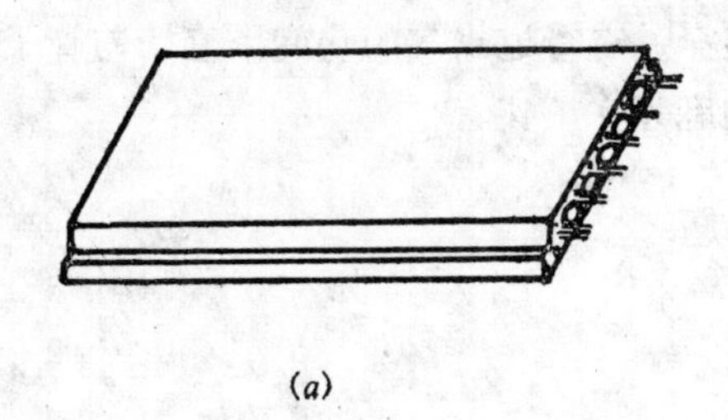

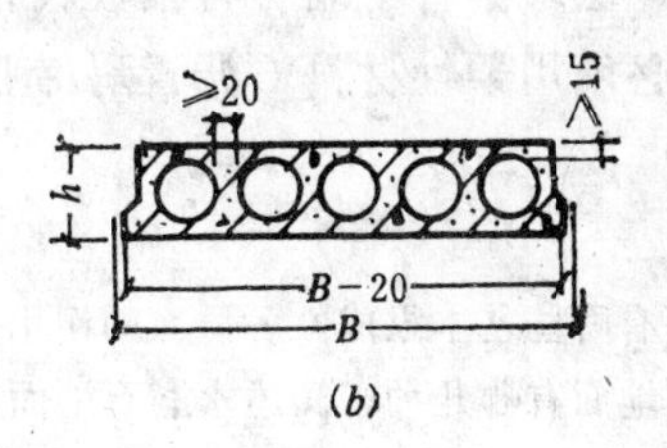

图 2-4-16　预应力空心板

（a）透视；（b）剖面

空心板上下表面平整，隔音和隔热效果较好，大量应用于民用建筑的楼盖和屋盖中。

空心板按其孔的形状有方孔、椭圆孔和圆孔等。圆孔板制做时采用钢管作芯模，在混凝土浇捣完毕后可立即抽芯，因此应用较广。为了在抽芯时不使孔壁混凝土塌落，圆孔板上下壁的厚度不小于15mm，孔肋厚度不小于20mm。

目前生产圆孔板多用预应力混凝土，板厚为120～180mm，板宽为400～1200mm，应用时可直接采用各省市标准图集。

三、钢筋混凝土梁的类型

当房屋开间较小时，板可支承在墙上。当房屋平面尺寸较大，板跨不能满足要求时，则需增加梁作为板的支承。在一般民用建筑中，梁的跨度常用5～7m，其间距不大于4m。

梁的断面形式有矩形、T形、十字形、花篮形、倒T形等（图2-4-17）。其中矩形截面梁制作方便，T形截面梁受力合理，十字形、倒T形及花篮形可在翼缘上放置预制板，

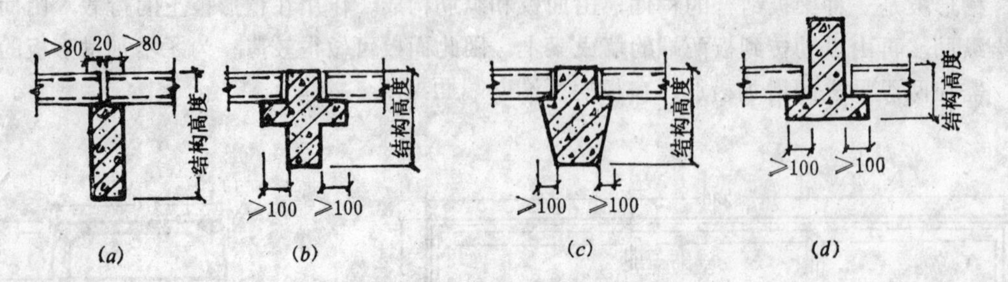

图 2-4-17　钢筋混凝土梁断面形式

（*a*）矩形；（*b*）十字形；（*c*）花篮形；（*d*）倒T形

从而能降低结构高度。在进行楼盖设计时，应根据具体情况和使用要求选择合理的截面形状。

四、管道穿过楼板时的注意事项

采暖和给水排水管道都要穿过房屋的楼板。当管道穿过楼板时，应根据设计位置打洞或预留孔洞，孔洞尺寸一般比管道直径大一倍左右。当管道直径较大时，如给水排水管道，楼板应采用现浇，这样在浇筑楼板时，可直接预留出孔洞。如用预制楼板，则不但凿洞困难，而且会破坏楼板的整体强度。

安装管道时，一般并不把管道和楼板浇筑在一起，为了将来检修方便，管道外要加设钢套管，管道接头不要设在套管内。套管要高出地面10～20mm，以防楼板集水时，由套管流到下一层。套管下端可与楼板底相平。管道穿过有管道煤气的房间，套管与管子之间的空隙，必须用柔性材料（沥青玛𤧛脂、沥青油麻等）填实。

复　习　题

1.地面有哪些基本组成？各层次的作用是什么？

2.整体地面有哪几种？简述水磨石地面的做法？

3.块料地面有哪几种？块料面层通过什么与垫层连接在一起？并以马赛克为例说明。

4.楼板的作用是什么？钢筋混凝土楼板按施工方法分为几种？

5.何谓无梁楼板？其与平板有何区别？

6.整体式肋形楼板有哪些构件组成？楼板荷载通过哪些构件传至地基？

7.某浴室二楼为淋浴间，试问该层宜用什么楼板（按材料和施工方法选择）？楼面面层宜用什么材料？

8.测量一下所在教室的开间和进深？按本地区的空心板标准图集，选择教室所用空心板的型号和数量（按荷载规范，教室均布活荷载标准值为2kN/m²）。

9.钢筋混凝土梁按断面形式有几种？为什么要用花篮梁？

10.管道穿过楼板时要注意什么问题？

第五章　楼　　梯

第一节　楼梯的种类和组成

楼梯是房屋各层之间上下交通联接的设施，一般设置在建筑物的出入口附近。也有一些楼梯设在室外，室外楼梯的优点是不占室内使用面积，但在寒冷地区易积雪结冰，不宜采用。

一、楼梯的种类

楼梯按位置可分为室内楼梯和室外楼梯。

按使用性质室内有主要楼梯和辅助楼梯；室外有安全楼梯和防火楼梯。

按使用材料有木楼梯、钢筋混凝土楼梯和钢楼梯。

下面介绍楼梯平面布置方式。

（一）单跑楼梯（图2-5-1(*a*)）

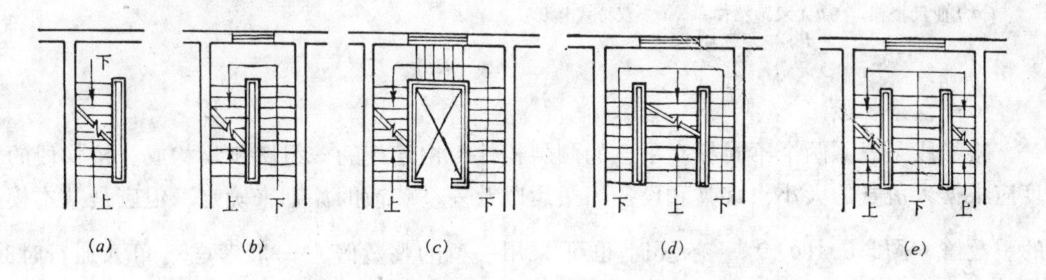

图 2-5-1　楼梯的平面布置形式

（*a*）单跑楼梯；（*b*）双跑楼梯；（*c*）三跑楼梯；（*d*）双分平行楼梯；（*e*）双合平行楼梯

当层高较低时，常采用单跑楼梯。从楼下起步一个方向直达楼上。它只有一个梯段，中间不设休息平台，因此踏步不宜过多，不适用于层高较大的房屋。

（二）双跑楼梯（图2-5-1(*b*)）

是应用最广泛的一种形式。在两个楼板层之间，包括两个平行而方向相反的梯段和一个中间休息平台。经常把两个梯段做成等长，使结构简单，节省面积。还有一种双跑楼梯是两个梯段互成直角，并有一个较小的休息平台，也称曲尺楼梯（图2-5-2(*a*)）。

（三）三跑楼梯（图2-5-1(*c*)）

在两个楼板层之间，由三个楼段和两个休息平台组成，常用于层高较大的建筑物中，三跑楼梯中央可设置电梯井。

（四）双分、双合式楼梯

双分式就是由一个较宽的梯段上至休息平台，再分成两个较窄的梯段上至楼层（图2-5-1(*d*)）。双合式相反，先由两个较窄的梯段上至休息平台，再合成一个较宽的梯段上至楼层（图2-5-1(e)）。

图2-5-2是几种楼梯的透视图，可参照学习。

二、楼梯的组成

楼梯一般由楼梯段、休息平台、栏杆和扶手等部分组成（图2-5-3）。

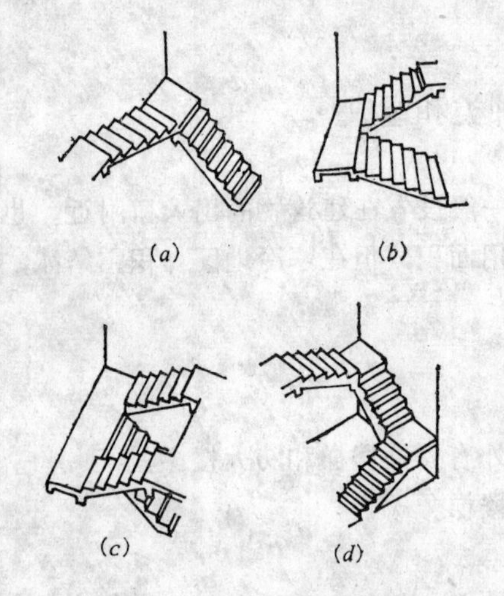

图 2-5-2 楼梯透视图

（a）曲尺楼梯；（b）双跑楼梯；（c）双分式楼梯；（d）三跑楼梯

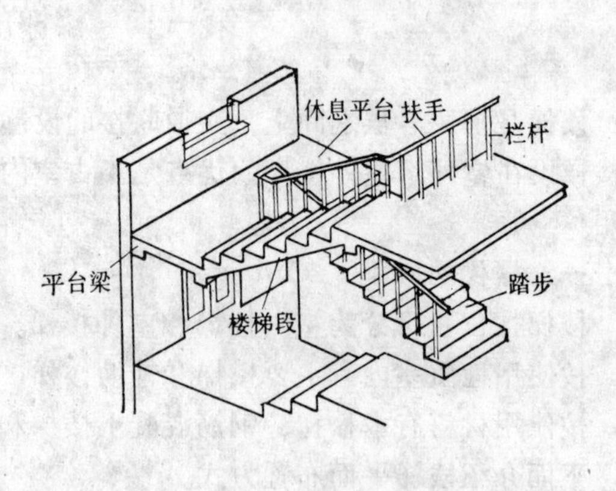

图 2-5-3 楼梯的组成

（一）楼梯段

楼梯段是联系两个不同标高平台的倾斜构件，由连续的一组踏步所构成。楼梯段的宽度应根据人流量的大小、家具和设备的搬运以及安全疏散的原则来确定，但应是基本模数的整数倍（图2-5-4(a)），必要时也可采用$\frac{1}{2}M$的整数倍。一般考虑，单人通行时800～1000mm，双人通行时1000～1200mm，三人通行时1500～1800mm。

楼梯段的最大坡度不宜超过38°。即踏步的高宽比$h/b \leqslant 0.7813$，一般为23°～37°之间，以26°34′～33°42′较为适宜。两楼梯段之间垂直于水平面踏步前缘线处的净距称为梯段净高，平台或中间平台最低点与楼地面的垂直距离称平台净高（图2-5-4(b)）。梯段净高应≥2200mm，平台净高应≥2000mm。

1.楼梯井（图2-5-4(a)） 两个楼梯段和平台内侧围绕的空间称为楼梯井。楼梯井的宽度不宜小于100mm。对幼儿园、小学等建筑物可不做楼梯井，如必须做楼梯井时，应有防护措施。

2.踏步（图2-5-5） 踏步的水平面叫踏步面（简称踏面），垂直面叫踏步踢板（简称踢面）。

楼梯踏步的高度不宜大于210mm，且不易小于140mm，一般采用150～180mm，各级踏步均应相同。

楼梯踏步的宽度应采用220、240、260、280、300、320mm(必要时可采用250mm)，一般采用240～300mm。

楼梯踏步的宽高也可符合下面的经验公式

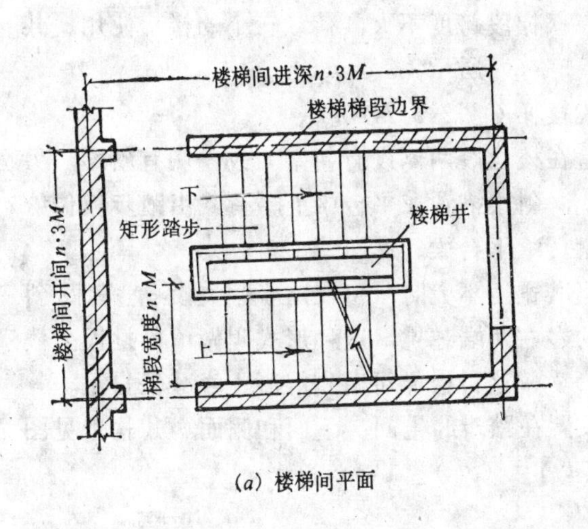

(a) 楼梯间平面

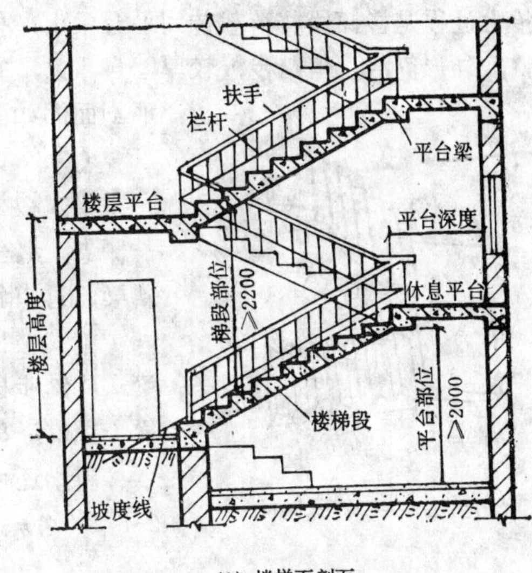

(b) 楼梯面剖面

图 2-5-4 楼梯间的平剖面图

高（h）+ 宽（b）= 450mm或$b+2h=S$

S为步距，是一个人在水平行走时的平均跨度距离，常取600～630mm。

（二）休息平台

休息平台也称中间平台，是两层楼面之间的平台。当楼梯踏步超过18步时，应在中间设休息平台，起缓冲休息的作用。休息平台由平台梁和平台板组成。平台的深度应使在安装暖气片以后的净宽度不小于楼梯段的宽度，以便于人流通行和搬运家具。但对于不改变行进方向的平台，其深度可不受此限。

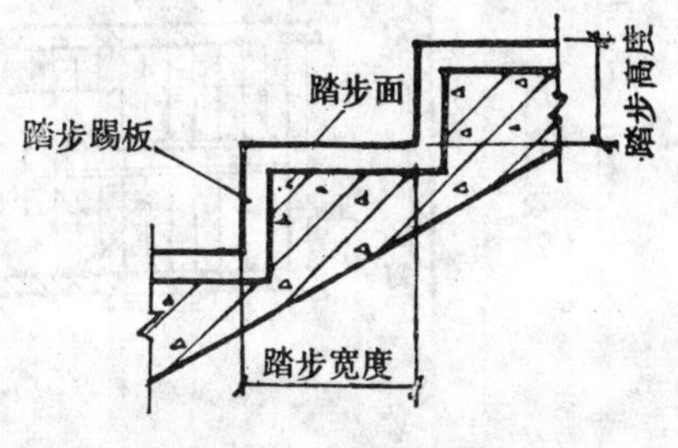

图 2-5-5 楼梯踏步截面

（三）栏杆、栏板和扶手

栏杆和栏板是布置在楼梯段和平台边缘有一定刚度和安全度的拦隔设施。通常楼梯段一侧靠墙一侧临空，为保证安全，需在临空一侧设置栏杆或栏板，在栏板上面安置扶手，扶手的高度应高出踏步900mm左右。

第二节 钢筋混凝土楼梯的构造

钢筋混凝土楼梯是目前应用最广泛的一种楼梯，它有较高的强度和耐久性，防火性能也很好。按施工方法可分为现浇和装配式两种。

一、现浇钢筋混凝土楼梯

现浇钢筋混凝土楼梯是将楼梯段、平台和平台梁在现场浇筑成一个整体，其整体性好，抗震性能强。按构造又可分为板式和梁式两种类型。

（一）板式楼梯（图2-5-6）

板式楼梯的楼梯段是一块斜置的板，其两端支承在平台梁上，平台梁支承在砖墙上。传力过程是楼梯段将荷载传到平台梁上，平台梁再将荷载传至墙体。板式楼梯底面光滑平整，外形简洁，但踏步板较厚，自重大，宜在楼梯段跨度不大，荷载较小的楼房使用。其平剖面图如图2-5-7(*a*)所示。

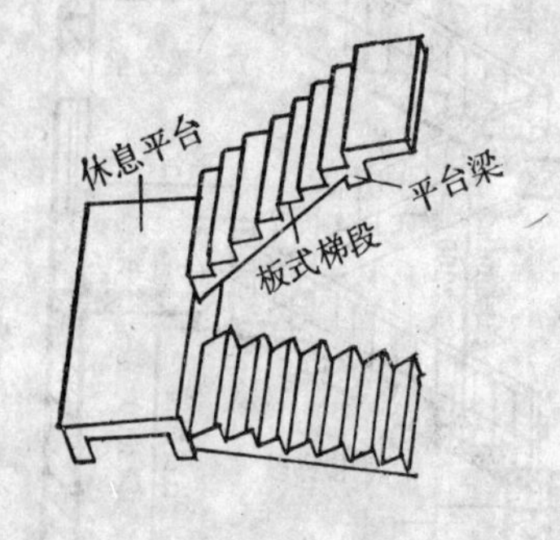

图 2-5-6　板式楼梯

（二）梁式楼梯（图2-5-7(*b*)）

梁式楼梯是在楼梯段两侧设有斜梁（或一侧有斜梁，另一侧支在墙上），斜梁搭置在平台梁上。荷载由踏步板传给斜梁，再由斜梁传给平台梁。

梁式楼梯当其宽度不大时，可在踏步中央设置一根斜梁，使踏步板的左右两端悬挑，这种形式叫做单梁挑板式楼梯（图2-5-8(*c*)）。这种楼梯可节省混凝土，减轻自重。

斜梁还可设置在踏步的上面、下面和侧面，其构造见图2-5-8（*a*）、（*b*）、（*d*）。

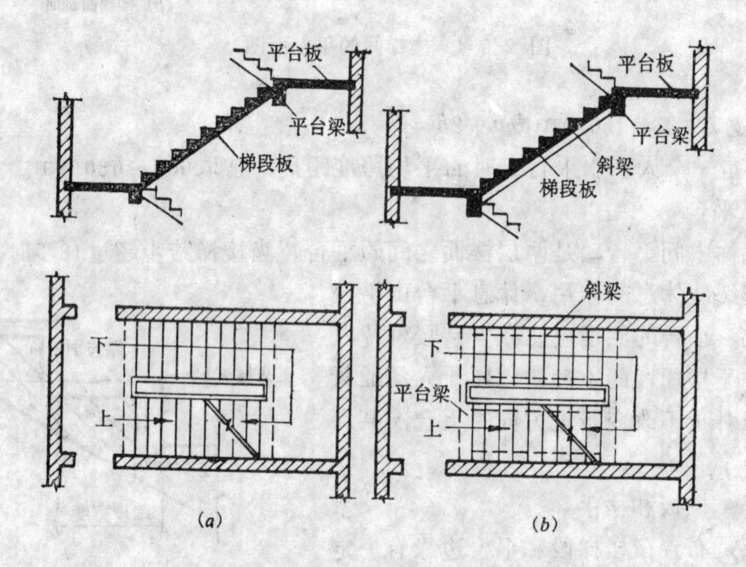

图 2-5-7　现浇钢筋混凝土楼梯

（*a*）板式楼梯；（*b*）梁式楼梯

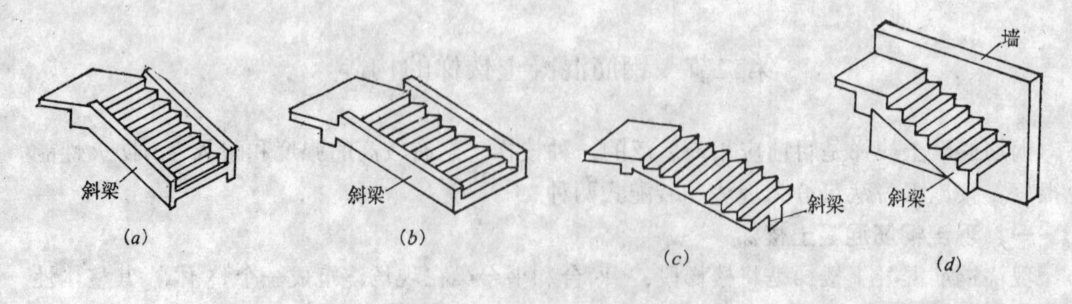

图 2-5-8　各种梁式楼梯

（*a*）斜梁在两侧；（*b*）斜梁在梯段上；（*c*）斜梁在中央；（*d*）梯段一边为斜梁、一边为墙支承

二、装配式钢筋混凝土楼梯

装配式钢筋混凝土楼梯有利于提高建筑工业化程度，改善施工条件，加快施工进度。根据预制构件的形式，可分为小型构件装配式和大型构件装配式两种。

（一）小型构件装配式楼梯

这种楼梯是将踏步、斜梁、平台梁和平台板分别预制，然后进行装配。图2-5-9为一种最简单的形式，踏步板用钢筋混凝土做成，板厚50mm，板宽为330mm，板的两端均压在墙上100～200mm。在踏步板之间砌立砖作为踢板，外抹水泥砂浆。这种形式的踏步板是由砖墙来支承而不用斜梁，随砌墙随安装，构件轻，可不用起重设备。

（二）大型构件装配式楼梯

这种楼梯由预制的楼梯段、平台梁和平台板组成。斜梁和踏步板可组成一块整体大板，平台板和平台梁也可组成一块整板，在工地上用起重设备吊装。图2-5-10是应用较广的一种大型装配式楼梯的形式。

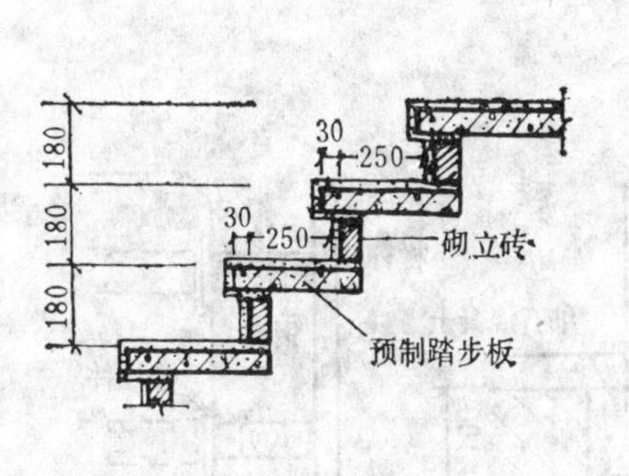

图 2-5-9　小型构件装配式楼梯

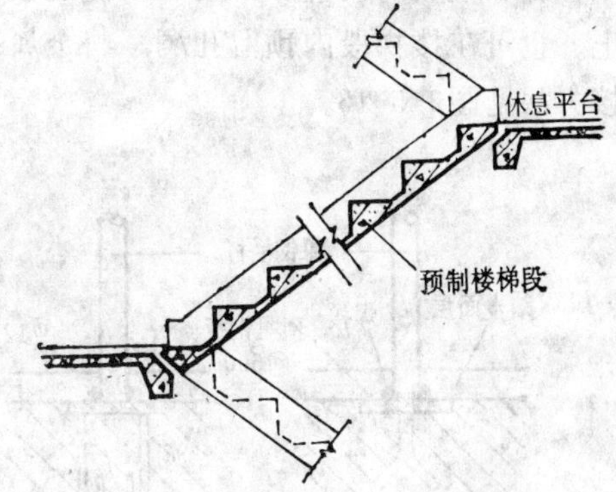

图 2-5-10　大型构件装配式楼梯

第三节　楼梯的细部构造

一、踏步面层

踏面使用最多，磨损最大，因此应用坚硬耐磨的材料制作。一般可用水泥砂浆，标准较高的可用水磨石或镶贴缸砖。

踏步前端应做防滑处理，以增加摩擦力并防止前端先行破坏。防滑做法与踏步面层做法有关，如用水泥砂浆抹面的踏步也可不做防滑处理，水磨石或其他镶贴面层的防滑构造见图2-5-11。

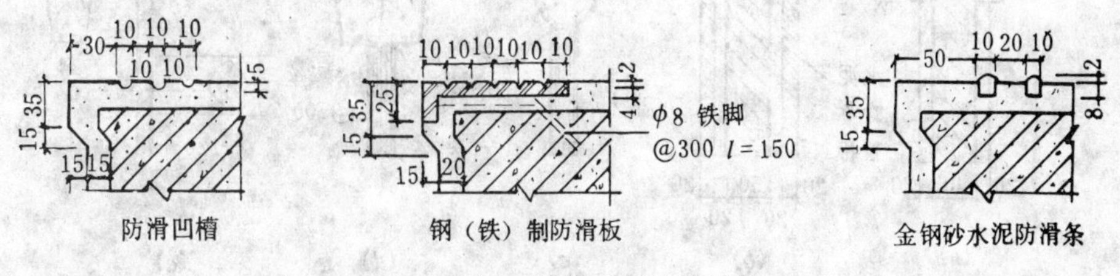

图 2-5-11　踏步面层防滑构造

二、栏杆和栏板

栏杆和栏板安装后应有足够的强度和防冲击能力。栏杆和栏板多用方钢、圆钢、扁钢等型钢焊接而成。方钢边长和圆钢直径一般不大于20mm，扁钢截面40×6mm左右。栏杆高度900～1100mm，栏杆垂直件的空隙不应大于110mm。栏杆与栏板的样式见图2-5-12。

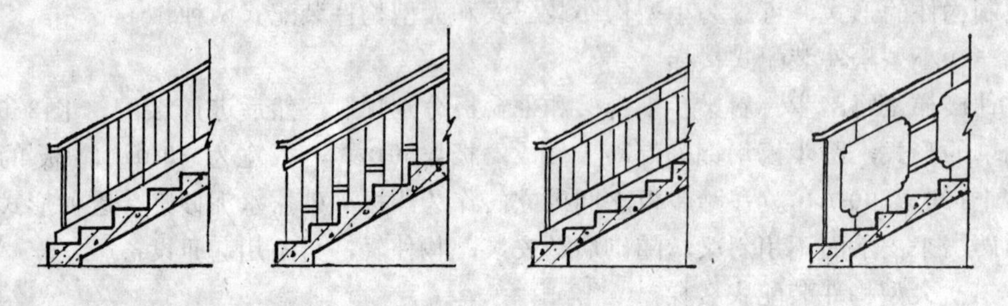

图 2-5-12 栏杆与栏板

栏杆和栏板的设置，一般是在浇筑楼梯段时预埋铁件，安装时将金属栏杆焊在预埋铁件上。也可在楼梯段内预留孔洞，将金属栏汗插入洞内，再浇筑细石混凝土。其与踏步的连接方法见图2-5-13。

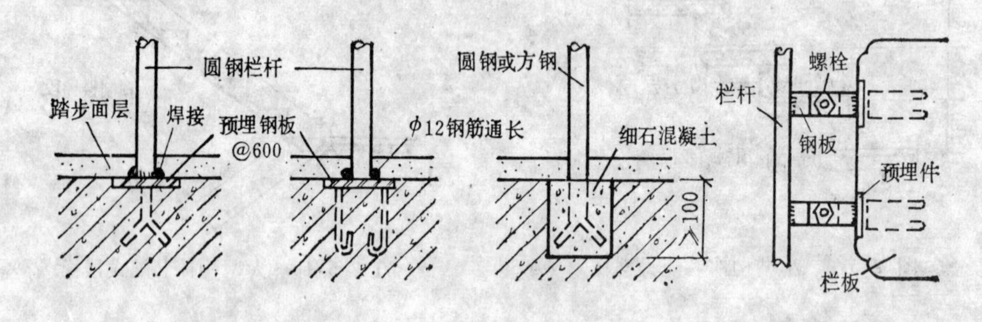

图 2-5-13 栏杆与踏步及栏板的连接

三、扶手及其连接

栏汗的上缘为扶手，供人们上楼时扶持和拥挤时依靠之用。扶手可用硬木、塑料、钢管、天然或人造石材制做。扶手应与栏杆或栏板牢固连接。当楼梯段宽度大于1400mm时，应设靠墙扶手。扶手的样式及其与栏杆和栏板的连接见图2-5-14。

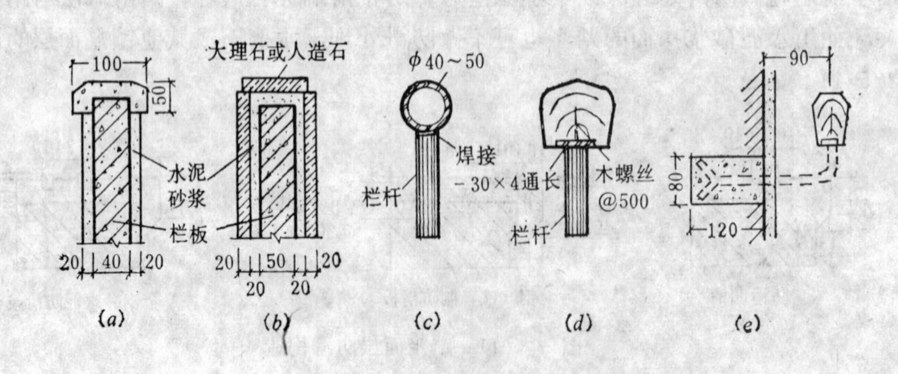

图 2-5-14 栏杆及栏板上的扶手

(a)水磨石扶手；(b)大理石扶手；(c)钢管扶手；(d)硬木扶手；(e)靠墙扶手

四、首层第一个踏步下的基础

首层第一个踏步下应有基础支撑。基础与踏步之间应加设地梁，地梁的断面应不小于240×240mm，梁长应等于基础长度(图2-5-15)。

第四节　台阶与坡道

一、台阶

台阶是两个不同标高地坪的连接构件。有室内和室外之分。楼房首层地面到楼梯间贮藏室的台阶即为室内台阶。

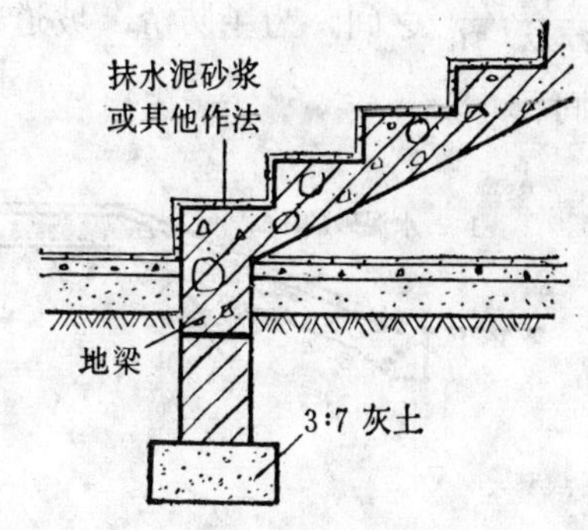

图 2-5-15　首层踏步下的基础

由于室内外地坪的高差，在房屋入口处要设置室外台阶。台阶的宽度应等于门宽每边加500mm左右。台阶的踏步数由室内外高差大小确定，但其坡度应比室内楼梯坡度小，一般在15～20。之间。每个踏步高约为100～150mm，宽度约为300～400mm。台阶与出入口之间，一般设有1000～1500mm宽的平台，起缓冲作用。平台表面应做成向室外倾斜的1～4%的斜坡，防止雨水流入室内。

台阶应采用抗冻性好，耐磨坚实的材料制做，如混凝土、天然石料、缸砖等。砖砌抹灰台阶抗水、抗冻、耐磨性差、易损坏，只用于较低级建筑。

台阶构造与地面相似，包括基层、垫层和面层三部分。面层可采用地面面层材料，如水泥砂浆、水磨石、缸砖、天然石料等；垫层可用混凝土、灰土、碎石灌浆等。在北方冰冻地区，应在混凝土垫层下加做砂垫层，以防止土壤冻胀对台阶的不良影响。基层一般为素土夯实。图2-5-16是常见的几种可供参考的台阶。

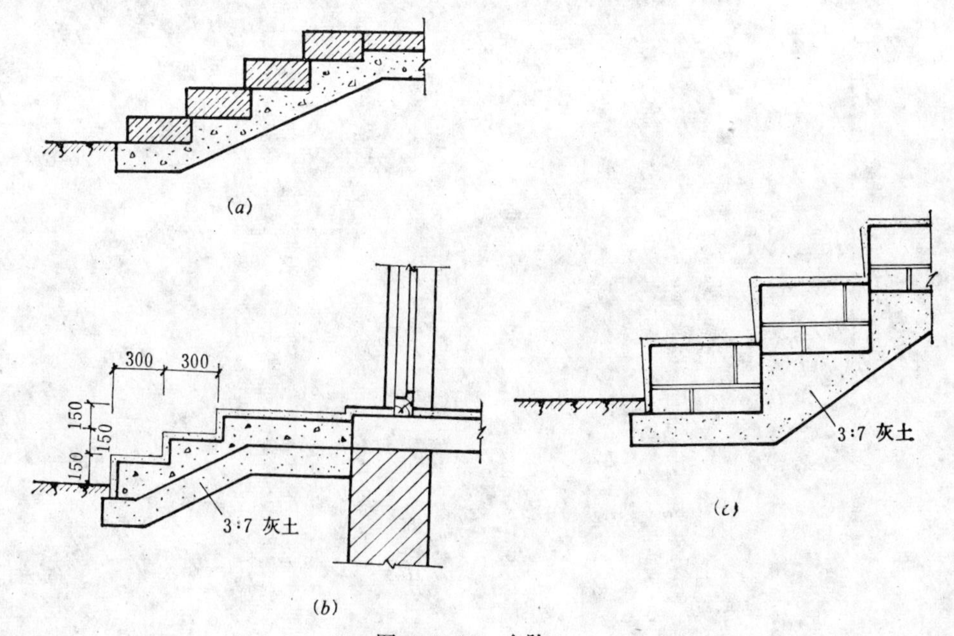

图 2-5-16　台阶

(a)花岗石台阶；(b)混凝土台阶；(c)砖砌台阶

二、坡道（图2-5-17）

在车辆经常出入和不宜做台阶的地方，室内外地坪常用坡道连接。坡道的坡度在$\frac{1}{5}$～$\frac{1}{16}$之间。为了防滑，坡道表面可做成锯齿形或做防滑条。坡道的其他要求与台阶相同。

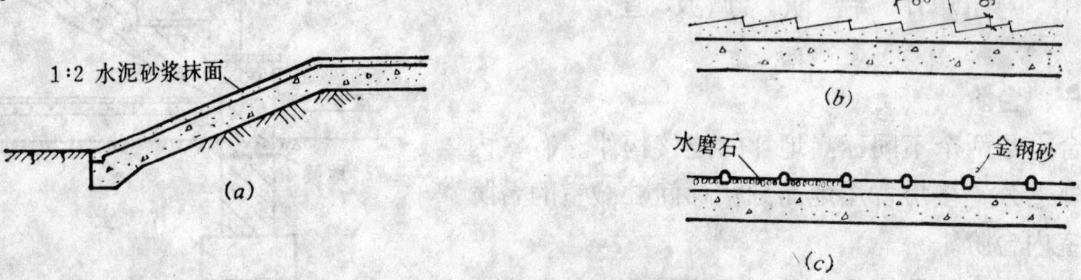

图 2-5-17 坡道

(a)混凝土坡道；(b)锯齿形坡道；(c)防滑条坡道

复习题

1.按平面布置方式楼梯有哪几种？常用的形式是什么？

2.楼梯的组成有哪些？楼梯段的宽度、坡度、楼梯段净高、平台净高；踏步的宽度和高度有什么规定？

3.什么叫板式楼梯和梁式楼梯？它们有何区别？你校教学楼和宿舍楼的楼梯属于哪种？

4.栏杆的最小高度是多少？其与踏步是如何连接的？

5.观察你校教学楼的楼梯踏步、栏杆及扶手、室外台阶是用什么材料制做的？

第六章 屋 顶

第一节 概 述

一、屋顶的作用和要求

屋顶是房屋最上层的覆盖物，由屋面和支承结构所组成。屋顶的围护作用是防止自然界雨、雪和风沙的侵袭及太阳辐射的影响。另一方面还要承受屋顶上部的荷载，包括风、雪荷载，屋顶自重及可能出现的构件和人群的重量，并把它传给墙体。

因此对屋顶的要求是坚固耐久，自重要轻，具有防水、防火、保温及隔热的性能。同时要求构件简单、施工方便，并能与建筑物整体配合，具有良好的外观。

二、屋顶的类型

由于支承结构和屋面材料的不同，屋顶的形式也有所不同。按屋面形式大体上可分为四类：即平屋顶、坡屋顶、曲面屋顶和多波式折板屋顶（图2-6-1）。

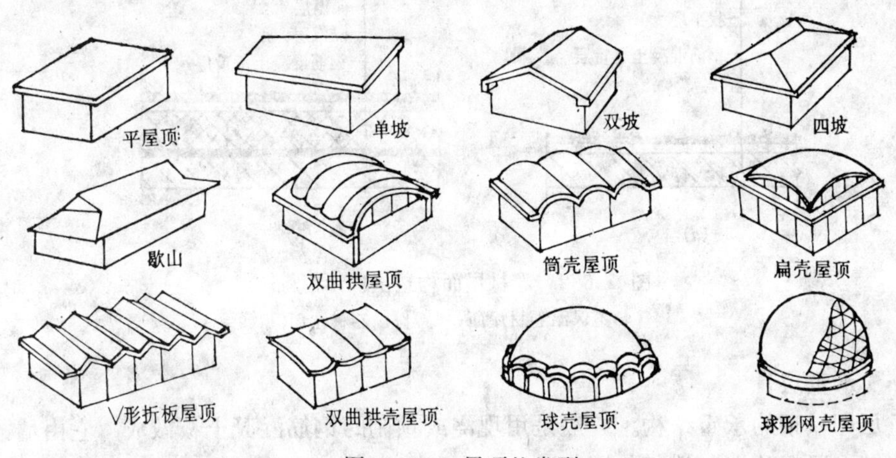

图 2-6-1 屋顶的类型

（一）平屋顶

屋面的最大坡度不超过10%，民用建筑常用坡度为1～3%。一般是用现浇或预制的钢筋混凝土梁板作承重结构，屋面上做防水及保温处理。

（二）坡屋顶

屋面坡度较大，在10%以上。有单坡，双坡，四坡，歇山等多种形式。单坡用于小跨度的房屋，双坡和四坡用于跨度较大的房屋。常用屋架作承重结构，用瓦材作屋面。

（三）曲面屋顶

屋面形状为各种曲面，如球面、双曲抛物面等。承重结构有网架，钢筋混凝土整体薄壳、悬索结构等。

（四）多波式折板屋顶

是由钢筋混凝土薄板形成的一种多波式屋顶。折板厚约60mm，折板的波长为2～3m，跨度9～15m，折板的倾角在30°～38°之间，按每个波的截面形状又有三角形（或称V形）及梯形两种。

本章拟对前两种屋顶形式作简要介绍。

第二节　平屋顶的柔性防水屋面

平屋顶构造简单、外观简洁、施工方便、预制装配化程度高，是目前民用建筑中大量采用的屋顶形式。按防水层所用的材料，有柔性防水屋面和刚性防水屋面两种。

一、平屋顶柔性防水屋面的构造层次

柔性防水屋面是以防水卷材和沥青胶结材料分层粘贴组成防水层的屋面。其构造层次有承重层、隔汽层，保温层、找平层、防水层和保护层6种。有些房屋如无保温要求可省去保温层与隔汽层（图2-6-2）。

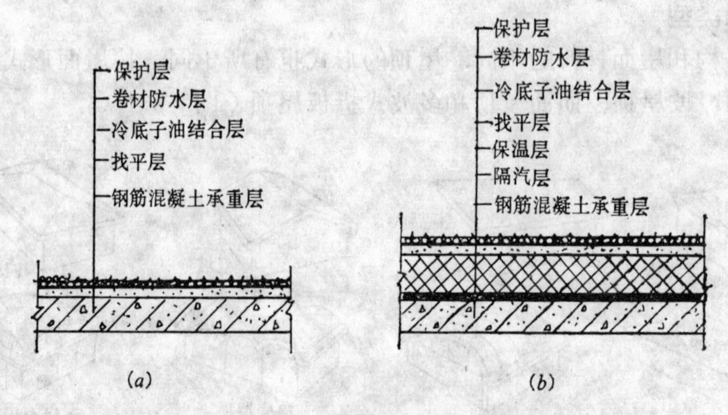

图 2-6-2　卷材屋面构造层次示意图

(a)不保温卷材屋面；(b)保温卷材屋面

（一）承重层

承重层即屋顶的承重结构。一般是用现浇或预制的钢筋混凝土板做成，它由墙或柱及梁支承。其布置和构造与楼板相同。

（二）隔汽层

当屋顶设保温层时，要防止室内水蒸气穿过承重层进入松散的保温层内，降低它的保温能力。夏季时，屋顶表面温度很高，聚积在保温层内的水分，又会变成水蒸气，膨胀时可使油毡鼓起而胀裂。隔汽层能隔绝大部分水蒸气进入保温层。其做法是，在承重层上刷冷底子油一道、热沥青两道（或做一毡二油）。

如果屋面板是预制的，应先做找平层，并等找平层干硬后再做隔汽层。隔汽层对室内水蒸气较多的房屋尤为重要，如浴室、厨房等。如室内空气干燥，也可省去不做。

（三）保温层

保温层的作用是防止室内热量的散失和室外热量的传入。应采用空隙大，导热系数小的材料，如加气混凝土、泡沫混凝土、水泥膨胀蛭石和水泥膨胀珍珠岩等材料，并要求具有一定的强度。其厚度可根据经验和热工计定确定。同时保温层也是形成屋面坡度的构造层次。

（四）找平层

为了使防水卷材下面有一个平整而坚实的基层，便于油毡的粘贴，在保温层上要做找平层。做法是用20mm厚的1∶3干硬性水泥砂浆找平，压实。找平层表面不宜抹得过分光滑，等其完全干硬后，才能铺设卷材。

（五）防水层

防水层是平屋顶防水构造的关键，由于平屋顶坡度很小，屋面雨水不易排走，要求防水层本身必须是一个封闭的整体，不得有任何缝隙。平屋顶的柔性防水层是指由沥青玛𤧛脂和沥青油毡交替粘合而成的防水层，也称卷材防水层。卷材层数应根据当地气候条件、建筑物的类型及防水要求、屋面坡度等因素来确定。一般情况下可在下列范内选用，当屋面坡度为1～3%时，采用3～5层卷材；坡度为3～15%时，采用2～3层卷材；坡度为15%以上时，采用两层卷材。玛𤧛脂的层数总比油毡的层数多一，通常采用“三毡四油”的七层做法。

施工时应将基层清扫干净，在干燥的找平层上先刷冷底子油一道，待冷底子油干燥后，随浇热沥青随铺油毡。当屋面坡度在3%以内时，卷材平行于屋脊，自下而上铺设；坡度在3～15%之间时，可平行于或垂直于屋脊铺设；坡度大于15%或屋面受振动时，应垂直屋脊铺设。上下两层及同一层相邻两幅油毡的接缝均应错开。各层油毡搭接宽度，长边不应小于70mm，短边不应小于100mm。相邻两幅卷材短边接缝应错开不小于500mm（图2-6-3）。在大面积铺设前应将天沟、管道口、雨水口处的附加油毡铺好，然后再进行大面积铺设。各层油毡依次铺设完毕后，在最后一层油毡上浇一层稍厚（2～4mm）的玛𤧛脂。

（六）保护层

保护层的作用是避免防水层表面沥青流淌和油毡老化。

1.绿豆砂保护层　用于不上人的卷材防水屋面。在最上层油毡表面浇涂热沥青后，撒一层3～5mm粒径的绿豆砂，然后轻轻拍实，待沥青干燥后，将上部多余浮砂扫去。

2.对于上人屋面可用水泥砂浆铺砌250×250×30mm的水泥面砖，也可用玛𤧛脂粘贴面砖，还可在防水层上浇筑30～40mm厚细石混凝土，每2m分格，用玛𤧛脂勾缝。

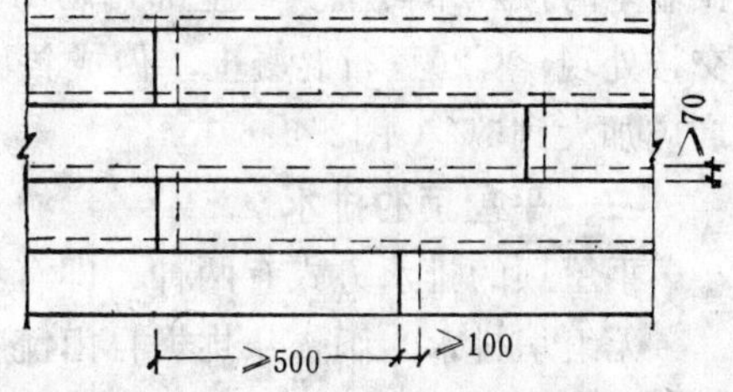

图 2-6-3　卷材的搭接

二、平屋顶的挑檐和女儿墙

（一）挑檐

平屋顶挑檐的作用是集中屋面雨水离开外墙并进行排除，同时挑檐的长短、位置和形式对于建筑物的立面处理也有很大影响。

挑檐一般用钢筋混凝土制做。按施工方法有现浇和预制两种形式。现浇钢筋混凝土挑檐可与现浇屋顶整体浇筑在一起，其挑出长度不限（图2-6-4(*a*)）；当屋面板为预制时，现浇挑檐也可与圈梁浇在一起（图2-6-4(*b*)）。

预制挑檐是将预制挑檐板放在砖墙上，下面用1∶3水泥砂浆坐浆放稳，然后再铺设保温层和防水层。油毡在檐口的边缘处卷起，用通长的φ6钢筋压牢，钢筋用铁钉钩在预留的木

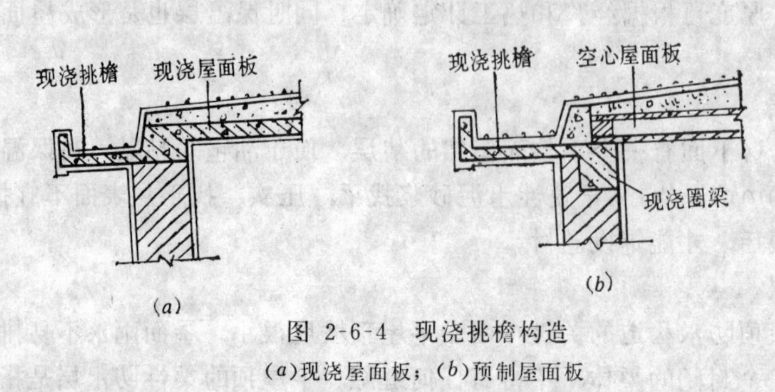

图 2-6-4 现浇挑檐构造

(a)现浇屋面板；(b)预制屋面板

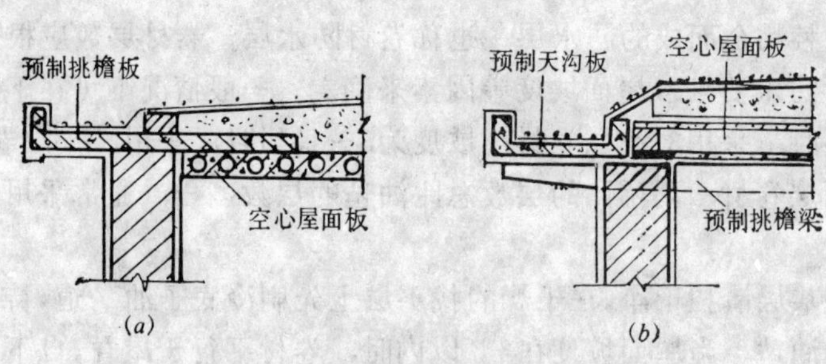

图 2-6-5 预制挑檐构造

(a)预制挑檐板；(b)预制挑檐梁

砖上（图2-6-5(a)）。

另一种预制挑檐的做法，是用挑出的悬臂梁来承托预制挑檐板或天沟板。预制悬臂梁可垒砌在横墙上。这种形式在住宅建筑中应用较多（图2-6-5(b)）。

（二）女儿墙

女儿墙又名压檐墙，是房屋外墙高出屋面的部分。可作为上人屋面的栏杆，又是房屋外型处理的一种措施。女儿墙的高度应考虑安全保护作用，约在1000mm左右。有女儿墙的屋面卷材防水层应沿墙上卷，其高度应不小于250mm，并将油毡砌入墙内，或将油毡钉在墙里的预埋木砖上。其上部可砌出60mm挑砖，用1:3水泥砂浆抹出坡水。屋面与女儿墙交接处现浇C20豆石混凝土，做成斜坡，压实抹光。在雨水口附近500mm以内的屋面坡度应加大到5%（图2-6-6）。

三、平屋顶的排水

平屋顶的排水方式有两种，即有组织排水和无组织排水。

无组织排水，雨水从挑檐自由流下滴落到室外散水上。这种做法构造简单、经济，缺点是雨水会冲刷墙面或近入门窗，所以这种排水只适用于低层（10m以内）及雨量不大的地区（图2-6-7(a)）。

有组织排水，即将屋面以不同的坡向划分区域，使雨水分别集中，经过集水口水落管排出（每个雨水口承担150～200m^2屋面内的雨水）。水落管设在室外的叫外排水（图2-6-7(b)、(c)），设在室内的叫内排水（图2-6-7(d)）。水落管距离墙面不应小于20mm，其排水口距散水坡的高度不应大于200mm。

民用建筑中应用外排水较多，如有女儿墙时，需在女儿墙下部每隔10～15m砌入铸铁排水口。做防水层时，屋面油毡及附加油毡都要牢牢地贴进排水口内，最后用铁箅子挡住，

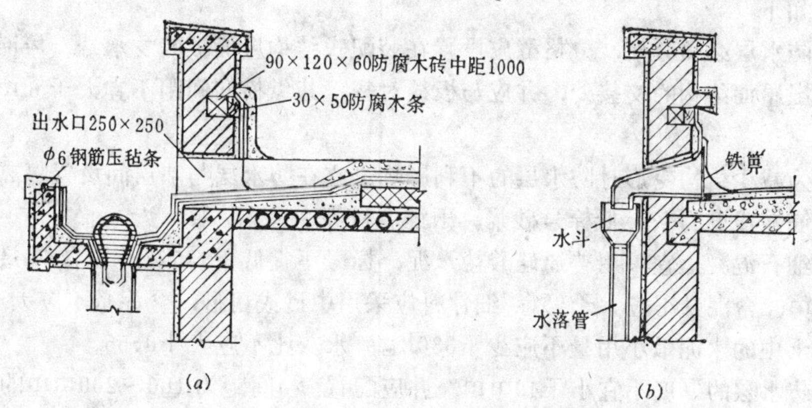

图 2-6-6 女儿墙构造

(a)女儿墙带挑檐；(b)女儿墙不带挑檐

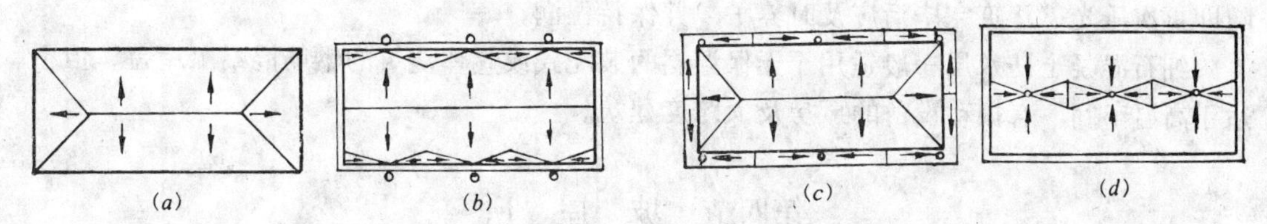

图 2-6-7 平屋顶排水区划分

(a)无组织排水；(b)女儿墙(包檐)；(c)檐沟；(d)内排水

以防杂物堵塞。铸铁排水口伸出墙外，通过水斗与水落管连接（图2-6-6）。

第三节　平屋顶的刚性防水屋面

刚性防水屋面是以防水砂浆、细石混凝土等刚性材料作为防水层的屋面。

一、防水砂浆防水层

防水砂浆防水层一般采用1∶3水泥砂浆加3～5%的防水剂，厚度为25～30mm，分两次涂抹，由于砂浆干缩变形较大，目前仅在现浇屋面上采用（图2-6-8）。

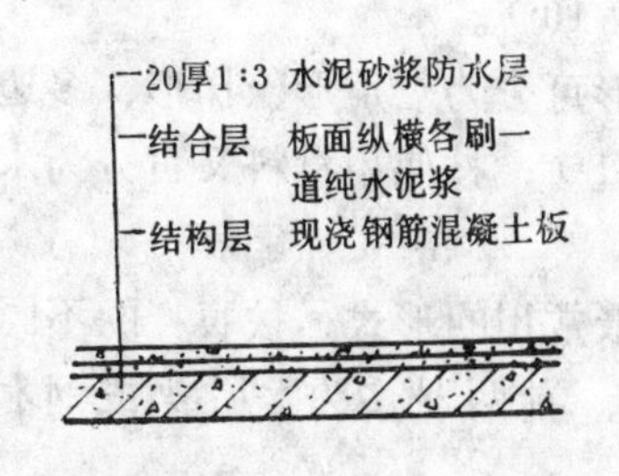

图 2-6-8 防水砂浆防水屋面

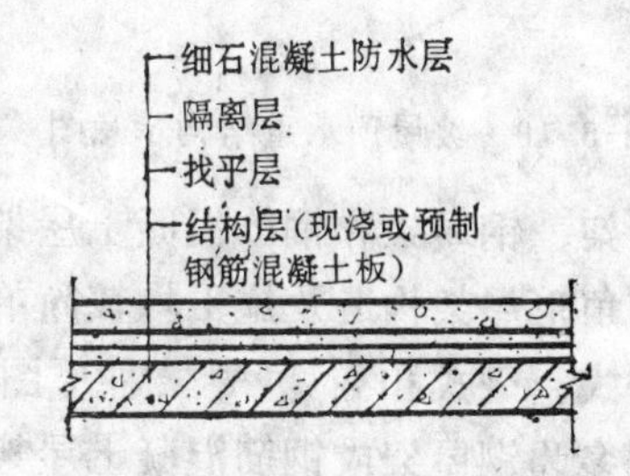

图 2-6-9 细石混凝土防水屋面

二、细石混凝土防水层

细石混凝土防水层，是在钢筋混凝土空心板或槽形板等屋面承重结构上浇筑厚度不小于40mm的细石混凝土而成（图2-6-9）。通过调整细石级配，严格控制水灰比，加强振动捣实，掺入外加剂，以提高混凝土密实性和不透水性，达到防水的目的。细石混凝土屋面的一般做法如下：

（一）防水层必须分格，分格缝应设置在装配式结构屋面板的支承端、屋面转折处，防水层与突出屋面结构的交接处，并应与板缝对齐，其纵横向间距不宜大于6m。分格缝可用油膏嵌封。

（二）为减少结构变形对防水层的不利影响，宜在防水层与基层间设置隔离层。隔离层可采用纸筋灰或麻刀灰，低标号砂浆、干铺卷材等。

（三）细石混凝土宜采用普通硅酸盐水泥，标号不宜低于425号；粗骨料最大粒径不宜超过15mm，含泥量不应大于1%；细骨料应采用中砂或粗砂，含泥量不应大于2%。每立方米混凝土中的水泥最小用量不应少于330kg，水灰比不应大于0.55。

（四）防水层的厚度不宜小于40mm，并应配置ϕ4间距为100～200mm的双向钢筋网片。钢筋网片在分格缝处应断开，其保护层厚度不应小于10mm。

（五）防水层厚度应均匀一致，浇筑混凝土时应振捣密实，表面泛浆后抹平，收水后随即再次压光；浇筑完毕后应及时养护，并保持湿润。

细石混凝土防水层一般适用于无保温层的装配式或整体浇筑的钢筋混凝土屋盖。但不适于高温车间，有振动设备的厂房及大跨度建筑。

第四节 坡屋顶

坡屋顶坡度较大（>10%），雨水容易排除，屋面防水比平屋顶好，在我国广大农村应用较广。

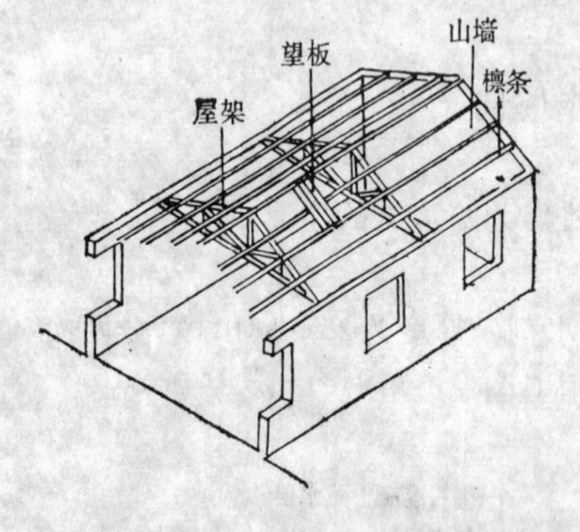

图 2-6-10 坡屋顶承重结构示意图

坡屋顶一般由承重结构和屋面两个基本组成部分。必要时还有保温层、隔热层及顶棚等。

一、坡屋顶的承重结构

坡屋顶的承重结构，主要承受屋面荷载，并把它传到墙或柱上。一般包括屋架和山墙等。

屋架用来架设檩条，以支承屋面荷载，通常屋架搁置在房屋纵向外墙或柱上，使建筑有较大的使用空间（图2-6-10）。

屋架按外形可分为三角形、梯形、多边形和弧形等（图2-6-11）；按使用材料又可分为木屋架、钢木屋架、钢屋架和钢筋混凝土屋架等。

三角形屋架构造及施工均较简单，是民用建筑中最常用的形式。按腹杆的不同又可分为中杆式、豪式和芬克式三种（图2-6-11*a*、*b*、*c*）。前两种多为木屋架或钢木屋架，芬克式多为钢屋架或钢筋混凝土屋架。

各种屋架均可选用全国通用或各地区的标准图集。

二、坡屋顶的构造层次

坡屋顶的屋面由屋面基层和防水面层组成。屋面基层包括檩条、椽子、屋面板、油毡、顺水条、挂瓦条等层次，当檩条间距小于800mm时，可直接在檩条上铺设屋面板，而不使用椽子。防水面层一般采用平瓦，所以又称平瓦屋面（图2-6-12）。

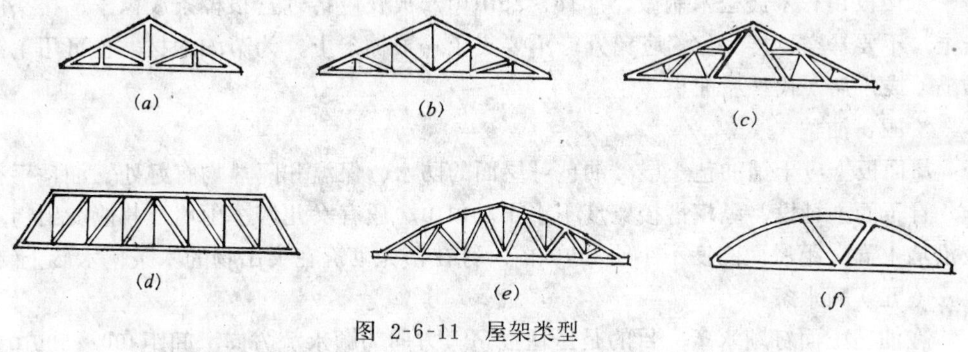

图 2-6-11 屋架类型

(a)中杆式；(b)豪式；(c)芬克式；(d)梯形；(e)多边形；(f)弧形

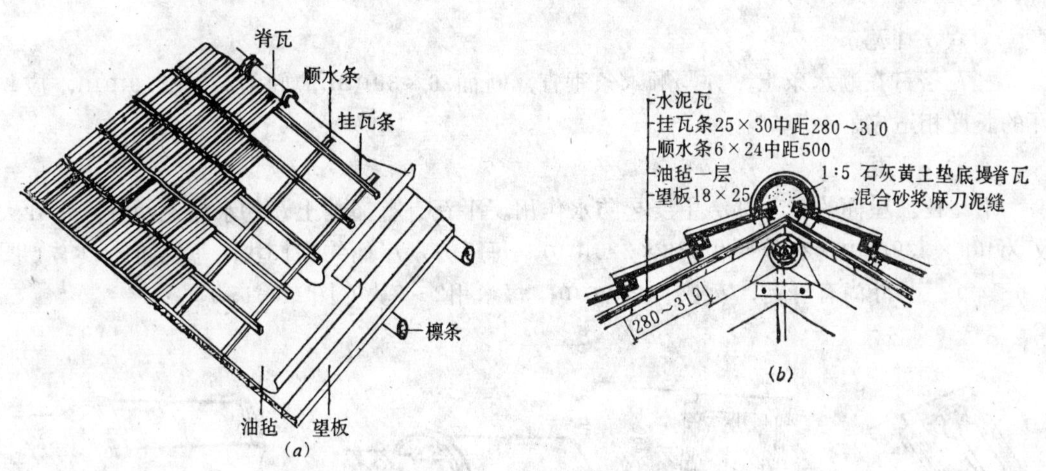

图 2-6-12 平瓦屋面构造

（一）檩条

檩条支承在屋架上弦上，用三角木块（俗称“檩托”）固定，通常檩条搁于两榀屋架上呈简支状态，所以屋架的间距即檩条的跨度。木檩条跨度一般在 4 m以内，断面为矩形或圆形，间距为500～700mm。钢筋混凝土檩条跨度可达 4～6m，断面有矩形、L形和 T 形等。檩条应尽量放在屋架节点上，以便受力合理。

（二） 椽子（图2-6-13）

当檩条间距大，不宜直接在其上铺设屋面板时，可垂直于檩条方向架立椽子，椽子应连续搁置在几根檩条上（一般搁在三根檩条上），椽子间距相等，一般为360～400mm。木椽子截面常为40×60、40×50或50×50mm。椽子上铺钉屋面板，或直接在椽子上钉挂瓦条挂瓦。出檐椽子下端锯齐，以便钉封檐板。

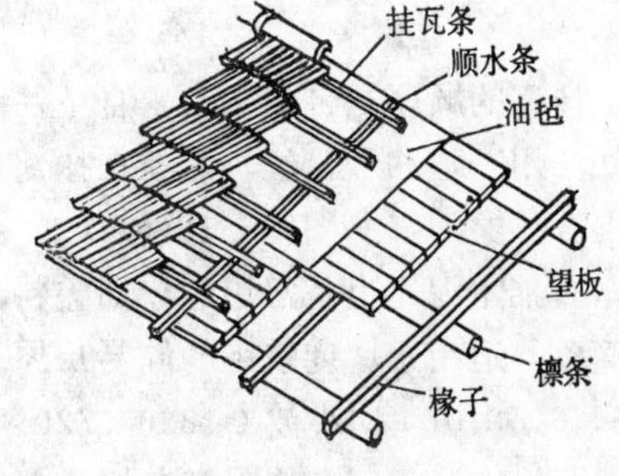

图 2-6-13 有椽屋面

（三）屋面板

屋面板也叫望板。当檩条间距小于800mm时，可直接在檩条上钉 屋面板；当檩条间距大于800mm时，应先钉椽子再在椽子上钉屋面板。

木望板用杉木或松木制做，厚15～25mm，板长应搭过三根檩条或椽子。接头应在檩条上，不要悬空；接头位置应错开，不要集于一根檩条上。为节约木材，也可用苇箔，秫秸箔（或芦席）代替屋面板。

（四）油毡

屋面板上应干铺油毡一层，油毡对屋面的防水、保温和隔热均有好处。油毡平行于屋脊，自下而上铺设，纵横搭接宽度不小于70mm。遇有女儿墙、山墙及其他突出物，油毡应沿墙上卷。距屋面高度不小于200mm，钉在预先砌筑在突出物的木条、木砖上。

（五）顺水条

在油毡上面钉顺水条，目的是压住油毡。方向为顺水流方向，间距400～500mm，断面6×24mm。

（六）挂瓦条

挂瓦条钉在顺水条上，并与顺水条垂直，断面26×30mm，间距280～310mm，应与瓦的长度相适应。

（七）平瓦

平瓦在坡屋面的最上部，主要起防水作用。平瓦有普通粘土瓦和水泥瓦两种。尺寸大致为400×230mm，有效面积330×220mm，每平方米屋面约需15块，每块重3.1kg（图2-6-14）。另外尚有脊瓦，每块长455mm，每米用2～3块（图2-6-15）。

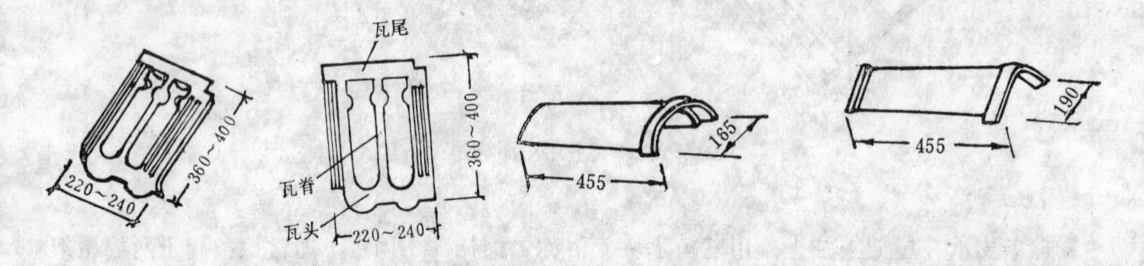

图 2-6-14 粘土平瓦

图 2-6-15 脊瓦

挂瓦的顺序是自左往右，自下往上。右压左、上压下，上下错开半块瓦。在檐口及屋脊处，用一道20号铅丝将瓦栓在挂瓦条上。屋脊上的脊瓦内要填满1:5石灰黄土，并用麻刀混合砂浆泥缝（图2-6-12(*b*)）。

石棉水泥瓦也是常用的屋面盖料，特点是自重轻、面积大、接缝少、防水性能好、施工简单。适用于坡度较小的简易房屋。尺寸有大波（2800×994×8mm）、中波（2400×745×6.5mm）、小波（1820×720×5mm）三种。

石棉水泥瓦可直接铺钉在檩条上，因此檩条间距应与瓦的长度相适应。瓦的上下搭接至少100mm，横向搭接应顺主导风向（图2-6-16）。屋脊处盖脊瓦，用麻刀灰或纸筋灰嵌缝。

三、平瓦屋面的细部构造

（一）纵墙檐口

纵墙檐口有挑檐和封檐两种构造方式。

1.挑檐　挑檐能对外墙起保护作用，常见的做法有：

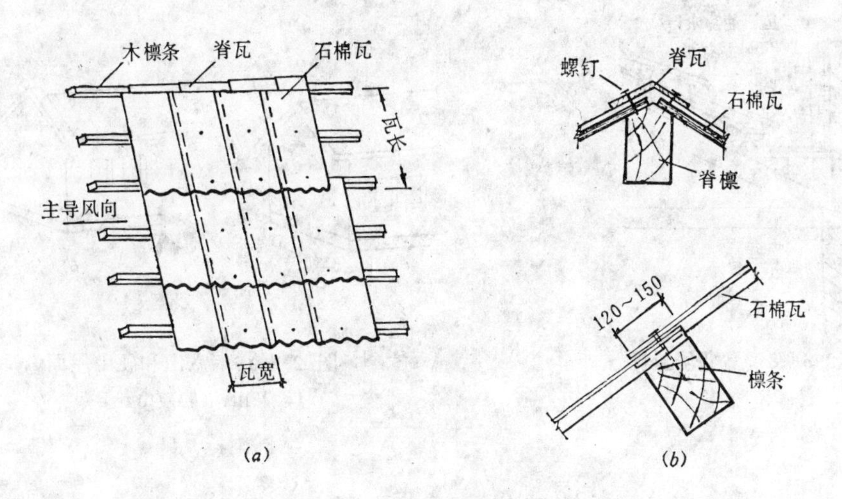

图 2-6-16 石棉瓦屋顶构造

(a)石棉瓦铺设示意图；(b)石棉瓦与檩条连接

（1）砖砌挑檐　出檐小时可用砖垒砌托住屋檐，每皮砖挑出$\frac{1}{4}$砖，挑出长度视墙身厚度而定，一般不超过墙厚的一半（图2-6-17(a)）。

（2）下弦上加托木挑檐或用挑檐木挑檐（图2-6-17（b）、（c））。

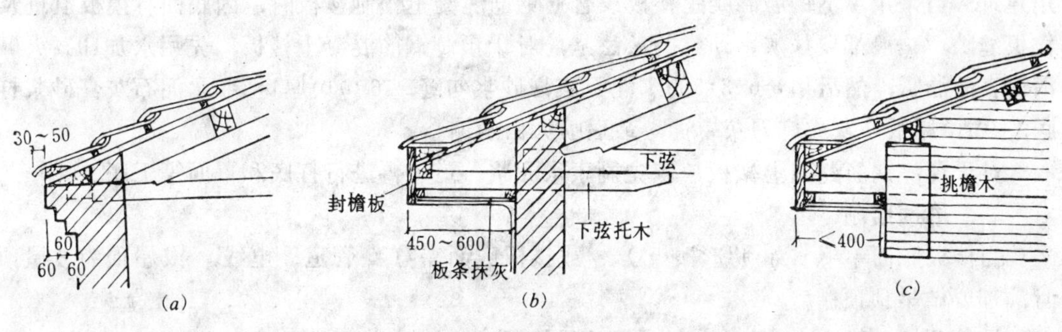

图 2-6-17 坡屋顶挑檐

(a)砖挑檐；(b)下弦托木挑檐；(c)挑檐木挑檐

2.女儿墙封檐　房屋的外墙高出屋面将檐口包住，称为女儿墙封檐。女儿墙封檐必须做出天沟，雨水顺天沟由落水管排出（图2-6-18）。

（二）山墙檐口

1.悬山挑檐　悬山挑檐的做法是由檩条挑出山墙，用木封檐板（亦称博风板）将檩条封住，再用加麻刀的混合砂浆将边瓦压住，抹出封檐线（图2-6-19(a)）。

2.硬山封檐　将山墙升高超出屋面的构造做法称为硬山封檐。山墙与屋面相交处抹1∶3水泥砂浆做泛水[11]（图2-6-19(b)）。

[11] 屋面与垂直墙面交接处的构造处理称泛水。

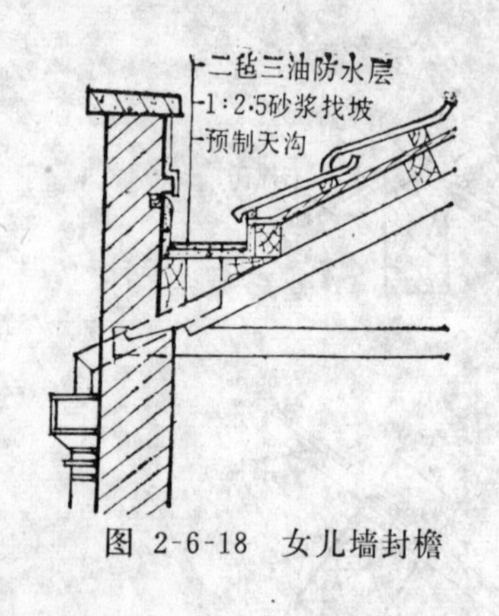

图 2-6-18 女儿墙封檐

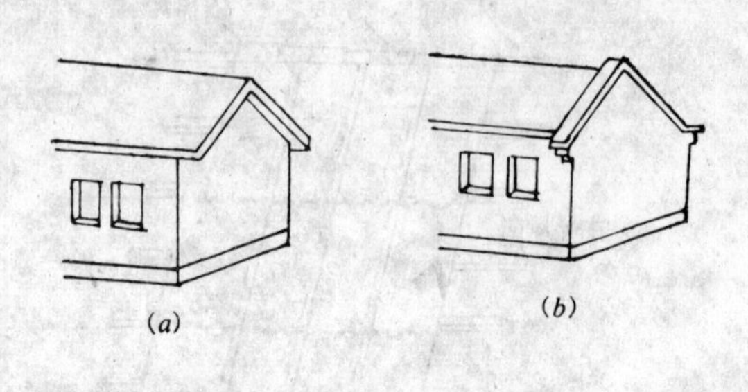

图 2-6-19 悬山和硬山屋面
(a)悬山；(b)硬山

第五节 顶 棚

顶棚又称天棚、吊顶和天花板等。位于屋顶承重结构的下面及各层楼板的下面。顶棚可使室内屋顶形成一个完整的表面，提高装饰效果，并能防寒隔热、获得良好的热工条件。顶棚的构造按房屋承重层的不同可分为直接抹灰顶棚和吊顶顶棚两类。

一、直接抹灰顶棚

直接抹灰顶棚是在楼板底直接抹灰后喷浆或不抹灰直接喷浆形成的顶棚。对于一般民用建筑，当采用现浇钢筋混凝土楼板或普通钢筋混凝土预制楼板时，因底面有模板痕迹及楼板缝隙，一般都要抹灰。通常的做法是，对于预制钢筋混凝土楼板，先用水加10％火碱清洗表面油腻，然后用1:0.3:3的水泥石灰膏砂浆勾缝，6mm厚1:3:9水泥石灰膏砂浆打底，2mm厚纸筋灰或麻刀灰罩面，最后喷大白两遍。

对于现浇钢筋混凝土楼板，应先刷素水泥浆一道，再进行打底和罩面等工序。

二、吊顶顶棚

当楼板底面不平（如肋形楼板），或楼板底面需隐藏管道、电线，或屋顶为坡屋顶时，都要做吊顶顶棚。

吊顶顶棚一般由支承结构、基层和面层组成。

支承结构 在楼板底部做顶棚时，以楼板、吊筋、主搁栅（大龙骨）为支承结构。在坡屋顶下做顶棚时，以屋架、檩条、吊筋或（吊杆）、主搁栅为支承结构。

基层 由次搁栅和板条（或钢板网）等组成。

面层 各种抹灰或板材（如纤维板、石膏板、矿棉板等）。

灰板条顶棚是应用较广泛的一种。它的做法是在钢筋混凝土楼板预留带钩的ϕ6钢筋，中距900～1200mm，上面用8号铅丝吊挂50×70mm的主搁栅，在主搁栅上钉次搁栅，次搁栅断面一般为50×50mm，中距400～500mm。在次搁栅上钉6×24mm的木板条(或钢板网)，板条间应留7～10mm空隙，然后在板条上抹灰。抹灰时可先用3mm厚麻刀灰掺10％水泥打底，5mm厚1:2.5石灰膏砂浆找平，2mm厚纸筋灰罩面，再喷大白浆或刷内墙涂料（图2-6-20）。

若为坡屋顶时，应在屋架下弦或檩条上钉木吊杆，然后再钉主、次搁栅及灰板条，其

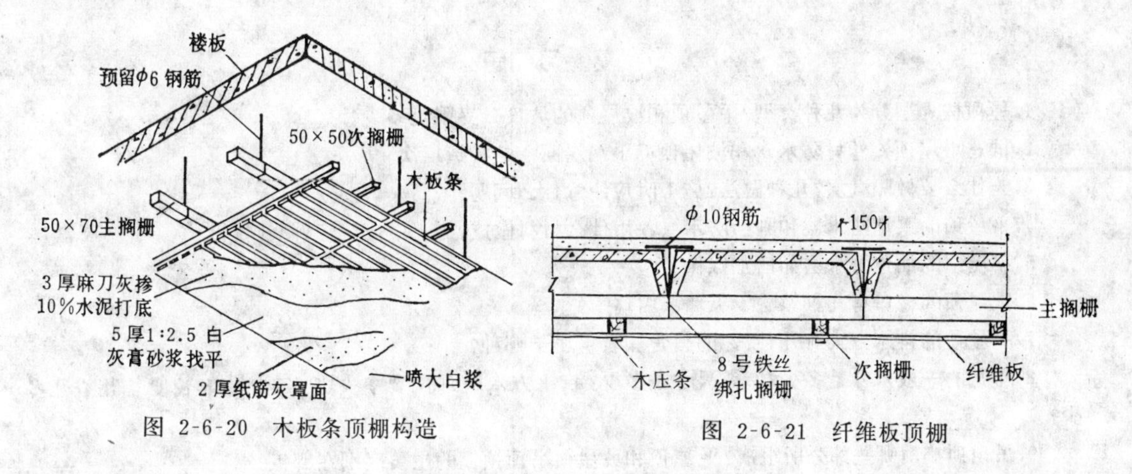

图 2-6-20 木板条顶棚构造

图 2-6-21 纤维板顶棚

做法与上述过程基本相同。

当做各种板材顶棚时，次搁栅应做成与板材尺寸相一致的方格形。然后再将板材钉在次搁栅下面。图2-6-21为钢筋混凝土槽形板下，吊设纤维板顶栅的一种做法。它是将8号铅丝穿过板缝套住板面上设置的钢筋头，下面绑住主搁栅。在主搁栅下再钉以网格形的次搁栅，次搁栅下面钉纤锥板，最后用15×25mm的纵横压条盖住缝隙。

第六节 管道穿过屋顶的构造措施

在室内给水排水工程中，排水立管从最高层卫生器具以上并延伸到屋顶以上的一段称为通气管（图2-6-22(*a*)）。其作用是使室内排水管道与大气相通，使排水管道中的臭气和有害气体排至室外。

通气管应高出屋面0.3m以上，并且应大于最大积雪厚度，以防止积雪掩埋通气管口，通气口上应做罩，以防落入杂物。

通气管穿出屋面时，应与屋面施工配合，把通气管安装好以后，再把屋面和管道连接处的防水做好。一般做法如图2-6-22（*b*）、（*c*）所示。

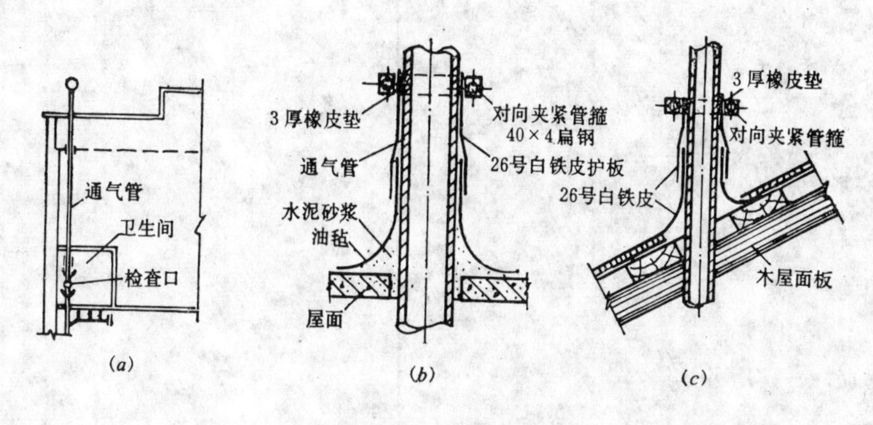

图 2-6-22 通气管穿屋面示意图

(*a*)室内排水立管示意图；(*b*)穿钢筋混凝土屋面；(*c*)穿瓦屋面

复习题

1.屋顶按外型分为几种类型?平屋顶和坡屋顶的坡度分界限是多少?

2.试述平屋顶(卷材防水)和坡屋顶(平瓦屋面)的构造层次。

3.为什么要做隔汽层?几种做法?施工时应注意什么问题?

4.平屋顶的柔性防水层和刚性防水层各用什么材料做成?施工中应注意哪些问题?

5.平屋顶的油毡防水层如何加以保护?

6.坡屋顶的檐口有几种做法(纵墙、山墙)?

7.平屋顶的排水方式有几种?你的宿舍和教室属于哪种?

8.平瓦的一般尺寸是多少?有效尺寸是多少?每平方米屋面需要多少块?每米屋脊长度需用脊瓦多少?

9.吊顶顶棚由哪些部分所组成?平屋顶和坡屋顶吊顶顶棚的主要区别在哪里?

第七章 窗 与 门

第一节 窗的作用和类型

一、窗的作用和要求

窗是建筑物中的一个重要组成部分。窗的主要作用是采光和通风，并可作围护和眺望之用。对建筑物的外观也有一定影响。

窗的采光作用取决于窗的面积。窗洞口面积与该房间地面面积之比称为“窗地比”，此比值越大，采光越好。一般居住房间的窗地比为1/7左右，教室为$\frac{1}{4}$～$\frac{1}{6}$，阅览室为$\frac{1}{3}$～$\frac{1}{5}$，辅助房间为$\frac{1}{12}$～$\frac{1}{14}$，医院手术室为1/2～1/3。而工业建筑应根据照度标准由计算决定。

窗的通风作用因地而异。南方气候炎热，要求通风面积大一些，可以将窗洞面积全部做成活动窗扇，夏季敞开，以利通风。北方因气候寒冷，可将窗洞中部分窗扇固定，部分窗扇开启，或在窗扇中做小窗扇来解决采暖期间或气候变化时少量通风换气的需要。凡利用窗子调节和控制室内换气者，称为自然通风，大型或特殊公共建筑及工业建筑，由于特殊需要，可安装通风机帮助换气，称为机械通风。

作为围护结构的一部分，窗应有适当的保温性，在寒冷地区可做成双层窗，以利冬季防寒。活动窗扇的缝隙应有足够的密闭性，以防雨雪或风砂侵入室内。

二、窗的类型

窗的类型很多，按使用的材料分有木窗、钢窗、铝合金窗、钙塑窗、玻璃钢窗等，其中以木窗和钢窗应用最广。

按窗所处的位置分为侧窗和天窗。侧窗是安装在墙上的窗，我们平常所说的窗即指侧窗而言。开在屋顶上的窗称为天窗，在工业建筑中应用较多。

按窗的层数可分为单层窗和双层窗。

按窗的开启方式有固定窗、平开窗、悬窗、立转窗、推拉窗等。

（一）固定窗（图2-7-1(*a*)）

固定窗是将玻璃直接镶嵌在窗框上而形成的窗。不能开启和通风，仅供采光和眺望之用。固定窗构造简单，不需要窗扇，常用于只需采光的地方，如楼梯间、外门的亮子及工业厂房中的部分侧窗。

（二）平开窗（图2-7-1(*b*)）

是应用最普遍的一种形式。其窗扇侧边用铰链与窗框连接，水平开启，它又有内开和外开两种形式。内开窗的窗扇开向室内，便于安装修理、擦洗，在风暴袭击时不易损坏。

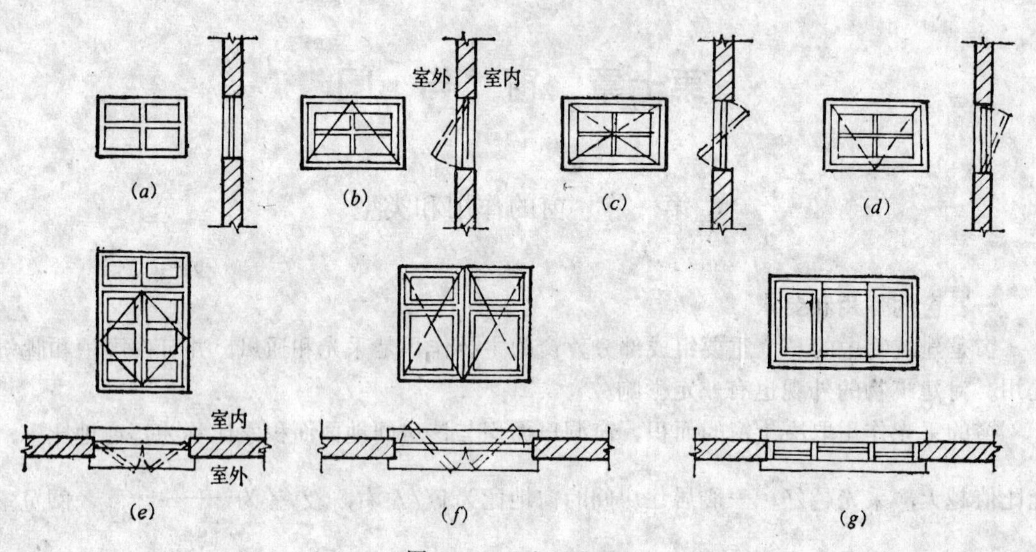

图 2-7-1 窗的类型

(a)固定窗；(b)上悬窗；(c)中悬窗；(d)下悬窗；(e)平开窗；(f)立转窗；(g)推拉窗

但开窗时占据室内一定空间，不便于挂窗帘。如带纱窗时，纱扇需安在外侧，容易锈蚀。外开窗窗扇开向室外，其优缺点与内开窗相反。

平开窗的窗扇组合有单扇、双扇、三扇等多种。南方地区常做成单层或单层带纱扇；北方地区为了防寒可做成双层或双层带纱扇。

（三）悬窗（图2-7-1(b)、(c)、(d)）

窗扇绕水平轴旋转开启，按转轴位置可分为上悬、中悬和下悬三种。上悬和中悬窗防雨通风较好，常用作门的上亮子或室内小扁窗。下悬窗不能防雨，一般很少采用。

（四）立转窗（图2-7-1(f)）

立转窗是窗扇绕竖向中轴旋转，也叫垂直转窗。此种窗开启方便，通风好，但防雨雪和密封性较差，易向室内渗水。

（五）推拉窗（图2-7-1(g)）

推拉窗是窗扇沿导轨或滑槽进行推拉，有水平和垂直推拉两种。推拉窗开启时不占室内空间，但构造较复杂，窗缝难密闭，仅用作递物窗等。

第二节 窗 的 构 造

一、平开木窗的组成与构造

由于材料和开启方式不同，窗的构造也不尽相同，现用平开木窗来概括窗的组成与构造。

木窗一般由窗框、窗扇和五金零件组成。图2-7-2是中间为固定窗扇，两边一玻一纱的三扇式木窗。窗框可看作窗的骨架，它由上槛、中槛、下槛、边框及中梃等部分组成。

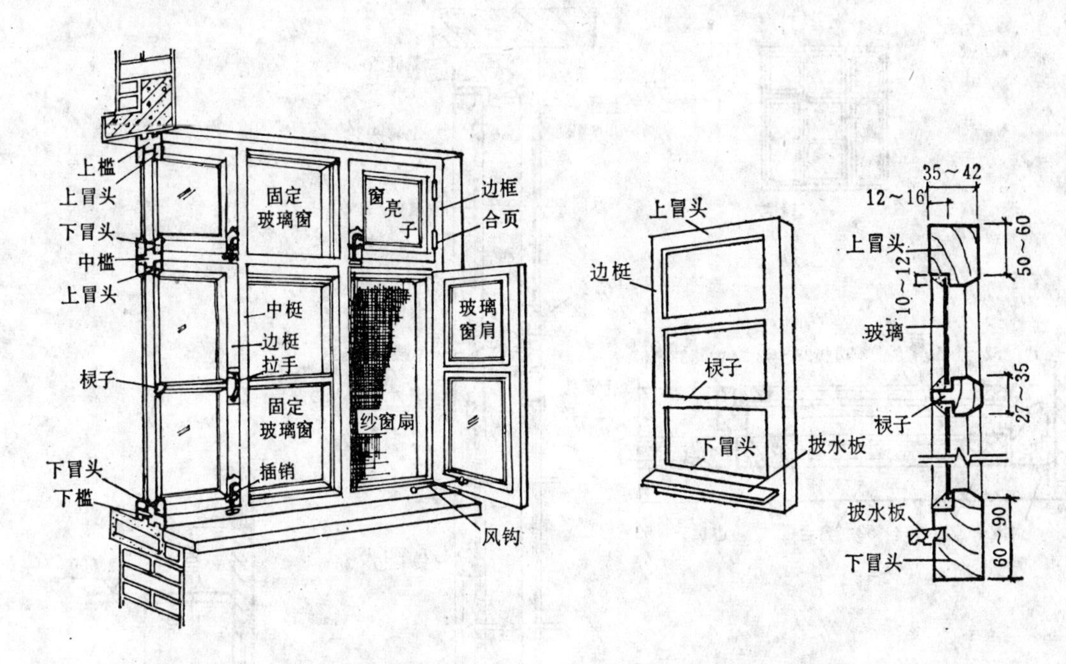

图 2-7-2 木窗构造示意图

图 2-7-3 窗扇

上、中、下槛与边框用全榫拼接成框，并用中梃分格。当先安窗后砌墙时，上、下槛制做时各挑出半砖长的走头，以加强窗框与墙的连接。

窗扇（图2-7-3）由上冒头、下冒头、边梃用全榫拼接成框，并用棂子（窗芯）分格，棂子与边梃采用半榫连接。在边梃、上冒头、下冒头和棂子上设深度约10mm的裁口，以便安装玻璃，裁口一般设在窗的外侧。

五金零件包括铰链（又称合页）、插销、风钩和拉手等（图2-7-11）。

图2-7-4是图2-7-2所示窗的立面图和水平与垂直剖面图，各部分构造与名称可对照学习。

二、窗的尺寸的确定

窗的尺寸除按采光和通风的要求确定外，还要考虑房间层高和开间的大小、建筑造型和模数协调等因素，例如，同一房间同一墙面上的门窗顶标高最好一致，便于放置圈梁或统过梁，也能使建筑立面处理比较统一。

窗台高度常为900～1000mm，窗顶到楼板底之间，由于安装过梁和窗帘盒的需要，至少应留出300～500mm的高度。如图2-7-5住宅楼层高为2900mm，楼板厚120mm，则楼层净高2780mm，取窗台高为900mm，窗顶至楼板底380mm，窗高为1500mm。若房间开间为3300mm，则同样可定出窗的宽度为1500或1800mm。

窗扇由于受风压和自重的影响，以及不宜过多占用室内空间（内开时），平开窗扇的宽度一般为400～600mm，高度为900～1500mm，窗亮子高度为300～600mm。

窗的高度和宽度常采用3 *M*数列。图2-7-6为窗的划分表，根据窗的宽和高可确定窗扇的数量，是否需要窗亮子和固定窗扇等内容。

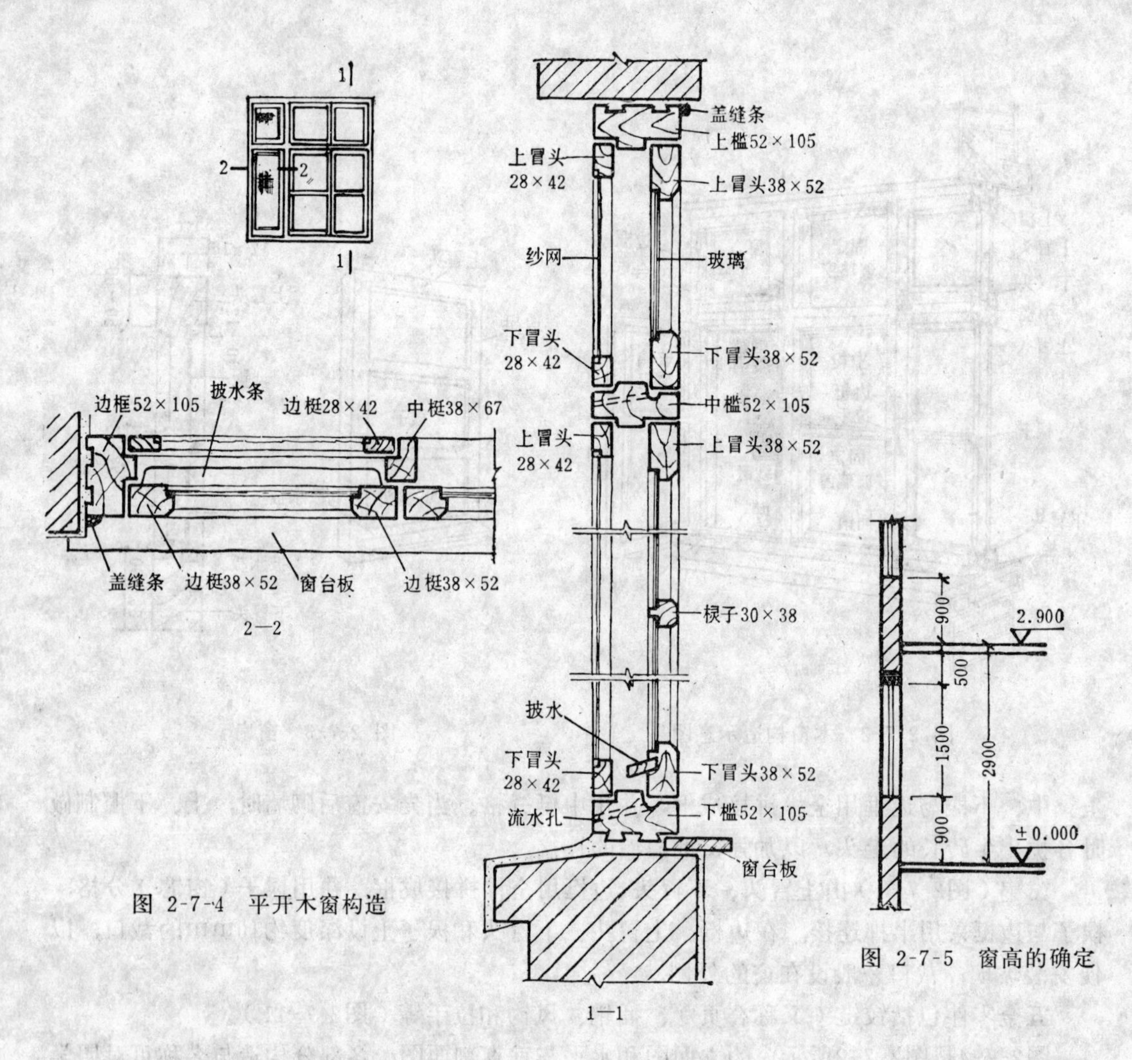

图 2-7-4 平开木窗构造

图 2-7-5 窗高的确定

高 \ 宽	600	900	1200	1500	1800	2100	2400
900							
1200							
1500							
1800							
2100							

图 2-7-6 窗的划分

第三节 钢窗的用料与特点

钢窗具有透光系数大、质地坚固耐久、防火性能好、风雨不易侵入、外观整洁等特点。且系工厂生产，符合定型化与标准化的要求。

钢窗按所使用的材料断面有实腹式和空腹式两种。

一、实腹式钢窗

实腹式钢窗所用材料的断面为一金属实体，由钢锭经热轧而成。质地坚固耐久，全国各地均有生产。

实腹式钢窗料的型号按断面高度（mm）分为20、22、25、32、35、40、50、55和68等9个系列，每个系列又按断面形状分为若干类型，分别用01、02、03……表示。同一系列、同一类型，若宽度不同者，以拉丁字母*a*、*b*……区分。图2-7-7为几种常用的断面形状，其规格、尺寸见表2-7-1。

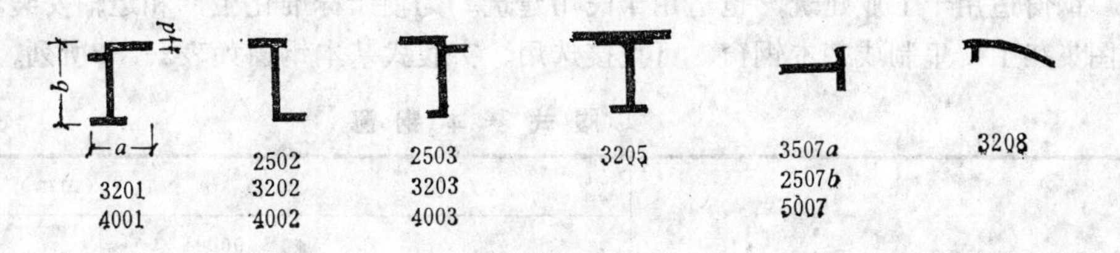

图 2-7-7 实腹钢窗料断面形状

实腹式钢窗料规格尺寸及用途表 **表 2-7-1**

窗料代号	截面尺寸 (mm)			用途
	a	*b*	*d*	
3201	31	32	4	窗边框料，固定窗料
4001	34.5	40	4.5	
2502	32	25	3	平开窗扇料，中悬窗下部扇料，上悬窗扇料
3202	31	32	4	
4002	34.5	40	4.5	
2503	32	25	3	中悬窗上部扇料
3203	31	32	4	
4003	34.5	40	4.5	
3205	47	32	4	平开窗中横框，中竖框，固定窗料
2507*b*	25	25	3	固定窗料，窗芯料
3507*a*	35	20	3	固定窗料，组合窗拼料
5007	50	22	4	
3208	32	11	3	披水条

一般钢窗可选用断面高度*b*为25及32mm的窗料。25mm窗料每樘窗（一个洞口内的窗称为一樘）允许面积为3 m^2左右，32mm窗料每樘窗允许面积为4 m^2左右。

二、空腹式钢窗

空腹式钢窗料是用1.2～2.5mm厚的碳素结构带钢，经冷轧而成的薄壁型钢材，因中空而得名。空腹式与实腹式相比具有自重轻、刚度大、便于运输及安装、节约钢材等优点，在民用建筑中应用较广。但由于壁的厚度较薄，耐腐蚀差，不宜用于腐蚀性强的环境。

空腹式钢窗料的基本规格见图2-7-8。

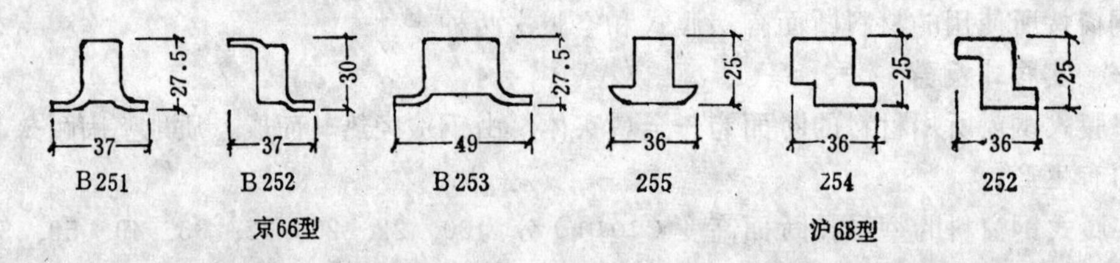

图 2-7-8 空腹钢窗料断面形状

三、基本钢窗与钢窗组合

钢窗适用于工业建筑，也适用于民用建筑。为便于标准化生产和运输安装，通常按标准图集在工厂里制成基本钢窗，可直接选用。实腹式基本钢窗如表2-7-2所列。

实腹式基本钢窗　　　　表 2-7-2

高 (mm)		宽 (mm) 600	900 1200	1500 1800
平开窗	600			
	900 1200 1500			
	1500 1800 2100			
中悬窗	600 900 1200			
	1500 1800			

当采用大面积钢窗时，需用基本钢窗进行组合，即根据大面积钢窗的尺寸，选用合适的基本钢窗，利用拼料将基本钢窗上、下、左、右拼接起来，拼料起横梁及立柱作用，承受大面积钢窗的水平荷载。

第四节 门的作用和类型

一、门的作用和要求

门是建筑物中不可缺少的组成部分。主要用于交通和疏散，同时也起采光和通风作用。

门的尺寸、位置、开启方式和立面形式，应考虑人流疏散、安全防火、家具设备的搬运安装以及建筑艺术等方面的要求综合确定。

门的宽度按使用要求可做成单扇、双扇及四扇等多种。当宽度在1m以内时为单扇门，1.2～1.8m时为双扇门，宽度大于2.4m时为四扇门。

在住宅建筑中，门洞口的最小尺寸应符合表2-7-3的规定。而JGJ67—89规定，办公室门洞口宽度不应小于1m，高度不应小于2m。

住宅建筑门洞口最小尺寸（GBJ96—36） **表 2-7-3**

类别	门洞尺寸（宽×高）(m)	类别	门洞尺寸（宽×高）(m)
共用外门	1.2×2.0	厨房门	0.7×2
户门	0.9×2	卫生间、厕所门	0.7×1.8
起居室门	0.9×2	阳台门	0.7×2
卧室门	0.9×2		

二、门的类型

门的类型很多，按使用材料有木门、钢门、钢筋混凝土门、铝合金门、塑料门及玻璃门等。各种木门使用仍比较广泛，钢门在工业建筑中普遍应用。

按用途可分为普通门、纱门、百页门以及特殊用途的保温门、隔声门、防火门、防盗门、防风沙门、防爆门、防射线门等。

按开启方式有平开门、弹簧门、折迭门、推拉门、转门、卷帘门等。

（一）平开门（图2-7-9(*a*)）

有单扇门与双扇门之分，又有内开及外开之别。用普通铰链装于门扇侧面与门框连接。开启方便灵活，是工业与民用建筑中应用最广泛的一种。

（二）弹簧门（图2-7-9(*b*)）

弹簧门是平开门的一种。特点是用弹簧铰链代替普通铰链，有单向开启和双向都能开启两种。铰链有单管式、双管式（图2-7-11）和地弹簧等数种。单管式弹簧铰链适用于向内或向外一个方向开启的门上；双管式适用于内外两个方向都能开启的门上；地弹簧多用于公共建筑的外门。弹簧门主要用于人流出入频繁的房间或建筑物的外门。

（三）折迭门（图2-7-9(*c*)）

折迭门的特点是一排门扇相连，开启时推向两侧，门扇相互折迭在一起。它开启时占空间少，构造比较复杂，适用于宽度较大的门洞，如仓库、商店、营业厅等。

（四）推拉门（图2-7-9(*d*)）

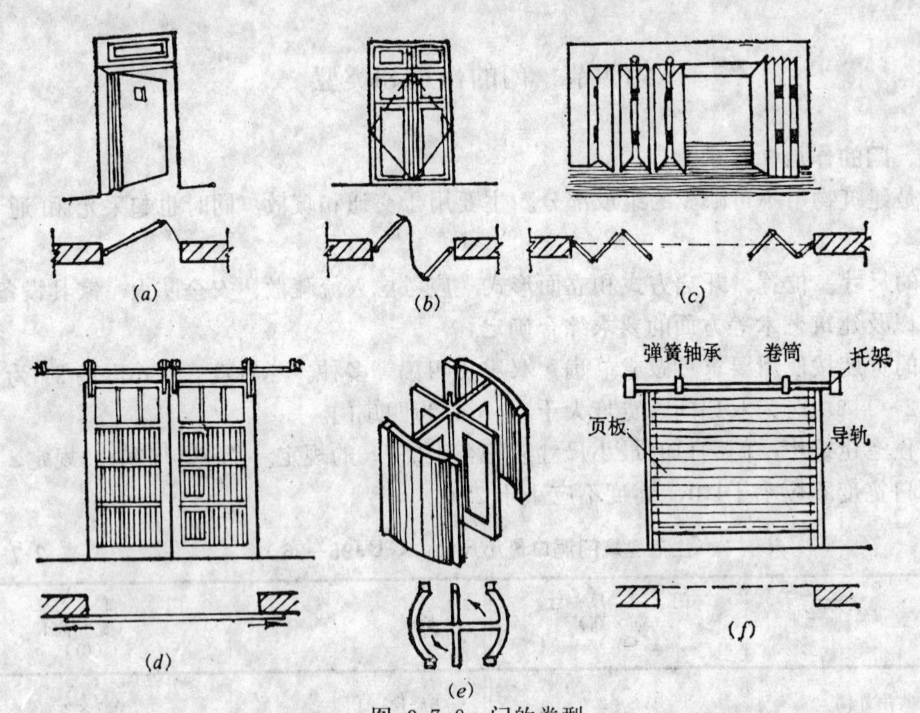

图 2-7-9 门的类型

(a)平开门；(b)双面弹簧门；(c)折叠门；(d)推拉门；(e)转门；(f)卷帘门

门的开启方式是左右推拉滑行，门可悬于墙外，也可隐藏在夹墙内。可分为上挂式和下滑式两种。推拉门开启时不占空间，受力合理，但构造较复杂，常用于工业建筑中的车库、车间大门及壁橱门等。

（五）转门（图2-7-9(e)）

由两个固定的弧形门套，内装设三扇或四扇绕竖轴转动的门扇。转门对隔绝室内外空气对流有一定作用，常用于寒冷地区和有空调的外门。但构造复杂，造价较高，不宜大量采用。

（六）卷帘门（图2-7-9(f)）

卷帘门由帘板，导轨及传动装置组成。帘板是由铝合金轧制成型的条形页板连接而成，开启时，由门洞上部的转动轴旋转将页板卷起，将帘板卷在卷筒上。卷帘门美观、牢固、开关方便，适用于商店、车库等。

第五节 门的构造

平开木门是当前民用建筑中应用最广的一种形式。它由门框、门扇、亮子及五金零件所组成（图2-7-10）。

门框由上槛和边框组成，有亮子的门增加一道中槛，一般门多不设下槛。

门扇与窗扇大致相同，包括上、中、下冒头和边梃。不同的是门扇中间有门芯板。门扇下冒头应加宽，因为门扇比窗扇大，下冒头常被踢碰，一般做成200～250mm的宽度。

亮子又称腰头窗，在门的上方，为辅助采光和通风之用，并用来调整门的尺寸和比例，与窗扇构造相同。门洞高度在2100mm以内时不加亮子，大于或等于2400mm时应加亮子。

五金零件有铰链、插销、门锁、拉手等（图2-7-11）。

常用的门扇有下列几种。

（一）镶板门扇(图2-7-12(*a*))

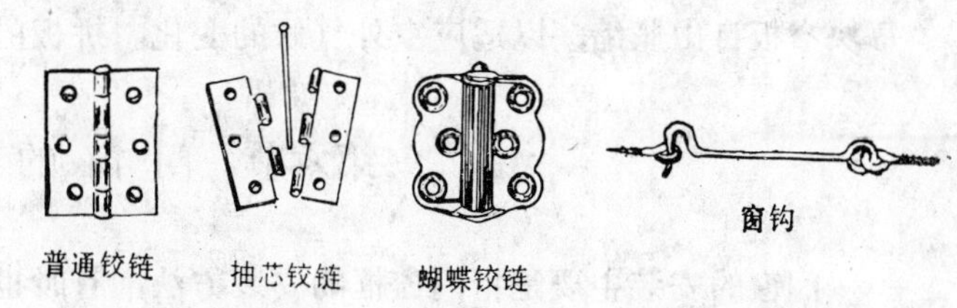

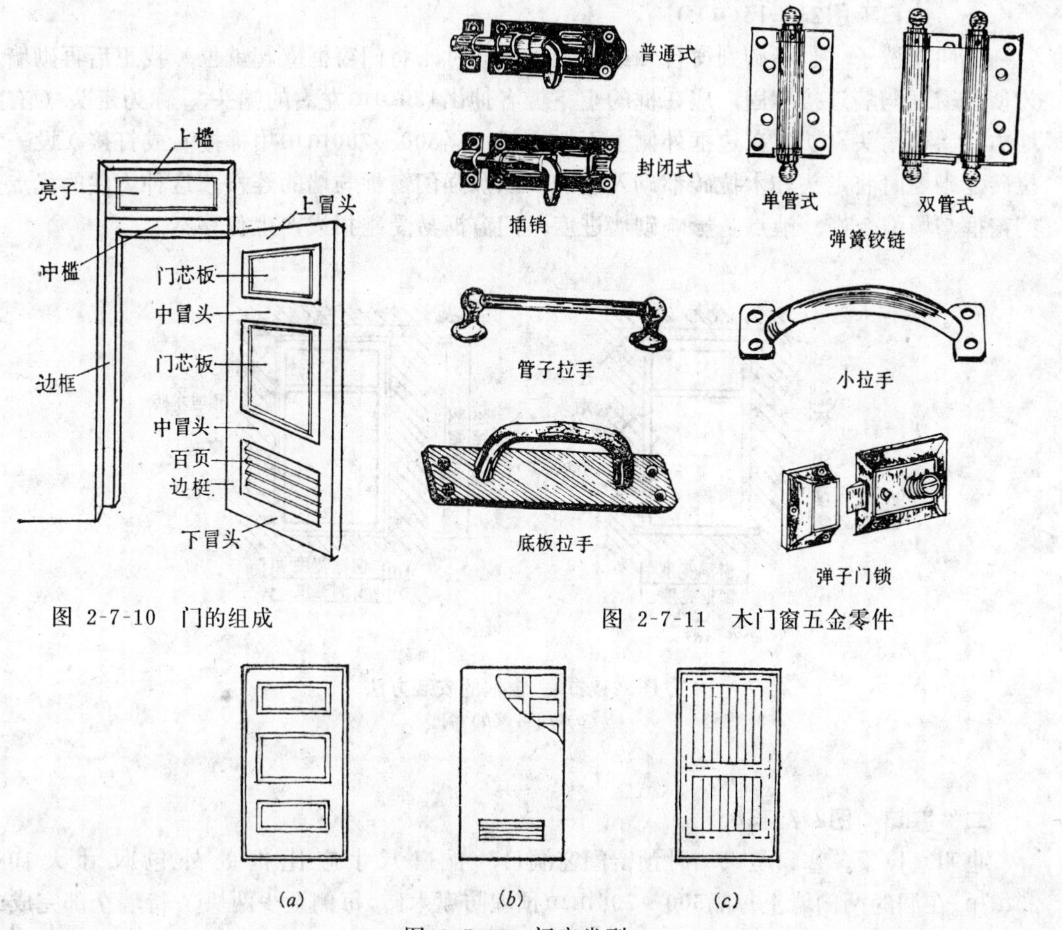

图 2-7-10　门的组成

图 2-7-11　木门窗五金零件

图 2-7-12　门扇类型

(*a*)镶板门；(*b*)夹板门；(*c*)拼板门

是最常用的一种门扇形式，内门、外门均可选用。它由边梃和上、中、下冒头组成框架，在框架内镶入门芯板，也可在上部镶入玻璃，下部镶入门芯板，称为玻璃镶板门。门芯板可用木板、胶合板、纤维板等板材。门扇与地面之间保持5mm空隙。

（二）夹板门扇（图2-7-12(*b*)）

它是用较小方木组成骨架，两面粘以三合板（或五合板），四周用小木条镶边制成的。夹板门扇构造简单，表面平整，开关轻便，能利用小料、短料节约木材，但不耐潮湿与日晒。因此浴室、厕所、厨房等房间不宜采用，且多用于内门。

（三）拼板门扇（图2-7-12(c)）

做法与镶板门扇类似，先做木框，门芯板是由许多木条拼合而成。窄板做成企口，使每块窄板自由胀缩，以适应室外气候的变化。拼板门扇多用于工业厂房的大门。

第六节　门 窗 的 安 装

门窗的安装主要是指门窗框的安装方法，有时也包括门窗扇与框的连接。

门窗框的安装，按施工顺序不同，可分为立口和塞口两种方法。

一、立口（图2-7-13(a)）

也叫立樘子。当墙砌到窗台（或门底）标高时，将门窗框立起就位，找正后再砌墙。为使门窗框与墙连接牢固，应在框的上下槛各伸出120mm左右的端头，称为走头（有的地方叫“羊角头”）。在边框外侧上下槛之间每隔500～700mm用榫接（或钉接）设一木拉砖，砌墙时将走头和木拉砖都砌入墙内，以加强门窗框与墙的连接。这种方法的优点是门窗框与墙结合好，缺点是影响砌墙进度，门窗框易受碰损或产生位移。

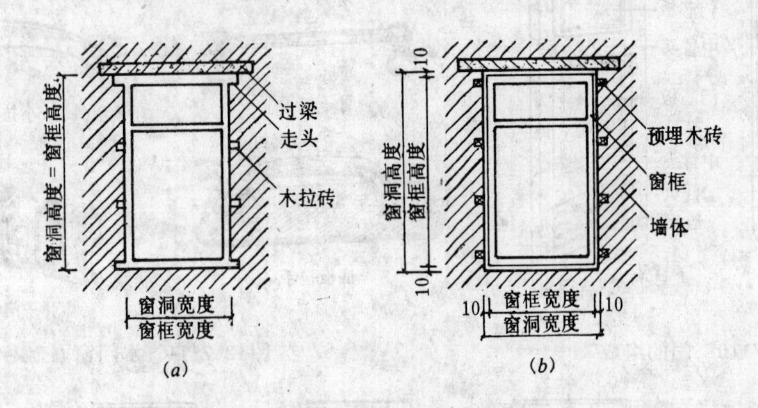

图 2-7-13　窗框的安装方法

(a)立口；(b)塞口

二、塞口（图2-7-13b）

也叫塞樘子。塞口是砌墙时预留门窗洞口，洞口尺寸应比框的外包尺寸大10～20mm。在洞的两侧墙上每隔500～700mm预埋防腐木砖，每侧至少两块。待墙全部完成或一个楼层砌完后，再将门窗框塞入预留洞内，并用铁钉将木框钉在预埋木砖上。这种方法的优点是不影响砌墙进度，但门窗框与墙之间的缝隙较大。

所有砌入墙内的木砖、走头及与墙接触的木材面均应涂刷沥青或其他防腐剂进行防腐处理。

门窗扇的安装则是通过铰链和木螺丝与门窗框连接的。

钢门窗安装一般均用塞口方式。门窗框实际尺寸比预留洞尺寸小15～30mm。钢门窗框与墙的连接，一般在框四周每隔500～700mm设一燕尾形铁脚，铁脚的一端用螺钉与门窗框拧紧，另一端伸入门窗洞预留的凹槽内，凹槽最后用水泥砂浆封堵。钢门窗与混凝土构件的连接可在混凝土内预埋铁件，通过焊接与门窗框固定。

复 习 题

1.窗按开启方式分为几种?在立面图上如何表示?其特点和适用范围是什么?

2.平开木窗和木门有哪些组成部分?其安玻璃用的裁口在房间内侧还是外侧?

3.钢窗按使用材料的断面分几种?各适用于何种情况?

4.门按开启方式有几种类型?其适用情况如何?

5.试述镶板门扇的构造。

6.观察一下你宿舍和教室的门窗,并填入下表。

表 2-7-4

类 别	材 料			层 数		开 启				扇 数			门扇类型		
	钢	木	其他	单层	双层	平开	内开	外开	其他	单扇	双扇	多扇	镶板门	夹板门	其他
教室窗															
宿舍窗															
教室门															
宿舍门															

7.门窗的安装有几种方法?施工中要注意什么问题?

第八章　预制装配式建筑

第一节　概　　述

建筑工业化是建筑业的必由之路。建筑工业化是指用现代工业的生产方式来建造房屋。它的具体内容包括建筑标准化、构件工厂化、施工机械化和管理科学化。其中标准化是工业化的前提，工厂化是工业化的手段，机械化是工业化的核心，科学化是工业化的保证。

建筑工业化是一项复杂而又艰巨的工作，涉及面极广。目前世界各国建筑工业化的道路和水平都不尽相同，加上我国是一个发展中的国家，物质技术基础较差，如何实现建筑工业化，是一个值得认真研究的问题。必须在实践中不断总结经验，结合各地实际情况，创造一条具有中国特色的建筑工业化道路。

目前普遍认为，实现建筑工业化的途径有两个方面，一方面是发展预制装配式建筑，另一方面是发展现场工业化的施工方法。

现场工业化施工方法，主要是在现场采用大模板、滑升模板、升板升层等先进施工方法，完成房屋主要结构（承重结构）的施工，而非承重的构配件仍采用预制方法。混凝土集中搅拌生产，避免了在现场堆积大量建筑材料的现象。施工进度较砖混结构明显加快，适应性大，整体性和抗震性比预制装配式建筑好，适于荷载大、整体性要求高的房屋。

预制装配式建筑，就是在加工厂生产构配件，运到施工现场后，用机械安装，这种方法的优点是生产效率高，构件质量好，施工受季节影响小，能均衡生产。但生产基地一次性投资大，当建设量不稳定时，预制设备不能充分发挥效益。按主要承重构件不同，可分为砌块建筑、大板建筑、框架轻板建筑和盒子建筑等结构形式。限于篇幅和本课程的内容，

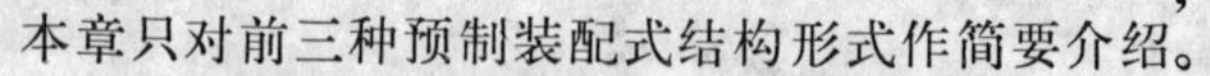
本章只对前三种预制装配式结构形式作简要介绍。

第二节　砌　块　建　筑

砌块建筑是指墙体由各种砌块砌成的建筑（图2-8-1）。由于砌块尺寸比粘土砖大得多，表观密度小，所以能提高生产效率以及墙的保温隔热能力。砌块能充分利用工业废料和地方材料，对降低房屋造价，减少环境污染也有一定好处。生产砌块比较容易，施工不需要复杂的机械设备，因此砌块建筑是一种易于推广的结构形式。

图 2-8-1　砌块建筑

一、砌块的类型

砌块的类型很多，按使用材料有普通混凝土、轻骨料混凝土、加气混凝土、炉渣混凝

土及粉煤灰硅酸盐等多种村料制成的砌块。

按砌块构造有实心和空心砌块；按尺寸及重量有小型、中型和大型砌块。一般块高380～940mm的为中型砌块，块高小于380mm的为小型砌块。

按用途有承重砌块和非承重砌块。

目前国内常用的品种有[1]：

（一）粉煤灰硅酸盐中型砌块

1.粉煤灰硅酸盐实心中型砌块（简称粉煤灰砌块） 粉煤灰砌块是以粉煤灰、石灰、石膏等为胶凝材料，煤渣或高炉矿渣、石子、人造轻骨料等为骨料和水按一定比例配合，经搅拌、振动成型、蒸汽养护而制成的墙体材料。

粉煤灰实心砌块的尺寸有：长度1180、880、580、430mm；高度380mm；厚度240、200、190、180mm。

砌块的强度等级有MU10、MU15两种；砌块的表观密度以煤渣为骨料的是1650kg/m³，以砂石为骨料的是2100kg/m³。

2.粉煤灰硅酸盐空心中型砌块（简称粉煤灰空心中型砌块） 原料同粉煤灰实心砌块，经搅拌、振动成型、抽芯、蒸养而成。

粉煤灰空心中型砌块的尺寸规格有下面两种。

杭州空心砖厂生产的为：长度1170、970、770、685、470mm，高度380mm，厚度200mm。该厂以煤渣为骨料，砌块表观密度1100kg/m³；砌块强度等级MU5；导热系数0.66W/m·K。

南京第二建筑材料厂生产的为：长度1170、570、370、170mm，高度610mm，厚度240mm。该厂以石子为骨料，砌块表观密度1500kg/m³；砌块强度等级MU7.0～8.5；导热系数0.90W/m·K。

（二）普通混凝土砌块

1.普通混凝土空心小型砌块（简称混凝土小型砌块）是以水泥为胶凝材料，砂、碎石或卵石为骨料$\left(\text{最大粒径不大于砌块最小壁、肋厚的}\frac{1}{2}\right)$，和水按一定比例配合经搅拌、振动、加压或冲压成型、养护而成的墙体材料。其外形如图2-8-2所示。其规格尺寸见表2-8-1。

承重砌块的强度等级有MU3.5、MU5、MU7.5、MU10四种。

非承重砌块只有MU3.0一种。

混凝土空心小型砌块的表观密度为1150kg/m³。

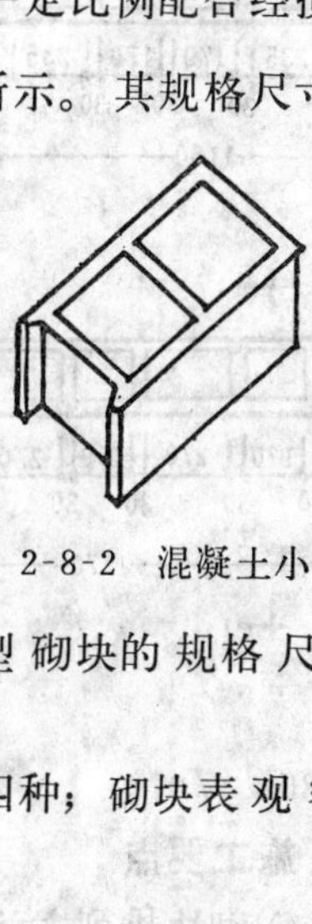

图 2-8-2 混凝土小型砌块

2.普通混凝土空心中型砌块（简称混凝土空心中型砌块）是以普通混凝土为原料，以手工立模抽芯工艺成型制成的一种混凝土薄壁结构的空心墙体材料。浙江地区生产的空心中型砌块的规格尺寸见表2-8-2，截面形状见图2-8-3。

混凝土空心中型砌块材料强度等级有C10、C15、C20、C25四种；砌块表观密度为

[1] 本节资料摘自《建筑施工手册》(下)，第二版，中国建工出版社。

混凝土承重小型砌块规格尺寸表（mm） 表 2-8-1

项次	砌块名称	外形尺寸			最小壁、肋厚度
		长	宽	高	
1	承重主规格砌块	390	190	190	30
2	承重辅助规格砌块	290	190	190	30
		190	190	190	30
		90	190	190	30

混凝土空心中型砌块规格尺寸表 表 2-8-2

项次	规格	构造尺寸（mm）	空心率（%）	重量（kg/块）	产地
1	K_{18}	1770×790×200	57.3	290	浙江省建筑工程总公司预制厂（机械化生产线）
2	K_{15}	1470×790×200	56.6	240	
3	K_{12}	1170×790×200	55.8	199	
4	K_{10}	970×790×200	55.8	165	
5	K_8	770×790×200	55.7	132	
6	K_7	685×790×200	54.4	120	
7	K_5	485×790×200	53.6	86	

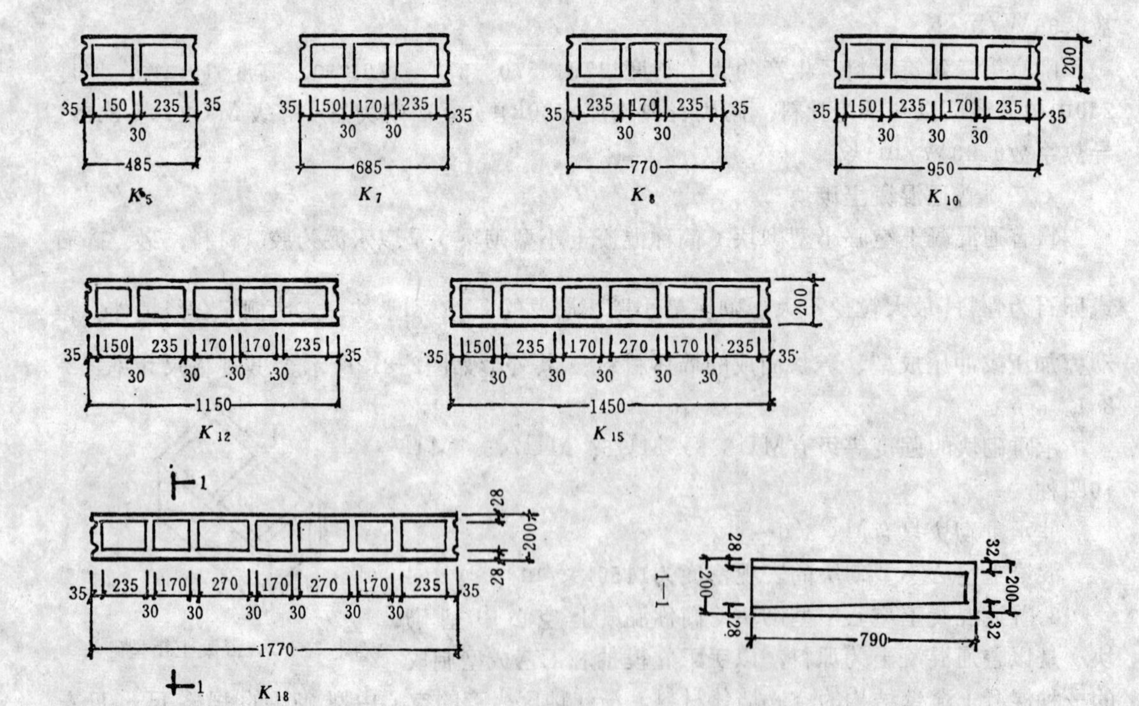

图 2-8-3 混凝土空心中型砌块构造

950～1080kg/m³。

二、施工要点

（一）砌块排列方法和要求

普通粘土砖尺寸很小，使用灵活，并可通过砍砖获得各种尺寸的砌体。但砌块的尺寸比砖大得多，灵活性不如砖，同时也不能任意砍切，所以砌筑前必须周密计划。

砌筑以前，施工单位应根据工程基础施工图、建筑物底层和楼层施工图的具体情况，结合砌块规格尺寸绘制基础和墙体的砌块排列图。砌块排列过程中，有时需对砌体的局部尺寸作适当调整，使之与砌块的模数相符。当不满足错缝要求时，可用辅助砌块或普通粘土砖调节错缝。

砌块排列时，应注意以下几点：

1.砌块排列应按设计要求，从地基或基础面开始排列，或从室内标高 ±0.00 开始排列。

2.砌块排列时，尽可能采用主规格和大规格砌块，以减少吊次，增加墙的整体性。

主规格砌块应占总数量的75～80％以上，副砌块和镶砌用砖应尽量减少，宜控制在5～10％以内。

3.砌块排列时，上下皮应错缝搭砌，搭砌长度一般为砌块长度的$\frac{1}{2}$，不得小于块高的$\frac{1}{3}$，且不应小于15cm。如无法满足搭接长度要求时，应在水平灰缝内设置$2\phi^{b}4$钢筋网片予以加强，网片两端离垂直缝的距离不得小于30cm（图2-8-4）。同时还要避免砌体的垂直缝与窗洞口边线在同一条垂直线上。

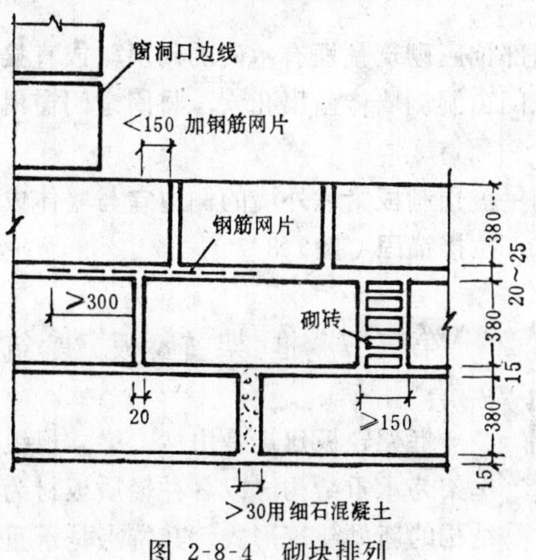

图 2-8-4 砌块排列

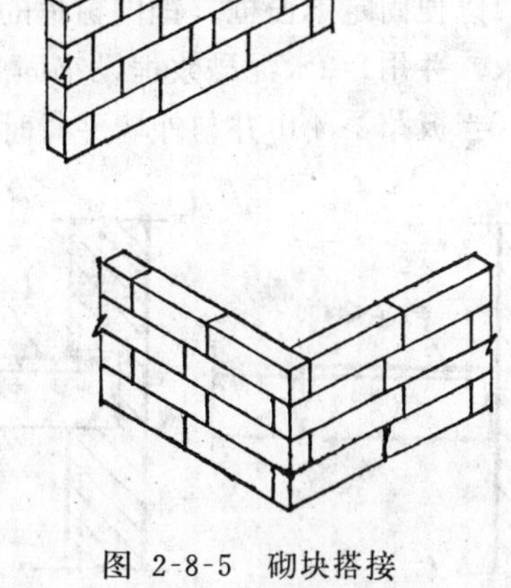

图 2-8-5 砌块搭接

4.外墙转角处及纵横墙交接处，应将砌块分皮咬槎，交错搭接（图2-8-5）。当不能满要求时，应在交接处的灰缝中设置柔性钢筋拉接网片（图2-8-6）。

5.砌体的水平灰缝一般为15mm，具有配筋或钢筋网片的水平灰缝厚度为20～25mm。垂直灰缝宽度为20mm，当大于30mm时，应用C20细石混凝土灌实，当垂直灰缝宽度大于150mm时，应用整砖镶砌（图2-8-4）。

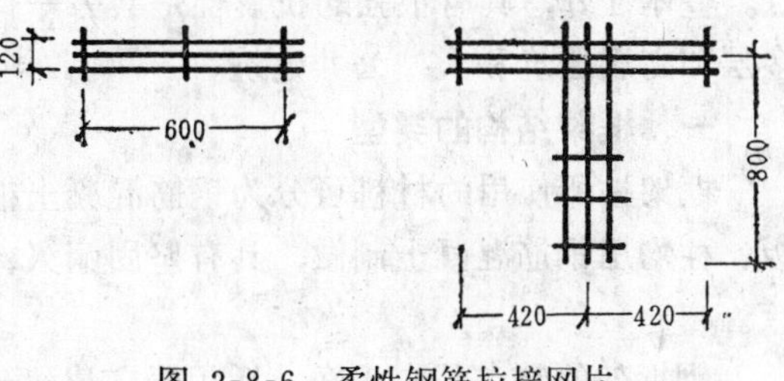

图 2-8-6 柔性钢筋拉接网片

6.当构件布置位置与砌块发生矛盾时，应先满足构件布置。在砌块砌体上搁置梁或有其他集中荷载时，应尽量搁在砌块长度的中部，即竖向缝不出现在梁的宽度范围内。

（二）施工注意事项和构造措施

1.砌体施工前，应先将基础面或楼地面按标高找平，然后按图纸放出第一皮砌块的轴线、边线和洞口线，以后按砌块排列图依次吊装砌筑。

2.砌块砌筑应先远后近，先下后上，先外后内；每层应从转角处或定位砌块处开始，内外墙同时砌筑。应砌一皮，校正一皮，皮皮拉线控制砌块标高和墙面平整度。

3.砌体水平灰缝厚度不小于10mm，亦不应大于20mm；如因施工或砌块材料等原因造成砌块标高误差，应在灰缝允许偏差内逐皮调整。

4.跨度＞6m的屋架和跨度＞4.2m的楼（屋）盖梁的支承面下，应设混凝土或钢筋混凝土垫块；当墙体设有现浇圈梁时，垫块与圈梁应浇筑成整体。

5.应按要求设置圈梁，圈梁应尽量放在同一水平上，并形成封闭状；如采用预制圈梁，应注意安装时坐浆垫平，不得干铺，并保证有一定长度的现浇钢筋混凝土接头。基础和屋盖处圈梁宜现浇。

6.预制钢筋混凝土板的搁置长度，在砌块砌体上不宜小于10cm，在钢筋混凝土梁上不宜小于8cm，当搁置长度不足时，应采取锚固措施，一般情况下，可在与砌体或梁垂直的板缝内配置不小于1ϕ16钢筋，钢筋两端伸入板缝内的长度均为$\frac{1}{4}$板跨。

7.在木门窗预留洞口处，洞口两侧的适当部位应砌筑预埋有木砖的砌块，或直接砌入木砖，以便固定门窗框。钢门窗框的固定可在门窗洞侧墙体凿出孔穴，将固定门窗用的铁脚塞入，并用1∶2水泥砂浆埋设牢固。

8.当板跨＞4m并与外墙平行时，楼盖和屋盖预制板紧靠外墙的侧边宜与墙体或圈梁拉接锚固（图2-8-7）。

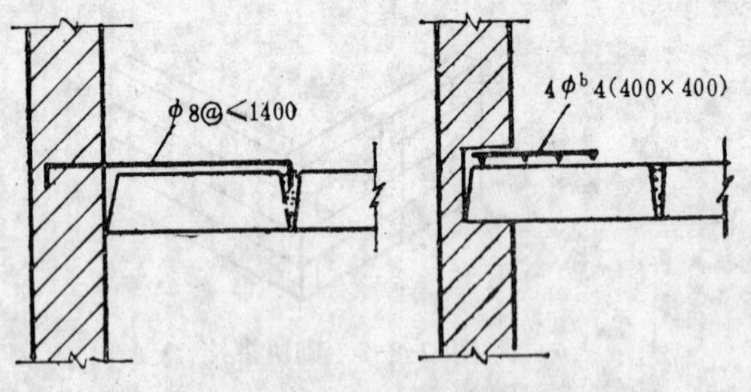

图 2-8-7 非支承向板锚固筋

第三节 框架轻板建筑

框架轻板建筑是由柱、梁、板组成的框架为承重结构，以各种轻质板材为围护结构的新型建筑形式。其特点是承重结构与围护结构分工明确，可以充分发挥不同性能材料的作用，从而使建筑材料的用量和运输量大大减少。并具有空间分隔灵活，湿作业少，不受季节限制，施工进度快等优点。整体性好，具有很强的抗震性是其另一特点，因此特别适用于要求较大空间的建筑，多层和高层建筑和大型公共建筑。

一、框架结构的类型

框架按所使用的材料可分为钢筋混凝土框架和钢框架两种。钢筋混凝土框架的梁、板、柱均用钢筋混凝土制做，具有坚固耐久、刚度大、防火性能好等优点，因此应用很广。

钢框架的特点是自重轻，适用于高层建筑（一般在20层以上）。

按施工方法可分为全现浇式、全装配式和装配整体式三种。装配整体式框架是将预制梁、柱就位后通过局部现浇混凝土将预制构件连成整体的框架。它的优点是保证了节点的刚性连接，整体性好，减少了装配式框架的连接铁件和焊接工作量。全现浇框架现场湿作业工作量大，不适于寒冷地区。

按构件组成可分为以下三种。

（一）框架由梁、楼板和柱组成，简称梁板柱框架系统。在这种结构中，梁与柱组成框架，楼板搁置在框架上，优点是柱网做的可以大些，适用范围较广，目前大量采用的主要是这类框架（图2-8-8(*a*)）。

（二）框架由楼板、柱组成，简称板柱框架系统。楼板可以是梁板合一的肋形楼板，也可以是实心大楼板（图2-8-8(*b*)）。

（三）在以上两种框架中，增设剪力墙，简称框架剪力墙系统。剪力墙的作用是承担大部分水平荷载，增加结构水平方向的刚度。框架基本上只承受垂直荷载，简化了框架的节点构造。所以剪力墙结构在高层建筑中应用较普遍（图2-8-8(*c*)）。

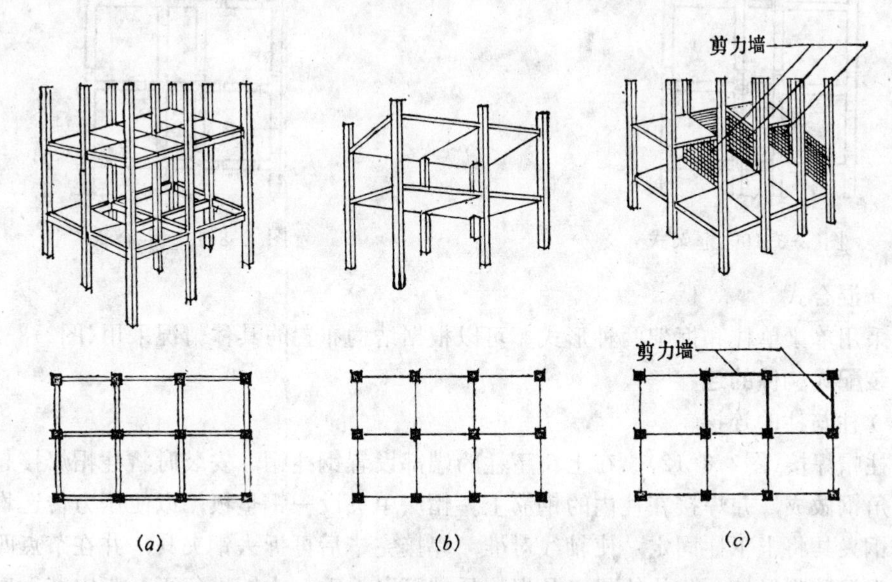

图 2-8-8　框架结构类型

(*a*)梁板柱框架系统；(*b*)板柱框架系统；(*c*)剪力墙框架系统

二、装配式钢筋混凝土框架构件的划分

整个框架是由若干基本构件组合而成的。因此构件的划分将直接影响结构的受力、接头的多少和施工的难易等方面。构件的划分应本着有利于构件的生产、运输、安装，有利于增强结构的刚度和简化节点构造的原则来进行。通常有以下几种划分方式。

（一）单梁单柱式

即按建筑的开间、进深和层高划分单个构件。这种划分使构件的外形简单，重量轻，便于生产、运输和安装，是目前采用较多的形式，其缺点是接头多，且都在框架的节点部位，施工较复杂。如果吊装设备允许，也可以做成直通两层的柱子（图2-8-9）。

（二）框架式

把整个框架划分成若干小的框架。小框架的形状有H形、十字形、冂形等。其优点是

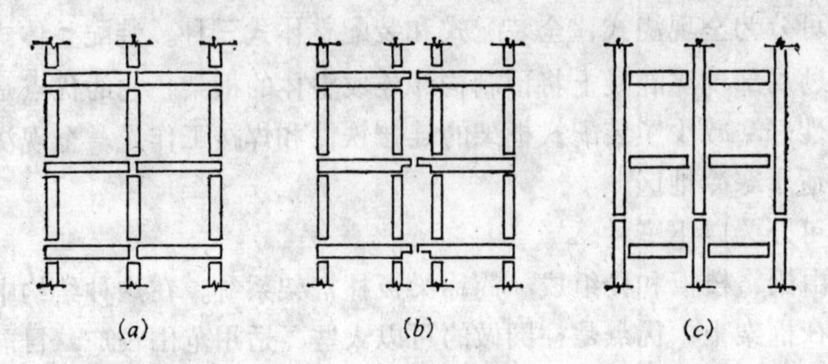

图 2-8-9 单梁单柱式

(a)直线式；(b)悬臂式；(c)长柱单梁式

扩大了构件的预制范围，接头数量减少，能增强整个框架的刚度。但构件制做、运输、安装都较复杂，只有在条件适合的情况下才能应用（图2-8-10）。

图 2-8-10 框架式　　　　图 2-8-11 混合式

（三）混合式

同时采用单梁单柱和框架两种形式。可以根据结构布置的具体情况采用(图2-8-11)。

三、装配式构件的连接

（一）柱与柱的连接

1.钢柱帽焊接(图2-8-12) 在上、下柱的端部设置钢柱帽，安装时将柱帽焊接起来。钢柱帽用角钢做戎，并焊接在柱内的钢筋上。帽头中央设一钢垫板，以使压力传递均匀。安装时用钢夹具将上下柱固定，使轴线对准，焊接完毕后再拆去钢夹具，并在节点四周包钢丝网抹水泥砂浆保护。此法的优点是焊接后就可以承重，立即进行下一步安装工序，但钢材用量较多。

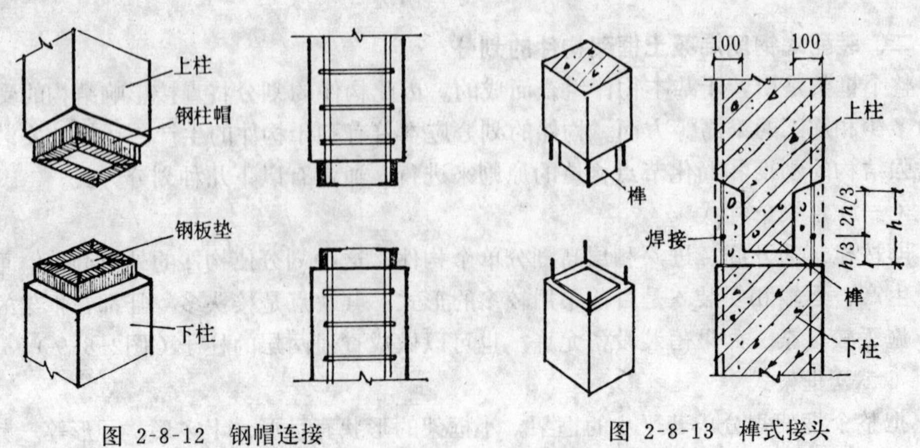

图 2-8-12 钢帽连接　　　　图 2-8-13 榫式接头

2.榫式接头图(2-8-13)　在柱的下端做一榫头，安装时榫头落在下柱上端，对中后把上下柱伸出的钢筋焊接起来，并绑扎箍筋，支模在四周浇筑混凝土。这种连接方法焊接量少，节省钢材，节点刚度大，但对焊接要求较高，湿作业多，要有一定的养护时间。

上下柱的连接位置，一般设在楼面以上400～600mm处，这样柱的节点不致在安装楼板后被遮盖，便于与上层柱子安装时临时固定，方便施工。

3.浆锚接头(图2-8-14)　在下柱顶端预留孔洞,安装时将上柱下端伸出的钢筋插入预留孔洞中，经定位、校正、临时固定后，在预留孔内浇筑快硬膨胀砂浆（设有专用的灌浆孔）。锚固钢筋应采用螺纹钢筋，锚固长度≥15d（d为钢筋直径)。此法不需要焊接，省钢材，节点刚度大，但湿作业多，要有一定的养护时间，同时要求制做精确度高。

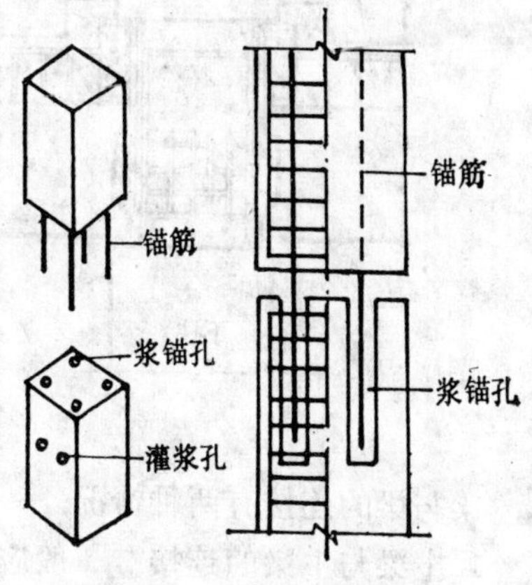

图 2-8-14　浆锚接头

（二）梁与柱的连接

梁与柱的连接位置可能有两种情况，一种是梁在柱旁连接，另一种是梁在柱顶连接。

1.梁在柱旁连接，可利用柱上伸出的钢牛腿或钢筋混凝土牛腿支承梁（图2-8-15）。钢牛腿体积小，可以在柱预制完以后焊在柱上，故柱的制作比较简单。也可采用两种牛腿结合使用的方法，即柱的两面伸出钢筋混凝土牛腿，另两面用钢牛腿。

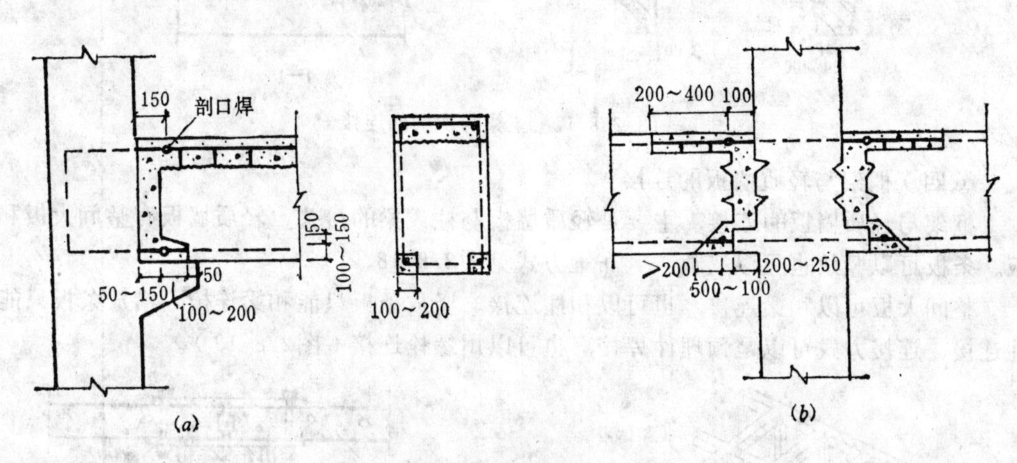

图 2-8-15　梁在柱旁连接

(a)明牛腿；(b)暗牛腿

2.梁在柱顶连接常用迭合梁现浇连接。此法是将上下柱和纵横梁的钢筋都伸入节点，用混凝土灌成整体（图2-8-16）。在下柱顶端四边预留角钢，主梁和连系梁均搭在下柱边缘，临时焊接，梁端主筋伸出并弯起。在主梁端部预埋由角钢焊成的钢架，以支撑上层柱子，俗称钢板凳。迭合梁的负筋全部穿好以后，再配以箍筋，浇筑混凝土形成整体式接头。

（三）梁与梁的连接

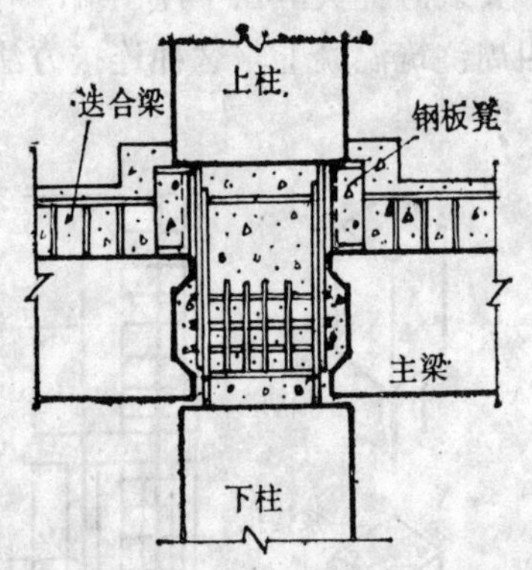

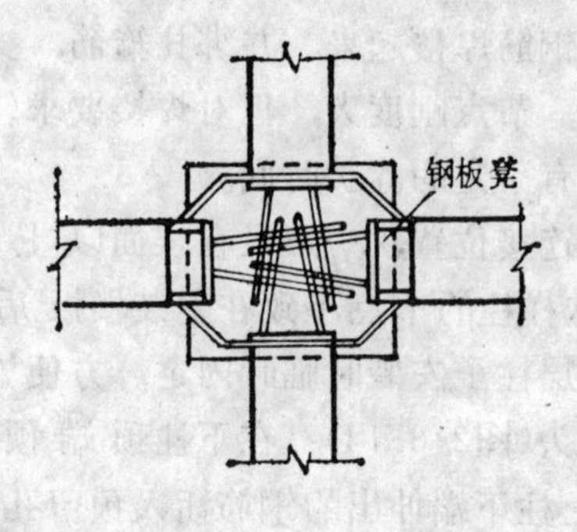

图 2-8-16 梁在柱顶连接

梁与梁的连接有两种情况，一种是主梁与主梁的连接，一种是主梁与次梁的连接。

1.主梁与主梁的连接 一般应在主梁变形曲线的反弯点处接头，此处弯矩为零，剪力也较小。连接方法是把梁内的预留钢筋和铁件互相焊接，然后二次浇灌混凝土。

2.主梁与次梁的连接 主梁与次梁一般互相垂直，连接的简单方法是在主梁上坐浆，放置次梁。为减少结构高度，可将主梁断面做成花篮形、十字形、T形和倒T形，在主梁的两侧凸缘上坐浆，搭置次梁（图2-8-17）。

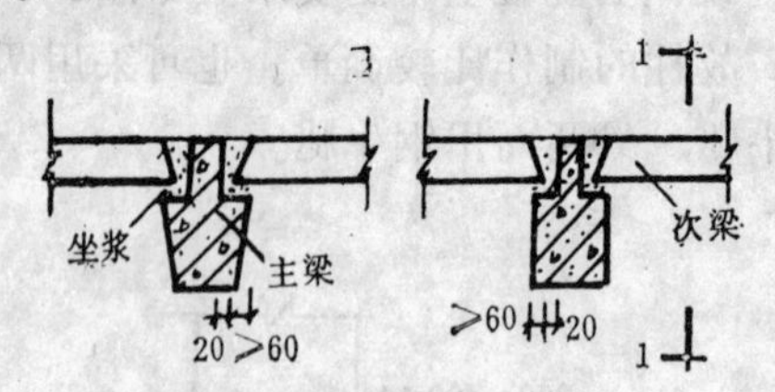

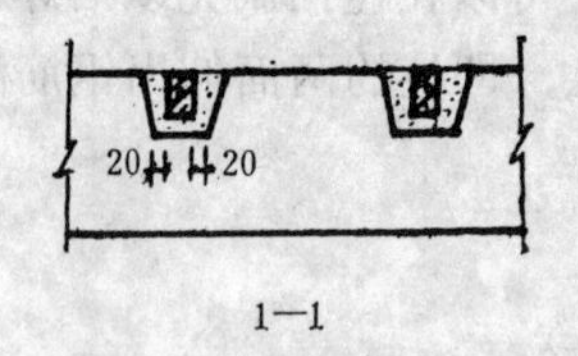

图 2-8-17 主梁与次梁的连接

（四）框架与轻质墙板的连接

框架与轻质墙板的连接，主要是轻质墙板与柱或梁的接头。轻质墙板有整间大板和条板。条板可以竖放也可以横放，其布置方式见图2-8-18。

整间大板可以和梁连接，也可以和柱连接。竖放条板只能和梁连接，横放条板只能和柱连接。连接方式可以是预埋件焊接，也可以用螺栓连接（图2-8-19）。

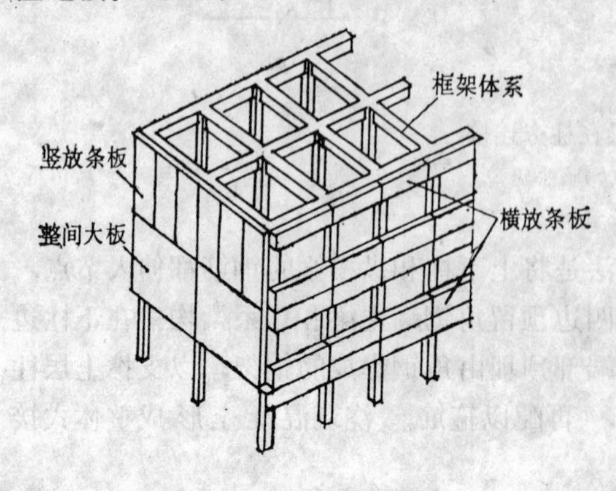

图 2-8-18 轻板布置方式

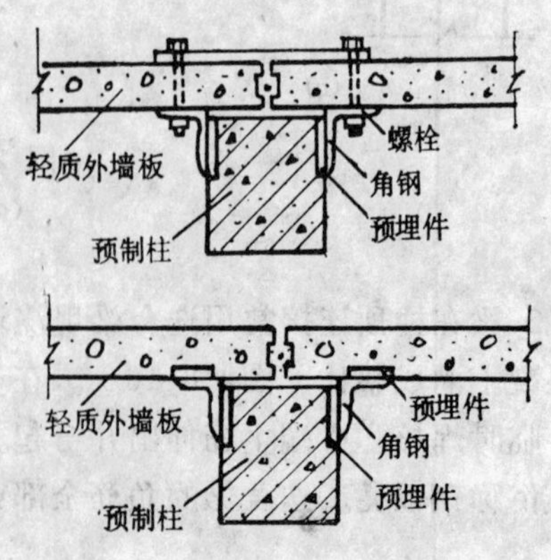

图 2-8-19 外墙板和预制柱连接

第四节 大型板材建筑

大型板材建筑，简称大板建筑，是装配式建筑中的一个重要类型。它由预制的外墙板、内墙板、楼板、楼梯和屋面板组成。与其他建筑不同的是，垂直力和水平力都由板材承受，不设柱子和梁等构件，因此也称无框架板材建筑。图2-8-20为大板建筑的示意图。

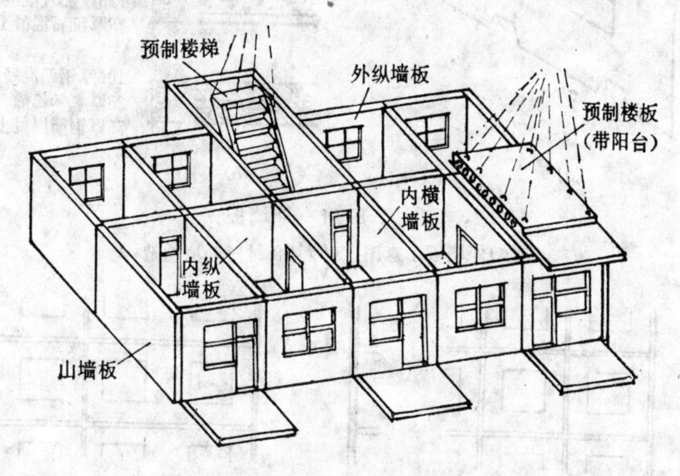

图 2-8-20 装配式大板建筑示意图

大板建筑能充分发挥预制工厂和吊装机械的作用，装配化程度高，能提高劳动生产率。板材的承载能力高，可减少墙的厚度，既减轻了房屋自重，也增加了房间的使用面积。与砖混结构相比，可减轻自重15～20%，增加使用面积5～8%，但钢材和水泥等材料消耗量较大。

大板建筑施工方法可分为全装配式和内浇外挂式两种。内浇外挂式大板建筑，外墙板和楼板都采用预制，内墙板用现浇钢筋混凝土。本节只讲全装配式大板建筑。

一、大板建筑的主要构件

（一）墙板

墙板按所在位置可分为外墙板和内墙板；按受力情况分为承重和非承重两种类型；按构造形式又可分为单一材料板和复合材料板；按使用材料有振动砖墙板，粉煤灰矿渣墙板和钢筋混凝土墙板等。

1.外墙板（图2-8-21） 外墙板是房屋的围护构件，不论承重与否都要满足防水、保温、隔热和隔声的要求。无论是承重墙还是非承重墙，都要承担水平风力、地震力及其自重，因此都要满足一定的强度要求。

外墙板可根据具体情况采用单一材料，如矿渣混凝土、陶粒混凝土、加气混凝土等；也可采用复合材料墙板，如在钢筋混凝土板间加入各种保温材料（图2-8-21(*b*)）。

外墙板的划分水平方向有一开间一块（图2-8-22(*a*)），两开间一块（图2-8-22(*b*)）和三开间一块等方案；竖向一层一块、两层一块或三层一块等。其中一开间一块和一层一块应用较多，这时外墙板的宽度为两横墙的中距减去垂直缝宽，高度为层高减去水平缝宽。

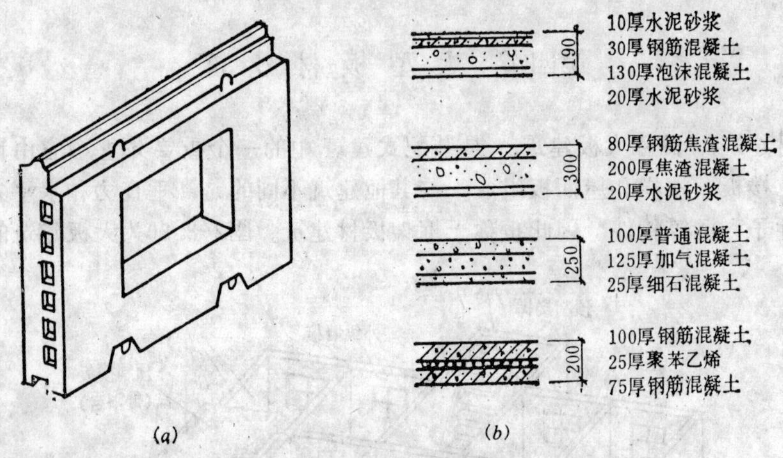

图 2-8-21 外墙板

(a)外墙板示意图；(b)复合材料外墙构造

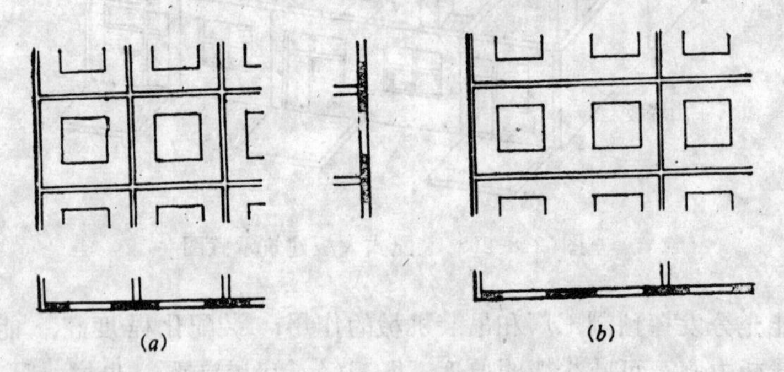

图 2-8-22 外墙板的划分

(a)一开间一块；(b)两开间一块

2.内墙板 内墙板是主要承重构件，应有足够的强度和刚度。同时内墙板也是分隔内部空间的构件，应具有一定的隔声、防火和防潮能力。在横墙承重方案中，纵墙板虽为非承重构件，但它与横墙板共同组成一个有规则的空间体系，使房屋的纵向刚度具有保证作用，因此纵墙板常采用与横墙板同一类型的墙板，使之具有相同的强度和刚度。

内墙板常采用单一材料的实心板，墙板材料可采用钢筋混凝土墙板、粉煤灰矿渣墙板和振动砖墙板等。图2-8-23为内墙板的外形。

3.隔墙板 隔墙板主要用于建筑物内部的房间分隔，没有承重要求。主要是隔声、防火、防潮及轻质等要求。目前多采用加气混凝土条板（图2-8-24）、钢筋混凝土薄板（图2-8-25）、碳化石灰板和石膏板等。

（二）楼板和屋面板

大板建筑的楼板，主要采用横墙承重（或双向承重）布置，大部分设计成按房间大小的整间大楼板。类型有实心板、空心板，轻质材料填芯板等，图2-8-26为有实心阳台板的空心楼板。屋面板常设计成带挑檐的整块大板。

二、大板建筑的连接

大板建筑主要是通过构件之间的牢固连接，形成整体。其主要做法如下：

横墙作为主要承重构件时，在纵横墙交接处，一般将横墙嵌入纵墙接缝内，以纵墙作

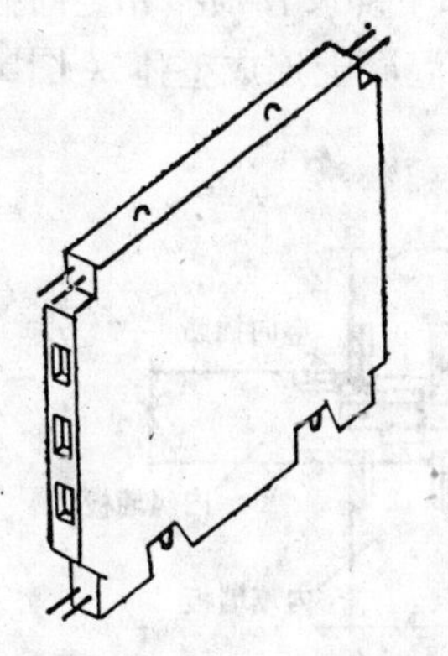

图 2-8-23　承重内墙板

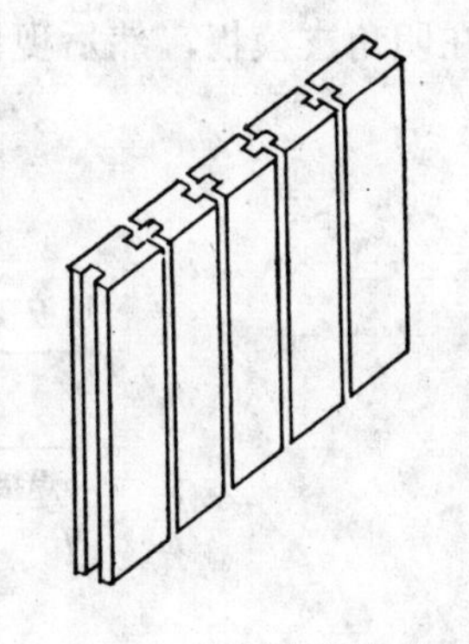

图 2-8-24　加气混凝土条板隔墙

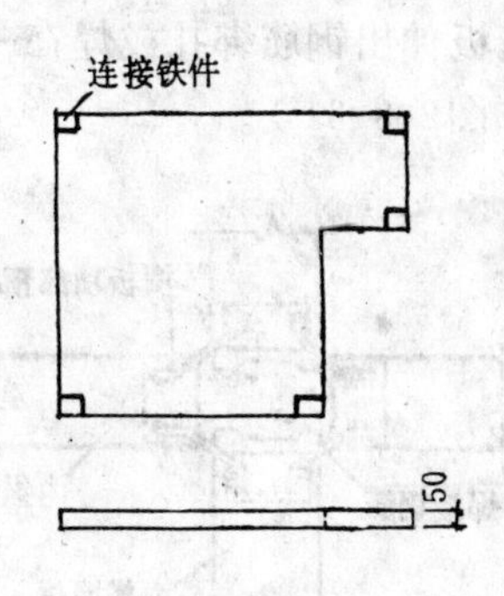

图 2-8-25　钢筋混凝土薄板隔墙

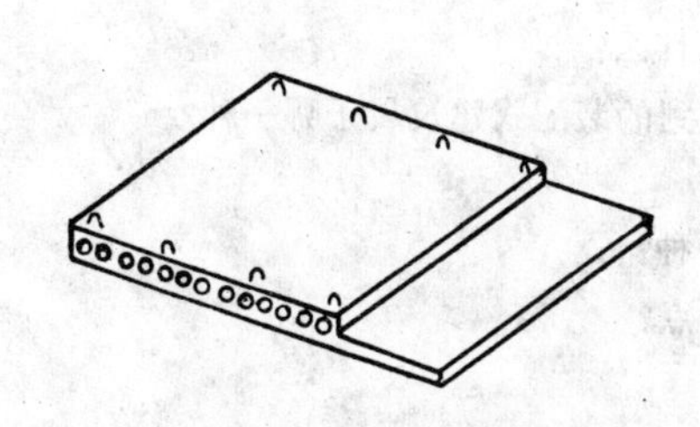

图 2-8-26　有实心阳台的空心楼板

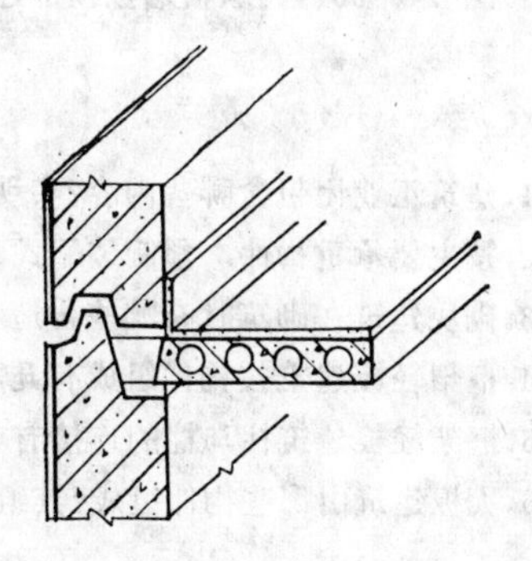

图 2-8-27　楼板与外墙板的连接

为横墙的稳定支撑（图2-8-28）。

上下楼层的水平接缝设置在楼板板面标高处，由于内墙支承楼板，外墙自承重，所以外墙要比内墙高出一个楼板厚度。通常把外墙板顶部做成高低口，上口与楼板板面平，下口与楼板底平，并将楼板伸入外墙板下口(图2-8-27)。这种做法可使外墙板顶部焊接均在相同标高处，操作方便，容易保证焊接质量。同时又可使整间大楼板四边均伸入墙内，提高了房屋的空间刚度，有利于抗震。

墙板构件之间，水平缝坐垫M10砂浆。垂直缝浇灌C15～C20混凝土，周边再加设一些锚接钢筋和焊接铁件连成整体。墙板上角用钢筋焊接把预埋件连接起来（图2-8-28），这样，当墙板吊装就位，上角焊接后，可使房屋在每个楼层顶部形成一道内外墙交圈的封闭圈梁。墙板下部加设锚接钢筋，通过垂直缝的现浇混凝土锚接成整体（图2-8-29）。

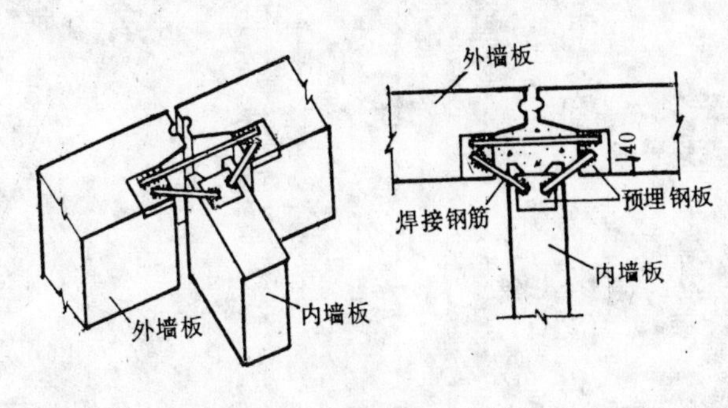

图 2-8-28　内外墙板上部连接

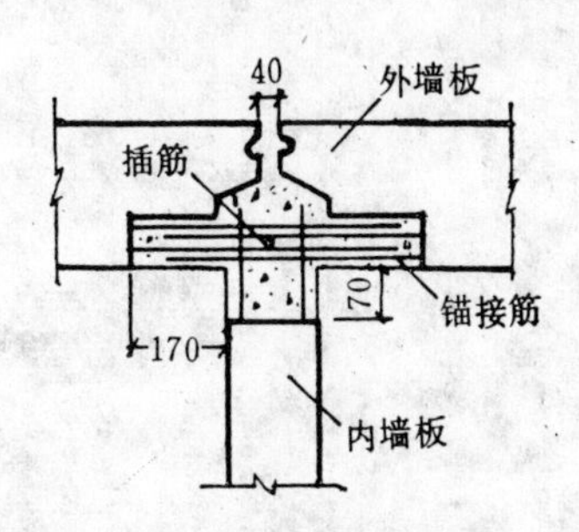

图 2-8-29　内外墙板下部锚接做法

内墙板十字接头部位，顶面预埋钢板用钢筋焊接起来，中间和下部设置锚环和竖向插筋与墙板伸出钢筋绑扎或焊在一起，在阴角支模板，然后现浇C20混凝土连成整体（图2-8-30和图2-8-31）。

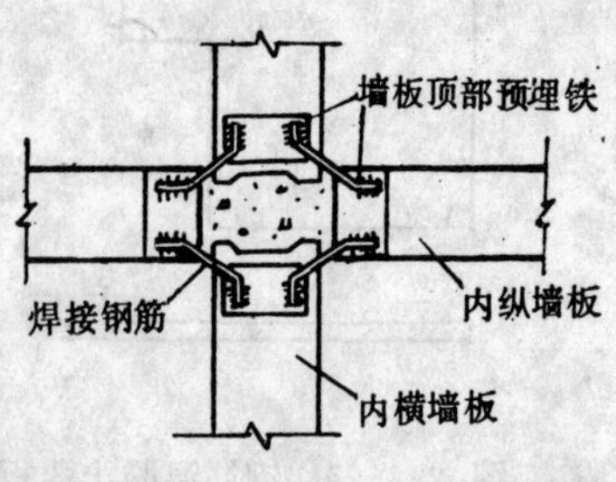

图 2-8-30 内纵横墙板顶部连接

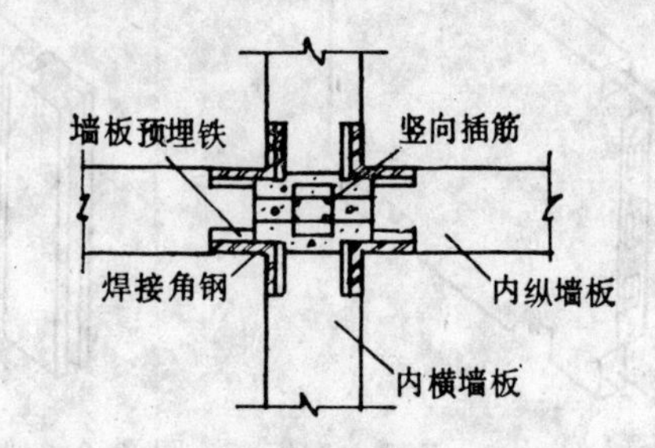

图 2-8-31 内纵横墙板下部连接

复 习 题

1.建筑工业化包含哪些内容?实现建筑工业化的途径是什么?

2.按主要承重构件，预制装配式建筑有哪几种?你所见到的装配式建筑属于哪一种?

3.砌块建筑在砌筑时有哪些构造要求?

4.框架轻板建筑按构件组成有几种类型?常用的是哪一种?

5.框架轻板建筑柱与柱的连接有几种方法?各有何优缺点?

6.大板建筑由哪些构件组成?其组成有何特点?

第九章　单 层 工 业 厂 房

第一节　单层工业厂房的组成

单层工业厂房按承重结构不同可分为墙承重结构和骨架承重结构两种类型。

一、墙承重结构

墙承重结构与民用建筑的砖混结构类似，承重结构由墙（或带壁柱砖墙）和钢筋混凝土屋架（或屋面梁）组成。屋架支撑在砖墙上。如厂房设有吊车，可在壁柱上搁置吊车梁。这种结构构造简单，造价经济，施工方便。但由于砖的强度较低，只适用于跨度不大于15m，檐高在8m以下，吊车吨位不超过5t的中小型厂房（图2-9-1）。

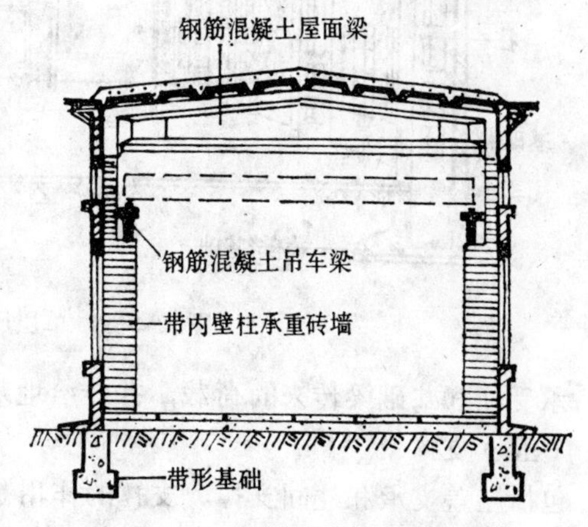

图 2-9-1　单层厂房墙承重结构

二、骨架承重结构

骨架承重结构也称排架结构。由横向排架和纵向联系构件组成。横向排架有屋架（或屋面梁）、柱及基础等构件；纵向联系构件包括屋面板、檩条、吊车梁、连系梁、基础梁、纵向支承等构件。它们与柱连接组成一空间体系，以保证横向排架的稳定性（图2-9-2）

横向排架是骨架承重结构的主要受力部分，它的基本特点是把屋架看为一个刚度很大的横梁，屋架与柱子的连接视为铰接，柱与基础的连接视为刚接，厂房所受的各项荷载都要通过排架传向地基。

下面我们以骨架承重结构为例，说明单层工业厂房的组成。

（一）屋盖结构

1.屋面板　是厂房最上部的覆盖构件，支承在屋架上，直接承受屋面荷载（雪荷载、活荷载及屋面自重）并传给屋架。

2.天窗架　支承在屋架上，承受天窗部分的屋面荷载，并传给屋架。

3.屋架　支承在柱子上，承受屋盖结构的全部荷载，并传给柱子。

（二）吊车梁

支承在柱子牛腿上，承受吊车荷载并传给柱子。

（三）柱子

承受由屋架、吊车梁、外墙和支撑传来的荷载，并传给基础。

（四）基础

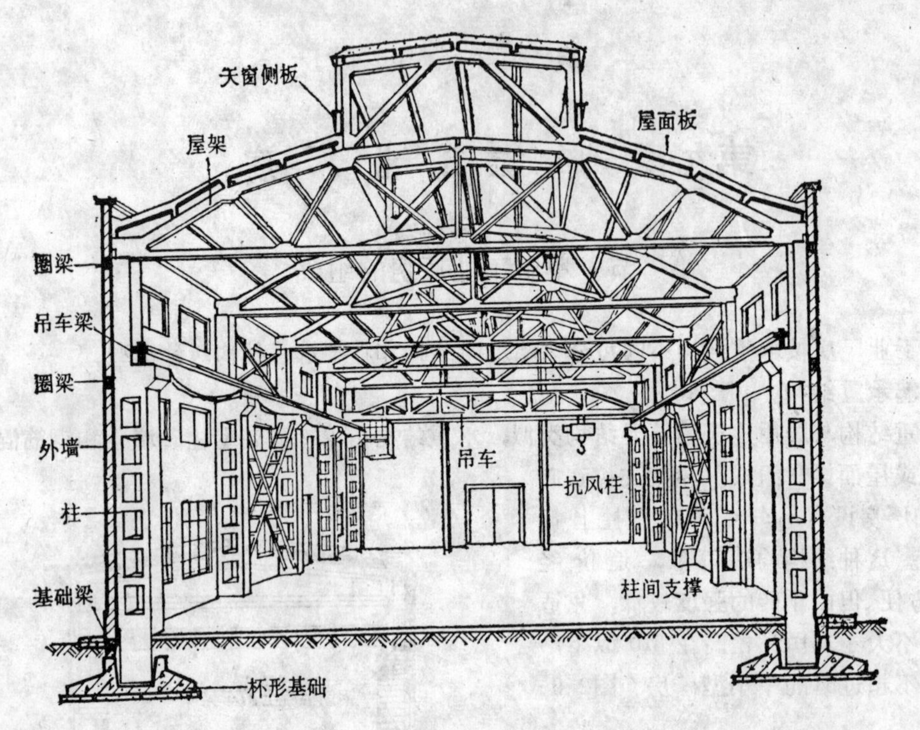

图 2-9-2 单层厂房骨架结构组成

承受柱和基础梁传来的荷载，并传给地基。

（五）支撑

包括屋盖支承和柱间支撑。支撑的作用是加强结构的空间刚度和横向排架的稳定性，同时起传递风荷载和吊车水平荷载的作用。

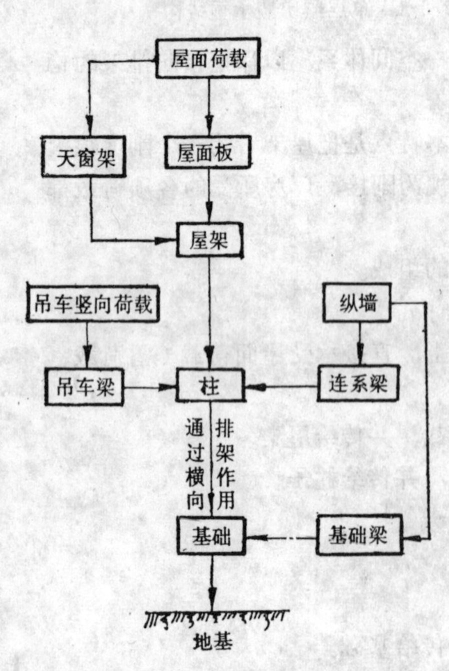

图 2-9-3 竖向荷载传递路线

（六）围护结构

位于厂房四周，包括：

1.外墙、山墙　承受风荷载并传给柱子。

2.连系梁、基础梁　承受外墙重量，并传给柱子或基础。

3.抗风柱　承受山墙传来的风荷载，并传给屋盖和基础。

竖向荷载的传递，可用下面的简图表示（图2-9-3）。

第二节　厂房的起重运输设备

为了运送原材料、成品、半成品及安装检修设备，厂房内需设置起重运输器械，这样不但能减轻工人劳动，并能提高劳动生产率。起重吊车是我国单层工业厂房中使用最广泛的起重运输设备，它包括单轨悬挂吊车、梁式吊车和桥式吊车。

一、单轨悬挂吊车（图2-9-4）

由滑轮组和轨道组成。在屋顶承重结构下部悬挂梁式钢轨，钢轨布置一般为直线或可转弯的曲线，在钢轨上设有可移动的滑轮组（又称倒链、电动葫芦），沿钢轨水平移动。利用滑轮组升降起重，起重量一般在3t以下，有手动和电动两种类型。

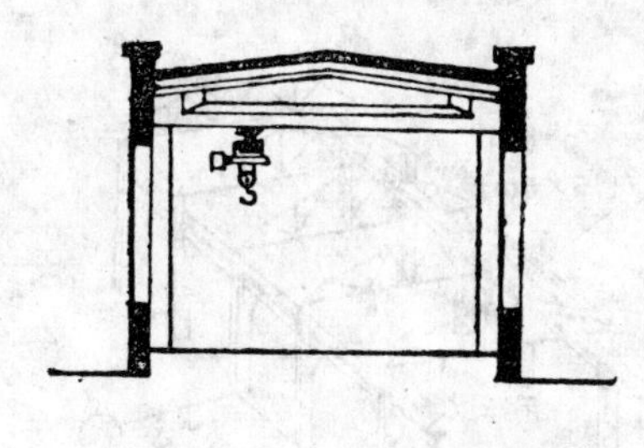

图 2-9-4 单轨悬挂式吊车

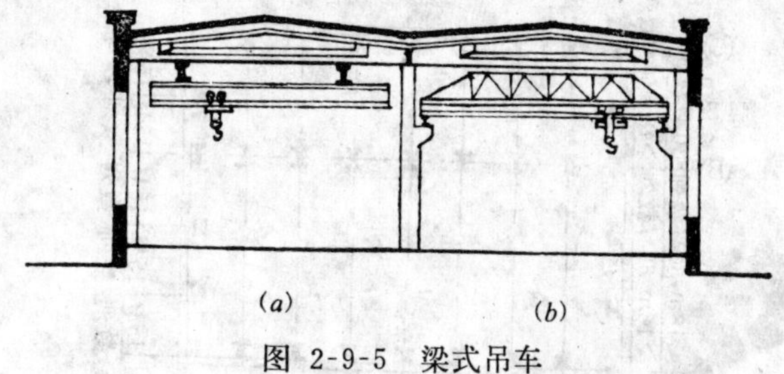

图 2-9-5 梁式吊车

（a）悬挂梁式吊车；（b）支承梁式吊车

二、梁式吊车（图2-9-5）

有悬挂式和支撑式两种类型。悬挂式是在屋顶承重结构下悬挂梁式钢轨，在两根钢轨上设有可滑行的横梁，横梁沿轨道行驶，横梁上设有起重行车，可沿横梁移动。在横梁与行车移动范围内均可起重，起重量一般不超过5t。

支承式与悬挂式的不同之处在于，支承式的横梁是沿安置在吊车梁上的钢轨行驶，其他构造均与悬挂式相同。支承式可起吊较大的重量，但一般不超过10t。

三、桥式吊车（图2-9-6）

由桥架和起重小车组成。通常是在排架柱上设牛腿，牛腿上搁吊车梁，吊车梁上安钢轨，钢轨上放置能滑行的双榀钢桥架，桥架上支承小车，小车能沿桥架横向滑移，并有供起重的滑轮组。在桥架与小车移动范围内均可起重，起重量从5t 到350t 不等。桥架的一端常设有司机室。

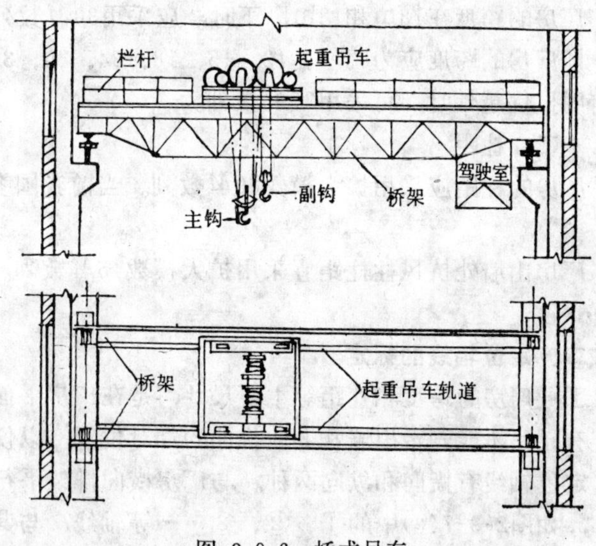

图 2-9-6 桥式吊车

第三节 厂房建筑模数协调标准

为了使厂房建筑主要构配件的几何尺寸达到标准化和系列化，国家计委于1986年颁发了《厂房建筑模数协调标准》（GBJ6—86），以提高全国厂房的建筑的设计标准化和生产工厂化水平。现将与单层工业厂房有关的内容介绍如下：

一、柱网布置（图2-9-7）

柱子纵横轴线在平面上排列所形成的格子称为柱网。它由厂房的跨度和柱距所组成。柱网布置就是正确地决定厂房的跨度和柱距，这也是厂房设计中的一项重要内容。GBJ6—86规定：

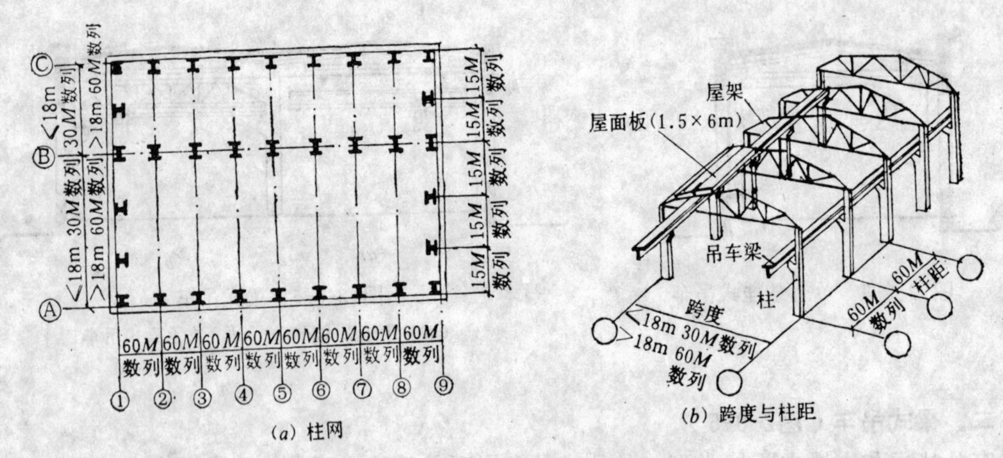

(a) 柱网　(b) 跨度与柱距

图 2-9-7　单层厂房跨度与柱距示意图

（一）跨度

厂房的跨度在18m和18m以下时，应采用30M数列；在18m以上时，应采用60M数列。即厂房的跨度应为6、9、12、15、18、24、30、36m……当跨度在18m以上、工艺布置有明显优越性时，可采用30M数列。

（二）柱距

厂房的柱距应采用扩大模数60M数列。当前我国多采用6m柱距，有时也采用12m柱距。

厂房山墙处抗风柱柱距宜采用扩大模数15M数列。即抗风柱柱距应为1.5、3、4.5、6m……。

二、定位轴线的标定

工业厂房的跨度和柱距等主要尺寸，是在厂房平面图和剖面图中用定位轴线表示出来的。有轴线才能表示出墙和其他构件的相对位置，以便于施工定位和查找大样图。

定位轴线有横向和纵向两种。与厂房横向排架平行的轴线称为横向定位轴向（跨度方向），如图2-9-7(a)中的①、②、③……等轴线；与其垂直的轴线（柱距方向）称为纵向定位轴线，如图2-9-7(a)中的Ⓐ、Ⓑ、Ⓒ等轴线。

（一）横向定位轴线

1.除伸缩缝和防震缝处的柱和端部柱以外，柱的中心线应与横向定位轴线相重合（图2-9-7(a)）；

2.横向伸缩缝、防震缝处柱应采用双柱及两条横向定位轴线，柱的中心线均应自定位轴线向两侧各移600mm，两条横向定位轴线间所需缝的宽度（a_e）应符合现行国家标准的规定（即伸缩缝、防震缝宽度的规定（图2-9-8(a)）；

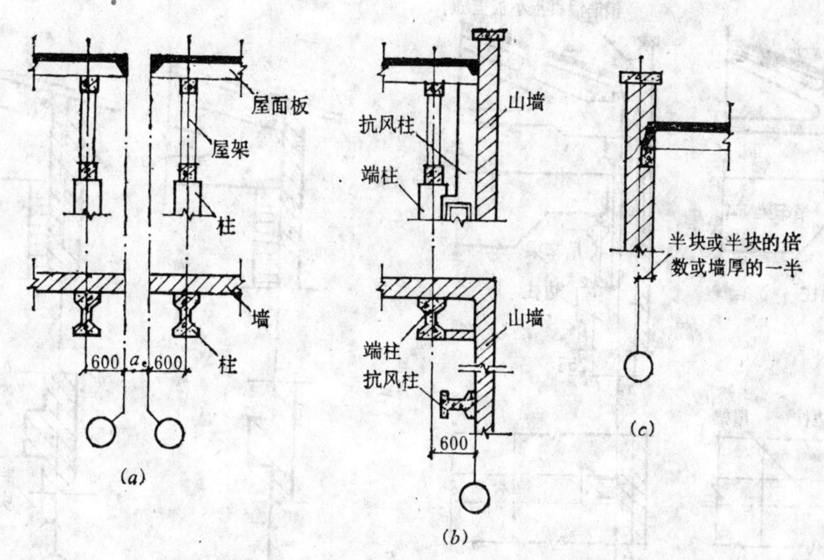

图 2-9-8　墙、柱与横向定位轴线的联系

（*a*）伸缩缝与抗震缝处的横向定位轴线；（*b*）端柱处的横向定位轴线；（*c*）承重山墙的横向定位轴线

3.山墙为非承重墙时，墙内缘应与横向定位轴线相重合，且端部柱的中心线应自横向定位轴线向内移600mm（图2-9-8(*b*)）。这是由于山墙处一般需要设抗风柱，为避免与端部屋架位置发生矛盾，需在端部让出抗风柱上柱的位置；

4.山墙为砌体承重时，墙内缘与横向定位轴线间的距离，应按砌体的块材类别分别为半块或半块的倍数或墙厚的一半（图2-9-8(*c*)）。此时屋面板直接伸入墙内，并与墙上的钢筋混凝土垫梁连接。

与横向定位轴线有关的承重构件主要是屋面板和吊车梁。横向定位轴线间的距离即上述构件的标志长度。此外连系梁、基础梁、纵向支承等构件的尺寸和位置也与横向定位轴线有关。

（二）纵向定位轴线

1.边柱外缘和墙内缘宜与纵向定位轴线相重合（图2-9-9(*a*)）。当三者重合时，屋架外缘、屋面板外缘和外墙内缘均在同一条直线上，形成“封闭结合”。适用于无吊车、悬挂吊车及柱距6m、吊车起重量不大于30t的厂房中；

2.在有桥式吊车的厂房中，由于吊车起重量、柱距或构造要求等原因，边柱外缘和纵向定位轴线之间可加设联系尺寸（a_c），联系尺寸应为300mm或其整数倍数，但围护结构为砌体时，联系尺寸可采用50mm或其整数倍数。在这种情况下，屋面板、屋架与外墙内缘间就出现了空隙，称为“非封闭结合”。空隙间需做构造处理，加设补充构件盖缝（图2-9-9(*b*)）；

3.带有承重壁柱的外墙，宜采用墙内缘与纵向定位轴线相重合，或与纵向定位轴线间相距半块或半块的倍数（图2-9-10）；

承重外墙的墙内缘与纵向定位轴间的距离宜为半块的倍数，或使墙的中心线与纵向定位轴线相重合；

4.多跨等高厂房的中柱，宜设置单柱和一条纵向定位轴线，柱的中心线宜与纵向定位

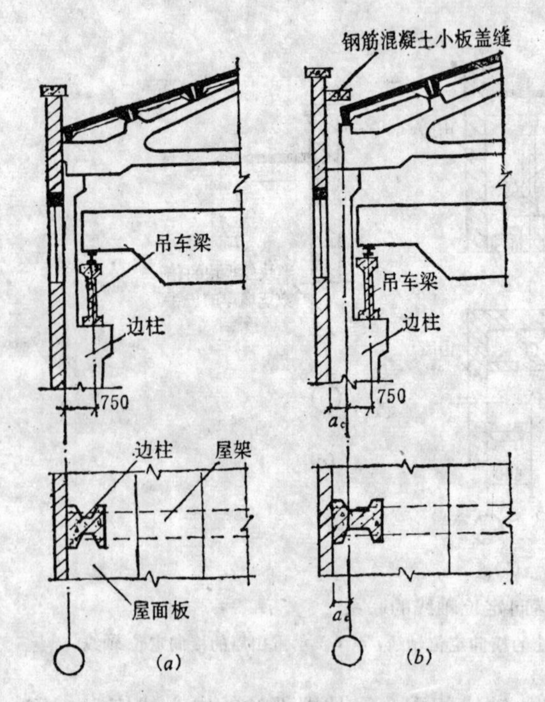

图 2-9-9　边柱与纵向定位轴线的联系

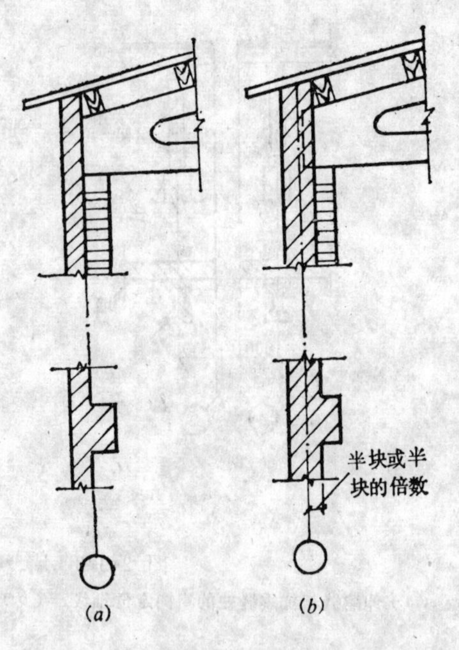

图 2-9-10　带有承重壁柱外墙与纵向定位轴线的联系

轴线相重合（图2-9-11）。

与纵向定位轴线有关的构件主要是屋架，纵向定位轴线间的距离应等于屋架的标志尺寸，也是厂房的跨度。

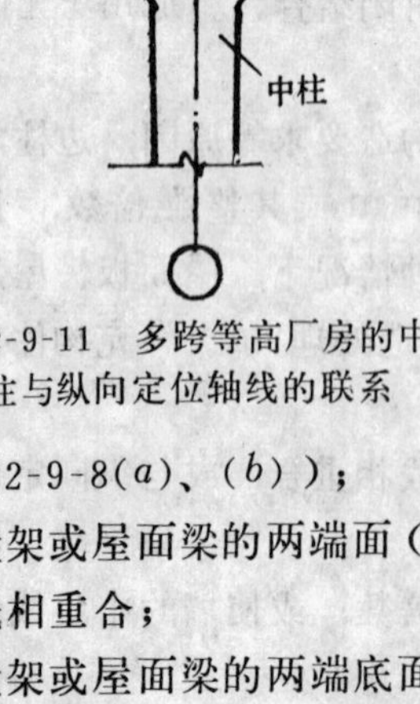

图 2-9-11　多跨等高厂房的中柱与纵向定位轴线的联系

（三）吊车梁的定位

1.吊车梁的纵向中心线与纵向定位轴线间的距离宜为750mm(图2-9-9、图2-9-11)；

2.吊车梁的两端面应与横向定位轴线相重合；

3.吊车梁的两端底面与柱子牛腿面标高相重合。

注：当构造需要或吊车起重量大于50 t 时，吊车梁纵向中心线至纵向定位轴线间的距离宜采用1000mm。

（四）屋架或屋面梁的定位

1.屋架或屋面梁的纵向中心线宜与横向定位轴线相重合；端部、伸缩缝或防震缝处的屋架或屋面梁的纵向中心线与横向定位轴线间的距离宜为600mm（图2-9-8(*a*)、(*b*)）；

2.屋架或屋面梁的两端面（不包括其上因搁置天沟板或檐口板而外伸部分）应与纵向定位轴线相重合；

3.屋架或屋面梁的两端底面宜与柱顶标高相重合；当设有托架或托架梁时，其两端底面宜与托架或托架梁的顶面标高相重合。

（五）屋面板的定位，应遵守下列规定：

1.每跨两边的第一块屋面板的纵向侧面宜与纵向定位轴线相重合；

2.屋面板的两端面应与横向定位轴线相重合；

3.屋面板端头底面宜与屋架或屋面梁的上缘顶部支承面相重合。

（六）厂房高度的规定

1.有吊车和无吊车的厂房（包括有悬挂吊车的厂房）自室内地面至柱顶的高度，应为扩大模数3M数列（图2-9-12）。

2.有吊车的厂房，自室内地面至支承吊车梁的牛腿面的高度应为扩大模数3M数列（图2-9-12(b)）。

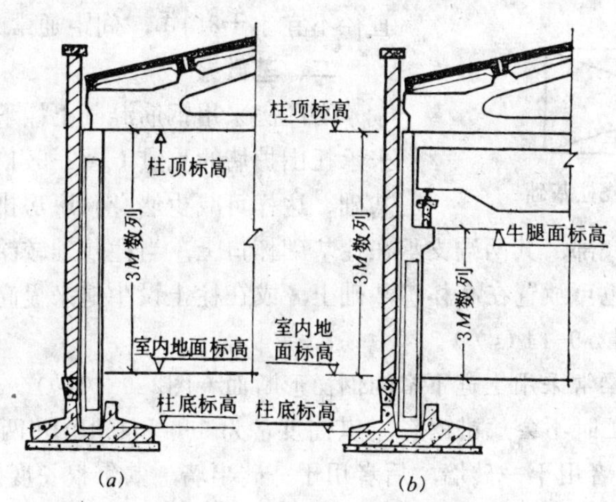

图 2-9-12 单层厂房高度示意图

（a）无吊车；（b）有吊车（包括悬挂吊车）

第四节 基础与基础梁

一、基础

单层工业厂房的基础起着承上启下的传力作用。它承担着厂房结构的全部重量并传给地基。因此，基础是工业厂房的重要构件之一。

如前所述，单层工业厂房可分为墙承重和骨架承重两种结构类型。

墙承重结构的基础与民用建筑的砖混结构基础类似，基础的类型与构造如本篇第二章第一节的条形基础，一般适用于中小型工业厂房。

骨架承重结构常采用钢筋混凝土排架形式。厂房的屋盖、吊车、外墙的荷载都通过柱子传给基础。厂房的柱距与跨度一般较大，所以厂房的基础都做成钢筋混凝土独立柱基础。

锥形独立基础有现浇柱和预制柱基础两种类型。

（一）现浇柱基础（图2-9-13）

基础与柱均为现场浇筑，但不同时施工时，需在基础顶面留出插筋，以便与柱的钢筋相连接。插筋数量与柱子受力钢筋相同，插筋应伸入基础底部的钢筋网内，并在端部做成90°直角弯钩。插筋伸出长度，当柱子为轴心受压时取$20d$，偏心受压时取$30d$，其中d为柱子受力钢筋直径。

（二）预制柱基础

与民用建筑柱子基础相同，可参考图2-2-6（*b*）和表2-2-2、表2-2-3的要求。

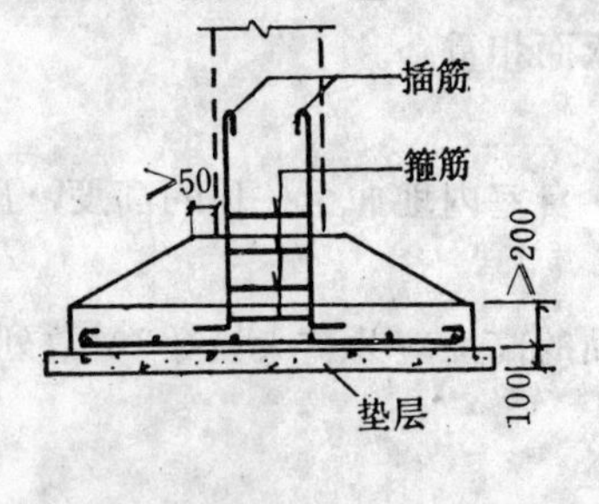

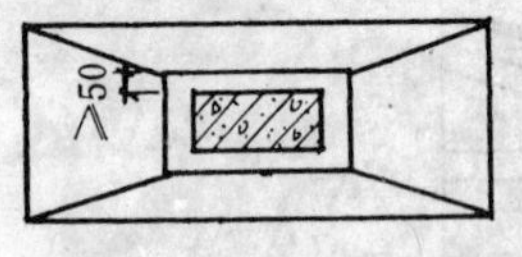

图 2-9-13 现浇柱基础

两种基础在构造上的共同点如下：

1.基础边缘高度一般不小于200mm，阶梯形基础的每阶高度一般为300～500mm。

2.基础下面通常有低强度等级（C7.5～C10）的素混凝土垫层，厚度一般为100mm。

3.基础用不低于C15的混凝土制做，受力钢筋直径不宜小于8mm，间距通常为100～200 mm。

二、基础梁

当厂房采用钢筋混凝土柱承重时，常用基础梁来承托围护墙的重量（图2-9-14(*a*)），而不另做墙基础。这样可减少墙身和厂房排架间的不均匀沉陷。基础梁位于墙身底部，其两端支承在柱基础杯口上，当柱基础较深时，则通过混凝土垫块支承在杯口上，也可放置在高杯口基础上，或在柱上设牛腿来提高基础梁的标高，以减少墙的用砖量（图2-9-14（*c*））。

钢筋混凝土基础梁常采用上宽下窄的倒梯形断面（图2-9-14(*b*)），这样不但节约材料，还易于辨认，施工时不会放错钢筋。其高度常为350和450mm两种，底宽有200和300mm两种尺寸，前者用于一砖墙，后者用于一砖半墙，其每根长度为6m。

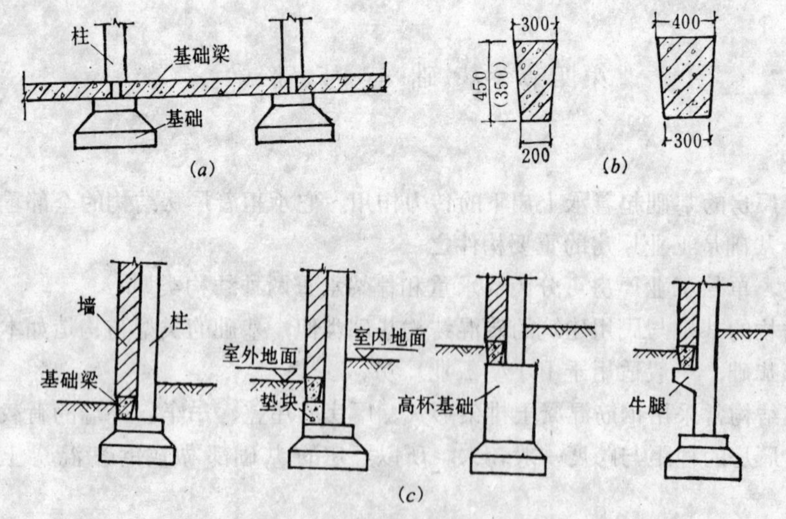

图 2-9-14 基础梁的位置及截面形式

基础梁顶高比室内地面低50～100mm，以免影响开门；同时也应比室外地面高100～150mm，以利于墙身防潮并做散水。梁底回填土一般不夯实，使基础梁随柱基础一起沉降，也可防止冬季土壤冻结膨胀使基础梁隆起而开裂。

第五节　骨架与墙体

一、骨架

单层工业厂房的骨架由基础、基础梁、柱、吊车梁、连系梁、圈梁、屋架等构件组成。基础与基础梁已如前节所述，屋架将在下节叙述，现分别介绍其他构件。

（一）柱

柱是工业厂房中最主要的承重构件。当前应用最广泛的是钢筋混凝土柱。柱的形式很多，基本上可归纳为单肢柱和双肢柱两大类，常用柱的形式见图2-9-15。

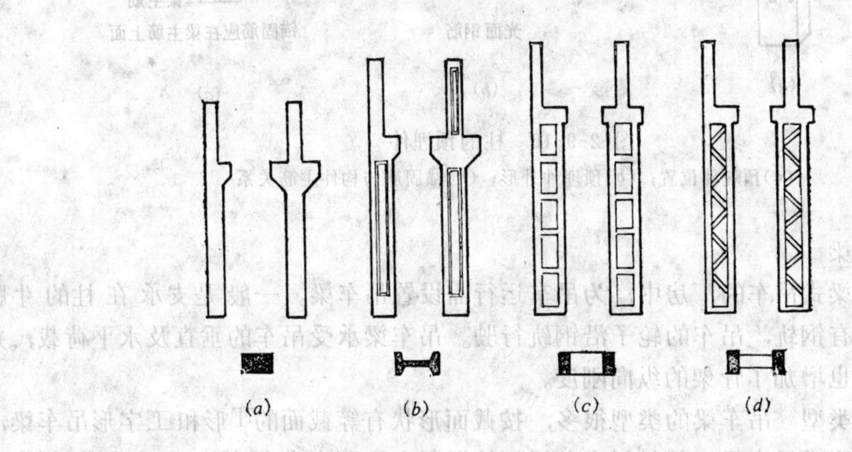

图 2-9-15　钢筋混凝土柱

(a)矩形柱；(b)工字形柱；(c)平腹杆双肢柱；(d)斜腹杆双肢柱

1.柱的截面形式

（1）矩形柱　矩形柱外形简单，制做方便，节省模板，但自重大，较费材料，常用于无吊车及吊车荷载较小的厂房中，截面尺寸一般为400×600mm。

（2）工字形柱　工字形柱截面受力比较合理，自重比矩形柱小，是目前应用较广的形式，适用于吊车吨位在30t以下的厂房。常用截面尺寸有400×600、400×800、500×1000mm。

（3）双肢柱　是由两根主要承受轴向压力的肢杆用腹杆连接而成，有平腹杆和斜腹杆两种形式。混凝土的强度能充分利用，材料较省，自重也轻，不需另设牛腿，从而简化该处构造。但双肢柱节点多，构造复杂，当柱的高度和荷载较大时，宜采用双肢柱。

2.柱的预埋件　单层厂房构件连接的基本做法都是在构件内设置预埋件，然后在现场将构件中的预埋件焊接起来。因为与柱子连接的构件较多，柱子中预埋件的类型和数量也较多，在施工时，要按设计要求准确地设置在柱上，不能遗漏。图2-9-16（a）是柱上应设置的预埋件及其位置，图2-9-16（b）是预埋件的一般构造。预埋件内的锚固筋应放在构件主筋的里侧，而不应放在保护层内（图2-9-16(c)）。预埋件不能突出构件表面，也不宜大于构件外形尺寸。预埋件的锚固筋一般取直径8～12mm，钢板厚度不小于6mm，也不小于0.5d（d为锚固筋直径）。

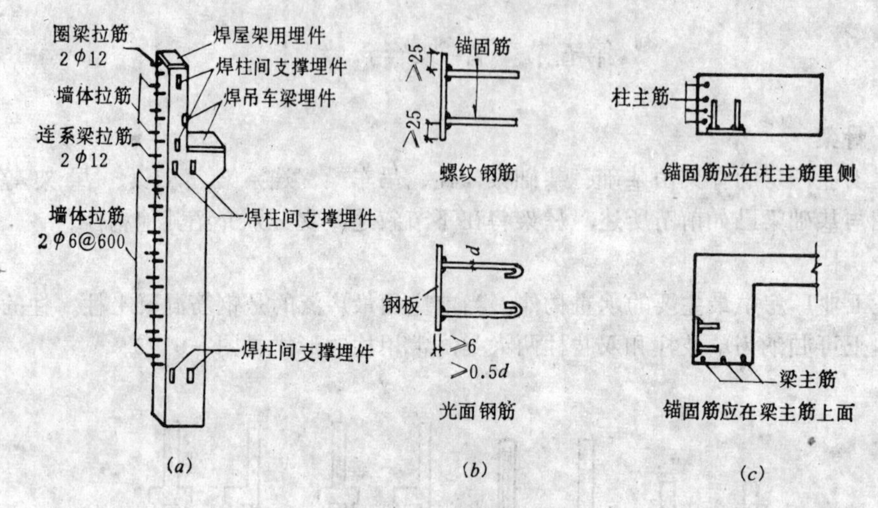

图 2-9-16 柱的预埋件

(a)预埋件位置；(b)预埋件外形；(c)锚固筋与构件主筋关系

（二）吊车梁

在有桥式或梁式吊车的厂房中，为吊车运行需设置吊车梁。一般是支承在柱的牛腿上。吊车梁上铺有钢轨，吊车的轮子沿钢轨行驶。吊车梁承受吊车的垂直及水平荷载，并传给柱子，同时也增加了骨架的纵向刚度。

1.吊车梁的类型 吊车梁的类型很多，按截面形状有等截面的T形和工字形吊车梁，以及变截面的鱼腹式吊车梁；按材料有普通钢筋混凝土、预应力混凝土和钢结构吊车梁等。

（1）T形吊车梁（图2-9-17(a)） T形吊车梁上部翼缘较宽，增加了梁的受压面积，便于安装吊车轨道，有预应力和非预应力钢筋混凝土两种类型。T形吊车梁施工简单、制做方便，易于设置预埋件，但自重较大。适用于柱距6m，起重量为3～75t的轻级、1～30t的中级和5～20t的重级工作制的吊车。

（2）工字形吊车梁（图2-9-17(b)） 为预应力混凝土构件、腹壁薄、自重轻。适用于柱距6m、跨度12～30m，吊车为轻、中、重各级工作制的厂房（一般为5～75t）。

（3）鱼腹式吊车梁（图2-9-17(c)） 此为变截面吊车梁，梁的下部为抛物线形，比较符合简支梁的受力特点，能充分利用材料强度，减轻自重、惟制做时曲模复杂。适用于柱距6m、12m，跨度12～30m，起重量不超过100t的厂房中。

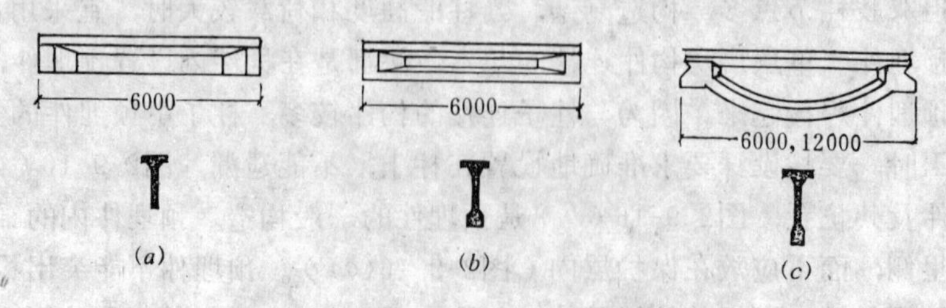

图 2-9-17 钢筋混凝土吊车梁

(a)钢筋混凝土T形吊车梁；(b)预应力钢筋混凝土工字形吊车梁；(c)预应力钢筋混凝土鱼腹式吊车梁

2.吊车梁与柱子的连接　吊车梁与柱子的连接多用焊接形式。上部与柱间用角钢和钢板连接，下部通过吊车梁底的预埋角钢和牛腿上的预埋钢板焊接。梁与梁和梁与柱间的空隙用C20混凝土填实（图2-9-18）。

3.吊车轨的安装与车挡　单层工业厂房中的吊车轨道可采用铁路钢轨，其型号有TG38、TG43、TG50（即38、43、50kg/m）等几种。也可采用QU70、QU80、QU100型号的吊车专用钢轨或方钢。轨道与吊车梁一般采用垫板和螺栓连接的方法（图2-9-19）。

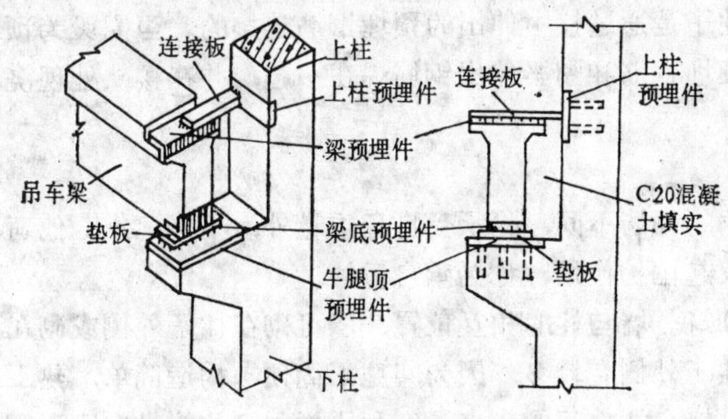

图 2-9-18　吊车梁与柱的连接

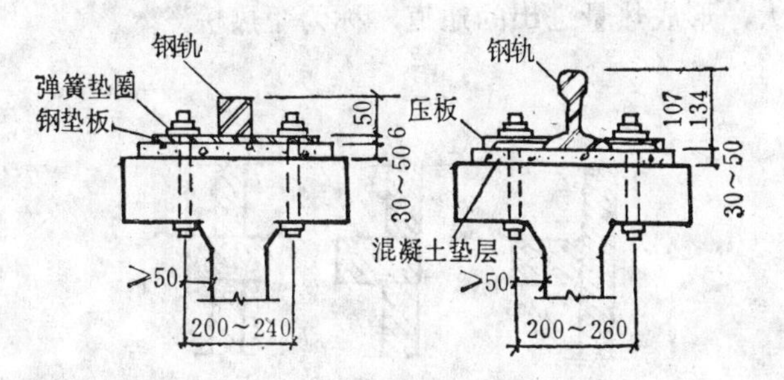

图 2-9-19　吊车轨与吊车梁连接

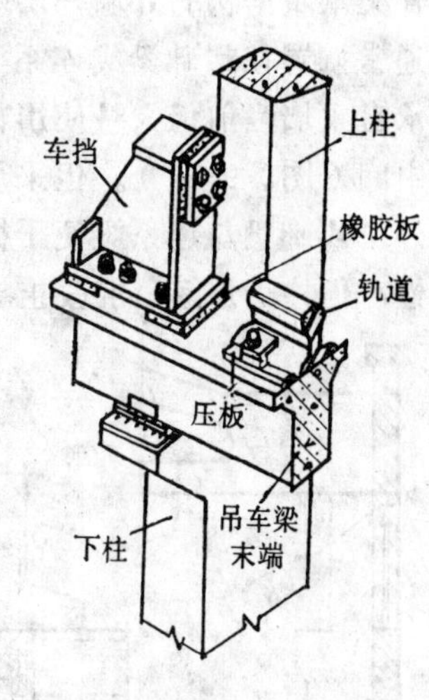

图 2-9-20　车挡

为防止吊车运行中来不及刹车而撞到山墙上，应限制吊车的行驶范围，在吊车梁的末端设置车挡，一般用螺栓固定在吊车梁的翼缘上（图2-9-20）。

（三）连系梁与圈梁

1.连系梁　连系梁的作用是连系纵向柱列，以增强厂房的纵向刚度，并传递风荷载到纵向柱列。常做在窗口上皮，代替窗过梁。当墙体高度超过一定限度时（如15m以上），砖砌体的强度不足以承受其自重，则应设连系梁承受上部墙体的重量。其截面形式有矩形和L形，分别用于一砖和一砖半的墙体中（图2-9-21）。

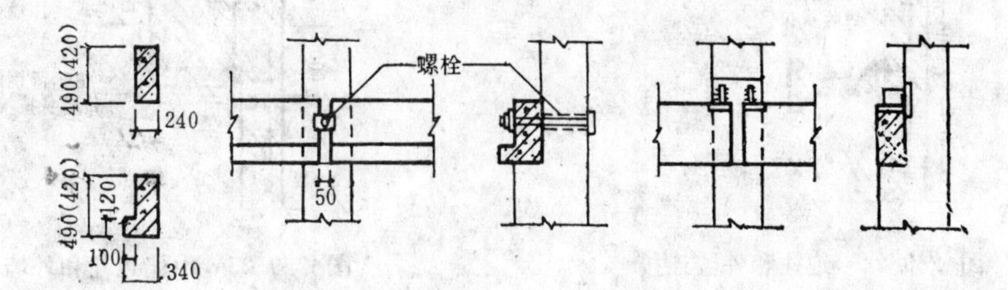

图 2-9-21　连系梁断面及与柱的连接

连系梁通常是预制的，两端搁置在柱子牛腿上，其与柱的连接可用焊接或螺栓连接（图2-9-21）。

2.圈梁　圈梁的作用是将围护墙同排架柱、抗风柱等箍在一起，以加强厂房的整体刚度，防止由于地基不均匀沉降或较大的振动对厂房的不利影响。圈梁埋置在墙体内，同柱子连接仅起拉接作用，它不承担围护墙的重量，所以柱子上不设支承圈梁的牛腿。

圈梁的位置一般在柱顶处设置一道（图2-9-22），有吊车的厂房应在吊车梁附近增设一道。在地震区当设计裂度为8度和9度时，应按上密下疏的原则，每隔5m增加一道。圈梁的构造要求同民用建筑。圈梁与柱子是通过柱中伸出的预埋钢筋连接的。当圈梁为预制时，在两个圈梁的接头处，把柱的预埋钢筋和圈梁伸出钢筋焊在一起，并在接头处现浇混凝土（图2-9-22）。

二、墙体

骨架承重结构的外墙与墙承重结构的外墙不同，除承受自身重量外，不承受其他荷载，通常搁置在基础梁或连系梁上，仅起围护作用，称为承自重墙。

承自重墙当前仍大量使用粘土砖砌筑。墙与柱的相互位置，墙可砌在柱子外侧或砌在柱子中间（图2-9-23）。但采用墙在柱子外侧者较多，因为其施工简便，构造简单，热工性能好，基础梁与连系梁便于标准化。墙在柱之间的优点是有利于增加列柱的纵向刚度和稳定性，但柱子外露，混凝土导热系数大，形成热量进出的通道，称为"热桥"。

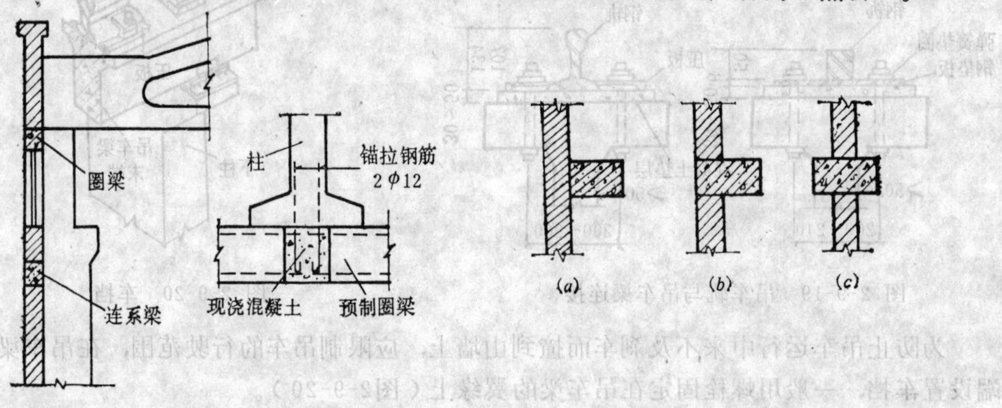

图 2-9-22　圈梁位置及与柱的连接　　　　图 2-9-23　外墙与柱的相对位置

为了保证墙体稳定，防止由于风力影响使墙体倾倒，墙柱应该相连接。通常的做法是，沿柱的高度方向每隔600mm（10皮砖）左右伸出2φ6钢筋，砌墙时把伸出的钢筋砌在砖墙中（图2-9-24和图2-9-25）。

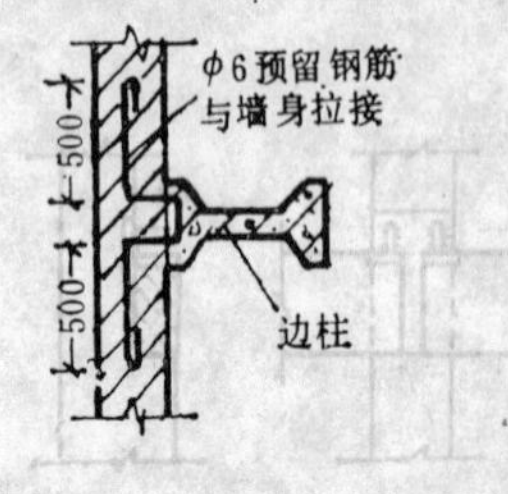

图 2-9-24　边柱和外墙连接

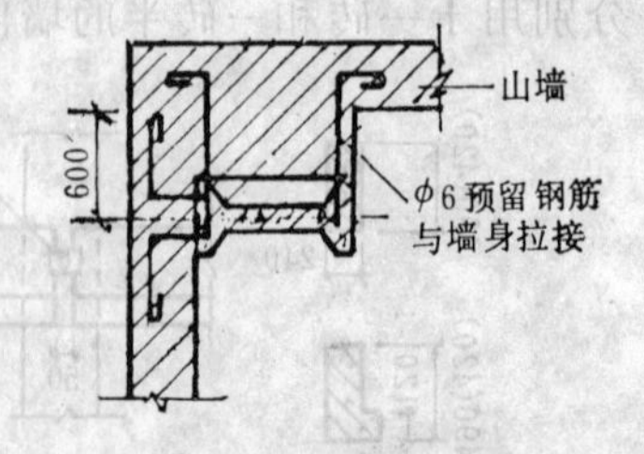

图 2-9-25　山墙边柱和外墙连接

因山墙面积较大，所受风荷载亦比较大，因此在山墙处应设置抗风柱，当厂房高度和跨度均不大时（如柱顶高度在8m左右，跨度9～12m），可在山墙设砖壁柱作抗风柱；当厂房高度和跨度较大时，应设钢筋混凝土抗风柱，抗风柱布置在山墙内侧，柱下设杯形基础，柱身也每隔600mm伸出2ϕ6钢筋与山墙连接，柱上部与屋架上弦连接，以传递风荷载至厂房主要承重构件。山墙亦不设基础而支承在基础梁上，基础梁搁置在抗风柱基础上（图2-9-26）。

第六节 屋 顶

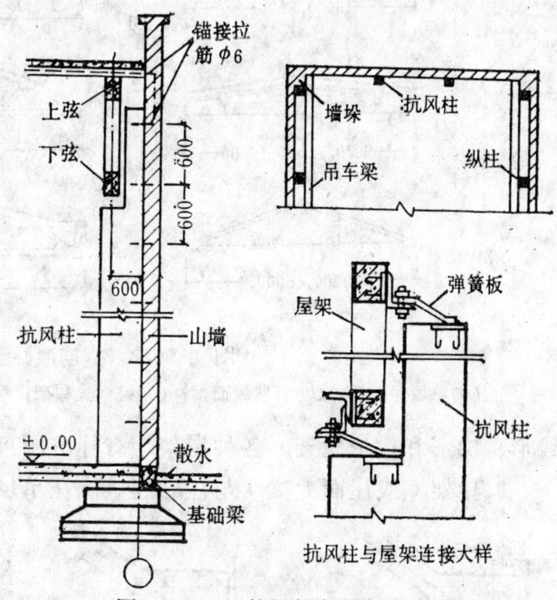

图 2-9-26 抗风柱与屋架和山墙连接

工业厂房的屋顶，不但要解决防止风雪的侵袭，而且要解决保温、隔热、防水以及采光、通风等问题。在单层工业厂房中，屋顶（包括屋架）造价约占土建总造价的30%左右，使用的混凝土量约占厂房总用量的40～45%。因此，正确选择屋顶形式和屋顶构件，对保证厂房生产以及节省材料、降低造价具有重大意义。

一、屋顶的组成

屋顶由承重结构和围护结构两部分组成。承重结构是屋架或屋面大梁，围护结构包括基层和面层两部分。基层又分有檩体系和无檩体系两种形式（图2-9-27）。当采用轻型板瓦（粘土瓦、水泥槽瓦、石棉瓦等）作防水层时，由于板瓦无法直接搁置在屋架上，则需沿屋架上弦隔一定距离设置檩条，瓦材铺设在檩条上；或檩条上铺设望板，望板上挂粘土瓦。檩条、望板等为基层。无檩体系是屋架上直接铺设大型屋面板，大型屋面板即为基层（图2-9-27）。围护结构的面层是指保温、防水（包括瓦材）等覆盖层。

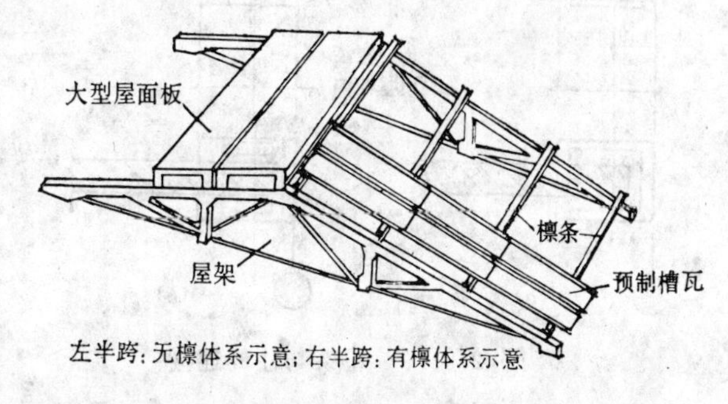

图 2-9-27 屋面基层

二、屋顶的主要构件与类型

（一）屋面大梁、屋架

屋面大梁和屋架是厂房屋顶的主要承重构件，直接承受大面积屋面荷载及安装在屋架上的顶棚、悬挂吊车和其他工艺设备的重量。

1.屋面大梁（图2-9-28(*a*)、(*b*)） 屋面大梁一般是指工字形薄腹梁，适用于跨度在18m以下的厂房，有6、9、12、15、18m等几种不同规格，以9、12m最为常用。又可分为单坡和双坡两种，屋面坡度为$\frac{1}{8}$～$\frac{1}{12}$。屋面大梁高度小、重心低，施工简单，但自重较大，不宜用于较大跨度。

2.屋架（图2-9-28(*c*)、(*d*)、(*e*)、(*f*)） 在装配式单层工业厂房中，常用的有钢筋混凝土三角形屋架，跨度为9、12、15m。当跨度较大时，常采用预应力钢筋混凝土折

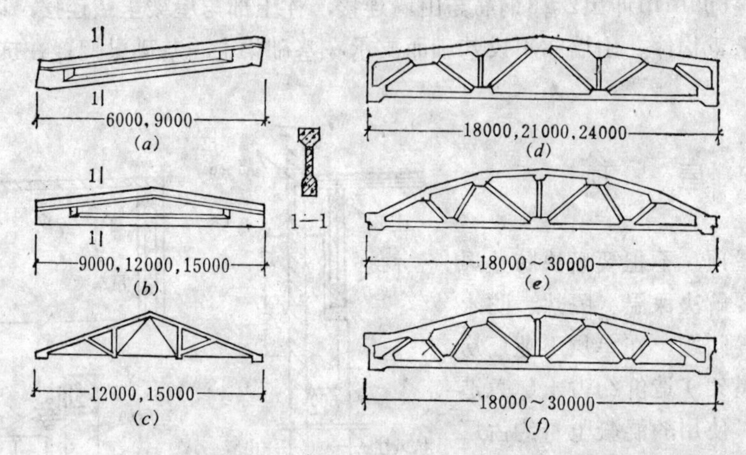

图 2-9-28 钢筋混凝土屋面梁与屋架

(a)单坡屋面梁；(b)双坡屋面梁；(c)组合式屋架；(d)梯形屋架；(e)拱形屋架；(f)折线形屋架

线形、梯形和拱形屋架。各种屋架均有标准图可供选用。

3.屋架（或屋面大梁）与柱的连接　在单层工业厂房中，柱与屋架的连接，采用柱顶和屋架端部预埋件焊接的方式连成整体。

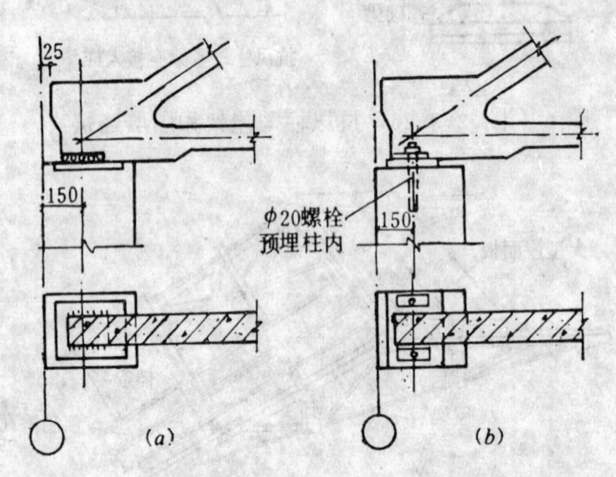

图 2-9-29 屋架与柱的连接

图2-9-29(a)是目前工程中常用的连接方式。这种连接方式节点整体性好，施工简单，故应用较广。图 2-9-29(b)的连接方式是考虑到屋架安装后不能及时焊接的情况，此时，柱顶的预埋螺栓可作为屋架就位时的临时固定措施。但这种带螺栓的预埋件加工比较麻烦，且屋架在吊装就位时容易与螺栓碰撞，故应用较少。

（二）檩条（图2-9-30）

檩条用以支承轻型屋面板瓦，并将荷载传给屋架。它与屋架的连接一般采用焊接的方法，以加强厂房的纵向刚度。

常用的檩条是钢筋混凝土檩条，有预应力和非预应力两种。断面形状有T形和倒L形等。檩条间距一般是 3 m，长度为 6 m。

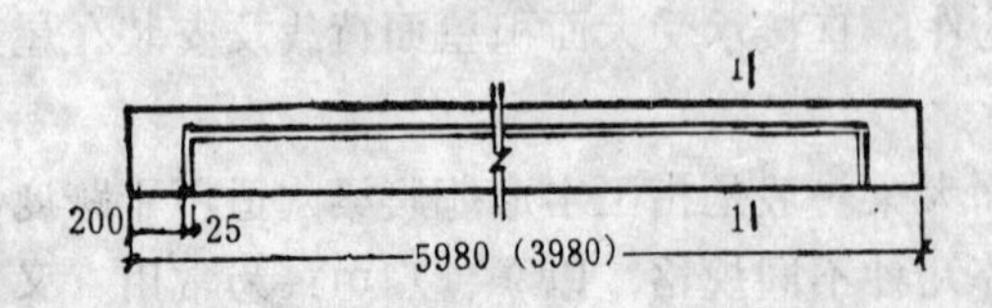

160(130) 160(130)

300 (250)

60 60

1—1

图 2-9-30 钢筋混凝土檩条

（三）屋面板

单层工业厂房的屋面板类型很多，按构件尺寸有大型屋面板和小型屋面板两种。大型屋面板用于无檩体系，均为预应力混凝土构件。小型屋面板有槽瓦、钢丝网水泥波形瓦和石棉水泥瓦等。

1.预应力混凝土大型屋面板（图2-9-31(*a*)） 这是单层工业厂房中应用最广泛的一种屋面板，横断面呈槽形。沿长边有两根主肋，肋高240mm，横向两端有两根端肋，中间有小肋，面板厚不小于30mm。常用标志尺寸为1.5×6m（根据柱距也可采用1.5×9、3×9、3×12m等规格），适用于柱距6m的单层厂房。大型屋面板的四角有预埋铁件，安装时与屋架上弦的预埋件焊接。

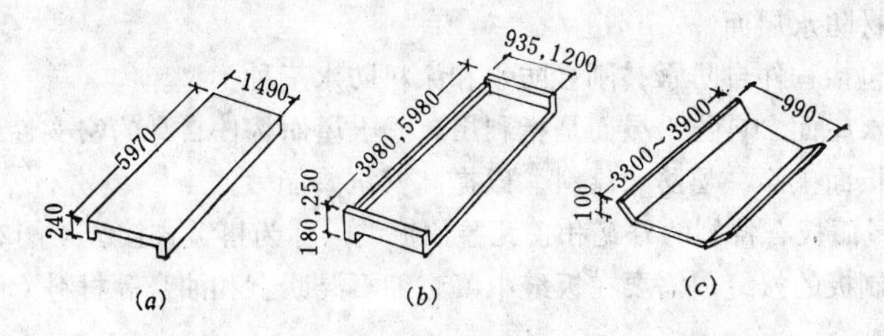

图 2-9-31 钢筋混凝土屋面板

(*a*)冂形(预应力)；(*b*)乚形(预应力)；(*c*)槽瓦

与大型屋面板配合使用的还有一种挑檐板，主要用于厂房的外檐处，其标志尺寸也是1.5×6m，板的一侧有挑出尺寸为300～500mm的挑檐（图2-9-32）。

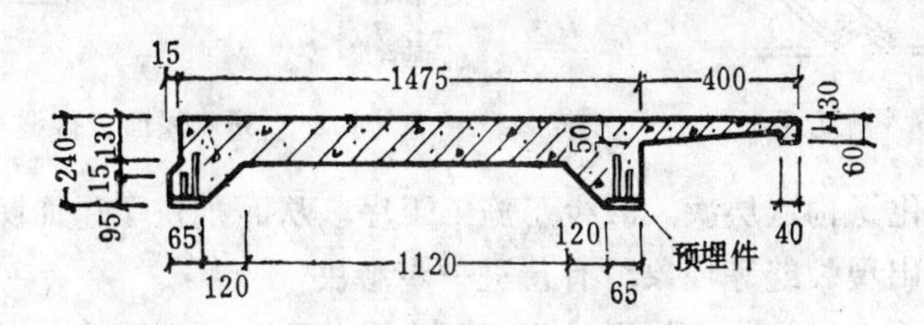

图 2-9-32 带挑檐的大型屋面板

2.预应力混凝土F形屋面板（图2-9-33） 它除F形板本身外，还有脊瓦和盖瓦。其特点是每块板沿长边有一挑出部分（俗称“鸭嘴”），它与另一块板相搭接，能起“自防水”作用，不需嵌缝和铺卷材，从而能减轻自重和节省材料（图2-9-34）。

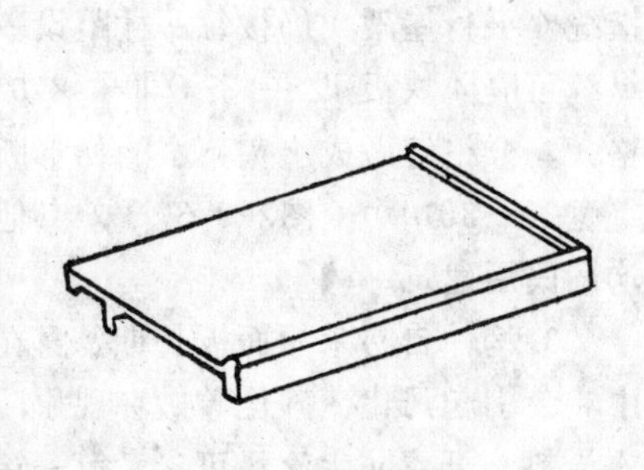

图 2-9-33 F形屋面板

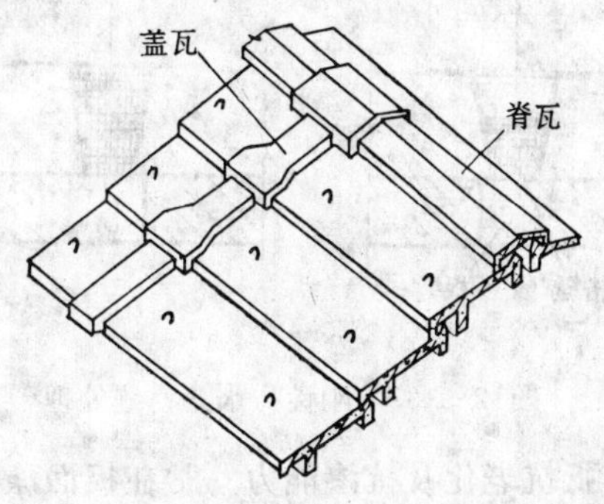

图 2-9-34 F形屋面板的搭接

三、屋面防水

屋面的防水能力，就是屋面抵抗雨水和雪水渗透的能力。单层工业厂房的屋面面积大，雨水不容易很快排除，所以厂房屋面的防水措施更为重要。按防水材料的性质，厂房屋面防水可分为卷材防水和非卷材防水两种类型。

（一）卷材防水屋面

卷材防水是由沥青玛𤧛脂和油毡交替粘合而形成的防水层，具有接缝严密、防水性能好等优点，多用于有保温层的屋面，故北方地区应用较广。其构造层次、施工方法与民用建筑基本相同，本节不再赘述。

（二）非卷材防水屋面

非卷材防水包括构件自防水、刚性防水和涂料防水三种类型。

1.构件自防水屋面　自防水屋面是指利用混凝土屋面构件自身的密实性达到防水目的的屋面。有时在板面上涂一层防水涂料，以提高其抗渗能力。

F形和槽瓦屋面板有特制的脊瓦和盖瓦盖住板缝，称为搭盖式接缝（图2-9-34和图2-9-35）。其他预制板的接缝，需要在板缝中填充细石混凝土和油膏等材料（图2-9-36），称为勾缝式接缝。

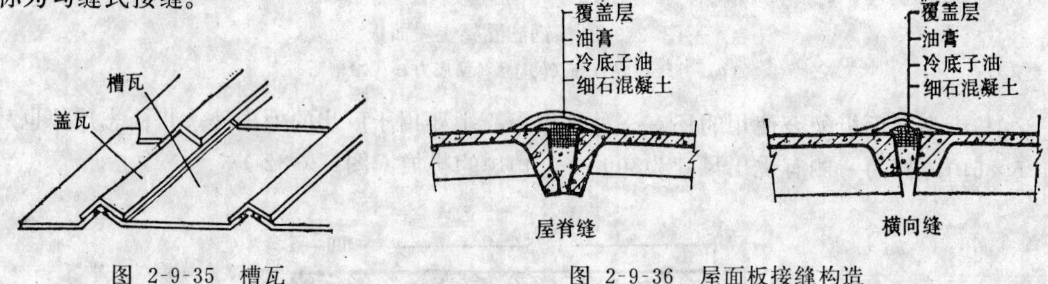

图 2-9-35　槽瓦　　　　图 2-9-36　屋面板接缝构造

自防水屋面简化了构造层次，减少了施工工序，从而加快了屋面防水的施工进度。但也存在油膏老化和出现裂缝等现象，有待进一步解决。

2.刚性防水屋面　刚性防水屋面是指用防水砂浆和细石混凝土作防水层的屋面，多用于无保温层的屋顶，以大型屋面板作基层。为防止出现裂缝应在防水层上设分格缝。不配筋的防水层，可按板面大小分格设缝，缝口与板缝对齐。配筋的防水层，横缝（平行屋架）仍按每一柱距设一条，纵缝可隔 4 块板设一条（即 6 × 6 m 分格）。分格缝做成上宽下窄的梯形断面，缝宽20～30mm（图2-9-37），其他要求均同民用建筑。

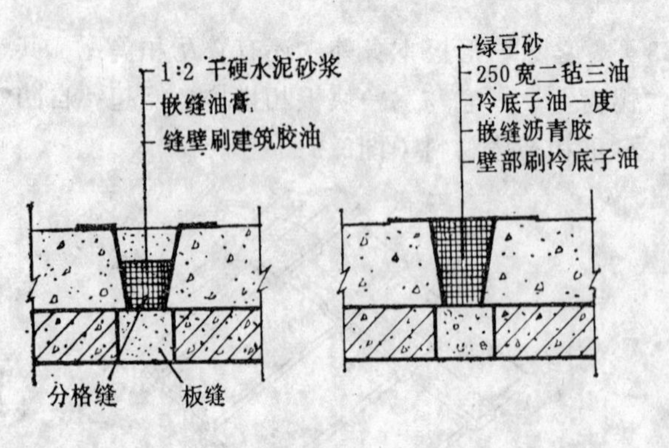

图 2-9-37　刚性防水分格缝处理

3.构件自防水屋面板长期暴露在空气中，会引起风化、碳化等破坏现象，为增强其抵抗老化及抗渗能力，常在板面涂刷各种防水涂料。沥青防水涂料可参考第一篇第五章的有关内容。

四、屋面排水

厂房的屋面排水方式，可分为有组织排水和无组织排水两种类型。

（一）屋面雨水由挑檐自由降落到地面的称为无组织排水。无组织排水构造简单、施工方便、便于维修，适用于少雨地区、檐口较低（＜8m）的单跨或多跨厂房的边跨。出檐一般不小于500mm，同时墙脚处必须做散水坡，其宽度应大于出檐宽度（图2-9-38）。

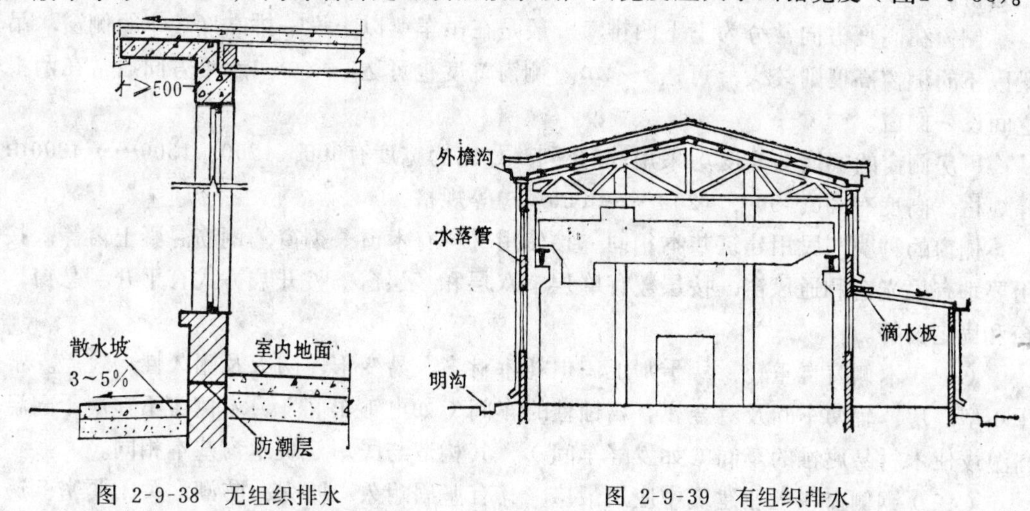

图 2-9-38 无组织排水　　图 2-9-39 有组织排水

（二）厂房有组织排水构造比民用建筑复杂，可分为外排水、内排水、内落外排水等几种形式。

1.有组织外排水就是雨水顺屋面坡度汇集到屋檐，在屋檐处设置檐沟，雨水由檐沟进入水落管排至地面（图2-9-39）。

2.有组织内排水适用于多跨厂房及寒冷地区，多跨厂房车间长、面积大、集水量多，内排水可使雨水流经距离缩短，使雨水迅速排走。寒冷地区采用内排水可防止因结冰胀裂引起屋檐和外部雨水管的破坏（图2-9-40）。

内排水由内外檐沟、水落管及地下管网组成。内排水构造复杂、造价高，水落管占室内空间，常与其他设备干扰。并需设置室内地沟，为防止堵塞还要设检查井。为改进以上缺点，现在常采用内排外出方式，先将雨水汇集到悬吊在室内的雨水管中，由悬吊雨水管引入落水管排至室外明沟，雨水立管可设在室内或室外（图2-9-41）。

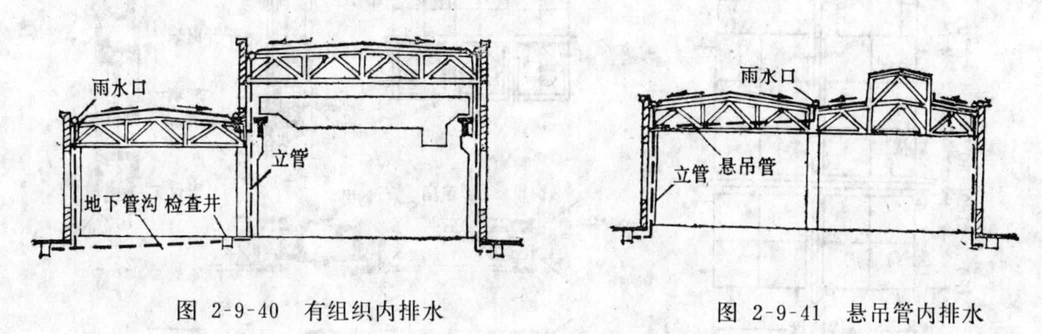

图 2-9-40 有组织内排水　　图 2-9-41 悬吊管内排水

第七节 侧窗、大门与天窗

一、侧窗

侧窗的主要作用是通风和采光。少数厂房还有特殊要求，例如要求恒温恒湿的车间，侧窗应有足够的保温隔热性能；洁净车间要求侧窗防尘和密闭等。工业建筑侧窗面积往往较大，容易破坏，因此对侧窗的要求应满足坚固耐久、开关方便，并尽量节省原材料，降低造价。

侧窗在高度方向常分为上下两排，一般是在吊车梁以上设一排高度较小的侧窗，吊车梁以下的侧窗高度则较大，可达3～4m。侧窗宽度也可达3～4m。水平方向通常在两根柱之间设一侧窗。

厂房侧窗的宽度与高度均采用3*M*数列，如窗的宽度有900、1200、1500……4800mm等规格；高度有600、900、1200……3600mm等规格。

侧窗的种类与民用建筑基本相同。按使用材料有木窗、钢窗、钢筋混凝土窗等；按使用要求有采光窗和通风窗；按层数有单层、双层和多层窗；按开启方式有平开、悬窗、转窗和固定窗等。

（一）木侧窗自重轻、易于加工，但耗木材多，易变形，防火及耐久性均较差。常用于小型厂房、辅助车间及对金属有腐蚀性的车间（如电镀车间）。木侧窗不宜用于高温、高湿或使木材易腐蚀的车间（如发酵车间）。其构造与民用建筑木窗基本相同。

（二）钢侧窗在工业建筑中应用最广，具有坚固耐久、防火、防潮、关闭紧密、透光率高等优点。目前我国生产的有实腹钢窗和空腹钢窗两种类型。现将工业建筑中使用特点分述如下：

1.实腹钢窗　实腹钢窗又称普通钢窗。窗料高度有25、32、40mm三种规格，常用32mm型钢。为便于制做和运输，基本钢窗尺寸一般不大于1800×2400mm（宽×高）。而工业建筑中每樘窗往往较大，需要几个基本钢窗组合而成（图2-9-42）。宽度方向组合时，两个基本窗扇之间加竖梃，竖梃可起联系相邻窗、加强窗的刚度和调整窗的尺寸的作用；高度方向组合时，两个窗扇之间加横挡，横挡与竖梃均需与四周墙体连接。当窗洞高度大于4.8m时，应增设钢筋混凝土横梁或钢横梁。图2-9-43为实腹钢窗示例，可对照学习。

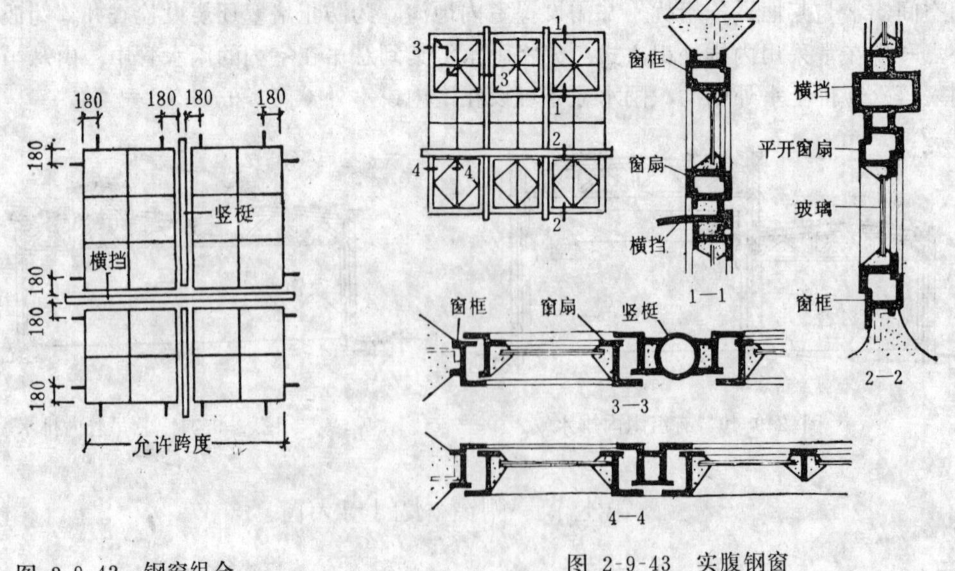

图 2-9-42　钢窗组合

图 2-9-43　实腹钢窗

2.空腹钢窗　具有重量轻、刚度大、外形美观等优点。因为其壁厚仅1.2mm，不宜用于有酸碱介质侵蚀和湿度较大的车间，工业建筑中应用较少。

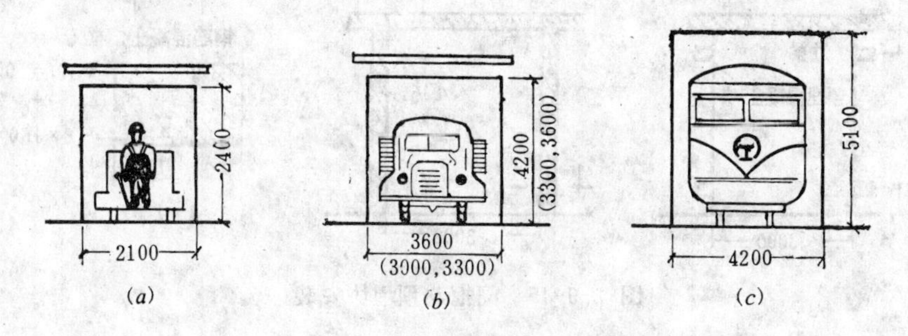

图 2-9-44

(a)通行电瓶车大门；(b)通行载重汽车大门；(c)通行火车大门

二、大门

（一）大门的尺寸

工业厂房的大门，主要应满足运输工具及运输料物的通行。因此，门的尺寸必须根据工艺设计所提出的运输工具类型、规格、并结合门的材料和施工条件等因素来决定。

为了使满载货物的车辆能顺利地通过大门，门的宽度应比车辆外轮廓宽度大600～1000mm，而高度则应高出400～500mm。图2-9-44为通行运输车辆大门的示意图。各种车辆通行用的大门洞口尺寸见表2-9-1。

厂房大门尺寸（mm） 表 2-9-1

通行要求	洞口尺寸(宽×高)	通行要求	洞口尺寸(宽×高)
手推车	1800×2100	中型卡车	3300×3000
3t矿车	2100×2100	重型卡车	3600×3900
电瓶车	2100×2400	汽车起重机	3900×4200
轻型卡车	3000×2700	铁轨机车	(4200～4500)×(5100～5400)

为了使门的尺寸统一化，规定门的宽度在800～1000mm之间者，采用1M数列，如800、900、1000mm等。1200mm以上者采用3M数列，如1200、1500、1800、2100mm……等。门的高度自2100mm开始，采用3M数列，如2100、2400、2700、3000mm……等。

（二）大门的种类

厂房大门的种类较多，按材料分有木门、钢木门、钢门、薄壁钢板门等。按开启方式有平开门、推拉门、折迭门、卷帘门、升降门、上翻门等。按用途有车辆、保温、防火、隔声、密闭、射线防护、变压器、食品冷藏门等。

大门的材料根据大门的尺寸和车间使用情况选择，门的宽度在1800mm以内时可选用木门，亦可选用钢门。门的尺寸较大时，为防止门扇变形和节约木材，可采用钢骨架的钢木门或钢板门。有腐蚀性及湿度较大的车间（如电镀、酸洗等）宜采用木门，不得采用薄壁型钢门。

当门宽小于3000mm时，钢门均不设门框，仅在门洞安装门铰链的部位砌入预制混凝土块，块内预埋钢板，以便与门扇铰链焊接。当门宽大于3000mm时，应设钢筋混凝土门

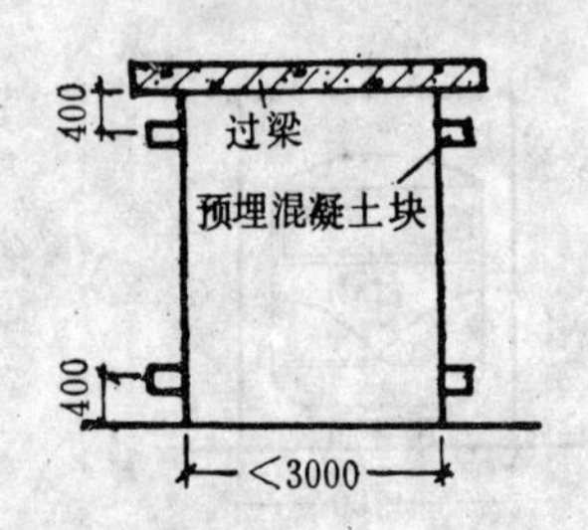

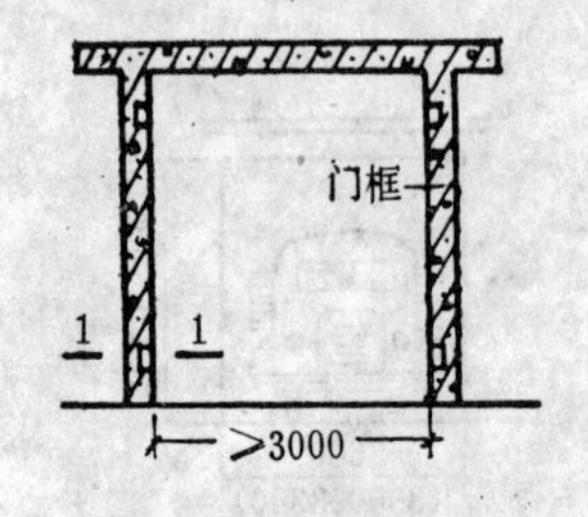

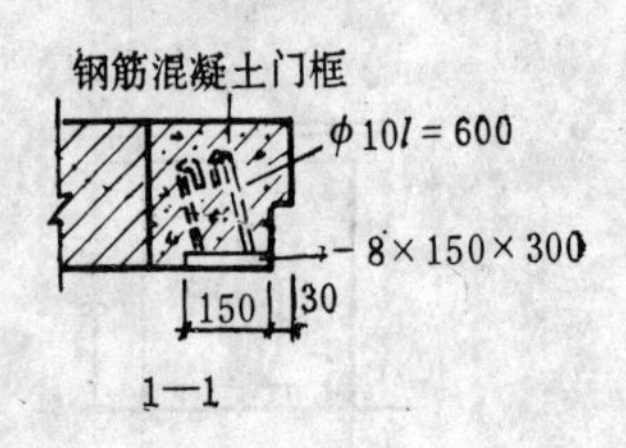

图 2-9-45　门框与预埋块安装

框，铰链与门框上的预埋铁件焊接（图2-9-45）。

三、天窗

天窗主要为增强工业厂房中采光与通风而设置的，尤其是单层连续多跨厂房中的中间跨部分，必须设置天窗来解决它的采光与通风问题。有些热加工车间，为迅速将车间中的余热和有毒气体排放出去，也需要设置通风排气天窗。

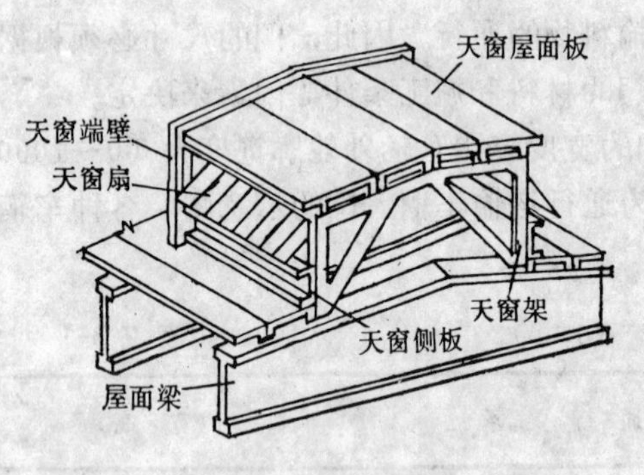

图 2-9-46　矩形天窗

天窗按用途分为采光天窗、通风天窗和采光通风天窗；按在屋面的位置有上凸式天窗、下沉式天窗和平天窗；按方向有横向天窗和纵向天窗；按断面形式有矩形、M形、W形和三角形等。

上凸式矩形天窗是我国单层工业厂房中应用最广的一种，它沿厂房纵向布置，采光、通风效果均较好。由天窗架、天窗屋面板、天窗侧板、天窗端壁和天窗扇五部分组成（图2-9-46）。

（一）天窗架（图2-9-47）

天窗架是天窗的承重结构，支承在屋架上弦（或屋面梁上缘）上，承担天窗部分的屋面重量。一般与屋架用同一种材料制作，宽度为屋架或屋面梁跨度的$\frac{1}{3}\sim\frac{1}{2}$，有3、6、9、12m几种规格。

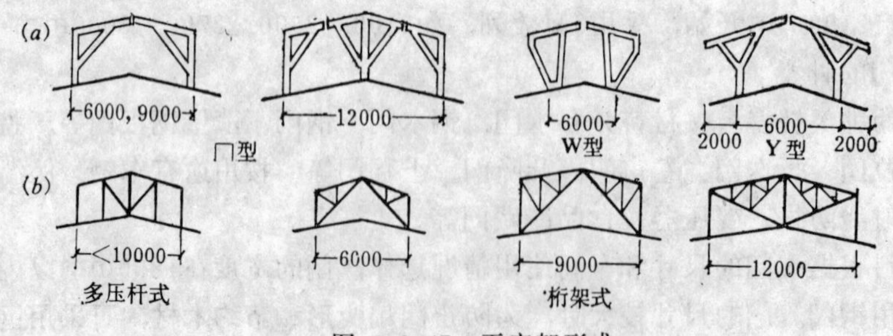

图 2-9-47　天窗架形式

（二）天窗端壁（图2-9-48）

天窗端壁又叫天窗山墙，它不仅使天窗尽端封闭起来，同时也支承天窗上部的屋面板。

天窗端壁是由预制的钢筋混凝土肋形板组成。当天窗宽度为6m时用两个端壁板拼成，9m时用三个端壁板拼成。

（三）天窗侧板（图2-9-49）

天窗侧板是天窗扇下的围护结构，其作用是防止雨水溅入室内。天窗侧板一般用钢筋混凝土槽形板或平板制做，高度400～600mm，高出屋面300mm，板长6m。

（四）天窗窗扇（图2-9-50）

天窗窗扇可以采用钢窗扇和木窗扇。钢窗扇一般为上悬式，木窗扇一般为中悬式。

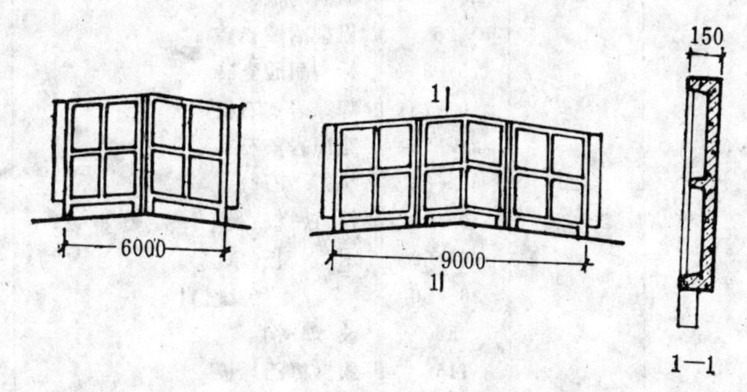

图 2-9-48 天窗端壁

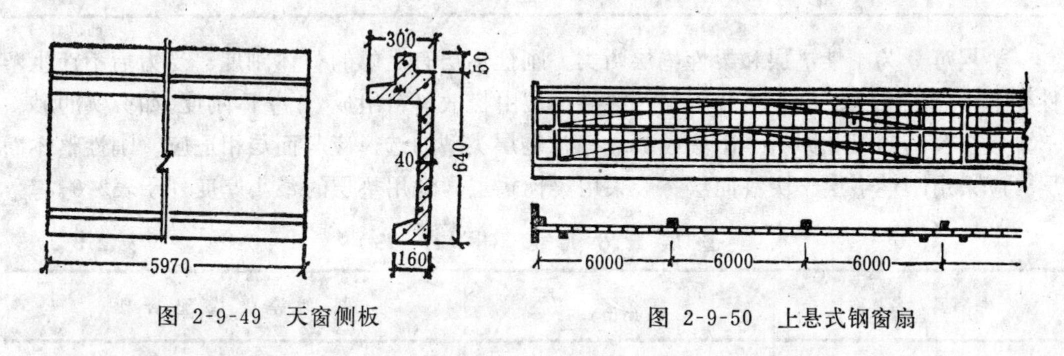

图 2-9-49 天窗侧板

图 2-9-50 上悬式钢窗扇

（五）天窗屋面

天窗屋面板与厂房屋面板相同，檐口部分采用无组织排水，把雨水直接排在厂房屋面上，檐口挑出尺寸为300～500mm。

第八节 地面与地沟

一、地面

单层工业厂房的地面由面层、垫层和基层组成，当上述基本构造层尚不能满足使用或构造要求时，可增设其他构造层，如结合层、隔离层、找平层等。

（一）面层

面层是直接供使用的表层，按构造不同可分为整体面层和块料面层两类。常用面层的厚度列于表2-9-2。

（二）垫层

面层厚度(mm)(TJ37—79) 表 2-9-2

面层名称	强度等级	厚度	面层名称	强度等级	厚度
混凝土(垫层兼面层)	≥C15	按垫层确定	煤矸石砖(平铺)	≥MU10	53
细石混凝土	≥C20	30～40	(侧铺)		115
水泥砂浆	1:2	20	缸　砖(平铺)		65
钢屑水泥	C40	30～35	(侧铺)		113
预制混凝土板(边长≤500mm)	≥C20	≤100	陶　板		15、20
水磨石		25～30	耐酸陶板		20、30
预制水磨石板		25	板型耐酸瓷砖		20、30
马赛克(陶瓷锦砖)		5～8	标型耐酸瓷砖		40、50、65
菱苦土(单层)		10～15	辉绿岩铸石板		20、30
(双层)		20～25	花岗岩条石	≥MU60	80～120
水玻璃混凝土	C20	60～80	块　石	≥MU30	100～150
耐碱混凝土	≥C25	40～60	铸铁板		7
沥青混凝土		30～50	木　板(单层)		18～22
沥青砂浆		20～30	(双层)		18
沥青浸渍砖(平铺)		53	玻璃钢		2～3布
(侧铺)		115	软聚氯乙烯板		2～3
普通粘土砖(平铺)	≥MU75	53	矿渣碎石(兼垫层)		80～150
(侧铺)		115	三合土(兼垫层)		100～150
			灰　土(兼垫层)		100～150

垫层可分为刚性垫层和柔性垫层两类。刚性垫层有足够的整体刚度，受力后不产生塑性变形，如混凝土、碎砖三合土等。柔性垫层由松散材料组成，无整体刚度，如夯实的砂、不加胶合料的碎石和卵石、矿渣或炉渣等。垫层类型的选择应与面层相适应。刚性整体面层，应采用刚性垫层，块料面层一般采用柔性垫层，常用垫层的最小厚度列于表2-9-3。

垫层最小厚度(TJ37—79) 表 2-9-3

垫层名称	厚度(mm)	强度等级或配合比
混凝土	60	C7.5
四合土	80	1:1:6:12(水泥:石灰膏:砂:碎石)
三合土	100	1:3:6(熟石灰:砂:碎石)
灰　土	100	2:8(熟石灰:粘土)
砂、炉渣、碎石	60	
矿　渣	80	

(三)基层

一般为经过处理的地基土，如素土夯实，或在土中夯入碎石、碎砖等来加强其密实度。遇到腐植土、淤泥时，应全部挖除另换新土。

(四)结合层、隔离层、找平层

1.结合层　结合层是连接块料面层和垫层的中间层，主要起结合作用。结合层应根据面层和垫层的种类来选择，常用材料及厚度见表2-9-4。

2.隔离层　隔离层是为了防止有害液体自上向下或地下水由下向上渗透扩散而设置的构造层。如厂房地面有侵蚀性液体，隔离层应设在垫层之上，可采用卷材隔离层。地面处

结合层厚度（mm）（TJ37—79）　　表 2-9-4

面层名称	结合层材料	厚度	面层名称	结合层材料	厚度
预制混凝土板	砂、炉渣	20～30	花岗岩条石	沥青砂浆	10～15
预制水磨石板、陶板		5		水玻璃砂浆	10～15
马赛克	1:1水泥砂浆			硫磺胶泥	10～15
缸砖、块石	砂、炉渣	20～30		硫磺砂浆	10～15
	1:2水泥砂浆	10～15		1:2水泥砂浆	10～15
板型耐酸瓷砖、标型	1:2水泥砂浆	10～15	铸铁板	1:2水泥砂浆	45
耐酸瓷砖、耐酸陶板	沥青胶泥	3～5		砂、炉渣	≥60
辉绿岩铸石板	水玻璃胶泥	5～8	沥青浸渍砖	沥青胶泥	4～6
	水玻璃砂浆	5～8	普通粘土砖	砂、炉渣	15～20
	硫磺胶泥	6～10	木板	沥青胶泥	2～3
	硫磺砂浆	6～10	软聚氯乙烯板	沥青类、橡胶类、树脂类粘结剂	1～2
	树脂胶泥	4～6			

于地下水位毛细管作用上升范围内，隔离层应设在垫层以下，可采用沥青混凝土或沥青碎石。常用隔离层材料及层数见表2-9-5。

隔离层层数（TJ37—79）　　表 2-9-5

隔离层材料	层数	隔离层材料	层数
石油沥青油毡	1～2毡	软聚氯乙烯板	1层
沥青玻璃布油毡	1毡	玻璃钢	1～2布
再生胶油毡	1毡	热沥青	2度

3.找平层　找平层起找平或找坡作用。当面层较薄，要求面层平整或有坡度时，垫层上需设找平层。在刚性垫层上，找平层一般为20mm厚1:2或1:3水泥砂浆；在柔性垫层上，找平层宜采用细石混凝土（≥30mm）。找坡层常用1:1:8水泥石灰炉渣制做。其材料与厚度见表2-9-6。

找平层厚度（mm）（TJ37—79）　　表 2-9-6

找平层材料	强度等级或配合比	厚度
水泥砂浆	1:3	≥15
混凝土	C7.5～C10	按找坡要求确定

二、地沟

工业厂房中的各种管线，如电缆、压缩空气管道、暖气管道、通风管道、蒸汽管道等，需要设置在地沟内，而生产废水则直接由地沟排泄。

地沟按所用材料可分为砖砌地沟和混凝土地沟两种。砖砌地沟又可分为一般砖砌地沟和砖砌防潮地沟两种类型。前者用于地下水位较深，潮气不会进入地沟的情况，否则使用后者。在有地下水时，使用混凝土地沟。

砖砌地沟沟壁用砖砌，砖的强度等级≥MU7.5，底板用强度等级≥C10的混凝土制做。壁顶用厚100mm的混凝土压顶，以支承钢筋混凝土盖板。混凝土地沟沟壁现浇不小于C15的混凝土，沟底用C15或C10混凝土浇筑。各种地沟剖面图如图2-9-51所示。

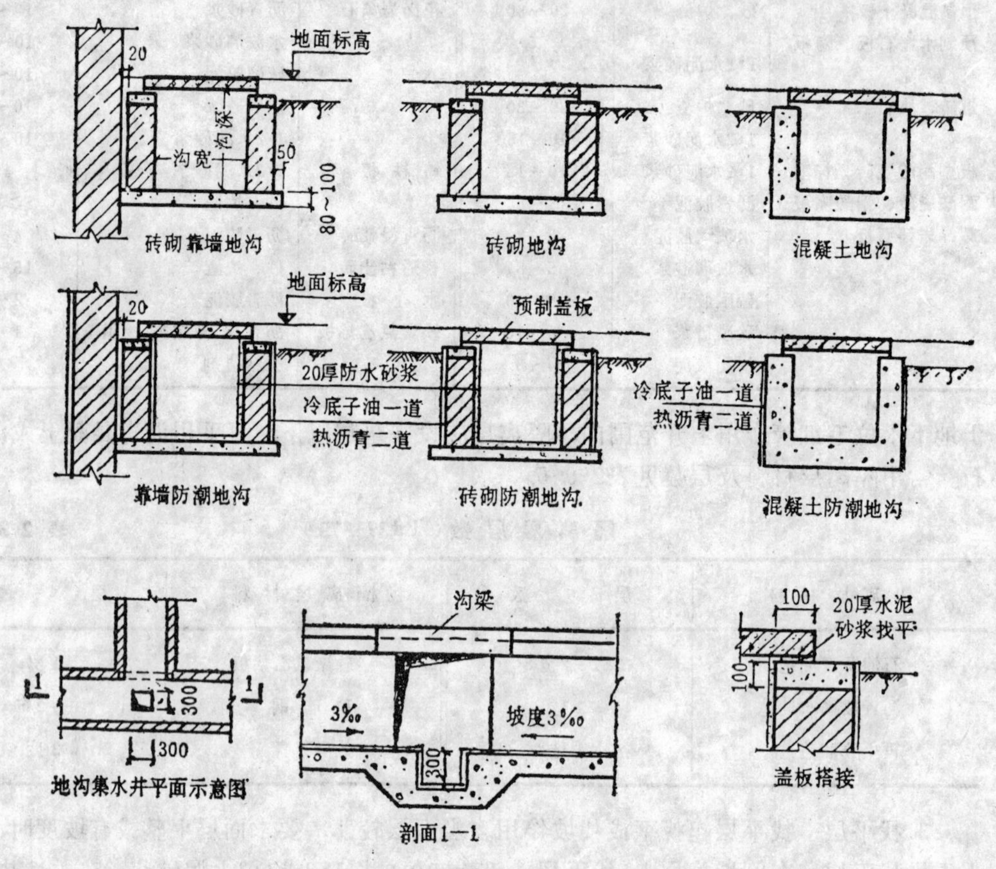

图 2-9-51　地沟剖面与集水井

如沟内有集水时，可在适当位置设集水井（图2-9-51）。

地沟上盖钢筋混凝土盖板，盖板宽490mm，长度比沟宽大200mm，以便每端搁置100mm。盖板有固定式和活动式两种，活动盖板是为了检修开启和人进入地沟而设置的，盖上有两个活动拉手（图2-9-52）。

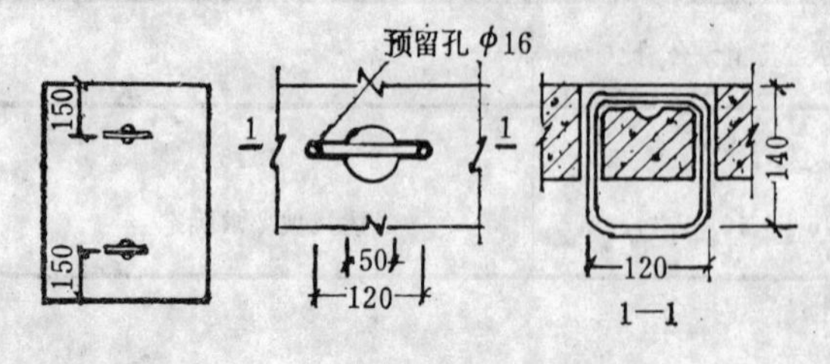

图 2-9-52　活动盖板及提手

当地沟穿过内外墙时，如无基础梁，应增设墙过梁（图2-9-53(*b*)、(*c*)）。

地沟交叉和转角处，根据地沟弯曲情况，可采用无切角和有切角两种做法。无切角需搭置预制梁(图2-9-54(*a*)、(*b*))；有切角者，切角部分需现浇盖板和地沟梁（图2-9-54(*c*)）。

在给排水工程中，水泵房内需设置排水沟，深度一般为200～500mm，沟盖板上带孔，以便水由孔流入沟中，其构造见图2-9-55。

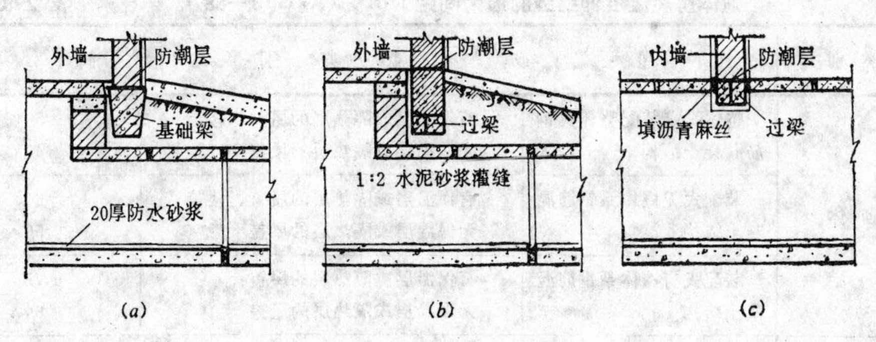

图 2-9-53 穿墙地沟

(a)外墙有基础梁；(b)外墙无基础梁；(c)穿内墙

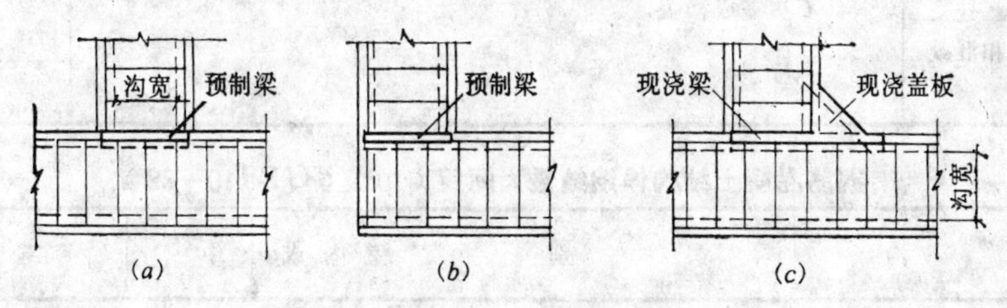

图 2-9-54 地沟交叉及转角做法

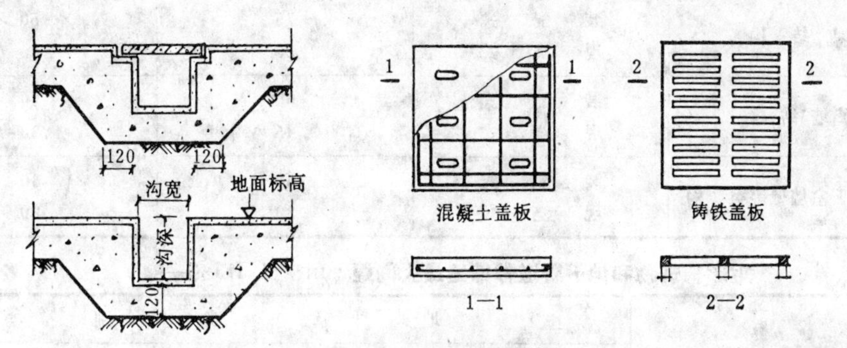

图 2-9-55 排水沟及盖板

第九节 变 形 缝

当厂房或建筑物的长度超过一定限度，或建筑物的个别部分的高度或荷载与其他部分差别很大时，建筑物会因温度变化、地基的不均匀沉陷或地震的原因产生变形，从而引起建筑物出现裂缝或破坏。为避免这种裂缝的发生，在设计和施工时，必须将过长的或层数不同部分的建筑用垂直缝隙分成几个单独的部分，各部分能独立变形，这些缝隙称为变形缝。变形缝因其功能不同可分为伸缩缝、沉降缝和抗震缝三种。

一、伸缩缝

伸缩缝又叫温度缝。是为防止温度变化使建筑物破坏而设置的变形缝。一般从基础顶面开始到屋顶设置一条通缝，缝宽20～30mm。

伸缩缝的最大间距，根据建筑物的材料和结构而定。对砖石结构、钢筋混凝土结构、构筑物按表2-9-7、表2-9-8、表2-9-9采用。

砌体房屋温度伸缩缝的最大间距（m）（GBJ3—88）　　表 2-9-7

砌体类别	屋盖或楼盖类别		间距
各种砌体	整体式或装配整体式钢筋混凝土结构	有保温层或隔热层的屋盖、楼盖	50
		无保温层或隔热层的屋盖	40
	装配式无檩体系钢筋混凝土结构	有保温层或隔热层的屋盖、楼盖	60
		无保温层或隔热层的屋盖	50
	装配式有檩体系钢筋混凝土结构	有保温层或隔热层的屋盖	75
		无保温层或隔热层的屋盖	60
粘土砖、空心砖砌体	粘土瓦或石棉水泥瓦屋盖 木屋盖或楼盖 砖石屋盖或楼盖		100
石砌体			80
硅酸盐块体和混凝土砌块砌体			75

钢筋混凝土结构伸缩缝最大间距（m）（GBJ10—89）　　表 2-9-8

结构	类别	室内或土中	露天
排架结构	装配式	100	70
框架结构	装配式	75	50
	现浇式	55	35
剪力墙结构	装配式	65	40
	现浇式	45	30
挡土墙、地下室墙壁等类结构	装配式	40	30
	现浇式	30	20

矩形构筑物和地下管道伸缩缝最大间距（m）（GBJ69—84）　　表 2-9-9

结构类别		地基类别			
		岩基		土基	
		工作条件			
		露天	地下式或有保温措施	露天	地下式或有保温措施
砌体	砖	30		40	
	石	10		15	
现浇混凝土		5	8	8	15
钢筋混凝土	装配整体式	20	30	30	40
	现浇	15	20	20	30

二、沉降缝

沉降缝的设置是为了防止建筑物各部分由于不均匀沉降而引起的破坏，其设置原则一般是：

（一）当建筑物建筑在不同的地基土壤上时，建筑物的两部分之间；

（二）当同一建筑物的相邻部分高度相差两层或部分高度超过10m以上时；

（三）建筑物的荷载差异较大时；

（四）原有建筑物和扩建新建筑物之间；

（五）当相邻基础宽度和埋置深度相差悬殊时；

沉降缝应从基础底部断开，并贯穿建筑物全高。

三、抗震缝（又称防震缝）

当厂房的平面布置较复杂，各部分的刚度相差较大时，它们对地震力引起的振动会产生不同的后果。在地震烈度为7度及其以上地区，应设置抗震缝，将厂房分成若干形体简单、刚度均匀的独立单元。

抗震缝的做法和沉降缝相同，从屋顶到基础全部断开，缝的两侧应分别设置墙体或柱子。抗震缝的宽度应按建筑物高度和设计烈度不同而定：当建筑物总高$H \leqslant 10$m时，抗震缝宽度$B = 50$mm；当$H > 10$m时，7度区$B = \frac{H}{200}$，8度区$B = \frac{H}{120}$。式中H为相邻建筑物较低一侧的高度。

变形缝的构造：

室内外地面的混凝土垫层，应设置纵横向伸缩缝，并应符合下列要求：

（一）纵向伸缩缝应采用平头缝或企口缝，其间距一般为3～6m（图2-9-56（a）、（b））；

（二）横向伸缩缝宜采用假缝（图2-9-56（c）），间距一般为6～12m。

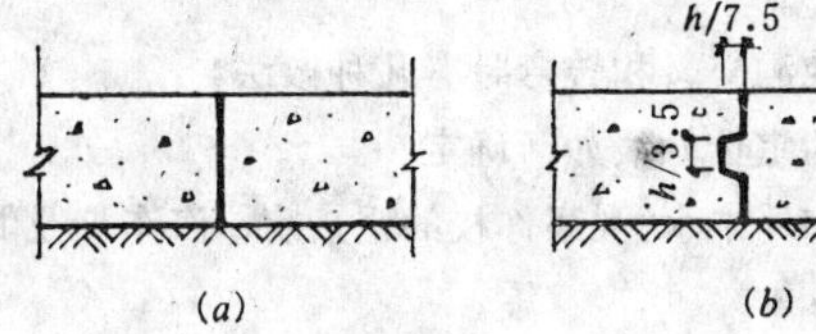

图 2-9-56 地面垫层变形缝

（a）平头缝；（b）企口缝；（c）假缝

（三）平头缝和企口缝的缝间不得放置隔离材料，必须彼此紧贴。假缝的缝宽一般为5～20mm，缝内应填水泥砂浆。

（四）室外地面的混凝土垫层，宜设置伸缩缝，其间距为30m，缝宽20～30mm，缝内填沥青材料。

墙体、屋顶和基础变形缝的构造分别参考图2-9-57、图2-9-58、图2-9-59。

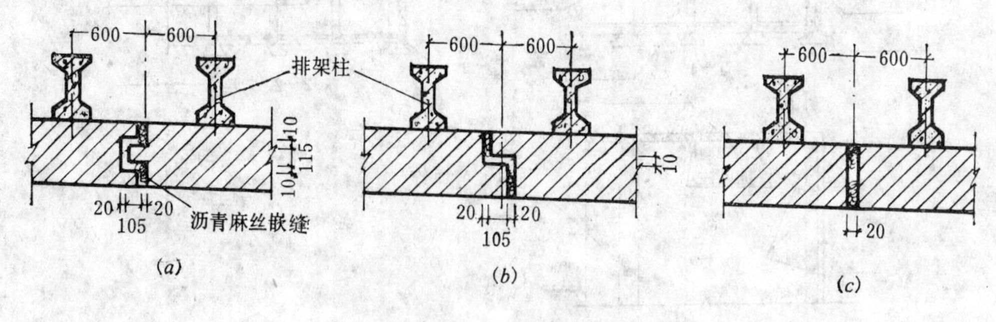

图 2-9-57 墙体变形缝

（a）企口缝；（b）变低缝；（c）平缝

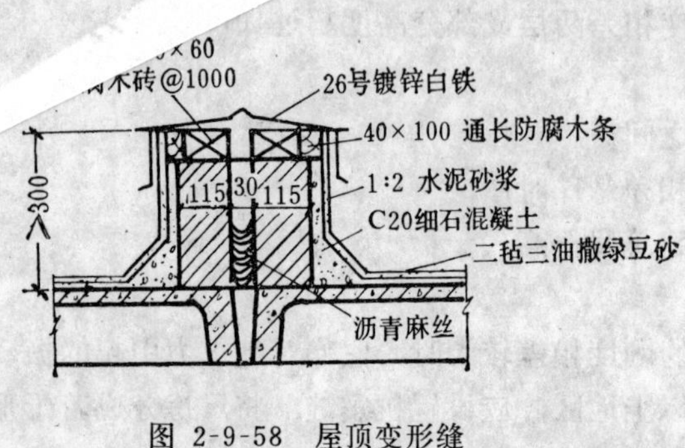

图 2-9-58 屋顶变形缝

图 2-9-59 柱下基础变形缝

复 习 题

1.单层工业厂房的横向排架由什么所组成?纵向联系构件有哪些?各承担什么荷载?

2.连系梁、基础梁及吊车梁的作用是什么?各支承在何处?圈梁是否支承在柱子上?

3.厂房的横向定位轴线在一般情况下如何确定?当山墙为承重墙时如何确定其横向定位轴线?边柱处纵向定位轴线如何确定?

4.带有承重壁柱的外墙其纵向定位轴线如何确定?无承重壁柱的承重外墙纵向定位轴线如何确定?

5.骨架承重结构的墙体受哪些力?传向何处?

6.柱子的预埋件有哪些?分别与哪些构件连接?

7.何谓地面的结合层和隔离层?普通粘土砖、预制混凝土板、预制水磨石板、马赛克、缸砖各采用什么材料作结合层?

8.地沟按使用材料有几种?各适用于何种情况?地沟交叉和转弯时有几种做法?

9.变形缝有几种?构造上有何区别?变形缝两侧的定位轴线如何确定?

10.何谓有组织排水和无组织排水?何谓内排水和外排水?观察你校的锅炉房、汽车库及其他生产车间采用的是哪一种排水方式?

11.单轨悬挂吊车和悬挂梁式吊车在构造和运行方向上有何不同?

12.图2-9-60为一工业厂房的部分平面图和剖面图，试在指示线上写出构件的名称。

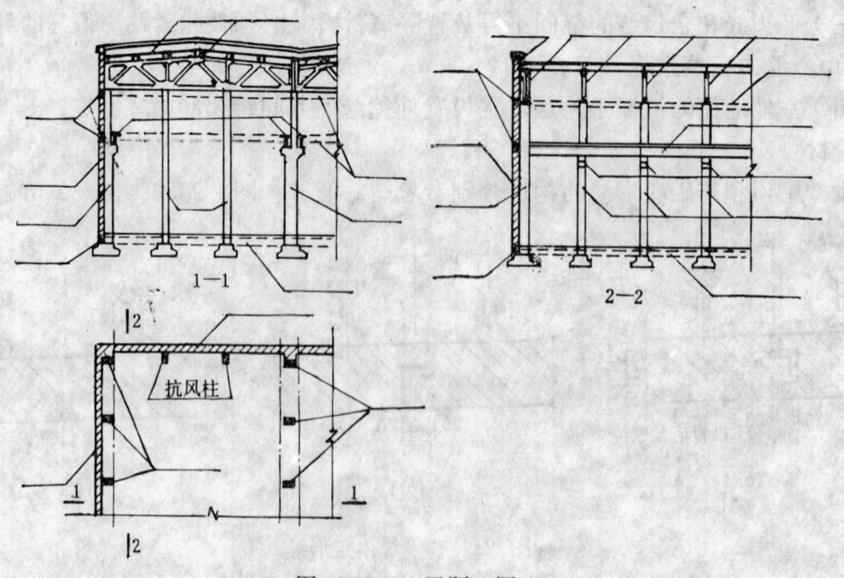

图 2-9-60 习题12图

编委会

主　　编　刘　巧

副主编　黄　港　胡凤鸣　程仕萍　严张仁

编　　者（按姓氏笔画排序）

刘　巧　刘思敏　孙冷冰　严张仁

邱善裕　邹国明　胡凤鸣　胡丽霞

黄　港　龚　坚　程仕萍　黎　敏

编写秘书　黎　敏

前言

皮肤病是发生在皮肤及皮肤附属器的疾病，皮肤病种类繁多，在临床上常见且多发，部分顽固难愈，常给患者带来较大困扰，严重影响其生存质量。

根据皮肤病的特点并结合多年来的临床经验，本团队发现一些皮肤病的发病因素并不能只用六淫、饮食不节、情志等基本病因来解释，还存在毒邪致病的因素，由此多年来开展毒邪发病学说研究，同时在临床实践中也证明了毒邪发病学说是一套行之有效的理论。目前毒邪发病学说拥有较为完整的理论体系，其理论与实践也在日益发展，但缺少系统总结的书籍。为进一步深入阐述从毒论治皮肤病的理论基础、临床实践和研究进展，以及更好地完善、发展毒邪发病学说，本书由本人主编，我的学术继承人黄港、胡凤鸣、程仕萍、严张仁任副主编，我的博士研究生龚坚、邹国明、孙冷冰、胡丽霞、刘思敏、黎敏及传承工作室邱善裕共同完成，是“刘巧全国名老中医药专家传承工作室”奉献的专著。

本书分为毒邪发病学说理论、从毒论治、毒邪发病学说在皮肤科的运用、毒邪发病学说研究现状与展望、附录五个部分，系统介绍毒邪发病学说理论体系，以及从毒论治皮肤病独特的辨证思路和用药心得。其中，为了体现毒邪发病学说理论与实践的融合，本书对常见皮肤病，从毒邪发病学说出发，进行一一分析，并附上临床病案；从临床研究与基础研究两方面出发，整理了毒邪发病学说的研究进展和未来展望。书中内容由浅入深，目的在于帮助读者进一步了解毒邪发病学说，并期待能为皮肤科医生、中医医生和学生提供临床、教学、科研的新思路，提高皮肤科诊疗效果。

需要说明的是，本书部分方剂涉及犀角、穿山甲等禁用中药，为保留方剂原貌，未予修改，临床使用时应选择相应的替代品。此外，一些方剂保留了古代剂量单位，临床应用时请读者根据患者情况灵活使用。

本书虽经反复推敲和修改，但难免存在疏漏或欠妥之处，恳请各位专家、同仁及读者谅解并提出宝贵意见。

刘 巧

2023年4月8日于江西中医药大学

目录

第一章　毒邪发病学说理论

第一节　概　说

毒邪学说是中医学重要的病因病机理论之一，最早可追溯到秦汉，经过唐、宋、元、明、清历代医家不断地充实、发展，在现代达到顶峰，其理论不断趋于完善。

毒邪学说的建立基于历代医家对毒及毒邪的认识。关于“毒”最早的记载见于《黄帝内经》，书中对毒邪的致病特点及防治原则进行了简要阐述。随后的《金匮要略》中阴阳毒之论述，是最早的毒邪分类方法，开创了后世毒邪分类的先河。《华氏中藏经》中首见“毒邪”之名，并倡导“蓄毒致病”学说，为“毒邪”及“伏毒”理论发展奠定了基础。隋代的《诸病源候论》详细阐述了部分毒邪病因病机、传变、解毒之法。宋金元时期，医家对毒邪的认识进一步深入，譬如刘完素的《素问玄机病原式》较早地记载药毒致病；张从正的《儒门事亲》对热毒致病有了更进一步的探讨。时至明清，瘟疫的流行促进了毒邪学说快速发展，《瘟疫论》《景岳全书·瘟疫》中对疫疠、痘疹等毒证均有详细论述。近现代以来，医家、学者不仅在理论上有较多发挥，如微生物毒、浊毒、脂毒等；还从科研、临床角度，基于各种疾病发病机制，结合西医学使“毒邪”的研究进一步深入细化，极大地丰富了毒邪学说理论。

毒邪学说的形成及完善对于中医学具有重要的意义。首先，该学说作为一种病因病机理论，极大地丰富了中医学之病因理论。临床上部分慢性、复杂性、疑难性疾病可能存在病因不明的情况，基于毒邪角度对这部分疾病进行病因学研究，补充了传统病因理论的不足。其次，基于毒邪发病学说形成的解毒、抗毒、排毒、攻毒的治疗大法可用于指导临床治疗。根据不同毒邪的类型、病位、性质等选择不同的治毒之法，常能取得良好的疗效。

毒邪学说发展至今日，形成了较为系统的理论体系，但仍存在较多的问题，如毒邪的概念趋于泛化；单纯用分子生物学来解释毒邪，忽略了中医的整体性；

毒邪传变、转归不明确等。这些问题的存在提示着我们仍需进一步完善毒邪发病理论体系，完善辨证论治体系，更好地用于指导临床。

一、毒的概念

毒的本义是指毒草，《说文解字》释："毒，厚也，害人之草。"此处之毒指药物之毒性（副作用）、偏性、峻烈之性。《简明中医辞典》解释毒："①病因，如毒气。②病证，多指热肿胀或滋水浸淫之症，如热毒、湿毒等。③指毒物的毒性。"2005年《中医大辞典（第二版）》释毒："指毒物、毒害、疫毒。"总结起来，毒在中医学中主要包括以下5个方面的内容。

1.药毒或毒物 泛指药物或药物的毒性、偏性和峻烈之性。如《素问·脏气法时论》记载："毒药攻邪，五谷为养，五果为助。"《周礼·天官·医师》曰："聚毒药，以共医事。"此处之毒代指具有祛邪功效的药物。《素问·五常政大论》云："大毒治病，十去其六，常毒治病，十去其七，能毒者，以厚药；不能毒者，以薄药。"此处之毒指代药物的偏性，即峻烈之性，并对其程度进行划分，避免损伤人体正气。1989年版《辞海》解释毒："对机体发生化学或物理化学的作用，因而损害机体，引起功能障碍、疾病甚至死亡的物质。"此处之毒可解释为毒物。

2.病因 毒是一种病因，包括能对机体产生毒害（或毒性）作用的各种致病物质。2005年《中医大辞典（第二版）》释毒："指毒物、毒害、疫毒。①病因之一。疮疡发病中，常见的病因有火毒、热毒；虫兽咬伤而感受邪毒的如蛇毒、狂犬毒、疫畜毒；先天禀赋不耐接触某物而受害者如漆毒、沥青毒等。②病证名。"《诸病源候论·毒疮候》记载："此由风气相搏，变成热毒。"陈平伯《外感温热病篇》曰："风湿热毒，深入阳明营分，最为危候。"上述热毒均指病因。

3.病证 毒邪也是一种病证，《简明中医辞典》解释毒："①病因，如毒气。②病证。"《金匮要略·百合狐惑阴阳毒脉证并治》记载："阳毒之为病，面赤斑斑如锦纹，咽喉痛，唾脓血，升麻鳖甲汤主之。阴毒之为病，面目青，身痛如被杖，咽喉痛，升麻鳖甲汤去雄黄、蜀椒主之。"此处提到的阴阳毒指代的是感受疫毒，内蕴咽喉，入侵血分的一种病证。

4.病名 如无名肿毒、丹毒、面发毒（《疡科经验集》），沙虱毒、犬毒、食毒（《肘后备急方》），委中毒、抱头火丹毒、痘毒、火痰毒、杨梅疮结毒（《刘涓子鬼遗方》）等。

5.治法 如拔毒、解毒、攻毒等。《张氏医通》记载："痘疹多是毒瓦斯盛，便先宜解毒；然恐气血周贯不定，故随后亦宜兼补，以助成脓血也。”

由此可见，基于中医学对事物本质和事物之间联系的演化，毒的含义从最初的毒草、毒物延伸到药物偏性、药物的毒副作用，从病因、病名引申到疾病证候、病机，其概念逐渐泛化，而这一过程亦是医家对毒的认识不断深入的结果。

二、毒邪的概念

毒邪的概念随着时代不同、医家观点不同而具有不同的定义。古代医家未对毒、毒邪明确界定，如有的医家将毒邪等同于疫疠，归属于温病范畴；也有的医家认为无邪不有毒，毒邪为无形之邪，内涵很广。当代亦有许多医家提出各种观点，但也未有共识。归纳而言，毒邪具有狭义及广义之分，狭义“毒邪”主要是指疾病的病因病机变化过程。而广义“毒邪”是指药物或药物属性、病名、致病因素、病理产物、治法等方面，具体如下。

1. 指与毒有关的致病因素 这种致病因素不管外感还是内生，都称为毒邪。如《灵素节注类编·瘰》云：“瘰生于颈腋间，甚者连贯成串，是肝胆两经之脉所行者。始由七情郁结，阳化为热，而外邪乘之，致寒热邪毒留于经脉，与血气胶结而成此病。”此乃七情郁结，导致阴阳气血津液失调，与外邪相合，而生成毒，引起瘰疬的病证。

2. 指致病性质强烈的外感邪气 中医病因学中的外感六淫之邪，如风邪、寒邪、暑邪、湿邪、燥邪、火邪，均是采用比类取象法而来，同样我们可以把致病性质强烈的外感邪气称之为毒邪。《素问·五常政大论》云：“夫毒者，皆五行标盛暴烈之气所为也。”故邪气盛极或蕴结不解者，皆可称之为毒邪。如火热之邪可成热毒，寒极可成寒毒；邪气长期蕴结不解，可以化而为毒，如湿热之邪长期不解，可成湿热毒。

3. 专指温病的病因 部分医家将毒邪归属为温邪，认为毒是具有传染性并能引起流行、侵袭力强、易引起危重证候和局部特殊体征的致病物质，是达到一定严重程度的特殊温邪，如《肯堂医论》云：“痘疹始于胎毒，继感瘟疫外邪，引动伏毒，势若燎原，危险万分，互相传染，为害间阎。”

4. 将致病微生物称为毒邪 细菌、病毒、真菌、结核等致病微生物称为毒邪，又如乙肝病毒、艾滋病病毒、严重急性呼吸综合征（SARS）病毒等致病微生物，在现代中医文献中常被称为毒邪。如《医学衷中参西录》云：“又考鼠疫之毒菌为杆形，两端空而中实。”“言肺鼠疫毒侵脏腑，由口鼻传入。而腺鼠疫止言其有毒侵入之腺，而未言其侵入之路，以愚断之，亦由口鼻随呼吸之气传入。”《备急千金要方》曰：“恶核病卒然而起，有毒，若不治，入腹烦闷杀人。皆由冬月受温风，至春夏有暴寒相搏，气结成此毒也。”

5. 指邪气与体内病理产物结合所产生的新致病因素 邪气与痰浊、瘀血相搏，蕴结不解，产生新的致病物质——毒邪。如《太平圣惠方·治肺脏痰毒壅滞诸方》云：“夫痰毒者，由肺脏壅热，过饮水浆，积聚在于胸膈，冷热之气相搏，结实不消，故令目眩头旋。心腹痞满，常欲呕吐，不思饮食，皆由痰毒壅滞也。”

6. 毒邪具有病因和病机的双重含义 如《类经·移热移寒》曰：“凡痈毒之病，寒热皆能为之，热者为阳毒。”

关于毒邪的概念，刘巧教授有自己的见解。刘巧教授认为引起皮肤病发病的“毒邪”，不是一般概念上所称的中毒，也不是一般所说的食用或接触了某些剧毒物质（包括药物、化学制剂、有毒食物等）所致的毒性反应，而是蕴藏在普通食物、药物、动物、植物及自然界的六气之中，这些“毒邪”作用于人体，大部分人不发病，只有部分人因体质不耐、先天禀赋不足，毒邪侵入人体，积聚于皮肤腠理，而致气血凝聚、营卫失和、经络阻塞，外发而成皮肤病。如《诸病源候论》曰：“漆有毒，人有禀性畏漆者，但见漆便中其毒。”又曰：“若火烧漆，其毒气则厉，着人急重，亦有性自耐者，终日烧煮，竟不为害也。”这说明由毒引起的皮肤病，只有人体在某种状态下，接触某种物质，才会发病，所谓“人有禀性畏漆，但见漆便中其毒”。如果人体在正常情况下，即使接触某种致病物质，亦不发病，所谓“亦有性自耐者，终日烧煮，竟不为害也”。

目前，医家根据毒邪的产生或对机体侵袭途径的不同，提出毒邪可分为外源性毒邪和内源性毒邪。其中从外感受的特殊致病因素称之为外源性毒邪，凡来源于身体之外的有害于身体健康的物质，均归于其范畴，主要包括六淫亢盛所化毒邪，如麻疹、霍乱、伤寒等疫疠毒邪。《素问·刺法论》云：“五疫之至，皆相染易，无问大小，病状相似……避其毒气，天牝从来。”明代吴又可的《温疫论》记载：“疫者，感天行之疠气也……此气之来，无论老少强弱，触之者即病。”外源性毒邪不仅包括河豚、毒蕈等食毒，雷公藤、马钱子、蟾蜍、蜈蚣、水银等药毒，酒毒、胎毒、蛇毒等传统外来毒邪，还应包括结合西医学认识的可造成人体发病的物质，如细菌、真菌、病毒、支原体等病原微生物，化妆品、化学药物、农药、化肥、防腐剂、食品添加剂等化学致病物，大气污染、水污染，气候、气温变化，阳光暴晒、装修等伴随的环境致病物。如雾霾，《晋书·天文志》云：“凡天地四方昏蒙若下尘，十日五日已上，或一月，或一时，雨不沾衣而有土，名曰霾。”紫外线以及噪声、电磁波、超声波等对人体的干扰均属于外源性毒邪。内毒指由内而生之毒，是人体受某种致病因素作用后在疾病发生发展过程中所形成的病理产物，是由脏腑功能和气血运行紊乱，机体内生理或病理产物不能及时排出体外，蕴积于体内而化生。内毒既是原有疾病的生理或病理产物，又是新的致病因素，不但能加重原有病情，而且能产生新的病证。临床上常见五志过极或七情太过化火而成火毒、痰浊郁久而成痰毒、瘀血蕴蓄日久而成瘀毒、湿浊蕴积而成湿毒等。随着西医学对微观领域认识的不断深入，分子水平上的致病物质被广泛发现，为中医毒邪的研究与西医学结合提供了切合点。因此部分医家认为内生之毒包括机体一系列病理生理生化过程的产物，如氧自由基、炎症因子、致癌因子等。外源性毒邪和内源性毒邪有时在致病过程中常互为因果，相互影响，相互促进。外毒入侵可造成脏腑功能失常，气血运行障碍，由此可产生病理性代谢产物——内毒。内毒生成之后，耗伤正气，正气虚衰，卫外失固，又易招致外毒。二者互为依存，共同致病，使病情更加凶险顽恶，缠绵难愈。

此外，毒邪从病因学和病理学的角度可划分为原发性毒邪和继发性毒邪两类。广泛存在于自然界，由外而来直接侵袭人体，对机体造成毒害作用的烈性邪气称为原发性毒邪，如“六淫之毒”“疫疠”“虫兽毒”。继发性毒邪则是指在原发性毒邪侵袭人体的基础上，在体内产生的一些病理性物质，进而对机体造成新的毒害作用，继发新的疾病。如水液蓄积久聚而成的湿毒、痰毒，七情内伤而致的瘀毒、热毒、火毒，二便不畅蓄积产生的浊毒、粪毒、尿毒，糖脂过剩产生的脂毒、糖毒等。

三、毒邪发病的概念

毒邪发病的概念就是指毒邪既是一种从外感受的特殊致病因素，如食物毒、药物毒、化妆品毒、虫兽毒、漆毒等，又是人体受某种致病因素作用后在疾病过程中所形成的病理产物，如热毒、血毒、风毒、湿毒等，这些病理产物形成之后，又能直接或间接作用于人体某一脏腑组织和皮肤从而发生各种皮肤病证。喻嘉言认为：病久不解，可蕴结成毒。尤在泾的《金匮要略心典》载：“毒，邪气蕴结不解之谓。”可见，不管外毒还是内毒，侵入人体，积聚于脏腑或皮肤腠理，久蕴不解，均可发为皮肤病。

毒邪侵袭机体，可出现一系列临床特征，但不论外感还是内生，毒邪为病均具有许多共同的临床表现。究其根源，同为毒邪，具有内在的、共同的病理基础和致病机制。我们通过临床观察，总结毒邪发病引起皮肤病通常具有以下特点。

（1）发病前有内服某些药物或食物史、某种物质的接触史、毒虫叮咬史，或不洁性交史。

（2）特异性：毒邪发病在病因学上具有特异性，主要体现在以下几方面。①同一毒邪致病，其临床表现、病程、累及部位、传变规律等基本类同，具有特异性，如水痘，麻疹，破伤风等。故吴又可《温疫论·杂气论》指出毒邪所致“发颐、咽痛、目赤、斑疹之类，其时村落中偶有一二人所患者，虽不与众人等，然考其证，甚合某年某处众人所患之病纤悉相同，治法无异”。②部分疾病呈现“一毒一病”的特异性，如艾滋病病毒、梅毒螺旋体、淋球菌、麻风杆菌等毒邪感染所致疾病。

（3）猛烈性：毒邪致病猛烈性可体现在以下两方面。①毒邪致病力强，其所致疾病病情笃重，极易致死，如蛇毒、狂犬病毒等。②毒邪所致疾病病势急促，发病迅猛，传变迅速，变化多端，如火（热）毒、药毒、食物中毒等。

（4）顽固性：毒邪致病的顽固性，主要体现在所致疾病具有反复发作、顽固难愈，在病位上较为深沉，在病程上迁延日久、病期冗长的特点。其原因大多是毒邪内犯，易内伏机体，形成夙根，一旦受到诱因引动，导致疾病再次发作，如毒邪所致结缔组织疾病、特应性皮炎等。同时毒邪的顽固性也决定了毒邪治疗难度较大，单一治疗难以奏效。

（5）火热性：从毒邪性质而言，大多数毒邪归属于阳热之邪。从病因病机角度而言，其火热之性或因毒犯机体，正气奋起抗毒，正邪相搏，化火生热；亦可因六淫之邪外袭入内，郁久不解，变生热毒。从临床表现而言，各类皮肤疾病皮损以红斑、水疱、风团、糜烂等损害为特征，可伴瘙痒或疼痛或灼热等，具有火热性。

（6）传染性：机体感受毒邪后，能通过各种途径传染给他人。部分毒邪具有不同程度的传染性，尤其以疫疠毒邪为其代表，如梅毒、淋病、麻风等。《圣济总录·伤寒门》指出：“凡时行温疫，皆四时不正之气，感而病者，长少率相似。此病苟不辟除，多致传染，宜有方术，预为防之。”

（7）依附性：毒邪极少单独致病，常兼挟他邪，一起侵犯机体。外源性毒邪多依附六淫之邪。《温病条辨》中曾提出“诸温挟毒”“毒附湿而为灾”。如机体感受湿邪，失于宣散，郁而化热，酿成湿热之毒，外溢肌肤，可引发湿风疮。而继发性毒邪则常依附痰浊、瘀血等病理产物，如毒与瘀搏结，相互依附而形成的瘀毒。毒挟痰瘀，留在肌表日久形成“结节”；湿热痰毒留在肌表，日久亦成“囊肿”等。

临床上毒邪往往同时具备特异性、猛烈性、顽固性、火热性、传染性、依附性6个特性中的3个以上特性。

以银屑病为例，银屑病不同于一般的火热之邪，表现出一派火热之象，如发热、舌红、脉数、苔黄、大便秘结、小便短赤等。寻常型银屑病除了皮损，表现为浸润性红斑及丘疹，还表现出毒邪的一些特点，即血分蕴毒。一是本病极其顽固，不像一般外感热病或者过敏反应，使用一般的辛凉清解药物后病情往往很快好转，对于银屑病来说，其皮损消退非常慢。它的表皮细胞增生非常迅速，像肿瘤一样，皮屑反复大量出现，缠绵难愈。二是来势较快，有时一次外感，或者轻度外伤，某些部位的炎症均可诱发该病，皮损迅速发遍全身，尤其是脓疱型银屑病和点滴型银屑病，更是来势凶猛。三是本病多数是皮肤受累，无论多么剧烈，只是皮肤受累，其他脏器不受累，具有特异性。四是本病多兼夹火热之邪，无论是红斑、丘疹还是脓疱，从皮损辨证上来说多是火热之邪，无论这种热是实热还是某些医家认识的因寒邪郁闭引起的郁热，表面上看都是热邪。银屑病符合毒邪致病的四个特点，说明银屑病的病因里面确有毒邪的存在。从治疗反应来看也从另一方面说明毒邪的存在，单纯清热凉血治疗银屑病有一定效果，但使用后疗效不高，刘巧教授在临床应用中加用清血毒胶囊，疗效明显提高，说明毒邪在银屑病中确实存在。

第二节　毒邪发病学说理论形成

历代医家通过长期的医疗实践活动，结合自身对毒邪的理解，产生了对毒邪的多样化认识，这些认识不断促进毒邪学说的发展、演变、充实，为临床提供了理论基础。

一、历代医家对毒邪的阐述

“毒”作为致病因素，最早论述可追溯到秦汉时期。《黄帝内经》作为我国最早的典籍之一，它对毒邪概念、性质等有较为深刻的认识。其一，《黄帝内经》将有别于六淫之邪称之为毒，如《灵枢·寒热》曰："寒热瘰疬在于颈腋者，皆何气使生？岐伯曰：此皆鼠瘘寒热之毒气也，留于脉而不去者也。"此处，毒气为有别于六淫之邪的致病因素。其二，性质剧烈的致病因素可称为毒邪，如《素问·刺法论》曰："余闻五疫之至，皆相染易，无问大小，病状相似，不施救疗，如何可得不相移易者？岐伯曰：不相染者，正气存内，邪不可干，避其毒气。"此处，毒气代指具有强烈传染性的致病性物质。其三，外感六淫盛而化为六毒，诱发疾病，如《素问·五常政大论》曰："少阳在泉，寒毒不生……阳明在泉，湿毒不生……太阳在泉，热毒不生……厥阴在泉，清毒不生……少阴在泉，寒毒不生……太阴在泉，燥毒不生。"王冰为此注曰："毒者，皆五行标盛暴烈之气所为也。"其四，《黄帝内经》提出内生毒邪的概念：致病毒邪除从外界侵入人体，还可由脏腑功能紊乱，阴阳气血失调，病理代谢产物蓄积蕴结而生，称之为内毒。《素问·生气通天论》曰："高粱之变，足生大丁。"其指出饮食不节可使脾胃功能失调，湿热火毒内生，而易致痈疽疔疮类病变。这些理论观点的提出丰富了对毒邪的认识，对后世医家产生了深远的影响。

东汉著名医学家张仲景对毒邪也有一定的认识，他将"毒"分为阳毒和阴毒两种毒邪，这是医学古籍中最早的毒邪分类方法，并完善了所致疾病的证候及治疗。《金匮要略·百合狐惑阴阳毒脉证并治》曰："阳毒之为病，面赤斑斑如锦纹，咽喉痛，吐脓血，五日可治，七日不可治，升麻鳖甲汤主之。阴毒之为病，面目青，身痛如被杖，咽喉痛，五日可治，七日不可治，升麻鳖甲汤去雄黄、蜀椒主之。"此处提到的阴阳毒指代的是感受疫毒，内蕴咽喉，入侵血分的一种病证。此外，张仲景对食物中毒、虫兽伤中毒、秽浊之气中毒等特殊之毒十分重视，并详细记载各种中毒的急救方法，如涌吐法、通下法、中和解毒法、利尿解毒法等，广泛应用于临床。

《华氏中藏经》中首见"毒邪"之名，认为五疔是由毒邪所致；同时该书认为"当灸而不灸，则使人冷气重凝，阴毒内聚……不当灸而灸，则使人重伤经络，内蓄炎毒，反害中和，致于不可救"，提出失治、误治也能引起毒邪的产生，开创了医源性疾病从毒找因的先河。除此之外，该书还提出"毒邪积聚，蓄积不流"可引起诸毒证的"蓄毒"观点，曰："蓄其毒邪，浸溃脏腑，久不摅散，始变为疔。"这种观点对中医病机学说有重要意义。此外，书中提出了邪毒的概念，认为这种致病邪毒既可从内产生，也可从外来的毒邪中转化而来。

晋代王叔和整理的《伤寒论》记载："冬伤于寒，春必病温……中而即病者，名曰伤寒，不即病，寒毒藏于肌肤，至春变为温病，至夏变为暑病。”书中首次提出毒邪外感内伏发病。此外，王叔和还拓展了阴阳毒形成病机，认为伤寒转化、用药不当、汗下过度均可形成阴阳毒，如《脉经》曰：“有伤寒一二日便成阳毒。或服药吐下后变成阳毒，升麻汤主之。”同时他还提及“狐惑为病……其毒蚀于上部，则声喝，其毒蚀于下部者，则咽干”，阐述了狐惑病的毒邪发病之病因。

东晋葛洪的《肘后备急方》和刘涓子的《刘涓子鬼遗方》中记载了多种毒证的证候及治疗方法，如溪毒、大头瘟抱头火丹毒、犬毒、胎火胎毒、狐溺毒、气毒、火痰毒等，丰富了毒邪所致病证。除此之外，《肘后备急方》中还首次记载了多种毒邪所致烈性传染病及感染性疾病的辨治，如狂犬病、尸瘵（肺结核病）、虏疮（天花）、黄虏病（急性黄疸性肝炎）、瘰疬病（颈淋巴结核）等。

隋唐宋金时期，医家对毒邪的分类、致病及治疗都作了深入的探讨。隋朝巢元方所著的《诸病源候论》为我国第一部论述各种疾病病因、病机和证候之专著。他对伤寒、温病、皮肤、妇科等多种疾病的毒邪病因病机有新的认识，如湿热毒邪为脚气病常见病因，热毒为温病、疟病常见病因等。同时，巢氏对温毒、热毒、湿毒和寒毒性质与六淫之温、热、湿、寒作了相关阐述，明确两者之间的区别。此外，该书重点介绍了外科、毒虫野兽及药物、食物等特殊毒邪证候，并专论毒邪传心病机，指出排毒、解毒治疗外科病的重要性。巢氏还认为许多皮肤病、妇科病、地方病亦与毒邪有关。

唐代孙思邈对毒邪学说亦有一定发挥，他所著的《备急千金要方》首次提出温病阴阳毒，他认为五脏皆有阴阳毒，故辨治五脏病时以五脏为中心，述阴阳之别，以四时归类，引六经之循，将四时、五脏、阴阳、六经结合辨治温病，开创脏腑温病之先河。同时，本书还记载了五石毒、蛊毒、鼠毒、蚍蜉毒等多种毒证的证候及治疗方药，加深了对毒邪致病的认识。

宋代庞安时的《伤寒总病论》进一步发扬了王氏“伏毒学说”。庞氏认为严冬之时感受寒毒，寒毒与营卫相搏，即时而发者名伤寒，不即时而发则寒毒蕴于肌肤之间，可形成“温病”“热病”“中风”“湿温”等病证。他还认识到：“假令素有寒者，多变阳虚阴盛之疾，或变阴毒也；素有热者，多变阳盛阴虚之疾，或变阳毒也。”庞氏强调一切外来的共同病因是“毒”，“毒”分寒热，外感病宜首重解毒祛邪。

宋代陈言提出“医事之要，无出三因”，创立了著名的“三因”论，他所著的《三因极一病证方论》言：“所谓中伤寒暑风湿、瘟疫时气，皆外所因。”其强调一切外来的共同病因是"毒"。此外，他认为许多妇科病也是毒邪所致，对毒邪有深刻的认识。

金代张子和及刘完素均十分重视药毒，认为"凡药有毒也，非止大毒、小毒谓之毒，虽甘草、苦参，不可不谓之毒，久服必有偏胜"，总结归纳了多种药物致病的条文，如"切不可用银粉、巴豆性热大毒丸药"等。此外，张氏论病首重邪气，治病善用汗、吐、下三法祛邪，如对风寒湿痹、小儿惊风等疾病以发汗法祛风排毒；对疑难病证，尤其是湿邪、积聚等病，主张用攻下法。而刘氏将邪热偏盛称之为毒，其所著的《伤寒直格》曰："凡世俗所谓阴毒诸证，以《素问》造化验之，皆阳热亢极之证。"

元代朱丹溪认为腹痛、疮疡诸疾、痘疹等疾病均与毒邪有关，如"毒根于里"为小儿痘疹的重要病机，"外伤风湿，毒热内蕴"为痔疮发病的重要病机，"热毒内蕴"为小便不禁的病因之一，朱氏认为上述疾病均可从毒论治。这些从毒论治的观点对临床有重要的指导意义。

明清民国时期，形成了比较系统的外毒病因理论体系，在疮疡、外科、温病等方面的毒邪认识不断加深。明代薛己对疮疡、外伤、骨伤科等病从毒论治，所著《外科枢要》及《疠疡机要》中的大量疮疡病证多以毒邪立论，如"毒蕴结于脏，非荡涤其内则不能痊""若表里俱受毒者，非外砭内泄，其毒决不能退"，并记载了治毒的方剂百余首。《正体类要》中的金伤、仆伤、破伤风、坠伤、烫火伤等外科病证均从火毒证辨治。

明代陈实功对外科相关病证的毒邪理论有重要影响。在病因上，陈氏认为毒邪是外科病证的重要病因。他认为外科疾病发病亦不外乎内因、外因及不内外因。其中，外因多为表实里虚，毒多难出，或六淫体虚，寒毒入骨髓，湿痰流毒。在辨证上，他不仅从六淫辨毒，如风热湿毒、风寒湿毒等；还从脏腑毒对疾病进行辨证，如脾家积毒、毒流于脾肺等。此外，陈氏对外科127种病证以毒立论，认为疮疡病证，脏毒、阴毒、结毒、龙须毒、眼泡菌毒、中砒毒、汗毒等毒证皆与毒邪有关。

明代吴又可在《温疫论》中提出了"杂气"学说，认为："可知杂气即四时不正之气，瘟气，即天地之疠气，合言之皆毒气，今感疫气者，乃天地之毒气。"他明确指出杂气、瘟气、疫气，皆为毒气，并认为这种疫毒是有流行性和传染性的。这种认识使毒邪的含义进一步明确，即毒不仅指六淫之甚，还包括六淫之外的一些特殊致病物质。此外，在病因上，吴氏还认为杂气不是疫病的专指病因，杂气的毒力大小各不相同，许多内科、外科毒证亦可由杂气引起，如“疔疮、发背、痈疽、肿毒、气毒流注、流火、丹毒……亦杂气之所为耳”。

清代余霖认为疠气是无形之毒，瘟疫乃感四时不正疠气为病，而疫病主要是火毒所致，正如其《疫疹一得》所言：“疫既曰毒，其为火也明矣。”清代王士雄提出类似观点，即“疫证皆属热毒，不过有微甚之分耳”。而清朝王洪绪认为“毒即是寒”，流注、井泉疽、孔毒根等皆为阴毒之证，治疗上非麻黄不能开其腠理，非肉桂、炮姜不能解，寒解而毒自化。

清代曹炳章认为：“口舌生疮为风热劳郁之毒……喉内右边先起，肺经发来之风热毒……满喉黑色，肾经发来之毒。”他提出毒攻咽喉五脏之论述，对悬蜞证、掩头证、驴嘴证、鹅口疮等多种咽喉疾病从五脏进行从毒论治。

清代张锡纯的《医学衷中参西录》首次应用西医理论对毒邪进行阐述，他结合西医理论提出“毒菌”一词，如论霍乱有“霍乱之证……因空气中有时含有此毒，而地面秽浊之处，又酿有毒气与之混合，随呼吸之气入肺……毒即乘虚内侵，盘踞胃肠……其毒可由肠胃入心”；论肺病（肺结核）有“西人谓肺病系杆形之毒菌传染，故治肺病以消除毒菌为要务”。可见张氏逐渐认识到毒邪、传染病两者之间的紧密联系。

随着近现代医家对毒邪的认识逐步深入，从毒邪分类、所在部位、成因、属性、作用等不同角度，丰富和发展了对毒邪的认识，使毒邪概念日趋完善。

邹克杨教授认为毒是温病中的共同致病因素。江育仁教授从病因病理角度分析温病之毒，认为初感曰温，温甚为热，热甚化火，火入血分为毒，毒由温转化而来。吕文亮教授则认为毒是温邪的重要组成部分，他认为温病中毒的内涵是具有传染性，并可引起流行性疾病，且侵袭力较强，可引起危重证候或局部特殊体征的特殊温邪的统称，属病因概念。这部分医家、学者将毒邪局限在温病范围之内。

邵念方教授认为毒是入侵人体并猛烈损害机体，耗伤正气，破坏阴阳平衡的物质。欧林德教授将毒邪概括为作用于人体而致使营卫气血发生一系列严重变化，甚则破坏人体生理功能和组织器官的致病物质。王永炎院士认为邪气亢盛，败坏形体即转化为毒，毒系脏腑功能和气血运行失常使体内的生理或病理产物不能及时排出，蕴积体内过多而生成。这部分医家、学者认为毒是性质猛烈，能破坏人体阴阳平衡的物质。

此外，部分医家基于临床观察，结合中医理论研究发展出新的毒邪认识，如基于既往伏邪致病的观点发展出伏毒。周仲英教授认为，伏毒是指各种内邪外毒藏在机体的某一部位，具有潜藏发病的病理特征，表现出剧烈的毒性、危重症，或具有反复出现、难以祛除的临床特征，以素体虚弱、脏腑阴阳失衡为前提，病灶累及脏腑、经络、气血。伏毒致病，具有蛰伏、缠绵、暗耗和难治的特点。此外，周仲英教授根据恶性肿瘤的特征，提出癌毒概念，他认为癌毒特指可衍生恶性肿瘤的特殊毒邪，常与痰、瘀、热、湿、风、寒、郁等病邪兼夹，毒因邪而异性，邪因毒而鸱张，共同构成恶性肿瘤的复合病机、病证。李佃贵教授认为“浊”既是代谢产物又是致病因素。感受湿邪，困阻脾阳或饮食劳倦、情志失调致脾失健运，湿邪内生，日久成浊。湿浊同类，湿轻浊重，湿易祛而浊难除。热有余便是火，火入血分为毒，或湿邪郁久，化热蕴毒，浊毒互结，形成复杂的病理变化。浊毒具有黏腻、胶结、重浊、稠厚、浑秽的特性，浊毒致病，缠绵难愈，侵犯三焦。此外，结合西医学研究，不少医家对毒邪有新的认识。如基于对细菌、真菌、病毒等微生物致病的认识，部分医家将其归属于微生物毒。基于血液中高血糖、高血脂等对机体代谢及相关疾病的致病性，部分医家认为其可归属于糖毒、脂毒等范畴。有部分异常理化因子亦被归属于毒邪范畴，如毒性氧自由基、兴奋性神经毒、过敏介质、炎性介质、钙离子超载、新陈代谢毒素、致癌因子等。还有部分病理生理过程归属于毒邪，如氧化应激作为体内自由基的一种负面作用，其反应所引起的产物堆积，与中医理论之“络毒”高度一致。

还有部分医家、学者对毒邪进行归类，并总结了各类毒邪的定义。如刘更生教授将毒邪归纳为内毒、外毒。因脏腑功能和气血运行失常，使机体内的生理产物或病理产物不能及时排出，蕴积体内，由内而生之毒称为内毒，如粪毒、尿毒、痰毒、瘀毒等；内毒多在疾病发生发展过程中产生，既能加重原有病情，又能产生新的病证。由外而来，侵袭机体并造成毒害的一类病邪称之为外毒，外毒分为邪化之毒、毒气、虫兽毒、药毒和食毒。姜良铎教授认为凡是对机体有不利影响的因素，无论这种因素来源于外界还是体内，统称为毒。毒亦可分为内生之毒与外来之毒，其中内生之毒是由生理物质或代谢废物蓄积，或生理物质易位形成的；外来之毒除传统之毒外，尚包括伴随社会发展，环境中存在的空气污染、化肥农药及噪声、电磁污染等。刘茂才教授亦认为毒邪有内外之分，内毒是机体在内在因素作用下，脏腑功能紊乱，阴阳气血、脉道失调，导致机体内环境失衡，从而产生超越阴阳平衡而机体又不能及时排解的，能够败坏机体组织功能的有害物质。内毒既是致病因素，又是病理产物，并且可以互相转化，甚至形成恶性循环。

二、皮肤病毒邪发病学说理论形成

皮肤病中的毒邪发病认识散落在历代医学典籍之中，未形成系统的理论。早在东汉时期，医家对皮肤病中的毒邪就有较深的认识。《金匮要略》有言：“阳毒之为病，面赤斑斑如锦纹……阴毒之为病，面目青……”从阴阳毒方面阐述面部红斑的临床表现，为后世从阴阳毒论治红斑狼疮等颜面部为主的皮肤病奠定了基础。《华氏中藏经》记载：“蓄其毒邪，浸溃脏腑，久不摅散，始变为疔。”该书提出五疔是由毒邪所致。此外，书中详细阐述了脚气病发病是由内外邪毒所致，故曰：“人病脚气与气脚有异者，即邪毒从内而注入脚者，名曰脚气。风寒暑湿邪毒之气，从外而入于脚膝者，名气脚也。”书中还独立结毒科，专论梅毒、秽疮风毒等章节，认为性病亦是一种毒证，是由传染而来。这些对疾病的见解，为后世皮肤病毒邪发病理论的形成奠定了基础。《伤寒论》中记载了白塞病（狐惑病）的毒邪致病之病机：“狐惑为病……其毒蚀于上部，则声喝，其毒蚀于下部者，则咽干。”《肘后备急方》首次记载了狂犬病、虏疮（天花）、恶脉病（急性淋巴管炎）、熛疽（干、湿性坏疽）等感染性皮肤病的证候及方药。《刘涓子鬼遗方》则收录大头瘟抱头火丹毒、手发背手心毒、蝼蛄串肘痈肘后毒、痘毒、委中毒、杨梅疮结毒等皮肤相关疾病的毒证证候及治疗方法。这些记载扩展了皮肤病中毒邪致病的范围。《诸病源候论》对毒虫、兽毒、丹毒等病的毒邪在病因病机中的重要作用亦进行了十分精辟的阐述。《备急千金要方》专列诊溪毒证，记载了蛊毒、鼠毒、蜂毒、蚍蜉毒、蛇毒等毒证的证候及治疗方药。《外科正宗》认为痈、疽、发背、瘰、臀痈、合谷毒、小儿遗毒烂斑等与毒邪有关，临床可从毒论治。《肯堂医论》详细记载了毒邪与痘疹的发病关系，曰：“痘疹始于胎毒，继感瘟疫外邪，引动伏毒，势若燎原，危险万分，互相传染，为害间阎。”《景岳全书》记载了麻风病的毒邪致病之病机：“疠风，即大风也……其上体先见或多者，毒在上也；下体先见或多见者，毒在下也……凡眉毛先落者，毒在肺；面发紫泡者，毒在肝；脚底先痛或穿者，毒在肾；遍身如癣者，毒在脾；目先损者，毒在心。”这些古籍中关于皮肤病之毒邪的认识，丰富了毒邪学说的内涵，为后世毒邪发病理论奠定了坚实的基础。

近现代医家基于古籍的认识及自身的临床经验总结，在感染性皮肤病、自身免疫性皮肤病、皮肤血管性疾病、红斑鳞屑性疾病、性传播性疾病等方面进行了毒邪致病的探索，部分医家形成了自己的认识。如张作舟教授提出了皮肤病的

“热聚而成毒”之观点，他认为皮肤病常由外感风、湿、热邪，内伤七情，内伏邪气所致，各种病邪内外胶结，蕴毒生热，发为皮肤疾患，故临床常从毒论治皮肤病。与张作舟教授观点一致的是朱仁康教授，他亦认为“热毒蕴结”是外科疮疡的主要病机，临床治疗痈疽、丹毒、汗腺炎、烧伤、单纯疱疹、带状疱疹、痤疮等均从毒论治。李元文教授认为毒邪是皮肤病的主要致病因素，各种邪气均可化毒、产毒、聚毒、酿毒，当人体正气偏虚之时，毒邪则侵犯肌表而发为皮肤病，故其治疗时亦常从毒论治。国医大师禤国维教授认为皮肤病缠绵难愈，与风、湿、热等邪气胶着于皮肤、日久化毒有密切关系，病程越久，蕴毒越深。因此禤国维教授从“毒”这一特殊致病因素着手，整体用药，创立健脾解湿毒、降火解热毒、化湿解暑毒、养血解风毒、养阴解燥毒等解毒治法，以奏解毒祛邪、以“和”为贵之功。

刘巧教授对毒邪发病理论有更深入的研究及认识，他在前人的基础上传承、挖掘毒邪理论，并不断地创新和发展，形成了皮肤病毒邪发病学说。他认为皮肤病虽然发在体表，有形可见，但临床治疗大多顽固难愈，久治不效。究其原因，主要是发病因素复杂，某些致病因素不能概括在六淫之中，存在毒邪发病的因素。因此，刘巧教授在20世纪90年代初创新性地提出皮肤病“毒邪发病”学说，明确了皮肤病发病的“毒邪”及“毒邪发病”的概念，即毒邪既是一种从外感受的特殊致病因素，如蕴于普通食物、药物、动物、植物及自然界六气之中的食物毒、药物毒、化妆品毒、虫兽毒、漆毒等，又是人体受某种致病因素作用后在疾病过程中所形成的病理产物，如热毒、血毒、风毒、湿毒等，它作用于人体，大部分人不发病，只有部分人因体质不耐、先天禀赋不足，内毒、外毒之邪侵入人体，积聚于皮肤腠理，而致气血凝聚、营卫失和、经络阻塞，外发而成各种皮肤病证。在临床上应用解毒、排毒、抗毒、以毒攻毒等治疗法则，对皮肤病的治疗可取得更大的疗效。基于毒邪发病学说，刘巧教授在临床上广泛地从毒论治感染性皮肤病、过敏性皮肤病、红斑鳞屑性皮肤病、血管炎性皮肤病、大疱类皮肤病、色素性皮肤病等，取得良好的疗效；根据毒邪发病学说研发多种内服和外用中成药，如清血毒胶囊、清热毒胶囊、清湿毒胶囊、枇杷清痤胶囊、首乌养真胶囊、祛斑胶囊等获得国家发明专利和医疗机构制剂生产批准文号，外用制剂艾大洗剂、苍肤洗剂、寒冰止痒散等获得医疗机构制剂生产批准文号，并开展了药浴疗法、中药汽疗、火罐疗法、火针疗法等外用解毒法，广泛用于多种皮肤病的治疗，已在国内30多家医院推广应用，取得较好的疗效。

参考文献

[1] 王武浩，李红毅，党若楠，等.岭南中医皮肤病流派核心学术思想特点分析［J］.中国医药导报，2021，18（09）：152-155.

[2] 王雪可，崔应麟.毒邪学说研究概述［J］.中国医药导报，2021，18（01）：136-139.

[3] 张翌蕾，崔应麟.毒邪学说研究进展［J］.中华中医药杂志，2020，35（10）：5074-5076.

[4] 杨仓良，杨佳睿，杨涛硕.中医毒邪学说的形成与发展［J］.新中医，2020，52（10）：9-13.

[5] 钟霞，焦华琛，李运伦，等.毒邪实质刍议［J］.辽宁中医药大学学报，2020，22（05）：88-91.

[6] 张辛欣，焦华琛，李运伦.毒邪实质刍议［J］.陕西中医，2019，40（04）：511-514.

[7] 付蓉，张丰川，蔡玲玲，等.李元文教授从毒论治皮肤病经验［J］.世界中医药，2018，13（11）：2685-2689.

[8] 杨卫.朱仁康从“毒”论治皮肤病的数据挖掘［D］.北京中医药大学，2014.

[9] 屈静，邹忆怀，支楠.毒邪学说的现代研究进展［J］.中国中医急症，2012，21（10）：1629-1631.

[10] 郝淑贞，宋坪.张作舟教授从毒论治皮肤病初探［J］.中国社区医师（综合版），2007（23）：150.

[11] 张蕾，刘更生.毒邪概念辨析［J］.中国中医基础医学杂志，2003（07）：7-8.

[12] 冯学功.毒邪研究概述［J］.山东中医药大学学报，2001（06）：475-477.

[13] 冯学功，刘茂才.中风病从毒论治研究概述［J］.辽宁中医杂志，2001（06）：383-384.

[14] 李运伦.毒邪的源流及其分类诠释［J］.中医药学刊，2001（01）：44-45.

[15] 王永炎.关于提高脑血管疾病疗效难点的思考［J］.中国中西医结合杂志，1997（04）：195-196.

[16] 刘更生.论毒邪［J］.山东中医学院学报，1989（01）：3-5+71.

[17] 周仲瑛.“伏毒”新识［J］.世界中医药，2007（2）：73-75.

（刘　巧　黄　港　龚　坚）

第二章　从毒论治

第一节　从毒论治方法

临证中但凡因毒邪致病，治疗过程根据不同情况选用不同治毒方法，一般通过扶正达邪，增强人体的抗“毒”能力或采用排毒、解毒、抗毒和攻毒等具体治法，达到清除毒邪之目的。

毒邪发病的治疗常采用解毒、排毒、抗毒、攻毒、托毒、败毒、拔毒、清毒、宣（透）毒等方法。

一、解毒法

解毒法是指在中医基础理论指导下用具有解毒作用的中药解除机体毒邪的治法，包括直接祛邪解毒中药、针对性解特殊毒及定位性解毒中药等。

直接祛邪解毒药：目的是使毒少依附，易于分解。热毒用黄连解毒汤，含黄芩、黄柏、黄连等，可清热泻火解毒，适用于痈疡疔毒；血毒用犀角地黄汤，含犀角、生地、丹皮等药，可凉血解毒，用治一切热入血分、皮肤红斑等病；风毒用荆防方加减；湿毒加用辛散芳香化浊药；瘀毒加桃仁、红花或三棱、莪术等。

针对性解毒药：选用有针对性的解毒药物，如“酒毒”选用葛花；“癌毒”选用山慈菇、漏芦、石打穿等；“蛇毒”可用重楼、半边莲、半枝莲、白花蛇舌草等；“梅毒”可用土茯苓；鱼蟹之毒可用苏叶、生姜、橄榄；毒蕈中毒可用甘草、泽泻、绿豆等。

定位性解毒药：针对药物归经和升降之性选方、选药。上部：轻清上浮解毒，有银翘散、五味消毒饮、荆防方、凉血五花汤；中部：清肝泻火解毒，有龙胆泻肝汤；下部：清热利湿解毒，有二妙散、凉血五根汤。肺毒：金银花、连翘、野菊花、鱼腥草；肝毒：龙胆草、重楼、板蓝根、土茯苓、山慈菇；心毒：紫花地丁、黄连；脾胃毒：败酱草、蒲公英、白头翁、白花蛇舌草；肾毒：黄柏。

二、排毒法

排毒法是指开泄腠理（汗法）、宣通气血（吐法）、通导大便（下法）、疏利小便（利尿法）等使得毒邪排出体外的治法。此法多用于实证毒邪，是顺应病势向表、向外，顺应脏腑气机升降的功能，因势利导，促使毒邪经由与外界相通的皮肤汗腺，呼吸的口鼻、大肠、尿道等器官通道向外排泄。其中包括解表排毒法（即发汗排毒法）、通里泻毒法、利尿泄毒法、涌吐排毒法以及表里双解排毒法（解表通便法、解表利尿法、解表通便利尿法）。

《温病条辨》云："凡逐邪者，随其所在，就近而逐之。"《医方考》载："风热在皮肤者，得之由汗而泄；风热之在巅顶者，得之由鼻而泄；风热之在肠胃者，得之由后而泄；风热之在决渎者，得之由溺而泄。"刘巧教授将排毒之法形象地比喻为"海、陆、空、拼刺刀"。

"海"就是利尿、利水渗湿，代表方：五苓散、五皮饮、萆薢渗湿汤。"空"就是解表发汗，如银翘散辛凉解表，用于麻疹及急性荨麻疹初期表现为风热表证者；升麻葛根汤解肌透疹，可用于麻疹透发不畅。"陆"就是泻下通大便，代表方剂有大小承气汤、麻仁丸、温脾汤、十枣汤。"拼刺刀"包括手术切开引流、局部用药透脓等。

三、抗毒法

抗毒法就是通过养阴、温阳、补气等扶助正气、抑制毒邪的治法。

养阴抗毒："热毒"炽盛者，伍用养阴药，以减轻热毒对阴分的损伤，并利于"热毒"的消减。在治疗某些非感染性疾病时，运用清热解毒、益气养阴之剂。

温阳抗毒：如治疗硬皮病，常用肉桂、鹿角胶、麻黄等性温热之药，以温阳散寒；治疗雷诺病，多用附子、干姜、当归等药以求温经养血通脉。

补气抗毒：如治疗病毒性皮肤病，配伍黄芪、太子参等扶助正气之品，以增强机体抗毒的能力，并抑制毒邪的滋长，避免过早步入虚损之途等。

四、以毒攻毒法

以毒攻毒法有广义和狭义之分。广义是指一切特殊和常规手段的治疗，针对"毒"的病机治疗暴烈、传染、迁延之毒邪致病者。狭义是指用猛烈之药如毒药治疗猛烈之毒邪所致疾病。

以毒攻毒之法治疗外科疾病由来已久，如《周礼·天官》云："凡疗疡，以五毒攻之。"近代著名皮肤病专家赵炳南先生应用"全虫方"祛风解毒攻毒，治疗慢性湿疹、神经性皮炎、结节性痒疹等属于风毒蕴结的顽固性瘙痒性皮肤病。现代医家治疗硬皮病、皮肌炎多用川乌、草乌、附子、细辛等辛热燥烈"有毒"之品。

皮肤科以毒攻毒法重在外用，以白癜风为例：古代常用治疗白癜风的有"毒"之品有硫黄、雄黄、附子、轻粉、砒霜、白附子、皂荚、乌头、雌黄、密陀僧、草乌、黄丹、南星、天雄、巴豆、杏仁、樟脑、朱砂、水银、苍耳根茎、胡桃青皮、细辛、吴茱萸、石黄、白果、苍耳子、铅粉等。这说明古人认为白癜风的发病与"毒"邪有关，故采用"以毒攻毒"之法。此外，古人认为"大风出虫"，《圣济总录》指出"虫皆风之所化"。以上这些药也往往具有杀虫之功效，因此，用有毒药物治疗白癜风就不难理解了。

五、托毒法

托毒法是指用补益气血和透脓托毒的药物，扶助正气、托毒外出，以免毒邪扩散和内陷的治法。治疗上应根据患者体质强弱和邪毒盛衰状况，分为补托和透托两种方法。通过药物的使用，补益正气，提高机体的抗毒能力，同时减轻毒邪对人体的损害，达到扶正托毒邪的目的。托毒法适用于外疡中期，即成脓期，此时热毒已腐肉成脓，由于一时疮口不能溃破，或机体正气虚弱无力托毒外出，均会导致脓毒滞留。补托法用于正虚毒盛，不能托毒外达，疮形平塌，根脚散漫不收，难溃难腐的虚证；透托法用于虽正气未衰而毒邪炽盛者，可用透脓的药物，促其早日脓出毒泄，肿消痛减，以免脓毒旁窜深溃。

代表方剂：透脓散（《外科正宗》），药物组成为黄芪、山甲（炒，末）、川芎、当归、皂角针，具有托毒溃脓功效，用于痈疽诸毒，内脓已成不穿破者；托里消毒散（《外科正宗》），药物组成为人参、川芎、白芍、黄芪、当归、白术、茯苓、金银花、白芷、甘草、皂角针、桔梗，具有补气养血、托里排脓功效，用于疮疡体虚邪盛，脓成不溃，脓毒不易外达，脉弦弱者；神功内托散（《外科正宗》），药物组成为当归、白术、黄芪、人参、白芍、茯苓、陈皮、附子、木香、甘草（炙）、川芎、山甲（炒），具有补气、行滞、托毒功效，用于痈疽日久，不肿不高，不能腐溃，脉细身凉者；黄芪内托汤（《嵩崖尊生》），药物组成为川芎、当归、陈皮、白术、黄芪、白芍、山甲、皂刺、槟榔，具有补益气血、托毒外出功效，用于脏毒已成，红色光亮欲作脓，不必内消者。

六、败毒法

败毒法是针对平素正气充盛，毒邪亢盛而设的一种治法，在治毒法中应用也较为广泛。毒邪亢盛于内，正气强盛奋起抗邪而表现为实证为主，多选用大寒性猛药物以迅速消除毒邪，达到祛毒保体的目的。

代表方剂：败毒散（《万氏家抄方》），药物组成为人参、前胡、枳壳、甘草、麻黄、葛根、陈皮、川芎、薄荷、连翘、防风、地骨皮、羌活、独活、柴胡、升麻，用于痧疹大行时，发热，咳嗽，气急，在疑似之间者；荆防败毒散（《杂病源流犀烛》），药物组成为荆芥、粉甘草、连翘、羌活、独活、五加皮、川芎、皂角刺、苍术、防己、地骨皮、穿山甲（炒）、归尾、防风、白鲜皮、金银花、土茯苓，用于耳后忽然肿痛，兼发寒热表证者及杨梅疮初发者；人参败毒加味散（《治疫全书》），药物组成为羌活、独活、前胡、甘草、人参、茯苓、枳壳、桔梗、黄芩、柴胡、川芎、大黄、薄荷、生姜，用于治疗瘟疫初起一二日，身热头痛，舌白或黄，或渴。

七、拔毒法

拔毒法是针对局部毒素集结，火化成脓，毒不能外泄或排之不尽，或被毒物咬伤或异物（箭、刺等）刺伤并留在体内等情况，采用口吸、火罐或药物包敷吸拔出深部毒、脓或异物的治疗方法。本法与排毒法均为外治法，其目的都是让毒和脓排出体外，但前者是用器具破体后毒物自然排出，而后者是借药物之力或负压将毒物吸拔而出。

常用中药：蟾酥、马钱子、儿茶、硼砂、土贝母、升药、轻粉、砒石、铅丹、密陀僧、皂角刺、猫爪草、蓖麻子、拔毒草、断肠草等。常用方剂：拔毒生肌散、拔毒黄耆散、二味拔毒散、拔疔散、拔毒丹、拔毒锭、拔毒疔、苍耳散、拔毒定痛膏、拔毒济生散、拔毒九珠丹、拔毒七宝散、拔毒散、拔毒生肌膏等。

八、清毒法

清毒法是指根据不同性质的毒邪，选用性质相反的药物中和体内毒素使之化解于无形的方法，本法的使用十分广泛，针对毒邪的不同又分为清热毒、清风毒、清湿毒等。

清热毒常用药物：菊花、金银花、连翘、蒲公英、紫花地丁、鱼腥草、夏枯草、大黄、黄连、白头翁、穿心莲、大青叶、板蓝根、青黛、贯众、野菊花等。清风毒常用药物：蝉蜕、僵蚕、防风、寻骨风、松节、青风藤、乌梢蛇、白鲜皮、蜈蚣、蕲蛇、全蝎等。清湿毒常用药物：虎杖、金钱草、赤小豆、茵陈、苍术、苦参、土茯苓、地肤子、木瓜、桑枝等。

九、宣（透）毒法

“透法”源于《素问·至真要大论》，我国著名清代医学家叶天士在阻滞气机、邪无出路、斑疹密布时就提出“急急透斑为要”。宣透法是引邪外出，使邪由表而解，或由里达表而解的一种治疗方法。本法具有宣透、透达、通透，使邪透发于外等作用，通过因势利导逐层托透毒邪，同时根据不同阶段的特性分而治之。如在温病中，在卫者疏散表邪，在气者透邪外解，在营者透热转气，在血者托邪外达，总之在温病任何阶段“轻清宣透”贯彻始终。

代表方剂：宣毒发表汤（《麻科活人》），药物组成为薄荷叶、葛根、防风、荆芥穗、连翘、牛蒡子（炒）、木通、枳壳、淡竹叶、升麻、桔梗、甘草，具有透疹解毒、宣肺止咳之功效，用于麻疹发热，欲出未出；宣毒散（《普济方》），药物组成为全蝎、白僵蚕、蝉蜕、石燕，具有透疹解毒、宣肺清热之功效，用于丈夫阴气盛，阳气微弱，风寒之气乘虚而客于肾经，阴囊湿痒而微热，或但痒而不湿，或在阴根并毛际痒，或湿而不痒，或无汗者，谓之毒气不泄，亦治肾脏风湿流注，生疮痒甚者；葛根透毒汤（《眼科临症笔记》），药物组成为葛根、连翘、花粉、银花、薄荷、大贝母、地骨皮、生地、石决明、蝉蜕、牛蒡子（炒）、甘草，具有疏风清热、消肿退翳之功效，用于痘后害目症（痘疹性结角膜炎），在严重期，可见高热、头疼赤胀、热泪不止、羞明怕日；活络透毒饮（《重订通俗伤寒论》），药物组成为荆芥穗、小青皮、净蝉衣、青连翘、蜜银花、炒牛蒡、紫花地丁、红花，具有活络、解毒、透斑之功效，用于痧因斑隐者；宽中透毒饮（《医宗金鉴》），药物组成为葛根、桔梗、前胡、青皮、厚朴（姜炒）、枳壳（麸炒）、山楂、麦芽（炒）、蝉蜕、连翘（去心）、牛蒡子（炒，研）、黄连、荆芥穗、甘草（生），具有行气宽中、透毒外出之功效，用于痘欲出，发热，呕吐，烦渴，大便酸臭。

（邹国明）

第二节　从毒论治常用药物

1.金银花

【别名】忍冬花，二花，双花。

【性味归经】甘，寒。归肺、心、胃经。

【功效】清热解毒，疏散风热。

【临床应用】用于痈肿疔疮，喉痹，丹毒，热毒血痢，风热感冒，温病发热。

【现代药理学研究】具有抗菌、抗病毒、解热消炎、免疫调节、保肝利胆、降血脂、止血、抗过敏等作用。

2.蟾酥

【别名】蟾蜍眉脂，蟾蜍眉酥，癞蛤蟆浆，蛤蟆酥，蛤蟆浆。

【性味归经】辛，温；有毒。归心经。

【功效】解毒，止痛，开窍醒神。

【临床应用】用于痈疽疔疮，咽喉肿痛，中暑神昏，痧胀腹痛吐泻。

【现代药理学研究】具有抗肿瘤、强心、局部麻醉、镇痛等多种作用。

3.绵马贯众

【别名】贯众，绵马，野鸡膀子，牛毛黄。

【性味归经】苦，微寒；有小毒。归肝、胃经。

【功效】清热解毒，驱虫。

【临床应用】用于虫积腹痛，疮疡。

【现代药理学研究】具有抗菌、抗病毒、抗肿瘤、抗氧化以及驱虫等药理作用。

4.青黛

【别名】靛花，青蛤粉，青缸花，蓝露，淀花，靛沫花。

【性味归经】咸，寒。归肝经。

【功效】清热解毒，凉血消斑，泻火定惊。

【临床应用】用于温毒发斑，血热吐衄，胸痛咳血，口疮，痄腮，喉痹，小儿惊痫。

【现代药理学研究】具有抗肿瘤、抑菌、镇痛、抗炎等作用。

5. 菊花

【别名】寿客，金英，黄华，秋菊。

【性味归经】甘、苦，微寒。归肺、肝经。

【功效】散风清热，平肝明目，清热解毒。

【临床应用】用于风热感冒，头痛眩晕，目赤肿痛，眼目昏花，疮痈肿毒。

【现代药理学研究】具有抗菌、抗炎、抗氧化、舒血管、降血脂、抗肿瘤等作用。

6. 土茯苓

【别名】革薢，毛尾薯，白余粮，冷饭团。

【性味归经】甘、淡，平。归肝、胃经。

【功效】解毒，除湿，通利关节。

【临床应用】用于梅毒及汞中毒所致的肢体拘挛，筋骨疼痛；湿热淋浊，带下，痈肿，瘰疬，疥癣。

【现代药理学研究】具有抗氧化、抗肿瘤、抗炎抑菌、免疫调节、治疗皮肤病、保护肾脏等多种作用。

7. 大血藤

【别名】红藤，槟榔钻，血通，大血通，血藤，大活血。

【性味归经】苦，平。归大肠、肝经。

【功效】清热解毒，活血，祛风止痛。

【临床应用】用于肠痈腹痛，热毒疮疡，经闭，痛经，跌仆肿痛，风湿痹痛。

【现代药理学研究】具有抑菌、抗氧化、抗病毒、抗肿瘤、抗炎、免疫调节等作用。

8. 垂盆草

【别名】狗牙半支，狗牙瓣，鼠牙半支等。

【性味归经】甘、淡，凉。归肝、胆、小肠经。

【功效】利湿退黄，清热解毒。

【临床应用】用于湿热黄疸，小便不利，痈肿疮疡。

【现代药理学研究】具有保肝降酶、免疫调节、抗肿瘤、增强肌力、抗脂质过氧化、抑菌等作用。

9. 大黄

【别名】将军，黄良，火参，锦纹，肤如。

【性味归经】苦，寒。归脾、胃、大肠、肝、心包经。

【功效】泻下攻积，清热泻火，凉血解毒，逐瘀通经，利湿退黄。

【临床应用】用于实热积滞便秘，血热吐衄，目赤咽肿，痈肿疔疮，肠痈腹痛，瘀血经闭，产后瘀阻，跌打损伤，湿热痢疾，黄疸尿赤，淋证，水肿；外治烧烫伤。酒大黄善清上焦血分热毒，用于目赤咽肿、齿龈肿痛；熟大黄泻下力缓，泻火解毒，用于火毒疮疡；大黄炭凉血化瘀止血，用于血热有瘀出血之症。

【现代药理学研究】具有抗菌、抗病毒、利胆和胃、增加肠蠕动及抗肿瘤作用。

10. 粉葛

【别名】无渣粉葛，葛马藤。

【性味归经】甘、辛，凉。归脾、胃经。

【功效】解肌退热，生津止渴，透疹，升阳止泻，通经活络，解酒毒。

【临床应用】用于外感发热头痛，项背强痛，口渴，消渴，麻疹不透，热痢，泄泻，眩晕头痛，中风偏瘫，胸痹心痛，酒毒伤中。

【现代药理学研究】具有抗心肌缺血、抗心律失常、扩血管、降血压、抗血栓形成等作用。

11. 大蓟

【别名】虎蓟，马蓟，刺蓟，山牛蒡，鸡项草等。

【性味归经】甘、苦，凉。归心、肝经。

【功效】凉血止血，散瘀解毒，消痈。

【临床应用】用于衄血，吐血，尿血，便血，崩漏，外伤出血，痈肿疮毒。

【现代药理学研究】具有抗菌、降血压、止血、抗肿瘤等药理作用。

12. 山豆根

【别名】广豆根，苦豆根，山大豆根。

【性味归经】苦，寒；有毒。归肺、胃经。

【功效】清热解毒，消肿利咽。

【临床应用】用于火毒蕴结，乳蛾喉痹，咽喉肿痛，齿龈肿痛，口舌生疮。

【现代药理学研究】具有抗肿瘤、抗病毒、抑菌、镇痛抗炎、抗肝损伤、抗氧化及增强免疫等多种药理作用。

13. 浙贝母

【别名】浙贝，象贝，象贝母，大贝母。

【性味归经】苦，寒。归肺、心经。

【功效】清热化痰止咳，解毒散结消痈。

【临床应用】用于风热咳嗽，痰火咳嗽，肺痈，乳痈，瘰疬，疮毒。

【现代药理学研究】具有镇咳、祛痰和松弛气管平滑肌、抗炎和逆转细菌耐药等作用。

14. 斑蝥

【别名】花斑蝥，花壳。

【性味归经】辛，热；有大毒。归肝、胃、肾经。

【功效】破血逐瘀，散结消癥，攻毒蚀疮。

【临床应用】用于癥瘕，经闭，顽癣，瘰疬，赘疣，痈疽不溃，恶疮死肌。

【现代药理学研究】具有抗菌、抗病毒作用。

15. 山慈菇

【别名】金灯花，鹿蹄草，山茨菇，慈姑，毛慈菇，人头七。

【性味归经】甘、微辛，凉。归肝、脾经。

【功效】清热解毒，化痰散结。

【临床应用】用于痈肿疔毒，瘰疬痰核，蛇虫咬伤，癥瘕痞块。

【现代药理学研究】具有抗肿瘤、抗血管生成、降压等作用。

16. 千里光

【别名】九里明，黄花母，九龙光。

【性味归经】苦，寒。归肺、肝经。

【功效】清热解毒，明目，利湿。

【临床应用】用于痈肿疮毒，感冒发热，目赤肿痛，泄泻痢疾，皮肤湿疹。

【现代药理学研究】具有抗菌、抗肿瘤、抗病毒、抗炎、抗氧化、保肝作用。

17. 射干

【别名】乌扇，乌蒲，黄远，乌蓮，草姜，鬼扇等。

【性味归经】苦，寒。归肺经。

【功效】清热解毒，消痰，利咽。

【临床应用】用于热毒痰火郁结，咽喉肿痛，痰涎壅盛，咳嗽气喘。

【现代药理学研究】具有抗病毒、抗炎作用。

18. 紫草

【别名】硬紫草，软紫草，红石根，紫丹，鸭衔草。

【性味归经】甘、咸，寒。归心、肝经。

【功效】清热凉血，活血解毒，透疹消斑。

【临床应用】用于血热毒盛，斑疹紫黑，麻疹不透，疮疡，湿疹，水火烫伤。

【现代药理学研究】具有抗菌、抗肿瘤、抗病毒、抗炎、抗过敏、保肝降酶等作用。

19.小蓟

【别名】刺儿菜，青青草，猫蓟，青刺蓟，千针草，刺蓟菜。

【性味归经】甘、苦，凉。归心、肝经。

【功效】凉血止血，散瘀解毒消痈。

【临床应用】用于衄血，吐血，尿血，血淋，便血，崩漏，外伤出血，痈肿疮毒。

【现代药理学研究】主要集中在止血作用、对心血管系统和平滑肌的作用、抑菌消炎作用等方面。

20.黄芩

【别名】山茶根，土金茶根，条芩，子芩。

【性味归经】苦，寒。归肺、胆、脾、大肠、小肠经。

【功效】清热燥湿，泻火解毒，止血，安胎。

【临床应用】用于湿温，暑湿，胸闷呕恶，湿热痞满，泻痢，黄疸，肺热咳嗽，高热烦渴，血热吐衄，痈肿疮毒，胎动不安。

【现代药理学研究】具有抗菌、抗病毒、抗炎、解热等作用。

21.黄连

【别名】川黄连，川连，云连，雅连，鸡爪连。

【性味归经】苦，寒。归心、脾、胃、肝、胆、大肠经。

【功效】清热燥湿，泻火解毒。

【临床应用】用于湿热痞满，呕吐吞酸，泻痢，黄疸，高热神昏，心火亢盛，心烦不寐，心悸不宁，血热出血，目赤，牙痛，消渴，痈肿疔疮；外治湿疹，湿疮，耳道流脓。

【现代药理学研究】具有抗菌、抗内毒素、抗病毒、增强免疫、解热、抗溃疡、降血糖、抗炎等作用。

22.黄柏

【别名】檗木，檗皮，黄檗，黄波罗，黄伯栗，黄皮树皮。

【性味归经】苦，寒。归肾、膀胱经。

【功效】清热燥湿，泻火除蒸，解毒疗疮。

【临床应用】用于湿热泻痢，黄疸尿赤，带下阴痒，热淋涩痛，脚气痿躄，骨蒸劳热，盗汗，遗精，疮疡肿毒，湿疹。

【现代药理学研究】具有抗菌、镇咳、降压、抗滴虫、抗真菌、抗溃疡等作用。

23.马鞭草

【别名】燕尾草，马鞭梢，蜻蜓草。

【性味归经】苦，凉。归肝、脾经。

【功效】活血散瘀，解毒，利水，退黄，截疟。

【临床应用】用于癥瘕积聚，痛经经闭，喉痹，痈肿，水肿，黄疸，疟疾。

【现代药理学研究】具有抗炎止痛、抗原虫、抗菌等作用。

24.薏苡仁

【别名】薏仁，苡米，苡仁，土玉米，薏米。

【性味归经】甘、淡，凉。归脾、胃、肺经。

【功效】利水渗湿，健脾止泻，除痹，排脓，解毒散结。

【临床应用】用于水肿，脚气，小便不利，脾虚泄泻，湿痹拘挛，肺痈，肠痈，赘疣，癌肿。

【现代药理学研究】具有抗肿瘤、降血糖、抗炎镇痛、提高免疫力、调节血脂代谢、抑制骨质疏松等作用。

25.轻粉

【别名】汞粉，峭粉，水银粉，腻粉，银粉，扫盆。

【性味归经】辛，寒；有毒。归大肠、小肠经。

【功效】外用杀虫，攻毒，敛疮；内服祛痰消积，逐水通便。

【临床应用】外治用于疥疮，顽癣，臁疮，梅毒，疮疡，湿疹；内服用于痰涎积滞，水肿鼓胀，二便不利。

【现代药理学研究】外用有杀菌作用；内服适量能抑制肠内异常发酵，并能通利大便。

26.天葵子

【别名】紫背天葵，天葵根，天葵草，千年老鼠屎，金耗子屎，散血球。

【性味归经】甘、苦，寒。归肝、胃经。

【功效】清热解毒，消肿散结。

【临床应用】用于痈肿疔疮，乳痈，瘰疬，蛇虫咬伤。

【现代药理学研究】具有抗肿瘤等作用。

27.马齿苋

【别名】长寿草，五行草，爪子草。

【性味归经】酸，寒。归肝、大肠经。

【功效】清热解毒，凉血止血，止痢。

【临床应用】用于热毒血痢，痈肿疔疮，湿疹，丹毒，蛇虫咬伤，便血，痔血，崩漏下血。

【现代药理学研究】具有降血脂、抗菌、增强免疫、抗衰老等作用。

28.木芙蓉叶

【别名】拒霜叶，芙蓉叶，芙蓉花叶，芙蓉树叶。

【性味归经】辛，平。归肺、肝经。

【功效】凉血，解毒，消肿，止痛。

【临床应用】用于痈疽焮肿，缠身蛇丹，烫伤，目赤肿痛，跌打损伤。

【现代药理学研究】具有明确的抗炎镇痛作用，对肾缺血再灌注损伤有保护作用。

29.蛇蜕

【别名】蛇皮，蛇退，长虫皮。

【性味归经】咸、甘，平。归肝经。

【功效】祛风，定惊，退翳，解毒。

【临床应用】用于小儿惊风，抽搐痉挛，翳障，喉痹，疔肿，皮肤瘙痒。

【现代药理学研究】具有抗炎、抗惊厥等作用。

30.木鳖子

【别名】木蟹，土木鳖，壳木鳖，漏苓子，地桐子，藤桐子，木鳖瓜。

【性味归经】苦、微甘，凉；有毒。归肝、脾、胃经。

【功效】散结消肿，攻毒疗疮。

【临床应用】用于疮疡肿毒，乳痈，瘰疬，痔瘘，干癣，秃疮。

【现代药理学研究】具有抗癌、抗炎、抗菌、抗溃疡、抗氧化、调节免疫等多种药理作用。

31.鸡骨草

【别名】黄头草，黄仔强，大黄草，猪腰草。

【性味归经】甘、微苦，凉。归肝、胃经。

【功效】利湿退黄，清热解毒，疏肝止痛。

【临床应用】用于湿热黄疸，胁肋不舒，胃脘胀痛，乳痈肿痛。

【现代药理学研究】具有护肝、利胆、抗菌、抗炎、增强免疫力、清除自由基、调节平滑肌功能等作用。

32. 车前草

【别名】车前，当道，牛舌草。

【性味归经】甘，寒。归肝、肾、肺、小肠经。

【功效】清热利尿通淋，祛痰，凉血，解毒。

【临床应用】用于热淋涩痛，水肿尿少，暑湿泄泻，痰热咳嗽，吐血衄血，痈肿疮毒。

【现代药理学研究】具有抗菌、利尿、抗衰老、抗炎、保肝、降血尿酸、降血糖、调血脂等作用。

33. 紫花地丁

【别名】野堇菜，光瓣堇菜。

【性味归经】苦、辛，寒。归心、肝经。

【功效】清热解毒，凉血消肿。

【临床应用】用于疔疮肿毒，痈疽发背，丹毒，毒蛇咬伤。

【现代药理学研究】具有抗炎、抗菌、抗氧化、抗病毒、调节免疫的作用。

34. 牛蒡子

【别名】大力子，鼠粘子，恶实，鼠尖子。

【性味归经】辛、苦，寒。归肺、胃经。

【功效】疏散风热，宣肺透疹，解毒利咽。

【临床应用】用于风热感冒，咳嗽痰多，麻疹，风疹，咽喉肿痛，痄腮，丹毒，痈肿疮毒。

【现代药理学研究】具有抗肿瘤、抗炎、抗病毒、抗菌、降血糖等作用。

35. 野菊花

【别名】野黄菊花，苦薏。

【性味归经】苦、辛，微寒。归肝、心经。

【功效】清热解毒，泻火平肝。

【临床应用】用于疔疮痈肿，目赤肿痛，头痛眩晕。

【现代药理学研究】具有抗微生物、抗炎、免疫调节、抗肿瘤、保肝、保护神经、保护心血管、抗血小板聚集等作用。

36. 升麻

【别名】龙眼根，窟窿牙根。

【性味归经】辛、微甘，微寒。归肺、脾、胃、大肠经。

【功效】发表透疹，清热解毒，升举阳气。

【临床应用】用于风热头痛，齿痛，口疮，咽喉肿痛，麻疹不透，阳毒发斑，脱肛，子宫脱垂。

【现代药理学研究】具有抗病毒、抗肿瘤、调节内分泌、抗骨质疏松、抗炎等作用。

37. 苦地丁

【别名】地丁，地丁草。

【性味归经】苦，寒。归心、肝、大肠经。

【功效】清热解毒，散结消肿。

【临床应用】用于时疫感冒，咽喉肿痛，疔疮肿痛，痈疽发背，痄腮丹毒。

【现代药理学研究】具有抗氧化、降血脂等作用。

38. 水飞蓟

【别名】奶蓟草，老鼠筋，水飞雉，奶蓟。

【性味归经】苦，凉。归肝、胆经。

【功效】清热解毒，疏肝利胆。

【临床应用】用于肝胆湿热，胁痛，黄疸。

【现代药理学研究】具有抗肝纤维化、抗肾小管间质纤维化、抗肿瘤、抗炎及降血糖的作用。

39. 水牛角

【别名】沙牛角，牛角尖。

【性味归经】苦，寒。归心、肝经。

【功效】清热凉血，解毒，定惊。

【临床应用】用于温病高热，神昏谵语，发斑发疹，吐血衄血，惊风，癫狂。

【现代药理学研究】具有加强心肌收缩力的作用、镇静与抗惊厥作用、促性腺样作用。

40. 雄黄

【别名】黄食石，石黄，黄石，鸡冠石。

【性味归经】辛，温；有毒。归肝、大肠经。

【功效】解毒杀虫，燥湿祛痰，截疟。

【临床应用】用于痈肿疔疮，蛇虫咬伤，虫积腹痛，惊痫，疟疾。

【现代药理学研究】具有抗病原微生物、抗血吸虫、抗肉瘤的作用。

41. 金钱草

【别名】大叶金钱草，蜈蚣草，铜钱草，野花生。

【性味归经】甘、咸，微寒。归肝、胆、肾、膀胱经。

【功效】利湿退黄，利尿通淋，解毒消肿。

【临床应用】用于湿热黄疸，胆胀胁痛，石淋，热淋，小便涩痛，痈肿疔疮，蛇虫咬伤。

【现代药理学研究】具有利胆排石、利尿排石、抗炎、抑菌、镇痛、增加冠脉血流量和脑血流量等作用。

42. 甘草

【别名】国老，甜草，甜根子，乌拉尔甘草。

【性味归经】甘，平。归心、肺、脾、胃经。

【功效】补脾益气，清热解毒，祛痰止咳，缓急止痛，调和诸药。

【临床应用】用于脾胃虚弱，倦怠乏力，心悸气短，咳嗽痰多，脘腹、四肢挛急疼痛，痈肿疮毒，缓解药物毒性、烈性。

【现代药理学研究】抗胃溃疡，对胃肠平滑肌具有解痉作用，保护肝脏，具有抗脂质氧化作用；抗过敏，对机体的吞噬功能呈双向调节作用，可增强特异免疫功能；具有糖皮质激素样作用；对心脏有兴奋作用，可增大心脏收缩幅度，具有抗心律失常及降血脂作用；抗菌、抗病毒，对艾滋病毒具有破坏和抑制其增生的作用；还具有镇静、解热、镇痛、抗炎、镇咳、抗肿瘤、抗氧化及抗衰老作用。

43. 积雪草

【别名】马蹄草，连钱草，破铜钱草。

【性味归经】苦、辛，寒。归肝、脾、肾经。

【功效】清热利湿，解毒消肿。

【临床应用】用于湿热黄疸，中暑腹泻，石淋血淋，痈肿疮毒，跌仆损伤。

【现代药理学研究】具有抗抑郁、抗肿瘤、免疫调节、抗溃疡及抗菌、抗炎、镇痛、神经保护作用。

44. 硫黄

【别名】石流黄。

【性味归经】酸，温；有毒。归肾、大肠经。

【功效】外用解毒杀虫疗疮；内服补火助阳通便。

【临床应用】外治用于疥癣，秃疮，阴疽恶疮；内服用于阳痿足冷，虚喘冷哮，虚寒便秘。

【现代药理学研究】具有杀真菌、杀疥虫作用。

45. 蓼大青叶

【别名】染青叶，蓝叶，大青叶，靛青叶。

【性味归经】苦，寒。归心、胃经。

【功效】清热解毒，凉血消斑。

【临床应用】用于温病发热，发斑发疹，肺热咳喘，喉痹，痄腮，丹毒，痈肿。

【现代药理学研究】具有抗肿瘤、抗菌、抗炎和解热作用。

46. 重楼

【别名】蚤休，七叶一枝花，草河车。

【性味归经】苦，微寒；有小毒。归肝经。

【功效】清热解毒，消肿止痛，凉肝定惊。

【临床应用】用于疔疮痈肿，咽喉肿痛，蛇虫咬伤，跌仆伤痛，惊风抽搐。

【现代药理学研究】具有抗肿瘤、止血、免疫调节、镇静镇痛等作用。

47. 仙鹤草

【别名】脱力草，狼牙草，龙牙草。

【性味归经】苦、涩，平。归心、肝经。

【功效】收敛止血，截疟，止痢，解毒，补虚。

【临床应用】用于咯血，吐血，崩漏下血，疟疾，血痢，痈肿疮毒，阴痒带下，脱力劳伤。

【现代药理学研究】具有降血糖、抗肿瘤、抗炎、抗菌、抗病毒等作用。

48. 栀子

【别名】木丹，山栀，山黄枝。

【性味归经】苦，寒。归心、肺、三焦经。

【功效】泻火除烦，清热利湿，凉血解毒；外用消肿止痛。

【临床应用】用于热病心烦，湿热黄疸，淋证涩痛，血热吐衄，目赤肿痛，火毒疮疡；外治扭挫伤痛。

【现代药理学研究】具有保肝利胆、降血糖、促进胰腺分泌、保护胃功能、降压、调脂、神经保护、抗炎、抗氧化、抗疲劳、抗血栓等作用。

49. 白头翁

【别名】奈何草，粉乳草，白头草。

【性味归经】苦，寒。归胃、大肠。

【功效】清热解毒，凉血止痢。

【临床应用】用于热毒血痢，阴痒带下。

【现代药理学研究】具有抗肿瘤、抑菌、抗氧化等作用。

50. 白附子

【别名】禹白附，独角莲根，牛奶白附。

【性味归经】辛，温；有毒。归胃、肝经。

【功效】祛风痰，定惊搐，解毒散结，止痛。

【临床应用】用于中风痰壅，口眼㖞斜，语言謇涩，惊风癫痫，破伤风，痰厥头痛，偏正头痛，瘰疬痰核，毒蛇咬伤。

【现代药理学研究】具有抗炎、镇静、抗惊厥、止痛、抗恶性肿瘤等作用。

51. 白矾

【别名】明矾，枯矾。

【性味归经】酸、涩，寒。归肺、脾、肝、大肠经。

【功效】外用解毒杀虫，燥湿止痒；内服止血止泻，祛除风痰。

【临床应用】外治用于湿疹，疥癣，脱肛，痔疮，聤耳流脓；内服用于久泻不止，便血，崩漏，癫痫发狂。枯矾收湿敛疮，止血化腐。用于湿疹湿疮，脱肛，痔疮，聤耳流脓，阴痒带下，鼻衄齿衄，鼻息肉。

【现代药理学研究】具有抗菌、抗阴道滴虫、抗癌、止血、利胆等作用。

52. 白蔹

【别名】山地瓜，野红薯，白根，五爪藤。

【性味归经】苦，微寒。归心、胃经。

【功效】清热解毒，消痈散结，敛疮生肌。

【临床应用】用于痈疽发背，疔疮，瘰疬，烧烫伤。

【现代药理学研究】具有镇痛、抗癌等作用。

53. 白鲜皮

【别名】白藓皮，八股牛，山牡丹，羊鲜草。

【性味归经】苦，寒。归脾、胃、膀胱经。

【功效】清热燥湿，祛风解毒。

【临床应用】用于湿热疮毒，黄水淋漓，湿疹，风疹，疥癣疮癞，风湿热痹，黄疸尿赤。

【现代药理学研究】具有抗炎、抗菌、杀虫、抗过敏以及抗肿瘤等作用。

54. 白薇

【别名】薇草，知微老，老瓜瓢根，山烟根子，百荡草。

【性味归经】苦、咸，寒。归心、胃经。

【功效】清热解毒，消痈散结，敛疮生肌。

【临床应用】用于痈疽发背，疔疮，瘰疬，烧烫伤。

【现代药理学研究】具有镇痛、抗癌等作用。

55. 瓜子金

【别名】辰砂草，金锁匙，挂米草，产后草，高脚瓜子草。

【性味归经】辛、苦，平。归肺经。

【功效】祛痰止咳，活血消肿，解毒止痛。

【临床应用】用于咳嗽痰多，咽喉肿痛；外治跌打损伤，疔疮疖肿，蛇虫咬伤。

【现代药理学研究】具有抗炎、镇痛以及抗肿瘤等作用。

56. 冬凌草

【别名】冰凌草，山香草，雪花草。

【性味归经】苦、甘，微寒。归肺、胃、肝经。

【功效】清热解毒，活血止痛。

【临床应用】用于咽喉肿痛，癥瘕痞块，蛇虫咬伤。

【现代药理学研究】具有抗脑缺血、抗炎、抗菌、抗癌等作用。

57. 玄参

【别名】元参，浙玄参，黑参，重台。

【性味归经】甘、苦、咸，微寒。归肺、胃、肾经。

【功效】清热凉血，滋阴降火，解毒散结。

【临床应用】用于热入营血，温毒发斑，热病伤阴，舌绛烦渴，津伤便秘，骨蒸劳嗽，目赤，咽痛，白喉，痈肿疮毒。

【**现代药理学研究**】具有降血压、抗炎镇痛、保肝、抗氧化等作用。

58.半边莲

【**别名**】瓜仁草，急解索，细米草。

【**性味归经**】辛，平。归心、小肠、肺经。

【**功效**】清热解毒，利尿消肿。

【**临床应用**】用于痈肿疔疮，蛇虫咬伤，鼓胀水肿，湿热黄疸，湿疹湿疮。

【**现代药理学研究**】具有抗肿瘤、抗炎、抑菌、抗病毒等作用。

59.半枝莲

【**别名**】赶山鞭，牙刷草，瘦黄芩，田基草。

【**性味归经**】辛、苦，寒。归肺、肝、肾经。

【**功效**】清热解毒，化瘀利尿。

【**临床应用**】用于疔疮肿毒，咽喉肿痛，跌仆伤痛，黄疸，蛇虫咬伤。

【**现代药理学研究**】具有抗老年痴呆、抗肿瘤、抗氧化、抗病毒、抑菌、保肝和增强免疫等作用。

60.地黄

【**别名**】生地，生地黄，地髓，原生地，干地黄。

【**性味归经**】甘，寒。归心、肝、肾经。

【**功效**】清热凉血，养阴生津。

【**临床应用**】用于热入营血，温毒发斑，吐血衄血，热病伤阴，舌绛烦渴，津伤便秘，阴虚发热，骨蒸劳热，内热消渴。

【**现代药理学研究**】具有抗辐射、保肝、抗溃疡、强心、止血、利尿等作用。

61.地榆

【**别名**】黄爪香，山地瓜，猪人参，血箭草。

【**性味归经**】苦、酸、涩，微寒。归肝、大肠经。

【**功效**】凉血止血，解毒敛疮。

【**临床应用**】用于便血，痔血，血痢，崩漏，水火烫伤，痈肿疮毒。

【**现代药理学研究**】具有止血、抗癌、抗过敏、抗菌等作用。

62.地锦草

【**别名**】血见愁，红丝草，奶浆草。

【**性味归经**】辛，平。归肝、大肠经。

【功效】清热解毒，凉血止血，利湿退黄。

【临床应用】用于痢疾，泄泻，咯血，尿血，便血，崩漏，疮疖痈肿，湿热黄疸。

【现代药理学研究】具有抗菌、抗炎、抗氧化、抗过敏、免疫调节、保肝、止血等作用。

63. 鸦胆子

【别名】老鸦胆，鸦蛋子，鸦胆，苦榛子。

【性味归经】苦，寒；有小毒。归大肠、肝经。

【功效】清热解毒，截疟，止痢；外用腐蚀赘疣。

【临床应用】用于痢疾，疟疾；外治赘疣，鸡眼。

【现代药理学研究】具有抗癌等作用。

64. 炉甘石

【别名】甘石，卢甘石。

【性味归经】甘，平。归肝、脾经。

【功效】解毒明目退翳，收湿止痒敛疮。

【临床应用】用于目赤肿痛，睑弦赤烂，翳膜遮睛，胬肉攀睛，溃疡不敛，脓水淋漓，湿疮瘙痒。

【现代药理学研究】具有收敛、消炎、止痒及保护创面作用，并能抑制局部葡萄球菌的生长。

65. 朱砂

【别名】辰砂。

【性味归经】甘，寒；有毒。归心经。

【功效】清心镇惊，安神，明目，解毒。

【临床应用】用于心悸易惊，失眠多梦，癫痫发狂，小儿惊风，视物昏花，口疮，喉痹，疮疡肿毒。

【现代药理学研究】具有抗惊厥等作用。

66. 全蝎

【别名】全虫，蝎子，伏背虫。

【性味归经】辛，平；有毒。归肝经。

【功效】息风镇痉，通络止痛，攻毒散结。

【临床应用】用于肝风内动，痉挛抽搐，小儿惊风，中风口㖞，半身不遂，破伤风，风湿顽痹，偏正头痛，疮疡，瘰疬。

【现代药理学研究】具有抗菌、抗凝、镇痛等作用。

67.防己

【别名】汉防己，白木香，瓜防己，石蟾蜍。

【性味归经】苦，寒。归膀胱、肺经。

【功效】祛风止痛，利水消肿。

【临床应用】用于风湿痹痛，水肿脚气，小便不利，湿疹疮毒。

【现代药理学研究】具有抗炎、抗病原微生物、抗肿瘤、降压、抗心律失常等作用。

68.蜂房

【别名】露蜂房，马蜂窝，蜂巢，野蜂窝，黄蜂窝，百穿之巢。

【性味归经】甘，平。归胃经。

【功效】攻毒杀虫，祛风止痛。

【临床应用】用于疮疡肿毒，乳痈，瘰疬，皮肤顽癣，鹅掌风，牙痛，风湿痹痛。

【现代药理学研究】具有抗肿瘤、抗菌等作用。

69.龙胆草

【别名】土白连，九月花，星秀花，冷风吹，雪里梅，青鱼胆草。

【性味归经】苦，寒。归肝、胆经。

【功效】清热除湿，解毒，止咳。

【临床应用】用于湿热黄疸，小便不利，肺热咳嗽。

【现代药理学研究】具有抗炎、抗肿瘤等作用。

70.蜈蚣

【别名】百足虫，百脚虫，蝍蛆，天龙。

【性味归经】辛，温；有毒。归肝经。

【功效】息风镇痉，通络止痛，攻毒散结。

【临床应用】用于肝风内动，痉挛抽搐，小儿惊风，中风口祸，半身不遂，破伤风，风湿顽痹，偏正头痛，疮疡，瘰疬，蛇虫咬伤。

【现代药理学研究】具有止痉、抗真菌、抗肿瘤等作用。

71.蒲公英

【别名】黄花地丁，婆婆丁，华花郎。

【性味归经】苦、甘，寒。归肝、胃经。

【功效】清热解毒，消肿散结，利尿通淋。

【临床应用】用于疔疮肿毒，乳痈，瘰疬，目赤，咽痛，肺痈，肠痈，湿热黄疸，热淋涩痛。

【现代药理学研究】具有抑菌、利胆保肝、抗胃损伤、抗肿瘤等作用。

72. 穿心莲

【别名】一见喜，苦胆草，印度草，榄核莲，四方莲。

【性味归经】苦，寒。归心、肺、大肠、膀胱经。

【功效】清热凉血，解毒消肿。

【临床应用】用于感冒发热，咽喉肿痛，口舌生疮，顿咳劳嗽，泄泻痢疾，热淋涩痛，痈肿疮疡，蛇虫咬伤。

【现代药理学研究】具有抗菌消炎、抗病毒、抗肿瘤、防治心血管疾病、抗肝损伤、增强免疫等多种药理作用。

73. 赤小豆

【别名】小豆，赤豆，红豆，红小豆，猪肝赤。

【性味归经】甘、酸，平。归心、小肠经。

【功效】利水消肿，解毒排脓。

【临床应用】用于水肿胀满，脚气浮肿，黄疸尿赤，风湿热痹，痈肿疮毒，肠痈腹痛。

【现代药理学研究】具有抗氧化、降血脂、降血糖等作用。

74. 赤芍

【别名】木芍药，草芍药，红芍药，毛果赤芍。

【性味归经】苦，微寒。归肝经。

【功效】清热凉血，散瘀止痛。

【临床应用】用于热入营血，温毒发斑，吐血衄血，目赤肿痛，肝郁胁痛，经闭痛经，癥瘕腹痛，跌仆损伤，痈肿疮疡。

【现代药理学研究】主要作用于心血管系统，另外还具有抗肿瘤、抗内毒素等作用。

75. 板蓝根

【别名】大蓝根，大青根，靛青根，蓝靛根，靛根等。

【性味归经】苦，寒。归心、胃经。

【功效】清热解毒，凉血利咽。

【临床应用】用于温疫时毒，发热咽痛，温毒发斑，痄腮，烂喉丹痧，大头瘟疫，丹毒，痈肿。

【现代药理学研究】具有抗炎、抗病毒、解热和提高免疫力等作用。

76. 拳参

【别名】草河车，拳蓼，倒根草，紫参，铜罗。

【性味归经】苦、涩，微寒。归肺、肝、大肠经。

【功效】清热解毒，消肿，止血。

【临床应用】用于赤痢热泻，肺热咳嗽，痈肿瘰疬，口舌生疮，血热吐衄，痔疮出血，蛇虫咬伤。

【现代药理学研究】具有抗炎、抑菌、抗心律失常、镇痛等作用。

77. 鸭跖草

【别名】碧竹子，翠蝴蝶，淡竹叶等。

【性味归经】甘、淡，寒。归肺、胃、小肠经。

【功效】清热泻火，解毒，利水消肿。

【临床应用】用于感冒发热，热病烦渴，咽喉肿痛，水肿尿少，热淋涩痛，痈肿疔毒。

【现代药理学研究】具有抗菌、抗炎、抗氧化、降血糖、镇痛和止咳等药理活性。

78. 连钱草

【别名】活血丹，透骨消，接骨消，马蹄草。

【性味归经】辛、微苦，微寒。归肝、肾、膀胱经。

【功效】利湿通淋，清热解毒，散瘀消肿。

【临床应用】用于热淋，石淋，湿热黄疸，疮痈肿痛，跌打损伤。

【现代药理学研究】具有利尿利胆、降脂、排石、降血糖、抗炎、抗菌等作用。

79. 连翘

【别名】连壳，黄花条，黄链条花，黄奇丹，青翘，落翘。

【性味归经】苦，微寒。归肺、心、小肠经。

【功效】清热解毒，消肿散结，疏散风热。

【临床应用】用于痈疽，瘰疬，乳痈，丹毒，风热感冒，温病初起，温热入营，高热烦渴，神昏发斑，热淋涩痛。

【现代药理学研究】具有抗炎、抗菌、抗肿瘤、免疫调节、抗氧化、保肝等作用。

80.牡丹皮

【别名】牡丹根皮，丹皮，丹根。

【性味归经】苦、辛，微寒。归心、肝、肾经。

【功效】清热凉血，活血化瘀。

【临床应用】用于热入营血，温毒发斑，吐血衄血，夜热早凉，无汗骨蒸，经闭痛经，跌仆伤痛，痈肿疮毒。

【现代药理学研究】具有抗菌消炎、抗肿瘤、抗心律失常、抗胃溃疡等作用。

81.皂角刺

【别名】皂荚刺，皂刺，天丁。

【性味归经】辛，温。归肝、胃经。

【功效】消肿托毒，排脓，杀虫。

【临床应用】用于痈疽初起或脓成不溃；外治疥癣麻风。

【现代药理学研究】具有抗菌、抗炎、抗病毒、免疫调节、抗凝血和抗癌等作用。

82.忍冬藤

【别名】大薜荔，水杨藤，千金藤。

【性味归经】甘，寒。归肺、胃经。

【功效】清热解毒，疏风通络。

【临床应用】用于温病发热，热毒血痢，痈肿疮疡，风湿热痹，关节红肿热痛。

【现代药理学研究】具有解痉、镇咳、祛痰、平喘作用。

（邹国明）

第三节　从毒论治常用方剂

1.二生汤

【来源】《辨证录》卷十三

【组成】生黄芪三两　土茯苓三两　生甘草三钱

【功效】补虚泻毒。

【方解】方中用生黄芪以补气，气旺而邪自难留，得生甘草之化毒，得土茯苓之引毒，毒去而正自无亏，气旺而血又能养。

【适应证】主杨梅疮，大虚而毒深中。遍身毒疮，黄水泛滥，臭腐不堪。

2.化毒汤

【来源】《普济方》

【组成】紫草茸　升麻少用　甘草炙　陈皮各等份

【功效】化热毒。

【方解】紫草茸清热凉血解毒，少量升麻散火，陈皮、甘草健脾护中。

【适应证】小儿麻痘疮欲出。

3.代刀散

【来源】《外科证治全生集》

【组成】皂角刺30g　黄芪30g　甘草15g　乳香15g

【功效】透脓解毒。

【方解】方中黄芪大补元气，托毒排脓；皂角刺、乳香活血消痈，散瘀止痛；甘草解毒和中；以酒送服，乃取其通行血脉，以助药力。诸药合用，共奏托毒排脓、散瘀止痛之功。

【适应证】主治疮疡脓毒已熟、尚未溃破。

4.五虎下西川

【来源】《串雅内编》卷二

【组成】穿山甲炙，研　黄芪　白芷　当归　生地各9g

【功效】活血消肿。

【方解】穿山甲、当归活血化瘀，白芷消肿排脓，生地清热凉血，黄芪助正气。

【适应证】治无名肿毒，痈疽发背。

5.黑虎汤

【来源】《疡医大全》卷二十二

【组成】玄参一斤　柴胡三钱　生甘草一两

【功效】解毒消肿。

【方解】玄参退浮游之火，得甘草之助，解其迅速之威；得柴胡之佐，能舒抑郁之气，又有引经之味，引至毒处，大为祛除。用至一斤，力量更大，又是补中兼散，则解阴毒，不伤阴气，所以建功。若些小之证与非阴证，不必用此重剂。

【适应证】无名肿毒。

6.解毒汤

【来源】《种痘新书》卷四

【组成】连翘　牛蒡子　枳壳　木通　防风　桔梗　紫草　川芎　升麻　蝉蜕　黄芩　黄连　前胡　麦冬　甘草

【功效】泻火解毒，行气活血。

【方解】连翘、牛蒡子、黄芩、黄连、紫草解毒除烦，枳壳、桔梗、防风、木通疏风开窍，升麻、川芎、蝉蜕达气上升，前胡降肺化痰，麦冬养阴润燥，甘草调和诸药。清毒之方，莫良于此。

【适应证】痘疮，外感风寒，毒气壅盛，憎寒壮热，咳嗽流涕，服加减升麻汤、扶元宣解汤后，依然大热熏蒸，眼红唇紫，舌有黄苔，口中气臭，狂言谵语，二便不通，恶风恶寒，嘎齿咬牙，腹中隐隐作痛者。

7.败毒良方

【来源】《幼科直言》卷六

【组成】黄芩二钱　当归二钱　广胶二钱　怀生地黄三钱　枳壳二钱　连翘二钱　怀牛膝二钱　穿山甲二钱，酒炒

【功效】清热解毒，活血行气。

【方解】方中黄芩、连翘清热解毒，当归、广胶、穿山甲活血补血，生地清热凉血，枳壳行气，牛膝引热下行。

【适应证】一切大毒，痈疽，发背，疔毒，鱼口，对嘴，无名肿毒。

8.菊花散

【来源】《本事》卷五

【组成】甘菊花八两　牛蒡子炒焦，八两　防风三两　白蒺藜去刺，一两　甘草一两

【功效】祛风散热，解毒平冲。

【方解】甘菊花气味辛凉，入手太阴；牛蒡子气味苦辛平微寒，入手太阴、手、足阳明；防风气味辛甘微温，入足太阳；白蒺藜气味辛甘微温，入足厥阴；甘草气味甘平，入足太阴，通行十二经络，能缓诸药之性，此肝肾风毒热气上冲，头目疼痛。欲损目者，以辛凉甘温者各二味，散其毒热，再以甘平之味和之缓之，使上冲之气，渐得和平，则药之能事毕矣。

【适应证】肝肾风毒，热气上冲眼痛。

9.透脓散

【来源】《外科正宗》

【组成】黄芪四钱（12g） 山甲炒末，一钱（3g） 川芎三钱（9g） 当归二钱（6g） 皂刺一钱五分（5g）

【功效】托毒透脓。

【方解】方中重用黄芪，甘温益气，托疮生肌，《珍珠囊》谓其"内托阴疽，为疮家圣药"，故为君药。当归养血活血；川芎活血行气，化瘀通络。两药与黄芪相伍，既补益气血，又活血通脉，俾气旺血充，血脉通畅，则可透脓外泄，生肌长肉，共为臣药。穿山甲、皂角刺善于消散穿透，软坚溃痈；加酒少许，宣通血脉，以助药力，均为佐药。诸药配伍，扶助正气，托毒透脓。

【适应证】气血两虚，疮痈脓成难溃。疮痈内已成脓，无力外溃，漫肿无头，或酸胀热痛。

10.紫金锭

【来源】《丹溪心法附余》

【组成】雄黄一两（30g） 文蛤一名五倍子，锤碎，洗净，焙，三两（90g） 山慈菇去皮，洗净，焙，二两（60g） 红芽大戟去皮，洗净，焙干燥，一两半（45g） 千金子一名续随子，去壳，研，去油取霜，一两（30g） 朱砂五钱（15g） 麝香三钱（9g）

【功效】辟瘟解毒，消肿止痛。

【方解】方中山慈菇辛寒有毒，化痰解毒，消肿散结；麝香芳香开窍，辟秽解毒，共为君药。千金子霜辛温有毒，泻下逐水，杀虫攻毒；大戟苦辛有毒，泻下逐水，消肿散结，二药皆能以毒攻毒，荡涤肠胃，攻逐痰浊，使邪毒速从下去，用为臣药。佐以五倍子涩肠止泻，且寓"欲劫之先聚之"之意，与臣药相配，使泻下而无滑脱之虞，涩肠而无留邪之弊；雄黄辟秽解毒，化痰消肿；朱砂重镇安神。诸药合用，辟秽化痰以开窍，解毒消肿以止痛。

【适应证】秽恶痰浊闭阻之证。脘腹胀闷疼痛，恶心呕吐，泄泻，痢疾，舌苔厚腻或浊腻，以及痰厥。外敷疗疮疖肿毒，虫咬损伤，无名肿毒，及痄腮、丹毒、喉风等。

11.仙方活命饮

【来源】《校注妇人良方》

【组成】白芷 贝母 防风 赤芍药 当归尾 甘草 皂角刺炒 穿山甲炙 天花粉 乳香 没药各一钱 金银花 陈皮各三钱

【功效】清热解毒，消肿散结，活血止痛。

【方解】方中金银花善清热解毒疗疮，乃“疮疡圣药”，故重用为君。然单用清热解毒，则气滞血瘀难消，肿结不散，又以当归尾、赤芍、乳香、没药、陈皮行气活血通络，消肿止痛，气行则营卫畅通，营卫畅通则邪无滞留，使瘀去肿散痛止，共为臣药。白芷、防风疏风散表，以助散结消肿；气机阻滞每致液聚成痰，故配用贝母、天花粉清热化痰排脓，可使脓未成即消；穿山甲、皂角刺通行经络，透脓溃坚，可使脓成即溃，均为佐药。甘草清热解毒，和中调药，为佐使药。煎药加酒者，借其通行周身，助药力直达病所，使邪尽散。

【适应证】痈疡肿毒初起。局部红肿焮痛，或身热凛寒，苔薄白或黄，脉数有力。

12. 四妙勇安汤

【来源】《验方新编》

【组成】金银花　玄参各三两（各90g）　当归二两（60g）　甘草一两（30g）

【功效】清热解毒，活血止痛。

【方解】方中金银花味甘性寒，尤善清热解毒而治痈疽，故重用为君。玄参长于清热凉血，泻火解毒，并能散结软坚，与君药合用，既清气分之邪热，又解血分之热毒，则清热解毒之力尤著；当归性味甘辛而温润，养血活血，既可行气血、化瘀通脉而止痛，又合玄参养血滋阴而生新，共为臣药。甘草生用，既清热解毒，又调和诸药，为之佐使。四药共奏清热解毒、活血止痛之功。

【适应证】热毒炽盛之脱疽。患肢暗红微肿灼热，疼痛剧烈，久则溃烂腐臭，甚则脚趾节节脱落，延及足背，烦热口渴，舌红，脉数。

13. 调元化毒汤

【来源】《痘疹传心录》卷十九

【组成】绵黄芪一钱，生　当归身八分，酒洗　牛蒡子七分，炒，研　人参三分　白芍七分，酒洗　连翘七分，去心　木通七分　黄芩五分，酒炒　黄连二分，酒炒　防风七分　荆芥七分　桔梗六分　前胡一钱二分　蝉蜕十二只，去头足　红花三分，酒洗　紫草茸五分，酒洗，研末　生地黄一钱，酒洗　山楂肉一钱　甘草二分，生，去皮

【功效】活血养气解毒。

【方解】此方以人参、黄芪养气，当归、白芍、红花、生地活血，连翘、牛蒡子、黄芩、黄连、紫草解毒透疹，荆芥、防风、蝉蜕发表透疹，前胡、桔梗宣降肺气，木通清心利尿，甘草调和诸药，再加山楂疏气。

【适应证】主痘疹。痘疹身热1~2日即出，痘先发于天庭、司空、印堂等处者，或一齐出而稠密者，或干枯而紫黑者，或成片不分颗粒，皆血气凝滞而毒气肆行所致者。

14.蒋氏化毒丹

【来源】《医宗金鉴》卷五十一

【组成】犀角　黄连　桔梗　玄参　薄荷叶　甘草生　大黄生，各30g　青黛15g

【功效】清热解毒。

【方解】犀角、青黛、黄连、玄参清热解毒，桔梗、甘草、薄荷叶清利头面，大黄泻热通便。

【适应证】治孕妇过食辛热之物，热毒凝结，蕴于胞中，以致小儿初生，头面肢体赤如丹涂，热盛便秘者。

15.解毒散

【来源】《医学纲目》卷三十七

【组成】寒水石　滑石　石膏各等份　辰砂（朱砂）少许

【功效】清热解毒。

【方解】方中寒水石、滑石、石膏清热泻火敛疮，朱砂清心解毒。

【适应证】小儿黑斑红斑，疮痒瘾疹。

16.五福化毒丹

【来源】《小儿药证直诀・卷下・诸方》

【组成】生、熟地黄焙秤，各五两　玄参　天冬去心　麦冬去心，焙秤，各三两　甘草炙　甜硝各二两　青黛一两半

【功效】清热解毒。

【方解】用生地、熟地、玄参、麦冬、天冬滋阴清热，甜硝、青黛除未尽之实热，炙甘草调而和之。

【适应证】疮疹余毒上攻口齿，烦躁，亦咽干，口舌生疮，及治蕴热积，毒热，惊惕，狂躁。

17.防风通圣散

【来源】《黄帝素问宣明论方》

【组成】防风　川芎　当归　芍药　大黄　薄荷叶　麻黄　连翘　芒硝各半两（各6g）　石膏　黄芩　桔梗各一两（各12g）　滑石三两（20g）　甘草二两（10g）　荆芥　白术　栀子各一分（各3g）　生姜三片

【功效】发汗达表，疏风退热。

【方解】方中麻黄、防风、荆芥、薄荷发汗散邪，疏风解表，使表邪从汗而解。黄芩、石膏清泄肺胃；连翘、桔梗清宣上焦，解毒利咽。栀子、滑石清热利湿，引热自小便出；芒硝、大黄泻热通腑，使结热从大便出，四药相伍，使里热从二便分消。火热之邪，易灼血耗气，汗下并用，亦易伤正，故用当归、芍药、川芎养血和血，白术、甘草健脾和中，兼制苦寒之品以免伤胃。煎加生姜和胃助运。诸药配伍，使发汗不伤表，清下不伤里，共奏疏风解表、泻热通便之功。

【适应证】风热壅盛，表里俱实证。憎寒壮热，头目昏眩，目赤睛痛，口苦而干，咽喉不利，胸膈痞闷，咳呕喘满，涕唾稠黏，大便秘结，小便赤涩，舌苔黄腻，脉数有力。并治疮疡肿毒，肠风痔漏，鼻赤，瘾疹等。

18. 宣毒发表汤

【来源】《痘疹活幼至宝》

【组成】升麻　葛根各2.5g　前胡2.5g　桔梗0.6g　枳壳麸炒，2.5g　荆芥　防风各1.5g　薄荷　甘草各0.6g　木通　连翘　牛蒡子　杏仁　竹叶各2.5g

【功效】透疹解毒，宣肺止咳。

【方解】方中升麻、葛根透疹解毒；荆芥、防风、牛蒡子、薄荷解肌散邪，助升麻、葛根透疹；枳壳、桔梗、前胡、杏仁宣肺祛痰止咳；连翘清泄上焦之热；木通导热下行；竹叶清热除烦；甘草解毒和中，并调和诸药。

【适应证】麻疹透发不出，发热咳嗽，烦躁口渴，小便赤者。

19. 神仙活命汤

【来源】《白喉治法抉微》

【组成】龙胆草6g　玄参24g　马兜铃9g　板蓝根9g　生石膏15g　白芍9g　川黄柏4.5g　生甘草3g　大生地30g　瓜蒌9g　生栀子6g

【功效】泻火解毒，清热养阴。

【方解】本方治证属肺胃积热化火，复感时邪疫毒，上蒸咽部所致。方中石膏清肺胃伏火，龙胆草除时气温热，板蓝根治天行热毒，三药合用为君；栀子、黄柏泻火解毒，导热下行为臣；疫毒蕴蒸，必损阴劫液，苦寒之品，亦每易化燥伤阴，故又重用生地、玄参合白芍养阴清热，增液壮水为佐；又以马兜铃、瓜蒌化痰散结利咽，生甘草解毒，调和诸药为使。合而用之，共奏泻火解毒、清热养阴之功。

【适应证】治白喉。壮热口渴，面红目赤，咽部焮红，喉间白腐满布，不易拭去，声音嘶哑，呼吸气粗，口中热臭，舌苔黄腻，脉象数大。

20. 五味消毒饮

【来源】《医宗金鉴》

【组成】金银花三钱　野菊花　蒲公英　紫花地丁　紫背天葵子各一钱二分

【功效】清热解毒，消散疔疮。

【方解】方中金银花清热解毒，清宣透邪，为君药。蒲公英长于清热解毒，兼能消痈散结，《本草正义》言其"治一切疔疮、痈疡、红肿热痛诸证"；紫花地丁清热解毒，凉血消痈。二者助君药清热解毒、消散痈肿之力，共为臣药。佐以野菊花、紫背天葵子清热解毒而治痈疮疔毒，其中野菊花尤专于治"痈肿疔毒，瘰疬眼息"（《本草纲目》），而紫背天葵子则能"散诸疮肿，攻痈疽，排脓定痛"（《滇南本草》）。加酒少量，是行血脉以助药效。诸药合用，共奏清热解毒、消散疔疮之功。

【适应证】火毒结聚之疔疮。疔疮初起，发热恶寒，疮形似粟，坚硬根深，状如铁钉，以及痈疡疖肿，局部红肿热痛，舌红苔黄，脉数。

21. 败毒荆防汤

【来源】《麻症集成》卷三

【组成】牛蒡子　连翘　前胡　桔梗　枳壳　银花　荆芥　防风　甘草

【功效】发散托毒。

【方解】牛蒡子、银花、连翘透表解毒，前胡疏散风热，荆芥、防风疏风解毒透疹，枳壳、桔梗、甘草宣肺排毒。

【适应证】主麻疹。

22. 败毒流气饮

【来源】《疮疡经验全书》卷三

【组成】紫苏　人参　桔梗　枳壳　甘草　柴胡　川芎　羌活　白芷　防风　白术　芍药　金银花　生姜　大枣

【功效】祛风行气，活血消肿。

【方解】方中紫苏、羌活、防风、白芷祛风胜湿，散寒解表以祛邪；柴胡、桔梗、枳壳行气化痰，散结消肿；人参、白术、甘草健脾益气；生姜、大枣更助脾胃之功；川芎、芍药活血；金银花清热解毒，为疮家之要药。诸药齐用，共达益气扶正祛邪之功。

【适应证】小肠、肾经伤于寒热邪气，毒流于腿，发为腿游风。

23. 化毒清表汤

【来源】《医宗金鉴》卷五十九

【组成】葛根　薄荷叶　地骨皮　牛蒡子炒，研　连翘去心　防风　黄芩　黄连　玄参　生知母　木通　生甘草　桔梗

【功效】疏风化毒，清热生津。

【方解】葛根、薄荷、牛蒡子、防风疏风透疹，连翘、黄芩、黄连、玄参清热解毒，木通清热利尿，知母、地骨皮清热生津，桔梗、甘草宣肺排毒。

【适应证】毒热壅遏，麻疹已发而身仍大热者。

24. 凉血攻毒饮

【来源】《救偏琐言》卷十

【组成】大黄二钱　荆芥穗五分　木通四分　牛蒡子一钱　丹皮一钱　紫草一钱　赤芍八分　葛根七分　蝉蜕四分　青皮七分　生地四钱　红花四分

【功效】清热解毒，透火除烦。

【方解】方中荆芥穗、防风、牛蒡子、葛根、蝉蜕疏风透疹，木通清心除烦，丹皮、紫草、赤芍、生地凉血解毒，青皮、红花活血行气，大黄泻热通便。

【适应证】痘毒火内伏，烦渴躁乱，身体反凉，痘色紫滞矾红，彻底无眠。痘已见形，内毒火盛，身热不退。

25. 瓜蒌牛蒡汤

【来源】《医宗金鉴》

【组成】瓜蒌仁　牛蒡子炒，研　花粉　黄芩　生栀子研　连翘去心　皂刺　金银花　甘草生　陈皮　青皮　柴胡

【功效】理气疏肝，清热解毒，消肿排脓。

【方解】乳头属肝，乳房属胃，乳痈是由于肝郁气滞、疏泄失职，脾胃失和，胃热壅滞，致使经络阻隔，营气不和而发病。本方具有清阳明胃热，疏厥阴之气的功效。方中瓜蒌仁、牛蒡子清热解毒，散结消肿；柴胡、青皮、陈皮疏肝理气，化痰解郁；金银花、连翘、生栀子、黄芩、甘草清热解毒消肿；皂角刺、天花粉托毒排脓，活血消肿。全方共奏清热解毒、理气消肿之功。

【适应证】治肝气郁结，热毒壅滞，致成乳疽、乳痈，初起憎寒壮热者。

26. 结毒神效方

【来源】《玉案》卷六

【组成】当归三钱　川芎三钱　肥皂子七个　防风二钱　生地二钱　白鲜皮二钱

赤芍二钱　金银花二钱　牛膝二钱　人参二钱　防己二钱　威灵仙二钱　土茯苓四两

【功效】清热利湿，凉血活血。

【方解】方中人参补气扶正，当归、川芎、生地、赤芍凉血活血止痛，肥皂子、牛膝祛瘀通经，防风、防己祛风胜湿，白鲜皮、金银花祛风解毒，威灵仙、土茯苓解毒利湿。

【适应证】一切结毒，并筋骨痛。

27.解毒四物汤

【来源】《古今医鉴》卷八

【组成】当归酒洗，2.4g　川芎1.5g　白芍炒，1.8g　生地黄3g　黄连炒，1.8g　黄芩炒，2.4g　黄柏炒，2.1g　栀子炒黑，2.1g　地榆2.4g　槐花炒，1.5g　阿胶珠1.8g　柏叶炒，1.8g

【功效】养血解毒，清肠止血。

【方解】方中当归、川芎、白芍、生地养血活血，黄连、黄芩、黄柏、栀子清三焦火热毒邪，地榆、槐花、阿胶、侧柏叶清肠止血，以治大便下血。

【适应证】治血虚火旺，大便下血。

28.牛蒡解肌汤

【来源】《疡科心得集》

【组成】牛蒡子12g　薄荷6g　荆芥6g　连翘6g　山栀12g　丹皮12g　石斛3g　玄参12g　夏枯草15g

【功效】解肌清热，凉血消肿。

【方解】方中牛蒡子辛苦而寒，性偏滑利，功善疏散风热，解毒散肿，故为君药。薄荷、荆芥辛能疏风，透邪解表；连翘清热解毒消痈。三药相配，既助牛蒡子以增强疏散风热之力，又清中有散，寓“火郁发之”之意，共为臣药。夏枯草、山栀子清气泻火，解毒散结，以解痰火之郁结；丹皮、玄参、石斛凉血解毒，软坚散瘀，滋阴清热，以泄血分之伏火，均为佐药。诸药相配，痰火得清，痈疮得消。

【适应证】风火热毒上攻之痈疮。风火牙痛，头面风热，兼有表热证；外痈局部焮红肿痛，寒轻热重，汗少口渴，小便黄，脉浮数，苔白或黄。

29.败毒流气散

【来源】《仁斋直指方论·附遗》

【组成】人参　桔梗　枳壳　甘草　防风　柴胡　前胡　川芎　羌活　白芷　芍药　紫苏各等份

【功效】透表泄热，散结消痈，排脓止痛，祛风胜湿，宣散风热，行气宽中，益气补血。

【方解】人参补元气，桔梗排脓，枳壳行滞消胀，甘草清热解毒，防风、紫苏散寒祛风解表，柴胡疏散风热，前胡散风清热，川芎活血祛风，羌活祛风除湿，白芷消肿解毒，芍药养血活血。

【适应证】主治痈疽。

30. 升麻葛根汤

【来源】《太平惠民和剂局方》

【组成】升麻　白芍药　甘草炙，各十两（各6g）　葛根十五两（9g）

【功效】解肌透疹。

【方解】方中升麻辛甘微寒，入肺、胃经，为透疹之要药，既可辛散透疹，又能清热解毒，为君药。葛根辛甘性凉，入胃经，解肌透疹，生津除热，为臣药。二药轻扬升散，通行肌表内外，对疹毒欲透未透、病势向外者，能因势利导，相配则透达疹毒之功彰。芍药益阴和营，以防君臣升散太过，为佐药。使以炙甘草调和药性。四药配伍，共奏解肌透疹之功。

【适应证】麻疹初起。疹发不出，身热头痛，咳嗽，目赤流泪，口渴，舌红，苔薄而干，脉浮数。

31. 解毒活血汤

【来源】《医林改错》卷下

【组成】连翘6g　葛根6g　柴胡9g　当归6g　生地15g　赤芍9g　桃仁24g，研　红花15g　枳壳3g　甘草6g

【功效】活血化瘀，清热解毒。

【方解】方中连翘、葛根、柴胡、甘草清热解毒；生地清热凉血；当归、赤芍、桃仁、红花活血祛瘀；气为血帅，气行血行，故复佐少量枳壳理气，以助活血之力。全方共奏清热解毒、凉血活血之效。

【适应证】治瘟毒吐泻初起。现用于麻疹、脑炎、脑膜炎后遗症，脊髓灰质炎后遗症等。

32. 半夏解毒汤

【来源】《校注妇人良方》卷七

【组成】黄柏炒　黄芩炒　山栀子炒　半夏各等份

【功效】清热解毒，祛暑除烦。

【方解】黄柏、黄芩、栀子清热解毒祛湿，半夏消痞散结。

【适应证】一切暑热毒，五心烦躁，口舌咽干。

33.酒蒸黄连丸

【来源】《类证活人书》卷十八

【组成】黄连四两，以无灰好酒浸面上约1寸，以重汤熬干

【功效】除热气，止烦渴，厚肠胃。

【方解】黄连，苦寒枯燥之物也。苦寒，故能胜热；枯燥，故能胜湿。而必煮以酒者，非酒不能引之入血也。

【适应证】主胃肠积热，泻痢，消渴，反胃呕吐。暑毒伏深，及伏暑发渴者。酒痔下血。呕吐恶心，伤酒过多，脏毒下血，大便泄泻。消瘅。伤于酒，每晨起必泻，身热下痢鲜血，烦渴多渴，或伤热物过度。三消。一切热泻。嘈杂吞酸，噎膈反胃，吐酸、干呕、胃痛、挟虫者。酒瘅。砂疥。

34.托里消毒散

【来源】《外科正宗》

【组成】党参　黄芪　白术　茯苓　当归　白芍　川芎　金银花各5g　甘草　白芷　皂角刺　桔梗各3g

【功效】补气养血，托里排脓。

【方解】方中黄芪、党参、白术、茯苓、甘草补气健脾，当归、白芍、川芎补血活血，白芷、桔梗、皂角刺可托毒排脓、散结消肿，金银花清热解毒透热。

【适应证】治疮疡体虚邪盛，脓成不溃，脓毒不易外达者，脉弦弱。

35.保婴解毒丸

【来源】《广嗣纪要》卷十五

【组成】甘草半生半熟，三钱　黄连去枝梗，三钱　黄柏去皮，蜜水炒，二钱　辰砂水飞，二钱

【功效】解毒泻火。

【方解】方中甘草半生以解毒，半熟以温中；黄连解毒泻火；黄柏泻阴火；辰砂镇惊解毒。

【适应证】胎热，胎惊，胎黄，脐风，丹瘰疮疹，一切胎毒。

36.黄连橘皮汤

【来源】《外台秘要》卷四

【组成】黄连12g，去毛　橘皮6g　杏仁6g，去皮、尖　枳实3g，炙　麻黄6g，去节

葛根6g　厚朴2g，炙　甘草3g，炙

【功效】清热化斑，理气和中。

【方解】麻黄、杏仁、甘草散外在风寒，重用黄连清泻里之热毒，橘皮、枳实、厚朴、炙甘草行气和中，葛根透疹消斑。

【适应证】治温毒发斑，胸闷呕吐，目赤口疮，下部亦生疮者。

37.黄连解毒汤

【来源】《外台秘要》

【组成】黄连三两（9g）　黄芩　黄柏各二两（各6g）　栀子擘，十四枚（9g）

【功效】泻火解毒。

【方解】方中以黄连为君，既入上焦以清泻心火，盖因心为君火之脏，泻火必先清心，心火宁，则诸经之火自降；又入中焦，泻中焦之火。臣以黄芩清上焦之火，黄柏泻下焦之火。栀子清泻三焦之火，导热下行，用为佐使。诸药相伍，共奏泻火解毒之效。

【适应证】三焦火毒热盛证。大热烦躁，口燥咽干，错语不眠；或热病吐血、衄血；或热甚发斑，或身热下痢，或湿热黄疸；或外科痈疡疔毒，小便黄赤，舌红苔黄，脉数有力。

38.萆薢化毒汤

【来源】《疡科心得集》卷中

【组成】萆薢　归尾　丹皮　牛膝　防己　木瓜　苡仁　秦艽

【功效】清热化湿，凉血解毒，通络止痛。

【方解】方中丹皮清热凉血解毒，防己、萆薢、苡仁、木瓜、牛膝、秦艽清热祛湿，归尾养血活血消肿。诸药合用，清热解毒而利湿消肿，唯清热之力不足，配用清热解毒药则效果更佳。

【适应证】主湿热痈疡，气血实者。

39.连翘清毒饮

【来源】《麻科活人》卷四

【组成】连翘　防风　荆芥　牛蒡子　石膏　赤芍　桔梗　甘草

【功效】祛风清热解毒。

【方解】防风、荆芥祛风解表透疹，连翘、牛蒡子解毒散结，石膏清泻余热，赤芍凉血散瘀，桔梗、甘草助排余毒。

【适应证】麻疹后余毒未清，余热未尽者。

40. 柴胡葛根汤

【来源】《外科正宗》

【组成】柴胡　天花粉　干葛　黄芩　桔梗　连翘　牛蒡子　石膏各一钱（3g）　甘草五分（1.5g）　升麻三分（0.9g）

【功效】发表解肌，宣肺止咳。

【方解】方中柴胡入少阳经以泄热透表，葛根入阳明经以解肌发表，二药为君，使少阳、阳明二经之邪热得以透散，桔梗宣通肺气，引药上行，连翘、牛蒡子、升麻清热解毒散结，合用则解肌透邪之力更强；石膏内消肺胃之火、外解肌表之热，天花粉清热生津，黄芩清热燥湿，三药合用，共为佐药，使入里之热毒得以清解；甘草调和诸药，清热解毒，是为使药。以上诸药，共奏疏风清热、解表清里、散结消肿之功。

【适应证】颐毒。表散未尽，身热不解，红肿坚硬作痛者。

41. 普济消毒饮

【来源】《东垣试效方》

【组成】黄芩　黄连各半两（各15g）　人参三钱（9g）　橘红去白　玄参　生甘草各二钱（各6g）　连翘　鼠粘子　板蓝根　马勃各一钱（各3g）　白僵蚕炒，七分（2g）　升麻七分（2g）　柴胡二钱（6g）　桔梗二钱（6g）

【功效】清热解毒，疏风散邪。

【方解】方中重用黄连、黄芩清热泻火解毒，祛上焦头面热毒，为君药。升麻、柴胡疏散风热，并引药达上，使壅于头面的风热疫毒之邪得以散泄，寓有“火郁发之”之意，共为臣药。黄芩、黄连得升麻、柴胡之引，直达病所，清泻头面热毒；升麻、柴胡得黄芩、黄连之苦降，可防其升散太过，一升一降，相互制约，清泄疫毒无凉遏，升散邪热不助焰。鼠粘子（即牛蒡子）、连翘、僵蚕辛凉，疏散头面风热，兼清热解毒，助君臣清头面之热；玄参、马勃、板蓝根清热解毒利咽；甘草、桔梗清利咽喉，且桔梗载药上行以助升、柴之力；玄参滋阴，又可防苦燥升散之品伤阴；陈皮理气疏壅，以利散邪消肿；人参补气，扶正以祛邪，共为佐药。甘草调和药性，兼用为使。诸药配伍，共收清热解毒、疏风散邪之功。

【适应证】大头瘟。恶寒发热，头面红肿焮痛，目不能开，咽喉不利，舌燥口渴，舌红苔白兼黄，脉浮数有力。

42. 加味解毒散

【来源】《痘疹仁端录》卷十五

【组成】金银花　黄连　连翘　漏芦　栀子　白芷　当归　防风　甘草

【功效】清热解毒。

【方解】金银花、连翘清热解毒，疏散风热，黄连、栀子、漏芦、甘草清热解毒，白芷消肿排脓，防风祛风解表，当归活血化瘀。

【适应证】痈疽诸毒。

43. 除瘟化毒散

【来源】《时疫白喉捷要》

【组成】粉葛二钱　黄芩二钱　生地三钱　栀仁二钱　僵蚕二钱，炒　浙贝三钱　豆根二钱　木通二钱　蝉蜕一钱　甘草五分　冬桑叶二钱

【功效】解表清咽，化痰消肿。

【方解】方中粉葛解肌退热，发表透疹；黄芩清热泻火，燥湿解毒；生地清热滋阴；栀仁清热利湿，泻火除烦；僵蚕祛风止痉，化痰散结；浙贝清热化痰，降气止咳；豆根清热解毒；木通清热泻火；蝉蜕宣散风热，利咽透疹；甘草泻火解毒，缓急止痛，调和诸药；冬桑叶疏散风热。诸药合用，可达解表清咽、化痰消肿之效。

【适应证】白喉初起，及单蛾、双蛾，喉痛。

44. 连翘败毒散

【来源】《伤寒全生集》

【组成】连翘　山栀　羌活　玄参　薄荷　防风　柴胡　桔梗　升麻　川芎　当归　黄芩　芍药　牛蒡子

【功效】疏散风热，清热解毒。

【方解】连翘凉血解毒，为君药；山栀、黄芩、升麻清热解毒，为臣药；薄荷、羌活、防风、牛蒡子疏风散邪，柴胡、桔梗引药上达；玄参、当归、芍药、川芎养血祛风，为使药。

【适应证】伤寒汗下不彻，邪结在耳后，一寸二三分，或两耳下俱硬肿，名为发颐，此皆余热之毒不除也，宜速消，缓则成脓。

45. 消痈散毒饮

【来源】《丹台玉案》卷六

【组成】青皮　浙贝母　天花粉各6g　蒲公英1握，捣汁　连翘　鹿角屑　当归各4.5g

【功效】清热解毒，散结消痈。

【方解】方中以青皮疏肝解郁；以蒲公英、连翘清热解毒，消痈散结；以浙

贝母清热散结，花粉清热生津消肿，二者合用以消局部瘀滞肿块；当归养血和血，鹿角屑补肾益精养血，二者合用以温补精血、活血止痛。以上诸药合用，共奏清热、疏肝、散结、活血之功，适用于乳痈初起未成脓者。

【适应证】治乳痈初起，恶寒发热，焮肿疼痛。

46.清瘟败毒饮

【来源】《疫疹一得》

【组成】生石膏　小生地　乌犀角　真川连　生栀子　桔梗　黄芩　知母　赤芍　玄参　连翘　竹叶　甘草　丹皮

【功效】清热解毒，凉血泻火。

【方解】方中重用石膏配知母、甘草，取法白虎汤，意在清气分之热而保津，正如《疫疹一得》云："此皆大寒解表之剂，故重用石膏，先平甚者，而诸经之火，自无不安矣。"黄连、黄芩、栀子共用，仿黄连解毒汤之意，以通泄三焦火热。犀角（现用水牛角代）、生地黄、赤芍、丹皮相配，即犀角地黄汤，是为清热解毒、凉血散瘀而设。再配连翘、竹叶以助清气分之热；玄参以助清热凉血；火性炎上，桔梗则可"载药上行"。诸药合用，共奏气血两清、清瘟败毒之功。

【适应证】温疫热毒，气血两燔证。大热渴饮，头痛如劈，干呕狂躁，谵语神昏；或发斑疹，或吐血、衄血；四肢或抽搐，或厥逆；舌绛唇焦，脉沉细而数，或沉数，或浮大而数。

47.甘露消毒丹

【来源】《医效秘传》

【组成】飞滑石十五两（15g）　淡黄芩十两（10g）　绵茵陈十一两（11g）　石菖蒲六两（6g）　川贝母　木通各五两（各5g）　藿香　连翘　白蔻仁　薄荷　射干各四两（各4g）

【功效】利湿化浊，清热解毒。

【方解】方中重用滑石、茵陈、黄芩为君，其中滑石利水渗湿，清热解暑，两擅其功；茵陈善清利湿热而退黄；黄芩清热燥湿，泻火解毒。三药相伍，正合湿热并重之病机。臣以白豆蔻、石菖蒲、藿香行气化湿，悦脾和中，令气畅湿行，助君药祛湿之力。连翘、薄荷、射干、贝母清热解毒，透邪散结，消肿利咽，助君药解毒之功；木通清热通淋，助君药导湿热从小便而去，俱为佐药。诸药共奏利湿化浊、清热解毒之功，故可令弥漫三焦之湿热毒邪俱除。

【适应证】湿温时疫之湿热并重证。发热口渴，胸闷腹胀，肢酸倦怠，颐咽肿痛，或身目发黄，小便短赤，或泄泻淋浊，舌苔白腻或黄腻或干黄，脉濡数或滑数。

48. 凉血养营煎

【来源】《景岳全书》卷五十一

【组成】生地黄　当归　芍药　生甘草　地骨皮　紫草　黄芩　红花

【功效】凉血解毒，补血活血。

【方解】方中取四物以益阴养血；去川芎之香窜，虑其辛散助火；加黄芩、地骨以清阴分之热；红花、紫草以行血分之瘀；生甘草解毒和中，且可缓寒药之性耳。

【适应证】痘疮，血虚血热，地红热渴，或色燥不起；及阳盛阴虚，便结溺赤。痘疮内热毒邪未尽化，干靥太速，而致目疾或痈毒。

49. 加味托里消毒散

【来源】《保婴撮要》卷十五

【组成】人参　黄芪炒　当归酒拌，各一钱　川芎　芍药　白芷　茯苓各五分　金银花　甘草　连翘　乳香　没药各三分

【功效】益气养血，托毒生肌。

【方解】方中人参补脾益肺，大补元气；黄芪补气养血，托毒生肌。芍药养血敛阴，当归补血活血，与黄芪、人参相配，具有良好的生血作用，又有排脓生肌之功。茯苓健脾利湿。金银花、连翘清热解毒，为治疮要药。白芷燥湿止痛，消肿排脓。乳香、没药活血止痛，消肿生肌；川芎活血化瘀，为血中之气药，有通达气血之功。甘草解毒，并调和诸药。如此，则气血调畅，肌肤得养。

【适应证】主治溃疡余毒，发热作痛。临床常用于溃疡经久不愈，气血亏虚者。

50. 黄连解毒凉膈散

【来源】《片玉痘疹》卷三

【组成】黄连　黄芩　黄柏　连翘　大力子酒炒　薄荷叶　桔梗　枳壳　麦冬　山楂　花粉　木通　生地　甘草　栀子　竹叶　灯心　大黄酒炒　枳实麸炒

【功效】清热解毒。

【方解】黄连清泻心火，兼泻中焦之火，黄芩泻上焦之火，黄柏泻下焦之火；连翘、大力子轻清透散，长于清热解毒，清透上焦之热；栀子、竹叶、木通、灯心草通利小便，引火下行；枳实、大黄泻下通便；枳壳、桔梗一宣一降，宣降气机；麦冬、生地、天花粉清热养阴生津；山楂散结气，行滞血，理疮疡；薄荷清

利头目，利咽；甘草清热解毒，调和诸药。

【适应证】痘疮。毒火内盛发热，人事昏沉，狂言妄语，大便结，小便赤，或腹痛咽痛者。

（邹国明）

第四节　从毒论治外用制剂

1. 白降丹

【来源】《医宗金鉴》

【组成】雄黄6g　水银30g　硼砂15g　火硝45g　食盐45g　白矾45g　朱砂6g　皂矾45g

【用法】先将朱、雄、硼三味研细，入盐、矾、硝、皂、水银，共研匀，以水银不见星为度。用阳城罐一个，放微炭火上，徐徐起药入罐化尽，微火逼令干，取起。如火大太干则汞走，如不干则药倒下无用，其难处在此。再用一阳城罐合上，用棉纸截半寸宽，将罐子泥、草鞋灰、光粉三样研细，以盐滴卤汁调极湿，一层泥一层纸，糊合口四五重，及糊有药罐上二三重。地下挖一小潭，用饭碗盛水放潭底。将无药罐放于碗内，以瓦挨潭口四边齐地，恐炭灰落碗内也。有药罐上以生炭火盖之，不可有空处。约三炷香，去火冷定开看，约有一两外药矣。炼时罐上如有绿烟起，急用笔蘸罐子盐泥固之。

【功效】腐蚀坚皮，化腐提毒，提拔瘘管。

【适应证】鸡眼、寻常疣、疖痈成脓未破者、陈旧性皮肤窦道等。

【方解】方中雄黄解毒杀虫，燥湿祛痰，截疟；水银杀虫止痒，生肌敛疮；硼砂、火硝、朱砂清热解毒，消肿防腐；白矾、皂矾具有解毒杀虫、燥湿止痒之功效；加入食盐，共奏清热、化腐、拔毒之功。

2. 三妙散

【来源】《医宗金鉴》

【组成】苍术500g　黄柏500g　槟榔500g

【用法】干撒肚脐。治湿癣，以苏合油调搽。

【功效】清热除湿，解毒止痒。

【适应证】急性湿疹、接触性皮炎、脂溢性湿疹、脓疱疮等。

【方解】三妙散中以黄柏苦寒清除湿热，为治下焦湿热之要药；苍术甘温辛烈，有祛风湿之功；槟榔苦、辛，温，涩，有消谷逐水、除痰癖、杀虫之功。全方三药寒温同用，功专祛湿、收干，是祛湿外用方中的经典。

3.京红粉

【来源】《医宗金鉴》

【组成】朱砂15g　雄黄15g　水银30g　火硝12g　白矾30g　皂矾18g

【用法】外敷患处。先将二矾捣碎，炖化研细，加汞、朱、雄研细，再入火硝置罐内，泥纸固封，炭火烧炼成丹，研细。

【功效】杀虫止痒，软坚脱皮，化腐提毒，祛瘀生肌。

【适应证】银屑病（静止期）、局限性神经性皮炎、手背部扁平疣、胼胝，或痈症溃后腐肉未净者。

【方解】水银、火硝、白矾、雄黄、朱砂、皂矾外用均可清热解毒、消肿杀虫，全方合用，辛、热，有大毒，起到拔毒提脓、去腐生肌、杀虫燥湿的作用。

4.发际散

【来源】《朱仁康临床经验集》

【组成】五倍子末310g　雄黄末30g　枯矾末30g

【用法】先将雄黄及枯矾研细，后加五倍子末研和。毛囊炎用香油或醋调敷疮上，脓疱疮或湿疹感染时与湿疹粉用香油调搽。

【功效】灭菌止痒，收湿化毒。

【适应证】毛囊炎、脓疱疮、湿疹感染等。

【方解】五倍子具有收敛止泻、补肾涩精之功，雄黄可燥湿、祛风、杀虫、解毒，枯矾可收敛、燥湿、止痒。

5.青龙散

【来源】皮肤病与性病，2006，28（1）：32

【组成】干地龙　青黛　冰片各50g　米醋适量

【用法】外敷，上为末。

【功效】清热解毒。

【适应证】带状疱疹。

【方解】地龙具有抗病毒，促进巨噬细胞生长，促进伤口愈合的作用；青黛色青味浓，其性寒凉，功专凉血清热、解疫毒、消瘀滞而化疱疹，为治丹毒痈疱之要药；冰片清热止痛，散热结，泻火毒，消痈肿，燥湿祛腐，具有消散凉润、收湿去恶而生新的特点；米醋味酸性寒，功能敛湿生肌而止疼痛，此药配伍，相得益彰。外敷治疗带状疱疹，药力直达病所，不仅能促进局部炎症的吸收及皮损的结痂脱落，而且止痛作用强而迅速。

6. 青石散

【来源】实用中医药杂志，2007，23（2）：86

【组成】青黛　滑石　重楼　大黄各10g　冰片6g

【用法】研末，以优质醋拌匀成糊状，用时重复加醋，先用生理盐水清洗患处，然后将药糊敷于皮损处，每日3次。

【功效】清热解毒。

【适应证】带状疱疹。

【方解】方中青黛可清热解毒、凉血消斑泻火，滑石外用祛湿敛疮，重楼可清热解毒、消肿止痛、化瘀止血，大黄可清热泻火、凉血解毒，冰片芳香走窜，引药入内，透皮吸收。

7. 柏叶散

【来源】《外科正宗》

【组成】侧柏叶15g　黄柏15g　赤小豆9g　轻粉9g　大黄15g

【用法】共研为细末，用水或米醋调。外搽患处。

【功效】清热解毒，泻火消肿。

【适应证】带状疱疹。

【方解】侧柏叶味苦涩而性寒，凉血止血；大黄苦寒，清热泻火，凉血解毒；赤小豆解毒排脓，利水消肿；黄柏清热燥湿；轻粉杀虫止痒。

8. 百部酒

【来源】《本草纲目》

【组成】百部100g　白酒500ml

【用法】每次15~20ml，每日3次，饭后徐徐饮之。外用时，用百部酒涂患处。

【功效】解毒杀虫，疏风止痒。

【适应证】阴虱或荨麻疹、神经性皮炎等瘙痒性皮肤病。

【方解】百部外用可杀虫止痒，白酒可以消毒灭菌。将百部浸泡于白酒中，可起到杀虫止痒的作用，治疗瘙痒性皮肤病、头虱、体虱、阴虱、疥疮结节具有显著效果。

9.龙骨散

【来源】《赵炳南临床经验集》

【组成】龙骨90g　牡蛎90g　海螵蛸90g　黄柏300g　雄黄90g　滑石粉30g

【用法】上药六味，研粉。直接扑上，或用油调外用。

【功效】解毒收敛。

【适应证】湿疹、皮炎、脂溢性皮炎、足癣（糜烂型）等。

【方解】方中龙骨可止血涩肠、生肌敛疮，牡蛎可收敛、解毒、镇痛，海螵蛸可除湿、制酸、止血、敛疮，三药合用，起敛疮之效；加入雄黄燥湿、祛风、杀虫、解毒，黄柏解毒敛疮，滑石粉外用可祛湿敛疮。

10.杀癣方

【来源】中国中西医结合皮肤性病学杂志，2004，3（1）：42

【组成】土荆皮　蛇床子　透骨草　徐长卿　黄芩各30g　土茯苓　苦参各25g　枯矾20g

【用法】煎液，温热浸泡患处30分钟，每日2次，每日1剂。

【功效】杀虫祛毒，敛疹止痒。

【适应证】手足癣。

【方解】土荆皮、蛇床子、黄芩、土茯苓清热解毒燥湿，杀虫止痒，可治疗滴虫、梅毒及疔毒痈病等；徐长卿、透骨草通络止痛；苦参清热燥湿，杀虫止痒；枯矾主收敛燥湿止痒。

11.仙人药膏

【来源】中医外治杂志，2010，19（1）：20

【组成】黄连　黄柏　青黛各30g　仙人掌　马齿苋鲜品，适量

【用法】黄连、黄柏按照1∶1的比例打碎成细末，混入同量青黛粉，混匀，制成青黛合剂。取适量仙人掌（去刺）和新鲜马齿苋打碎成糊状，混入适量青黛合剂，再次打匀，以不流汁为度。然后以此外敷皮损面，外用纱布或绷带等固定。每日换药1~2次。

【功效】清热解毒。

【适应证】带状疱疹。

【方解】外敷药均为清热解毒之品，其中仙人掌及马齿苋更为鲜品，清解消散之力逾佳，此二药为民间治疗痈、疔、疮、疖及水火烫伤的常用草药。诸药配合，相得益彰。

12. 黄连膏

【来源】《医宗金鉴》

【组成】黄连三钱　当归尾五钱　生地一两　黄柏三钱　姜黄三钱　香油十二两

【用法】用香油将药炸枯，捞去渣；下黄蜡四两溶化尽，用夏布将油滤净，倾入磁碗内，以柳枝不时搅之，候凝为度。布滤搅凝涂抹强。

【功效】润燥，清热，解毒。

【适应证】诸风痒疮。

【方解】黄连、黄柏清热燥湿解毒，姜黄可破血行气、通经止痛，生地清热凉血，当归尾补血活血止痛。全方共奏清热除湿、凉血消肿之功，治湿热诸毒，初起红肿热毒。

13. 马齿苋膏

【来源】《圣惠》卷六十六

【组成】马齿苋切碎，五升　槲白皮一斤，细切　麝香一分，细研　杏仁半斤，去皮尖，油熬令黑，研如泥

【用法】已成疮者，以泔清洗了，旋于帛上涂药贴，日三易之。未作疮如瘰疬者，以艾半升，熏黄、干漆各枣许大，捣为末，和艾作炷灸之，三七壮，然后贴药。

【功效】杀虫解毒。

【适应证】鼠瘘、痈疽等。

【方解】方中马齿苋清热解毒，凉血止血；槲白皮解毒消肿，主疮痈肿痛、溃破不敛；麝香辛香行散，有良好的活血散经、消肿止痛作用；杏仁中含有丰富的油脂，具有润滑皮肤的作用。

14. 青蛤散

【来源】《外科大成》

【组成】蛤粉30g　煅石膏30g　轻粉6g　黄柏15g　青黛10g　花椒油适量

【用法】外用，花椒油调匀涂抹患处。

【功效】清热解毒，燥湿杀虫。

【适应证】慢性湿疹或皮炎、脓疱疮等。

【方解】黄柏清热燥湿，蛤粉可清热渗湿、软坚散结，青黛清热凉血解毒，煅石膏清热收敛生肌，轻粉拔毒杀虫。诸药合用，共奏清热解毒、燥湿收敛之功。

15. 祛湿散

【来源】《赵炳南临床经验集》

【组成】川黄连24g　川黄柏240g　黄芩144g　槟榔96g

【用法】上药共研细末，过100目筛。

【功效】清热解毒，除湿止痒。

【适应证】急性湿疹、接触性皮炎、脓疱疮、婴儿湿疹等。

【方解】黄芩善清上焦湿热，黄连善清中焦湿热，黄柏善清下焦湿热；槟榔行气杀虫，利水消肿。诸药合用，共奏清热解毒、除湿止痒之功。

16. 芙蓉膏

【来源】《赵炳南临床经验集》

【组成】黄柏250g　黄芩250g　黄连250g　芙蓉叶250g　泽兰250g　大黄250g

【用法】葱汁、童便调敷，留顶。

【功效】清热解毒，活血消肿。

【适应证】丹毒、蜂窝组织炎、疖痈、脓疱疮等。

【方解】芙蓉叶凉血消肿，清热解毒，活血；泽兰活血祛瘀；大黄清热泻火，凉血解毒，逐瘀通经；黄芩、黄连、黄柏清热燥湿，泻火解毒。全方共奏清热解毒、散结消肿之功，可用于治疗红肿热疮，未成脓时。

17. 鹅黄散

【来源】《外科正宗》

【组成】石膏煅　黄柏炒　轻粉各100g

【用法】干掺。烂疮即可生疤，再烂再掺，毒尽为度。

【功效】清热解毒。

【适应证】梅毒溃疡成片、脓秽多而疼甚者。

【方解】轻粉攻毒祛腐，止痒逐水；石膏清热收湿敛疮；黄柏清热燥湿，泻火解毒。上药共用，解毒止痛，收干。

18. 清凉膏

【来源】《赵炳南临床经验集》

【组成】当归30g　紫草6g　大黄面4.5g　芝麻油500ml　黄蜡120g

【用法】先将当归、紫草浸油内2~3天，然后放火上炸枯后去渣过滤，待油至温后加入大黄面及黄蜡，搅匀成膏备用。外敷患处。

【功效】清热解毒，凉血止痛。

【适应证】多形性红斑、银屑病等炎症性干燥脱屑性皮肤病。

【方解】紫草清热凉血，活血化瘀；大黄清热解毒，活血化瘀；当归具有补血活血止痛的作用。诸药合用，共奏清热解毒、凉血止痛之功，可用于烫伤、烧伤等清洁疮面。

19. 生肌玉红膏

【来源】《外科正宗》

【组成】当归60g　白芷15g　白蜡60g　轻粉12g　甘草36g　紫草6g　血竭12g　麻油500g

【用法】疮面清洗后外涂本膏，每日1次。

【功效】活血祛腐，解毒镇痛，润肤生肌。

【适应证】肌肤慢性溃疡，适用于表脓腐不脱，疼痛不止，新肌难生者。

【方解】方中当归、血竭、白蜡养血祛瘀，敛疮生肌，用以补其不足；腐肉不去，新肌难生，故以白芷、轻粉排脓祛腐，消肿止痛；紫草、甘草凉血解毒，与上药合用，共清未尽余毒；麻油养血润燥，助生肌之力。全方合用，解毒祛腐，生肌长肉。

20. 万宝代针膏

【来源】《证治准绳》

【组成】硼砂　血竭　轻粉各3g　蟾酥1.5g　麝香0.3g　蜈蚣金头者，1条　脑子少许　雄黄3g

【用法】上药研为细末，入蜜调和为膏。看疮有头处，用小针挑破，以药少许，摊在纸上，贴患处，次日其脓自出。如腋下有核，名暗疔疮，或有走核，可于肿处亦如前用针挑破之。

【功效】解毒散结，消肿止痛。

【适应证】毛囊炎、疖肿、痈肿、丹毒等化脓性皮肤病。

【方解】方中硼砂、雄黄清热解毒，消肿止痛；血竭活血定痛，化瘀止血，生肌敛疮；麝香、蜈蚣散结，消肿止痛；蟾酥解毒止痛；脑子温中止痛。

21. 跖疣一泡灵

【来源】实用中医药杂志，2007，23（7）：444

【组成】马齿苋50g　败酱草　大青叶　百部　王不留行各30g　板蓝根40g　苦参　明矾　紫草各20g

【用法】加水2000~3000ml，以武火煮沸后，文火再煎煮30分钟，趁热熏蒸患处，待药液温度为50℃~60℃再浸洗患处。每次20~30分钟，每天1次，10天为一疗程。

【功效】杀虫解毒，化结除疣。

【适应证】跖疣。

【方解】方中马齿苋、板蓝根、败酱草、大青叶、苦参清热解毒；苦参、百部、明矾燥湿杀虫；紫草、王不留行活血通经，调和气血。全方清热解毒，燥湿杀虫行血，祛邪同时兼顾扶正，既清热解毒又调和气血，使腠理得固，病邪得除。

22. 黑故纸酊

【来源】《现代名医证治丛书·皮科临证心要》

【组成】黑故纸（补骨脂）50g　紫草30g　黄芪20g　75%乙醇1000ml

【用法】浸泡2周后，滤渣存酊。外搽，每日2~3次。

【功效】消风祛斑，活血解毒。

【适应证】白癜风。

【方解】补骨脂外用可消风祛斑；黄芪补气生血，行滞通痹，托毒排脓，生肌敛疮；紫草清热凉血，活血化瘀；乙醇入血分，可增强活血化瘀的功效。

23. 普榆膏

【来源】《赵炳南临床经验集》

【组成】生地榆面30g　普连膏270g

【用法】用淡盐水将皮肤洗净擦干后，用姜汁擦拭患处，等3~4分钟后涂药膏，均匀薄涂一层，每日3~5次。脸部和头部用温水清洗干净后，涂药膏。

【功效】解毒止痒，除湿消炎，软化浸润。

【适应证】亚急性湿疹或皮炎、神经性皮炎、带状疱疹、阴囊湿疹、Ⅰ度烧烫伤等。

【方解】方中地榆外用善解毒消肿、敛疮止痛，为治水火烫伤之要药；普连膏由黄柏面、黄芩面组成，具有清热解毒、消肿止痛的作用。诸药合用，共奏除湿止痒、解毒消炎、软化浸润之功。

24. 乳香软膏

【来源】实用中医药杂志，2011，27（3）：158

【组成】制乳香　制没药　冰片　芒硝　五倍子　青黛各10g　生大黄　黄柏　黄连各20g

【用法】除青黛、制乳香、制没药、芒硝、冰片外，余药用纸包好，放烤箱内烘干后与乳香、没药、芒硝、冰片一起碾细，过120目筛后与青黛混合装瓶备用。用时根据疱疹部位大小，取适量药粉及凡士林调成膏状，摊于稍大于疱疹部位的纱布上约厚3mm，覆盖在病变部位，上覆一塑料薄膜，用胶布固定，每日换药1次。

【功效】清热解毒，活血化瘀。

【适应证】带状疱疹。

【方解】方中大黄清热解毒，活血祛瘀；黄连、黄柏清热燥湿，泻火解毒；乳香、没药消肿生肌，活血定痛；青黛具有清解、散肿、敛疮之功；芒硝外用消肿止痛；五倍子收湿敛疮。

25.黄黛散

【来源】实用中医药杂志，2005，21（12）：719

【组成】雄黄　蜈蚣各20g　青黛60g　冰片2g

【用法】共研为末，取适量用食醋调敷患处，每天1次。10天为一个疗程。

【功效】活血解毒。

【适应证】带状疱疹后遗神经痛。

【方解】青黛外用具有清解、散肿、敛疮之功；雄黄解毒杀虫，燥湿祛痰，截疟；蜈蚣息风镇痉，通络止痛，攻毒散结；冰片清热止痛。诸药合用，共奏清热解毒、散结止痛之功。

26.神黛糊

【来源】实用中医药杂志，2011，27（1）：25

【组成】六神丸20粒　青黛20g　醋10ml

【用法】以醋10ml调成糊状，用棉签蘸取敷于患处，盖住疱疹和皮损部位，每日1次。

【功效】清热解毒。

【适应证】带状疱疹。

【方解】六神丸具有清热解毒、消肿止痛、敛疮生肌之功。青黛有较强的抗菌及抗病毒作用，可增强机体吞噬细胞的吞噬能力，降低毛细血管通透性。两药配伍外敷可直达病所，故疗效较好。以醋调之，加强抑菌消炎的作用。

27.红蓝紫液

【来源】实用中医药杂志，2009，25（9）：613

【组成】红花　紫草　木贼草　香附各30g　板蓝根　薏苡仁各60g　甘草　威灵仙各10g　黄柏20g　浙贝母15g

【用法】用1%溶液外涂，每日2~3次。

【功效】杀虫解毒。

【适应证】扁平疣。

【方解】方中紫草、红花可活血祛瘀、消斑、解毒，木贼草可祛风、清肝火，板蓝根能抗病毒、消斑，黄柏、浙贝母、薏苡仁可祛湿热、解毒，香附、威灵仙抗炎镇痛，甘草调和诸药。诸药合用，共奏清血热、消斑之功。

28. 二黄蜈蚣散

【来源】现代中医药，2009，29（2）：29

【组成】雄黄10g　黄连6g　蜈蚣2条　白醋适量

【用法】用小茄子1个煨半熟，将药末填入内，套指上；如无茄子，用鸡子开孔去黄，加药末套之；或用猪胆入药末套之；或以白醋调成糊状，外敷。

【功效】杀虫解毒，燥湿止痛。

【适应证】带状疱疹。

【方解】雄黄以毒攻毒，杀虫燥湿；黄连泻火解毒，清热燥湿；蜈蚣解毒散结，通络止痛；白醋散瘀解毒杀虫，借其芳香穿透之性，调药末外敷病所，以促进药物的吸收，协调增效。诸药合用，可快速祛除带状疱疹的红肿疼痛之症。

29. 蓝豆浸足液

【来源】中国皮肤性病学杂志，2008，22（3）：加4

【组成】板蓝根　山豆根　木贼　香附　薏苡仁各30g

【用法】加水3000ml煮沸后，温火煎至1500ml，待水温降至45~60℃时泡足，皮损泡软发白后，使用不同大小的刮匙或小刀刀背，钝性刮除已软化的损害，每次浸泡40分钟，每日2次，每剂连用3天，5周为1个疗程。

【功效】杀虫解毒，散结化疣。

【适应证】多发性跖疣。

【方解】本方剂中板蓝根、山豆根、木贼清热解毒凉血，香附疏肝理气，薏苡仁祛湿抗毒，健脾养筋。

30. 如意金黄散

【来源】《外科正宗》

【组成】天花粉48g　黄柏48g　大黄48g　姜黄48g　白芷18g　厚朴18g　陈皮18g　苍术18g　生天南星18g　甘草18g

【用法】外用。红肿，烦热，疼痛，用清茶调敷；漫肿无头，用醋或葱酒调敷；亦可用植物油或蜂蜜调敷。每日数次。

【功效】清热解毒，消肿止痛。

【适应证】疖肿、丹毒、淋巴结炎等。

【方解】方中黄柏、大黄清热燥湿，泻火解毒，二味共为君药。姜黄破血通经，消肿止痛；白芷、天花粉燥湿消肿，排脓止痛，以加强君药解毒消肿之效，同为臣药。陈皮、厚朴燥湿化痰，行滞消肿；苍术燥湿辟秽，逐皮间结肿；生天南星燥湿散结，消肿止痛，同为佐药。甘草清热解毒，调和药性，为使药。诸药合用，共奏清热解毒、消肿止痛之功。

31.透骨跖疣液

【来源】中国中西医结合皮肤性病学杂志，2003，2（3）：200

【组成】木贼　香附　川椒　透骨草　金银花　红花　细辛各30g

【用法】热水泡脚后，用刷头涂抹于跖疣上。

【功效】解毒去疣。

【适应证】足部多发性重症跖疣。

【方解】以川椒、细辛、金银花清热解毒，兼麻醉止痛；木贼清热利湿；香附疏肝理气；红花活血化瘀；透骨草有促使药物渗透、引药入内的作用。全方共奏清热解毒、理气活血、理湿化痰之功效。

32.冰柏熏蒸液

【来源】中医外治杂志，2013，22（4）：21

【组成】冰片10g　侧柏叶30g　野菊花　千里光　马齿苋各15g

【用法】诸药水煎，取汁300ml，外用，每日1次。

【功效】清热凉血，解毒除疣。

【适应证】扁平疣。

【方解】《医林纂要》记载："冰片主散郁火……性走而不守；侧柏叶泄肺逆，泻心火，平肝热，清血分之热。"此二药为君，泻热散瘀；野菊花为臣，有破血疏肝、解疔散毒之效；千里光、马齿苋清热解毒。全方共奏清热解毒、凉血散瘀之功。

33.青蓝紫坐浴剂

【来源】中国麻风皮肤病杂志，2006，22（8）：699

【组成】大青叶　板蓝根　紫草　黄柏　野菊花　蒲公英　马齿苋　苦参　土茯苓各30g

【用法】选大容量的煎药容器，每次约煎出1000ml药液供坐浴用，每天坐浴一次即可。

【功效】杀虫除疣，解毒防发。

【适应证】尖锐湿疣。

【方解】方中板蓝根、大青叶、紫草、野菊花、蒲公英、土茯苓可清热解毒；黄柏、苦参清热燥湿，且长于清下焦湿热；马齿苋清热解毒，散瘀杀虫。现代药理研究证实，大青叶、土茯苓、紫草、黄柏有广谱抗病毒、抗菌作用；黄柏、大青叶、土茯苓、苦参可加强机体免疫功能，促进免疫细胞的吞噬作用。

34.掌跖脓疱病Ⅰ号

【来源】中国中西医结合皮肤性病学杂志，2011，10（1）：42

【组成】苍术　茵陈　蛇床子各15g　苦参　白鲜皮　黄柏　土茯苓　蒲公英　车前草　金钱草　石见穿各30g　泽泻10g　生甘草3g

【用法】每日1剂，加水煎取2000ml，温泡手足，每次30分钟，每日2次。

【功效】清热解毒，利湿祛屑。

【适应证】掌跖脓疱病。

【方解】黄柏、茵陈、白鲜皮清热燥湿，泻火解毒，泻肝胆火；蒲公英、土茯苓、车前草、金钱草清热解毒，清心泻热，清利湿热；苍术燥湿健脾，祛风胜湿；苦参、蛇床子、泽泻清热利湿，杀虫止痒；石见穿清热燥湿，凉血消痈。众药相配，共奏清热解毒除湿之功。

35.补骨脂水杨酸酊

【来源】中国医学文摘·皮肤科学，2011，28（2）：71

【组成】补骨脂60g　水杨酸粉10g　75%乙醇200ml

【用法】用热水浸泡患足10分钟，水温以皮肤可承受的最高温度为佳，之后用刀片或指甲钳削刮疣体及周边角质层，以无疼痛和出血为度，外涂药水。

【功效】调和气血，清热解毒，活血通络，软坚散结。

【适应证】多发性跖疣。

【方解】补骨脂酊具有调和气血、活血通络的作用，配以西药水杨酸（5%），能起到剥脱角质的作用，促进药物经皮渗透吸收，加速病灶的消散吸收而达到治愈的目的。

36.香藤子熏洗液

【来源】中国中西医结合皮肤病性病杂志，2012，11（3）：180

【组成】广藿香　鸡血藤　地肤子　生大黄　白及　桑枝　当归各30g　黄连15g

防风20g

【用法】加水2500ml，煎煮去渣留液。趁热熏洗，隔日1次，后外用醋酸曲安奈德益康唑乳膏，每日2次，4周为1个疗程。

【功效】清热解毒，燥湿止痒。

【适应证】手部湿疹。

【方解】方中当归、鸡血藤活血补血止痛，鸡血藤兼舒筋活络的作用；防风、桑枝祛风湿；广藿香芳香化湿；地肤子清热利湿；黄连清热解毒燥湿；生大黄活血祛瘀，凉血解毒；白及收敛止血，消肿生肌。

37. 加味黄连解毒膏

【来源】中国医学文摘·皮肤科学，2011，28（2）：67

【组成】黄连　栀子　忍冬藤各9g　土茯苓　黄柏　黄芩　知母　连翘各6g　大黄　当归各12g

【用法】清洁面部后外用黄连解毒汤加味透皮吸收剂（组分：黄连、栀子和忍冬藤各9g，土茯苓、黄柏、黄芩、知母和连翘各6g，大黄和当归各12g，按常规煎制后再浓缩至300%，以聚乙二醇为基质加入5%氮酮及100ml蒸馏水制成膏剂）外搽患处，每日2次。

【功效】清热解毒，凉血散血，调和营卫。

【适应证】寻常性痤疮、口唇疱疹、脓疱疮、丹毒、带状疱疹、顽固性湿疹与皮炎、早期梅毒等。

【方解】在黄连解毒汤的基础上加入大黄、当归和连翘等药物，方中以黄连为君清心凝神，并泻中焦之火，臣以黄芩清上焦之火，佐以黄柏泻下焦之火，使以栀子通泄三焦、导热下行，辅以大黄清热解毒、活血通络；当归养血和血，滋阴降火；连翘清宣透邪，使营分之邪透气而出。纵观全方用药，苦寒直折，因势利导，凉血散血，调和营卫，适用于各种急性热毒病或各种急性炎症，亦有治疗急性传染性疾病及感染性疾病之效。

38. 阴疮重症熏洗液

【来源】中医外治杂志，2011，21（3）：31

【组成】蛇床子　白鲜皮　苦参　黄柏各15g　明矾　川椒各10g　百部　地肤子各30g

【用法】将药水倒入专用盆内，乘热熏洗患部，先熏后洗。

【功效】清热燥湿，解毒生肌。

【适应证】女阴溃疡症。

【方解】苦参、黄柏清热燥湿，解毒消肿；白鲜皮、地肤子清热解毒，祛风止痒；明矾、蛇床子、百部、川椒杀虫止痒。诸药合用，共奏清热利湿、解毒杀虫、消肿止痛、祛腐生肌之效。

（程仕萍）

第五节　从毒论治中成药

一、清热解毒中成药

1.安宫牛黄丸

【出处】《温病条辨》卷一

【处方与剂量】牛黄0.17g　水牛角浓缩粉0.33g　麝香或人工麝香42mg　珍珠84mg　朱砂0.17g　雄黄0.17g　黄连0.17g　黄芩0.17g　栀子0.17g　郁金0.17g　冰片42mg（每日用量）

【功效与主治】清热解毒，镇惊开窍。用于热病，邪入心包，高热惊厥，神昏谵语；中风昏迷及脑炎、脑膜炎、中毒性脑病、脑出血、败血症见上述证候者。

【注意】对本品过敏者禁用；寒闭神昏者不宜使用；孕妇慎用。

2.安脑片

【出处】《中药部颁》

【处方与剂量】人工牛黄30~44mg　猪胆汁粉0.4~0.6g　朱砂0.11~0.17g　冰片70mg~0.1g　水牛角浓缩粉0.4~0.6g　珍珠96mg~0.14g　黄芩0.3~0.44g　黄连0.3~0.44g　栀子0.3~0.44g　雄黄0.19~0.29g　郁金0.3~0.44g　石膏0.24~0.36g　赭石0.13~0.19g　珍珠母0.16~0.24g　薄荷脑30~44mg（每日用量）

【功效与主治】清热解毒，豁痰开窍，镇惊息风。用于高热神昏，烦躁谵语，抽搐痉厥，中风窍闭，头痛眩晕；亦用于高血压及一切急性炎症伴有的高热不退，神志昏迷等。

【注意】小儿酌减，孕妇禁用；因本品含猪胆粉，有宗教信仰者慎用；患者服用时不可随意增加或减少药物剂量，也不能随意延长疗程或突然停药；饮食宜吃清淡、细软，含丰富膳食纤维的食物；避免食用肥甘甜腻、辛辣刺激性食物；对本品过敏者禁用，过敏体质者慎用；本品性状发生改变时禁止使用。

3. 白头翁止痢片

【出处】《伤寒论》

【处方与剂量】 白头翁 3.6~5.4g　黄柏 2.3~3.4g　马齿苋 2.9~4.3g　委陵菜 3.6~5.4g（每日用量）

【功效与主治】 清热解毒，凉血止痢。用于热毒血痢，久痢不止等。

【注意】 应配合其他抗生素治疗。

4. 板蓝根颗粒

【出处】《神农本草经》

【处方与剂量】 板蓝根 10~15g（每日用量）

【功效与主治】 清热解毒，凉血利咽。用于肺胃热盛所致的咽喉肿痛，口咽干燥，腮部肿胀；急性扁桃体炎、腮腺炎见上述证候者。

【注意】 忌烟酒、辛辣、鱼腥食物；不宜在服药期间同时服用滋补性中药；糖尿病患者及有高血压、心脏病、肝病、肾病等慢性病严重者应在医师指导下服用；儿童、孕妇、哺乳期女性、年老体弱者、脾虚便溏者应在医师指导下服用；扁桃体已化脓或发热体温超过38.5℃的患者应去医院就诊；对本品过敏者禁用，过敏体质者慎用。

5. 柴银口服液

【出处】《伤寒六书》及《温病条辨》

【处方与剂量】 柴胡 6g　金银花 4.5g　黄芩 3.6g　葛根 3g　荆芥 3g　青蒿 4.5g　连翘 4.5g　桔梗 3g　苦杏仁 3g　薄荷 4.5g　鱼腥草 4.5g（每日用量）

【功效与主治】 清热解毒，利咽止咳。用于上呼吸道感染之外感风热证，症见发热恶风、头痛、咽痛、汗出、鼻塞流涕、咳嗽、舌边尖红、苔薄黄。

【注意】 脾胃虚寒者宜温服。

6. 穿心莲片

【出处】《岭南采药录》

【处方与剂量】 穿心莲 6~12g（每日用量）

【功效与主治】 清热解毒，凉血消肿。用于邪毒内盛，感冒发热，咽喉肿痛，口舌生疮，顿咳劳嗽，泄泻痢疾，热淋涩痛，痈肿疮疡，毒蛇咬伤。

【注意】 忌烟酒、辛辣、鱼腥食物；不宜在服药期间同时服用滋补性中药；有高血压、心脏病、肝病、糖尿病、肾病等慢性病严重者应在医师指导下服用；儿童、孕妇、哺乳期女性、年老体弱者、脾虚便溏者应在医师指导下服用；对本品过敏者禁用，过敏体质者慎用。

7. 垂盆草颗粒

【出处】《本草纲目拾遗》

【处方与剂量】鲜垂盆草 400~600g（每日用量）

【功效与主治】清热解毒，活血利湿。用于急、慢性肝炎之湿热瘀结证。

【注意】对本品过敏者禁用，孕妇及过敏体质者慎用；药品性状发生改变时禁止使用。

8. 大卫颗粒

【出处】《黄帝内经太素》

【处方】金银花　连翘　黄芩　柴胡　紫苏叶　甘草

【功效与主治】清热解毒，疏风透表。用于感冒发热，头痛，咳嗽，鼻塞流涕，咽喉肿痛等症；对病毒性感冒、高热者尤为适用。

【注意】不宜在服药期间同时服用滋补性中药；高血压、心脏病、肝病、肾病等慢性病严重者应在医师指导下服用；儿童、年老体弱者、孕妇应在医师指导下服用；对本品过敏者禁用，过敏体质者慎用；本品性状发生改变时禁止使用。

9. 地锦草片

【出处】《嘉祐本草》

【处方与剂量】地锦草 18~30g（每日用量）

【功效与主治】清热解毒，凉血止血。用于痢疾，肠炎，咯血，尿血，便血，崩漏，痈肿疮疔。

【注意】尚不明确。

10. 点舌丸

【出处】《活幼心书》

【处方】西红花　红花　雄黄　蟾酥制　乳香制　没药制　血竭　沉香　硼砂　蒲公英　大黄　葶苈子　穿山甲制　人工牛黄　人工麝香　珍珠　熊胆　蜈蚣　金银花　朱砂　冰片

【功效与主治】清热解毒，消肿止痛。用于各种疮疡初起，无名肿毒，疔疮发背，乳痈肿痛等症。

【注意】孕妇禁用。

11. 二丁颗粒

【出处】《奇效良方》卷五十九

【处方与剂量】紫花地丁15g　半边莲15g　蒲公英15g　板蓝根15g（每日用量）

【功效与主治】清热解毒。用于火热毒盛所致的热疖痈毒、咽喉肿痛、风热火眼。

【注意】糖尿病患者慎用（含蔗糖颗粒）。

12. 防风通圣丸

【出处】《宣明论方》

【处方与剂量】防风0.46g　荆芥穗0.23g　薄荷0.46g　麻黄0.46g　大黄0.46g　芒硝0.46g　栀子0.23g　滑石2.8g　桔梗0.9g　石膏0.9g　川芎0.46g　当归0.46g　白芍0.46g　黄芩0.9g　连翘0.46g　甘草1.8g　白术麸炒，0.23g（每日用量）

【功效与主治】解表通里，清热解毒。用于外寒内热，表里俱实，恶寒壮热，头痛咽干，小便短赤，大便秘结，瘰疬初起，风疹湿疮。

【注意】孕妇慎用。

13. 复方菝葜颗粒

【出处】《圣济总录》

【处方与剂量】菝葜9g　鱼腥草9g　猫爪草9g　土鳖虫3g　款冬花3g　枸杞子9g　大枣去核，9g　鲜乌鳢5.4g（每日用量）

【功效与主治】清热解毒，软坚散结，滋阴益气。可用于改善肺癌、子宫颈癌及其伴有的咳嗽、胸痛、带下异常等症状。

【注意】在医生指导下使用。

14. 复方白头翁片

【出处】《幼幼新书》

【处方与剂量】盐酸小檗碱0.3~0.4g　白屈菜4.6~6g　白头翁4.6~6g　秦皮4.6~6g（每日用量）

【功效与主治】清热解毒，燥湿止痢。用于大肠湿热引起的泄泻、痢疾等。

【注意】孕妇慎用；不宜长期服用。

15. 复方黄黛片

【出处】《续名家方选》

【处方】青黛　雄黄水飞　太子参　丹参

【功效与主治】清热解毒，益气生血。用于急性早幼粒细胞白血病。

【注意】本品用于急性早幼粒细胞白血病（APL）的诱导缓解治疗，尚未有本品对复治的APL、儿童等特殊人群以及远期疗效的研究资料；治疗期间如发生维A酸综合征则按常规处理；本品尚未有研究数据支持出、凝血功能障碍者的应用；肝功能异常者慎用；注意监测血砷情况，如出现异常或有相关临床表现，应进行相应处理；不良反应：用药期间，部分患者可发生恶心、呕吐、水肿、腹痛、腹泻、肌肉疼痛、眼干、口干、口腔黏膜水肿、皮肤溃疡、皮肤干燥、皮疹、乳房胀痛、色素沉着、头痛、胃痛、胸闷、胸痛、出血、发热、肺部感染、肝功能损害、关节痛、血尿等现象；孕妇及哺乳期患者慎用；过敏体质及对本品过敏者禁用。

16.复方青黛丸

【出处】《太平圣惠方》

【处方与剂量】青黛0.72g　马齿苋2.4g　白芷1.2g　土茯苓2.4g　紫草0.96g　贯众0.72g　蒲公英0.96g　丹参1.2g　粉萆薢1.2g　白鲜皮1.2g　乌梅2.4g　五味子酒制，1.2g　焦山楂0.72g　建曲0.72g（每日用量）

【功效与主治】清热凉血，解毒消斑。用于白疕、血风疮；症见皮疹色鲜红，筛状出血明显，鳞屑多，瘙痒明显，或皮疹为圆形、椭圆形红斑，上附糠秕状鳞屑，有母斑。亦可用于玫瑰糠疹见上述证候者。

【注意】不良反应包括消化系统损害，如出现腹泻、腹痛、恶心、呕吐、食欲亢进等症状以及肝脏生化指标异常，可见药物性肝损害，严重者可出现消化道出血；皮肤及其附属器损害，如出现皮疹、瘙痒，亦有剥脱性皮炎的病例报告；血液系统损害，如白细胞减少；神经系统症状，如头晕、头痛等。本品药性偏寒，脾胃虚寒、胃肠不适及体质虚弱者慎用。服药期间忌烟、酒及辛辣、油腻食物。目前尚无儿童及哺乳期女性应用本品的研究资料，故应慎用。用药期间注意监测肝生化指标、血常规及患者的临床表现，若出现肝脏生化指标异常、白细胞减少、便血及严重腹痛、腹泻等，应立即停药，及时就医。对本品过敏者禁用；孕妇禁用；肝脏生化指标异常、消化性溃疡、白细胞低者禁用。

17.复方双花片

【出处】《温病条辨》

【处方】金银花　连翘　穿心莲　板蓝根

【功效与主治】清热解毒，利咽消肿。用于风热外感，风热乳蛾；症见发热，微恶风，头痛，鼻塞流涕，咽红而痛或咽喉干燥灼痛，吞咽则加剧，咽、扁桃体红肿，舌边尖红、苔薄黄或舌红苔黄，脉浮数或数。

【注意】忌食厚味、油腻；平素脾胃虚寒者慎用。

18. 广羚散

【出处】《寿世保元》卷八

【处方与剂量】胆南星0.12g　黄连0.12g　栀子0.12g　黄芩0.12g　天竺黄73mg　天麻73mg　全蝎73mg　钩藤73mg　琥珀73mg　雄黄49mg　朱砂24mg　牛黄24mg　羚羊角12mg　水牛角浓缩粉12mg　冰片24mg　人工麝香2.4mg（每克含药量）

【功效与主治】清热解毒，镇惊息风。用于小儿高热惊风，神昏抽搐。

【注意】不建议预防性地使用。

19. 龟苓膏

【出处】《中药成方制剂》

【处方与剂量】龟去内脏，10mg　地黄67mg　土茯苓0.13g　绵茵陈13mg　金银花13mg　甘草13mg　火麻仁13mg（每克含药量）

【功效与主治】滋阴润燥，降火除烦，清利湿热，凉血解毒。用于虚火烦躁，口舌生疮，津亏便秘，热淋白浊，赤白带下，皮肤瘙痒，疖肿疮疡。

【注意】服后不宜饮浓茶。

20. 桂林西瓜霜含片

【出处】《疡医大全》

【处方】西瓜霜　硼砂煅　黄柏　黄连　山豆根　射干　浙贝母　青黛　冰片　无患子果炭　大黄　黄芩　甘草　薄荷脑

【功效与主治】清热解毒，消肿止痛。用于咽喉肿痛，口舌生疮，牙龈肿痛或出血，乳蛾口疮，小儿鹅口疮；急、慢性咽喉炎，扁桃体炎，口腔炎，口腔溃疡见上述证候者。

【注意】孕妇及哺乳期女性禁用；苯丙酮尿症患者不宜使用。

21. 喉痛解毒丸

【出处】《验方新编》

【处方与剂量】人工牛黄7.7~15mg　雄黄5~10mg　蟾酥5~10mg　青黛5~10mg　山豆根1~2mg　百草霜7.7~15mg（每日用量）

【功效与主治】清热解毒，消炎止痛。用于喉痹乳蛾，疔疖肿毒以及口舌生疮。

【注意】孕妇慎用。

22. 黄柏胶囊

【出处】《本草纲目》

【处方与剂量】黄柏9~16g（每日用量）

【功效与主治】清热燥湿，泻火除蒸，解毒疗疮。用于湿热泻痢，黄疸，带下，热淋，脚气，痿躄，骨蒸劳热，盗汗，遗精，疮疡肿毒，湿疹瘙痒。

【注意】不宜久服；服药要用温白开水；忘服药不能加倍补；服药后不要立即仰卧。

23. 黄葵胶囊

【出处】《本草纲目》

【处方与剂量】黄蜀葵花30g（每日用量）

【功效与主治】清利湿热，解毒消肿。用于慢性肾炎之湿热证，症见水肿、腰痛、蛋白尿、血尿、舌苔黄腻等。

【注意】个别患者用药后出现上腹部胀满不适；本品宜饭后服用；孕妇禁用。

24. 火把花根片

【出处】《滇南本草》

【处方与剂量】火把花根9~15g（每日用量）

【功效与主治】祛风除湿，舒筋活络，清热解毒。用于类风湿关节炎，红斑狼疮。

【注意】本品应在医生指导下使用。为观察本品可能出现的不良反应，用药期间应注意定期随诊及复查血、尿常规，心电图和肝、肾功能。心、肝、肾功能不全或严重贫血，白细胞、血小板低下者慎用。处于生长发育期的婴幼儿、青少年及生育年龄有孕育要求者不宜使用，或全面权衡利弊后遵医嘱使用。一般连续用药不宜超过3个月。如需继续用药，应由医生根据患者的病情及治疗需要决定，必要时应及时停药，给予相应的处理。孕妇、哺乳期女性或患有肝脏疾病等严重的全身病症者禁用；患有骨髓造血障碍相关疾病者禁用；胃、十二指肠溃疡活动期禁用；严重的心律失常患者禁用。

25. 金刚藤糖浆

【出处】《履巉岩本草》

【处方与剂量】金刚藤90g（每日用量）

【功效与主治】清热解毒，消肿散结。用于附件炎、附件炎性包块及妇科多种炎症。

【注意】孕妇忌服。

26. 金莲花胶囊

【出处】《本草纲目拾遗》

【处方与剂量】金莲花 8~12g（每日用量）

【功效与主治】清热解毒。用于风热邪毒袭肺，热毒内盛引起的上呼吸道感染、咽炎、扁桃体炎。

【注意】忌烟酒、辛辣、鱼腥食物；不宜在服药期间同时服用温补性中药；孕妇慎用；儿童应在医师指导下服用；脾虚大便溏者慎用；属风寒感冒咽痛者，症见恶寒发热、无汗、鼻流清涕者慎用；扁桃体已化脓及全身高热者应去医院就诊；对本品过敏者禁用，过敏体质者慎用；使用本品前请咨询医师或药师。

二、凉血解毒中成药

栀子金花丸

【出处】《祖剂》

【处方与剂量】栀子 1.6g　黄连 68mg　黄芩 2.8g　黄柏 0.86g　大黄 1.6g　金银花 0.58g　知母 0.58g　天花粉 0.86g（每日用量）

【功效与主治】清热泻火，凉血解毒。用于肺胃热盛，口舌生疮，牙龈肿痛，目赤眩晕，咽喉肿痛，吐血衄血，大便秘结。

【注意】孕妇慎用。

三、活血解毒中成药

1. 八宝丹胶囊

【出处】《疡医大全》

【处方】牛黄　蛇胆　羚羊角　珍珠　三七　人工麝香等

【功效与主治】清利湿热，活血解毒，祛黄止痛。用于湿热蕴结所致的发热，黄疸，小便黄赤，恶心呕吐，纳呆，胁痛腹胀，舌苔黄腻或厚腻干白；或湿热下注所致的尿道灼热刺痛、小腹胀痛，以及传染性病毒性肝炎、急性胆囊炎、急性泌尿系统感染等见有上述证候者。

【注意】孕妇禁用。

2. 银屑灵膏

【出处】戴锡仁经验方

【处方与剂量】苦参 2.6g　甘草 2.6g　白鲜皮 3.6g　防风 2.6g　土茯苓 5.4g　蝉蜕 3.6g　黄柏 1.8g　地黄 3.6g　山银花 3.6g　赤芍 1.8g　连翘 2.6g　当归 1.3g（每日用量）

【功效与主治】清热燥湿，活血解毒。用于湿热蕴肤，郁滞不通所致的白疕，症见皮损呈红斑湿润，偶有浅表小脓疱，多发于四肢屈侧部位。

【注意】忌食刺激性食物；孕妇禁用。

3.活血解毒丸

【出处】《赵炳南临床经验集》

【处方】乳香醋制　没药醋制　蜈蚣　黄米蒸熟　石菖蒲　雄黄粉

【功效与主治】解毒消肿，活血止痛。用于肺腑毒热，气血凝结引起的痈毒初起，乳痈乳炎，红肿高大，坚硬疼痛，结核，疔毒恶疮，无名肿毒。

【注意】忌食辛辣厚味；孕妇禁用。

4.荣心丸

【出处】《新药转正》

【处方】玉竹　甘草炙　五味子　丹参　降香　山楂　蓼大青叶　苦参

【功效与主治】益气养阴，活血解毒。用于气阴两虚或气阴两虚兼心脉瘀阻所致的胸闷、心悸、气短、乏力、头晕、多汗、心前区不适或疼痛；轻、中型小儿病毒性心肌炎见上述证候者。

【注意】病情较重者应注意配合综合治疗；偶见纳差、恶心，一般不影响继续治疗。

5.参芪扶正丸

【出处】《新中医》

【处方与剂量】人参4.2g　黄芪8.4g　山慈菇3.3g　红花3.3g　刺五加4.2g　枸杞子4.2g　白花蛇舌草6.3g　半枝莲6.3g　三七3.3g　茯苓6.3g　女贞子3.3g　莪术4.2g　薏苡仁6.3g　白术3.3g（每日用量）

【功效与主治】补气活血解毒。用于以气虚血瘀证为主的肺癌、胃癌的辅助治疗。

【注意】血小板减少、有出血倾向者慎用；轻微恶心者可改为饭后服用。

四、解毒化湿中成药

1.茵莲清肝合剂

【出处】《伤寒论辑义》

【处方与剂量】茵陈30g　板蓝根30g　绵马贯众15g　茯苓30g　郁金10g　当归15g　红花10g　琥珀3g　白芍炒，30g　白花蛇舌草30g　半枝莲30g　广藿香10g　佩兰15g　砂仁6g　虎杖15g　丹参30g　泽兰15g　柴胡10g　重楼15g（每日用量）

【功效与主治】清热解毒，芳香化湿，疏肝利胆，健脾和胃，养血活血。用于病毒性肝炎、肝炎病毒携带者及肝功能异常患者。

【注意】忌食辛辣油腻食物。

2.和胃止泻胶囊

【出处】《幼幼集成》

【处方与剂量】铁苋菜6.4g 鱼腥草5.7g 石榴皮0.6g 石菖蒲0.5g 姜半夏0.5g 甘草0.3g（每日用量）

【功效与主治】清热解毒，化湿和胃。用于因胃肠湿热所致的大便稀溏或腹泻，可伴腹痛、发热、口渴、肛门灼热、小便短赤等。

【注意】服药3天后症状无改善，应及时去医院就诊；服药期间出现严重脱水者，应及时去医院就诊；本品尚无用于痢疾、肠伤寒、霍乱，以及全身性疾病、中毒、寄生虫感染、恶性肿瘤所致腹泻的有效性和安全性数据；服药期间，忌食辛辣、生冷、油腻食物。

3.小儿双金清热口服液

【出处】《医宗金鉴》

【处方与剂量】金银花3~6g 板蓝根3~6g 秦艽3~6g 莱菔子3~6g 僵蚕1.8~3.6g 广藿香3~6g 赤芍3~6g 荆芥0.9~1.8g 桔梗1.8~3.6g 蒲公英3~6g 大青叶3~6g 柴胡3~6g 淡竹叶1.8~3.6g 苦杏仁0.9~1.8g 石菖蒲3~6g 郁金3~6g（每日用量）

【功效与主治】疏风化湿，解毒清热。用于小儿外感发热初期，症见低热、咳嗽、咽红等。

【注意】用药3日无效者及时就医；不适用于外感高热患者。

五、解毒止痛中成药

1.胡氏六神丸

【出处】《雷允上诵芬堂方》

【处方】牛黄 冰片 朱砂 薄荷 人工麝香 熊胆粉 板蓝根 雄黄 甘草 金银花 蟾酥

【功效与主治】消肿解毒，止痛退热，镇惊安神。用于喉风喉痹、喉痛、双单乳蛾等咽喉诸症，疔毒、痈疮、小儿急热惊风及一般红肿热痛等症。

【注意】对牛乳过敏者禁用；运动员慎用；孕妇忌服。

2. 华蟾素口服液

【出处】《药筱启秘》

【处方与剂量】干蟾皮15~30g（每日用量）

【功效与主治】解毒，消肿，止痛。用于中、晚期肿瘤，慢性乙型肝炎等。

【注意】谨遵医生嘱咐用药，一般用法用量为：口服，一次10~20ml（1~2支），一日3次，或遵医嘱；如出现沉淀物也无妨，摇匀后口服；避免华蟾素口服液与剧烈兴奋心脏药物配伍。

3. 季德胜蛇药片

【出处】《中药成方制剂》

【处方】重楼　干蟾皮　蜈蚣　地锦草等

【功效与主治】清热解毒，消肿止痛。用于毒蛇、毒虫咬伤。

【注意】孕妇忌用，脾胃虚寒者慎用，肝肾功能不全者慎用，对本品过敏者禁止应用；在用药期间忌食辛辣、油腻食物，同时需要忌烟酒。

4. 金鸡化瘀颗粒

【出处】《内经》

【处方】金银花6~12g　黄芩6~12g　蒲公英4.5~9g　紫花地丁3~6g　皂角刺4.5~9g　赤芍4.5~9g　鸡血藤6~12g　三棱3~6g　川芎3~6g　香附醋制，3~6g　延胡索醋制，3~6g　王不留行炒，3~6g（每日用量）

【功效与主治】清热解毒，软坚散结，活血化瘀，行气止痛。用于女性慢性盆腔炎属湿热蕴结，气滞血瘀型者的辅助治疗。

【注意】身体虚弱者慎用；本品不宜长期服用；经期女性、孕妇、哺乳期女性或月经过多者禁用。

六、解毒杀虫中成药

1. 囊虫丸

【出处】《古今名方》

【处方与剂量】茯苓0.9~1.4g　烫水蛭0.16~0.24g　雷丸0.45~0.68g　大黄0.22~0.33g　僵蚕炒，0.67~1g　桃仁0.67~1g　黄连0.22~0.33g　牡丹皮0.45~0.68g　生川乌54~81mg　醋芫花54~81mg　化橘红0.27~0.41g　五灵脂流浸膏1.1~1.7g（每日用量）

【功效与主治】杀虫解毒，活血化瘀，软坚消囊，镇静止痛。用于人的猪囊虫病，脑囊虫及脑囊虫引起的癫痫。

【注意】忌恼怒，孕妇禁用；服药期间注意不要饮酒或食用辛辣、有刺激性的食物，以防降低药效。

2. 郁金银屑片

【出处】《神农本草经》

【处方与剂量】秦艽0.18~0.54g 当归0.18~0.54g 石菖蒲0.18~0.54g 关黄柏0.18~0.54g 香附酒炙，0.18~0.54g 郁金醋炙，0.18~0.54g 莪术醋制，0.18~0.54g 雄黄0.18~0.54g 马钱子粉0.18~0.54g 皂角刺0.18~0.54g 桃仁0.18~0.54g 红花0.18~0.54g 乳香醋制，0.18~0.54g 硇砂72mg~0.22g 玄明粉0.11~0.32g 大黄0.11~0.32g 土鳖虫0.22~0.65g 青黛0.14~0.43g 木鳖子0.14~0.43g（每日用量）

【功效与主治】疏通气血，软坚消积，清热解毒，燥湿杀虫。用于银屑病。

【注意】孕妇禁用，运动员慎用；服药期间忌烟酒，忌食生冷、油腻、不易消化食物及辛辣刺激性食物，避免外感风寒及精神刺激；有高血压、心脏病、肝病、糖尿病、肾病等慢性病患者，应在医师指导下服用。

（程仕萍）

第六节　从毒论治特色疗法

皮肤病的特色疗法是指皮肤科的外治方法，指运用药物、手术、物理方法或使用一定的器械等，直接作用于患者体表某部或病变部位而达到解毒排毒之目的的一种方法。所谓的“排毒”就是打通管道、排出毒素，截断毒邪对人体的损害，恢复排毒系统的功能状态，如刺络放血疗法、吹烘疗法、梅花针法、火针法、围敷法、中药蒸汽疗法等；而“解毒”是化解、转化毒素，如薄贴法、掺药法、药捻法等。《金匮要略》指出：“经络受邪，入脏腑，为内所因也；二者，四肢九窍，血脉相传，壅塞不通，为外皮肤所中也……”

皮肤病的特色疗法在运用过程中需要根据患者病情进行辨证施治，选择不同的治疗方法，本书中阐述了药物外治法、腧穴经络疗法和其他疗法。

一、药物外治法

药物外治法是根据疾病所在部位以及病情的需要，选择相应功效的药物，再选择不同的治疗手段，使药力直达病所，从而达到解毒等疗效的方法。

1.薄贴法 又称膏药疗法，该法是将药末与醋、水、生姜汁等调成糊状、膏状，摊贴于油纸、绢布上，或是直接将膏药加热，粘贴在相应部位的治疗方式。膏贴法因其粘贴性好，可长时间刺激治疗部位，具有效用持久的特点。用膏药外贴穴位或患部，薄贴富有黏性，能固定患处，保护疮面，避免外来刺激和细菌感染，以达到软化角质、解毒、消肿软坚等目的。适应证：急性化脓性感染性皮肤病、淋巴结核、银屑病、神经性皮炎、慢性湿疹等。

2.围敷法 又称箍围消散法，把药散与汤液（或水）调制成糊状，敷贴于患处，能使阳性肿疡初起得以消散，化脓时使其局限，溃破后束其根盘，截其余毒。适应证：急性化脓性感染性皮肤病、丹毒、急性湿疹、银屑病、皮炎、荨麻疹、手足癣、掌跖角化症、女阴溃疡、痈疖初起、毒虫咬伤等。

3.掺药法 是将药粉掺布于膏药上外敷，或直接撒布于疮面上的一种治疗方法。此法是通过药粉在病变部位的作用而达到解毒消散、提脓祛腐、生肌收口，以致收敛止痒的效果。适应证：化脓性感染性皮肤病、痱子、无渗液性急性或亚急性皮炎等。

4.药捻法 是将腐蚀药加赋形剂制成细条的药捻，插入细小的疮口或瘘管、窦道内，以化腐引流，使疮口愈合的一种方法。该方法是利用药物及物理的作用，插入溃疡孔道中，起到祛腐化管、解毒排脓的作用。适应证：化脓性感染性皮肤溃破后，疮口过少，引流不畅，或已成瘘管、窦道者。

5.中药封包治疗 涂抹薄厚根据患者的病情决定，涂抹患部，揉擦使之均匀，涂药后，可选用塑料薄膜和纱布封包患处，每日1~2次。根据所用药物性质以起到清热解毒、抗炎止痒、活血化瘀等作用。适应证：银屑病、湿疹、玫瑰糠疹、带状疱疹后遗神经痛等。

6.中药湿敷疗法 又称为“中药溻渍”，是用中药煎煮后过滤成水溶液，浸透纱布直接作用于患处的一种外治法，不仅可以清除患处的渗液及坏死组织，而且可起到清热解毒、疏通腠理、除湿止痒、收敛消肿的作用。湿敷的种类：按湿敷溶液的温度，可分为冷湿敷与热湿敷；按包扎的方式，可分为开放性湿敷与封闭式湿敷；按治疗的时间，可分为持续性湿敷与间歇性湿敷。皮肤科临床常用开放性间歇性冷湿敷。适应证：急性湿疹、过敏性皮炎、接触性皮炎、丹毒、脓疱疮等。

7.中药蒸汽疗法 又称为中药熏蒸疗法、中药汽浴疗法等，是通过药液加热蒸发产生含有药物的蒸汽对皮肤病进行治疗的一种方法。此法利用蒸汽直接渗透皮肤腠理，又通过口鼻吸入，起到清热解毒、疏通腠理、祛风止痒、温通经络、散寒除湿的作用。适应证：皮肤瘙痒症、荨麻疹、硬皮病、结节性红斑、化脓性感染性皮肤病、湿疹、神经性皮炎等。

8. 中药洗浴疗法 亦称为“水疗”，是在中医的整体观念和辨证论治的指导下，用中药煎汤洗浴患者的全身或局部，使药物透过皮肤、孔窍、腧穴等部位直接吸收，进入经脉血络，输布全身，以发挥其清热解毒、疏通经络、调和气血、化瘀、扶正祛邪的作用。适应证：化脓性感染性皮肤病、湿疹、银屑病、皮肤瘙痒症、神经性皮炎等。

9. 吹烘法 又称热烘疗法，是在病变部位涂药后或在病变部位敷用吸透药液的纱块后，再加热烘的一种疗法。此法是利用热力的作用，使患处气血流畅，腠理开疏，药力渗进，以发挥其活血化瘀、解毒、祛风止痒的作用，使皮肤疾患痊愈。适应证：皲裂型手足癣、慢性湿疹、神经性皮炎、瘢痕疙瘩、皮肤淀粉样变、掌跖角皮症等。

10. 热熨法 又称为药包热敷法，是将药物炒热或煮热，用布包裹敷于患处或穴位上的一种治疗方法。利用温热之药力，通过皮毛、腧穴、经络作用于机体，以行气活血、祛风止痒、散寒除湿排毒，使皮肤病得以痊愈。适应证：淋巴结核、冻疮、神经性皮炎等。

11. 烟熏法 是用药物点燃后，并在不完全燃烧过程中，发生浓烟，利用烟熏患处，以治疗皮肤疾患的一种方法。通过温热药烟，接触皮肤患处，作用于机体，达到透疹拔毒、开窍救急、活络止痛、润燥杀虫的效果。适应证：神经性皮炎、皮肤淀粉样变、疥疮、慢性湿疹、慢性溃疡、结核性溃疡等。

12. 中药倒膜 是将中药、按摩、理疗有机结合在一起的一种外治法，应用经络理论制定按摩手法，具有疏经通络、活血化瘀、调理气血、调节血管舒缩功能、加快局部血液循环、促进新陈代谢、改善皮肤微循环的作用。适应证：痤疮、粉刺、酒渣鼻、脂溢性皮炎、黄褐斑、激素依赖性皮炎、皮肤暗黄、粗糙、毛孔粗大等。

13. 邮票贴敷法 按皮损面积大小，将单层纱布蘸取药液后，直接贴敷于渗出裸露的创面的一种换药法。该方法可以起到保护创面、控制感染、加速上皮新生、促进表皮愈合的作用，有消炎、排毒、收敛、固皮之功效。因操作方法类似于贴邮票，故称之为邮票贴敷法。适应证：天疱疮、浸淫疮、带状疱疹等有水疱、脓疱或血疱的皮损和局部表皮剥脱的皮损。

14. 中药喷雾治疗 采用喷雾方式治疗，药液通过离子喷雾器以离子状态渗透皮肤进入体内，改善血液循环，有利于药物吸收，增强药效；同时蒸汽喷雾可使皮肤表面温度升高，使皮肤毛孔开放，起到疏通腠理、清热解毒消肿、祛风止痒、排出毒邪等作用。适应证：局部和小面积的皮肤疾患，如黄褐斑、痤疮、湿疹、皮炎等。

15. 贴脐疗法 以中医经络学说为理论基础，根据不同病症的需要，选择相应的药物，制成膏、散、丹、丸、糊等剂型，贴敷于肚脐之上，本法是利用神阙穴联系诸经百脉、五脏六腑及皮肉筋膜等特性，及脐部敏感性高、渗透力强的特点，使药力迅速弥散，以调节人体气血阴阳，扶正祛邪，从而达到解毒止痒、脱敏等效果的疗法。适应证：荨麻疹、湿疹、瘙痒症、各种皮炎、玫瑰糠疹等。

16. 发泡疗法 又称为天灸、冷灸、白灸，是用较强烈刺激性的药物敷贴某一特定点或穴位，使皮肤充血发泡，达到泄毒消肿、调整脏腑气血功能、激发与调整人体自身的抗病能力之效的一种疗法。适应证：神经性皮炎、白癜风、慢性湿疹等。

二、腧穴经络疗法

根据患者病变所处的腧穴、经络，通过特殊手段使所结之毒邪排出体外以达到治疗目的的治疗方法。

1. 针刺疗法 用金属的毫针，根据中医理论指导，刺入人体有关的穴位，通过一定的操作手法，发挥经脉相应的作用，调节人体脏腑、气血的功能，激发机体的抗病能力，达到清热解毒、凉血泻火、祛风解表止痒、补益气血扶正等目的的一种疗法。适应证：荨麻疹、神经性皮炎、皮肤瘙痒症、银屑病、玫瑰糠疹、带状疱疹、斑秃、硬皮病、白癜风等。

2. 梅花针疗法 又称为七星针疗法，用5~7根针联合叩打于皮肤浅表穴位上或病变部位，有促进气血流畅、止痒生发、软坚散结、泄热排毒等作用。根据叩刺时的弹力程度分为轻刺法、重刺法、强刺法、超强刺法、正刺法、平刺法及放血刺法等7种方法。适应证：斑秃、白癜风、神经性皮炎、慢性湿疹、皮肤淀粉样变、痒疹、银屑病、瘙痒症等。

3. 刺络放血 又称为放血疗法、刺血疗法，是用三棱针为针具，根据不同的病情，刺破人体特定部位的浅表血管、放出适量的血液，再加局部拔火罐的方法，以外泄内蕴之热毒，发挥清热泄毒、凉血消肿、止痛止痒等功效。方法：点刺法、散刺法、刺络法、挑刺法、刺络拔罐法。适应证：银屑病、痤疮、酒渣鼻、湿疹、带状疱疹、丹毒、疖、斑秃等。

4.耳穴疗法 在耳廓穴位上用短的毫针、皮内针或其他方法进行刺激，通过耳穴与全身经络、脏腑的联系，调节人体脏腑、经络、气血的功能，激发机体抗病能力，达到疏通经络、调整阴阳、调和气血、镇静泄毒、活血止痛之目的的一种方法。耳穴的刺激方法：毫针法、电针法、埋针法、压丸法、穴位注射、割治放血。适应证：皮肤瘙痒症、神经性皮炎、痤疮、荨麻疹、痒疹、银屑病、湿疹、带状疱疹、扁平疣、斑秃等。

5.火针疗法 古称为“焠刺”“烧针”，是将特殊材质的针具在火上烧红后，迅速刺入人体的穴位或部位，给人以一定的热性刺激，并快速退出，以治疗疾病的一种特殊治疗方法。《灵枢·官针》中记载：“淬刺者，刺燔针则取痹也。”《千金翼方》云：“处疖痈者，针惟令极热。”本法具有泻火排毒、活血化瘀、软坚散结、祛腐生肌、除湿止痒等功效。适应证：疖肿、带状疱疹、湿疹、痤疮、结节性痒疹、斑秃等。

6.穴位注射 在经络、腧穴或压痛点、皮下阳性反应点上适量注射液体药物以防治各类疾病，是针刺穴位与药物治疗相结合的一种方法。既有刺激穴位的功效，又有药物本身的作用，共奏解毒止痛、增强体质、调节免疫之功。适应证：皮肤瘙痒症、荨麻疹、神经性皮炎、带状疱疹、湿疹、鸡眼、寻常疣、跖疣等。

7.穴位埋线 用医用羊肠线埋植于有关的穴位中，通过持续的刺激，发挥该经络穴位的治疗作用的一种外治法。本法可以协调阴阳及平衡脏腑，通经活络及平调气血，补虚泻实及扶正祛邪，具有疏通经络、温中散寒、解毒排毒等功效。适应证：荨麻疹、湿疹等相关疾病。

8.艾灸疗法 艾叶味苦微温，气味芳香，熟艾性大热，“烧则热气内注，通筋入足，故灸百病”。艾灸是通过艾火刺激经穴，触发循经感传，直达病所，畅达经脉气血，热力由腧穴渗透，促进五脏六腑功能运转，使机体趋于平衡。运用艾绒或其他药物在体表的穴位上烧灼、温熨，借灸火的热力以及药物的作用，通过经络的传导，以起到调和阴阳、温通散寒、行气活血、消瘀散结、回阳救逆、温阳补虚、补中益气、祛风解表、拔毒泻热、保健强身、预防疾病等作用的一种治法。艾灸疗法的具体方法很多，包括艾炷灸、艾条灸、温针灸、温罐灸等。适应证：

带状疱疹后遗神经痛、荨麻疹、湿疹、白癜风、硬皮病等相关疾病。

9. 刮痧疗法 刮痧是指徒手对不适部位的皮肤进行拍打、揪抓、推搓、摩擦等动作，或利用表面光滑的陶瓷、钱币、刮痧板等工具，或是用棉布蘸生姜汁、烧酒等在人体表面特定部位（经络、穴位、疾病反应点、阿是穴等）进行反复刮拭，至出现一定程度的“痧疹”，从而达到防治疾病之目的的一种传统外治方法。刮痧疗法具有发汗解表、清热解毒、通经活络、调和脏腑等功效。以中医经络理论为基础，以“穴—经—部”理论为辨证指导，用牛角、玉石等工具在皮肤相关部位刮拭，主要取背部督脉、膀胱经刮拭，督脉为阳脉之海、背部膀胱经为脏腑腧穴所在，通过刮拭背脊部能够激发人体阳气，促进经络气血运行，以发挥温阳散寒、扶正祛邪、调和脏腑气血的作用。以局部皮肤潮红并刮拭出痧为度。适应证：带状疱疹后遗神经痛、湿疹、荨麻疹、黄褐斑、酒渣鼻、斑秃、神经性皮炎等。

10. 火罐疗法 利用燃烧过程消耗罐中部分氧气，并借火焰的热力使罐内的气体膨胀，排出罐内部分空气，使罐内呈负压状态，借以将罐吸着于施术部位，造成局部瘀血，达到温通经络、祛风散寒、消肿止痛、吸毒排脓等目的的一种治疗方法。火罐疗法分为闪罐法、留罐法、走罐法。适应证：皮肤瘙痒症、带状疱疹、神经性皮炎、慢性湿疹、毒虫咬伤、冻疮等。

三、其他疗法

1. 划痕疗法 用手术刀片在病变部位划破表皮，使局部气血流通，毒血宣泄，以起到活血祛瘀、解毒止痒作用的一种外治法。适应证：神经性皮炎、慢性湿疹、皮肤淀粉样变等。

2. 自血疗法 抽取患者外周静脉血，注入患者臀部肌肉或相关穴位、皮损部位，从而刺激机体的非特异性免疫反应，达到清热解毒、活血化瘀、化痰散结、提高免疫力等效果。适应证：扁平疣、慢性荨麻疹、皮肤瘙痒症等。

3. 铺棉灸 又称为“棉花灸”“贴棉灸”等，根据“火郁发之”的原则，用优质棉花制成薄如蝉翼的棉片，平铺于患病皮肤表面并点燃，使薄棉片一燃而烬，以热引热。通过此疗法可引邪外出，使郁积于肌肤之毒迅速解除。适应证：带状疱疹后遗神经痛、神经性皮炎、顽固性湿疹等。

（黄　港　邱善裕）

第七节　从毒论治注意事项

（一）攻伐有度，阴阳平和

不管是解毒、排毒、抗毒还是以毒攻毒之法，其目的均是驱邪外出，恢复人体阴阳平衡。然而解毒、排毒、以毒攻毒等法均属攻伐之举，当做到攻伐有由、攻伐有度、攻伐有节，以期毒邪得解而正气不伤、阴阳平和。从毒论治皮肤病应综合考虑患者整体情况，包括患者体质、药物组成与剂量、用药时间等。若组方中攻伐药物太多，或剂量过大，或用药时间过长，或患者身体虚弱难以耐受攻伐之剂，则容易伤及人体正气，导致阴阳失衡，病情加重，或者病虽向愈，但身体变虚。

（二）祛邪解毒，合用并举

毒邪为病具有兼夹性及依附性。毒邪极少单独致病，外来之毒常依附于外感六淫之中；内生之毒常附着于痰浊、瘀血、积滞、水湿等病理产物之内。故而临床应用解毒、排毒等法之时，注意准确辨证，辨明兼夹之邪的具体情况，合理应用祛风、除湿、清热、泻火、润燥、散寒、凉血、化瘀、消痰等祛邪之法，祛除外感六淫之邪或内生痰、瘀、积、水湿，使毒势减弱。双法或多法并举，从而达到“分兵瓦解”毒邪的目的。

（三）中病即止，莫伤正气

毒邪为病常呈慢性病程、缠绵难愈，不用猛药或难起效，热毒、风毒、寒毒等或用寒凉或用辛热燥烈之品，不管是内服还是外用，由于这类药物药性猛烈，用量过大或应用时间过长均可导致人体正气损伤，甚至发生中毒，危及患者生命。所以在临床从毒论治皮肤病时应遵循“中病即止，莫伤正气”的原则。《伤寒杂病论》诸方常常提示“得下，余勿服”，嘱患者用药一旦见效，就不要继续服药，亦为此意。

（四）解毒同时，兼顾脾胃

临床发现皮肤病以热毒、火毒为病居多，常用到清热解毒药等苦寒之品，而这类药最容易伤及脾胃，造成胃部不适及肠道症状。《素问·灵兰秘典论》曰：

“肾为先天之本，脾胃为后天之本。”脾胃亦为气血生化之源，顾护脾胃十分重要。所以从毒论治皮肤病应注意兼顾脾胃，特别是对于素体脾胃虚弱的患者，应注意解毒的同时调理脾胃，可以在一众解毒药物中，加入茯苓、白术、山药、陈皮等调理脾胃之品；而对于脾胃功能正常的患者，也应注意寒凉之品不可久服多服。《伤寒杂病论》曰：“得快下利后，糜粥自养。”予青菜粥、小米粥等温养食疗之法亦不失为佳法，既可以补所失之阴液，亦可温中益气以复大病后所伤脾胃之气。

（黄　港　邱善裕）

第三章　毒邪发病学说在皮肤科的运用

第一节　球菌性皮肤病

一、脓疱疮

脓疱疮又名脓痂疹、脓疱病、传染性脓痂疹，是由金黄色葡萄球菌和（或）乙型溶血性链球菌引起的一种常见的化脓性传染性皮肤病。儿童时期免疫系统尚不健全，抵抗力较低，易感染；某些外界环境条件如温度过高，出汗较多和皮肤有浸渍现象时，细菌在皮肤上容易繁殖；患有瘙痒性皮肤病或痱子时，皮肤屏障作用被破坏，均给本病造成良好的发病机会。

明代《景岳全书》记载："若作痒出水，水到即溃者，名曰黄水疮。"《万病验方》中记载："小儿头面生疮，作痒流水，水到处皆溃成疮，名黄水疮。"《医宗金鉴·外科心法要诀》云："有因疮口开张，日久风邪袭入，以致疮口周围作痒，抓破津水，相延成片，形类黄水疮者。"中医称本病为黄水疱、脓窝疮、滴脓疮、烂皮野疮、天疱疮等。

【病因病机及毒邪发病机制】

中医学认为本病多因暑、湿两邪交蒸而致气机不畅，疏泄障碍，熏于肌肤而成。暑湿热蕴：夏秋季节，气候炎热。湿热交蒸，暑温热邪袭于肌表，以致气机不畅、汗液疏泄障碍，湿热毒邪壅遏，熏蒸肌肤而成。脾虚湿蕴：小儿机体虚弱，肌肤娇嫩，腠理不固，汗多湿重。若调护不当，暑湿毒邪侵袭，更易发病。反复发作者，湿热邪毒久羁，可致脾虚失运。

本病可通过直接接触或自身接触传播。研究表明本病的病原菌以金黄色葡萄球菌为主，其次是乙型溶血性链球菌，或两者混合感染，细菌主要侵犯表皮，引起化脓性炎症；凝固酶阳性噬菌体Ⅱ组71型金黄色葡萄球菌可产生表皮剥脱毒素，引起毒血症及全身泛发性表皮松解坏死；抵抗力低下患者，细菌可引起菌血症或败血症，或骨髓炎、关节炎、肺炎等；少数患者可诱发肾炎或风湿热，主要与链球菌感染有关。

引起脓疱疮发病的毒邪有热毒、湿毒、细菌毒、微生物毒、炎症毒等。一为暑湿热毒。本病多发于夏秋季节，气候炎热，湿热之邪盛行，暑为阳邪，易袭阳位，黄水疮好发于头面四肢。湿热熏蒸以致气机不畅，疏泄障碍，郁滞皮肤，小儿机体虚弱，皮肤娇嫩，汗出湿重，暑邪湿毒侵袭，更易发生本病，且互相传染。二为微生物毒、炎症毒、细菌毒等。脓疱疮是一种常见的急性化脓性皮肤病，病原菌以金黄色葡萄球菌为主，少数为乙型溶血性链球菌单独感染和混合感染。夏秋季节气温高、出汗多和皮肤浸渍可促进细菌在局部的繁殖。瘙痒性皮肤病患者的搔抓可破坏皮肤屏障，有利于细菌侵入。

【临床表现】

本病好发于头面、四肢等暴露部位，也可蔓延全身。初起为散在性红斑或丘疹，很快变为水疱，形如米粒至黄豆大小，迅速化脓浑浊变为脓疱，周围绕以轻度红晕，脓疱开始丰满紧张，数小时或1~2日后脓液沉积，形成半月状积脓现象。此时，疱壁薄而松弛，易破裂，破后露出湿润而潮红的糜烂疮面，流出黄水，干燥后形成黄色脓痂，然后痂皮区渐脱落而愈，愈后不留瘢痕。若脓液流溢他处，可引起新的脓疱。自觉有不同程度的瘙痒，一般无全身症状，但皮损广泛而严重者，可伴有发热、畏寒等全身不适症状。病程长短不定，少数可延至数月。常可引起附近淋巴结肿痛，易并发肾炎、败血症，甚至危及生命。

【辨证施治】

（1）暑湿热蕴证

证候：本证多见脓疱密集，色黄，周围绕以红晕，糜烂面鲜红；伴有口干，便干，小便黄；舌红，苔黄腻，脉濡数或滑数。

治法：清暑利湿解毒。

方药：清暑汤加减。常用金银花、连翘、淡竹叶、天花粉、赤芍、泽泻、车前子、六一散等。热重烦躁者，加黄连、栀子；大便秘结者，加生大黄。

（2）脾虚湿蕴证

证候：本证皮损脓疱稀疏，色淡白或淡黄，糜烂面淡红；伴有食少，面白无华，大便溏薄；舌淡，苔薄微腻，脉濡细。

治法：健脾渗湿。

方药：参苓白术散加减。常用白术、苍术、茯苓、砂仁、泽泻、鸡内金、金银花、连翘、黄芩、冬瓜仁、藿香、六一散等。食滞不化者，加槟榔、焦麦芽。

【从毒论治】

脓疱疮发病的毒邪有湿毒、热毒、微生物毒、炎症性毒等。在治疗过程中除按照辨证施治的原则外，还应注重解毒除湿。热毒用黄连、黄芩、黄柏、金银花、连翘等，清热泻火解毒。湿毒可用辛散芳香化浊药，可用龙胆草、鱼腥草、苍术、茵陈、黄柏、车前子、泽泻、马齿苋等利湿解毒之药。微生物毒常用金银花、野菊花、菊花、白花蛇舌草、黄芩、黄连、栀子等。炎症性毒常用白花蛇舌草、金银花、连翘、野菊花、马齿苋、凌霄花、玫瑰花、槐花等。

【调护】

1.注意卫生 本病为传染病，病愈之后要注意消毒。婴儿室、托儿所及幼儿园如发现本病患儿应立即隔离，并对居住环境进行消毒。有痱子或瘙痒性皮肤病者，应避免搔抓，及时治疗。嘱患儿注意卫生，勤洗澡，勤换衣。

2.中药外治 艾大洗方湿敷患处15分钟。

【病案举例】

案例1

吴某，男，7岁。初诊：2018年8月13日。

患儿因“口鼻周围脓疱伴瘙痒1周”就诊，患儿1周前口鼻周围出现红色斑疹和小丘疹，迅速转变为脓疱，周围有明显红晕，搔抓后双手、躯干和小腿均出现类似皮损。患儿哭闹不休，语声高亢，食少，大便干。其父亲诉幼儿园有类似皮疹的患儿。症见：双面颊、口周、鼻部可见片状红斑，表面糜烂，表面见蜜黄色痂皮，部分疱破溃；躯干、四肢见散在绿豆大小红色斑丘疹，部分红斑表面见绿豆至黄豆大小脓疱；舌淡红，苔白，脉细。中医诊断：黄水疮（暑湿热蕴型）。西医诊断：脓疱疮。处方：金银花10g，连翘、赤芍、滑石、茯苓各6g，车前子（包煎）、天花粉、丹皮各5g，甘草3g。水煎服，每日2次内服，每次100ml。外用0.1%依沙吖啶溶液湿敷。

二诊：5天后脓液干涸，无明显渗出，红斑及结痂处外用莫匹罗星软膏涂擦。

三诊：8天后复诊，皮损消退，疾病治愈。

按语：方中金银花、连翘、赤芍、天花粉、丹皮、甘草解毒凉血，滑石、车前子、茯苓清暑利湿，共奏清暑利湿解毒之功。脓疱疮是一种常见的急性化脓性皮肤病，病原菌以金黄色葡萄球菌为主，少数为乙型溶血性链球菌单独感染和混合感染。中医认为本病是夏秋季节气候炎热，感受暑湿热毒，以致气机不畅，疏泄障碍，熏蒸皮肤所致，小儿机体虚弱，皮肤娇嫩，汗出湿重，暑热湿毒侵袭，更易发生本病，且互相传染。治疗时以消毒隔离、杀菌消炎、收敛干燥和清洁创面为原则。

案例2

曾某，女，3岁。初诊：2020年7月27日。

患儿因“全身起红斑、丘疹、脓疱伴瘙痒1周”前来就诊，家属代诉患儿1周前不明诱因于鼻翼左侧出现丘疹、水疱，伴瘙痒，未予重视，2天后左侧鼻翼和皮损周边出现脓疱，脓疱破溃后面部、躯干、四肢出现红斑丘疹和脓疱，继发糜烂。患儿哭闹不显，语声低怯，食少，大便烂。症见：患儿双面颊、口周、鼻部可见片状红斑，表面糜烂，表面见蜜黄色痂皮；右腋下、右胸部见散在黄豆大小红斑、脓疱，右手臂见核桃大小红斑，表面糜烂，上覆蜜黄色痂皮；舌淡红，苔白，脉细。中医诊断：黄水疮（脾虚湿蕴证）。西医诊断：脓疱疮。处方：薏苡仁、莲子肉、党参、白术各6g，茯苓、怀山药各10g，扁豆5g，砂仁（后下）3g，甘草2g。水煎服，每日2次内服，每次100ml。外用0.1%依沙吖啶溶液湿敷。

二诊：3天后脓液干涸，无明显渗出，红斑及结痂处外用莫匹罗星软膏涂擦。

三诊：4天后复诊，皮损消退，疾病治愈。

按语：小儿脏腑娇嫩，脾气不足，夏暑湿热之气交织，邪气所凑，其气必虚，脾气虚弱无法运化湿气，湿热蕴结，发于肌肤而为黄水疮。此证型患儿宜用参苓白术散，方中党参、白术、茯苓益气健脾渗湿为君。配伍怀山药、莲子肉助党参以健脾益气，兼能止泻；扁豆、薏苡仁助白术、茯苓以健脾渗湿，均为臣药。佐以砂仁醒脾和胃，行气化满。甘草健脾和中，调和诸药，为使药。全方共奏健脾利湿解毒之功。

（严张仁　刘思敏）

二、丹毒

丹毒是由溶血性链球菌感染引起的皮肤和皮下组织内的淋巴管及周围软组织的急性炎症性疾病。本病以好发于颜面及下肢的局限性红肿，边界清楚，扩展迅速，罕见化脓为特点。中医根据发病部位的不同又有不同的病名，如生于躯干部者，称为内发丹毒；发于头面部者，称为抱头火丹；发于小腿足部者，称为流火；新生儿多生于臀部，称为赤游丹。

《黄帝内经》中已有“丹胗”“丹熛”等病名。《素问·至真要大论》云：“少阳司天，客胜则丹胗外发，及为丹熛疮疡……”《诸病源候论·丹毒病诸候》云：“丹者，人身忽然焮赤，如丹涂之状，故谓之丹。或发手足，或发腹上，如手掌大，皆风热恶毒所为。重者，亦有疽之类，不急治，则痛不可堪，久乃坏烂。”

【病因病机及毒邪发病机制】

中医认为本病总由血热火毒为患。素体血分有热，或脚湿气糜烂、毒虫咬伤、臁疮等皮肤破损处有湿热火毒之邪乘隙侵入，郁阻肌肤而发。凡发于头面部者，多夹风热；发于胸腹腰胯部者，多夹肝脾郁火；发于下肢者，多夹湿热；发于新生儿者，多由胎热火毒所致。《医宗金鉴》记载：“丹毒，一名天火，肉中忽有赤如丹涂之色，大者如手掌，甚者遍身有痒有肿，无定色。”《诸病源候论·丹毒病诸候》云：“丹者，人身忽然焮赤，如丹涂之状，故谓之丹。或发手足，或发腹上，如手掌大，皆风热恶毒所为。”本病血热火毒为本，皮肤破损外感为标。

研究表明丹毒的病因和皮肤黏膜破损、精神压力、睡眠不足、系统疾病、体质等有关，从而造成毒邪从皮肤或黏膜的破损处侵入皮内淋巴管而形成丹毒。

引起丹毒发病的毒邪有三种：一为中医学中的瘀毒。《金匮要略·肺痿肺痈咳嗽上气病脉证治》云：“热之所过，血为之壅滞。”故外感热邪也可造成血液壅滞，若得不到疏散，则日久形成血瘀。在临床实践中发现病情严重者，红肿处可伴发紫癜、瘀点、瘀斑、水疱或血疱，甚至化脓或皮肤坏死。因此认为瘀毒可能是丹毒发病的重要影响因素。丹毒发病过程中的热邪、湿滞，病久也会形成血瘀，而瘀血蕴结日久则成“瘀毒”，毒瘀互结则病程迁延难愈。二为热毒、血毒。毒邪在卫分、气分，病久则发展到营血分，具有火热性、猛烈性和顽固性；血热内蕴，破伤染毒，复感风热湿邪，内外合邪，热毒之气爆发于皮肤之间，不得外泄，蕴热而发病。丹毒皮损红肿蔓延，扩展迅速，摸之灼手，来势猛烈，与热毒之气爆发于皮肤密切相关，因此血热毒是丹毒发作的重要因素。三为湿毒。湿为阴邪，易阻气机，缠绵难愈，反复发作；湿毒具有依附性，或依附火毒而成肝脾湿火证，或依附热毒而成湿热毒蕴证，皮损多以红斑、水疱为特征，也可伴有灼热及疼痛；丹毒发于下肢，局部红赤肿胀，或见水疱，甚至结毒化脓或皮肤坏死，或反复发作，可形成大脚风。

【临床表现】

丹毒多发于小腿、颜面部，发病前多有皮肤或黏膜破损史。发病急骤，初起往往先有恶寒发热、头痛、胃纳不香、便秘溲赤、苔薄白或薄黄、舌质红、脉洪数或滑数等全身症状。继则局部皮肤见小片红斑，迅速蔓延成大片鲜红斑，边界清楚，略高出皮肤表面，压之皮肤红色减退，放手后立即恢复。若因热毒炽盛而显现紫斑时，则压之不退色。患部皮肤肿胀，表面紧张光亮，摸之灼手，触痛明显。一般预后良好，经5~6天后消退，皮色由鲜红转为暗红及棕黄色，脱屑而愈。病情严重者，红肿处可伴发紫癜、瘀点、瘀斑、水疱或血疱，偶有化脓或皮肤坏死。

【辨证施治】

（1）风热毒蕴证

证候：发于头面部，皮肤焮红灼热，肿胀疼痛，甚则发生水疱，眼胞肿胀难睁；伴恶寒，发热，头痛；舌质红，苔薄黄，脉浮数。

治法：疏风清热解毒。

方药：普济消毒饮加减。常用黄芩、黄连、陈皮、甘草、玄参、柴胡、桔梗、连翘、板蓝根、马勃、牛蒡子、薄荷、僵蚕、升麻等。大便干结者，加生大黄、芒硝；咽痛者，加玄参、生地黄。

（2）肝脾湿火证

证候：发于胸腹腰胯部，皮肤红肿蔓延，摸之灼手，肿胀疼痛；伴口干且苦；舌红，苔黄腻，脉弦滑数。

治法：清肝泻火利湿。

方药：柴胡清肝汤合龙胆泻肝汤加减。常用柴胡、黄芩、生山栀、龙胆草、生地、丹皮、赤芍、银花、连翘、车前子、生甘草等。

（3）湿热毒蕴证

证候：发于下肢，局部红赤肿胀、灼热疼痛，或见水疱、紫斑，甚至结毒化脓或皮肤坏死，或反复发作，可形成大脚风；伴发热，胃纳不香；舌红，苔黄腻，脉滑数。

治法：利湿清热解毒。

方药：五神汤合萆薢渗湿汤加减。常用紫花地丁、金银花、牛膝、车前子、茯苓、萆薢、薏苡仁、土茯苓、滑石、丹皮、泽泻、通草、黄柏、连翘、赤芍等。肿胀甚者，或形成大脚风者，加防己、赤小豆、丝瓜络、鸡血藤等。

（4）胎火蕴毒证

证候：发生于新生儿，多见于臀部，局部红肿灼热，常呈游走性；或伴壮热烦躁，甚则神昏、呕吐。

治法：凉血清热解毒。

方药：犀角地黄汤合黄连解毒汤加减。常用水牛角、生地黄、赤芍、丹皮、黄连、黄柏、黄芩、栀子等。高热烦躁，惊厥者，加服安宫牛黄丸。

【从毒论治】

丹毒存在瘀毒、血毒、热毒、湿毒等。在治疗过程中，除按照凉血清热、解毒化瘀为原则，临床上常根据病位及病情轻重的不同，定位解毒，分而治之。发于头面及上肢者，治以散风清热解毒，方选普济消毒饮加减；发于胁下腰胯者，治以清肝火、利湿热，方选化斑解毒汤合柴胡清肝饮加减；发于下肢腿胫足部者，治以和营利湿、清热解毒，方选五神汤合二妙散加减；重症丹毒，热毒内攻者，治以清心凉血、解毒开窍，方选清瘟败毒饮加减；丹毒反复发作，湿阻血瘀者，治以清热利湿、活血化瘀，方选防己黄芪汤合萆薢渗湿汤加减。此外，瘀毒应行凉血化瘀之法。热之所过，血为之壅滞。常用药物有赤芍、丹皮、紫草、生地、玄参等。血毒常用羚羊角、紫草、赤芍、丹皮等。热毒常用金银花、野菊花、菊花、白花蛇舌草、黄芩、黄连、蒲公英等。湿毒常用茯苓、苍术、白术、黄柏、薏苡仁、金银花、连翘等。

刘巧教授研发的“清湿毒胶囊”，具有利湿解毒之作用，可用于下肢丹毒。

治疗丹毒时配合如意金黄散外敷可以发挥散瘀解毒、消肿止痛作用。辅以激光、氦氖激光照射等物理疗法以抗炎止痛，既可提高疗效，又可减少抗生素的使用。中西医结合治疗，可以促进疾病的恢复。此外，若流火结毒成脓者，可在坏死部位做小切口引流，掺九一丹，外敷红油膏等。

外治上也可配合使用推拿按摩、耳穴压豆、艾灸等方法达到解毒之效。

【调护】

1.保持心情愉悦 丹毒是容易复发的皮肤病，临床上应重视患者情志因素对本病的影响。耐心地进行医患沟通，帮助患者提高对丹毒的认识，疏导患者情绪、保持良好的心情。

2.重视调护管理 皮肤破损外感，饮食辛辣刺激，情志不畅，及年老体弱均与本病的发生和复发密切相关。发病期间应卧床休息，多饮水，床边隔离。流火患者应抬高患肢30~40°。如果有肌肤破损者应及时治疗，以免感染毒邪而发病。因脚湿气导致下肢复发性丹毒患者应彻底治愈脚湿气，可减少复发。

【病案举例】

黄某，女，62岁。2018年10月12日初诊。

患者因“左足背红肿疼痛10天”就诊，10天前，患者左足背出现红肿疼痛明显，边界清楚，摸之灼手，无丘疹、水疱，自诉既往有脚湿气病史，曾自购药膏外搽（具体药物不详），效果不明显，遂来我院就诊。症见：左足背见约7cm×8cm大小局限性红肿，灼热胀痛，边界清楚，表面光滑，无丘疹、水疱，皮温较高；纳一般，寐差，大小便正常；舌红，苔黄腻，脉滑数。中医诊断：丹毒（湿热证）。西医诊断：丹毒。处方：金银花15g，紫花地丁10g，生地黄15g，茯苓15g，紫草15g，川牛膝10g，苍术10g，黄柏10g，白茅根30g，茜草10g，天花粉10g，赤芍15g，甘草6g。共7剂，水煎服，每日1剂，分早晚饭后温服。局部外敷金黄膏，每日1次。

二诊：患者诉疼痛基本缓解，轻微触痛，查体见左足处红肿基本消退，皮温正常，饮食、睡眠可，大小便正常，舌质淡红，苔薄白，脉弦。守上方续服7剂，以巩固疗效。

按语： 本案患者病程10天，患处为左足，属下焦，红肿疼痛明显，皮温较高，舌红，苔黄腻，脉滑数，属下焦湿热证，治以和营利湿、清热解毒。方选五神汤合二妙散加减。五神汤出自《辨证录》，原方组成为茯苓、车前子、金银花、牛膝、紫花地丁。金银花、紫花地丁清热解毒；茯苓健脾利湿；因患者热重于湿，热为阳邪，易伤阴液，故去车前子，加生地黄、紫草、赤芍、白茅根以清热凉血；川牛膝既可活血祛瘀，又可引药下行，使药力直达病所；茜草、天花粉清热消痈；二妙散善清下焦湿热；甘草调和诸药。全方共奏清下焦湿热邪毒、凉血消痈之效。

（严张仁　刘思敏）

三、疖

疖为毛囊及周围组织的急性化脓性炎症，好发于头面部、颈部和臀部。皮损初起为毛囊性炎性丘疹，基底浸润明显，炎症向周围扩展，形成质硬结节，伴红肿热痛，数天后中央变软，有波动感，顶部出现黄白色点状脓栓，脓栓脱落后有脓血和坏死组织排出，而后炎症逐渐消退而愈合。疖多为单发，若数目较多且反复发生、经久不愈，则称为疖病。疖病多发生于炎热的夏季，高温、潮湿、多汗容易使病原菌侵入皮肤，免疫力低下、中性粒细胞功能障碍、糖尿病、肾炎等皆可成为本病的诱因。

疖之病名首见于《肘后备急方》，《诸病源候论·小儿杂病诸候·疖候》曰："肿结长一寸至二寸，名之为疖。亦如痈热痛，久则脓溃，捻脓血尽便瘥。亦是风寒之气客于皮肤，血气壅结所成。”首次指出了疖肿出脓即愈的特点，并阐述了疖的形成原因。

本病相当于中医学的疖、疔。

【病因病机及毒邪发病机制】

疖常由内郁湿火，外感风邪，两相搏结，蕴阻肌肤所致；或夏秋季节感受暑湿热毒而生；或因天气闷热，汗出不畅，暑湿蕴蒸肌肤，引起痱子，复经搔抓，破伤染毒而成。儿童头部疖肿若处理不当、疮口过小引起脓毒潴留，或搔抓染毒，导致脓毒旁窜，在头顶皮肉较薄处易蔓延、窜空而成蝼蛄疖。若伴消渴或习惯性便秘等慢性疾病者，阴虚内热，或脾虚便溏，更易染毒发病，并可反复发作，缠绵难愈，发为疖病。

引起疖发病的毒邪有两类：一为病原微生物毒。现代研究表明疖病是整个毛囊细菌感染发生的化脓性炎症，病原菌主要是金黄色葡萄球菌，其次为白色葡萄球菌侵入毛囊或汗腺所致，皮肤擦伤、糜烂等导致的细菌侵入及繁殖均可成为本病的诱因。二为中医学中的暑毒、湿毒、热毒。疖多因暑热湿毒而诱发，这些因素可以单发也可以杂感，一般疖多为热毒所致，夏天多见暑疖，与夏季天气热易出汗、皮肤潮湿等诱发因素有关。又因为暑必夹湿，所以疖病往往由暑、湿、热毒杂感而致。

【临床表现】

本病初起局部出现红、肿、痛的小结节，之后逐渐肿大，呈锥形隆起。数日后，结节中央因组织坏死而变软，出现黄白色小脓栓；红、肿、痛范围扩大。再数日后，脓栓脱落，排出脓液，炎症便逐渐消失而愈。

一般无明显的全身症状。但若发生在血液丰富的部位，全身抵抗力减弱时，可引起不适，如畏寒、发热、头痛和厌食等毒血症状。面部，尤其是“危险三角区”的上唇周围和鼻部疖，如被挤压或挑破，感染容易沿内眦静脉和眼静脉进入颅内的海绵状静脉窦，引起化脓性海绵状静脉窦炎，出现延及眼部及其周围组织的进行性红肿和硬结，伴疼痛和压痛，并有头痛、寒战、高热甚至昏迷等，病情十分严重，死亡率很高。

【辨证施治】

（1）热毒蕴结证

证候：好发于项后发际、背部、臀部。轻者疖肿只有一两个，多则可散发全身，或簇集一处，或此愈彼起；伴发热、口渴、溲赤、便秘；舌苔黄，脉数。

治法：清热解毒。

方药：五味消毒饮加减。常用金银花、野菊花、紫背天葵、紫花地丁、蒲公英。热毒盛者，加黄连、栀子；大便秘结者，加生大黄；疖肿难化，加僵蚕、浙贝母。

（2）暑热浸淫证

证候：发于夏秋季节，以小儿及产妇多见。局部皮肤红肿结块，灼热疼痛，根脚很浅，范围局限；可伴发热、口干、便秘、溲赤等；舌苔薄腻，脉滑数。

治法：清暑化湿解毒。

方药：清暑汤加减。常用连翘、天花粉、赤芍、滑石、车前子、金银花、泽泻等。疖在头面部，加野菊花、防风；疖在身体下部，加黄柏、苍术；大便秘结者，加生大黄、枳实。

（3）火毒蕴结证

证候：局部红肿热痛，麻痒相兼；伴畏寒发热；舌质红，苔黄，脉数。

治法：清热解毒。

方药：五味消毒饮、黄连解毒汤加减。常用金银花、野菊花、紫背天葵、紫花地丁、黄连、黄芩、黄柏、栀子等。

【从毒论治】

疖病存在暑毒、热毒、湿毒等，在治疗过程中按照辨证施治的原则，暑湿之毒应用清暑汤加减，解微生物毒常用药物有金银花、野菊花、菊花、白花蛇舌草、黄芩、黄连、栀子等。在此基础上，刘巧教授还推荐辨证使用“清湿毒胶囊”和“清热毒胶囊”。

对于疖肿的治疗，除了辨证用方用药之外，还结合皮肤病外用药的使用原则。如金黄散，红肿热痛未成脓者及夏月火令时，用茶水同蜜调敷；微热微肿及大疮已成，欲作脓者，用葱汁同蜜调敷，从而达到解毒攻毒、消肿止痛的临床效果。此外，对于疖肿毒邪发病的治疗还应采用“拼刺刀”排毒法，切开引流处理。当疖出现白色脓头或脓肿有波动时，应避免挤压，消毒后用镊子夹去脓头，以利引流。引流不畅者，给予及早切开引流。

【调护】

（1）注意个人卫生，勤洗澡，勤理发，勤修指甲，勤换衣服。

（2）少食辛辣炙煿助火之物及肥甘厚腻之品。患疖时忌食鱼腥发物，保持大便通畅。

（3）体虚者应积极锻炼身体，增强体质。

（4）使用解毒药物同时应兼顾脾胃。

【病案举例】

王某，男，46岁。2020年8月12日初诊。

患者因“右手背部反复长疖肿2个月余”就诊。患者于2个月余前右手背部因反复搔抓破伤而出现2~3个结块，皮色微红，按之较硬且疼痛，稍有波动感。手掌手背肿胀明显，手指不能弯曲，右前臂麻木，纳差，睡眠欠佳，二便调。舌苔黄腻，舌质红，脉数。中医诊断：疖（热毒蕴结）。西医诊断：毛囊炎。治法：清热解毒。处方：金银花15g，野菊花15g，紫花地丁15g，蒲公英15g，紫背天葵15g，露蜂房10g，七叶一枝花10g，黄芩6g，黄连6g，甘草6g。水煎服，每日1剂，分2次服，共7剂。嘱保持心情舒畅，切勿搔抓。

二诊：手掌手背肿胀稍缓解，右前臂发麻仍未解，皮温皮色正常，舌苔黄腻，口苦，烧心，纳一般，睡眠欠佳，大便干，两三日一行，尿黄。进一步分析其病情，系因热毒阻隔经络，缠绵日久。拟活血通络、透脓托毒为法：守上方加桑枝6g、鸡血藤6g、姜黄6g、桃仁6g、红花6g。水煎服，每日1剂，分2次服，共14剂。嘱加强手部功能锻炼。

三诊：患处疼痛不显，肿胀消失，皮温皮色正常，稍许麻木，总体恢复尚好。

按语：患者病程日久，病势未及时控制，毒热炽盛。开始以清热解毒为主，方中大剂量野菊花、紫花地丁、蒲公英、金银花清热解毒。待其毒热渐退，继而用桑枝、鸡血藤活血通络，桃仁、红花透脓托毒外出。抓毒热炽盛、毒邪壅阻经络的实质，逐步加以解决。

（严张仁　刘思敏）

四、痈

痈为多个聚集的疖组成，可深达皮下组织，好发于颈、背、臀和大腿等处。皮损初起为弥漫性炎性硬块，表面紧张发亮，界限不清，迅速向四周区皮肤深部蔓延，继而化脓、中心软化坏死，表面出现多个脓头即脓栓，脓栓脱落后留下多个带有脓性基底的深在性溃疡，外观如蜂窝状，可伴局部淋巴结肿大和全身中毒症状，亦可并发败血症。

《疡科心得集·辨脑疽对口论》中载本病“初起形色俱不正，寒热不加重，身虽发热，面色形寒，疡不高肿，根盘平塌，散漫不收”。

本病相当于中医学的有头疽。

【病因病机及毒邪发病机制】

中医认为该病是由于外感六淫邪毒、情志内伤、皮肤外伤感染或过食膏粱厚味等致病因素，破坏了人体气血的正常运行，聚湿生浊，邪毒湿浊留阻肌肤，郁结不散，皆可致营卫不和、气血凝滞、经络壅遏、化火为毒而成痈肿。

引起痈发病的毒邪有两种：一为热毒。热壅于外，热盛则肉腐，肉腐则为脓，气血被火热之毒壅聚而成痈肿。二为微生物毒。现代研究表明痈多为凝固酶阳性金黄色葡萄球菌感染引起，偶可为表皮葡萄球菌、链球菌、假单胞菌属、大肠埃希菌等单独或混合感染，也可由真菌性毛囊炎（如糠秕马拉色菌）继发细菌感染所致。

【临床表现】

本病多发生于抵抗力低下的成人，多发生于皮肤较厚的颈项、背部和大腿，大小可达10厘米或更大，初为弥漫性浸润性紫红斑，表面紧张发亮，触痛明显，之后局部出现多个脓头，有较多脓栓和脓性分泌物排出，伴有组织坏死和溃疡形成，局部淋巴结肿大。临床上患者自觉搏动性疼痛，可伴有发热、畏寒、头痛、食欲不振等全身症状，严重者可继发毒血症、败血症而导致死亡。本病愈合缓慢，伴有瘢痕形成。

【辨证施治】

（1）火毒凝结证

证候：多见于壮年正实邪盛者。局部红肿高突，灼热疼痛，根脚收束，迅速化脓脱腐，脓出黄稠；伴发热，口渴，尿赤；舌苔黄，脉数有力。

治法：清热泻火，和营托毒。

方药：黄连解毒汤合仙方活命饮加减。常用黄连、黄芩、黄柏、栀子、白芷、贝母、防风、赤芍、当归尾、甘草、皂角刺、天花粉、乳香、没药、金银花、陈皮。

（2）湿热壅滞证

证候：局部症状与火毒凝结证相同；伴全身壮热，朝轻暮重，胸闷呕恶；舌苔白腻或黄腻，脉濡数。

治法：清热化湿，和营托毒。

方药：仙方活命饮加减。常用白芷、贝母、防风、赤芍、当归尾、甘草、皂角刺、天花粉、乳香、没药、金银花、陈皮。胸闷呕恶者，加藿香、佩兰、厚朴。

（3）阴虚火炽证

证候：多见于消渴病患者。肿势平塌，根脚散漫，皮色紫滞，脓腐难化，脓水稀少或带血水，疼痛明显；伴发热烦躁，口干唇燥，饮食少思，大便燥结，小便短赤；舌质红，苔黄燥，脉细弦数。

治法：滋阴生津，清热托毒。

方药：竹叶黄芪汤加减。常用淡竹叶、生地黄、黄芪、麦冬、当归、川芎、黄芩、甘草、芍药、人参、半夏、生石膏。初起加天花粉、金银花、连翘；中期加皂角刺；溃后加西洋参。

（4）气虚毒滞证

证候：多见于年迈体虚、气血不足的患者。肿势平塌，根脚散漫，色灰暗不泽，化脓迟缓，腐肉难脱，脓液稀少，色带灰绿，闷肿胀痛，容易形成空腔；伴高热，或身热不扬，小便频数，口渴喜热饮，精神萎靡，面色少华；舌质淡红，苔白或微黄，脉数无力，

治法：扶正托毒。

方药：八珍汤合仙方活命饮加减。常用人参、白术、茯苓、当归、川芎、白芍、熟地黄、甘草、白芷、贝母、防风、赤芍、皂角刺、天花粉、乳香、没药、金银花、陈皮。

【从毒论治】

痈为热毒所致，因外在因素致使机体内在营卫不和、气血凝滞、经络阻隔、脏腑蕴毒，内外邪毒互相搏结而成，所以治疗过程中应始终使用清热解毒之品。但各期侧重不同，初期时轻清表散，中期重用解毒，后期宜扶正托毒。本病属阳证、热证，对于较年轻患者，疾病发展迅速，更应重视疾病变化，及时对症治疗。如为糖尿病患者，应积极控制血糖，治疗基础原发病，增强机体免疫力，以利于创面早日愈合。若初期气血凝聚较重，应提毒外出，以免毒热内陷。若舌红苔黄腻、脉洪数均属气营郁热，治宜清解气分、和营托毒，方药可选用仙方活命饮加减。

根据皮损的具体表现，结合皮肤病外用药物的使用原则，在内服药物治疗的同时，也可使用解毒、攻毒的外用药。外敷如意金黄散合拔毒膏可起到清热解毒、活血消肿、箍围提毒的作用。成脓期后，结块局部疼痛加剧，痛如鸡啄，肿势高突，此时全身症状逐渐加重，局部炎症范围局限，中央已有坏死组织形成，触诊

波动感明显，已化脓而未破溃者，应采取“拼刺刀”排毒法，即可达到毒随脓泄、腐去肌生之效。

【调护】

（1）注意个人卫生。患病后需保持疮周皮肤清洁，可用2%~10%黄柏溶液或生理盐水洗涤拭净，以免脓水浸淫。

（2）切忌挤压，患在项部者可用四头带包扎；患在背部者，睡时宜侧卧；患在上肢者宜用三角巾悬吊；在下肢者宜抬高患肢，减少活动。

（3）初起时饮食宜清淡，忌食辛辣、鱼腥等发物；伴消渴者予消渴患者饮食；高热时应卧床休息，并多饮开水。

（4）严密观察病情，防止内陷发生。

【病案举例】

颜某，男，48岁。2021年7月20日初诊。

患者因“背部生疮肿痛1周，加重3天”就诊。患者于1周前无明显诱因在背部发现一个粟粒样脓头，伴轻微的瘙痒、疼痛，加重3日，伴有恶寒发热，体温39.4℃，背部肿痛加剧，中央有脓头自溃，炎性浸润面积约为10cm×12cm。患者精神差，纳差，口干口苦，大便干燥，小便短赤。舌苔黄厚腻，舌质绛，脉滑数。中医诊断：有头疽（热毒壅盛，热入营血）。西医诊断：痈。治法宜清热解毒，托里透脓。方药：金银花15g，贝母10g，天花粉15g，蒲公英15g，野菊花15g，紫花地丁15g，当归尾10g，赤芍15g，甘草6g，皂角刺10g。水煎服，每日1剂，分2次服，共7剂。

二诊：服用3剂中药之后，体温开始有下降趋势，全身症状似未见明显改善，神志恍惚，已见热毒入于血分之危象。原方加西洋参10g，水兑服。在原方基础上减赤芍、皂角刺、当归尾，加生黄芪15g、南沙参10g、北沙参10g、茯苓10g、石斛15g。同时配合使用抗生素，局部切开引流排毒外出。

三诊：患者体温已恢复，背部创面腐肉已净，肉芽新鲜。继续拟以养阴益气、佐以清热解毒之法，遂在上方基础上减蒲公英、野菊花、地丁，加白术15g、连翘心15g、白芍15g、人参10g水冲服。

四诊：患者病情稳定，恢复尚佳。

按语：本例为背痈合并败血症的重型病例。初治时病重药轻，未能控制，后来主要是抓住患者素体阴虚，毒热入于营血，以致高热、神疲、神志恍惚，正虚邪实，气阴两伤的见症，并已见痈毒内陷之征兆，故急以生黄芪，南、北沙参、石斛，人参大补气阴，扶正托毒；连翘心清心热以护心阴；浙贝母、金银花、地丁清热解毒，并配合手术切开引流。这样，正气得复，才能鼓邪外出。毒热渐退，减少清热解毒药，加用白术、茯苓等以健脾和中，以助后天脾胃升发之气，使之邪去而正安。

（严张仁　刘思敏）

第二节　病毒性皮肤病

一、水痘

水痘是由水痘-带状疱疹病毒（VZV）而引起的一种病毒性皮肤病，病毒通过患者飞沫或者直接接触传染，以皮肤、黏膜分批出现斑疹、丘疹、水疱等皮疹，向心性分布，伴有发热等全身症状为临床表现。本病多流行于冬春季节，任何年龄都可发病，高发于6~9岁，但成人症状通常较儿童更严重，严重者可合并肺炎、病毒性脑炎、心肌炎等并发症。1995年水痘疫苗引入后，发病及并发症显著减少，但近年来，水痘发病率大致呈现逐年上升的趋势，年均报告发病率从35.50/10万上升到70.14/10万，疫苗接种仍是预防的重要手段，中医药疗法可有效缩短疗程，防治并发症。

中医文献对本病最早的论述为“水疱”，《小儿药证直诀》详细论述了水疱之病症特点，《幼科证治准绳》记载“上水疱者，俗谓之水痘也”，王氏肯定了水疱与水痘为同一疾病。南宋《小儿卫生总微论方》曰“其疮皮薄，如水泡，破即易干者，谓之水痘”，首次提出了水痘的病名。此外，由于水痘疱疹形态不同，尚有“肤疮”“水花儿”“凹痘疔”等别名。现中医、西医均将本病称为水痘。

【病因病机及毒邪发病机制】

中医学认为，本病为外感风热时邪、内蕴湿热、毒邪蕴结皮肤而致，其中肺脾不足是发病的关键，小儿脾常不足，素体脾肺虚弱，外感风热时邪，蕴郁于肺脾，致脾虚水湿不运，邪毒透于肌肤而发。若湿热之邪深入气营，入里化火成毒，易内陷转为变证。故清代《医宗金鉴》云：“水痘发于肺、脾二经，由湿热而成也。”

引起水痘发病的毒邪有两种：一为微生物毒。本病发病与水痘-带状疱疹病毒相关，此类具有传染性的致病微生物归属于毒邪范畴，其致病具有传染性、猛烈性、火热性等特性。二为中医学中的热毒。水痘好发于儿童，小儿乃纯阳之体，外邪侵袭，常易化热，故临床上患者常伴有发热，皮疹色红；若热邪炽盛，热毒内生，则水痘密集，疱浆浑浊。因此，热毒是水痘进展及加重的重要影响因素。此外，对于先天性水痘患儿，存在胎毒致病的因素。明代丁毅《医方集宜》记载："水痘，亦因胎毒所发。"清代张琰《种痘新书》亦言："水痘者，亦在胎中，其母饮食之毒，或成胎而再交之火也。"

【临床表现】

水痘多发生于6~9岁的儿童，成人水痘较儿童水痘症状更重，发病前2~3周有与水痘或蛇串疮患者接触史，平均潜伏期14天。起病急，伴或不伴发热、全身倦怠等前驱症状，皮疹以向心性分布的红色斑疹、丘疹、丘疱疹、水疱、结痂为主，粟粒或绿豆大小，周围绕以红晕，水疱上常有脐凹，口腔及黏膜也可累及。常伴有不同程度的瘙痒，病程约2周。重症患者可见大疱型、坏疽型或出血型等，水痘并发症不多见，主要是皮肤黏膜的继发感染，偶可发生肺炎、脑炎、暴发性紫癜等严重并发症。

【辨证施治】

（1）风热证

证候：相当于水痘轻证。临床常见发热头痛，鼻塞流涕，食欲缺乏，红斑或丘疹，水疱透明，疹发稀疏；舌淡红，苔薄白，脉浮数。

治法：疏风，清热，解毒。

方药：银翘散加减。常用金银花、连翘、桔梗、薄荷、牛蒡子、荆芥、竹叶、板蓝根等。咽痛明显者，加马勃、蒲公英、浙贝母；小便黄赤疼痛者，加滑石、黄芩、通草。

（2）湿热证

证候：相当于水痘重证。临床常见壮热，口渴，烦躁，唇红面赤，水疱大而密集，疱液浑浊，糜烂渗出，大便干燥，小便短赤；舌质红，苔黄厚，脉洪数。

治法：清热利湿，凉血解毒。

方药：五味消毒饮合黄连解毒汤加减。常用金银花、连翘、紫花地丁、野菊花、黄连、黄芩、栀子、生地黄、牡丹皮、薏苡仁、大青叶等。大便干结者，加大黄；口唇干燥，津液耗伤者，加天花粉、麦冬、芦根。

【从毒论治】

水痘存在微生物毒、热毒等。在治疗过程中除按照辨证施治的原则外，热毒应清解热毒，常用药物有金银花、连翘、野菊花、赤芍等。微生物毒常用白花蛇舌草、板蓝根、黄芩、黄连、栀子等。此外，在使用清热解毒等寒凉之品的时候，不可用量过大或应用时间过长，治疗时要遵循“中病即止，勿伤正气”的原则，在解毒同时要兼顾脾胃，常用陈皮、山药、茯苓、白术、厚朴、山楂等理气健脾。

外治上可配合使用中药外洗（板蓝根、大青叶、霜桑叶各30g，或金银花、紫草、玄参、野菊花各30g，煎水外洗），普通针刺（取穴：大椎、曲池、合谷、丰隆、三阴交等）等方法达到清热解毒、疏风止痒之功效。

【调护】

1.隔离治疗 水痘传染性较强，发现水痘患者应立即隔离治疗，同时保持室内通风。

2.日常调护 一方面，保持局部清洁、干燥、避免搔抓，预防皮疹感染；另一方面，注意休息，饮食宜清淡，忌食辛辣、鱼腥发物，防止疾病传变。

【病案举例】

王某，男，7岁半。2020年11月20日初诊。

家长代述患儿于3天前突然发热，测体温37.6℃，不久后在患儿胸背部可见少许红色丘疹、丘疱疹，轻度瘙痒，未重视，类似皮疹逐渐增多，累及双上肢、头面，遂来求治。症见：头面、躯干、双上肢可见散在绿豆大丘疹、丘疱疹及水疱，水疱周围红晕，疱液澄清，疱壁紧张，皮疹大体呈向心性分布，体温正常，倦怠，纳差，舌红，苔薄白，脉浮数。中医诊断：水痘（风热夹毒）。西医诊断：水痘。治以疏风清热解毒之法。处方：金银花10g，连翘10g，桔梗6g，薄荷（后下）3g，牛蒡子5g，荆芥穗5g，淡竹叶3g，板蓝根10g，神曲15g，炒麦芽15g，厚朴3g，陈皮3g，山药10g，甘草2g。水煎服，每日1剂，分两次服，共3剂。嘱患儿居家隔离，勤洗手，忌搔抓，忌食辛辣、鱼腥发物。

二诊：服药后四肢及前胸后背水疱缩小，疱液变浑浊，周围无红晕，无新发水疱，测体温37.0℃，舌红，苔薄白，脉浮数。守方继续服用3剂。

三诊：患儿四肢及前胸后背水疱结痂，大部分开始脱落，无新发皮疹，测体温36.2℃，舌淡红，苔薄白，脉浮数。病愈。

按语：儿童水痘一般为风热夹毒所致，在使用大量清热解毒的寒凉药物之时需要顾护患儿的脾胃，小儿先天脾胃虚弱，寒凉之品易损脾胃，导致预后不佳。

方中用连翘、银花为君药，既有辛凉解表、清热解毒的作用，又具有芳香辟秽的功效。板蓝根可清热解毒，助君解毒；薄荷、牛蒡子可以疏散风热，清利头目，且可解毒利咽；荆芥穗有发散解表之功，若无汗者，可以加大用量，助君药发散表邪，透热外出，此药虽为辛温之品，但辛而不烈，温而不燥，反佐用之，可增辛散透表之力，四药共为臣药。桔梗疏风宣肺，淡竹叶清热除烦，清上焦之热，且可生津，陈皮行气健脾，山药益气健脾，厚朴健脾除湿，神曲、炒麦芽醒脾除滞，同为佐药。甘草调和诸药。

（胡凤鸣）

二、带状疱疹

带状疱疹是由水痘-带状疱疹病毒感染所引起的急性疱疹性皮肤病，以累及感觉神经节及所属的相应皮区，带状排列的簇集性水疱，常沿单侧性周围神经分布，伴神经痛为临床特点。本病好发于50岁以上人群及免疫力低下者，发病率随年龄增长而升高，女性发病率普遍高于男性。全球普通人群带状疱疹的发病率为（3~5）/1000人年，亚太地区为（3~10）/1000人年，并逐年递增2.5%~5.0%。本病发病原因及机制明确，但极易出现带状疱疹后遗神经痛并发症，严重影响患者的生活质量。

带状疱疹中医文献中记载的名称有《五十二病方》之“大带”，《诸病源候论》之“甑带”，《证治准绳》之“缠腰火丹”“蛇串疮”，《外科启玄》之“蛇窠疮”“蜘蛛疮”，《育婴秘诀》之“蛇缠虎带”。现中医一般称其为蛇串疮，西医称其为带状疱疹。

【病因病机及毒邪发病机制】

本病主要是由于情志内伤，肝气郁结，久而化火，肝经火毒，外溢皮肤而发；或饮食失节，脾失健运，湿热内生，蕴湿化热，湿热搏结，蕴积肌肤而成；或湿热蕴蒸于皮肤，壅阻经络，而致气血瘀滞，疼痛日久不止。本病初起多为湿热困阻，中期多为湿毒火盛，后期多为火热伤阴，气滞血瘀或脾虚湿阻，余毒不清。

研究表明带状疱疹的病因与某些感染（感冒）、恶性肿瘤（白血病、淋巴肿瘤）、系统性红斑狼疮、烧伤、严重外伤、放射治疗、使用某些药物（砷剂、锑剂、免疫抑制剂）、神经系统障碍及疲劳等有关，当上述因素导致身体免疫力低下时，潜伏在脊髓后根神经节或颅神经节的水痘–带状疱疹病毒可被激发而引起该神经区的带状疱疹。

与本病发病相关的毒邪有四种：一为湿毒。湿毒侵肤，水疱破溃、糜烂渗出明显，故《外科正宗》中云："湿者色多黄白，大小不等，流水作烂，又且多疼，此属脾、肺二经湿热，宜清肺、泻脾、除湿，胃苓汤是也。"二为火（热）毒。湿热之邪侵犯肝经，其火内炽不散，便成火毒、热毒，如《证治准绳》云："名火带疮，亦名缠腰火丹。由心肾不交，肝火内炽，流入膀胱，缠于带脉，故如束带。"三为瘀毒。带状疱疹伴有神经痛，后期还出现严重后遗神经痛，"不通则痛，不荣则痛"，气血不畅，瘀血内生，瘀血日久、血行不畅而成瘀毒。四为微生物毒。本病发病与水痘–带状疱疹病毒相关，其致病具有特异性、火热性、顽固性等特性，符合毒邪发病的特征，故治疗可从毒论治。

【临床表现】

带状疱疹好发于春秋季节，中老年人多见。发疹前多有发热，倦怠，食欲差等轻重不等的前驱症状。先感皮肤灼热、潮红，然后出现簇集性粟粒大丘疹，迅速变成水疱，疱壁紧张发亮，内容透明澄清互不融合。皮疹沿皮神经分布，常见的分布区域为肋间神经、颈部神经、三叉神经及腰骶神经支配区。单侧发疹一般不超过体表正中线，呈带状排列。疼痛为本病特征之一，可于发疹前或伴发皮疹出现，甚至于皮损消退后出现，沿受累神经支配区呈放射性疼痛。有的只有疼痛而无皮疹，称为顿挫型带状疱疹。疼痛程度与年龄有关，老年患者常于损害消退后遗留较长时间的神经痛。发病迅速，经过急剧，病程平均需2~4周。愈后一般不再复发。

【辨证施治】

（1）肝胆湿热证

证候：本证多见于带状疱疹之水疱多，火毒症状较重者。皮疹鲜红，疱壁紧张，密集成片，焮红灼热，痛如针扎，口苦咽干，烦躁易怒，小便短赤，大便干结；舌质红，苔黄，脉弦数。

治法：清热利湿，解毒泻火。

方药：龙胆泻肝汤加减。常用龙胆草、栀子、黄芩、柴胡、板蓝根、生地黄、泽泻、车前子、木通、赤芍等。发于头面者，加菊花；发于上肢者，加姜黄；发于下肢者，加牛膝；继发感染者，加金银花、蒲公英、紫花地丁；大便干者，加生大黄；年老体弱者，加黄芪、党参。

（2）脾湿内蕴证

证候：本证多见于带状疱疹之湿烂流水，胃肠症状明显者。皮疹淡红，疱壁松弛，易于破溃，糜烂渗出，纳呆腹胀，大便时溏；舌体胖，苔白或白腻，脉沉缓或滑。

治法：健脾利湿，解毒通络。

方药：除湿胃苓汤加减。常用苍术、猪苓、厚朴、陈皮、白术、黄柏、茯苓、泽泻、大青叶等。纳呆腹胀者，加神曲、木香。

（3）气滞血瘀证

证候：本证多见于带状疱疹之疼痛明显者或疱疹消退仍后遗神经痛者，多发于老年人。疱疹基底暗红，疱液成为血水，疼痛剧烈难忍；或皮疹消退后仍疼痛不止；舌质紫暗，或有瘀斑，苔白，脉弦细。

治法：理气活血，通络止痛。

方药：桃红四物汤加减。常用桃仁、红花、当归、生地黄、赤芍、川芎、川楝子、香附、陈皮、板蓝根等。气滞明显者，加郁金；血热明显者，加牡丹皮、栀子；气虚者，加黄芪、党参；疼痛剧烈者，加乳香、没药、延胡索。

【从毒论治】

带状疱疹存在湿毒、火（热）毒、瘀毒、微生物毒等。在治疗过程中除按照辨证施治的原则外，湿毒应健脾利湿解毒，常用茯苓、白术、泽泻、半夏、薏苡仁等攻其湿毒；火（热）毒常用以龙胆草、黄连、菊花、连翘、栀子、青黛、板蓝根等攻其火毒；瘀毒应行气化瘀、活血化瘀，常用药物为当归、丹参、川芎、槐花、凌霄花、玫瑰花、红花、桃仁、赤芍、莪术、郁金等；微生物毒常用金银花、大青叶、野菊花、菊花、白花蛇舌草、黄芩、黄连、栀子等。

临证中还应根据发病部位灵活运用引经药。发于头面部者，加菊花、蔓荆子；发于眼睑者，加决明子；发于上肢者，加桑枝；发于胸胁部，加柴胡、枳壳；发于腰背部，加杜仲、桑寄生；发于下肢者，加牛膝、黄柏、苍术。血热明显，出现血疱者，加白茅根、牡丹皮、栀子；疼痛剧烈者，加乳香、没药、延胡索；大便干结者，加生大黄；年老体弱者，加山药、淫羊藿；气虚者，加黄芪、党参、白术；阴虚者，生地黄、玄参、天花粉。

外治法方面，可用仙人掌1块，去刺，根据带状疱疹范围的大小，将仙人掌纵切成2片，将刀切面紧贴于疱疹部位，用力压紧，用胶布固定，每日更换1次，7日一个疗程，连续1~2个疗程。也可用大黄30g、黄柏30g、滑石20g、青黛6g、冰片5g、甘草10g，共研细末后混匀，加凡士林调膏备用，外敷患处。亦可用生大黄30g、冰片5g、蜈蚣3条，共研细末，香油调和擦患处，每日早晚各1次，临床观察，轻者3日愈，重者5~6日愈。此外，可配合体针、耳针或艾灸法，可取内关、足三里、支沟、阳陵泉作为主穴，再配用阿是穴。

【调护】

1.积极寻找诱因 本病常与恶性肿瘤（白血病、淋巴肿瘤）、系统性红斑狼疮、烧伤、严重外伤、放射治疗、使用某些药物（砷剂、锑剂、免疫抑制剂）、神经系统障碍等相关，故应积极寻找诱因，及时治疗原发疾病。

2.注重起居调摄 强调“起居有常，不妄作劳”，规律作息，适当锻炼，避免过度疲劳。

3.调畅情志 保持心情愉悦，怡情养性，避免精神刺激，注意劳逸结合。

【病案举例】

韩某，女，52岁。2016年6月18日初诊。

患者因“右腰部疼痛10天，起红斑水疱3天”就诊，患者10天前无明显诱因右侧腰部出现疼痛，自认为是抬重物后引起腰肌劳损，未予重视，卧床休息，但疼痛未见缓解，3天前在右侧腰背、腹部出现红斑，上有水疱，红斑迅速融合扩大，疼痛更明显，予以外涂炉甘石洗剂，未见改善。症见：右侧腰背部、腹部见片状鲜红斑，其上有水疱及糜烂，皮损未超过中线；睡眠差，饮食减少，小便黄，大便干；舌红，苔黄腻，脉数。血常规示：白细胞数3.6×10^9/L，淋巴细胞比率41.5%。中医诊断：蛇串疮（肝胆湿热证）。西医诊断：带状疱疹。治以清热解毒、利湿止痛之法。处方：黄芩10g，柴胡10g，生地黄15g，栀子10g，板蓝根20g，丹皮10g，赤芍10g，龙胆草10g，当归10g，川楝子10g，延胡索10g，陈皮6g，丹参15g，甘草6g。水煎服，每日1剂，分2次服，共7剂。配合伐昔洛韦片1g口服，3次/日；甲钴胺片500ug口服，2次/日；阿昔洛韦软膏外涂。

二诊：患者红斑面积缩小，水疱大部分干涸，但较疼痛，睡眠较差，入睡困难；舌红，苔黄腻，脉数。守上方去延胡索，加用苍术10g、车前草10g、白茅根30g。每日1剂，分2次服，共5剂。加服维生素B1片10mg口服，3次/日。

三诊：水疱已基本干涸结痂，仍有疼痛，睡眠较差；舌红，苔薄黄，脉弦。予以大柴胡汤加减，组方：柴胡10g，陈皮6g，川芎10g，赤芍10g，枳壳10g，香附10g，桃仁10g，生地黄15g，红花5g，川楝子10g，桑叶6g，板蓝根20g，连翘10g，芦根10g，川贝母10g，甘草6g。每日1剂，分2次服，共7剂。

四诊：红斑水疱已干涸结痂，患者疼痛明显缓解，睡眠改善，继续服用7剂巩固疗效。

按语： 本案病程10天，初起并未出现皮损，以疼痛为主，随后出现红斑水疱，小便黄，大便干，舌红，苔黄腻，脉数，辨证为肝胆湿热证，予以龙胆泻肝汤加减。方中龙胆草大苦大寒，既能清利肝胆实火，又能清利肝经湿热，故为君药。黄芩、栀子苦寒泻火、燥湿清热，共为臣药。当归、生地养血滋阴，共为佐药。柴胡舒畅肝经之气，引诸药归肝经；甘草调和诸药，共为佐使药。配以丹参活血化瘀，板蓝根、丹皮、赤芍清利湿热，川楝子、延胡索行气止痛，陈皮理气燥湿。二诊仍觉较疼痛，舌红，苔黄腻，脉数，守上方去延胡索，加用苍术10g、车前草10g、白茅根30g，5剂，水煎服，每日一剂，分早晚两次温服。服用5剂后，三诊红斑水疱已基本干涸，疼痛较明显，按六经辨证，舌红，苔薄黄，脉弦，属于少阳阳明合病，予以大柴胡汤加减。方中用柴胡为君药；轻用枳壳以内泻阳明热结，行气消痞，为臣药；胁肋部疼痛配用桃仁、红花、川楝子、川芎、香附行气活血止痛；板蓝根、连翘、赤芍清利湿热解毒；生地、桑叶养血滋阴生津；芦根清热生津，清泻肝火；陈皮理气燥湿；甘草调和诸药。服用7剂后疼痛明显减轻。

（胡凤鸣）

三、单纯疱疹

单纯疱疹是一种由单纯疱疹病毒所致的急性病毒性皮肤病，以皮肤黏膜交界处的局限性簇集性小水疱，反复发作为特征。男女老幼皆可发病，以成年人多见。本病有自限性，但易复发。

单纯疱疹在中医文献中记载的名称有“热疮”“热气疮”“剪口疮”“火燎疮”。《圣济总录》云：“热疮本于热盛，风气因而乘之，故特谓之热疮。”

【病因病机及毒邪发病机制】

中医学认为单纯疱疹的发生，多由于外感风热或湿热毒邪，客于肺胃二经，热毒蕴蒸而生，或胃肠积热，肝经郁热。反复发作者易损伤气阴而导致气阴不足，虚热内扰。

研究表明人是单纯疱疹病毒唯一的自然宿主，人类单纯疱疹病毒（herpes simple virus，HSV）Ⅰ型和Ⅱ型病毒经过口腔、呼吸道、生殖器以及皮肤破损处侵入体内，潜藏于人体正常黏膜、血液、唾液、神经组织以及多数器官内。某些诱发因素如发热、受凉、日晒、情绪激动、胃肠功能紊乱、药物过敏、某些食物、一氧化碳中毒、过度疲劳、机械性刺激或者月经、妊娠等即可促成本病发生。

本病主要是感受热毒所致，喜食肥甘厚味之品，或者服用药物，内热郁积于体内而成热毒，发于皮肤则生热疮，如《圣济总录》言："热疮本于热盛，风气因而乘之，故特谓之热疮，盖阳盛者表热，形劳则腠疏，表热腠疏，风邪得入，相搏于皮肤之间，血脉之内，聚而不散，故蕴结为疮。"同时，单纯疱疹皮疹好发于头面，与风毒密切相关。《世医得效方》曰："疳虫食其肌肤空虚，疳热流注，遍身热疮，发歇无已。"新生儿则跟感染胎毒有关，患儿母亲妊娠期间嗜食辛辣炙煿食物，胎儿出生后则易生热疮，如《验方新编》言："初生数月或一二岁内，头面忽生热疮，甚至延及遍身，此胎毒也。"此外，本病还与微生物毒密切相关。本病发病与单纯疱疹病毒相关，归属于毒邪范畴，其致病具有特异性、火热性、顽固性、传染性等特性，符合毒邪发病的特征，故治疗可从毒论治。

【临床表现】

本病多见于成年人，好发于皮肤黏膜交界处，特别是以口角、唇缘、鼻孔周围多见，无明显局部不适及发热、中毒等全身症状。初起时局部有灼热感，继而小片红斑浮肿，其上有簇集性丘疹、丘疱疹，3~4日形成水疱或脓疱，易破损而形成糜烂，1周左右结痂脱落，遗留有暂时性红斑。病程一般1~2周，可自愈，但易于复发。

【辨证施治】

（1）肺胃风热证

证候：本证多见于初发患者。口唇、鼻旁等处见簇集性小水疱，灼热剧痒，口干心烦，大便秘结，小便黄赤；舌质红，苔黄，脉弦数。

治法：疏风清热。

方药：辛夷清肺汤加减。常用辛夷、桑叶、菊花、金银花、板蓝根、连翘、黄芩、栀子等。咽喉肿痛者，加马勃、蒲公英、浙贝母；小便黄赤疼痛者，加滑石、黄芩、通草。

（2）胃肠积热证

证候：本证多见于发病中期。水疱发生在口周或唇黏膜部，伴口臭，胃纳差，脘腹胀闷不适，大便干结或稀烂不畅；舌红，苔黄厚，脉滑数。

治法：通腑清热，利湿解毒。

方药：通腑利湿汤加减。常用土茯苓、茵陈、枳实、大黄、生地黄、紫草、鱼腥草、板蓝根、连翘等。小便赤痛者，加滑石、黄芩、通草。

（3）肝经郁热证

证候：本证属于此病的特殊类型，多发生于女性月经前后。口周水疱每在月经前或月经后出现，伴有月经不调，心烦易怒，口干胁痛，月经量多而鲜红，大便干结；舌红，苔薄黄，脉弦细。

治法：疏肝清热，调理冲任。

方药：丹栀逍遥散加减。常用柴胡、郁金、茯苓、泽泻、牡丹皮、栀子、香附、生地黄、赤芍、白术、薏苡仁等。月经不调者，加益母草；乳房胀痛者，加郁金、延胡索、川楝子。

（4）阴虚毒盛证

证候：本证多见于病情反复发作，病史较长者。水疱反复发生，间歇发作；水疱簇集成群，破溃后糜烂，灼热瘙痒，疼痛，口渴咽干，心烦郁闷，溲赤，便秘；舌质红，苔黄，脉细数。

治法：养阴清热解毒。

方药：增液汤加减。常用玄参、麦冬、生地黄、板蓝根、紫草、生薏苡仁等。

【从毒论治】

单纯疱疹存在风毒、热毒、微生物毒等。在治疗过程中除按照辨证施治的原则外，风毒常用药物有防风、荆芥、薄荷等。热毒常用金银花、野菊花、紫花地丁、蒲公英、黄连等。微生物毒常用金银花、野菊花、菊花、白花蛇舌草、黄芩、黄连、栀子、板蓝根等。

外治方面，水疱未破溃可用三黄洗剂外涂，2~3次/日；水疱已溃破糜烂，宜用黄连油或青黛油外擦。水疱合并化脓性感染可在三黄洗剂中加入氯霉素混合外搽。

【调护】

（1）饮食宜清淡，忌食肥甘厚味、辛辣炙煿之品。

（2）保持局部皮肤清洁、干燥，防止继发感染。

（3）反复发作者，增强自身抵抗力，去除诱发因素。

【病案举例】

刘某，男，39岁。2021年3月9日初诊。

患者因“口唇反复出现群集性小水疱10余年，复发加重3天”就诊。患者10

余年前无明显诱因口唇出现片状红斑、小水疱，伴痒痛，此后反复发作，3天前因饮酒而复发。症见：口唇硬币大小淡红斑，其上少许点状糜烂面；舌红，苔黄厚，脉滑数。中医诊断：热疮（胃肠积热型）。西医诊断：单纯疱疹。治以清热利湿通腑之法。处方：土茯苓15g，茵陈15g，黄芩10g，生地黄12g，鱼腥草15g，金银花10g，板蓝根15g，连翘10g，怀山药15g，茯苓10g，甘草3g。水煎服，每日1剂，分2次服，共7剂。配合阿昔洛韦软膏外涂。

二诊：患者红斑颜色变淡，水疱基本干涸，无新发皮疹，口渴明显；舌红，苔黄腻，脉数。守上方加用天花粉10g、白茅根20g，每日1剂，分2次服，共5剂。配合阿昔洛韦软膏外涂。

三诊：皮疹基本消退；舌红，苔薄黄，脉弦。予以六味地黄丸加味，组方：熟地黄15g，山萸肉10g，牡丹皮10g，山药20g，茯苓10g，泽泻12g，玄参10g，麦冬15g，板蓝根15g，金银花10g，薏苡仁20g，淡竹叶15g，甘草3g。每日1剂，分2次服，共10剂。皮疹无复发。

按语：患者热疮反复发作10余年，病邪久恋，损伤正气，本次发病乃饮酒后复发，为湿热之邪熏蒸于上，舌淡红，苔黄厚，脉滑数，均为胃肠积热型之证。故予通腑利湿汤加减以通腑清热，利湿解毒。方中土茯苓解毒除湿，茵陈清利湿热，两者共为君药；解湿热毒邪，以黄芩苦寒泻火、燥湿清热，生地黄清热凉血、养阴生津，共为臣药；连翘、鱼腥草、金银花、板蓝根清热解毒，怀山药、茯苓健脾利湿，甘草调和诸药，共为佐使药。二诊患者湿去，热毒伤阴，故加天花粉、白茅根清热滋阴。三诊患者病情好转，考虑患者疾病反复，故用六味地黄丸以顾护养阴，增强患者体质，减少复发。

（胡凤鸣）

四、寻常疣

寻常疣是一种常见的由病毒感染引起的发于皮肤浅表的良性赘生物，以局灶性表皮增厚、坚硬、表面干燥粗糙如刺的疣状物，能自身接触散播为特点，多见于儿童及青年人。

寻常疣在中医文献中记载的名称有《外科启玄》之“千日疮”“瘊子”，《外科正宗》之“枯筋箭”，《太平圣惠方》之“疣目”，此外还被称为“疣疮”等。现中医称其为疣目，西医称其为寻常疣。

【病因病机及毒邪发病机制】

中医学认为本病主要是风热毒邪搏于少阳胆经，肝经血燥，血不养筋，筋气不荣，肌肤不润所致，或因气血不和，腠理不密，感受毒邪，致使气血凝滞，瘀聚肌肤而成。

寻常疣的病原体是人类乳头瘤病毒，人是它的唯一宿主，宿主细胞是皮肤和黏膜上皮细胞，病毒存在于棘细胞层中，并可促使细胞增生，形成疣状损害。其主要由于直接接触传染，亦可通过污染器物损伤皮肤而间接感染。

引起寻常疣发病的毒邪有三种：一为热毒。本病为外感风热毒邪，搏结肌肤而成或七情诱发肝火，肝旺血燥，郁而化热成毒，热毒耗伤气血，气血凝滞，筋气不荣所致。故《薛己医案》指出疣属肝胆少阳经，风热血燥，或怒动肝火，或肝客淫气所致。二为瘀毒。外感邪毒或内伤七情均可导致气血不和，瘀血内生，病情迁延日久，则生瘀毒。三为微生物毒。

【临床表现】

本病好发于儿童及青年，常见于手足指（趾）侧缘，也可见于头面部。皮损为针头至豌豆大小乳头状角质隆起，圆形或多角形，质地坚硬，表面粗糙，顶端分裂呈刺状，色灰褐、污黄或正常肤色。一般无自觉症状，偶有压痛，摩擦或撞击后易出血。病程缓慢，约65%的寻常疣可在2年内自然消退。

【辨证施治】

（1）肝郁血虚证

证候：本证多见于寻常疣泛发多处者。疣体干燥，表面粗糙，顶部呈乳头状或刺状增生，色黄或红，嗳气痞满；舌质红，苔薄，脉弦或滑。

治法：疏肝解郁，养血活血。

方药：治瘊方加减。常用柴胡、郁金、熟地黄、赤芍、杜仲、白芍、牡丹皮、何首乌、怀牛膝、白术、赤小豆、桃仁、红花等。心烦易怒者，加香附；皮疹色红者，加大青叶、紫草。

（2）毒聚血瘀证

证候：本证多见于新起之疣和病程短者。疣体疏松，色灰或褐，疼痛明显，口渴，大便干；舌暗红，苔薄白，脉细。

治法：清热解毒，活血化瘀。

方药：马齿苋合剂加减。常用马齿苋、败酱草、紫草、板蓝根、薏苡仁、赤芍、红花等。便秘者，加大黄；口渴者，加天花粉。

（3）气滞血瘀证

证候：本证多见于寻常疣疣体较多，迁延日久未消退，病程较长的患者。皮疹日久，疣体较大，数目较多，表面粗糙灰暗，质硬坚固；舌暗红，有瘀点瘀斑，脉弦或涩。

治法：活血化瘀，软坚散结。

方药：桃红四物汤加减。常用桃仁、红花、莪术、三棱、赤芍、板蓝根、香附、薏苡仁、鸡血藤、玄参等。瘙痒者，加蝉蜕；肝肾不足者，加何首乌；肝郁气滞者，加香附、柴胡。

【从毒论治】

在寻常疣急性发作期，刘巧教授认为与热毒相关，常采用清解热毒法，减少毒邪依附，使其易于分解，常使用马齿苋、板蓝根、紫草、金银花、野菊花等清热解毒凉血之品。对于寻常疣迁延日久而瘀毒藏于体内，容易复发者，常使用活血化瘀解毒之法，常用的药物有桃仁、红花、川芎、鸡血藤、三棱、莪术、穿破石等。在这基础上会添加一些解微生物毒的中药，如菊花、白花蛇舌草、黄芩、黄连、栀子等。

外治上可予以香附、红花、木贼草各30g煎水熏洗或搽洗患处20~30分钟/次，2次/日；也可以分别选用鸦胆子仁、千金散或斑蝥膏等在疣体表面进行敷贴；此外，火针、艾灸、药线点灸等均可辅助治疗。

【调护】

（1）培养良好卫生习惯：注意个人卫生，勿共用浴巾，避免直接接触传染。

（2）提高自身抵抗力：适当锻炼，提高自身免疫力，防止毒邪侵袭皮肤。

（3）避免皮损出血、继发感染及自身接种。

【病案举例】

患者，女，29岁。2021年11月27日初诊。

患者右侧足底多发疣赘5年余，右足底前部及第一趾远端可见四五个米粒大小疣体，表面粗糙，凹凸不平，略高于皮面。舌红偏暗，苔薄，脉弦。中医诊断：疣目。西医诊断：跖疣。治以行气活血、化瘀散结之法。方用桃红四物汤加减，组方：马齿苋30g，板蓝根20g，木贼15g，桃仁15g，红花10g，莪术15g，三棱15g，赤芍15g，香附12g，玄参15g，甘草5g。水煎服，每日1剂，分2次服，共15剂。外用火针治疗。

二诊：部分小的疣体已经脱落，大的疣体无明显变化。内服方加鸡血藤30g、川芎10g以活血化瘀。

三诊：疣体基本变平消失，表皮轻度剥脱，少许痂皮。此例患者病程约6年，经治月余而愈。

按语： 患者病程长，迁延难愈，可因日久气滞而生瘀毒，故使用桃红四物汤加减。此方中马齿苋、板蓝根清热凉血解毒，解微生物之毒，木贼疏风散热，桃仁、红花活血化瘀，莪术、三棱行气活血，赤芍清热凉血，香附行气散结，玄参解毒散结，甘草调和诸药。复诊时加强活血化瘀之力以行气活血而化瘀毒。

（胡凤鸣）

五、扁平疣

扁平疣又称为青年扁平疣，是一种常见的以病毒性赘生物为表现的皮肤病，以好发于青年人面部或手背及前臂，米粒至黄豆大小的扁平丘疹为特点。

扁平疣在中医文献中记载的名称有《诸病源候论》之“疣目”,《外科秘录》之“千日疮”,《外科正宗》之“枯筋箭”，此外，亦被称为“扁瘊”“晦气疮”等。现中医一般称其为扁瘊，西医称其为扁平疣。

【病因病机及毒邪发病机制】

中医认为本病多因外感风热之毒，蕴阻肌肤而成；或肝失疏泄，肝经郁热，血燥聚结；或气血不和，脾虚痰湿阻络所致。

现代研究表明，扁平疣的病原体亦为人类乳头瘤病毒；人类乳头瘤病毒侵犯机体，侵入表皮组织，在表皮细胞中进行大量地播散和复制，导致扁平疣的发生。

扁平疣的毒邪发病机制与寻常疣一样，多与热毒、瘀毒、微生物毒密切相关。

【临床表现】

本病常见于青年男女，尤以青春期少女多见。常对称发于颜面及手背，有时也见于前臂，肩胛及膝部。皮疹为米粒大至黄豆大圆形、椭圆形或多角形的扁平小丘疹，表面光滑，颜色浅褐或正常肤色，多数散在或密集，可相互融合，由于搔抓可自身接种，故沿抓痕呈串珠条状排列。一般无自觉症状，有的有轻度瘙痒感。皮疹骤然出现，逐渐增多，慢性经过，可自然消退，愈后仍可复发。

【辨证施治】

（1）风热毒聚证

证候：本证多见于新起皮疹，病程短，发病急。红褐色或淡红褐色扁平丘疹，急骤播散，量多密集，口渴，身热，大便不畅，小便黄，心烦不安；舌质红，苔薄，脉浮数。

治法：疏风清热解毒。

方药：马齿苋合剂加减。常用马齿苋、板蓝根、紫草、金银花、菊花、黄芩、蝉蜕、薏苡仁、赤芍、石决明、鸡内金等。咽喉肿痛明显者，加马勃、蒲公英、浙贝母；小便黄赤疼痛者，加滑石、黄芩、通草。

（2）肝郁血瘀证

证候：本证多见于扁平疣久治不愈者，病程较长。皮疹黄褐或暗红，日久不消，胸肋胀满或疼痛，烦躁易怒，肌肤甲错；舌质暗红或有瘀斑，苔薄白，脉细涩。

治法：疏肝解郁，活血化瘀。

方药：桃红四物汤加减。常用桃仁、红花、当归、熟地黄、白芍、川芎、牛膝、香附、郁金、板蓝根、薏苡仁等。皮色紫暗，质硬难消者，加三棱、莪术。

（3）气血不和证

证候：本证多见于素体虚弱，或大病、久病之后营养缺乏者。疣体分布稀疏，呈肤色，日久不退，食少，大便溏，四肢困倦；舌质淡红，苔薄白，脉细。

治法：补脾益气，调和气血。

方药：芪术苡仁汤加减。常用黄芪、白术、茯苓、薏苡仁、香附、白芍、山药、川芎、鸡血藤等。病程较长者，加三棱、莪术；月经不调者，加益母草；乳房胀痛者，加郁金、延胡索、川楝子。

【从毒论治】

扁平疣存在热毒、瘀毒、微生物毒等，故在治疗中热毒常使用马齿苋、板蓝根、紫草、金银花、野菊花等清热解毒凉血之品。瘀毒常选用桃仁、红花、川芎、鸡血藤、三棱、莪术、穿破石等。微生物毒则选用菊花、白花蛇舌草、黄芩、黄连、栀子等。

在外治法方面，可以使用中药木贼草20g、香附20g、金银花20g、大青叶20g、马齿苋20g、红花10g，水煎，温热时外洗皮疹，每日1~2次；也可以用三棱50g、莪术50g、香附25g、板蓝根30g，75%乙醇500ml浸泡1周后，取药液外擦疣体，每日2~3次；亦可以使用白鲜皮30g、明矾30g、马齿苋30g、板蓝根30g、红花15g，加水2000ml，煮沸15分钟后，先熏后洗患部，每日2次，每次30分钟，一般2剂后皮损变白、变软，6剂后皮损全部消退而愈，而且不易复发。此外，可用针刺法取合谷、曲池、列缺，用泻法；或用揿针或耳针留于双侧耳的“肺”和“皮质下”两穴，外贴胶布，早晚用手轻压留针处；或将火针放在酒精灯上烧红，迅速点刺疣体使之炭化。

【调护】

（1）培养良好卫生习惯：注意个人卫生，勿共用浴巾，避免直接接触传染。

（2）避免搔抓导致皮损出血、继发感染及自身接种。

【病案举例】

许某，女，36岁。2016年6月1日初诊。

患者因“面部起丘疹2年余”就诊，2年余前无明显诱因额部、双侧下颌部、耳前可见黄褐色扁平丘疹，粟米至花生米大小，偶有自觉瘙痒，曾多次在本院及外院门诊就诊，病情变化不明显，反复发作，停药后复发。症见：额部、双侧下颌部、耳前可见散在多发的粟米至花生米大小的扁平黄褐色丘疹；饮食、睡眠尚可，大小便如常；舌红，苔黄腻，脉沉涩。中医诊断：扁瘊（风热毒聚）。西医诊断：扁平疣。治以疏风清热解毒之法，方用马齿苋合剂加减，组方：金银花15g，黄芩10g，菊花10g，桑叶6g，蝉蜕6g，马齿苋20g，板蓝根20g，薏苡仁30g，鸡内金10g，赤芍10g，紫草30g，木贼5g，香附10g，甘草6g。水煎服，每日一剂，分早晚饭后温服，共7剂。

二诊：患者面部丘疹颜色变淡，原有部分丘疹已消退，伴有两胁肋胀气，腹胀；舌红，苔薄黄，脉弦。辨证为肝气郁结，气血阻遏。使用去疣方加减，组方：柴胡10g，郁金15g，木贼10g，赤芍10g，大青叶15g，紫草15g，丹皮10g，夏枯草20g，刺蒺藜15g，浙贝母10g，白术10g，甘草6g。水煎服，每日一剂，分早晚饭后温服，共7剂。

三诊：患者面部丘疹已大部分脱落，但食欲欠佳。上方去紫草，加怀山药15g，续服7剂，水煎服，每日一剂，分早晚饭后温服。原有丘疹已基本消退，部分见色素沉着，继续服用7剂，未见复发。

按语：本案患者病程2年余，症见黄褐色丘疹，舌红，苔黄腻，脉沉涩，辨证为风热毒聚，气血不畅，治宜疏风清热解毒，使用马齿苋合剂加减治疗。方中金银花、菊花、桑叶、板蓝根清热解毒；黄芩、马齿苋清热燥湿解毒；蝉蜕宣散风热；薏苡仁利水渗湿，解毒散结；赤芍清热凉血散瘀；紫草凉血活血；木贼疏风散热；香附疏肝解郁理气；鸡内金健脾消食；甘草调和诸药。全方行气活血、解毒散结，使得疣体去除。二诊后症状有变化，原有部分丘疹已消退，伴有两胁肋胀气，腹胀，舌红，苔薄黄，脉弦，辨证为肝气郁结，气血阻遏，方药更换为去疣方加减。此方中柴胡、郁金疏肝解郁；木贼疏风散热；夏枯草、浙贝母清肝泻火，解毒散结；赤芍、丹皮清热凉血；紫草凉血活血；大青叶清热解毒凉血；白术有益气燥湿利水功效；刺蒺藜祛风行血；甘草调和诸药。

（胡凤鸣）

第三节　真菌性皮肤病

一、手癣和足癣

手足癣是由致病性皮肤浅部真菌感染手部和足部而引起的皮肤病。手癣和足癣常可彼此传染，相继发病，也可仅侵犯一处，发于手部的称为手癣，发于足部的称为足癣，其中以足癣更为常见，是真菌病中发病率较高的一种。其中欧洲足癣发病率约为14%，其他大部分地区的发病率为18%~39%。此外，手足癣发病率有地域及季节差异，我国南方较北方发病率高，夏季较冬季易发，且易通过共穿鞋袜、共用毛巾等传播。由于足癣有较高的复发率，约84%的患者平均每年发作2次以上，对患者身体健康、工作、社交及日常生活质量有明显影响。

手足癣在中医文献中记载的名称各有不同，手癣在《外科证治全书》《外科正宗》中称为“鹅掌风”“掌心风”；足癣在《杂病源流犀烛》《圣济总录》中称为“脚气疮”，《外科大成》《医宗金鉴》《疡医大全》中称为“臭田螺”“田螺疱”，《卫生易简方》中称为“脚湿气”，《古今医鉴》中称为“脚丫烂”。现中医一般称手癣为鹅掌风，称足癣为脚湿气。

【病因病机及毒邪发病机制】

本病多因外感湿热，毒蕴皮肤；或相互接触，毒邪相染或虫毒沾染而生；湿热虫毒郁阻皮肤，久则脉络郁阻，血不荣肤而致。故《外科正宗》记载：“臭田螺乃足阳明胃经湿火攻注而成，多生足趾脚丫，白斑作烂，先痒后痛，破流臭水，形似螺靥，甚者脚面俱肿，恶寒发热。”清代吴谦等编著的《医宗金鉴·外科心法要诀》中认为：“癣，此证总由风热湿邪，侵袭皮肤，郁久风盛，则化为虫，是以瘙痒无休也。”

本病多是感染红色毛癣菌、须癣毛癣菌、絮状表皮癣菌、白念珠菌等真菌所致，可通过共用脚盆、鞋袜、毛巾等传播，还可自我传染。

引起手足癣发病的毒邪有四种：一为中医学中的湿毒。本病多由脾胃两经湿热下注而成；或久居湿地，水中工作，水浆浸渍，感染湿毒所致。故临床可见丘疱疹、水疱、糜烂等症状，如《医宗金鉴·外科心法要诀》云："田螺疱在足掌生，里湿外寒蒸郁成。""臭田螺……脚丫搔痒起白斑，搓破皮烂腥水臭……"二为虫毒。虫毒致病皮肤剧烈瘙痒、如虫爬行，破溃糜烂。三为热毒。湿热侵袭，湿热蕴结肌肤，日久蕴而成毒，热毒蒸肤，则出现红肿、疼痛、浸渍、糜烂。故《外科正宗》云："乃足阳明胃经湿火攻注而成。"四为微生物毒。现代研究表明，手足癣由浅表真菌感染所致，可归属于毒邪范畴。

【临床表现】

男女老幼均可患病，以成年人居多，夏重冬轻。手癣多见于手掌、指间，足癣多见于趾间、足底、足跟及足缘，先一侧发病，然后扩延到双侧。患者常自觉瘙痒，病程缠绵，经年不愈。根据临床特点及表现，手足癣可以分为三型。

（1）水疱型：以水疱为主，掌跖或趾（指）间散在或群集分布深在性小水疱，疱壁较厚，不易破裂，可互相融合，抓破后渗水，撕去疱壁可见蜂窝状基底及鲜红色糜烂面。

（2）糜烂型：以糜烂为主，趾（指）间潮红、湿润、流滋、白色腐皮，去除腐皮，露出渗出糜烂的鲜红色基底，发于趾间因出汗和不透气，可散发异臭味如臭田螺，易继发感染。

（3）鳞屑角化型：以角化增厚性鳞屑为主，掌跖皮肤肥厚、皲裂、干燥、鳞屑脱落，冬季常皲裂，疼痛明显。

【辨证施治】

（1）风湿热蕴证

证候：本证相当于手足癣之水疱型。水疱针尖大小，深在不易破，散在或群集，瘙痒剧烈，身倦自汗，口渴不欲饮；舌质淡，苔薄白，脉弦滑。

治法：清热利湿，祛风杀虫。

方药：三妙丸加减。常用黄柏、苍术、川牛膝、金银花、紫花地丁、土茯苓、防风等。瘙痒剧烈者，加蛇床子、百部。

（2）湿热毒聚证

证候：本证相当于手足癣之糜烂型。水疱、糜烂渗出，基底潮红，灼热瘙痒，或红肿热痛，口干，大便结，小便黄；舌质淡红，苔黄，脉滑。

治法：清热解毒，燥湿止痒。

方药：五味消毒饮合萆薢渗湿汤加减。常用金银花、紫花地丁、野菊花、连翘、黄芩、黄柏、牡丹皮、泽泻、茯苓、地肤子等。渗液明显者，加苦参、车前子。

（3）血虚风燥证

证候：本证相当于手足癣之鳞屑角化型。皮肤干燥、皲裂、鳞屑厚，冬季疼痛，口渴，大便秘结；舌质淡红少津，苔薄，脉细。

治法：养血润燥祛风。

方药：当归饮子加减。常用当归、白芍、麦冬、生地黄、川芎、防风、荆芥、蒺藜、白鲜皮、黄芪、鸡血藤等。干燥明显者，加白僵蚕、何首乌。

【从毒论治】

本病多是感染湿毒、虫毒、热毒、微生物毒所致，湿毒应清热利湿解毒，常用车前草、茵陈、茯苓、白术、泽泻、薏苡仁等攻其湿毒。热毒常用龙胆草、黄连、菊花、连翘、栀子、板蓝根等攻其热毒。虫毒应杀虫止痒解毒，常用药物有百部、苦参、蛇床子、花椒、黄精等。微生物毒常用金银花、野菊花、菊花、白花蛇舌草、黄芩、黄连、栀子等。

此外，常以苍肤洗剂方加减浸泡外洗，清热祛湿，解毒杀虫止痒，基本方：苍耳子、地肤子、蛇床子、黄精、茵陈各30g，水疱型加明矾、苦参，浸渍糜烂型加千里光、一见喜，角化型加红花、地榆。

【调护】

（1）尽量避免长时间将手足浸泡在水中，洗浴后及时擦干水分。

（2）穿透气性好的鞋袜，勤换洗，定期喷洒抗真菌散剂，保持干燥。

（3）避免同家人共用毛巾、鞋袜等个人物品，避免在公共场所赤足。

【病案举例】

案例1

李某，56岁。2014年6月17日初诊。

患者因“双足部反复起鳞屑伴瘙痒2年余”就诊，患者2年余前左足趾缝出现红斑脱屑，伴瘙痒，自行外用复方酮康唑软膏，病情好转，每于夏季复发，皮损逐渐蔓延至右足。症见：双足底及趾间皮肤干燥、皲裂、脱屑明显；舌质淡红，苔薄，脉细；饮食、睡眠、大小便无异常。皮损处真菌镜检阴性。中医诊断：脚湿气（血虚风燥证）。西医诊断：足癣。处方予当归饮子加减：当归、川芎、鸡血藤、荆芥、防风、何首乌各10g，黄芪、刺蒺藜、白芍、生地黄、白鲜皮各15g，甘草3g。水煎，每日2次温服。外用苍肤洗剂方加减，水煎后，浸泡双足，每日2~3次，每次15分钟。

二诊：4天后复诊，双足干燥脱屑症状消退，皲裂好转，继服上方。

三诊：1周后复诊，疾病痊愈。

按语：本型相当于手足癣的角化过度型，是由燥邪伤阴，阴血被耗，生风化燥，肌肤失养所致。主方用当归饮子祛风利湿，养血润燥；加鸡血藤长于清热解毒、消痈止痛；加白鲜皮清热燥湿解毒，祛风止痒。诸药合用还有抗真菌作用。

案例2

杨某，32岁。2015年3月20日初诊。

患者因"双足趾缝反复起丘疹、水疱伴瘙痒1年余"就诊，患者1年余前左足第3、4趾缝出现丘疹、水疱伴瘙痒，自行间断外用萘替芬酮康唑乳膏，病情可好转，未坚持治疗，遂复发，皮损逐渐蔓延至双足。症见：双足第3、4趾缝和足底散在丘疹、水疱，或圈状脱屑，皮损散在或聚集。中医诊断：脚湿气（风热湿蕴证）。西医诊断：足癣。处方予以三妙丸加减：黄柏12g，防风、川牛膝各10g，苍术、金银花、紫花地丁、土茯苓各15g，甘草3g。水煎，每日2次温服。外用苍肤洗剂方加减，水煎后，浸泡双足，每日2~3次，每次15分钟。

二诊：1周后复诊，双足水疱消退，丘疹变平，外用复方土槿皮酊局部涂擦。

三诊：1周后复诊，疾病痊愈。

按语：本型为手足癣的水疱型，因外感风湿热邪，蕴结肌肤而致。黄柏、苍术、川牛膝燥湿清热；防风、土茯苓燥湿止痒；为避免湿热化毒，予金银花、紫花地丁清热解毒。

（胡凤鸣）

二、体癣和股癣

体癣和股癣是致病性真菌寄生在人体的光滑皮肤上所引起的浅表皮肤真菌感染的皮肤病。发生于面、颈、躯干、四肢的光滑皮肤的浅部癣菌感染总称为体癣。发生于腹股沟、肛门、会阴、臀等部位则称为股癣。体癣和股癣可在人与人、动物与人、污染物与人及人体不同部位之间传播，极易复发。

中医称体癣为圆癣、金钱癣、铜钱癣、环癣等，称股癣为阴癣、臊癣、湿癣等。《诸病源候论》中首先提出了“圆癣”之名：“圆癣之状，作图文隐起，四畔赤，亦痒痛是也。其里亦生虫。”《续名医类案》曰：“两股间湿癣，长三四寸，下至膝，发痒时爬搔，汤火俱不解，痒定黄赤水出，又痛不可耐。”现中医一般称体癣为圆癣，称股癣为阴癣。

【病因病机及毒邪发病机制】

中医学认为体癣是由湿热之邪蕴积肌肤，外感虫邪而致。本病每发于夏季，环境多热夹湿，或肤热多汗。股癣则是湿热蕴积，虫邪侵袭肌肤所致；也可因夏日炎热，局部多汗潮湿，换洗不勤，内裤污湿；或女子带下、经血多，股内湿邪难泄，湿邪蕴热，湿热生虫，虫淫侵袭；或相互传染而生。

体癣和股癣的致病菌大致相同，在我国主要由红色毛癣菌、石膏样毛癣菌、许兰毛癣菌、紫色毛癣菌、絮状表皮癣菌、铁锈色小孢菌、石膏样小孢子菌及羊毛样小孢菌等引起。本病主要由直接接触或接触患者污染的澡盆、浴巾等引起，也可由患者原有的手癣、足癣、甲癣、头癣等蔓延而来。发病与机体抵抗力密切相关，长期应用糖皮质激素，或有糖尿病、慢性消耗性疾病者易患本病。

引起体癣、股癣发病的毒邪与手足癣类似，包括热毒、虫毒、微生物毒；其中与体癣不同的是，股癣中湿毒致病是常见病因。

【临床表现】

本病好发于夏秋季节。体癣好发于面、颈、腰、腹、臂及四肢等处。股癣好发于两股及阴股皱襞处，亦可扩散至外阴、阴阜、会阴、肛周等部位。皮肤损害为圆形或钱币形红斑，边缘清楚，从中心向外扩展，中央常自愈，边缘周围有丘疹、水疱、脓疱、结痂、鳞屑，呈堤状隆起，自觉瘙痒不堪。边缘鳞屑直接镜检真菌阳性。

【辨证施治】

本病以外治为主，一般不需内服中药汤剂，而皮损广泛，红斑、丘疹、水疱明显，甚或有脓疱，瘙痒剧烈者可辨证施以汤药。

（1）湿热内蕴，外感虫邪

证候：红斑、丘疹色鲜红，水疱量多，甚或有脓疱，瘙痒剧烈，伴纳差，口干不欲饮；舌红，苔白腻或黄腻，脉滑数。

治法：清热利湿祛虫。

方药：三仁汤加减。常用杏仁、滑石、通草、厚朴、薏苡仁、半夏、萆薢、车前子、黄芩等。热重于湿者，合用龙胆泻肝汤；湿重于热者，合用二妙散；瘙痒剧烈者，可加苦参、百部、白鲜皮。

（2）血虚风燥，兼染虫邪

证候：红斑、丘疹色淡红，水疱量少，鳞屑较多，伴皮肤干燥，头晕乏力；舌淡，苔薄，脉细。

治法：养血祛风，润燥祛虫。

方药：当归饮子加减。常用当归、白芍、麦冬、生地黄、川芎、防风、荆芥、蒺藜、白鲜皮、苦参等。兼有湿热之象者，合用龙胆泻肝汤加减。

【从毒论治】

本病多是由风湿热毒蕴结肌肤，外感虫毒所致。严重者可在辨证论治基础上加治热毒、湿毒、虫毒及微生物毒中药。对于轻中度者常采用外治疗法，清热解毒，利湿杀虫。可以苍肤洗剂为基础方加减，若皮损鲜红，边缘可见脓疱等，加大苦参、白鲜皮用量以加强清热燥湿之力；若皮损日久粗糙干燥，色暗红，则加大黄精、茵陈的用量以润肤杀虫止痒。外洗方使用时注意不宜久煎，减少药物中挥发油等成分的丢失。

【调护】

（1）保持皮肤清洁干燥，出汗后及时揩干。

（2）积极治疗原有手足癣、甲癣、头癣等皮肤癣菌病。

（3）注意个人卫生，不与他人共用毛巾等私人物品。

【病案举例】

杜某，男，16岁。2016年7月12日初诊。

患者因“双侧腹股沟和臀部红斑伴瘙痒2个月”就诊。患者2个月前双侧腹股沟出现红斑、丘疹伴瘙痒，自行外用复方醋酸地塞米松乳膏涂擦后丘疹消退，红斑减轻，但范围逐渐扩大，皮损逐渐发展至臀部。症见：双侧腹股沟及臀部大片红斑，边缘散在粟粒大小丘疹，皮损上覆少量鳞屑；舌淡暗，苔微黄，脉弦；饮食睡眠一般，二便正常；患者情绪焦虑，自觉皮损处出汗发热时瘙痒明显。中医诊断：阴癣（血虚风燥，兼染虫邪）。西医诊断：股癣。方药：苍耳子、地肤子、大黄、苦参、千里光、土茯苓、白鲜皮、黄精、黄柏各20g。每日1剂，水煎，分2次外洗患处。再外用萘替芬酮康唑乳膏，每日2次。

二诊：2周后皮损消退，疾病痊愈。

按语：苍耳子、白鲜皮清热燥湿，祛风解毒，治诸疮；苦参、千里光清热解毒，燥湿止痒，杀虫；地肤子清热利湿止痒；大黄清湿热，凉血祛瘀。现代研究表明大黄煎剂及水、醇、醚提取物在体外对许兰黄癣菌、同心性毛癣菌有较高抑制作用。黄柏煎剂对各种致病菌均有抑制作用。

（胡凤鸣）

三、花斑癣

花斑癣是由糠秕马拉色菌感染皮肤角质层引起的浅部真菌病，表现为皮肤色素加深或减退斑，上覆细小糠秕状鳞屑。本病好发于成年男性，多见于夏秋季节，以皮脂分泌旺盛部位多见。

花斑癣在中医文献中记载的名称有《诸病源候论》之"疬疡风"，《扁鹊心书》之"紫白癜风""汗斑"，《外科心法要诀》之"汗斑"，《仁斋直指方》之"赤白癜风""白紫癜风"，《良朋汇集经验神方》之"红白汗斑"，《华佗神方》之"夏日斑"。现中医一般称其为紫白癜风，俗称汗斑，西医称其为花斑癣。

【病因病机及毒邪发病机制】

中医认为本病多由热体被风湿所侵，与气血凝滞于皮肤腠理所致，《医宗金鉴》曰："汗斑之色紫者，多由血凝，而色白者，多由气滞。气滞血凝而遭风湿之邪侵入毛孔，毛窍闭塞，邪无出路，积于皮肤又挟暑热汗渍，遂发汗斑。"

圆形糠秕马拉色菌是本病的主要致病菌，此菌是一种嗜脂性酵母，是条件致病菌，不仅存在于花斑癣患者的皮损及正常皮肤上，还能从正常人皮肤及头皮上分离出来，带菌者一般不发病，当皮肤多汗、卫生条件差，长期应用类固醇皮质激素及患有慢性消耗性疾病时，该菌可由腐生性酵母型转化成致病性菌丝型，引发该病。此菌仅侵犯皮肤角质层浅层而不引起真皮的炎症反应。

本病多与感染湿热毒相关，因患者多汗，湿邪郁于皮肤，久之郁而成热，湿热之邪阻于肌肤久而不散所致。

【临床表现】

本病好发于成年男性，在躯干、颈部、上臂、腹部及面部多见，可累及臀、腋窝及腹股沟等多汗部位。皮损为圆形或不规则形斑疹，初起色泽较深，呈淡红、淡褐色，以后可出现色素减退性白斑，逐渐扩大蔓延，表面可刮下糠秕状鳞屑，初起无痒痛感，日久可有微痒。本病夏发冬愈，一般病程较短，但易复发。

【辨证施治】

1. 内治法

（1）百癣夏塔热片：可用于花斑癣伴大便燥结不通者。

（2）皮肤病血毒丸：可用于花斑癣伴多汗瘙痒、皮脂溢出者。

2. 外治法 复方土槿皮酊外搽，2~3次/日，或颠倒散、密陀僧散外用，连续使用1~2个月。

【从毒论治】

花斑癣多与湿毒、热毒相关。本病常用外治法，常选用苍肤洗剂外洗：苍耳子、地肤子、土槿皮、蛇床子、苦参、百部各15g，清热燥湿解毒。

【调护】

（1）保持皮肤清洁干燥，出汗后及时揩干。

（2）注意个人卫生，不与他人共用毛巾等私人物品。

（3）忌食辛辣刺激及酒类。

【病案举例】

徐某，男，24岁。2021年8月3日初诊。

患者因“胸背部起褐色斑片、鳞屑伴瘙痒2年，再发1个月”就诊。患者2年前夏季胸背部出现少许大小不等的褐色斑片，上有细小鳞屑，轻度瘙痒，未治疗，天气转凉后自行消退，1个月前无明显诱因皮疹再发，未重视，逐渐增多。症见：胸背部可见较多黄豆至甲盖大小的褐色斑片，边界清楚，皮损上覆少量鳞屑；舌红，苔薄，脉浮数；饮食睡眠一般，二便正常。中医诊断：紫白癜风（风湿热蕴）。西医诊断：花斑癣。方药：苍耳子、地肤子、苦参、千里光、土槿皮、蛇床子、白鲜皮、百部各20g。每日1剂，水煎，分2次外洗患处。再外用酮康唑乳膏，每日2次。

二诊：2周后皮损消退，疾病痊愈。

按语： 苍耳子散风寒，通鼻窍，祛风湿，止痒；地肤子清热利湿，祛风止痒；苦参提取物可减轻二硝基氯苯诱发的变应性接触性皮炎反应，抑制肥大细胞、组胺释放；千里光清热解毒，燥湿止痒，杀虫；土槿皮、蛇床子燥湿杀虫，祛风止痒；百部杀虫止痒；白鲜皮清热燥湿，祛风止痒解毒，《药性论》云：“治一切热毒风，恶风，风疮，疥癣赤烂，眉发脱落，皮病急，壮热恶寒。”

（胡凤鸣）

第四节　毒虫与毒蛇咬伤

一、毒虫咬伤

毒虫咬伤是指蝎、蜈蚣、蜂、蜘蛛等毒虫利用尾端的刺或前足末端的螯体，刺、螫或咬伤皮肤，将体内毒素注入人体，发生局部及全身中毒症状。共同特点是皮损处可见针尖大小咬痕，有鲜红斑、肿胀，伴有轻重不等的疼痛、麻木、瘙痒，严重程度与昆虫种类、数量和患者敏感性相关。本病若及时治疗和处理，病情较轻者，一般预后良好。但部分严重患者可出现休克、昏迷、抽搐、心脏和呼吸麻痹等，甚至死亡。

【病因病机及毒邪发病机制】

中医认为本病为人体皮肤被虫类叮咬，接触其毒液，或接触虫体的毒毛，邪毒侵入肌肤，与气血相搏所致，导致人体出现局部红热痛、肿胀、瘀斑甚至休克。

西医认为毒虫毒液中含有如激肽、蜂毒肽等多肽类物质，透明质酸酶、磷脂酶A等酶类和5-羟色胺、组胺等胺类物质，可产生神经毒性、血液毒性和细胞毒性等，引起患者伤口局部剧痛、水肿、瘀斑，甚至坏死，严重者可出现全身过敏反应、休克、溶血、肌损伤、神经麻痹、意识丧失、抽搐等，甚至出现多脏器功能衰竭而死亡。

与毒虫咬伤发病相关的毒邪乃特殊之毒，归属于外毒范围，具有邪化为毒的特点，这些毒邪形成后，形成一些病理产物，作用于人体的脏腑组织和皮肤。一为热毒。毒邪正在卫分、气分，病程较短，可局限可泛发，往往来势较快；发病前往往有毒虫咬伤史，皮损处有针尖大小咬痕，皮肤灼热，红肿疼痛，伴恶寒发热、口渴饮冷，舌质淡红，脉洪数或弦数。二为风毒。风毒成分侵入人体，初期或中毒轻者，先中经络。风毒痹阻经络，则肌肉失去气血濡养，而发生系列病理变化，皮疹多为红斑、丘疹、风团，皮色鲜红或淡红，自觉瘙痒及麻木感，伴有发热、头痛，舌质淡，苔薄黄，脉滑数。风毒之邪中经络未及时处理，导致风毒之邪深传而中脏腑，可出现神经麻痹、意识丧失、抽搐、休克等症状。三为湿毒。毒邪作用于人体，皮损呈多形性，有红斑、丘疹、水疱、糜烂流滋、结痂，伴有四肢乏力、关节酸痛、大便秘结，苔黄腻，脉滑数。四为瘀毒。虫毒进入人体与气血相搏，造成血循不畅生成瘀毒，不通则痛，患者会有轻重不等的疼痛、麻木。瘀久而化热，瘀热互结，皮肤可见成片红肿、水疱、瘀斑，伴有发热、胸闷、呼吸困难等全身中毒症状。《外科正宗·恶虫叮咬第一百三十五》记载："恶虫，乃各禀阴阳毒种而生。见之者勿触其恶，且如蜈蚣用钳，蝎蜂用尾，恶蛇以舌螯人，自出有意附毒害人，必自知其恶也。苟有所伤，各寻类而推治。"临床实践证明，不同毒虫咬伤症状不同，并且毒虫的刺可能留在体内，应当予以重视，及时治疗。

【临床表现】

本病有毒虫叮咬及接触史，可见叮咬部位的咬痕、毒刺等，多见于夏秋季节，好发于暴露部位。其以皮损处可见针尖大小咬痕，有鲜红斑、肿胀，伴有轻重不等的疼痛、麻木、瘙痒为临床表现。预后较好，一般无全身不适，严重者可有恶寒发热、头痛、胸闷等全身中毒症状。

【辨证施治】

热毒蕴结证

证候：皮肤可见成片红肿、水疱、瘀斑；可伴有发热，胸闷，尿黄；舌红，苔黄，脉数。

治法：清热解毒。

方药：五味消毒饮合黄连解毒汤加减。常用金银花、野菊花、蒲公英、紫花地丁、紫背天葵子、连翘、黄芩、黄连、黄柏、栀子、白花蛇舌草、半边莲、半枝莲等。

【从毒论治】

毒虫咬伤发病的毒邪乃特殊之毒。《温病条辨》载："凡逐邪者，随其所在，就近而逐之。"因此可在辨证施治的基础上加入一些有针对性的解毒药物。"解毒祛邪，以和为贵"，直接解毒法可驱邪外出，恢复人体阴阳平衡，常用药物有白花蛇舌草、半边莲、半枝莲、紫苏、益母草、紫花地丁、败酱草、重楼等。此外，《医方考》载："风热在皮肤者，得之由汗而泻。"刘巧教授将排毒法形象地比喻为"海、陆、空、拼刺刀"，其中，"空"就是通过解表发汗驱邪外出。如果瘙痒、麻木明显，可加入一些祛风毒常用药物，如蝉蜕、僵蚕、荆芥、防风等。如果皮损有水疱，甚至糜烂流滋，可加入祛湿毒常用药物，如茵陈、车前子、鱼腥草、土茯苓、苍术、黄柏等。若皮肤严重红肿，甚至有瘀斑形成，应行气活血化瘀，注重行气药物的使用，气为血之帅，促进瘀血的消散，推动新血的生成，常用药物有木香、红花、桃仁、赤芍、莪术、郁金、当归、丹参、川芎等。

临床中可用“清热毒胶囊”“清湿毒胶囊”治疗毒虫咬伤。在内服中药的基础上，可配合中成药（银翘解毒丸、安宫牛黄丸：清热解毒，醒神开窍）口服，辅之以外治法可以发挥更好的效果。①解毒箍毒法：金黄膏或紫金锭研末，醋或茶水调糊，外搽局部并于红肿四周多搽厚敷。②解毒消肿止痛法：如意金黄散调水外用，每日三次。由黄连、生南星、黄柏、大黄、姜黄组成，具有散瘀解毒、消肿止痛的作用。③解毒拔毒法：首先要区分不同毒虫咬伤的症状，蝎蜇伤的伤口周围稍有红肿、剧烈疼痛、麻木，重者可出现头昏嗜睡、无力、眼睑下垂、舌强、呼吸减慢、昏迷。蜈蚣咬伤的皮肤灼热剧痛，重者可出现恶心呕吐、乏力、呼吸困难、昏迷。毒蜂蜇伤的皮肤肿胀、疼痛，重者可出现发热、全身红肿、昏迷、呼吸短促。法半夏研末水调涂蝎蜇伤。胡椒咀嚼成糊封住蜈蚣咬伤处。鲜马齿苋捣烂封敷毒蜂蜇伤。羊桃叶或桃叶捣烂外敷蜘蛛咬伤。治疗毒虫咬伤要中西医结合，两者相辅相成。如果病情较重，应用激素治疗，纠正水、电解质紊乱及其他对症治疗。

其他疗法

（1）六神丸碾磨调水外敷，可清热解毒止痒。六神丸由牛黄、麝香、冰片、珍珠粉、蟾酥、雄黄组成，具有清热解毒、消肿止痛、抗过敏、抗炎等作用，内服外用均可。

（2）季德胜蛇药片碾末调水外涂，具有解毒、止痛、消肿等功效，并且临床效果较好，经济实惠，治疗方法简单。

（3）三棱针散刺，既可以通过放血使毒血排出，又可以理血调气，调动机体免疫力。刘巧教授在排毒法中提到的“拼刺刀”就包括手术切开引流、局部用药透脓等方法驱邪外出。

【调护】

（1）重视安全防护，毒虫咬伤有毒虫叮咬及接触史，多见于夏秋季节，好发于暴露部位，可见叮咬部位的咬痕、毒刺等。刘巧教授强调在夏秋季节，室外工作或者外出游玩一定要注意自我防护。

（2）畅情志，清淡饮食，忌过食辛辣刺激、鱼腥发物，影响身体恢复。

（3）防止伤口继发感染。

【病案举例】

季某，男，34岁。2021年8月27日初诊。

主诉：左手被毒蜂蜇伤2小时。患者晚上约6点在家开窗时被毒蜂蜇伤左手，当时即感刺痛，随即用碘伏消毒并且清除蜂尾。现症见：左手红肿，肿势沿手臂向上发展，明显触痛；无头晕眼花、恶心呕吐、恶寒发热、呼吸困难等症状，大小便正常；舌质红，苔黄，脉数。中医诊断：毒虫咬伤（热毒蕴结证）。西医诊断：毒虫咬伤。处方：金银花15g，蒲公英15g，紫花地丁12g，野菊花15g，黄连9g，黄芩9g，栀子12g，黄柏9g，天葵子9g，防风12g，蝉蜕12g，甘草6g。水煎服，每日1剂，分2次服，共5剂。外敷金黄膏。嘱患者清淡饮食，畅情志，慎起居。

二诊：患者患处红肿疼痛消失，无头晕眼花、恶心呕吐等症状，大小便正常；舌质淡红，苔淡黄，脉数。嘱患者清淡饮食，畅情志，慎起居。

按语：本案患者左手被毒蜂蜇伤2小时，虫毒侵入肌肤，与气血相搏而致皮肤成片红斑、肿胀，伴有疼痛，属热毒蕴结证，治以清热解毒之法。方选五味消毒饮合黄连解毒汤加减。治疗上五味消毒饮之金银花、蒲公英、紫花地丁、野菊花、天葵子清热解毒，消肿散结；黄连解毒汤之黄连、黄芩、黄柏、栀子泻火解毒；防风、蝉蜕祛风解毒；甘草调和诸药。全方以清热解毒为主，使邪气有出路，热邪得解。

（严张仁）

二、毒蛇咬伤

毒蛇咬伤是指人体被毒蛇咬伤，其毒液由伤口进入人体内而引起的一种急性全身性中毒性疾病。本病发病急，变化快，若不及时救治，常可危及生命。我国每年被毒蛇咬伤者约20万人次，其发病率在我国南方地区较高。目前已知我国的蛇类有220余种，其中毒蛇50余种，但对人体构成较大威胁的有10种。神经毒者有银环蛇、金环蛇、海蛇；血循毒者有蝰蛇、尖吻蝮蛇、竹叶青蛇和烙铁头蛇；混合毒者有眼镜蛇、眼镜王蛇和蝮蛇。

【病因病机及毒邪发病机制】

中医认为蛇毒系风、火二毒。风者善行数变，火者生风动血、耗伤阴津。风毒偏盛，每多化火；火毒炽盛，极易生风。风火相煽则邪毒鸱张，必客于营血或内陷厥阴，形成严重的全身性中毒症状，《普济方·蛇伤》中曾记载："夫蛇，火虫也，热气炎极，为毒至甚。"

西医认为蛇毒是一种复杂的蛋白质混合物，含有多种毒蛋白和酶类物质。新鲜毒液黏稠，呈透明或淡黄色，含水65%~85%，比重1.030~1.080，加热至65℃以上容易被破坏。凡能使蛋白质沉淀、变性的强酸、强碱、氧化剂、还原剂、消化酶及重金属盐类均能破坏蛇毒。蛇毒的主要成分是神经毒、血循毒和酶，其成分的多少或有无随着蛇种而异。

蛇毒为特殊之毒，与毒蛇咬伤发病相关的毒邪从病理特性概括有四种：一为火毒。毒蛇咬伤后，可见肿胀、坏死、溃疡，为热盛肉腐，肉腐成脓；同时火毒可耗血动血，迫血妄行，致皮下瘀斑及各种出血；继而热扰心神，出现烦躁不安、惊厥、神志不清。心主火，火毒之邪最易归心，心主神明为君主之官，火毒极易直接侵袭君主之官，使之脏腑运行失衡，出现各个器官衰竭。轻者有头晕、出汗、胸闷、四肢无力，严重者出现瞳孔散大、视物模糊、语言不清、流涎、牙关紧闭、吞咽困难、昏迷、呼吸减弱或停止、脉象迟弱或不齐、血压下降，最后呼吸麻痹而死亡。二为风毒。蛇毒之风毒侵入机体，风毒阻络，故皮肤有麻木感，并有肌肉麻痹、眼睑下垂；风毒上扰，故头昏；风毒能闭，故有呼吸困难、神志模糊、嗜睡及昏迷等；若引动内风则有抽搐、张口困难等见症。三为瘀毒。蛇毒进入人体造成血循不畅生成瘀毒，不通则痛，故而患者局部疼痛，且逐渐加重。瘀久而化火，可见伤口周围皮肤迅速红肿，可扩展至整个肢体；严重者，伤口迅速变黑坏死，形成溃疡。四为湿毒。蛇毒作为特殊毒邪进入人体后，将引动体内湿邪，二者相互结合形成湿毒，故患肢可见大小不一的水疱、血疱、糜烂、渗出，严重者溃烂坏死。

【临床表现】

1.局部症状　患处一般有较粗大而深的毒牙痕。如患部被污染或被处理，则牙痕常难以辨认。

（1）神经毒的毒蛇咬伤后，局部不红不肿，无渗液，微痛，甚至麻木，常易被忽视而得不到及时处理，但所属的淋巴结肿大和触痛。

（2）血循毒的毒蛇咬伤后，伤口剧痛、肿胀、起水疱，所属淋巴管、淋巴结发炎，有的伤口坏死形成溃疡。

（3）混合毒的毒蛇咬伤后，即感疼痛，且逐渐加重，有麻木感，伤口周围皮肤迅速红肿，可扩展至整个肢体，常有水疱；严重者，伤口迅速变黑坏死，形成溃疡，所属的淋巴结肿大和触痛。

2.全身症状

（1）神经毒的毒蛇咬伤主要表现为神经系统受损害，多在咬伤后1~6小时出现症状。轻者有头晕、出汗、胸闷、四肢无力，严重者出现瞳孔散大、视物模糊、语言不清、流涎、牙关紧闭、吞咽困难、昏迷、呼吸减弱或停止、脉象迟弱或不齐、血压下降，最后呼吸麻痹而死亡。

（2）血循毒的毒蛇咬伤主要表现为血液系统受损害，有寒战发热、全身肌肉酸痛、皮下或内脏出血，继而可以出现贫血、黄疸等；严重者可出现休克、循环衰竭。

（3）混合毒的毒蛇咬伤主要表现为神经和血液循环系统的损害，出现头晕头痛、寒战发热、四肢无力、恶心呕吐、全身肌肉酸痛、瞳孔缩小、肝大、黄疸等，脉象迟或数；严重者可出现心功能衰竭及呼吸停止。

【辨证施治】

（1）风毒证

证候：局部伤口不红不肿不痛，仅有皮肤麻木感；全身症状有头昏、眼花、嗜睡、气急，严重者呼吸困难、四肢麻痹、张口困难、眼睑下垂、神志模糊甚至昏迷；舌苔薄白，舌质红，脉弦数。

治法：活血通络，祛风解毒。

方药：活血祛风解毒汤加减。常用当归、川芎、红花、威灵仙、白芷、防风、僵蚕、七叶一枝花、紫花地丁等。小便不利者，加车前草、泽泻、通草、赤小豆；大便不通者，加生大黄、芒硝、厚朴。

（2）火毒证

证候：局部肿胀严重，常有水疱、血疱或瘀斑，严重者形成局部组织坏死；全身症状可见恶寒、发热、烦躁、咽干口渴、胸闷心悸、大便干结、小便短赤或血尿；舌苔黄，舌质红，脉滑数。

治法：泻火解毒，凉血活血。

方药：龙胆泻肝汤合五味消毒饮加减。常用龙胆草、栀子、黄芩、黄柏、生地、赤芍、丹皮、紫花地丁、蒲公英、七叶一枝花、半边莲等。小便短赤，尿血者，加白茅根、车前草、泽泻；发斑，吐血者，加水牛角。

（3）风火毒证

证候：局部红肿较重，一般多有伤口剧痛，或有水疱、血疱、瘀斑或伤处溃烂；全身症状有头晕、头痛、眼花、寒战发热、胸闷心悸、恶心呕吐、大便秘结、小便短赤，重者烦躁抽搐，甚至神志昏愦；舌苔白黄相间，后期苔黄，舌质红，脉弦数。

治法：清热解毒，凉血息风。

方药：黄连解毒汤合五虎追风散加减。常用黄连、黄芩、栀子、黄柏、蝉蜕、僵蚕、全蝎、防风、生地、丹皮、半边莲、七叶一枝花等。烦躁不安者，加羚羊角、钩藤、珍珠母；神志昏愦者，加服安宫牛黄丸。

（4）蛇毒内陷证

证候：毒蛇咬伤后，失于及时正确的治疗而出现高热，狂躁不安，惊厥抽搐或神昏谵语；局部伤口由红肿突然变成紫暗或紫黑，肿势反而消减；舌质红绛，脉细数。

治法：清营凉血解毒。

方药：清营汤或犀角地黄汤加减。常用水牛角、生地黄、玄参、竹叶心、麦冬、丹参、黄连、银花、连翘、赤芍、丹皮等。神昏谵语者，加服安宫牛黄丸；肢冷汗出，神昏淡漠者，宜用参附汤。

【从毒论治】

毒蛇咬伤除通过辨证施治外，可从毒论治。火毒多以清热泻火解毒为主，常用白花蛇舌草、半边莲、马齿苋、七叶一枝花、八角莲、蒲公英、芙蓉叶等。风毒以活血通络、祛风解毒为法，常用白芷、防风、僵蚕、川芎、威灵仙、七叶一枝花、半边莲、紫花地丁、当归、红花等。瘀毒应行气化瘀、活血化瘀，注重行气药物的使用，气为血之帅，促进瘀血的消散，推动新血的生成，常用药物有黄芪、木香、红花、桃仁、赤芍、莪术、郁金、当归、丹参、川芎、槐花、凌霄花、玫瑰花等。湿毒治法为利湿化浊、健脾祛湿，脾为后天之本，注重脾胃的调养，多用白术、薏苡仁、苍术等。此外，可结合刘巧教授针对毒邪治疗提出的“海、陆、空、拼刺刀”治疗方法。古人云：“治蛇不泻，蛇毒内结，二便不通，蛇毒内攻。”因此使用利尿的药物，如白茅根、车前草、瓜子金等，促进人体代谢，将蛇毒从小便中代谢出去，这便是“海”法。“陆”法是通过大黄、芒硝、枳实等通利大便的药物，让蛇毒通过肠道排出。“空”法为定点治疗，通过治疗蛇毒的特效药如半边莲、七叶一枝花、蒲公英等好似飞机导弹精准清除蛇毒。“拼刺刀”法多用于患处肿胀青紫，通过刺络拔罐，将瘀毒引导出体外，患处已坏死，可进行局部清创治疗，将坏死部分清除，促进局部组织新生。

毒蛇咬伤还应采用中西医结合治疗，两者相辅相成。局部常规处理包括：①扩创排毒，即常规消毒后，如有毒牙遗留应取出，沿牙痕附近进行梅花针叩刺，深达皮下，运用火罐或气罐将局部毒血、瘀血吸出，或过氧化氢溶液反复多次冲洗，使蛇毒在伤口被破坏，促进局部排毒，以减轻中毒。但必须注意，凡五步蛇、蝰蛇、蝮蛇咬伤后，若伤口流血不止，且有全身出血现象，则不宜扩创，以免发生出血性休克。②针刺放血，即出现肿胀时，可于手指蹼间（八邪穴）或足蹼间（八风穴），皮肤消毒后用三菱针或粗头针，与皮肤平行刺入约1cm，迅速拔出后将患肢下垂，并由近心端向远端挤压以排出毒液，但被蝰蛇、五步蛇咬伤时应慎用，以防止出血不止。③经排毒方法治疗后，可用1：5000呋喃西林溶液或高锰酸钾溶液湿敷伤口，保持湿润引流，以防创口闭合。同时可以用清热解毒鲜草药外敷，如半边莲、马齿苋、七叶一枝花、八角莲、蒲公英、芙蓉叶等，适用于肿胀较重者，可选择1~2种捣烂，敷于伤口周围肿胀部位。④封闭治疗，即毒蛇咬伤后应及早应用普鲁卡因溶液加地塞米松局部环封，其方法是在2%利多卡因溶液中，加入地塞米松5mg或氢化可的松50~100mg，在伤口周围与患肢肿胀上方1寸处作深部皮下环封。系统治疗包括：①抗蛇毒血清治疗，因抗蛇毒血清的特异性较高，效果确切，应用越早，效果越好。使用剂量的多少应根据血清的效价和该种毒蛇排毒量来决定，一般应大于中和排毒量所需要的剂量。②如患者出现呼衰、肾衰、循环衰竭等并发症，应采用中西医结合方法进行救治。

【调护】

1.重视起居管理 毒蛇咬伤多数有局部患肢的肿胀疼痛，影响患者日常起居。刘巧教授强调一定要注意患者起居对局部伤口的影响，患肢需架高促进血液回流，有利于局部肿胀的消退，同时嘱咐患者慎起居，避免患肢因频繁活动而出现肿胀、瘀血、瘀斑加剧或消退缓慢，此外还强调患者需调畅情志，积极配合医者治疗，医者需注意疏导患者的焦虑情绪，安慰患者低落的心情，增强患者的依从性。

2.重视饮食管理 毒蛇咬伤患者可能来自全国，饮食习惯差异较大。刘巧教授治疗毒蛇咬伤，提出要充分保证患者营养，有些患者为避免发物，饮食极为清淡，无法满足创面愈合所需要的营养，因此要保证患者每日蛋白质、维生素的摄取，促进创面愈合。同时也要避免过食辛辣肥甘厚腻，使得伤口迁延不愈。

【病案举例】

单某，男，38岁。2019年8月24日初诊。

主诉：右足内踝被蛇咬伤3小时。患者早上约6点在田间干活时不慎被蛇咬伤右足内踝，当时即感刺痛，随即至当地土郎中处求治，予口服及外敷草药，用药后效果不显，症状加重。现症见：右足背及踝关节肿胀、青紫、疼痛，肿势延至踝关节上约1cm；眼花，复视，无呼吸困难，大便干，小便已解；舌质红，苔黄，脉数。中医诊断：毒蛇咬伤（风火毒）。西医诊断：毒蛇咬伤。处方：七叶一枝花30g，半边莲15g，黄连9g，黄芩6g，黄柏6g，栀子9g，蝉蜕10g，制胆南星6g，天麻6g，全蝎5g，僵蚕10g，白茅根10g，甘草6g。水煎服，每日1剂，分2次服，共7剂。结合注射抗蝮蛇毒血清治疗。局部肿胀处予以刺络拔罐两日一次，行三次。嘱抬高患肢，忌辛辣发物，畅情志，慎起居。

二诊：患者患处肿胀减轻，青紫消退，触之仍有疼痛，自诉眼花、复视消失，二便平。遂守方加红花、桃仁，再进5剂。

三诊：患者患处肿胀大部分消退，二便、饮食、睡眠正常，基本痊愈。

按语：风火蛇毒侵入机体，壅阻局部，故右足背及踝关节肿胀、青紫、疼痛；风火之毒上攻，故见眼花、复视等症。采用“拼刺刀”法，通过刺络拔罐，引导瘀毒外出，治疗上用清热解毒之品如黄连、黄芩、黄柏等，同时还可利水渗湿，以“海”法引导毒素从小便出。此外，此类患者多有瘀血阻滞，疼痛难忍，影响睡眠，在辨证治疗的同时，常加红花、桃仁等活血化瘀。需要注意的是，在治疗的过程中，应根据患者的伴随症状和可能出现证候的改变及时调整方药。

（严张仁）

第五节　日光性皮肤病

一、日光性皮炎

日光性皮炎是皮肤受强烈日光照射引起的一种急性损伤性皮肤病。日光性皮炎起病迅速，皮疹于日晒部位发生，常见于面部、颈后、背部以及前胸V字区，无潜伏期，多在日光照射后的数小时发病，病情严重程度与日晒时间、个人体质、日晒强度等相关。在临床上，日光性皮炎患者停止日晒后病情会稍有好转，但在日光强照射下皮肤常出现的色素沉着、异常角化和毛细血管扩张等损害，仍是治疗中的难点。

日光性皮炎在中医古籍中记载的名称有《外科启玄》之“日晒疮”，《诸病源候论》之“风毒肿”。现中医一般称其为日晒疮。

【病因病机及毒邪发病机制】

中医认为该病多因素体禀赋不足，腠理不密，加之日光暴晒，热邪入侵，灼伤肌肤或因热不外泄，积久成毒，热毒阻于皮肤，复因饮食不节，脾胃运化失司，内生湿热。

研究表明日光性皮炎主要是中波紫外线（UVB）强照射导致的光毒性反应，发病与光照时间、光照强度、个人体质以及饮食等因素相关。

引起日光性皮炎发病的毒邪主要以日光毒为主，兼以热毒、湿毒、食物毒、药物毒、炎症性毒等。日光性皮炎发病前多有日光接触史，或兼有内服光敏性药物或食物史，往往来势比较急，皮损呈红斑、水疱、糜烂等表现，伴瘙痒、灼热、刺痛等火热之象。本病多发于高温潮湿的夏季，多伴有暑湿之邪。在研究中发现，UVB能透过表皮直接作用于真皮引起氧化应激反应，因此认为日光（日光毒）是引起日光性皮炎的直接原因。因本病于高温（热毒）、潮湿（湿毒）的夏季高发且患者常出现水疱、糜烂、渗液等皮损表现，故而本病的发生与湿毒也有密切的关系。日光性皮炎的发生与炎症反应相关，UVB过度照射于人体皮肤会激活机体释放大量的炎症介质（炎症性毒）。误食或过食光敏性食物（食物毒）会诱发日光性皮炎，同时部分药物（药物毒）比如四环素、米诺环素、喹诺酮类西药以及荆芥、防风、补骨脂等中药也会诱发本病。

【临床表现】

日光性皮炎常发生于春、夏两季，好发于人体的曝光部位，常见于颜面、背部、颈部以及前胸等部位，皮损表现为红斑、丘疹、丘疱疹、水疱甚至大疱，愈后部分皮损会留有不同程度的色素沉着。患者自觉皮肤瘙痒、灼热、刺痛，严重者会出现发热、恶心、头痛甚至休克等全身症状。

【辨证施治】

（1）热毒侵袭证

证候：日光暴晒后，皮肤出现弥漫性潮红、肿胀，或见红斑、丘疹簇集，甚者出现水疱、大疱，自觉灼热、瘙痒、刺痛；伴发热，口渴欲饮，大便干结，小便短黄；舌红或红绛，苔薄黄，脉数。

治法：清热解毒，凉血消斑。

方药：凉血地黄汤合黄连解毒汤加减。常用生地、知母、白术、牡丹皮、玄参、槐花、黄芩等。伴口干欲饮者，加淡竹叶、石斛生津止渴。

（2）湿热蕴肤证

证候：日光暴晒后，皮肤出现弥漫性潮红、红斑、丘疹、糜烂、渗液较多以及结痂，自觉灼热、瘙痒较甚；伴身热，体倦乏力，四肢困重，纳呆，大便黏滞不快，小便黄赤；舌红，苔白腻或黄腻，脉濡或滑数。

治法：清热除湿，凉血解毒。

方药：清热除湿汤加减。常用茵陈、金银花、茯苓、猪苓、金钱草、泽泻、野菊花、黄连、侧柏叶等。瘙痒剧烈者，加地肤子、苦参润燥止痒。

（3）血虚夹毒证

证候：日光暴晒后，日久病程迁延，皮肤出现浸润性斑块、苔藓样变、结节、脱屑、色素减退等症状，自觉瘙痒加重，遇光更甚；伴口干不欲饮，爪甲色淡，神疲乏力；舌淡，苔白，脉细。

治法：养血润燥，清热解毒。

方药：温清饮加减。常用栀子、熟地、白芍、黄芪、太子参等。瘙痒剧烈者，加白鲜皮、苦参祛风止痒。

【从毒论治】

日光性皮炎存在日光毒、湿毒、药物毒、食物毒、炎症性毒等。在治疗过程中除按照辨证施治的原则外，应以凉血解毒、清热利湿为主。日光毒贯穿本病发病全程，无论兼夹何种毒邪，都应以解日光毒为主，日光毒常用马齿苋、茵陈、白花蛇舌草、玫瑰花、槐花等。湿毒常用龙胆草、栀子、黄连、黄芩、黄柏、木通、车前子、萆薢、苍术等。药物毒常用金银花、连翘、生地、丹皮、白茅根等。炎症性毒常用金银花、野菊花、马齿苋、凌霄花、玫瑰花、丹参等。

本病可分为风热湿毒证和湿毒搏结证。风热湿毒证治以疏风清热、利湿解毒之法，常用普济消毒饮加减；湿毒搏结证治以凉血清营、清热解毒之法，常用清瘟败毒饮加减。在外治上会根据患者皮损变化选择适合的外治疗法，常选用三黄洗剂、炉甘石洗剂，或用中药进行外洗、冷湿敷及熏蒸。

【调护】

（1）注意防护皮肤，避免日光暴晒。日光照射强的时间（上午10时至下午2时）尽量避免出门，若外出应做好物理防晒措施或涂抹成分安全的防晒霜。

（2）避免进食过量光敏性食物，比如泥螺、莴苣、茴香、萝卜叶等。

（3）提高机体免疫力。平时应注意饮食营养均衡，多吃水果蔬菜以及富含维生素、优质蛋白、优质脂肪的食物；戒烟戒酒，多运动。

【病案举例】

温某，女，70岁。2020年04月13日初诊。

患者因“面、颈、双手部红斑伴瘙痒5年，加重1年”就诊，患者自述5年前至内蒙古草原游玩长时间日晒后，双手背部等暴露部位出现红斑、丘疹，伴瘙痒不适，曾用抗过敏药口服及药膏涂擦等治疗（具体不详），症状有所改善，夏季后症状又加重。1年前皮疹泛发至颜面部，瘙痒加重，严重影响睡眠。现症见：颜面、颈后项部、双手前臂、手部可见大小不等的红斑、丘疹、斑块、结节、抓痕、痂壳，皮疹对称分布，抓后可见少许渗出，皮损以颜面、双手背部为主，瘙痒剧烈，入夜尤甚；口干口苦，精神不佳，寐差，纳可，小便黄，大便干；舌红，苔黄，脉弦。中医诊断：日晒疮（热毒蕴结证）。西医诊断：日光性皮炎。治以清热解毒、凉血止痒之法，处方：生地20g，牡丹皮10g，玄参20g，白茅根30g，生石膏（先煎）15g，牡蛎（先煎）20g，冬瓜皮15g，茯苓15g，苦参6g，白鲜皮20g，甘草6g，槐花10g，炒蒺藜20g，青蒿20g，醋鳖甲（先煎）10g，地骨皮20g，白花蛇舌草15g。水煎服，每日1剂，分2次服，共7剂。外用复方黄柏液湿敷，嘱患者避免日晒，多休息。

二诊：患者颜面部和手背部红斑、丘疹颜色稍转淡，无新发皮疹，治疗守上方7剂，水煎服，每日1剂，分2次服。

三诊：患者颜面部和手背部红斑、丘疹基本消退，无渗出，无瘙痒。

按语：患者年老体弱，禀赋不足，加之受日光暴晒，使热邪蕴结于皮肤，日久成毒。热毒蕴结证辨证要点为皮肤红斑加重，自觉瘙痒剧烈，大便干。治疗上以清热凉血、泄热化毒为主。生地、丹皮、玄参清营凉血化斑；白花蛇舌草清血中之热毒；苦参、白鲜皮、刺蒺藜清热燥湿止痒；槐花清热泻火；生石膏泻火除烦；青蒿、地骨皮、鳖甲清虚热，除烦；甘草调和诸药。

（黄　港　黎　敏）

二、多形性日光疹

多形性日光疹是一种反复发作、以多形性皮损为主的光照性皮肤病。本病发病与季节、光照、遗传、内分泌等因素相关，发病率逐年增高，病因及发病机制目前尚不明确，皮损多样且易反复发作，病程长短不一，故治疗效果不佳，临床常难以满足患者治疗需求。

多形性日光疹与日光性皮炎同属于“日晒疮”范畴，西医称其为多形性日光疹。

【病因病机及毒邪发病机制】

中医认为本病多因素体禀赋不耐，腠理不密，日光暴晒后，风热湿邪郁于肌肤，日久成毒，湿热毒邪留滞血脉，邪不外泄，郁于肌肤而生。

目前多认为本病是由紫外光介导的迟发型超敏反应，其致病光谱较宽，包括长波紫外线（UVA）、中波紫外线（UVB）、可见光和红外线等，也可能与遗传、免疫、内分泌及环境等因素相关。

引起多形性日光疹发病的毒邪主要以日光毒为主，热毒、湿毒、炎症性毒、微生物毒等也参与其中。多形性日光疹患者常于日光照射后加重，皮损呈多形性，伴瘙痒等火热之象，其发病多在春夏季，有明显的季节性，暑多挟湿，机体易受湿热毒邪的入侵，毒不外泄，阻于肌肤而生。因此，多形性日光疹符合毒邪致病的毒邪接触史、特异性、猛烈性、顽固性、火热性以及依附性。现代研究多认为多形性日光疹的发病是由紫外光（日光毒）照射皮肤诱发的迟发型超敏反应，或免疫反应导致的。春季阳气升发，夏季高温暑湿，机体易受热毒、湿毒侵袭，皮损表现为多形性损害。有研究表明紫外光照射皮肤会刺激炎症因子表达，引起局部炎症反应（炎症性毒）。

【临床表现】

多形性日光疹发生于春夏季，常在暴晒后2小时至5天内自觉瘙痒，数日后出现皮损，多发生于人体暴露部位（颜面、颈背部、手臂以及前胸“V”区等），皮损表现为红斑、丘疹、斑块、糜烂、渗出甚至结节似痒疹等多形性损害。患者自觉皮肤瘙痒，一般无全身症状。本病多在暴晒后几小时到几天内出现，天气转凉后自愈，病情易反复，病程长短不一，部分患者会出现病情持续多年，每年同一季节发病的情况。

【辨证施治】

（1）风热阻肤证

证候：皮肤曝光部位出现红斑、丘疹，自觉瘙痒；伴微恶寒，头痛，口微渴；舌红，苔薄黄，脉浮数。

治法：疏风清热。

方药：散风清热汤加减。常用连翘、防风、枇杷叶、薄荷、石膏等。

（2）血热夹风证

证候：皮肤曝光部位出现浸润性红斑、丘疹、结节，自觉瘙痒；伴发热，心烦，口渴，小便黄赤，大便干结；舌红，苔薄黄，脉弦数。

治法：凉血活血，解毒祛风。

方药：凉血五花汤加减。常用玫瑰花、槐花、白花蛇舌草、生地、牡丹皮、赤芍等。小便黄赤者，加茵陈、黄柏清热利湿。

（3）湿热蕴肤证

证候：皮肤曝光部位潮红，出现丘疹、水疱、渗出、糜烂、结痂，自觉瘙痒剧烈；口干，咽干，纳呆，小便短黄，大便秘结；舌红，苔黄腻，脉滑数。

治法：散风清热，除湿止痒。

方药：消风散加减。常用金银花、大青叶、茵陈、栀子、黄芩、茯苓、滑石等。大便干结者，加火麻仁、桃仁润肠通便。

（4）肝郁血瘀证

证候：皮肤曝光部位出现米粒至黄豆大小丘疹、结节如痒疹，日久呈苔藓样变，也可见红斑、风团样损害，自觉瘙痒剧烈；伴性情急躁、易怒，胸闷，女性可见月经不调，乳房胀痛；舌暗红或有瘀点、瘀斑，苔薄白，脉弦。

治法：疏肝活血。

方药：丹栀逍遥散加减。常用柴胡、郁金、当归、香附、枳壳、桃仁、红花等。瘙痒剧烈者，加地肤子、白鲜皮祛风止痒。

【从毒论治】

多形性日光疹存在日光毒、热毒、湿毒、炎症性毒、微生物毒等。日光毒是诱发本病的主要原因，无论兼夹何种毒邪，解日光毒都应为治疗要点。

本病的治疗与日光性皮炎相似，在外治上常用中药药浴。

【调护】

（1）注意防护皮肤，避免日光暴晒。外出应做好物理防晒措施，在皮肤暴露部位涂抹成分安全的防晒霜。

（2）避免过度搔抓皮肤。

（3）保持健康的生活方式，保证饮食均衡，睡眠规律，心情舒畅，忌烟忌酒，多运动。

【病案举例】

黄某，男，58岁。2018年7月9日初诊。

患者因“面部、颈部结节、斑块伴瘙痒10余年，加重半年”就诊，患者自述10余年前无明显诱因面部、颈部出现红斑、斑块、结节，伴剧烈瘙痒，当地医院予封闭治疗，病情反复。半年前皮疹逐渐加重，泛发至双上肢。现症见：面部、颈部、双上肢出现红色斑块、结节，伴瘙痒剧烈，遇光照时加重；寐佳，纳可，二便平；舌红，苔黄，脉数。中医诊断：日晒疮（热毒蕴结）。西医诊断：多形性日光疹。治以清热解毒凉血之法，处方：丹参15g，槐花10g，茵陈10g，陈皮6g，地肤子15g，甘草6g，炒山药15g，赤芍15g，白茅根30g，白鲜皮15g，生地20g，麦冬15g，紫草20g，牡丹皮15g，土茯苓20g，大青叶15g。水煎服，每日1剂，分2次服，共7剂。

二诊：患者面部皮疹较前消退，双上肢、颈背部结节较前变平，瘙痒未见明显缓解；寐佳，纳可，小便正常，大便溏泻；舌红，苔黄，脉数。

处方：上方去丹参、槐花、白茅根、生地、紫草、大青叶，加厚朴6g、炒苍术10g。水煎服，每日1剂，分2次服，共7剂。外用火针针刺瘙痒剧烈处皮损，嘱患者避免日晒，多休息，少食辛辣刺激之品。

三诊：患者颜面部、颈背部、双上肢皮损基本消退，寐佳，纳可，二便平。

按语： 患者皮损出现红斑、结节，伴剧烈瘙痒，舌脉一派火热之象，遇日光暴晒病情加重，多因机体禀赋不足，又病情迁延，日光之毒郁于肌肤，日久化热成毒，治疗上以清热解毒为主。皮损有红斑、结节，较为肥厚，加丹参活血散瘀；生地、丹皮、赤芍为清热凉血经典方剂犀角地黄汤去犀角而成，佐以紫草、槐花、白茅根，加强清热凉血之功；茵陈、土茯苓清热祛湿；白鲜皮清热燥湿，祛风解毒；瘙痒剧烈则加入地肤子；山药、陈皮顾护脾胃；甘草调和诸药。

（黄 港 黎 敏）

三、夏季皮炎

夏季皮炎是一种由夏季高温引起的季节性炎症性皮肤病。夏季皮炎易诊难治，部分药物虽能缓解一时但副作用较大，病情易反复，皮损难消，瘙痒难止，尚无十分有效的治疗方法。

夏季皮炎在中医文献中记载的名称有《疡科心得集》之“暑热疮”，又名“夏疥”“夏日痒”。中医一般称其为暑热疮，西医称其为夏季皮炎。

【病因病机及毒邪发病机制】

中医认为该病的发生多在高温潮湿的盛夏，暑为夏令主气，为阳邪，为火热之气所化，多因禀赋不足，腠理疏松，暑热毒邪入侵人体，热迫血行，损伤肌肤而发病；或因盛夏火旺，贪食凉冷之物，脾胃运化受损，而暑邪挟湿，易致湿热蕴结，阻于肌腠而发病。

西医学研究表明，夏季皮炎的病因与夏季高温、高湿、多汗、灰尘刺激等有关，由于天气炎热，机体汗液排出增多，汗液中的代谢物在皮肤表面反复堆积，刺激肌肤引起炎症反应而出现皮损。

引起夏季皮炎发病的毒邪有热毒、湿毒、炎症性毒等。夏季皮炎高发于高温潮湿的夏季，夏多暑热，暑为阳邪，多挟湿，为夏日火热之气所化，湿热毒邪入侵人体，热迫血行，湿阻血脉，血液运行不畅，邪不外泄，发于肌肤，皮肤出现红斑、红色密集细小丘疹等火热之象，甚者泛发全身，且伴剧烈瘙痒、灼热等表现，因湿热之邪缠绵，脾胃运化失司，患者常出现不欲饮食、肢体困重、舌红苔腻等湿热之象。夏季皮炎是一种炎症性疾病，其组织病理表现为表皮肥厚，真皮浅层毛细血管轻度增生扩张，血管周围出现以淋巴细胞为主的炎症细胞浸润（炎症性毒）。

【临床表现】

夏季皮炎发生于高温潮湿的盛夏，一般好发于成年人，主要累及躯干、四肢。皮损以弥漫性红斑、簇集细小红色丘疹、丘疱疹为主，严重者可出现水疱，常对称分布，严重者会泛发全身，自觉剧烈瘙痒、灼热，部分患者因瘙痒难忍而搔抓皮肤，日久可遗留线样抓痕、血痂，苔藓样变或色素沉着。本病一般无全身症状，天气转凉后自愈，但是次年可能会复发。

【辨证施治】

（1）暑热侵袭证

证候：夏季高温潮湿时，皮肤出现红斑、密集细小红色丘疹，自觉灼热、剧烈瘙痒；伴烦躁不安，口干，胸闷，多汗，口渴喜冷饮，小便短黄；舌红，苔腻，脉洪大。

治法：清暑解毒，凉血清热。

方药：清暑汤加减。常用金银花、连翘、生地、大青叶、淡竹叶、黄芩等。食积腹胀者，加焦山楂、炒神曲、炒麦芽消食化积。

（2）暑湿蕴肤证

证候：夏季高温潮湿时，皮肤出现红斑、密集粟粒状丘疹、丘疱疹或水疱，自觉轻度瘙痒；伴脘腹胀满，肢节困重，不欲饮食，小便黄，大便不调；舌红，苔黄腻，脉滑数。

治法：清暑解毒，利湿化浊。

方药：藿香正气散加减。常用藿香、香薷、龙胆草、栀子、赤小豆、白花蛇舌草等。瘙痒剧烈者，加苦参、白鲜皮利湿止痒。

【从毒论治】

夏季皮炎存在热毒、湿毒、炎症性毒等。在治疗过程中，除按照辨证论治原则施治外，还应注重解毒除湿、凉血消斑。热毒常用金银花、连翘、黄芩、蒲公英等。湿毒常用龙胆草、栀子、白花蛇舌草、萹蓄、赤小豆等。炎症性毒常用白花蛇舌草、玫瑰花、槐花、当归、知母等。

【调护】

（1）注意住所内通风散热，避免闷热、潮湿的居住环境。

（2）避免热水洗浴，本病患者要用温水或柔和的中药汤液来清洁皮肤。

（3）衣着宜宽大透气，保持皮肤干燥、透气。

（4）提高机体免疫力。平时应注意饮食营养均衡，多吃水果蔬菜以及富含维生素、优质蛋白、优质脂肪的食物；戒烟戒酒，多运动。

（黄　港　黎　敏）

第六节　红斑鳞屑性皮肤病

一、银屑病

银屑病是一种遗传与环境共同作用诱发的免疫介导的慢性、复发性、炎症性皮肤疾病，临床以鳞屑性红斑或斑块，局限或广泛分布为特征。临床上分为寻常型银屑病、红皮病型银屑病、脓疱型银屑病和关节病型银屑病，以寻常型银屑病最为多见。发病年龄以青壮年居多，慢性病程，易反复发作，多冬季加重或复发，夏季减轻或消退。目前世界范围内银屑病患病率为1%~3%，而我国近30年间，银屑病发病率由1989年的0.123%上升至0.5%。银屑病的病因涉及遗传、免疫、环境等多种因素，目前较公认的观点认为本病机制是T淋巴细胞介导为主、多种免疫细胞共同参与的免疫反应引起角质形成细胞过度增殖或关节滑膜细胞与软骨细胞发生炎症。本病无传染性，治疗困难，常罹患终身。

银屑病在中医文献中记载的名称有《诸病源候论》之“干癣”，《疡医证治准绳》之“蛇虱”，《外科启玄》《洞天奥旨》之“白壳疮”，《外科正宗》之“马皮癣”，《外科大成》《外科证治全书》之“白疕”，《医宗金鉴》之“松皮癣”，《疯门全书》之“银钱疯”。现中医一般称其为白疕，西医称其为银屑病。

【病因病机及毒邪发病机制】

中医认为本病多因素体营血亏损，血热内蕴，化燥生风，肌肤失养而成。初起多由内有蕴热，复感风寒、风热之邪，阻于肌肤，蕴结不散而发；或机体蕴热偏盛，或性情急躁，心火内生，或外邪入里化热，或恣食辛辣肥甘及荤腥发物，伤及脾胃，郁而化热，内外之邪相合，蕴于血分，血热生风而发。病久耗伤营血，阴血亏虚，生风化燥，肌肤失养，或加之素体虚弱，气血不足，病程日久，气血运行不畅，以致经脉阻塞，气血瘀结，肌肤失养而反复不愈；或热蕴日久，生风化燥，肌肤失养，或流窜关节，闭阻经络，或热毒炽盛，气血两燔而发。

西医学认为本病是遗传因素与环境因素等多种因素相互作用的多基因遗传病，通过免疫介导的共同通路，最后引起角质形成细胞增殖。

银屑病病因复杂，在传统的外感六淫、七情、饮食等病因之外另有毒邪发病因素，其中热毒、血毒、湿毒、瘀毒、炎症性毒等与本病密切相关。热毒是指火热病邪郁结成毒，多因外感六淫邪气，或疫病之气、杂气或过食辛辣油腻、烧烤油炸，或七情内伤导致热邪内蕴，郁久化热，毒瘀积肌肤不能透达于外所致，故临床可见皮肤出现红斑、丘疹、斑块等一派火热之象。血毒常因机体久积蕴热，复感外界毒邪，或脾气暴躁，火毒内生，或因过食鱼腥、辛辣之品，伤及脾胃，久而化毒，均可使毒邪深入血分，血毒外壅而发病，此时病情迁延日久，暗耗阴血，血虚则内风四起，所到之处皮肤干燥剥脱，甚则全身皮肤潮红，一派毒热炽盛之表象。湿毒也与本病密切相关，热毒内蕴，兼感湿毒，湿热毒蕴肌肤，则皮肤出现无菌性脓疱；若湿热毒邪流注经络关节，则出现关节肿痛，日久可致不可逆的关节畸形。除上述热毒、血毒、湿毒外，瘀毒也是银屑病重要病因之一，毒邪侵害人体，积聚皮肤腠理，日久可致气血瘀滞成毒，瘀毒所致疾病，皮疹肥厚，形成斑块，难以消退。此外，银屑病发病涉及多种免疫细胞异常增生，如树突状细胞、T淋巴细胞、中性粒细胞等，还与肿瘤坏死因子-α（TNF-α）、白细胞介素-1（IL-1）、IL-6、IL-12、IL-17、IL-22、IL-23等多种炎症因子及其相关炎症通路密切相关，在其发病中炎症性毒是重要因素。由此可见，毒邪因素贯穿银屑病发病始终。

【临床表现】

根据其临床特征，银屑病主要分为寻常型、关节病型、脓疱型、红皮病型4种类型。

寻常型银屑病为最常见的类型，皮损初起为红色丘疹或斑丘疹，粟粒至绿豆大，以后可逐渐扩大或融合成片，色鲜红或深红，表面覆盖多层银白色鳞屑。皮疹有两个重要现象——薄膜现象和点状出血现象，这是银屑病的主要特征。

关节病型银屑病除银屑病的基本皮肤损害外，还伴有关节病变。关节病变主要为非对称性外周多关节炎，还可能出现对称性多关节炎、远端指间关节炎、残毁性关节炎、脊柱炎症状。

脓疱型银屑病在银屑病的基本损害上出现密集的粟粒大浅表性无菌性脓疱，不易破裂，干涸后形成痂皮，逐渐脱落。痂脱落后，出现片状鳞屑。

红皮病型银屑病表现为全身皮肤潮红，广泛皮肤皆呈弥漫性红色至暗红色的大片浸润性红斑，上有大量麸皮样鳞屑，不断脱落。在潮红、浸润中常有片状正常“皮岛”为本病特征。

【辨证施治】

（1）血热内蕴证

证候：多见于进行期。皮疹多呈点滴状，发展迅速，颜色鲜红，层层鳞屑，瘙痒剧烈，刮去鳞屑有点状出血；伴口干舌燥，咽喉疼痛，心烦易怒，便干溲赤；舌质红，苔薄黄，脉弦滑或数。

治法：清热凉血，解毒消斑。

方药：消风散合犀角地黄汤加减。常用水牛角、生地黄、牡丹皮、玄参、麦冬、金银花、连翘、白花蛇舌草、土茯苓、地肤子、紫草、荆芥、防风、蝉蜕等。热重者，加白茅根、大青叶；夹湿者，加苦参；咽喉肿痛者，加板蓝根、北豆根、玄参。

（2）血虚风燥证

证候：多见于静止期。病程较久，皮疹多呈斑片状，颜色淡红，鳞屑减少，干燥皲裂，自觉瘙痒；伴口咽干燥；舌质淡红，苔少，脉沉细。

治法：养血滋阴，润肤息风。

方药：当归饮子加减。常用当归、生地黄、熟地黄、天冬、麦冬、牡丹皮、赤芍、蒺藜、金银花、野菊花，白鲜皮等。热重者，加金银花、紫草；夹瘀者，加桃仁、红花；燥甚者，加麻子仁；脾虚者，加黄芪、白术、茯苓；瘙痒明显者，加白鲜皮、苦参。

（3）气血瘀滞证

证候：多见于静止期或消退期。皮损反复不愈，皮疹多呈斑块状，鳞屑较厚，颜色暗红；舌质紫暗有瘀点、瘀斑，脉涩或细缓。

治法：活血化瘀，解毒通络。

方药：桃红四物汤加减。常用桃仁、红花、当归、赤芍、川芎、生地黄、鸡血藤、白花蛇舌草、陈皮等。燥甚者，加石斛、玄参；皮损肥厚、顽固者，加皂角刺、三棱、莪术；月经量少者，加丹参、益母草。

（4）湿毒蕴积证

证候：多见于脓疱型或寻常型蛎壳状皮损。皮损多发生在腋窝、腹股沟等皱褶部位，红斑糜烂有渗出，痂屑黏厚，瘙痒剧烈，或表现为掌跖红斑、脓疱、脱皮；或伴关节酸痛、肿胀，下肢沉重；舌质红，苔黄腻，脉滑。

治法：清利湿热，解毒通络。

方药：萆薢渗湿汤合五味消毒饮加减。常用萆薢、薏苡仁、黄柏、丹皮、泽泻、金银花、野菊花、蒲公英、紫花地丁、陈皮、山药、车前草等。热甚者，加黄芩、栀子；正气不足者，加天冬、麦冬、黄芪、太子参。

（5）风寒湿痹证

证候：多见于关节型。皮疹红斑不鲜，鳞屑色白而厚，抓之易脱，关节肿痛，活动受限，甚至僵硬畸形；伴形寒肢冷；舌质淡，苔白腻，脉濡滑。

治法：祛风除湿，散寒通络。

方药：独活寄生汤合桂枝芍药知母汤加减。常用桂枝、白芍、麻黄、生姜、白术、知母、附子、独活、桑寄生、杜仲、牛膝、细辛、秦艽、茯苓、防风、川芎、当归、干地黄等。关节肿痛明显者，加土茯苓、桑枝、姜黄。

（6）火毒炽盛证

证候：多见于红皮病型。全身皮肤潮红、肿胀，大量脱屑，伴局部灼热痒痛；壮热畏寒，头身疼痛，口渴欲饮，便干溲赤；舌质红绛，苔黄腻，脉弦滑数。

治法：清热泻火，凉血解毒。

方药：清瘟败毒饮加减。常用生地黄、牡丹皮、赤芍、生石膏、知母、栀子、黄芩、玄参、连翘、淡竹叶、紫草等。高热者，加羚羊角粉；口干咽燥者，加麦冬、生地黄。

【从毒论治】

银屑病存在热毒、血毒、湿毒、瘀毒、炎症性毒等。在治疗过程中除按照辨证施治的原则外，解毒之法应贯穿始终。热毒常用白花蛇舌草、金银花、紫花地丁、黄连、黄芩、蒲公英等，此外还可选用清热毒胶囊治疗。血毒常用紫草、羚羊角、全蝎、蜈蚣、生地黄、栀子、牡丹皮等，此外还可选择清血毒胶囊治疗。湿毒常用土茯苓、茵陈、紫花地丁、黄柏、车前子等。瘀毒常用桃仁、红花、三棱、莪术、川芎、鸡血藤、当归、虎杖等。炎症性毒常用金银花、野菊花、马齿苋、丹参、板蓝根等。

寻常型银屑病多见于热毒型、血毒型、血燥型、瘀毒型。热毒型毒邪多集中侵袭人体卫分偏于气分阶段或气分阶段，皮疹表现多为点滴型，此阶段时间较短，极其容易入营血分，较为不稳定，可泛发全身，皮损多为红色点状，皮肤灼热感明显，或伴有肿胀，或化脓，伴有发热、口渴饮冷等，舌质多鲜红，脉弦数或洪数。治法则以清热解毒为主，兼养津液，可用清热毒方（方药组成：金银花、蒲公英、连翘、野菊花、紫花地丁、天花粉、赤芍、生地黄、陈皮、大青叶、炙甘草），同时配合清热毒胶囊内服。血毒型毒邪入营血分，皮损鲜红，发展迅速，上覆较多大片鳞屑，皮肤灼热，自觉瘙痒剧烈，可伴有口渴引饮或口不渴的症状，咽干唇燥，便干溲赤，舌质红或起芒刺，脉弦数或洪大有力。治法多以凉血解毒为主，可用银屑一号方（方药组成：白花蛇舌草、生地黄、牡丹皮、土茯苓、玄参、麦冬、金银花、黄芩、蒺藜、地肤子、白茅根、甘草），同时配合清血毒胶囊内服。血燥型症见病程迁延日久，皮疹稳定，颜色暗红，皮肤干燥脱屑，口干，便干，舌质暗，苔薄，脉弦细。治法多以养血润燥、化瘀解毒为主，可用银屑二号方（方药组成：当归、生地黄、麦冬、玄参、丹参、鸡血藤、紫草、天花粉、甘草）。瘀毒型症见病程迁延日久，皮疹颜色暗红成斑块，难以消退，舌质紫暗，苔薄，脉细涩。治法多以化瘀解毒、活血消斑为主，可用银屑三号方（方药组成：桃仁、红花、丹参、鸡血藤、白花蛇舌草、当归、川芎、赤芍、生地黄、槐花、甘草）。

对于特殊类型银屑病，毒邪亦贯穿始终。关节病型银屑病是由外感风湿热毒，经络痹阻或寒湿痹阻，气血瘀滞，瘀久化热所致，故治疗时临床常用土茯苓、防己、秦艽、桑寄生解毒除湿通络，大青叶、紫草、白花蛇舌草等清热解毒消斑。对于脓疱型银屑病，是由毒热内蕴，兼感时邪所致，其红斑、高热为毒热炽盛的表现，而无菌性脓疱为湿邪留恋所致，故治疗上在清热凉血解毒的同时会配伍黄芩、栀子等清热解毒燥湿之品。对于红皮病型银屑病，是因毒热炽盛，热入营血，熏灼肌肤而发。治法仍以凉血解毒为主，兼顾养阴，故常以清热凉血和清热解毒药为主，佐以养阴生津及益气之品。

此外银屑病应内外治疗并重，在注重内治的同时，配合使用传统的中药药浴、熏蒸、湿敷、淋浴等外治方法。在中药的选择上，根据疾病的不同时期、皮损表现的不同特点，分别采用功效不同的外用药物进行治疗：皮损表现为红斑、丘疹，表面少许鳞屑者，采用具有清热解毒功效的药物，如黄柏、大黄、艾叶、虎杖、野菊花等；皮损表现为淡红斑、干燥、脱屑者，采用具有活血养血、润燥止痒功效的药物，如当归、鸡血藤、首乌藤、皂角等；皮损表现为肥厚性斑块、鳞屑较多者，采用具有活血化瘀、解毒通络功效的药物，如三棱、莪术、红花、鸡血藤、徐长卿等；皮损表现为红斑、脓疱、渗出者，采用具有清热利湿、凉血解毒功效的药物，如大黄、野菊花、千里光、地黄、黄柏等。同时，强调在中药药浴、熏蒸、湿敷等外治结束后，应立即使用性质柔和、刺激性小或具有润肤保湿性质的药物，如尿囊素、紫草油、植物或动物油等。此外，还可采取放血疗法、拔罐疗法、走罐疗法、普通针刺疗法等共同解毒祛邪。

【调护】

（1）重视情志心理因素，解除思想顾虑，避免焦虑、紧张、情绪激动。

（2）强调银屑病患者的健康教育的必要性，避免物理性、化学性物质和药物的刺激，防止外伤和滥用药物，不合理用药可导致病情的加重或反跳。通过健康教育，可以帮助患者树立起对银屑病的正确认识和正确心态，有利于疾病的治疗和康复。

（3）注意劳逸结合，不要过度疲劳，不宜饮酒，忌食辛辣刺激之品。

【病案举例】

案例1

徐某，男，52岁。2018年12月10日初诊。

患者因“全身起红斑、斑块、鳞屑伴瘙痒20余年，加重1周”就诊，自诉20余年前，曾发热、咽喉疼痛，后躯干、四肢部位皮肤逐渐出现少数红斑、鳞屑，且慢慢扩大范围，在当地医院诊断为“银屑病”，经内服、外用药物治疗（具体不详），皮疹消退。此后，疾病出现反复，多次去省内数家医院治疗，曾使用过中药、阿维A胶囊、甲氨蝶呤等药物治疗。10个月前，受凉感冒后，疾病复发。近10个月以来，未系统治疗，1周前饮酒后，疾病加重。刻下见：全身多处皮肤鳞屑性红斑，以躯干及双下肢为主，瘙痒明显；精神差，咽部不适，神疲乏力，二便、饮食正常，失眠；舌红，苔薄黄，脉沉。体格检查：头发可见较多皮屑，束发征阳性，前额、两侧耳上及后发迹处可见片状红斑，上覆较多细碎鳞屑，躯干、四肢可见多数大小不等的暗红斑，其中前胸、后背及双下肢可见融合成大片肥厚性暗红斑块，四肢及颈部可见少数米粒至黄豆大小新发皮疹；无关节肿胀疼痛。中医诊断：白疕（血热蕴毒证）。西医诊断：寻常型银屑病。治以清热解毒、凉血活血之法。处方：地黄20g，紫草10g，板蓝根15g，怀山药15g，全蝎3g，蜈蚣1条，土茯苓20g，陈皮6g，白花蛇舌草20g，麦冬10g，羚羊角粉（冲服）0.3g，甘草6g。水煎服，每日1剂，分两次服，共7剂。中药黄柏、大黄、艾叶、野菊花、千里光、地肤子各20g，煎水，洗浴，1次/日，浴后外涂尿囊素软膏。

二诊：全身仅可见少量鳞屑，大片肥厚性斑块自边缘变薄，中央出现小块状正常皮肤，瘙痒较前减轻，未见明显新发皮疹。随症加减用药，上方减羚羊角粉、全蝎、蜈蚣，加玄参10g、玉竹10g、白术10g。7剂，服法同上。中药药浴（处方同上），1次/日，浴后外涂尿囊素软膏。

三诊：前胸、后背及双下肢大片红斑明显变小，浸润不显，颜色变暗，偶感瘙痒，未见新发皮疹。上方减玄参。14剂，服法同前。中药药浴（处方组成：当归、鸡血藤、首乌藤、皂角等各20g），1次/日，浴后继用尿囊素软膏外涂。

四诊：躯干、双下肢多处可见片状浅褐色色素沉着斑，间见少数淡红斑，少量细碎皮屑，自觉瘙痒，未见新发皮疹。继服7剂，服法同上。中药药浴（处方同上），1次/日，浴后外涂橄榄油。

按语：本例患者病程20余年，此次发病于10个月前，至此次就诊前，未系统治疗，久病失治，毒邪蕴积血分，耗伤气血，加之平素好烟酒辛辣之品，生热化毒。热瘀毒邪胶结，相互为患，日久病甚，故皮损迁延不愈。治以清热解毒、凉血活血为法，予清血毒汤加减，配合中药药浴及尿囊素软膏外用，内外同治。二诊血毒之证稍减，血瘀、血燥之证仍著，有伤阴之嫌，故治疗时加强养血滋阴润燥之力，投以玄参、玉竹、白术等品，去羚羊角粉、全蝎、蜈蚣等。三诊患者红斑鳞屑消退明显，但余热毒未彻清，而病程已久，正气已耗。治疗当在活血养血、滋阴润燥的同时，加强健脾凉血功效。四诊患者皮损基本消退，患者虽感瘙痒，但其多由正气耗伤，肌肤失养所致。嘱患者保持心态平和，身心放松，调畅气血，换季时，注意衣物的增减，保证充足睡眠，加强保湿润肤。四诊之后，随访患者皮疹大部消退，心情愉悦，临床痊愈。

案例2

潘某，男，42岁。2016年3月25日初诊。

患者因“全身红斑、鳞屑10余年”就诊。患者自诉10余年前无明显诱因头皮起红斑、丘疹，伴瘙痒，至当地医院就诊，诊断为“银屑病”，予糖皮质激素软膏外搽等治疗，皮损可好转，但很快复发，红斑、鳞屑逐渐泛发至躯干、四肢。刻诊：全身散在大小不等的鳞屑性红斑；口干，大便干，小便正常，胃纳差，眠尚可；舌淡红，苔薄白，脉沉。专科检查：头皮、躯干、四肢散在大小不等的淡红色斑，上覆银白色鳞屑，全身皮肤干燥脱屑。中医诊断：白疕（血燥证）。西医诊断：寻常型银屑病。治以养血滋阴、解毒活血之法。处方：生地15g，麦冬15g，丹参15g，鸡血藤10g，紫草10g，天花粉10g，当归10g，怀山药15g，白花蛇舌草20g，川牛膝10g，虎杖10g，茯苓15g，陈皮6g，甘草6g。水煎服，每日1剂，早晚饭后温服，共14剂。配合清血毒胶囊口服，每日3次，外用尿囊素软膏润燥保湿。

二诊：鳞屑减少，部分红斑消退，无新发皮损；纳可，二便平。效不更方，守原方14剂，水煎服，每日1剂，早晚饭后温服。继予清血毒胶囊口服，每日3次。尿囊素外搽保湿。

三诊：红斑、鳞屑明显消退，遗留色素脱失斑。上方去白花蛇舌草、虎杖，再服14剂，水煎服，每日1剂，早晚饭后温服。

四诊：14日后复诊见皮损基本消退，停中药煎服，继予清血毒胶囊口服巩固疗效，佐尿囊素保湿护理。

按语：本例为寻常型银屑病（静止期），病程日久，患者皮疹色淡红，伴口干及皮肤干燥脱屑等症，结合舌脉，辨证属血燥证。方用当归饮子加减，方中当归、丹参养血，麦冬、天花粉滋阴，生地、紫草凉血，川牛膝、虎杖活血通经，白花蛇舌草、虎杖清热解毒，怀山药、茯苓、陈皮合用理气健脾。诸药合用，共奏养血滋阴、解毒活血之功。配合清血毒胶囊增强解毒之力。

（龚　坚）

二、玫瑰糠疹

玫瑰糠疹是一种常见的自限性炎症性皮肤病，典型皮损为覆有糠状鳞屑的玫瑰色斑疹、斑丘疹，好发于躯干及四肢近心端，多见于青壮年和中年人，以春秋季常见，一般4~6周可自行消退，愈后一般不再复发，亦有少数患者皮损维持时间长，反复发作。本病不具有传染性。近年随着人们生活压力加大，饮食习惯不规律等因素的影响，本病发病呈上升趋势，皮疹和瘙痒严重影响人们的身心健康、美观和生活质量，但目前尚未发现针对本病的特异性治疗方法。

玫瑰糠疹在中医文献中记载的名称有清代《外科秘录》之“风热疮”，明代《外科启玄》《外科正宗》之“风癣”，清代吴谦《医宗金鉴·外科心法要诀》之“血疮”。现中医一般称其为风热疮，西医称其为玫瑰糠疹。

【病因病机及毒邪发病机制】

中医认为本病多因过食辛辣炙煿，或情志抑郁化火，导致血分蕴热，热伤阴液而化燥生风，复感风热外邪，内外合邪，风热凝滞，郁闭肌肤，闭塞腠理而发病。

玫瑰糠疹的病因尚不明了，一般多倾向于病毒感染，也有人怀疑与细菌、真菌或寄生虫感染以及过敏反应等因素相关，近年来有人认为是自体免疫性疾病，但以上学说都没有得到明确的理论证实。

本病以素体血热为内因，风热外袭为外因，内外因合而为病，此二者为本病病机之要。七情内伤、气机不畅或饮食不节、湿邪内生均可郁而化热。血热则斑疹色红，风盛或血虚风燥则瘙痒且搔起白屑。本病亦存在“毒邪”致病，其与热毒、风毒、湿毒密切相关。内有热毒，过食辛辣、外感六淫、情绪波动、鱼虾酒酪、七情内伤等均能使血热内蕴，郁久而化毒，导致血热毒邪外犯肌肤而发病。外感风毒，风毒郁于肺，内窜于营分，伤及血络，布于肌肤则为疹，肌肤失养则为屑。内外合邪，热毒与风毒凝结，故见黄红色环形红斑。如果病程迁延则夹有湿毒，时间较长，区别风、湿、热毒是很重要的，除了渗出、糜烂、流津为湿象外，皮肤干燥、脱屑、瘙痒也是内湿的外在表现，皮肤干燥、肥厚、增生而明显瘙痒的皮损，亦是内湿导致的，属于顽癣结聚。其主要病机是机体内部水湿不化，津液不能输布，肌肤失于濡养，所以出现干燥、脱屑、瘙痒。

【临床表现】

玫瑰糠疹皮疹初期表现为指甲大小的玫瑰红色鳞屑斑，称为母斑或先驱斑（原发斑），然后（1~2周）出现与母斑相似而形状较小的红斑，称为子斑（继发斑），红斑椭圆长轴与皮纹走行一致，境界清楚，边缘不整，表面附有少量糠秕状细小鳞屑，散在或密集，但彼此不融合。

【辨证施治】

（1）风热蕴肤证

证候：发病急骤，皮损呈圆形或椭圆形淡红色斑片，中心有细微皱纹，表面有少量糠秕状鳞屑；伴心烦口渴，大便干，尿微黄；舌红，苔白或薄黄，脉浮数。

治法：疏风清热止痒。

方药：消风散加减。常用荆芥、防风、蝉蜕、苦参、苍术、生石膏、板蓝根、当归、牛蒡子、紫草、地肤子、生地黄、牡丹皮等。瘙痒剧烈者，加白鲜皮、白僵蚕。

（2）风热血燥证

证候：皮疹为鲜红或紫红色斑片，鳞屑较多，皮损范围大，瘙痒较剧，伴有抓痕、血痂等；舌红，苔少，脉弦数。

治法：清热凉血，养血润燥。

方药：凉血消风散加减。常用生地黄、当归、荆芥、蝉蜕、苦参、白蒺藜、知母、生石膏、赤芍、紫草、栀子等。血热甚者，加水牛角、牡丹皮；皮肤干燥者，加麦冬、沙参。

【从毒论治】

玫瑰糠疹多见于热毒证及风毒证。热毒毒邪正在卫分、气分，病程较短，皮损可泛发全身，多有食物或药物过敏史，皮损表现为红斑鲜艳或淡红。常用药物有金银花、连翘、野菊花、赤芍等清热解毒，亦可选用刘巧教授经验方清热毒胶囊。若病程日久，邪热留恋煎熬，煎熬阴血，日久成瘀，则可配合桃仁、鸡血藤等活血散瘀之品。风毒皮损多为红斑、丘疹，皮色鲜红或淡红，有的有鳞屑，自觉瘙痒或灼热感，或伴有发热、头痛、口苦，舌质淡，苔薄黄，脉滑数。常用药物有荆芥、防风、僵蚕、薄荷等祛风解毒之品。风邪为阳邪，易伤及津血，津血耗伤则瘙痒、脱屑益剧，故可配合玄参、麦冬等生津之品，同时可配伍大青叶、千里光、马齿苋、野菊花、土茯苓等清热解毒药物外洗治疗。

【调护】

（1）感冒、热水澡、外用刺激性药物等有可能诱发或加重本病，应注意预防感冒，及时治疗上呼吸道感染，避免热水烫洗皮肤和不合理用药。

（2）保持心情舒畅，不食辛辣及鱼腥发物，注意皮肤清洁卫生，多饮水，保持大便通畅。

【病案举例】

罗某，女，27岁。2015年9月12日初诊。

患者因“四肢红斑鳞屑伴瘙痒1周”来就诊。患者自诉1周前无明显诱因四肢出现红斑，红斑长轴与皮纹一致，上覆糠状鳞屑，伴轻度瘙痒，故于当地皮肤科门诊就诊，诊断为“玫瑰糠疹”，予依巴斯汀、赛庚啶口服等药物治疗，未见明显好转。刻诊：四肢近端散在椭圆及圆形玫瑰色斑疹，上覆糠状鳞屑，伴瘙痒；心烦，口干，口苦，纳差，失眠，小便黄，大便干；舌红，苔黄，脉弦数。专科情况：四肢近端可见大小不等的椭圆及类圆形玫瑰色斑疹，上覆糠状鳞屑，红斑长轴与皮纹一致。真菌镜检阴性。咽喉及扁桃体正常。中医诊断：风热疮（血热风盛）。西医诊断：玫瑰糠疹。治以清热凉血、祛风止痒之法。处方：生地15g，丹皮10g，栀子10g，麦冬10g，知母10g，地肤子10g，怀山药10g，陈皮6g，大青叶10g，茯苓10g，合欢皮10g，甘草6g。水煎服，每日1剂，早晚饭后温服，共7剂。

二诊：患者四肢原红斑颜色减淡，鳞屑减少，少量新发，瘙痒稍减，睡眠改善，口干，大便正常；舌红，苔黄，脉数。继上方，加玄参10g、防风10g、蝉蜕6g。水煎服，每日1剂，早晚饭后温服，共7剂。

三诊：患者四肢红斑大部分消退，无新发，瘙痒明显减轻，口微干，纳眠可，二便平。于上方去大青叶，水煎服，每日1剂，早晚饭后温服，共10剂。

四诊：患者四肢红斑消退，部分遗留色素减退斑，无瘙痒。继服10剂巩固疗效。随访1个月，无复发。

按语：本例患者以红斑、鳞屑、瘙痒前来就诊，诊断为“风热疮”，辨证属血热风盛。血热蕴肤，故见四肢散发红斑；内火扰心，故见心烦、失眠；热邪伤阴，故见口干口苦、便干尿黄；风邪外客肌肤故见皮肤瘙痒。治疗以清热凉血、祛风止痒为主要原则，方中生地、丹皮、栀子、大青叶清热凉血，为方中主药；地肤子、防风、蝉蜕祛风止痒；玄参、麦冬、知母等清热生津。诸药合用，共奏清热凉血、祛风止痒之功。本例患者心火炽盛，热扰心神，导致心烦、失眠，故加合欢皮活血解郁安神。

（龚　坚）

三、扁平苔藓

扁平苔藓是一种发生于皮肤、黏膜、毛囊和指（趾）甲的慢性炎症性皮肤病，以紫红色多角形扁平丘疹、剧烈瘙痒为特征，好发于30~60岁人群，男女发病率基本相等（或女性稍多），一般治疗疗效较差，病情易缠绵反复，少数病例可迁延2年以上甚至20年以上，而且西医治疗常因疗效不佳、部分药物副作用较大及停药后病情反复发作，难以达到患者预期疗效，而使患者承受了生理痛苦和精神压力的双重折磨。

扁平苔藓在中医文献中记载的名称包括北宋《太平圣惠方》首次提出的“紫

癜风”、明代《本草纲目》首次提出的“口蕈”（相当于口腔扁平苔藓），被后世医家沿用。现中医一般称其为紫癜风，西医称其为扁平苔藓。

【病因病机及毒邪发病机制】

中医认为本病多因风、湿、热为主的外邪入侵，蕴结生毒，肌腠受阻，致气滞而血瘀。外受风湿热之邪，搏于肌肤所致；或久病血虚生风生燥，肌肤失于濡养而成；或因阴虚内热，气滞血瘀；或因肝肾不足，湿热下注皆可导致本病之发生。

扁平苔藓病因与发病机制较为复杂，可能涉及的因素包括神经精神因素、感染、自身免疫、遗传、药物过敏以及内分泌紊乱、某些系统性疾病和酶异常。

本病多因风湿热邪侵袭，郁于皮肤黏膜，局部气血瘀滞而发；情志失和，肝郁气滞或气郁化火，阻于皮肤黏膜，局部气血瘀滞而发；或肝肾阴虚，虚火上炎，熏蒸于口腔黏膜而发。“毒邪”贯穿扁平苔藓发病的始终，主要以风毒与血毒为主。饮食不节、情志抑郁、肝郁化火、素体阴虚火旺等均可致血毒热盛，毒邪化火伤阴，耗津损肤。血毒内生，复感风邪，阻于肌肤，蕴结不散而发；或机体蕴热偏盛，或恣食辛辣刺激食物，郁而化热，蕴于血分，血毒生风而发；或素体湿热内蕴，复感毒邪，热毒内蕴，燔灼营血，以致血毒炽盛，蕴结肌肤而发。外感风毒，因风为阳邪，风毒久遏经络，势必化热，热迫血行，溢于孙络而为发斑，风毒郁久，化燥伤阴，肌肤失养，则见皮肤粗糙、作痒等症。

【临床表现】

本病春秋季节多见，好发于青年及成年人。皮疹可泛发全身，但常局限于四肢，以屈侧为多，常对称发生。典型的皮损为扁平多角形丘疹，表面有一层角质薄膜，呈紫红色，有蜡样光泽，表面有细薄鳞屑，丘疹呈多发性，单个或散布或排列成环状、线状和斑块状。用放大镜检视，丘疹表面有灰白色或乳白色带有光泽小点及纵横交错的网状条纹，称为Wickham纹。黏膜常同时受累，以口腔及外阴黏膜为主。病程慢性，多有自限性，大多数可自然消退。

【辨证施治】

（1）风湿热证

证候：本证多见于急性泛发性扁平苔藓。皮肤泛发扁平丘疹，色红或紫，表面光泽，或有水疱，剧烈瘙痒，恶寒发热；舌质红，苔黄，脉濡数。

治法：祛风清热利湿。

方药：消风散加减。常用荆芥、防风、蝉蜕、牛蒡子、苦参、生石膏、知母、当归、生地黄、地肤子等。热甚者，加牡丹皮、紫草；瘙痒剧烈者，加白鲜皮、乌梢蛇。

（2）血虚风燥证

证候：本证多见于慢性局限性扁平苔藓。皮疹局限，色淡红或暗红，融合成片，或呈带状，多形状，表面粗糙有糠秕状鳞屑，瘙痒难忍；舌质淡，苔薄，脉濡细。

治法：养血润燥，祛风止痒。

方药：当归饮子加减。常用当归、生地黄、白芍、蒺藜、何首乌、荆芥、防风、丹参、僵蚕、玉竹等。皮肤干燥者，加麦冬、沙参。

（3）肝肾阴虚证

证候：本证多见于扁平苔藓口腔黏膜或外阴黏膜受损者。口腔或阴部有皮疹，或呈乳白色，或糜烂；伴有咽干，口渴，失眠健忘，头昏目眩，疲倦乏力；舌质红，少苔，脉细数。

治法：补益肝肾，滋阴降火。

方药：知柏地黄汤加减。常用知母、黄柏、生地黄、牡丹皮、泽泻、茯苓、山药、栀子、枸杞子等。发于口腔者，加玄参、黄芩、桔梗；发于外阴者，加牛膝、土茯苓。

【从毒论治】

扁平苔藓主要以风毒证与血毒证为主。风毒皮损多发于人体上部，以头面部为主，发无定时，证无定处，发病急骤，变化迅速，可选用刘巧教授经验方清风毒胶囊，主要药物为：金银花、蝉蜕、僵蚕、生石膏、知母、升麻、防风、荆芥、薄荷等，局部黏膜充血糜烂者可加川黄连、金银花等，伴有胃脘不适、泛恶纳呆则加白芍、徐长卿、竹茹等，大便溏薄者加白术等。血毒毒邪已入营血，病情较重，皮肤红斑、紫红，或有瘀斑、紫癜，自觉瘙痒或疼痛或麻木，可伴口渴引饮、咽干唇燥、便干溲赤，舌质红绛或有芒刺，脉弦数或洪大，可选用清血毒胶囊。伴见肝肾阴虚等症加鳖甲、浮小麦等，病程反复或日久则可加丹参、桃仁、红花等活血化瘀之品。

【调护】

（1）忌食烟酒、辛辣刺激食物，饮食宜清淡、易于消化，口腔黏膜受累者，还应避免假牙等刺激。

（2）避免搔抓，以免继发感染，积极治疗慢性感染性病灶。

（3）保持愉快情绪，避免精神紧张及过度疲劳。

（4）黏膜损害长期不愈者，应密切注意病情变化，防止发生癌变。

【病案举例】

李某，男，58岁。2018年7月5日初诊。

患者因“躯干、四肢起扁平丘疹伴瘙痒1周余”就诊。患者自诉1周余前无明显诱因双下肢出现粟粒大小紫红色扁平丘疹，轻度瘙痒，未重视，未诊治，后类似皮疹波及至躯干、双上肢，瘙痒感加重。刻诊：躯干、四肢泛发粟粒至绿豆大小紫红色扁平丘疹，瘙痒剧烈，影响睡眠；自觉身热，口干，神志清，精神可，纳差，大便干，小便黄；舌红，苔薄黄，脉滑。专科情况：躯干、四肢泛发粟粒至绿豆大小紫红色扁平丘疹，表面光滑，双下肢部分皮疹呈暗红色，境界清楚，表面干燥，有光泽蜡膜，可见Wickham纹，口腔黏膜未见异常，指（趾）甲正常。中医诊断：紫癜风（血热蕴毒）。西医诊断：扁平苔藓。治以清热凉血、活血解毒之法，处方：土茯苓20g，丹皮15g，麦冬15g，生地20g，栀子10g，大青叶15g，白鲜皮15g，赤芍15g，白花蛇舌草20g，白茅根30g，金银花15g，丹参15g，怀山药15g，陈皮6g，甘草6g。水煎服，每日1剂，早晚饭后温服，共7剂。配合清血毒胶囊口服，每日3次。

二诊：患者自觉皮损灼热，口干明显，大便干结；舌质红，苔薄黄，脉弦数。调整处方：麦冬10g，生地15g，玄参15g，丹参15g，鸡血藤10g，紫草10g，天花粉10g，当归10g，怀山药15g，陈皮6g，知母10g，甘草6g。水煎服，每日1剂，早晚饭后温服，共14剂。配合清血毒胶囊口服，每日3次。

三诊：患者自觉灼热程度明显好转，大便缓解，口干稍改善，仍有瘙痒感。查体见皮疹厚度较前变薄，颜色为暗红色，无新发皮疹；舌质暗，有瘀斑，苔薄黄，脉弦数。上方加白鲜皮20g、桃仁10g、红花10g，水煎服，每日1剂，早晚饭后温服，共10剂。配合清血毒胶囊口服，每日3次。

四诊：患者皮损处丘疹消失，仅少许色素沉着斑，无新发，自诉瘙痒、身热、口干、便干等症状痊愈。嘱患者平素注意加强锻炼，提高免疫力，注意休息，预防感冒。

按语：本例患者以四肢、躯干紫红色扁平丘疹、瘙痒前来就诊，诊断为“紫癜风”，辨证属血热蕴毒。血热毒蕴，故见躯干、四肢泛发紫红色扁平丘疹，身热，舌红，苔薄黄；热毒伤阴，则见口干，大便干。治疗以清热凉血、活血解毒为主要原则，方中用丹皮、赤芍、生地、栀子清热凉血，大青叶凉血消斑，丹参凉血活血，土茯苓、白花蛇舌草、金银花、白茅根、白鲜皮清热解毒，配合麦冬、怀山药养阴生津，陈皮理气健脾。本方在辨证论治的基础上加入清血毒胶囊治疗，增强凉血解毒之力。二诊，患者服药后口干明显，大便干结，舌脉均是一派火热伤阴之象，故在清热的基础上加强养阴生津之力。方中麦冬、生地、玄参、天花粉、知母滋阴润燥，丹参、鸡血藤、当归凉血活血，山药、陈皮益气健脾，清血毒胶囊、紫草清热凉血解毒。经上药治疗后，三诊患者瘙痒未见缓解，皮疹变薄，灼热改善，大便缓解，口干改善，热毒较前减轻，但出现皮疹暗红色、舌质暗且有瘀斑、苔薄黄、脉弦数等瘀象，故在上药基础上加用白鲜皮清热止痒，桃仁、红花活血化瘀，经治疗后皮疹基本消退，临床疗效满意。

（龚　坚）

第七节　过敏与变态反应性皮肤病

一、湿疹

湿疹是由多种内外因素引起的炎症性皮肤疾病，临床表现为皮肤损害以红斑、丘疹、水疱、渗出、糜烂为主，具有剧烈瘙痒、多形损害、反复发作而缠绵难愈等特点。本病发病率高，我国一般人群患病率约为7.5%，儿童患病率可达18.71%。目前在临床上湿疹的发病机制未完全阐明，药物副作用大，易诊难治，且治疗周期长，效果及患者依从性差，易复发，治疗方法多样，但很难确定一种公认的治疗方法。因此，病情往往迁延难愈，患者的需求难以得到满足，同时患者对疾病防护的重要性认识不足，故而忽视了对湿疹发病诱因的防护。

中医统称本病为“湿疮”。根据临床表现及部位不同，中医又有不同的名称：如浸淫遍体、滋水较多者，称为“浸淫疮”；以丘疹为主的称为“血风疮”或“粟疮”；发于耳部的称为“旋耳疮”；发于乳头的称为“乳头风”；发于脐部的称为“脐疮”；发于阴囊的称为“肾囊风”；发于四肢弯曲部位的称为“四弯风”等。

【病因病机及毒邪发病机制】

中医认为该病病因病机相对复杂，外因为外邪内侵肌肤，肌肤营养失和。内因多由血热和内湿，湿热相合，浸淫不休，溃败肌肤而生。《黄帝内经》曰："诸痛痒疮，皆属于心。诸湿肿满，皆属于脾。"书中明确提出了疮疡发病机制，并认识到其与心、脾的密切关系。《诸病源候论》提出"湿热相搏，故头面身体作皆生疮，其疮初如泡，须臾生汁，热盛者则变为脓"，认为本病由"肤腠虚，风湿之气折于血气，结聚所生"。《外科正宗》认为"其乃风热、湿热、血热三者交感而生，发则瘙痒无度"。《医宗金鉴》论其"属风邪袭于腠理而成"，并认为"此证初生如疥，瘙痒无时，蔓延不止，抓津黄水，浸淫成片"。《疡科心得集》认为"湿毒疮因脾胃亏损，湿热下注，以致肌肉不仁而成；又或因暴风疾雨，寒湿暑热侵入肌肤所致"。

研究表明湿疹的病因可能分为内因和外因。内因包括免疫功能异常（如免疫失调、免疫缺陷等）、系统性疾病（如内分泌疾病、营养障碍、慢性感染、肿瘤等）以及遗传性或获得性皮肤屏障功能障碍。外因，如环境或食品中的过敏原、刺激原、微生物、环境温度或湿度变化、日晒等，均可以引发或加重湿疹，社会心理因素，如紧张焦虑也可诱发或加重本病。目前多认为本病是在机体内部因素，如免疫功能异常、皮肤屏障功能障碍等基础上，由多种内外因素综合作用的结果。免疫性机制（如变态反应）和非免疫性机制（如皮肤刺激）均参与发病过程，微生物可以通过直接侵袭超抗原作用或诱导免疫反应引发或加重湿疹。

湿疹发病之所以久治不效，顽固不愈，可能存在外感六淫、饮食内伤、情志不调等病因之外的"毒邪"因素，结合湿疹皮损多以红斑、丘疹、水疱、渗出、糜烂、干燥、瘙痒、脱屑、苔藓样变、皲裂等表现为主，故应充分考虑具有风毒、热毒、湿毒、血虚所化风燥毒之毒邪发病的特点。刘巧教授运用毒邪发病学说治疗湿疹的临床经验，在湿疹的不同阶段都可运用。采取不同的解毒方法来治疗不同类型的湿疹，不仅能取得很好的临床疗效，也能尽量防止复发、减少毒副作用。

【临床表现】

根据病程和皮疹特点，湿疹可分为急性、亚急性和慢性三种。

急性湿疹：起病较急、发病较快。表现为原发性及多形性皮疹，初起常在红斑基础上有粟粒大小的丘疹、丘疱疹或水疱，疱破后出现点状糜烂、渗出。皮损常融合成片，且向周围扩延，边缘区有少量多形性皮疹散在分布，境界不清。如果继发感染，则形成脓疱、脓液及脓痂，周围淋巴结肿大。感染严重时，伴有发热等全身症状。皮疹可分布在体表任何部位，常见于头、面、手足、四肢远端暴露部位及阴部、肛门等处，多对称分布。自觉瘙痒剧烈伴有灼热感，可阵发性加重或夜间加剧，饮酒、搔抓、热水烫洗等可使皮损加重。患者一般无明显全身症状，皮疹泛发严重者可伴有全身不适、低热和烦躁不安。病程长短不一，常于数周后逐渐减轻而趋于消退。若反复发作，可转为慢性。

亚急性湿疹：当急性湿疹炎症减轻之后，或急性期未及时适当处理，拖延时间而发生。皮损主要表现为红肿、渗出等急性炎症减轻，皮损呈暗红色，水疱和糜烂逐渐愈合，渗出减少，可有丘疹、少量丘疱疹及鳞屑，皮损呈轻度浸润。瘙痒及病情逐渐好转，遇诱因可再次呈急性发作，或时轻时重，经久不愈而发展为慢性湿疹。

慢性湿疹：常由急性及亚急性湿疹迁延不愈而成，或起病缓慢。开始皮损炎症轻，散在红斑、丘疹、抓痕及鳞屑。患部皮肤肥厚，表皮粗糙，呈苔藓样变伴有色素沉着及色素脱失斑、鳞屑、皲裂。好发于手足、小腿、肘窝、股部、乳房、外阴及肛门等部位，以四肢多见，常对称分布。瘙痒程度轻重不一，病情时轻时重，迁延数月或更久。慢性湿疹因受某些内、外因素的刺激，可急性发作。

【辨证施治】

（1）湿热浸淫证

证候：发病急，皮损潮红灼热，丘疹及丘疱疹分布密集，瘙痒无休，抓破滋汁淋漓；伴身热，心烦，口渴，大便干，尿短赤；舌质红，苔薄或黄，脉滑或数。

治法：清热利湿。

方药：龙胆泻肝汤合萆薢渗湿汤加减。常用龙胆草、栀子、黄芩、生地、车前草、泽泻、当归、萆薢、薏苡仁、苦参、白鲜皮、蒲公英等。

（2）脾虚湿蕴证

证候：发病较缓，皮损潮红，瘙痒较重，抓后糜烂渗液，可见鳞屑；伴纳少神疲，腹胀便溏；舌淡胖，苔白或腻，脉弦缓。

治法：健脾利湿。

方药：除湿胃苓汤或参苓白术散加减。常用党参、白术、白扁豆、陈皮、山药、薏苡仁、茯苓、泽泻、荆芥、防风、生地等。瘙痒甚者，加白鲜皮、地肤子利湿止痒。

（3）血虚风燥证

证候：常是慢性湿疹反复发作，病程较长，皮损色暗或色素沉着，剧烈瘙痒，或皮损粗糙肥厚、苔藓样变、血痂、脱屑；伴口干不欲饮，头昏乏力，腹胀；舌淡，苔白，脉弦细。

治法：养血润肤，祛风止痒。

方药：当归饮子或四物消风饮加减。常用当归、生地、白芍、川芎、荆芥、防风、白鲜皮、何首乌、黄芪、白蒺藜、甘草等。

【从毒论治】

湿疹一般分为急性期、亚急性期、慢性期来进行辨证施治，但在诊治过程中，病因上强调“毒邪”在发病中的影响，治疗上重视在分型的基础上结合运用解毒、攻毒的中药，如清热解毒药之白花蛇舌草、菊花、金银花等；凉血解毒药之紫草、生地、羚羊角等；祛风解毒药之桑叶、白芷、防风、僵蚕、全蝎、蜈蚣等；化瘀解毒药之凌霄花、玫瑰花、槐花、当归、白芍、益母草等；燥湿解毒药之茵陈、薏苡仁、黄柏、土茯苓等。同时强调除湿要贯穿湿疹治疗的始终。

【调护】

（1）急性者忌热水烫洗和肥皂等刺激物洗涤。

（2）应避免搔抓，并忌食辛辣刺激、鸡、鸭、牛、羊肉等食物。

（3）急性湿疹或慢性湿疹急性发作期间，应暂缓预防注射。

【病案举例】

病案1

林某，女，35岁。2015年4月19日初诊。

主诉：躯干、四肢反复起红斑、丘疹伴瘙痒半年，加重半个月。现症见：精神可，形体壮实，声音洪亮有力，面部油腻，有少量痤疮，自诉湿疹皮损处渗出明显，瘙痒难忍，睡眠较差，感口干口苦，饮食正常，大便干结，小便可；舌红，苔白腻，脉弦滑数。中医诊断：湿疮（湿热蕴毒）。西医诊断：湿疹。治以清肝泻火、利湿解毒之法，方用龙胆泻肝汤加减，处方如下：龙胆草6g，黄芩10g，牡丹皮10g，生地黄30g，莲子心10g，竹叶10g，车前子（包煎）15g，泽泻15g，甘草6g。7剂，水煎服，每日1剂，分早晚饭后温服。外用艾大洗剂：艾叶20g，酒大黄20g，千里光20g，苦参20g，地肤子20g，白鲜皮20g，野菊花10g，土茯苓20g。水煎外用，早晚外洗，每日2次。

二诊：患者诉瘙痒明显减轻，渗出减少，口干口苦得以缓解，睡眠较前好转，大便日1次。查体：前颈部、腰腹部、四肢屈侧可见较多散在米粒至蚕豆大小淡红色丘疹，局部少许渗出，部分皮疹可见糜烂面；舌红苔白，脉较前平稳。中药守前方去龙胆草，继续服用7剂，继续外用艾大洗剂。

三诊：患者诉瘙痒少许，纳眠可，略感口干口苦。查体：前颈部、腰腹部、双上肢丘疹已变平、红斑变暗，表面干涸未见渗出，双小腿见少许暗红斑，表面见少许痂皮、少许渗出。前方减莲子心、竹叶，加川牛膝15g、薏苡仁20g、茯苓10g。7剂，水煎服，每日1剂，分早晚饭后温服，停用艾大洗剂。

四诊：患者诉双小腿有红斑伴瘙痒少许，其余皮损无瘙痒、无渗出，无口干口苦。查体：前颈部、腰腹部、双上肢丘疹已变平、红斑变暗，表面干涸见少许鳞屑，双小腿见少许暗红斑，表面见少许鳞屑而未见渗出。前方减黄芩，加当归15g、赤芍10g。7剂，水煎服，每日1剂，分早晚饭后温服。外用尿囊素乳膏保湿巩固疗效即可。

按语：刘巧教授在急性湿疹辨证过程中善用六淫及脏腑辨证，重视心、肝两脏，强调“心火”和“肝经湿热”。此外，在治疗过程中还需注意湿热的轻重，如湿重于热、热重于湿或湿热并重。本案患者素体阳盛，近期急性发病，结合皮疹特点及口干口苦、大便干结、舌红、苔白腻、脉弦滑数等特点，辨为肝经湿热蕴毒之证，方选龙胆泻肝汤加减。龙胆草、黄芩、生地黄清热利湿毒，莲子心、竹叶清热解毒，车前子、泽泻利水渗湿毒，甘草清热解毒并调和诸药。本方不用柴胡之升散，改用莲子心、竹叶以清心经之热，共达疏风清热、利湿解毒、止痒之功。龙胆草过于苦寒，苦寒伤阴，不宜多用，故用7剂即停用龙胆草。局部皮疹好转，说明火热、湿热等邪毒渐退，后期须兼健脾、养血。艾大洗剂具有清热燥湿利湿、祛风止痒解毒之功，根据皮肤科外用药治疗原则——干对干、湿对湿，采用溶剂湿敷以收敛止痒，后期皮损干燥无渗出时采用保湿润肤剂加强护理。

病案2

李某，女，33岁。2019年12月4日初诊。

主诉：全身泛发红斑、丘疹伴瘙痒4个月。患者4个月前无明显诱因全身出现散在红斑、丘疹，瘙痒以胸背部为主，瘙痒剧烈。现症见：全身散在红斑、丘疹、瘙痒、渗出明显，局部可见糜烂、抓痕，对称分布；饮食一般，睡眠差，二便调；舌质淡红，苔白，脉细。中医诊断：湿疮（脾虚湿蕴型）。西医诊断：湿疹。治以健脾渗湿解毒之法，处方选用除湿胃苓汤加减：白术10g，茯苓15g，猪苓15g，麸炒泽泻10g，白鲜皮10g，防风10g，栀子10g，黄芩10g，合欢皮10g，马齿苋20g，地肤子15g，徐长卿（后下）10g，珍珠母（先煎）30g，陈皮6g，炙甘草6g。水煎服，7剂，一天2次，早晚饭后半小时温服。外用复方黄柏液涂剂湿敷皮损处，一天2次。

二诊：上症较前明显好转，渗出减少，偶感瘙痒，睡眠好转，肥厚皮损较前减轻，颜色仍红，余情况不变。处方：去珍珠母，加黄柏10g，7剂，水煎服，余药同前。

三诊：瘙痒感明显减轻，无渗出，偶有瘙痒，颜色变淡，余情况不变。处方：上方去麸炒泽泻，加土茯苓20g、当归10g、蝉蜕6g，7剂，水煎服，余药同前。

四诊：四肢新发少许炎性小丘疹，背部皮损浸润较前减轻，仍有少许鳞屑。处方：上方去徐长卿、茯苓、猪苓，加生地15g、赤芍10g、荆芥10g、川芎10g、薄荷（后下）3g，10剂，水煎服。停湿敷，改为青鹏软膏外涂，一日2次。

五诊：背部皮疹大部分消退，浸润减轻，遗留色素沉着，稍感瘙痒，余情况同前。处方：上方去陈皮，加炒山药15g、麦冬10g，水煎服，余药同前。

按语：刘巧教授在辨治亚急性湿疹过程中重视脏腑结合内生五邪辨证。本案患者素体脾虚，脾虚不运，水湿困脾，湿毒蕴结肌肤而发，前期侧重燥湿利湿解毒。方中重用马齿苋清热利湿，解毒消肿；徐长卿利水消肿，活血解毒；地肤子清热利湿，祛风止痒，解毒；茯苓、猪苓、泽泻三药利水渗湿，健脾安神；陈皮健脾运湿行气；防风祛风解毒胜湿；白鲜皮利水渗湿解毒，栀子清热解毒利湿，二者苦寒，均能清热利湿，祛风凉血解毒；黄芩清热燥湿解毒，合欢皮解郁安神，活血消肿，二者同入心经，宁心安神；炙甘草调和诸药。服药一周后患者皮损渗出减少，加入黄柏继续燥湿健脾。后患者皮损稳定，但仍较肥厚，故去除寒凉药物，加以土茯苓解毒除湿，当归养血活血，蝉蜕止痒而不伤阴。随后患者出现少许新发丘疹，加入生地、川芎、赤芍柔肝滋血，荆芥、薄荷祛风止痒。最后患者皮损消退，遗留色素沉着，予健脾和胃之法为主，加入炒山药、麦冬滋阴护胃，以助脾气健运、正气充足。

二、特应性皮炎

特应性皮炎（atopic dermatitis，AD）是一种慢性、复发性、炎症性皮肤病，临床表现为反复发作的慢性湿疹样皮疹，皮损部位剧烈瘙痒。由于患者常合并过敏性鼻炎、哮喘等其他特应性疾病，故被认为是一种系统性疾病。过去30年全球范围内AD患病率逐渐增加，发达国家儿童AD患病率达10%~20%，我国AD患病率的增加晚于西方发达国家和日本、韩国，但近10年来增长迅速。1998年我国流行病学调查显示，学龄期青少年（6~20岁）AD的总患病率为0.70%；2002年我国10个城市学龄前儿童（1~7岁）的患病率为2.78%；2012年上海地区3~6岁儿童患病率达8.3%；2014年采用临床医生诊断标准，我国12个城市1~7岁儿童AD患病率达到12.94%，1~12个月婴儿AD患病率达30.48%。

根据不同阶段的临床特点，本病可归属于中医文献中的奶癣、浸淫疮、血风疮、顽湿、四弯风等范畴。

【病因病机及毒邪发病机制】

中医认为该病病因病机相对复杂，多因禀赋不耐，胎毒遗热，外感淫邪，饮食失调致心火过盛，脾虚失运而发病。婴儿期以心火为主，因胎毒遗热，郁而化火，火郁肌肤而致。儿童期以心火脾虚交织互见为主，因心火扰神，脾虚失运，湿热蕴结肌肤而致。青少年和成人期，因病久心火耗伤元气，脾虚气血生化乏源，血虚风燥，肌肤失养而致。

研究显示AD发病是环境因素作用于遗传易感性个体，造成免疫调节失常所致。其中遗传因素发挥着重要作用，如父母亲有过敏病史，子女患本病的概率显著增加。环境因素特别是生活方式的改变（如过度洗涤、饮食、感染、环境改变等）是本病发病重要的危险因素。

特应性皮炎发病是因先天禀赋不耐，除了外感六淫、饮食内伤、情志不调等因素，还应考虑风毒、热毒、湿毒、血虚所化风燥毒在发病过程中的影响。刘巧教授运用毒邪发病学说治疗特应性皮炎的临床经验，不仅取得很好的临床疗效，也能尽量防止复发。

【临床表现】

本病的临床表现多种多样，其炎症可由急性到慢性，反复发作，剧烈瘙痒。皮疹在不同年龄阶段有不同表现。

1.婴儿期 以往又称婴儿湿疹，通常在出生2个月以后发生。皮损主要分布于颊、额及头皮，个别可发展至躯干、四肢。临床可分为渗出型和干燥型。渗出型多见于肥胖有渗出体质的婴儿，初起为颊面部红斑、瘙痒，继而在红斑基础上出现针头大丘疹、丘疱疹，密集成片。由于搔抓、摩擦，很快形成糜烂、渗出性损害和结痂等。重者扩展到其他部位，包括头皮、额部、颈、腕、四肢屈侧等。干燥型常见于瘦弱的婴儿，为淡红色或暗红色斑片、密集小丘疹，无水疱，干燥无渗液，表面附有灰白色糠状鳞屑，常累及面部、躯干和四肢。发展至慢性时可出现轻度浸润肥厚，皲裂，抓痕或血痂。

2.儿童期 多在婴儿期缓解1~2年后，自4岁左右开始加重，少数婴儿期延续发生。皮损累及四肢伸侧或屈侧，常限于肘窝、腘窝等处，其次为眼睑、颜面部，皮损潮红，渗出现象较婴儿期轻，丘疹暗红，伴有抓破等皮肤损伤，久之，皮疹肥厚呈苔藓样变。少数可呈结节性痒疹样损害，呈黄豆大小、角化明显的隆起性坚硬结节，正常皮色或暗褐色，表面粗糙，散布于四肢伸侧，附近淋巴结可肿大。

3.青年与成人期 指12岁以后青少年及成人阶段的特应性皮炎，可以从儿童期发展而来或直接发生。皮损为苔藓样变，或呈急性、亚急性湿疹样损害，好发于肘窝、腘窝、四肢、躯干。除上述症状外，皮疹常为泛发性干燥丘疹，或局限性苔藓化斑块，抓后有血痂、鳞屑及色素沉着，较少渗出。

4.老年期 指年龄在60岁以上的AD患者，可从婴幼儿起病并迁延至老年、成人起病发展至老年或者直接老年起病发展而来。老年AD具有“反向征”：以四肢伸侧、背部等为主的广泛分布的苔藓样湿疹，伴剧烈瘙痒，可能与老年人汗液的分泌减少有关。老年AD还具有顽固性面部红斑，侧眉脱落，眶下皱褶，以及伴有网状、波纹或皮肤性色素沉着的颈部湿疹等其他表现。

【辨证施治】

（1）心脾积热证

证候：面部红斑、丘疹、脱屑或头皮黄色痂皮，伴糜烂渗液，有时蔓延到躯干和四肢；哭闹不安，可伴有大便干结，小便短赤；指纹呈紫色达气关或脉数。本型常见于婴儿期。

治法：清心导赤。

方药：清心导赤饮加减。常用生地、淡竹叶、木通、甘草、黄连、金银花、连翘、麦冬、荆芥、防风等。

（2）心火脾虚证

证候：面部、颈部、肘窝、腘窝或躯干等部位反复发作的红斑、水肿，或丘疱疹、水疱，或有渗液，瘙痒明显；烦躁不安，眠差，纳呆；舌尖红，脉偏数。本型常见于儿童反复发作的急性期。

治法：清心培土。

方药：清心培土方加减。常用太子参、山药、薏苡仁、连翘、淡竹叶、钩藤、生牡蛎、甘草、防风、生地等。

（3）脾虚蕴湿证

证候：四肢或其他部位散在的丘疹、丘疱疹、水疱；倦怠乏力，食欲不振，大便稀溏；舌质淡，苔白腻，脉缓或指纹色淡。本型常见于婴儿和儿童反复发作的稳定期。

治法：健脾渗湿。

方药：参苓白术散加减。常用党参、白术、茯苓、白扁豆、陈皮、山药、薏苡仁、荆芥、防风、甘草等。

（4）血虚风燥证

证候：皮肤干燥，肘窝、腘窝常见苔藓样变，躯干、四肢可见结节性痒疹，继发抓痕，瘙痒剧烈；面色苍白，形体偏瘦，眠差，大便偏干；舌质偏淡，脉弦细。本型常见于青少年和成人期反复发作的稳定期。

治法：养血祛风。

方药：当归饮子或四物消风饮加减。常用当归、生地、白芍、川芎、荆芥、防风、白鲜皮、何首乌、黄芪、白蒺藜、甘草等。

【从毒论治】

诊治特应性皮炎过程中，病因上强调“毒邪”在发病中的影响，还应注重先天禀赋不耐，治疗上综合运用解毒、攻毒的中药，如清热解毒药之白花蛇舌草、马齿苋、菊花、金银花等；凉血解毒药之紫草、生地、丹皮等；祛风解毒药之桑叶、白芷、防风、僵蚕等；化瘀解毒药之当归、白芍、益母草等；益气解毒药之黄芪、白术、太子参等；燥湿解毒药之茵陈、薏苡仁、黄柏、土茯苓等。清湿毒胶囊的主要药物组成为茵陈、车前子、鱼腥草、土茯苓、苍术、黄柏、地锦草，具有利湿解毒之作用，可用于特异性皮炎。

【调护】

1.合理洗浴，清洁皮肤　一般用温水（27℃~30℃）快速冲洗，约5分钟，洗澡后2分钟内立即涂抹润肤剂，以避免皮肤干燥。此外，还应避免使用碱性洗涤剂清洁皮肤。

2.避免诱发和加重因素　食物过敏多发生于婴幼儿患者，部分儿童和青少年、成人患者也可能发生食物过敏。常见的过敏食物包括鸡蛋、鱼、贝类、奶、花生、大豆、坚果和小麦等。在日常食谱的基础上采用逐步添加食物或者逐步限制食物的方法有助于发现过敏的食物品种。一旦发现食物过敏，应避免食用过敏食物，以防止诱发和加重病情。接触吸入性过敏物质与AD发病有关，如尘、花粉、动物皮屑是常见的吸入性过敏原，常常引起青少年和成人的病情加重，应加以避免，同时亦应避免皮肤接触刺激性纤维、羊毛、粗的纤维纺织品等。不要使用过紧、过暖的衣物，以免出汗过多。避免接触烟草。经常修剪指甲，避免抓伤皮肤。

3. 合理的生活起居　避免熬夜和精神过度紧张；避免进食辛辣、刺激性食物；适当进行体育锻炼；保持大便通畅。

【病案举例】

病案1

患者，女，29岁。2019年12月4日初诊。

主诉：颜面部、四肢、躯干皮肤起疹伴瘙痒20余年。患者20余年前颜面、四肢、躯干皮肤出现红斑、丘疹，皮肤干燥脱屑，瘙痒明显，夜间加重，既往有过敏性鼻炎病史。曾在当地用药治疗，反复发作，且皮损逐渐加重，局部皮肤呈苔藓样变。饮食、睡眠可，二便调。舌红，苔薄黄，脉细数。中医诊断：四弯风（血虚风燥型）。西医诊断：特应性皮炎。治以养血息风、润燥止痒之法，选用当归饮子加减，处方如下：土茯苓20g，生地15g，白芍15g，地肤子15g，炒蒺藜15g，黄芪15g，当归10g，川芎10g，防风10g，荆芥10g，川牛膝10g，麦冬10g，赤芍10g，蝉蜕6g，炙甘草6g。水煎服，日一剂，早晚饭后半小时温服。局部保湿润肤。

二诊：较上症明显好转，无新发皮疹，局部仍感瘙痒，其余情况同前。守方继进，处方：上方减炒蒺藜，加玉竹10g。

三诊：皮疹继续改善，瘙痒减轻。继续以原方加减治疗。

按语：在特应性皮炎辨证中，重视气血津液的辨证，强调血虚、阴虚的鉴别。本案患者病程日久，暗耗营血，血虚不润，皮肤无以滋养，郁久生风化燥。方中生地、当归、川芎、赤芍四药归肝经，养血息风，体现“治风先治血，血行风自灭”，其中生地、当归入心经，滋养阴血，心得血则静；川芎、赤芍凉血息风，血得凉则风停。地肤子、炒蒺藜、蝉蜕祛风止痒解毒。防风性温，祛风胜湿，止痒解毒，驱散肌表风湿邪毒。白芍、黄芪、麦冬三药合用，养阴益气，防止苦寒药物耗伤营血。川牛膝引药下行，直达病所。土茯苓清热解毒除湿。炙甘草调和诸药。

病案2

患儿，男，9岁。2020年6月4日初诊。

主诉：颜面部、四肢、躯干皮肤起疹伴瘙痒9年。患儿家属代诉患儿9年前出生后不久颜面部皮肤出现红斑、丘疹，严重时渗液、结痂，曾在当地治疗，反复发作，且四肢、躯干皮肤也出现类似皮疹，患儿有过敏性鼻炎病史。此次皮肤再次出现皮疹，瘙痒剧烈，故来门诊寻求中医药治疗。患儿夜间睡眠时感烦躁，睡眠差，纳呆，大便干，小便短赤。查体：颜面、四肢、躯干皮肤出现红斑、丘疹，可见糜烂、渗液、结痂，皮疹以关节皱褶部位为主。舌尖红，苔薄黄，脉细数。中医诊断：四弯风（心火脾虚型）。西医诊断：特应性皮炎。治以培土清心止痒之法，选用清心培土方加减，处方如下：太子参10g，白术10g，薏苡仁10g，连翘10g，灯心草6g，淡竹叶6g，钩藤（后下）10g，生牡蛎（先煎）15g，马齿苋15g，荆芥10g，防风10g，甘草6g。水煎服，日一剂，早晚饭后半小时温服。艾大洗剂外洗：艾叶20g，大黄20g，千里光20g，苦参20g，地肤子20g，徐长卿20g，野菊花20g，黄精20g，日一次。局部加强保湿润肤。

二诊：服药后皮疹较前明显好转，皮疹已干燥结痂，无渗液，瘙痒减轻，部分皮疹出现脱屑，无新发皮疹，烦躁好转，夜间睡眠时安静，食欲好转，二便平。舌质红，苔薄白，脉细数。守方继进，处方：太子参10g，白术10g，薏苡仁10g，连翘10g，淡竹叶6g，钩藤（后下）10g，生牡蛎（先煎）15g，荆芥10g，防风10g，当归10g，甘草6g。水煎服，日一剂，早晚饭后半小时温服。艾大洗剂外洗：艾叶20g，大黄20g，千里光20g，苦参20g，地肤子20，徐长卿20，野菊花20，黄精20g，日一次。局部加强保湿润肤。

三诊：皮疹继续改善，以干燥脱屑为主，特别是四肢关节皱褶部位，瘙痒减轻。加强养血润燥治疗。处方：太子参10g，白术10g，淡竹叶6g，钩藤（后下）10g，生牡蛎（先煎）15g，荆芥10g，防风10g，当归10g，生地10g，白芍10g，鸡血藤10g，忍冬藤10g，麦冬15g，茯苓10g，甘草6g。水煎服，日一剂，早晚饭后半小时温服。皮肤继续保湿润肤治疗。半个月后患儿复诊，皮疹基本消退，原方继续服半个月，嘱患儿家属平时注意保湿润肤。

按语：本例患儿就诊时，颜面、四肢、躯干皮肤出现红斑、丘疹，可见糜烂、渗液、结痂；夜间睡眠时感烦躁，睡眠差，纳呆，大便干，小便短赤；舌尖红，苔薄黄，脉细数。考虑心火脾虚证，方中灯心草、淡竹叶、钩藤、生牡蛎清心火，安神；太子参、白术、薏苡仁健脾利湿；马齿苋、连翘清热解毒；荆芥、防风疏风止痒；炙甘草调和诸药。小儿脾常不足，心火有余，脾胃虚则运化功能下降，湿浊之邪留于体内，湿热蕴结日久发于肌肤则出现红斑、丘疹、糜烂、渗液，全方清心培土佐以疏风利湿止痒，疗效显著。后期湿邪减少，皮肤出现干燥脱屑症状，加强养血润燥治疗，因此去掉薏苡仁、马齿苋、连翘，加用当归、生地、白芍、鸡血藤、忍冬藤、麦冬等药物治疗。

（黄　港）

三、荨麻疹

荨麻疹是一种以皮肤出现红斑、风团伴瘙痒为特征的皮肤疾病。本病以皮肤风团突然发生，发无定处，时起时消，且消退后不留痕迹，常伴瘙痒为临床特征。荨麻疹可发于任何年龄，四季均可发病。10%~20%的人一生中至少发作过一次荨麻疹，1.8%的人曾患过慢性荨麻疹，其中接近79%的患者为女性。

荨麻疹的病因十分复杂，约有3/4的患者找不到明确病因。食物、吸入物、物理刺激等大多引起急性荨麻疹。长期反复的刺激引起的急性荨麻疹频发，可能转化为慢性荨麻疹。虽然荨麻疹的发病机制已经研究得较为清晰，有较为成熟的治疗方案，但荨麻疹的复发率较高，发作时出现的瘙痒感使得患者的生活和心情受到较大的影响，而且以抗组胺药物为主的慢性荨麻疹临床药物治疗具有易产生耐药性及停药后易复发的明显弊端。

荨麻疹，中医称其为瘾疹，其病名最早记载于《素问·四时刺逆从论》，曰“少阴有余病皮痹隐轸”。在隋唐时期，巢元方的《诸病源候论》中就有许多不同的称谓，如《风病诸侯下·风瘙瘾疹生疮候》中的“人皮肤虚，为风邪所折，则起隐疹”;《风病诸侯下·风瘙身体瘾疹侯》中的“若赤疹者，由凉湿折于肌中之热，热结成赤疹也……白疹得天阴雨冷则剧，出风中亦剧，得晴暖则灭，著衣身暖亦瘥也”。明清时期，医家对于荨麻疹一病的研究更加全面。荨麻疹的病名又出现了新的描述，如《医宗金鉴·外科心法要诀》中称荨麻疹为“鬼饭疙瘩”以及“赤白游风”,《外科证治全书》中将荨麻疹又称为“风乘疙瘩”。

【病因病机及毒邪发病机制】

中医认为本病病因分为外因和内因。外因主要是风邪，因平素体弱，表虚不固，风寒、风热之邪侵袭肌表，营卫不和所致。内因为饮食不节、喜食辛辣刺激之品，导致肠道湿热蕴结。本病或因外受毒邪，热毒搏结，营血两燔；久病则多为虚证，素体体弱，病久耗伤气血，营卫不和，皮肤腠理疏松，卫气失固而发病。

在西医学中，荨麻疹的发病机制与肥大细胞有关。肥大细胞可以通过免疫和非免疫机制被诱导活化，肥大细胞脱颗粒后，导致组胺和其他介质，如血小板活化因子、肿瘤坏死因子、白介素以及白三烯等释放，激活感觉神经引起瘙痒，血管舒张和血浆外渗，从而出现风团和水肿。组织学上，风团的特征在于真皮上层和中层的水肿，毛细血管后静脉及淋巴管的扩张和渗透性增加。

引起瘾疹发病的毒邪有三种：一为风毒。在西医学中，本病的发生是由食物、吸入物、感染、药物、昆虫叮咬、内科疾病、物理因素、精神因素等外邪引起的。上述诸因均与“毒”有关，食物、吸入物、感染、药物、昆虫叮咬，是可验证之“毒”，而物理因素、内脏疾病也可转化产生“毒邪”。因此，荨麻疹初起应以风毒论治为主。二为湿热毒。患者平素脾胃积热，又复感风邪，内不得疏泄，外不得透达，蓄久生毒，湿、热、毒共同为患。湿热毒邪内损脾胃，出现腹痛、腹胀、腹泻，外郁肌肤形成风团。在治疗中既要内调脾胃，又要解毒消疹止痒。三为药毒。平素禀赋不耐，感受药毒，发于肌肤，则出现荨麻疹。

【临床表现】

荨麻疹一般分为急性、慢性和特殊类型。急性荨麻疹整个病程短于6周，多数能治愈，并能找到病因，如食物、吸入物、感染、药物、昆虫叮咬等；慢性荨麻疹病程超过6周，反复发作，常难以找到病因。

1.急性荨麻疹 常先有皮肤瘙痒，随即出现风团，呈鲜红色或苍白色、皮肤色，风团逐渐蔓延，可相互融合成片，风团持续数分钟至数小时，少数可长至数天后消退，不留痕迹。病情严重者可有烦躁、心慌、恶心、呕吐、血压下降，甚至发生过敏性休克样症状。累及胃肠道黏膜而出现腹痛、恶心、呕吐、腹泻；累及食道，食管水肿致进食困难；累及喉头黏膜可出现喉头水肿、呼吸困难，甚至窒息。如有高热、寒战等全身中毒症状，应注意有无严重感染的可能。

2.慢性荨麻疹 全身症状一般较轻，风团时多时少，反复发生，病程在6周以上。大多数患者无法找到病因，约50%的患者在5年内病情减轻，约20%的患者病程可长达20年以上。

3.特殊类型荨麻疹 ①皮肤划痕症：亦称人工荨麻疹。用钝器在皮肤上划或用手搔抓皮肤后，局部有和划痕一样的风团，并有瘙痒，不久即消退。②寒冷性荨麻疹：较常见。可分为家族性和获得性两种。常见于浸入冷水或接触寒冷处，数分钟内局部出现伴有瘙痒的水肿和风团，好发于面部、手背，在数月或数年后有消退现象。③胆碱能性荨麻疹：即小丘疹状荨麻疹。因受到运动、摄入热的食物或者饮料、出汗及情绪激动等刺激而出现，皮损特点为除掌、跖外发生泛发性1~3mm的小风团，周围有明显红晕，其中有时可见卫星状风团，也可只见红晕或无红晕的微小稀疏风团。本病可反复发作数月或数年，但可自行缓解。④压迫性荨麻疹：皮疹发生于局部皮肤受压后4~6小时，通常持续8~12小时。表现为局部深在疼痛性肿胀，发作时可伴寒战、发热、头痛、关节痛、全身不适。通常发生在走路后的局部和久坐后的臀部，多数有痒感或灼痛、刺痛感等。⑤日光性荨麻疹：皮肤被紫外线照射后，在暴露部位出现水肿性红斑、风团，持续1分钟或数小时后消退，自觉瘙痒或针刺感。光感试验阳性。⑥水源性荨麻疹：接触水的皮肤几分钟内出现风团，自觉瘙痒，1小时左右消退。该型荨麻疹发病与水源、水温无关。

【辨证施治】

（1）风寒束表证

证候：风团色淡红或白，瘙痒遇寒加重，得暖则减；或伴恶风畏寒，口不渴；舌淡红，苔薄白，脉浮紧。

治法：疏风散寒，解表止痒。

方药：桂枝麻黄各半汤加减。常用麻黄、桂枝、杏仁、白芍、大枣、生姜、甘草、白鲜皮、防风等。

（2）风热犯表证

证候：风团鲜红，皮温稍高，瘙痒遇热加重，得冷则减；或伴发热恶寒，咽喉肿痛，口渴咽干；舌质红，苔薄黄，脉浮数。

治法：疏风清热，解表止痒。

方药：消风散加减。常用生石膏、荆芥、防风、蝉蜕、苦参、苍术、当归、生地、知母、牛蒡子、白鲜皮、甘草等。

（3）胃肠湿热证

证候：风团色红，瘙痒剧烈；伴腹痛，恶心，呕吐，纳呆，大便秘结或泄泻；舌红，苔黄腻，脉滑数。

治法：清热祛湿，疏风泻热。

方药：除湿胃苓汤加减。常用苍术、白术、茯苓、陈皮、厚朴、猪苓、栀子、泽泻、滑石、甘草、荆芥、防风等。

（4）毒热炽盛证

证候：风团鲜红灼热，融合成片，状如地图，甚则弥漫全身，瘙痒剧烈；伴壮热恶寒，口渴喜冷饮；或面红目赤，心烦不安；大便秘结，小便短赤；舌质红，苔黄或黄干燥，脉洪数。

治法：清营凉血，解毒止痒。

方药：犀角地黄汤合黄连解毒汤加减。常用黄连、黄芩、黄柏、栀子、生地、丹皮、赤芍、水牛角、荆芥、防风、白鲜皮等。

（5）血虚风燥证

证候：风团色淡红或为皮肤色，反复发作，迁延日久至数月甚至数年；伴心烦，口干，手足心热；舌淡红，少苔，脉沉细。

治法：养血祛风，润燥止痒。

方药：当归饮子加减。常用当归、生地、白芍、川芎、荆芥、防风、白鲜皮、何首乌、黄芪、白蒺藜、甘草等。

【从毒论治】

从毒论治荨麻疹的毒邪类型可以分为风毒、湿热毒、药毒等。

1.风毒 毒邪多集中侵袭人体卫分偏于气分阶段或气分阶段，此证型发病急，常伴有恶风的症状，脉浮；或伴有皮温稍高、遇热加重的表现，舌质红，苔薄黄，脉浮数；或伴有遇冷加重、得暖缓解的特点，舌质淡红，苔薄白，脉浮紧。使用荆防方来解风毒，根据症状来选择合用银翘散或者桂枝麻黄各半汤。

2.湿热毒 患者平素饮食不节，胃肠积热，又复感风邪，蓄久生毒，湿热毒邪郁积于胃肠，出现腹痛腹泻、呕吐、胸闷，郁积于肌肤形成鲜红风团。在治疗上要以清热祛湿、解毒止痒为法。方药以除湿胃苓汤为主，如湿重可合用二妙散，热重可合用黄连解毒汤或者凉血五根汤。

3.药毒 药毒侵入时直入营血，患者风团鲜红、灼热，融合成片，瘙痒剧烈，伴有壮热恶寒，或伴面红目赤，心烦不安，舌质红，苔黄干燥，脉洪数。治疗多以凉血解毒为法，方药可选犀角地黄汤合黄连解毒汤。

在治疗时，除中药治疗外，还可以配合外治法，可以帮助消退风团和减少复发，发挥局部排毒作用。可以针刺双侧曲池、血海穴，曲池穴为大肠经的合穴，肺主皮毛，肺经与大肠经相表里，曲池可起到宣通肺气、调和营卫的作用，从而治疗瘾疹。血海穴为足太阴脾经的腧穴，可治血分疾病，正所谓“治风先治血，血行风自灭”，还可根据病情选用合谷、三阴交、膈俞、足三里等穴位。同时采用中医传统封脐疗法，选用温经散寒或者清热解毒的中药，通过脐部敷贴的方法，使药物直接作用于脐部，经过脐部皮肤吸收入体内，提高了药物在体内的作用。

【调护】

（1）祛除病因，尽可能地减少各种诱发因素。比如，禁食诱发荨麻疹的药物或者食物，避免接触致敏物品。在饮食方面，要避免饮用酒、浓茶、咖啡等，忌食辛辣刺激性和热性的食物，宜清淡饮食。尽量保证饮食均衡与合理。生活习惯方面，要保持被褥、枕头的清洁，减少与环境中尘螨、花粉等致敏原的接触。

（2）重视情绪方面的管理。《素问·上古天真论》中提到“恬淡虚无，病安从来”，提倡我们要保持良好的心态，可以使气机调畅，正气充足。当日常生活中出现暴躁、紧张、焦虑、抑郁等不良情绪时，要进行积极的心理暗示或心理疏导，保持平和愉悦的心情以及积极乐观的心态。

（3）在运动方面，可以间断性进行较小强度的身体锻炼，需要注意的是，应避免过猛过激的剧烈运动，运动时间不要过长，应循序渐进地进行。可以选择太极拳、八段锦、五禽戏等中医传统养生保健功法，不仅可以强身健体，还能够养心安神、调理气血。

【病案举例】

王某，男，34岁。2019年11月28日初诊。

患者因“全身起风团伴瘙痒5天”就诊，患者5天前吹冷风后发热恶风，皮肤搔抓后出现风团，部分风团融合成片，三四小时后部分风团消散，自行服用氯雷他定后，症状未见明显缓解。现症见：患者颜面潮红，恶风身热不退，风团色淡红，风团大多融合成片，发于头面、四肢、胸背等处，于夜晚加重；无口干口苦，纳可，二便调，夜寐不安；舌淡苔白，脉浮弦。中医诊断：瘾疹（风寒犯表证）。西医诊断：荨麻疹。处方：桂枝5g，麻黄5g，白芍10g，杏仁10g，甘草6g，防风12g，蝉蜕10g，生姜6g，大枣4枚。水煎服，每日1剂，分2次服，共5剂。嘱清淡饮食、避风邪。

二诊：患者颜面潮红已退，恶风身热症状消失，瘙痒感大大减轻，风团消退。遂在原方基础上继续服用3剂。

三诊：皮疹已消退，未再发风团。

按语：患者有明显之感寒病史，而且颜面潮红，有明显的瘙痒感，是风寒之邪郁滞肌表，不能透达所致。纳可、二便调说明邪气郁于肌表，病邪尚未入里，故选用桂枝麻黄各半汤为主方。桂枝麻黄各半汤，系桂枝汤与麻黄汤合方，既可发汗解肌，又能调和营卫，使用该方治疗风寒犯表之荨麻疹，佐以防风、蝉蜕疏风止痒。此外，此类患者多影响睡眠，在辨证治疗的同时，常加用乌梅、煅牡蛎、煅龙骨等安神。需要注意的是，除辨证论治外，还要根据患者居住环境和发病季节调整用药。

（黄　港）

四、药疹

药疹是指药物通过口服、注射、皮肤黏膜直接用药等途径进入人体后引起的皮肤、黏膜或其附属器的药物异常反应。一般来讲，药疹多在药物治疗开始后7~10天经过致敏而出现，但若以前曾接受过同样药物或同类结构的药物治疗，则可于数小时或1~2天内迅速出现。皮损呈多样性、对称性、全身性、泛发性，可泛发或仅局限于局部，病情轻重不等，严重者可累及多个系统，甚至危及生命。痒是药疹最常见最明显的全身症状，还可伴有发热、头痛、头昏、恶心、呕吐等症状。

本病相当于中医学的药毒。巢元方在《诸病源候论·解诸药毒候》中记载道："凡药物云有毒及大毒者，皆能变乱，于人为害，亦能杀人。"在中医学中早有对药物不良反应的认识，《素问·五常政大论》曰："大毒治病，十去其六；常毒治病，十去其七；小毒治病，十去其八；无毒治病，十去其九。"依据不良反应强弱，药物分为大毒、常毒、小毒、无毒四类。

【病因病机及毒邪发病机制】

中医认为药疹的发生多因患者先天禀赋不耐，后天受到药毒侵袭，导致风、湿、热毒邪交争，邪气被阻，郁于肌肤，自觉灼热瘙痒；或素体血分有热，药毒侵袭时，毒热更加炽盛，热入营血，外发肌肤则出现鲜红斑、斑疹。明代《疡医证治准绳》中阐明其病机："专游风毒，此炽热在内，或多食辛辣厚味，或服食金石刚剂太过，以致热壅上焦，气血沸腾所致。"

引起药毒发病的毒邪主要还是药物毒，根据患者体质和毒邪夹杂邪气不同，表现也会不同。第一类是药毒夹杂风邪进入人体，风善行而数变，皮疹发无定处，伴随瘙痒。风热毒邪蕴结于肌肤，局部皮肤色红，泛发风团、斑片。第二类是湿热毒邪，患者素体脾虚，脾失健运，湿邪内蕴，蕴久化热，外感毒邪，湿热毒邪蕴结于肌肤，局部皮肤色鲜红或紫红，肿胀，皮紧光亮，泛发风团、斑片、斑丘疹、水疱。第三类是火热毒邪，患者素体禀赋不耐，火热毒邪侵袭，毒热炽盛，燔灼营血，外发肌肤，病势急，皮疹发展迅速，可见暗红色或青灰色斑片，或皮肤黏膜糜烂、坏死，或皮肤肿胀迅速，继之出现松弛型水疱或大疱，水疱溃破后糜烂面大、渗出多，伴有高热神昏、口渴不欲饮、大便干结、小便短赤。

引起药疹的药物种类很多，常见的致敏药物有以下四类：①解热镇痛药：其中以吡唑酮类和水杨酸盐制剂为常见。②磺胺类：其中以长效磺胺为多。③安眠镇静药：其中以巴比妥类为多。④抗生素类：其中以青霉素为多见，其他如血清、苯妥英钠型抗癫痫药、呋喃类、吩噻嗪类等引起的药疹也不少见。⑤中草药类：有单味，亦有复方成药。

【临床表现】

药疹发病前有用药史，首次用药潜伏期一般在平均7~10天发病，重复用药则常在24小时内发病。皮损形态多样，可泛发或者仅限于局部，常见药毒皮肤表现归纳如下。

1.荨麻疹型 皮损表现为大小不等的风团，多泛发全身，风团颜色较一般荨麻疹更红，持续时间长。自觉瘙痒，可能伴有刺痛或触痛感。可伴有血管性水肿，可累及面部、唇部、四肢、生殖器。部分患者伴有关节痛、腹痛、腹泻等症状，严重者可引起过敏性休克。

2.麻疹型或猩红热型 较常见，皮损鲜红，皮疹以色鲜红的针尖至米粒大小的丘疹或斑丘疹为主，分布密集，以躯干和四肢近端为多，也可扩展到全身。可有程度不等的瘙痒感，伴有低热，白细胞计数可升高。停药后5~14日皮疹颜色变淡消退，若不及时停药，可发展成重症药疹。

3.固定红斑型 皮损为类圆形或椭圆形的水肿性紫红色斑，边界清楚，病情重者红斑中央可形成水疱，愈后会遗留色素沉着，发作愈频则色素愈深。损害可发生于任何部位，好发于口唇、口周、龟头、肛门等皮肤黏膜处。皮损一般经7~10天可消退，但发于阴部而出现糜烂、溃疡者，病程较长。再服该药时，于数分钟或数小时内在原发疹部位发痒，继而出现同样损害并向周围扩大，表现为中央暗红、边缘鲜红的损害，并可增发新疹。

4.多形红斑型 皮疹为豌豆至蚕豆大小、圆形或椭圆形水肿性红斑或丘疹，中心呈紫红色，常有水疱，边界清楚，多对称性发生于四肢伸侧、躯干。严重者累及口腔、外阴黏膜处，也有瘙痒、疼痛症状。重症患者会出现高热、肝肾功能损害及继发感染等，可导致死亡。

5.湿疹皮炎样型 本型大部分患者先由致敏的外用药物引起局部接触性皮炎，若之后再服用、注射或外用相同或类似的药物，即可发生泛发性或对称性湿疹样皮损。皮损为局限或泛发全身的红斑、丘疹、水疱等，伴瘙痒，有时可迁延成慢性湿疹。

6.紫癜型 潜伏期为7~10天，皮疹表现为针头至豆大的紫红色可触及的瘀点或瘀斑，好发于双下肢，对称分布，有时候可有风团，甚至中央有小血疱。

7.剥脱性皮炎型 本型较为严重，其特点是首次用药潜伏期长，一般在20天以上。虽可突然发病，但一般发展较慢。此型药疹在发病开始先有皮肤瘙痒、全身不适、寒战高热、头痛等前驱症状，皮损初起有麻疹样或猩红热样损害，逐渐加重至全身皮肤潮红肿胀，皱褶部位出现水疱、糜烂、渗液、结痂。一般于2周后，红肿减轻，全身皮肤开始出现鳞片状脱屑，手足可呈套状剥脱，头发与指（趾）甲亦可脱落。常伴有全身浅表淋巴结肿大。若处理不当，伴发水电解质紊乱、继发感染则可危及生命。

8.大疱性表皮松解型 本型为重症药物性皮炎，是最严重的一型。其特点是发病急，全身中毒症状重，常有高热、咽痛、烦躁不安。皮损初起为鲜红色或紫红色斑片，迅速扩大融合，1~2日内可遍及全身，发展成松弛性水疱，水疱表皮易脱落形成糜烂，糜烂面似Ⅱ度烧伤，口腔、眼结膜、呼吸道、胃肠道黏膜易糜烂、溃疡、出血，伴有明显的触痛感。皮肤黏膜屏障破坏，大量渗出，可导致休克、感染、水电解质失衡、重要脏器病变而死亡。

【辨证施治】

（1）湿毒蕴肤证

证候：皮疹处呈红斑、丘疹、水疱，甚则糜烂、渗液，甚至表皮剥脱；伴灼热瘙痒，口干，大便干结，小便黄赤，或有发热；舌红，苔薄黄，脉滑数。

治法：清热利湿解毒。

方药：萆薢渗湿汤加减。常用龙胆草、栀子、黄芩、生地、车前草、泽泻、当归、萆薢、薏苡仁、苦参、白鲜皮、蒲公英等。

（2）热毒入营证

证候：皮疹鲜红或紫红，甚则紫斑、血疱、糜烂、渗出、剥脱；伴高热，神志不清，口唇焦燥，口渴不欲饮，大便干结，小便短赤；舌绛，苔少或无苔，脉洪数。

治法：清营解毒，凉血消斑。

方药：清营汤加减。常用水牛角、生地、金银花、连翘、玄参、黄连、淡竹叶、麦冬、荆芥、防风、甘草等。

（3）气阴两虚证

证候：皮疹消退，出现大片脱屑；伴低热，口干欲饮，乏力，气短，纳呆，大便干，小便黄；舌红，或伴有裂纹，少苔，脉细数。

治法：益气养阴清热。

方药：增液汤合益胃汤加减。常用玄参、麦冬、生地、北沙参、太子参、五味子、荆芥、防风、甘草等。

【从毒论治】

药疹的处理原则是停用一切可疑致敏药物，再辨证论治及根据各个时期毒邪的性质来选取用药。治疗风热毒邪时，治宜疏风清热、解毒凉血，以防风、僵蚕疏风止痒；以牡丹皮、赤芍清热解毒凉血；以黄芩、紫草清热解毒。在治疗湿热毒邪时，若湿邪较甚，可选用车前子与泽泻同用以清热利湿，给湿邪以出路，可加用茯苓皮、猪苓、冬瓜皮等；若热邪较甚，可选用龙胆草、黄芩等苦寒之药清利湿热；若皮疹色深，可加用金银花、连翘增强清热解毒之力；在热毒入营时，可选用莲子心、栀子、黄连，三药合用主清心火与泻三焦之热；在疾病后期，除益气养阴清热外，还要注意顾护津液，若津液不足，更易导致余毒内伏，黄芪、党参补脾益气，百合养阴增液，还应当酌加活血凉血之品，如丹参、赤芍、丹皮等，以活血化瘀，兼清血中余热。

治疗药疹时配合中药湿敷、中药浸浴、中药熏蒸，可以起到清热利湿、凉血解毒的作用。

1. 中药湿敷　适用于皮损表现为潮红肿胀或糜烂渗出者。操作：用6~8层纱布浸入新鲜配制的药液中（处方：大黄、苦参、地榆、五倍子、紫草各30g，枯矾20g），敷于患处，与皮损紧密接触，大小与皮损相当。

2. 中药浸浴　适用于各型药物性皮炎（药疹），尤其是重症药疹。操作：上述药物加水煎煮，滤出5L中药药液，将药液倒入浴桶或浴缸内，加50L左右温水，水温调至38~40℃；使患者躯体及四肢浸泡于药液中，每日1次，每次20分钟左右；室温控制在22℃以上。

3. 中药熏蒸　适用于固定性药疹等皮损范围相对局限者。操作：治疗前将煎煮好的药液倒入中药熏蒸仪中，加清水1000~1200ml，预热，达治疗温度后设置治疗时间（15~30分钟），将熏蒸治疗头对准皮损，调整距离，以不烫为宜，治疗结束后擦干皮肤，涂抹保湿剂后休息片刻再到室外，治疗可每日1次或隔日1次。在中药浸浴和中药熏蒸后，立即擦干皮肤，涂抹大量保湿剂。

在大疱性表皮松解型药疹治疗过程中，大而松弛的水疱消毒后要用无菌注射器抽取疱液，若出现大面积糜烂，应将患者置于无菌病房，以干燥、暴露为宜；累及黏膜时要注意眼部、口部、外阴部的护理，需要每日多次用生理盐水漱口或冲洗以减少感染。药疹的临床表现有轻有重，轻型药疹可采用纯中医内外治相结合治疗，但对于大疱性表皮松解型、剥脱性皮炎型及重症多形红斑型等重型药疹，目前国内采用中西医结合的方法进行治疗，取得了比较好的疗效。

【调护】

（1）应先追问患者的药物过敏史，引起过敏的药物要明显地写在病历上，以引起医生的注意，并劝告患者避免使用该药或含有该药的一些成药和化学结构式相关而易引起交叉反应的药物。患者应避免滥用药物，包括长期使用同类药物和过量用药，减少药物使用种类。

（2）注意药疹的前驱症状，如发热、瘙痒、轻度红斑、胸闷、气喘、全身不适等要及早发现，及时停药，避免严重反应的发生。

（3）在出现重型药疹时，注意水、电解质平衡及蛋白质等摄入量，鼓励患者进食半流质食物、高蛋白饮品如牛奶等，补充多种维生素，忌食辛辣、鱼腥发物；同时还要加强皮肤护理，防止继发感染。

【病案举例】

案例1

蔡某，女，61岁。2021年9月16日初诊。

患者因“全身皮肤黏膜起疹、糜烂伴瘙痒4天余”就诊，患者自诉4天前口腔黏膜起水疱伴疼痛，水疱破溃形成糜烂，伴疼痛，当时未引起重视，随即全身皮肤起红斑、丘疹、斑丘疹、疱疹，伴瘙痒，遂至当地就诊，予复方甘草酸苷片、富马酸酮替芬片、葡萄糖酸钙等药物治疗，未见好转，部分皮疹融合成片，瘙痒加重。现症见：全身泛发红色斑疹、斑片、丘疹、斑丘疹，境界清楚，皮疹中央颜色较边缘略深，中央出现紫癜、疱疹，呈虹膜状损害，皮疹部分融合成片，以胸背及颜面部、颈部为甚，伴剧烈瘙痒；口唇、口腔、咽部黏膜大片糜烂、潮红，伴疼痛，影响进食，吞咽困难；无口干口苦、恶寒发热，纳差，夜寐欠安，大小便可；脉滑数，舌苔黄，舌质红，边缘有齿痕。全身起疹前11天因头痛口服卡马西平片，每天2次，1片/次，3天前停服。中医诊断：药毒（湿毒蕴肤证）。西医诊断：药疹。处方：龙胆草5g，石菖蒲10g，酒黄芩10g，盐泽泻10g，车前草10g，当归10g，生地10g，赤芍10g，白术12g，茯苓10g，党参10g，甘草6g，水牛角（先煎）15g，牡丹皮10g，陈皮10g。水煎服，每日1剂，分2次服，共7剂。配合使用糖皮质激素抗炎等治疗，同时加强皮肤黏膜的护理，以康复新液漱口。

二诊：患者颜面部、颈部斑疹颜色变暗、红肿消退，未见新发皮疹，糜烂处有结痂。遂在原方基础上减去水牛角，加用凌霄花10g以凉血解毒、载药上行，7剂。

三诊：颜面部、颈部皮疹消退留有色素沉着，躯干部大部分皮疹消退，留有少量粟粒样丘疹，皮肤有少许脱屑、干燥，二便、饮食、睡眠正常。上方减石菖蒲，加麦冬12g，7剂。

四诊：全身红色斑丘疹基本消退，留有色素沉着和少许痂壳。

按语：本例患者，根据其临床表现，湿、毒、热象均较重，因而表现为皮损颜色鲜红，黏膜处有大片糜烂、潮红，脉滑数，舌苔黄，舌质红，边缘有齿痕，在治法上清热解毒与凉血利湿并用，但以清热解毒为主。本例患者以龙胆泻肝汤合犀角地黄汤治疗，龙胆草、黄芩清热解毒；生地凉血清热养阴；白术、茯苓、车前草、泽泻健脾清热利湿。本处方中还合用了犀角地黄汤，用水牛角代替犀牛角，水牛角有苦寒之性，凉血清心，泻热解毒；赤芍与丹皮加强清热凉血、活血散瘀之力；当归入血养血以和营，以防火热煎熬、营血瘀滞；石菖蒲可醒脾健脑，茯苓健脾养心安神，共奏养心安神之功；生甘草可解毒，调和诸药，效果良好。因为患者年纪较大，过用苦寒清热的药物，会伤及脾胃，毒邪会滞留于内，予以党参健脾益气，气血充足则邪不可干，紫斑可除。若大便秘结可加制大黄，痒甚加白鲜皮、苦参、地肤子。若在后期出现大片状或者糠秕状脱屑，可以加用南北沙参，两者合用养阴和气血，又可宣达肺气。同时本病的护理应强调避风，并忌食腥发之物。

案例2

吴某，女，30岁。2021年11月6日初诊。

患者因“全身起红斑、丘疹伴瘙痒10天”求诊，自述12天前进行无痛分娩术，2天后腹部、上肢出现红色斑片、丘疹，瘙痒感较重，曾于当地诊所使用地塞米松磷酸钠注射液静滴，瘙痒缓解，但斑片逐渐增多，至夜晚颜色加深。现症见：精神软，全身起红斑、丘疹，以腹部、大腿内侧较甚，部分斑丘疹融合成片，腹部皮肤干燥伴有少许细碎鳞屑、抓痕；有口干，无口苦，纳欠佳，夜寐欠安，大便干燥，两日一次，小便正常；舌红，苔薄，脉濡。中医诊断：药毒（血虚风毒证）。西医诊断：药疹。处方：当归10g，生地10g，白芍10g，川芎12g，制何首乌10g，荆芥10g，防风10g，炒蒺藜10g，土茯苓10g，黄芪12g，炙甘草6g。7剂内服，每日一剂，每剂水煎两次，每煎取汁150ml，药汁混合，分早晚两次温服。配合针刺血海、曲池、合谷、三阴交、太冲、阴陵泉、足三里，隔日一次。

二诊：患者大腿内侧皮疹基本消退，其他部位皮疹颜色变为粉红色，患者乏力感减退，夜寐可，大便正常。遂在原方的基础上加麦冬10g、知母10g，7剂。

三诊：患者基本痊愈。

按语： 本例疑是在无痛分娩手术过程中使用麻药所引起的药疹，皮疹出现时间已经有10天，曾用西药治疗，全身皮疹未见消退反而越来越多。患者处于产后血虚有热，风热毒邪侵袭的状态下，以当归饮子为主方，使用当归、生地黄等养血活血、养阴生津，配以蒺藜、荆芥、防风等祛风止痒，土茯苓健脾祛湿解毒，黄芪补气固表而配合当归益气生血。诸药合用，共奏养血润燥、祛风止痒之功。二诊时再加入知母、麦冬养阴凉血解毒。本方重点在于祛风养阴养血，药少力专，配合针灸以调和气血、利湿解毒。

（黄　港）

第八节　血管炎性皮肤病

一、过敏性紫癜

过敏性紫癜又称为变应性紫癜、急性血管性紫癜，是一种侵犯皮肤或其他器官的毛细血管及细小动脉的一种弥漫性小血管炎。本病以非血小板减少性皮肤紫斑和可伴关节痛、腹痛或肾脏病变为特征，好发于儿童和青少年，男性多于女性，冬春季节发病率较高。中医称其为“葡萄疫”“紫斑”“肌衄”等。

【病因病机及毒邪发病机制】

本病病因复杂，总由外邪侵袭、脏腑蕴热，灼伤脉络所致，离经之血泛于肌肤则为紫斑，累及脏腑则发为腹痛、尿血、便血等症。明代李梴所著《医学入门·卷之四·内伤·血》记载“血从汗孔出者，谓之肌衄”，则将本病称之为“肌衄”。《外科正宗·杂疮毒门》曰：“葡萄疫，其患多生小儿，感受四时不正之气，郁于皮肤不散，结成大小青紫斑点，色若葡萄，发在遍体头面，乃为腑症。”本病是由于外感六淫之邪，内伤五脏之气，以热伏于内，毒蕴于中，壅遏脉络，迫血妄行，血从肌肤腠理泛出；或脾肾不足，运化无力，气化失司，致使统摄无权，血溢脉外而致。

西医学对葡萄疫的发病原因和发病机制的研究还不透彻，但多数研究认为其发病与感染因素有关，如链球菌感染、幽门螺杆菌感染、病毒及支原体感染等；另外与气候、药物、食物、精神因素、虫咬等关系密切。多数学者认为发病机制是机体免疫系统的异常，免疫复合物在过敏性紫癜的发病过程中起着重要作用。

引起过敏性紫癜发病的毒邪主要有三种：一是热毒。热伏于内，毒蕴于中，壅遏脉络，迫血妄行，血从肌肤腠理衄出而成紫斑。二是瘀毒。有斑必有瘀，无瘀不成斑。过敏性紫癜发病过程中湿热、脾虚、肾虚日久也会形成血瘀，而瘀血蕴结日久则成“瘀毒”，毒瘀互结则病程迁延难愈。因此认为瘀毒可能是过敏性紫癜发病的重要因素。三为微生物毒。西医学研究表明，过敏性紫癜的发病可能与感染有关，如链球菌、幽门螺杆菌、病毒及支原体等，另外药物、食物及虫咬亦是诱因。由于抗原与抗体结合形成免疫复合物，在血管壁沉积，激活补体，导致毛细血管和小血管壁及其周围产生炎症，使血管壁通透性增高，从而产生各种临床表现。综上所述，过敏性紫癜的发病存在“毒邪”致病的机制。

【临床表现】

本病多见于儿童和青年，好发于下肢，尤以小腿伸侧较多见。皮损呈针头至黄豆大小瘀点或瘀斑。仅有皮损而无内脏病变者称为单纯性紫癜；伴有腹痛、腹泻、便血者称为胃肠型紫癜；伴有关节肿胀和疼痛者称为关节型紫癜；伴有血尿、蛋白尿、管型尿者称为肾性紫癜。发病前有上呼吸道感染、低热、全身不适等前驱症状。本病预后良好，大多发病1~2个月后恢复，也可因多次反复而迁延数月或1~2年。

实验室检查：毛细血管脆性试验阳性，可有血尿、蛋白尿、管型尿。血小板计数，出、凝血时间，凝血因子等均正常。部分患者血清IgA增高。组织病理示基本病变为真皮毛细血管及小动脉的白细胞碎裂性血管炎，以浅层血管为主。

【辨证施治】

（1）风热蕴毒证

证候：本证多见于单纯性紫癜或其他型紫癜的早期。发病突然，瘀点散在，色鲜红，压之不退色，自觉瘙痒；身热，口干咽痛；舌质红，苔薄黄，脉细数或弦数。

治法：疏风清热解毒，凉血化瘀消斑。

方药：凉血五根汤加减。常用紫草、茜草、天花粉、板蓝根、白茅根、生地黄、牡丹皮、赤芍、地肤子、金银花等。

（2）脾肾不足证

证候：本证多见于腹型紫癜或肾型紫癜。病程日久，反复发作，瘀斑色淡紫；面色苍白，头晕目眩，少寐多梦；舌质淡，苔薄白，脉细弱。

治法：健脾补肾，益气摄血。

方药：归脾汤加减。常用党参、白术、黄芪、当归、茯苓、远志、陈皮、酸枣仁、生地黄、大枣、甘草。腹型者，加黄芩、延胡索、生地黄；肾型者，加知母、黄柏；血尿者，加大蓟、小蓟、蒲黄。

【从毒论治】

本病存在瘀毒、药物毒、微生物毒等。在治疗过程中除按照辨证施治原则外，瘀毒应行气化瘀、凉血化瘀。有斑必有瘀，无瘀不成斑，无论病在何脏，均可用凉血化瘀药，常用药物有当归、丹参、川芎、槐花、凌霄花、玫瑰花、红花、桃仁、赤芍、莪术、郁金等。微生物毒常用金银花、野菊花、菊花、白花蛇舌草、黄芩、黄连、栀子等。药物毒常用茯苓、苍术、白术、黄柏、薏苡仁、金银花、连翘、生地、丹皮、白茅根、黄芩、黄柏、黄连等。

【调护】

重视情志管理：过敏性紫癜易累及其他脏腑，应尽早干预。刘巧教授特别重视患者的情志因素对本病诊治的影响，因此在本病的治疗中往往耐心地进行医患沟通，帮助患者提高对本病的认识，以减轻患者的焦虑和抑郁情绪，同时强调情志在疾病的发生发展及治疗中的重要性，疏导患者树立自信、保持良好的心态。

【病案举例】

杨某，女，18岁。2021年4月5日初诊。

患者因“双下肢起瘀点、瘀斑10天”就诊，患者10天前无明显诱因双小腿出现瘀点及瘀斑，无明显瘙痒，无发热，无咽痛，逐渐发展到双侧大腿及臀部，在当地诊所经输液治疗，具体用药不详，未见明显好转，遂来就诊。症见：双下肢及臀部散在针头大小瘀点，部分为瘀斑，压之不褪色；口干，大便干，饮食尚可，睡眠一般；舌红，苔薄白，脉浮数。中医诊断：葡萄疫（风热蕴毒）。西医诊断：过敏性紫癜。处方：金银花15g，连翘15g，竹叶10g，天花粉15g，牛膝10g，紫草15g，茜草根15g，甘草6g，荆芥10g，白茅根30g。水煎服，每日1剂，分2次服，共7剂。

二诊（2021年4月12日）：原有瘀点、瘀斑颜色明显变淡，仍有少量新发的瘀点，伴有咽干。前方加生地黄30g、玄参15g，7剂。

三诊（2021年4月19日）：未见新发的瘀点，原瘀点、瘀斑明显变暗。继续服用14剂，皮损痊愈。

按语：银翘散是治风热犯表的祖方，凉血五根汤是治血热在下肢的常用方。金银花、连翘清热解毒；紫草、天花粉、茜草根、白茅根具有清热凉血止血的作用；牛膝引诸药下行；天花粉清热解毒，养阴生津，避免全方苦燥伤阴。诸药合用，凉血不留瘀，苦寒不伤正，治疗风热毒蕴引起的过敏性紫癜初起较为得当，必要时可加入地榆、大小蓟以及一些炭类药物如荆芥炭、贯众炭等加强止血作用。

（严张仁　刘思敏）

二、结节性红斑

结节性红斑是一种由真皮深层小血管和脂膜炎症所引起的红斑结节性皮肤病。其临床特点是散在性皮下结节，呈鲜红至紫红色，大小不等，有压痛，好发于小腿伸侧，具有一定的自限性，多见于青年女性，以春秋季发病者为多。该病的发病机制目前尚不明确，可能与结核、细菌感染、真菌感染、药物、系统性炎症等有关。本病病程长，易反复发作，经久不愈。

结节性红斑在中医古籍中记载的病名有《鬼遗方》之“三里发”，《医宗金鉴》之“瓜藤缠”，《医门补要·肾气游风》之“肾气游风”，《证治准绳·疡医》之“湿毒流注”。

【病因病机及毒邪发病机制】

中医病因病机是素体血分有热，外感湿邪，湿与热结；或脾虚失运，水湿内生，湿郁化热，湿热下注，气滞血瘀，瘀阻经络而发；或体虚之人气血不足，卫外不固，寒湿之邪乘虚外袭，客于肌肤腠理，流于经络，气血瘀滞而发。《鬼遗方》记载：“此因伤筋气劳力所成。”《外科真经》言“湿热下注，气虚血滞，发为腓腨”，认为该病责之于湿热下注，气虚血瘀。《医宗金鉴》指出病因病机是湿热下注。《医门补要·肾气游风》曰“脾肾两虚，气血错乱，湿邪内扰，每临暑湿之令，外湿激动内湿，使足胫皮肤，红肿坠痛，为肾气游风”，认为本病多由脾肾亏虚，气血错乱，脾虚生湿，外湿激发内湿所致。

多数学者认为其发生可能是机体对某些病原微生物抗原的一种迟发性过敏反应，也可能是一种免疫复合物相关疾病，研究表明诱发本病最常见的抗原可能是β溶血性链球菌与结核杆菌。

本病病因病机总由湿热蕴毒，气血瘀阻，经络不通所致。患者一般表现为下肢多个结节，红、肿、疼痛，舌偏红，苔偏腻。湿邪易袭人体下部，与热相缠，日久蕴生毒邪，留着下肢经络，致气血凝滞，不通则痛。与结节性红斑发病有关的毒邪有两种：一为瘀毒。瘀毒既是病理产物，同时又是致病因素。研究表明结节性红斑患者不同切变率下全血黏度、血浆黏度、全血还原黏度、红细胞刚性指数、红细胞聚集指数等均高于正常对照，说明结节性红斑患者血液呈高黏滞状态，提示患者血流缓慢，瘀滞不通，存在血瘀病理。二为湿热毒。结节性红斑是由脏腑之湿热流注下部所致。湿热毒乃湿毒和热毒杂合而致，兼具湿邪和热邪双重特性。湿属阴邪，易阻遏气机，损伤阳气，湿性重着、黏滞、秽浊不清，湿性趋下，易袭阴位；热属阳邪，易生风动血，耗气伤津，易致肿疡。结节性红斑多发于双下肢，红斑、结节灼热、疼痛，这均与湿热毒邪致病特点相一致。湿郁不化，热不得宣，热邪内郁，由气伤血，血分郁热，热伤血络，离经之血成瘀；湿热化燥深入营血，血败成瘀。瘀又可阻滞湿热的消散与气的运行，湿热与瘀互为因果，夹杂为患。

【临床表现】

结节性红斑一般好发于20~40岁中青年女性，皮损好发于两小腿伸侧，为鲜红色疼痛性结节，略高出皮面，蚕豆至杏核大或桃核大，对称性分布，若数个结节融合在一起则大如鸡卵，皮损周围水肿，但境界清楚，皮肤紧张，自觉疼痛，压之更甚，颜色由深红渐变为暗红。皮损可自行消退，不留痕迹，不化脓，不破溃。

【辨证施治】

（1）湿热血瘀证

证候：发病急，结节鲜红，略高出皮面，灼热红肿，疼痛明显，胫踝肿胀；可伴有发热，咽痛，肌肉关节疼痛，口渴，小便黄；舌红，苔白腻或黄腻，脉弦滑或滑数。

治法：清热利湿，祛瘀通络。

方药：萆薢渗湿汤合通络活血方加减。常用萆薢、黄柏、忍冬藤、木瓜、伸筋草、赤芍、红花、桃仁、丹参等。咽喉疼痛者，加桔梗、牛蒡子、甘草；关节疼痛者，加牛膝、防己。

（2）寒湿阻络证

证候：病程日久，反复发作，结节逐渐呈紫褐色或暗红色，疼痛及压痛较轻；

伴下肢沉重，关节疼痛，畏寒肢冷，纳呆；舌胖，淡暗或有瘀点，苔滑或腻，脉沉细。

治法：散寒除湿，温经通络。

方药：阳和汤合当归四逆汤加减。常用鹿角霜、黄芪、桂枝、红花、赤芍、鸡血藤、白芥子、秦艽、当归、莪术、干姜等。

【从毒论治】

结节性红斑反复发作，顽固难愈，病期漫长。其主要病因是湿毒、热毒与瘀毒侵入人体，积聚皮肤腠理，而致气血凝滞、营卫失和，经络阻塞，毒邪久羁，毒气深沉，未能完全排出故迁延难愈。在治疗过程中应清利湿热，活血化瘀。常用桃红四物汤合五神汤加减治疗，抓主要病机，随症化裁，疗效显著。常用药物有茯苓、车前子、金银花、牛膝、紫花地丁、蒲公英、牛膝、桃仁、红花、当归、生地黄、赤芍、川芎、茜草、泽兰、甘草、丹皮等。

外治上用如意金黄散或改良版金黄散洗剂，主要药物为黄连、生天南星、黄柏、姜黄、大黄等，用茶水同蜜调敷于患处，具有散瘀解毒、消肿止痛的作用。

【调护】

（1）防止感染，注意保暖，避免患肢受冻。

（2）保持心情愉快，避免精神紧张。

（3）支持性治疗，如穿弹力袜；宜少走动，避免长时间站立及强体力劳动，以防复发。

（4）急性发作期应适当卧床休息，抬高患肢以减轻局部水肿。

（5）忌食辛辣、油腻及酒、肉、鱼虾等发物，少食酸涩或过咸食物。

【病案举例】

张某，女，26岁。2013年5月20日初诊。

患者因“双小腿红斑结节伴疼痛2个月”就诊，患者自诉2个月前双小腿出现多个红色结节伴疼痛，在某三甲医院皮肤科行病理检查提示“结节性红斑”，曾服用泼尼松25mg/日，病情可控制，但停药后皮损再发。症见：双小腿伸侧和外侧散在多个花生米大小的红色结节，压痛明显，无破溃，双小腿及足踝肿胀；口渴不欲饮，纳差，睡眠一般，伴关节痛，大便干；舌质暗，边有齿痕，苔黄腻，脉弦滑。查血白细胞总数：8.4×10^9/L；红细胞沉降率：30mm/h。中医诊断：瓜藤缠（湿热蕴毒，气血瘀阻）。西医诊断：结节性红斑。处方：五神汤合桃红四物汤加减：茯苓30g，车前子（包煎）30g，金银花30g，牛膝15g，紫花地丁15g，蒲公英

30g，桃仁10g，红花10g，当归15g，生地黄15g，赤芍15g，川芎10g，茜草10g，泽兰10g，甘草6g。每日1剂，水煎，分2次内服。

二诊：1周后复诊，肿胀疼痛消失，结节消退，连续治疗3周，停药随访3个月，未见复发。

按语： 热毒、瘀毒阻滞不通则见小腿皮肤红色结节，压痛明显，关节痛，舌质暗。湿毒蕴结则见双小腿及足踝肿胀，舌边齿痕，苔黄腻，脉弦滑。这些毒邪未完全去除则易反复发作，缠绵难愈。结节性红斑多由细菌感染所致，五神汤方中金银花清热解毒，有广谱抗菌、抗炎作用，能抑制炎性渗出，并能解热及促进白细胞的吞噬功能。地丁清热解毒，消散肿痛。茯苓功能利水渗湿，健脾而不伤气，有利尿作用，兼有一定抑菌作用。车前子功能利水，清下焦湿热。川牛膝功能活血祛瘀，利尿通淋，又性善下行，能导热下泄，引血下行。五药合用，共奏清热解毒、分利湿热、化瘀消肿之功。桃红四物汤助活血化瘀之力。在皮肤病中，刘巧教授广泛用该方加味治疗下肢丹毒、血栓性静脉炎等下部皮肤病，凡辨证属湿热下注、毒聚血凝者，皆可用五神汤化裁治疗。

（严张仁　刘思敏）

三、白塞病

白塞病，又称为口-眼-生殖器三联征，是以反复发作的口腔溃疡、眼炎、生殖器溃疡和皮肤损害为特征的慢性全身性血管炎症性疾病，病情严重时可累及中、大血管，出现多系统、多脏器损害。本病好发于中青年，重症患者多为男性，多发于日本、中国、地中海和中东等国家和地区。目前白塞病病因不明，临床上以综合治疗为主，控制炎症、缓解现有症状、防止不可逆的器官损伤为主要治疗原则。此病治疗周期长，易复发，提高患者的生活质量、缓解其疼痛是治疗工作重点。

白塞病在中医文献《金匮要略·百合狐惑阴阳毒病脉证治第三》中记载为“狐惑病”，元代赵以德在《金匮方论衍义》中始提出“狐惑病，谓虫蚀上下也”，其后诸多注家演绎为“虫病”，清代唐容川在《金匮要略浅注补正》中首改为“狐蜮”。

【病因病机及毒邪发病机制】

中医认为该病病因病机相对复杂，肝脾二经湿热，久而蕴毒，热毒盛循经走于口咽、二阴等处；或湿热久羁致热伤阴液，孔窍失去濡养，发为此病；或过食苦寒，湿邪内生，久而郁热成寒热错杂之势，毒邪循经走窜。多数医家认可毒为白塞病的基本病因，且病程中常夹杂湿、热、瘀、虚等，基本病机为湿热毒邪充斥上下，久而腐蚀咽喉、二阴。

《金匮要略论注》记载："狐惑虫也，虫非狐惑，而因病以名之，欲人以名思义也，大抵为湿热毒所为之病。"《诸病源候论》谓："夫狐惑二病者……此皆由湿毒气所为也。"

研究表明白塞病的病因可能与遗传易感性、固有免疫应答改变、感染、炎症因子和细胞免疫应答等因素有关。这些因素可有较高风险来诱发白塞病的发生发展，造成炎症反应。

引起白塞病发病的毒邪有两种：即中医学中的湿热毒邪与外来性质的微生物毒。湿热邪气极盛时则为毒邪，一则湿热邪气久蕴而成毒，其不得宣泄可直接流于孔窍，腐蚀口咽、眼目、四肢等处而成糜烂溃疡；二则湿热毒邪久蕴，致阴伤而虚火内生，机体失去濡养可发病。湿热毒邪作用于人体，部分人禀赋不足可发为白塞病，如白塞病患者有遗传易感性，其中人类白细胞抗原（HLA）-B51/B5、HLA-B27等阳性可显著增加其发病风险。细胞间黏附分子-1（ICAM-1）、内质网氨基肽酶1（ERAP1）等基因多态性和家族性地中海热基因错义突变可能与白塞病相关。另外，在临床实践中发现链球菌、幽门螺杆菌、单纯疱疹病毒（HSV）、EB病毒等微生物毒可能触发白塞病的发生发展。通过观察白塞病患者及小鼠模型，发现在白塞病患者中与对照组相比存在HSV的感染明显升高，可见Hsc71的存在。同时有研究发现人乳头状瘤病毒疫苗与人乳头状瘤病毒本身可能触发其发病。因此认为微生物毒可能是白塞病发病的重要影响因素。T细胞和（或）抗体可通过识别感染微生物后的热休克蛋白共同存在的表位来诱发白塞病。发病前有感染外来微生物史，可触发免疫系统的反应使得器官组织出现炎症和破坏。此外，T细胞平衡失调（尤其是Th1、Th2和Th17细胞比例失调）和多种炎症因子在白塞病发病中起着重要的作用，可造成强炎症反应与组织损伤从而参与白塞病的发病。

【临床表现】

白塞病一般好发于中青年，重症者多为男性。多以口腔溃疡为首发症状，可见复发性口腔阿弗他溃疡。生殖器溃疡为此病特异性病变，疼痛明显。皮肤病变见于75%以上的患者，其特征性的皮肤体征为结节性红斑样皮损和针刺试验阳性。

眼部损害表现为视物模糊、视力减退、失明等，眼球各部位均可受累，其中以葡萄膜炎为常见。患者可有其他系统损害表现，如约40%伴有关节损害；亦可累及消化道、周围神经系统与中枢神经系统、骨髓以及心、肾、肺、大血管等。

【辨证施治】

（1）肝脾湿热证

证候：溃疡以外阴为主，表面颜色暗红，外阴红肿疼痛伴脓性分泌物，可有下肢结节、斑块，口干；舌红，苔黄腻，脉沉。

治法：清热解毒，利湿消肿。

方药：四妙丸合除湿胃苓汤加减。常用苍术、黄柏、牛膝、薏苡仁、防风、白术、茯苓、陈皮、厚朴、猪苓、栀子、木通、泽泻、滑石、甘草等。

（2）肝肾阴虚证

证候：病久低热起伏，口腔、阴部溃疡反复发作，双目发红，视物不清；头目眩晕，五心烦热，口干咽燥，腰膝酸软；舌红少苔，脉细数。

治法：滋补肝肾，滋阴降火。

方药：知柏地黄丸加减。常用知母、熟地、黄柏、山茱萸、山药、丹皮、茯苓、泽泻等。

（3）脾肾阳虚证

证候：口腔、外阴溃疡长期不愈，溃疡平塌不起，皮疹遇寒加重；伴全身乏力，少气懒言，手足不温，纳差，小便清长，大便泄泻，或面目、肢体浮肿，腰膝酸软；舌淡胖，苔白滑，脉沉细。

治法：温阳补肾，健脾除湿。

方药：金匮肾气丸合四君子汤加减。常用熟地、山药、山茱萸、茯苓、牡丹皮、泽泻、桂枝、炮附子、党参、白术、炙甘草等。

（4）寒热错杂证

证候：皮损反复发作，患者面色白，唇色暗淡，口干，咽干，纳差，心下痞硬满，可伴干呕，心烦，大便稀溏；舌淡，苔厚腻，脉滑。

治法：益气和中，消痞止呕。

方药：甘草泻心汤加减。常用甘草、黄芩、干姜、半夏、大枣、黄连等。

【从毒论治】

白塞病存在湿热毒、微生物毒、炎症性毒等。在治疗过程中除按照辨证施治的原则外，湿热毒应清热利湿、泻火解毒。白塞病常见肝脾湿热证，可用甘草泻心汤来益气和胃、清湿热毒。白塞病急性发作期，无论病在何脏，均可加利湿与解毒药，如野菊花、蒲公英、紫花地丁、天葵子、黄柏、黄连、黄芩等。解毒药可针对部位来选择，多发为口腔溃疡者可选轻清上浮入上部药物，如五味消毒饮等方直接祛邪解毒。病位在下部者，患者多见生殖器溃疡等，可用二妙散等加减来定位解毒。还可应用“清血毒胶囊”治疗。外治：口腔溃疡，可用西瓜霜、锡类散、珠黄散等，吹于患处；眼痛流泪者，选用菊花、薄荷、青茶适量，煎汁，外敷或冲洗之；外阴溃疡，可用苦参汤或蛇床子汤煎汁外洗。上述方法可起到收敛生肌、清热解毒等作用。

【调护】

（1）注意休息，避免感冒与外伤。

（2）保持局部干燥、清洁，忌用刺激性药物。

【病案举例】

胡某，男，74岁。2022年8月28日初诊。

患者因“生殖器肿痛伴溃疡1天”就诊，自诉既往有白塞病。两天前因外感风寒出现咽喉疼痛、上唇肿胀，继而1天前出现生殖器溃疡，疼痛明显。当时当地医院予以头孢类抗生素抗感染治疗，效果不佳。症见：精神软，表情痛苦，全脸轻度肿胀伴头晕，上唇可见明显红肿溃疡，生殖器处有溃疡约3cm×4cm大小，尿道口狭窄，可见黄色脓性分泌物流出；夜寐不安，小便量少，大便干；舌红苔黄，脉弦。中医诊断：狐惑病（肝脾湿热证）。西医诊断：白塞病。处方予甘草泻心汤加减：法半夏10g，薏苡仁30g，大枣10个，通草10g，酒黄芩10g，黄连8g，醋北柴胡6g，焦栀子10g，干姜10g，龙胆草6g，甘草10g。水煎服，每日1剂，分2次服，共7剂。生殖器溃疡处予以复方黄柏溶液外敷。嘱保持心情舒畅，保持溃疡局部干燥、清洁。

二诊：患者上唇红肿明显消退，生殖器溃疡较前缩小，约2cm×3cm，自诉溃疡疼痛较前减轻，夜寐尚安。舌诊可见舌红苔黄，脉诊弦数。遂不变动方药，在原方基础上继续服用7剂。

三诊：患者精神可，头晕情况消失，上唇红肿基本消退，生殖器溃疡大部分愈合，尿道口黄色分泌物消失。守前方7剂。

四诊：基本痊愈。

按语：白塞病为湿热虫毒外邪内侵所致，湿热毒邪循经攻于咽喉、二阴等处。湿热毒邪蕴结的根源在于脾土虚弱，脾胃气虚而不能运化水湿，其交通枢纽功能受限，湿郁不解可化热，故而湿热泛滥成毒邪。治疗时需补土伏火，用甘草泻心汤来除湿热毒、清肝火、保胃气。需要注意的是，在治疗的过程中，若患者症状减轻但证型未变，可根据患者的情况，四诊合参，续用原方治疗。在治疗过程中，要注意局部溃疡与眼部的护理，需对患者进行综合性治疗。

（严张仁　刘思敏）

第九节　大疱性及疱疹性皮肤病

一、天疱疮

天疱疮是一种慢性、获得性自身免疫性大疱性皮肤病，临床表现为皮肤或黏膜的糜烂、水疱或大疱，尼氏征阳性。天疱疮好发于老年人，根据临床表现可分为寻常型、红斑型、落叶型、增殖型。天疱疮是一种临床上易诊难治的皮肤疾病，尤其是对于一些合并多种基础病的体弱患者，如伴糖尿病、高血压、肺部感染、肿瘤等慢性疾病的患者，治疗起来较为棘手，大多数情况下患者使用激素后病情控制，但自行停药或减药后病情复发。

天疱疮在中医文献中记载的名称有《证治准绳》《幼科证治准绳》之“天泡疮”,《外科正宗·天泡》之“天泡”,《外科心法要诀·火赤疮》《医宗金鉴·火赤疮》之“火赤疮”,《验方新编·火赤天疮》之“火赤天疮”等。现中医一般称其为火赤疮，西医称其为天疱疮，但火赤疮不完全等同于天疱疮。

【病因病机及毒邪发病机制】

中医学认为本病多因心火妄动，脾湿蕴蒸，复感风湿热毒之邪，内外合邪，熏蒸不解，外越肌肤而发；或久病湿热化燥，灼津耗气，致使气阴两伤。《医宗金鉴》记载：“火赤疮由时气生，燎浆水疱遍身成，治分上下风湿热，泻心清脾自可宁。”“此证由心火妄动，或感酷暑时临，火邪入肺，伏结而成。”

研究表明，天疱疮患者血液循环中存在滴度与疾病轻重相关的抗角质形成细胞间物质抗体，免疫荧光检查可以发现病变部位皮肤棘层细胞间有免疫球蛋白沉积。本病的发病机制可能是天疱疮抗体与角质形成细胞结合使表皮细胞释放纤维蛋白溶酶原激活物，纤维蛋白酶系统被激活导致棘层松解、表皮内裂隙和大疱形成。

引起天疱疮发病的毒邪以湿毒为重，本病多是内因致病，湿邪与体内病理产物结合产生新的致病因素。西医对本病的认识主要是从自身免疫出发，患者体内存在针对Ca^{2+}依赖的棘层细胞间黏附分子——钙黏蛋白的抗体，因此表现为皮肤或黏膜上的松弛性水疱，尼氏征阳性。在中医上可理解为具有针对表皮中棘细胞的特异性的“毒”。但在中医的理解上，水疱形成是“湿”的外在表现。由于湿产生的原因不同，在疾病的不同阶段其轻重缓急不同，伴发的邪气性质不同，因此治疗方法也应该不同。此外，本病还存在火（热）毒的情况。天疱疮是慢性疾病，湿热之邪日久可化火成毒，熏灼肌表、黏膜，故可见皮疹鲜红，口腔、黏膜糜烂、灼痛。故《医宗金鉴》云：“初起小如芡实，大如棋子，燎浆水疱，色赤者为火赤疫；若顶白根赤，名天疱疮。俱延及遍身，焮热疼痛，未破不竖，疱破毒水津烂不臭。”

【临床表现】

1.寻常型天疱疮 好发于中年人。皮损主要表现为外观正常的皮肤或红斑上出现大小不等、疱壁松弛易破的水疱，尼氏征阳性。皮损好发于头、面、颈、胸背、腋下、腹股沟等部位。口腔黏膜受累往往为首发症状，表现为痛觉敏感、水疱、糜烂、溃疡。此外，鼻、眼结膜、肛门、生殖器等部位黏膜亦可受累。本型是最常见和较严重的类型。

2.增殖型天疱疮 多发于年轻人。早期损害与寻常型天疱疮相同，其特点为破溃后在糜烂面上渐出现乳头状的肉芽增殖，边缘常有新生水疱，使损害面积逐渐扩大，表面结污垢厚痂，散发腥臭气味。好发于腋窝、腹股沟、肛门、乳房下及外阴等皱襞部位。自觉症状轻微。病程缓慢，预后较好。

3.落叶型天疱疮 多发于老年人。初起多在头、面、上胸或背部，而后泛发全身。皮损初起是在正常皮肤或红斑上，出现小而松弛的水疱，尼氏征阳性，易于破裂，形成浅在糜烂面，很快干燥结成黄褐色薄痂，有时不发生水疱，患处皮肤潮红肿胀及叶状痂皮，类似剥脱性皮炎。自觉瘙痒或灼痛。病程慢性。患者可因衰竭或继发感染而死亡。

4.红斑型天疱疮 皮损主要发生于头、面及躯干上部，一般无黏膜损害。面部损害为蝶形红斑，表面附有薄痂，痂下可见表浅糜烂；头皮及胸背部散在小片状红斑及松弛薄壁水疱，易破裂，结成鳞屑痂皮，尼氏征阳性。自觉局部瘙痒。病程缓慢，可自然缓解，但常复发。

【辨证施治】

（1）毒热炽盛证

证候：本证多见于天疱疮各型急性期或发作期。发病急骤，水疱迅速扩大，松弛破裂糜烂，糜烂面鲜红；身热，心烦，口渴欲饮，尿黄，便秘；舌质红绛，苔黄，脉细数。

治法：清热解毒，凉血清营。

方药：犀角地黄汤加减。常用水牛角、生地黄、金银花、连翘、赤芍、牡丹皮、知母、栀子等。高热者，加玳瑁、羚羊角；大便干结者，加大黄。

（2）心火脾湿证

证候：本证多见于天疱疮各型稳定期。红斑、水疱散在，糜烂渗出流水较多；伴身倦肢乏，食欲缺乏，心烦口渴，口舌糜烂，便秘或腹泻，尿黄；舌质红，苔黄腻，脉濡数。

治法：清心泻火，健脾除湿。

方药：除湿胃苓汤加减。常用苍术、白术、茯苓、泽泻、茵陈、猪苓、赤小豆、生地黄、木通等。心火炽盛者，加黄连、莲子心；口腔糜烂者，加金莲花、藏青果。

（3）气阴两伤证

证候：本证多见于天疱疮各型的慢性期，病程缠绵，经久不愈者。病程日久，水疱时起时伏，以鳞屑、结痂为主；口渴不欲饮，烦躁少眠，消瘦乏力，咽干唇燥，懒言；舌质淡或有裂纹，少苔，脉沉细。

治法：益气养阴，清热解毒。

方药：益胃汤加减。常用北沙参、麦冬、五味子、生地黄、玄参、玉竹、赤芍、金银花、地骨皮、太子参、黄芪、蒲公英等。瘙痒明显者，加蒺藜、当归。

【从毒论治】

天疱疮发病过程中湿热火毒之邪贯穿始终，对于热重者，用大青叶、紫花地丁、草河车、白花蛇舌草等清热解毒；湿热重者，用泽泻、茵陈、萆薢、车前子、冬瓜皮等清热除湿解毒；血热重者，用白茅根、天花粉、生地炭、金银花炭等凉血解毒；心火炽盛者，用灯心草、莲子心、淡竹叶等解毒清心。

外治上，可予以黄柏30g，地榆30g，每日1剂，煎水湿敷收湿敛疮；创面糜烂、结痂者可予以紫草油、三草油外用凉血解毒，促进疮面愈合；还可配合生肌白玉膏外涂活血生肌。

【调护】

（1）对于重症皮肤病患者，需要每日仔细观察其病情和生命体征，注意维持水、电解质平衡。

（2）注意保暖，保持皮肤清洁，注意口腔、外阴黏膜清洁，预防感染。

（3）高蛋白、高维生素、低盐饮食，忌食鱼腥发物。

【病案举例】

张某，男，57岁。初诊：2020年8月7日。

患者因“全身反复起红斑、水疱3年，加重1个月”就诊，患者3年前无明显诱因出现躯干、四肢起水疱，大小不一，水疱容易破溃渗液，后口腔逐渐出现大小不一的溃疡面，不易愈合，曾在外院行皮肤组织病理及直接免疫荧光检查诊断为寻常型天疱疮，予以糖皮质激素及补钾、补钙、护胃等治疗，皮损有所好转，1个月前停药后，于面部、躯干四肢出现较多新发的红斑及水疱，伴瘙痒。症见：口腔黏膜可见数粒黄豆大小的溃疡面，上覆白膜，躯干、四肢可见散在大小不一的水疱，疱壁松弛，尼氏征阳性，部分水疱破溃，其上可见少量淡黄色渗液及黏着性痂皮；口干，大便略稀，有轻度咳嗽，咳少量白痰，睡眠一般，饮食减少；舌质淡红，苔白腻，脉弦滑。中医诊断：天疱疮（脾虚湿盛）。西医诊断：天疱疮。处方：党参10g，白术15g，茯苓15g，薏苡仁20g，苍术15g，厚朴10g，陈皮6g，枳壳10g，车前子（包煎）15g，滑石（先煎）15g，萆薢10g，泽泻15g，生地黄30g。水煎服，每日1剂，分2次服，共14剂。联合糖皮质激素每日30mg，早餐顿服。配合1%过氧化氢漱口。再涂2.5%金霉素甘油涂剂预防感染。嘱清淡饮食，保持心情舒畅。

二诊：患者全身无新发的水疱，部分水疱干涸，口腔溃疡未见好转，伴有心烦失眠。考虑夹有心火，继续在上方加减，加用黄连6g、黄芩10g、干姜10g、法半夏10g。14剂。

三诊：继续服用半个月，口腔溃疡逐渐愈合，继续以参苓白术散合半夏泻心汤联合治疗2个月，水疱大部分干涸，痂皮脱落，留下色素沉着斑。逐渐减少泼尼松用量，病情稳定，门诊一直坚持治疗。

按语：本例天疱疮辨证考虑脾虚水盛，水液无制外溢肌肤。大便稀、饮食少是脾虚之证，水疱及渗液是湿邪泛滥之候，舌淡、苔白腻也是脾虚湿蕴所致。治以参苓白术散合平胃散加用大量利湿药物。患者伴有口腔溃疡，疼痛明显，考虑夹有心火，脾湿心火，也是寒热错杂，以口腔溃疡为主，半夏泻心汤是为正治。

加用生地黄，临床观察显示生地黄与糖皮质激素合用可以减少激素引起的阴虚阳亢的副作用，生地黄具有对抗地塞米松对垂体-肾上腺皮质系统的抑制之作用，并能促进肾上腺皮质激素的合成，另外生地黄本身也有一定抗炎作用。同时需要预防黏膜部位的继发感染。

（胡凤鸣）

二、大疱性类天疱疮

大疱性类天疱疮是一种自身免疫性大疱性皮肤病。本病以紧张性大疱，疱壁厚，不易破裂，尼氏征阴性为临床特征。因其皮损类似于天疱疮，故名类天疱疮。多见于老年人，但青壮年、儿童亦可患病，女性多于男性。病程长，预后好。

大疱性类天疱疮在中医文献中记载的名称有《证治准绳》之“天泡疮”,《外科正宗》之“天泡”,《外科心法要诀》《医宗金鉴》之“火赤疮”,《验方新编》之“火赤天疮”,《洞天奥旨》之“蜘蛛疮”等。现中医一般称其为火赤疮，西医称其为大疱性类天疱疮，但火赤疮不完全等同于大疱性类天疱疮。

【病因病机及毒邪发病机制】

中医学认为本病是因心火妄动，脾虚湿邪内蕴，复感火毒之邪，内外合邪，熏蒸不解，外越肌肤而发。

西医认为本病是一种自身免疫性疾病。类天疱疮抗原与抗体结合，激活补体，过敏毒素C3a和C5a形成，肥大细胞脱颗粒，释放嗜酸性细胞趋化因子，吸引嗜酸性粒细胞并黏附到基底膜上，释放溶酶体酶，导致基底细胞膜半桥粒和锚丝等断裂及消失，形成水疱。通过免疫荧光检查，发现患者血清中有抗表皮基底膜带的循环抗体，主要是IgG；且本病的病变限于免疫复合物存在的部位，即表皮基底膜带IgG呈线状沉积。

引起大疱性类天疱疮发病的毒邪亦以湿毒、火（热）毒为主。脾虚湿蕴为本病重要病机之一，“湿”邪贯穿本病的整个病程，湿毒蕴结致使皮疹出现水疱、糜烂、渗出，导致病情缠绵难愈。热毒蕴结是本病另一核心病机，外感火热之邪，或情志内伤，肝气不舒而郁结，五志过极化火，均可致火（热）毒生，而致火毒疮疡。此外，本病还存在炎症毒的因素。血清IL-17、IL-23等炎症因子表达水平与大疱性类天疱疮严重程度密切相关；且血清和疱液中IL-31、IL-16的表达升高与大疱性类天疱疮瘙痒程度相关。

【临床表现】

本病好发于老年人。多数病例皮损泛发，好发于胸腹、腋下、腹股沟、四肢屈侧。初起多为在正常皮肤或红斑上突然出现水疱，疱壁紧张不易破裂，疱液清，偶见血疱，尼氏征阴性。水疱破裂后如无继发感染，常很快干燥结痂，糜烂面愈合较快，常留有色素沉着。少数病例皮损可兼见水疱、红斑、丘疹。皮疹成批出现或此起彼伏。本病黏膜损害较少见且损害较轻，多在皮损泛发期或疾病后期发生。患者自觉有不同程度的瘙痒，少数有烧灼感，部分患者可伴发热、食欲缺乏、乏力等全身症状。慢性病程，预后良好，但可反复发作。

【辨证施治】

（1）火毒炽盛证

证候：发病急骤，水疱迅速增多，皮色赤；伴面灼热，唇焦齿燥，烦躁不安，小便黄，大便干；舌质红绛，苔黄燥，脉数。

治法：泻火解毒。

方药：清瘟败毒饮加减。常用生地黄、黄连、黄芩、牡丹皮、生石膏、栀子、玄参、水牛角、连翘、赤芍、知母等。大疱多者，加车前子、冬瓜皮；高热烦躁者，加玳瑁、金银花、黄芩、青蒿；血疱者，加地骨皮。

（2）脾虚湿盛证

证候：皮损颜色较淡，疱壁松弛，破溃后糜烂、渗出；伴口不渴，纳差或食后腹胀，小便少，大便溏；舌淡，苔白或白腻，脉沉、缓或滑。

治法：健脾除湿解毒。

方药：除湿胃苓汤加减。常用党参、白术、茯苓、泽泻、茵陈、薏苡仁、山药、生地黄、萆薢、土茯苓等。纳差者，加炒麦芽、焦山楂、厚朴、枳实；皮损色红者，加牡丹皮、赤芍、栀子；瘙痒明显者，加白鲜皮、地肤子、蒺藜。

（3）血热夹湿证

证候：水疱周围颜色发红，夹有血疱、血痂；伴小便短赤，大便干；舌质红，苔薄，脉弦数。

治法：凉血清热，燥湿解毒。

方药：凉血地黄汤加减。常用赤芍、生地黄、白术、茯苓、黄连、党参、栀子、当归、川芎、玄参等。大便溏泻者，加山药、薏苡仁；大便干燥者，加大黄、知母。

【从毒论治】

本病多是由感染湿毒、火（热）毒、炎症毒所致，湿毒应清热利湿解毒，常用车前草、茵陈、茯苓、萆薢、白术、泽泻、薏苡仁等祛湿解毒。火（热）毒常用黄芩、黄连、黄柏、连翘、栀子、金银花等清热凉血解毒。炎症毒常用金银花、野菊花、菊花、白花蛇舌草、板蓝根等。

外治上，水疱较大、破溃渗出明显时，可用大黄、千里光、地榆煎水湿敷；水疱破溃者，可外涂地榆油、紫草油凉血解毒，促进疮面愈合；还可配合生肌白玉膏外涂活血生肌。

【调护】

（1）高蛋白、高维生素、低盐饮食，忌食鱼腥发物。

（2）预防局部及全身感染。

【病案举例】

陈某，男，47岁。初诊：2021年9月11日。

患者因“全身起红斑、水疱伴瘙痒3个月”就诊，患者3个月前无明显诱因躯干、四肢出现大小不等的红斑、水疱，伴瘙痒，水疱初起为粟米大，后逐渐扩大，水疱疱液澄清，疱壁紧张，不易破溃，尼氏征（–），部分水疱破溃，糜烂淡红，有较多渗出，不易愈合，心烦，瘙痒，口淡无味，小便正常，大便每日2次，偏稀，舌淡红，苔薄白，脉沉滑。外院病理检查示大疱性类天疱疮。中医诊断为火赤疮（脾虚湿盛）。西医诊断：大疱性类天疱疮。治以清脾除湿解毒之法，方用除湿胃苓汤加减，处方：白术15g，土茯苓30g，白扁豆10g，党参15g，栀子10g，薏苡仁30g，泽泻15g，猪苓15g，陈皮9g，山药20g，白鲜皮20g，甘草6g。水煎服，每日1剂，分两次饭后温服，共10剂。联合醋酸泼尼松片每日35mg口服，早8点1次。外用十味参蛇洗剂湿敷收湿敛疮，糜烂面干燥处外用三草油。嘱清淡饮食，保持心情舒畅。

二诊：患者无新发的红斑、水疱，大部分水疱干涸，伴有口干，心烦，手足心热，舌尖红，脉滑数。考虑湿邪蕴而化火，继续在上方加减，加用黄连6g、淡竹叶10g、连翘10g。10剂。

三诊：水疱完全干涸，部分红斑消退，留有色素沉着斑，守上方再用14剂。之后随访逐渐减少泼尼松用量。

按语： 本例大疱性类天疱疮患者属脾运失职，湿邪内生，水湿停滞，水液无制，外溢肌肤而发病。大便偏稀、次数增多以及口淡无味均属脾虚之证，舌淡红、苔薄白、脉沉滑也是脾虚湿盛所致。治以除湿胃苓汤加减。白术能补脾益气，燥湿利水；猪苓用于水湿滞留者；泽泻善于淡渗利湿；薏苡仁健脾益胃；白扁豆健脾化湿；白鲜皮清热燥湿，祛风止痒；栀子清热利湿，凉血解毒；党参、陈皮、山药益气健脾；土茯苓祛湿解毒；甘草调和诸药。全方共奏健脾利湿解毒之功效。二诊湿邪蕴而化火，出现口干、心烦、手足心热的症状，以及舌尖红、脉滑数之象，故在上方基础上加用黄连、连翘清三焦之火，淡竹叶清心火。

（胡凤鸣）

第十节　色素性皮肤病

一、黄褐斑

黄褐斑是一种慢性、获得性面部色素增加性皮肤病，临床表现为对称分布于面颊、前额及下颌且深浅不一、边界不清的淡褐色或深褐色斑片。女性发病占90%，妊娠女性约有50%~75%可发生黄褐斑，大多数在产后一年内消失，30%患者10年后仍持续存在，常见于中青年女性，30~40岁亚洲女性多见，青春期前少见，30%的患者有家族史。目前在临床上黄褐斑面临的主要问题是病因不明，发病机制未完全阐明，易诊难治，治疗周期长，效果差，易复发，方法多样，但很难确定一种公认的治疗方法，且斑片难消，患者的需求难以得到满足。同时患者对疾病防护的重要性认识不足，忽视了对黄褐斑发病诱因的防护。

黄褐斑在中医文献中记载的名称有《难经·二十四难》之“面色黧黑”，《诸病源候论》之“黑皯”“面皯”，《普济方》之“皯黯”，《备急千金要方》《普济方》《证治准绳》《外科证治全书》之“面尘”，《医宗金鉴》《外科正宗》之“黧黑斑”。现中医一般称其为黧黑斑，西医称其为黄褐斑，但黄褐斑不完全等同于黧黑斑。

【病因病机及毒邪发病机制】

中医认为该病病因病机相对复杂，外因为汗出当风，肌肤营养失和。内因多与肝、脾、肾三脏功能失调有关，或忧思抑郁，肝失调达，郁久化热，火燥结滞于面；或气滞血瘀，胃中郁热，阳明经络阻滞；或肾阴不足，肾水不能上承；或冲任失调，妊娠期血不养面而发病。《难经》记载：“经络不畅、血流受阻，日久面色如黧黑。”《黄帝内经》提出黧黑斑的发病与血瘀有关。《诸病源候论》曰：

"或痰饮渍脏，或腠理受风……故变生黑皯。"虚不荣面而黧黑，久瘀成斑，虚是本，瘀毒是病理结果。

研究表明黄褐斑的病因可能与日光（紫外线）照射、情绪、精神压力、睡眠不足、系统疾病、遗传因素、药物诱发、化妆品不当使用和职业因素等有关，从而造成黑素合成增加、新生血管形成、炎症反应、表皮屏障受损、内分泌紊乱等而形成黄褐斑。

引起黄褐斑发病的毒邪有两种：一为瘀毒。有斑必有瘀，无瘀不成斑。在临床实践中发现部分黄褐斑伴局部毛细血管扩张的患者，在治疗毛细血管扩张时，附近的色素颜色也会变淡，黄褐斑色斑处真皮组织中小血管的数量及体积较正常皮肤显著增加，而且以血管密度增加为主。黄褐斑发病过程中的肝郁、湿滞、肾虚日久也会形成血瘀，而瘀血蕴结日久则成"瘀毒"，毒瘀互结则病程迁延难愈。二为药物毒、微生物毒、日光毒、化妆品毒和炎症性毒等。某些药物（药毒）如避孕药、苯妥英钠、减肥药等可能会诱发黄褐斑。现代研究发现日光中（日光毒）的UVA、UVB、蓝光能直接刺激黑素细胞合成色素，损伤基底膜带，使弹性纤维变性，引起皮肤光老化，并诱导成纤维细胞、肥大细胞、皮脂腺细胞等分泌促黑素生成因子，激活酪氨酸酶活性，增强黑素细胞功能，促进黑素合成，从而诱发黄褐斑。现代研究发现，黄褐斑皮损区暂住菌如棒球菌、产色素微球菌和需氧革兰氏阴性杆菌明显增加，产生褐色、橘黄色的微球菌增加显著，白色葡萄球菌、痤疮丙酸杆菌则明显减少。产色素微球菌（微生物毒）会导致或加重黄褐斑色沉，且不同温度培养的产色素微球菌其产色素情况有显著差异，35℃时产生的色素比20℃时明显增多，这也是黄褐斑在春夏色沉明显、冬季减轻或消失的原因之一。然而，化妆品中的香精、防腐剂、乳化剂及汞含量超标是引起化妆品皮肤过敏的主要变应原，能够加速面部炎症反应后的色素沉着，化妆品滥用、乱用也是黄褐斑加重的原因之一。此外，白细胞介素（IL）-1β、IL-17、干细胞因子受体、环氧合酶2等炎症因子（炎症性毒）增多，能够激活酪氨酸酶及小眼畸形相关转录因子，从而促进黑素生成，加重或诱发黄褐斑。

【临床表现】

黄褐斑一般好发于中青年已婚女性，但未婚女性和男性也可见。皮损对称分布于面部，尤以颧颊多见，亦可累及眶周、前额、上唇和鼻部。皮损呈淡褐色、黄褐色或深褐色斑片，大小不定，边缘一般清晰，表面光滑，无炎症，亦无鳞屑。无自觉症状及全身不适。病程呈慢性经过。

【辨证施治】

（1）肝郁血瘀证

证候：本型多见于更年期、有肝脏疾病或有生殖性疾病的女性。面部呈青褐色斑片，伴经期乳房胀痛明显，胁胀胸痞，性情急躁易怒；舌质红，或有紫斑，脉弦。

治法：疏肝解郁，理气活血。

方药：逍遥散加减。常用柴胡、当归、白芍、白术、茯苓、红花、香附、益母草、生地黄等。热重烦躁者，加黄连、栀子等清热除烦；大便秘结者，加生大黄泻热导滞。

（2）脾虚湿蕴证

证候：面部呈黄褐色斑片，伴神疲纳少，脘腹胀闷，或月经量少，带下清稀；舌质淡微胖，苔薄微腻，脉濡细。

治法：健脾益气化湿。

方药：参苓白术散加减。常用党参、茯苓、白术、陈皮、扁豆、砂仁、薏苡仁、益母草、香附、当归、白芍等。食滞不化者，加槟榔、焦麦芽化气行滞。

（3）肾阴不足证

证候：面部斑片呈黑褐色，以鼻为中心，对称分布于颜面部，伴有腰膝酸软无力，失眠多梦，五心烦热，或月经不调；舌质红，苔干或少苔，脉沉细。

治法：滋水养阴，养血润肤。

方药：六味地黄丸加减。常用生地黄、山萸肉、怀山药、牡丹皮、茯苓、菟丝子、女贞子、丹参、香附、益母草等。睡眠欠佳者，加酸枣仁、柏子仁、合欢皮除烦安神；便秘者，加芦荟、火麻仁润肠通便。

【从毒论治】

黄褐斑存在瘀毒、日光毒、药物毒、微生物毒、化妆品毒、炎症性毒等。在治疗过程中，除按照辨证施治的原则外，刘巧教授提出从毒论治，精准解毒用药，瘀毒应行气化瘀、活血化瘀。有斑必有瘀，无瘀不成斑，无论病在何脏，均可用活血化瘀药，常用药物有当归、丹参、川芎、槐花、凌霄花、玫瑰花、红花、桃仁、赤芍、莪术、郁金等。日光毒常用芦荟、马齿苋、茵陈、白花蛇舌草、金银花、薄荷、木瓜、玫瑰花、槐花等。微生物毒常用金银花、野菊花、菊花、白花蛇舌草、黄芩、黄连、栀子等。药物毒常用茯苓、苍术、白术、黄柏、薏苡仁、金银花、连翘、生地、丹皮、白茅根等。化妆品毒常用桑叶、防风、僵蚕、蝉蜕、荆芥、凌霄花、玫瑰花、槐花等。炎症性毒常用白花蛇舌草、金银花、连翘、野菊花、马齿苋、凌霄花、玫瑰花、槐花、当归、白芍、赤芍、丹参、知母等。

刘巧教授根据临床治疗黄褐斑的经验研发“祛斑胶囊”，可用于黄褐斑的治疗。

治疗黄褐斑时配合中药倒模面膜术可以帮助减退色斑，发挥局部排毒作用。外治上还可配合使用针刺、火针、滚针、微针、刺络拔罐、面部刮痧、面部推拿按摩、耳穴压豆、穴位埋线、艾灸等方法达到解毒、排毒、祛斑的效果。

【调护】

1.重视情志管理 黄褐斑是易诊难治的损容性皮肤病，病程较长，需要重视患者的情志因素对本病诊治的影响。黄褐斑病情反复，短期疗效不佳，患者多次治疗后容易对疗效失去信心，从而出现自卑、焦虑甚至抑郁的情绪。因此，在本病的治疗中往往需要医者耐心地进行医患沟通，帮助患者提高对黄褐斑的认识，以减轻患者的焦虑和抑郁情绪，同时强调情志在疾病的发生发展及治疗中的重要性，疏导患者树立自信、保持良好的心态。

2.重视调护管理 光毒（紫外线）为黄褐斑的重要诱因，日晒后色素沉着会明显加重，采取防晒措施可有效避免色素沉着的产生和加重。在黄褐斑的慢病管理中，我们强调防晒是第一要务，勿跟风相信虚假广告而盲目使用脱色剂，饮食上应多吃富含维生素C的新鲜蔬菜瓜果，少食辛辣、肥甘厚味之品，保证睡眠时间，避免熬夜，适当开展体育锻炼。

【病案举例】

案例1

陈某，女，31岁。2020年10月12日初诊。

患者因“面部起褐色斑片4年余”就诊，患者4年余前以颧部为主出现对称性褐色斑片，无明显痒痛，未予治疗。症见：两侧颧部暗褐色斑片，约偏青褐色，边界不清；患者常感胁胀胸痞，经前乳房胀痛，月经时有血块，色黑，有痛经，性情焦虑，易怒，纳一般，睡眠欠佳，二便调；舌质暗红有瘀点，脉弦细。中医诊断：黧黑斑（肝郁毒瘀）。西医诊断：黄褐斑。处方：柴胡12g，当归10g，白芍15g，炒白术10g，茯苓10g，陈皮6g，红花6g，醋香附10g，青皮10g，益母草15g，炒黄栀子10g，玫瑰花10g，凌霄花10g，酸枣仁10g，炙甘草6g。水煎服，每日1剂，分2次服，共14剂。配合中药倒模面膜术，每周一次。嘱保持心情舒畅。

二诊：患者面部色斑颜色变淡，睡眠好转，自诉近期无胁胀胸痞感，本月月经来潮时乳房胀痛减轻，颜色不黑。遂在原方基础上减炒黄栀子、红花，14剂。

三诊：面部色斑大部分消退，二便、饮食及睡眠正常，上方减醋香附，加怀山药，14剂。

四诊：面部肤色较前变亮，斑片基本消退，守前方14剂。

五诊：基本痊愈。

按语：肝失调达，疏泄不畅，则胁胀胸痞，经前乳房胀痛，月经时有血块，色黑，有痛经；疏泄失常，气血瘀滞，血不营面而生斑，此为肝郁毒瘀。患者色斑颜色多属青褐色，面部缺乏光泽。治疗上在逍遥散的基础上加入大量行气活血药，化瘀解毒，如醋香附、青皮、益母草、玫瑰花、红花等。此外，此类患者多心情欠佳，影响睡眠，在辨证治疗的同时，常加用酸枣仁或柏子仁、五味子、蜜远志等安神。需要注意的是，在治疗的过程中，应根据患者的伴随症状，和可能出现证候的改变，及时调整方药，如果脾虚症状明显，则要加强健脾益气。除了药物内服治疗外，还要结合中药倒模术治疗。

案例2

李某，女，40岁。2021年6月6日初诊。

患者因“额部及双面颊部斑片2年余”求诊，自述2年余前额部、双面颊部出现褐色斑片，当时未予以重视，斑片逐渐增多，每遇日晒后颜色加深，饮食不佳，睡眠欠安，二便正常。舌胖大，边有齿痕，苔薄，脉濡。专科检查：颧部、双面颊部散在分布灰褐色斑片，分界明显，面部呈油腻状，面色泛黄。中医诊断：黧黑斑（脾湿毒蕴）。西医诊断：黄褐斑。处方：党参15g，炒白术10g，茯苓15g，山药15g，马齿苋15g，茵陈10g，白花蛇舌草10g，玫瑰花10g，槐花6g，陈皮6g，当归10g，白芍10g，炒薏苡仁15g，炙甘草6g。7剂，配合中药倒模面膜术，每周一次。嘱其日常调护，注意防晒，保持心情舒畅。

二诊：患者皮疹稳定，睡眠欠安，疲乏感较前好转，大便正常。专科查体同前。遂在原方的基础上去薏苡仁，加炙黄芪15g、远志10g，14剂。

三诊：患者斑片基本消退，二便、饮食、睡眠正常。继续巩固治疗，在原方基础上加麦冬10g，7剂。

按语：该患者平素饮食不佳、睡眠欠安，日晒后感受光毒，色斑加重，面色泛黄，皮损呈灰褐色斑片，舌胖大，苔薄，脉濡，辨为脾湿毒蕴证。脾虚湿蕴、湿毒内生，气血生化乏源，肌肤失养而发斑。治疗采用健脾祛湿解毒的方法，选择参苓白术散为主方，在此基础上加用马齿苋、茵陈、白花蛇舌草、玫瑰花、槐花以清日光毒，加当归、白芍养血活血祛瘀毒。二诊时皮损稳定，疲劳感好转，睡眠未见明显改善，故在上方基础上加炙黄芪、远志补气安神。三诊患者二便、饮食、睡眠均明显改善，斑片基本消退，在原方基础上添加麦冬，以防燥湿伤阴，巩固疗效。诊治全程以健脾祛湿、清解日光毒为重点，注重化瘀解毒，随症加减，综合治疗，使患者脾胃康健、气血充盛，故颜面润泽、色斑减退，收效甚佳。

（程仕萍）

二、白癜风

白癜风（vitiligo）是一种常见的后天性色素脱失性皮肤黏膜疾病，可累及毛囊，临床表现为白斑和（或）白发。各种族均可患病，可见于任何年龄段，且发病年龄正逐渐趋于年轻化，男女患病率大致相当，肤色深的人群比肤色浅的人群发病率高，世界范围内发病率为0.1%~2%，我国人群患病率为0.56%，其中9.8%的患者有家族史。目前其病因不明，发病机制尚不完全清楚，本病不仅影响患者美观，甚至给患者生活、学习、心理方面带来困扰，患者求医心切，但疗效并不十分理想，白癜风的治疗可谓皮肤科公认的一大难题。

白癜风在中医文献中记载的名称有《五十二病方》之“白毋奏”“白处”，《补辑肘后方·治卒得癞皮毛变黑方第五十一》之“疬疡”，《刘涓子鬼遗方》之“白定”，《诸病源候论·瘿瘤等病诸候·白癜候》《千金翼方·中风下·疡》之“白癜”，《太平圣惠方·治白癜风诸方》之“白癜风”，《圣济总录·白驳》《证治准绳》之“白驳”，《古今医统大全·癜风证》之“紫白癜风”，《外科证治全书·发无定处证》之“白屑风”，《外科大成》之“白驳风”。现中医一般称其为白驳风，西医称其为白癜风。

【病因病机及毒邪发病机制】

中医认为本病病因病机相对复杂，其发生总由六淫侵袭、气血失和、脏腑虚弱所致。外因多为感受风邪，或夹湿、夹热，搏于肌肤所致。内因与肝、肾两脏功能失调密切相关，或情志内伤，肝气郁结，气机不畅；或气滞血瘀，瘀阻络脉，毛窍闭塞，肌肤腠理失养；或肝血亏虚，血虚发热，热甚生风；或肝血亏虚，血不化精，肾无精藏，肝肾不足，无源充养肌肤而致病。《诸病源候论》认为“风邪相搏，气血不和”可致白癜风发生，《医林改错》中云：“白癜风，血瘀于皮里。”

《神农本草经》中指出本病的发生与肝肾亏虚有关。故本病以风邪为标，脏腑虚弱为本。

白癜风发病除上述风湿热、气滞血瘀、气血不足等因素外，还存在毒邪致病的因素，包括内毒和外毒，内毒以瘀毒为主，外毒包括风毒、日光毒等。从其发病特点来说，首先白癜风发病有顽固性，其皮损消退非常慢，且易反复发作，顽固难愈，病期冗长；其次白癜风的病因有依附性，毒邪常依附于外感六淫、瘀血、痰浊等病理产物；再者白癜风仅是皮肤受累，无论病变范围多么广泛，绝不累及其他内脏，有特异性，说明白癜风的病因里确有毒邪存在。故根据白癜风久治难愈的特点，其发病多与瘀毒有关，瘀毒久留，经络郁滞，气血无法到达局部皮肤，酿成白斑。同时在白癜风早期白斑迅速遍布全身各处，数量、面积迅速增加，易出现同形反应，因此认为白癜风与风毒亦密切相关。此外强烈的日光照射也会引起皮肤炎症而加剧病情。

【临床表现】

（1）后天发病，无性别差异，任何年龄均可发病。

（2）任何部位均可受累，暴露、摩擦及褶皱部位常见；口唇、阴部及肛门黏膜亦可发病，头面部毛发部位白发常见。

（3）白斑单发、散发或泛发，孤立或对称分布，也可完全或部分沿某一皮肤节段单侧发病。

（4）初发时皮损大小不等，圆形、椭圆形或不规则形或线状，经典损害为乳白色或瓷白色色素脱失斑，边界清楚；常无自觉症状，偶伴瘙痒。

【分期】

1.进展期　白斑扩大、增多，边缘呈浅白色或灰白色，边界不清，可形成三色白癜风，易发生同形反应。

2.稳定期　白斑停止发展，呈乳白色或瓷白色，边界清晰，可见色素岛或边缘色素加深。

【分型】

根据皮损范围和分布将本病分为节段型、非节段型、混合型及未定类型四型。

1.节段型白癜风　沿某一皮神经节段单侧分布，完全或部分匹配皮肤节段，少数呈双侧或同侧多节段分布；该类型具有儿童易发、早期毛囊受累及白发形成、病情在进展后期相对稳定的特点。

2.非节段型白癜风　包括散发型、泛发型、面肢端型和黏膜型。散发型指白斑≥2片，面积为1~3级；泛发型为白斑面积4级（大于体表面积的50%）；面肢端型指白斑主要局限于头面、手足，尤其好发于指（趾）远端及面部口腔周围，可发展为散发型、泛发型；黏膜型指白斑分布于2个或以上黏膜部位。

3.混合型白癜风 指节段型和非节段型并存。

4.未定类型白癜风 指非节段型分布的单片皮损，面积小于体表面积的1%。

【辨证施治】

（1）肝郁气滞证

证候：白斑散在渐起，数目不定；伴有心烦易怒，胸胁胀痛，夜寐不安，女子月经不调；舌质正常或淡红，苔薄，脉弦。

治法：疏肝理气，活血祛风。

方药：逍遥散加减。常用柴胡、香附、郁金、当归、丹参、红花、白芍、白术、白蒺藜、补骨脂、荆芥、防风、枳壳、甘草等。心烦易怒者，加牡丹皮、栀子；月经不调者，加益母草；发于头面者，加蔓荆子、菊花；发于下肢者，加木瓜、牛膝。

（2）肝肾不足证

证候：多见于体虚或有家族史的患者。病史较长，白斑局限或泛发；伴头晕耳鸣，失眠健忘，腰膝酸软；舌质红，少苔，脉细弱。

治法：滋补肝肾，养血祛风。

方药：六味地黄丸加减。常用熟地黄、当归、川芎、赤芍、白芍、沙苑子、女贞子、枸杞子、羌活、白蒺藜、补骨脂等。神疲乏力者，加党参、白术；真阴亏损者，加阿胶。

（3）气血瘀滞证

证候：多有外伤，病史缠绵。白斑局限或泛发，边界清楚，局部可有刺痛；舌质紫暗或有瘀斑、瘀点，苔薄白，脉涩。

治法：活血化瘀，通经活络。

方药：通窍活血汤加减。常用当归、川芎、红花、桃仁、鸡血藤、紫草、丹参、首乌藤、浮萍、白薇、陈皮、木香、甘草等。跌打损伤后而发者，加乳香、没药；局部有刺痛者，加制鬼箭羽、白芷；发于下肢者，加牛膝、木瓜；病久者，加苏木、补骨脂。

【从毒论治】

白癜风的发病与“毒”邪有关，历代中医中药治疗白癜风时，外用药大多为有“毒”之品，如硫黄、雄黄、附子、轻粉、砒霜、白附子等。临床观察发现，白癜风发病具有顽固性，其皮损消退非常慢，且易反复发作，顽固难愈，病期冗长，且具有依附性，常依附于外感六淫、瘀血、痰浊等病理产物。此外，白癜风具有特异性，其仅累及皮肤，不累及其他内脏。因此，白癜风发病符合毒邪发病的特征。

白癜风发病多与瘀毒有关，瘀毒久留，经络郁滞，气血无法荣养肌肤，酿成白斑。治疗上重视调理气血，常用当归、鸡血藤、自然铜、牛膝等养血活血散瘀之品，以驱邪外出，通经活络，促进瘀毒消散，瘀毒得散则新血自来，皮肤得荣则白斑可愈合。本病早期白斑突然出现，甚者迅速布满全身，数量、面积迅速增加，易出现同形反应，故白癜风的发病可能亦与风毒密切相关，进行期、肢端型白癜风多使用浮萍、苍耳子、刺蒺藜、防风等药物祛风解毒。从白癜风诱发因素出发，其发病可能还与炎症性毒、日光毒等相关，日光毒常用芦荟、马齿苋、茵陈、白花蛇舌草、金银花、薄荷、木瓜、玫瑰花、槐花等，炎症性毒则常用桑叶、马齿苋、莲子、栀子、知母、芦根等药物。

刘巧教授研发的“首乌养真胶囊”可用于肝肾不足型白癜风，症见白斑色乳白、多呈对称、边界清楚，病程较久。

外治上，治疗白癜风时配合火针可以帮助减退色斑，发挥局部排毒作用。白癜风发病与“瘀毒存内”密切相关。火针能够在体现针的刺激作用的同时，表现出灸的温热作用。通过在皮肤肌表处造成浅部的烧伤，加快血液的渗出，刺激毛细血管，改善血液循环，使瘀毒散之，并加强白斑局部的应激性，使白斑复色；且研究表明热效应有利于黑素的生成，当火针点刺白斑后，可在皮肤上形成微小通道，有利于药物的渗透吸收，起到协同增效的作用，有利于白癜风的恢复。此外，酊剂、针刺、滚针、微针、梅花针叩刺、刺络拔罐、刮痧疗法、自血疗法、耳穴压豆、穴位埋线、艾灸等方法也能够在一定程度上促进白斑复色。

【调护】

1.重视精神调摄　白癜风不具有传染性，也不会影响身体功能，所以在患病期间应以乐观的心态积极面对，保持心情舒畅，避免焦躁、忧虑等不良情绪刺激。

2.重视皮肤保护　衣服宜宽大适身，避免摩擦；避免外伤、压迫，洗澡时不可用力搓擦；避免接触酚及酚类化合物；日光中的紫外线可使皮肤中的黑色素细胞体积增大，增强酪氨酸酶活性，增加皮肤中黑色素含量，可以适当光照，但过强的紫外线会使患者的皮肤受伤，黑色素合成缓慢，患者出门前仍需要做好防晒措施，如涂防晒霜等。

3.重视饮食调理 科学的饮食搭配对白癜风患者病情恢复尤为重要，建议患者日常生活中多食富含酪氨酸的食物，如多食坚果（白果、核桃、花生、葵花子、栗子、莲子、南瓜子、松子、西瓜子、杏仁等）、豆类和豆制品、黑芝麻、动物肝脏等，适量食用一些海贝、海蛤之类的产品。不可过食辛辣刺激性食物以及“热性食物”或“发物”。白癜风患者还应禁烟酒，烟酒不仅对机体器官产生破坏作用，也会抑制黑色素细胞的活性。

【病案举例】

案例1

于某，男，25岁。2021年6月12日初诊。

患者因“头颈部起白色斑片2年余”就诊，患者2年余前以颈部为主出现散在大小不一的白色斑片，白斑逐渐增多，蔓延至头部，无明显痒痛，在外院诊为“白癜风”，予复方甘草酸苷片口服、他克莫司软膏外用后症状未见好转，遂来我科就诊。症见：头颈部起白色斑片，边界清楚；患者因工作压力大，常感胁胀胸痞，性情焦虑，易怒，喜太息，纳一般，睡眠欠佳，二便调；舌质紫暗或有瘀斑、瘀点，苔薄白，脉涩。中医诊断：白驳风（气血瘀滞证）。西医诊断：白癜风。治以活血化瘀、通经活络之法。方药：炒黄栀子10g，丹参15g，赤芍10g，炒白术10g，醋香附10g，醋北柴胡10g，郁金10g，当归12g，佛手6g，远志10g，山药15g，炙甘草6g。水煎服，每日1剂，分2次服，共7剂。配合火针，每周一次。嘱患者保持心情舒畅。

二诊：头颈部白斑范围缩小，睡眠好转，自诉近期无胁胀胸痞感。遂在原方基础上减炒黄栀子、远志、郁金，加陈皮6g、川芎10g、鸡血藤10g，7剂。

三诊：头颈部白斑周围有明显色素沉着，二便、饮食、睡眠正常，上方减赤芍，加麸炒薏苡仁15g，7剂。

四诊：头颈部白斑区有色素岛新生，上方减醋北柴胡、醋香附，加麦冬10g、党参10g。

五诊：基本痊愈。

按语：肝主疏泄，调畅情志，若肝失调达，疏泄不畅，则胁胀胸痞；疏泄失常，气血瘀滞，瘀阻络脉，毛窍闭塞，肌肤腠理失养而生白斑，此为气滞血瘀。患者色斑颜色多属白色，面部缺乏光泽。因气行则血行，血行则络通，故治疗上在逍遥散的基础上加入大量行气活血药，化瘀解毒，如醋香附、鸡血藤、当归、川芎等。此外，此类患者多心情欠佳，影响睡眠，在辨证治疗的同时，常加上炒黄栀子、远志等泻火除烦安神。需要注意的是，在治疗的过程中，应根据患者的伴随症状，和可能出现证候的改变，及时调整方药，注意后期以健脾益气养阴为主。除了药物内服治疗外，还要结合火针治疗。

案例2

李某，女，19岁。2021年10月6日初诊。

患者因“左下颌白斑1年余”就诊。患者1年余前无明显诱因左下颌突然出现多处白斑，未予以重视，后白斑面积逐渐扩大，在外院诊为“白癜风”，治疗后症状未见好转，遂来我科就诊。症见：左下颌可见数处大小不一的纯白色斑片，与周围正常皮肤边界清晰；月经量少，饮食一般，睡眠可，大便干燥，小便量多；舌质淡，苔白腻，脉缓。中医诊断：白驳风（肝肾不足证）。西医诊断：白癜风。治以补益肝肾、祛风活血之法。方药：熟地12g，当归10g，枸杞子10g，菟丝子10g，女贞子10g，补骨脂10g，北沙参10g，鸡血藤10g，益母草15g，川芎5g，刺蒺藜10g，陈皮6g，炙甘草6g。水煎服，每日1剂，分2次服，共7剂。配合火针，每周一次。

二诊：白斑周围有明显色素沉着，白斑面积减小，舌质红，苔黄腻，遂在原方基础上减刺蒺藜，加赤芍10g，7剂。

三诊：白斑范围明显缩小，经量正常，上方减菟丝子、川芎，加麸炒薏苡仁15g、山药10g，7剂。

四诊：白斑区有色素岛新生，上方减鸡血藤、赤芍，加玉竹10g、黄芪10g。

五诊：原白斑被色素岛覆盖，基本痊愈。

按语：患者仅见左下颌白斑，近期内白斑无扩大现象，白斑边界清晰，属于局限性稳定期白癜风。患者为青年女性，治疗上应重视调补肝肾。方中女贞子、菟丝子、补骨脂为君药，补骨脂补肾壮阳；菟丝子平补肝肾阴阳；女贞子色黑，具有良好补益肝肾、滋阴、乌发的作用。刺蒺藜有良好的平肝祛风散瘀之效，《备急千金要方》中就明确提到刺蒺藜研粉冲服，可治疗白癜风。肝郁日久可致“瘀”，瘀血蕴结日久则成“瘀毒”，瘀毒久留可导致气血不能到达局部皮肤，使局部皮肤失养，而成白斑，治疗上应使用活血散瘀之药，促进瘀毒消散，故加入当归、川芎、鸡血藤、益母草活血化瘀，解毒调经。陈皮既能增加行气活血散瘀之功，又能理气健脾，缓解君药过于滋腻之弊。患者肝肾阴虚明显，治疗上应多补益肝肾阴血，故予枸杞子滋阴养血，补益肾阴；熟地黄性甘温，入肝肾，善养血滋阴；沙参、玉竹可入肾经滋阴。治疗后患者舌质红，苔黄腻，应加大清热解毒凉血之力，故加用赤芍，其善清肝火，有凉血、散瘀、消斑之功。后期应兼顾脾胃，故加用黄芪、麸炒薏苡仁、山药益气健脾。刘巧教授在白癜风的治疗上强调“补益”与“解毒”兼施，并取得了较好的临床疗效。

（程仕萍）

三、色素性化妆品皮炎

色素性化妆品皮炎又称色素性接触性皮炎或里尔黑变病，是一种由接触化妆品引起的色素性损容性疾病，临床表现为面颈曝光部位出现网状灰黑、灰褐色或紫褐色斑片，上覆微细粉状鳞屑，一般无自觉症状，偶见轻微红斑、瘙痒及烧灼感，多见于20~40岁女性。随着化妆品种类及使用人群增多，色素性化妆品皮炎发病率呈逐年上升趋势。目前色素性化妆品皮炎诊断容易，但其发病机制尚未明确，临床治疗方法虽然较多，也有一定疗效，但整体疗效不够理想，病程较长，皮损缓解时间可达数月至数年之久。

色素性化妆品皮炎属中医“面尘”“粉花疮”范畴，中医文献中记载的名称有《普济方》《证治准绳》《外科证治全书》之“面尘”,《五十二病方》之“黳”,《外科启玄》《疡医大全》之“粉花疮”,《诸病源候论》之“漆疮”。古代中医对本病尚未有统一命名，现中医一般称其为粉花疮，西医称其为色素性化妆品皮炎。

【病因病机及毒邪发病机制】

中医认为本病病因病机相对复杂，外因为风热瘀毒，肌肤营养失和。内因多由禀赋不耐，皮毛腠理不密，血热瘀阻所致。《普济方》载：“痰饮积于脏腑，风邪入于腠理，使气血不和，或涩或浊，不能荣于皮肤，故变生黑皯。若皮肤受风邪，外治则瘥；若脏腑有痰饮，内疗则愈也。”《疡医大全》记载：“粉花疮多生于室女，火浮于上，而生粟，或痛或痒，旋灭旋起，亦有妇女好擦铅粉，铅毒所致。”《诸病源候论·疮病诸候·漆疮候》云：“漆有毒，人有禀性畏漆，但见漆便中其毒。”热毒灼阴，久病成虚，虚不荣面而黧黑，久瘀成斑，虚是本，瘀是病理结果。

色素性化妆品皮炎的致病原因较为复杂，发病机制尚不明确。目前认为最主要的病因是接触特殊变应原，其中主要为化妆品中所含表面活性剂、香料、防腐剂等物质会影响皮肤组织黑色素代谢，长期接触易造成色素沉着，此外，部分化妆品质量不合格，添加物经紫外线照射、粉尘刺激作用而导致皮炎。

引起色素性化妆品皮炎发病的毒邪有三种：一为化妆品毒。现代研究发现化妆品中的某些成分，如防腐杀菌剂、色素、香料、化妆品基质等可导致化妆品皮炎，长期使用某一种化妆品则会引起色素性化妆品皮炎。二为日晒（光毒）。化妆品中的光敏物质介导的光毒性反应和光变态反应也可致色素沉着。化妆品中的添加剂经过日光（紫外线）照射，UVA、UVB、蓝光直接刺激黑素细胞合成色素，紫外线导致基底膜带损伤，诱导成肥大细胞、皮脂腺细胞等分泌促黑素生成因子，激活酪氨酸酶活性，增强黑素细胞功能，促进黑素合成。三为变应性炎症毒。色素性化妆品皮炎属于特殊类型的接触性皮炎，致敏化妆品接触刺激皮肤后出现变态反应，表皮内角质形成细胞、黑素细胞、朗格汉斯细胞及真皮内树突状细胞等表面均可表达模式识别受体，化妆品变应原可通过间接或直接的方式激活模式识别受体，从而启动下游一系列炎性反应，导致皮肤变态反应发生，促进黑素生成。

【临床表现】

色素性化妆品皮炎一般好发于中青年女性，少数男性也可见。初期损害为淡褐色斑，以后逐渐加深，而呈深褐色、蓝黑色、黑色斑，呈弥漫状或斑片状，主要分布于颊部，严重者可扩及整个颜面，色素斑中心往往呈网状结构。多数患者在发病初期和病程中反复致敏，出现轻度红斑、丘疹性皮疹，伴有不同程度的瘙痒。

【辨证施治】

（1）肝郁气滞证

证候：初起皮疹潮红，自觉瘙痒，日晒加重，颜面部逐渐出现黑斑；伴情志抑郁或急躁，善太息，胁肋胀痛；舌质红，苔薄，脉弦细。

治法：疏肝解郁，清热养血。

方药：逍遥散加减。常用柴胡、当归、白芍、白术、茯苓、红花、玫瑰花、香附、郁金、陈皮、川芎、桔梗等。热重烦躁者，加黄连、栀子等清热除烦；大便秘结者，加生大黄泻热导滞。

（2）脾虚不运证

证候：颜面皮肤黑斑，灰暗无华；食少纳差，疲倦乏力，便溏；舌胖有齿痕，苔白，脉沉细。

治法：健脾益气，化瘀消斑。

方药：参苓白术散加减。常用党参、茯苓、白术、陈皮、白扁豆、砂仁、薏苡仁、山药、莲子肉、红花、桃仁、茵陈等。脘腹胀闷者，加苍术、厚朴行气消胀；月经不调者，加当归、益母草活血调经。

（3）肾阴不足证

证候：肾色外泛为黑，病程日久，面色无华黑暗；头晕耳鸣，腰膝酸软；舌质红，苔少，脉沉细。

治法：滋阴补肾，养颜祛斑。

方药：六味地黄丸加减。常用生地黄、山萸肉、怀山药、牡丹皮、茯苓、菟丝子、女贞子、丹参、香附、川芎等。

【从毒论治】

色素性化妆品皮炎存在瘀毒、日光毒、化妆品毒、炎症性毒等。在治疗过程中，除按照辨证施治的原则外，瘀毒应行气化瘀、活血化瘀，常用药物有当归、丹参、川芎、槐花、凌霄花、玫瑰花、红花、桃仁、赤芍、莪术、郁金等。日光毒常用芦荟、马齿苋、茵陈、白花蛇舌草、金银花、薄荷、木瓜、玫瑰花、槐花等。化妆品毒常用桑叶、防风、僵蚕、蝉蜕、荆芥、凌霄花、玫瑰花、槐花等。炎症性毒常用白花蛇舌草、金银花、连翘、野菊花、马齿苋、凌霄花、玫瑰花、槐花、当归、白芍、赤芍、丹参、知母等。

外治可配合使用中药倒模面膜术、针刺、火针、刺络拔罐、耳穴压豆等方法，达到解毒抗炎、排毒祛斑的效果。

【调护】

1.重视情志管理　色素性化妆品皮炎是易诊难治的损容性皮肤病，病程较长，刘巧教授特别重视患者的情志因素对本病诊治的影响。色素性化妆品皮炎病情反复，短期疗效不佳，患者多次治疗后容易对疗效失去信心，从而出现自卑、焦虑甚至抑郁的情绪。因此，刘巧教授在本病的治疗中往往耐心地进行医患沟通，帮助患者提高对本病的认识，以减轻患者的焦虑和抑郁情绪，同时强调情志在疾病的发生发展及治疗中的重要性，疏导患者树立自信、保持良好的心态。

2.重视调护管理　光毒（紫外线）为色素性化妆品皮炎的重要诱因，日晒后色素沉着会明显加重，采取防晒措施可有效避免色素沉着的产生和加重。刘巧教授在色素性化妆品皮炎的慢病管理中，强调防晒是第一要务，勿跟风相信虚假广告而盲目使用脱色剂，饮食上应多吃富含维生素C的新鲜蔬菜瓜果，少食辛辣、肥甘厚味之品，保证睡眠时间，避免熬夜，适当开展体育锻炼。

【病案举例】

案例1

陈某，女，31岁。2020年10月12日初诊。

患者因“颜面皮肤潮红半年，发黑1个月”就诊，患者半年前颜面皮肤发红、瘙痒，以接触性皮炎治疗，症状好转，时有反复。症见：颜面充血性红斑已消退，可见网状色素沉着，边界不清，褐色，无明显瘙痒；急躁易怒，两胁胀痛；舌红，苔少，脉弦细。中医诊断：面尘（肝郁毒瘀）。西医诊断：色素性化妆品皮炎。处方：当归10g，白芍药10g，柴胡10g，茯苓10g，白术10g，煨姜2g，薄荷（后下）2g，牡丹皮10g，栀子10g，白鲜皮10g，刺蒺藜10g，鸡血藤10g，全蝎5g，炙甘草5g。水煎服，每日1剂，分2次服，共7剂。配合中药倒模面膜术，每周一次。

二诊：黑斑有消散迹象，肝郁诸症减轻。守上方14剂，并继续配合外治法。

三诊：黑斑大部分消退，肝郁诸症除。上方去柴胡、栀子，14剂。

四诊：面部肤色较前变亮，斑片基本消退，守前方14剂。

五诊：诸症悉除，基本痊愈。

按语：患者面部接触化妆品后出现皮炎改变，达半年之久，外感化妆品毒，久病必成瘀毒，气血瘀滞，血不营面而生黑斑；肝失调达，疏泄不畅，则急躁易怒，两胁胀痛，此为肝郁毒瘀。患者色斑颜色多属黑褐色，面部缺乏光泽，边界不清，时有反复，舌苔、脉象为肝郁血瘀兼血虚表现。因此，在逍遥散的基础上加疏风清热、解毒养血之薄荷、牡丹皮、栀子、白鲜皮、刺蒺藜、鸡血藤，再结合中药倒模术治疗。

案例2

李某，女，56岁。2021年8月11日初诊。

患者因“颜面部起黑斑10年余”求诊，患者自述10年余前患化妆品皮炎，经治疗好转，不久后皮肤逐渐出现黑斑。症见：颜面部见黑褐色色素沉着，无华发暗；头晕耳鸣，腰酸；舌红，苔少，脉沉细。中医诊断：面尘（肾阴不足）。西医诊断：色素性化妆品皮炎。处方：熟地黄20g，山茱萸10g，山药10g，茯苓10g，泽泻10g，牡丹皮10g，枸杞子10g，墨旱莲10g，女贞子10g，白鲜皮10g，刺蒺藜10g，鸡血藤10g，桃仁10g，炙甘草5g。水煎服，每日1剂，分2次服，共7剂。配合中药倒模面膜术，每周1次。嘱其日常调护，注意防晒，保持心情舒畅。

二诊：黑斑消散过半，肾阴虚诸症明显减轻，二便通调，专科查体同前。守上方14剂并配合外治法。

三诊：黑斑基本消失，面色润泽。上方去熟地黄，再服14剂，以巩固疗效。

按语：本例患者先有化妆品过敏史，又久病不愈，伤及肾阴，形成肾阴不足型里尔黑变病，故治宜滋阴补肾、化瘀消斑。方中以六味地黄汤、枸杞子、墨旱莲、女贞子滋补肾阴；白鲜皮、刺蒺藜疏风清热止痒；鸡血藤、桃仁活血化瘀；甘草调和诸药。

（程仕萍）

四、炎症后色素沉着

炎症后色素沉着（Post inflammatory hyperpigmentation，PIH）是皮肤炎症或损伤后导致的色素增加性疾病，也称获得性皮肤色素沉着或炎症后黑变病，临床表现为淡褐色、深棕色、蓝灰色或黑色不等的色素斑。PIH发病率高，可见于任何年龄及任何皮肤类型，尤其是肤色较深和易晒黑的人群。其发病机制较为复杂，临床上各种炎症性皮肤病、外伤、手术、剥脱术及激光治疗等都可能诱发PIH，本病不仅令人容貌受损，还易引起焦虑和抑郁等心理问题，严重影响患者身心健康，其治疗极具挑战性，目前尚缺乏可被广泛接受且安全有效的治疗方法。

炎症后色素沉着属中医“粉刺”范畴，中医文献中早有记载，如《太平圣惠方》之“粉刺面皯”，《圣济总录》之“面粉皻”，《外科正宗》《医宗金鉴》之“肺风粉刺”，《本草纲目》之“皻、粉滓斑”。古代中医对本病尚未有统一命名，现一般归属于中医“粉刺”范畴。

【病因病机及毒邪发病机制】

中医认为其病机主要是患者素体阳热偏盛，肺经蕴热，复感风邪，熏蒸面部而发；或是过食辛辣，助湿化热，湿热互结，上蒸颜面而致；或因脾虚失运，湿浊内生，郁久化热，灼津为痰，湿热痰浊互结而成。痤疮后炎症色素沉着属于面部色素沉着中的一种，病因病机复杂，但归纳起来无外乎脾虚、湿热、痰浊及血瘀4种因素。本病由于病情经久不愈，气血瘀滞，经脉失畅；或肺气内郁，血热瘀滞而不得宣散，凝结于面；或病久热毒伤阴而作瘀，以致痰瘀互结。《本草纲目》载：“皻是血热，及酒皻……即雀卵斑，女人名粉滓斑。”

引起PIH发病的毒邪有三种：一为中医学中的瘀毒。在临床实践中发现本病患者多有急性或慢性炎症性疾病，随着病程迁延，瘀毒壅滞，逐渐出现皮损局部色素沉着，给患者生活造成严重影响，使用清热凉血类药物可使色素颜色变淡。

研究表明，炎症后色素沉着发病过程中肝郁乘脾，气血瘀滞，或热毒伤阴，形成血瘀，而瘀血蕴结日久则成“瘀毒”，毒瘀互结则病程迁延难愈。二为微生物毒。研究发现，细菌、真菌、病毒所致皮肤病，造成皮肤损伤后亦可出现皮肤色素沉着。三为物理性毒。如外伤、烧伤、医源性因素（包括皮肤磨削术、冷冻疗法、激光、化学剥脱术、整容手术等）也可使皮肤出现炎症反应，继而出现色素沉着。

【临床表现】

PIH好发于任何年龄段人群，亚洲人群较为多见，色素沉着一般局限在皮肤炎症部位，色斑为淡褐色、紫褐色或深褐色不等，界限清楚。色素沉着在炎症后出现，可持续数周或数月才消退。日晒或再度炎症可加深着色，甚至出现苔藓化。

【辨证施治】

（1）热毒瘀结证

证候：面部见红色炎性丘疹，周边伴暗红色斑点或斑块，反复发作，经久不消，皮损有豆大肿块，高出皮肤，颜色红；舌质淡红，脉滑数。

治法：清热化瘀解毒。

方药：枇杷清肺饮加减。常用枇杷叶、桑白皮、黄连、黄柏、党参、丹参、川芎、凌霄花、金银花、野菊花等。热重烦躁者，加栀子等清热除烦；大便秘结者，加生大黄泻热导滞。

（2）肝郁脾虚证

证候：颜面部见褐色、棕色斑；伴情志抑郁或急躁，善太息，胁肋胀痛，胃纳差，大便偏溏；舌质红，苔薄腻，脉弦细。

治法：疏肝解郁，清热养血。

方药：逍遥散合参苓白术散加减。常用柴胡、当归、白芍、党参、茯苓、白术、陈皮、扁豆、砂仁、薏苡仁、山药、玫瑰花、红花、桃仁等。脘腹胀闷者，加苍术、厚朴行气消胀。

（3）气血瘀滞证

证候：面部皮损经年不退，肤色红或暗红；伴有月经不调，往往月经前加重，月经后减轻，同时伴有腹痛；男性面色晦暗或紫暗；舌质暗红，伴有瘀点，脉细涩。

治法：活血化瘀。

方药：桃红四物汤加减。常用桃仁、红花、生地黄、川芎、当归、牡丹皮、丹参、香附、陈皮、桔梗、莪术等。

【从毒论治】

炎症后色素沉着主要存在瘀毒、微生物毒、物理性毒等。在治疗过程中，除按照辨证施治的原则外，瘀毒应行气活血化瘀，常用药物有当归、丹参、川芎、槐花、凌霄花、玫瑰花、红花、桃仁、赤芍、莪术、郁金等。微生物毒常用野菊花、黄柏、板蓝根、夏枯草、马齿苋、鸦胆子、苦参、蛇床子、土茯苓等。物理性毒常用当归、白芍、熟地、珍珠母、丹参、虎杖、玫瑰花、红花、桃仁、地榆、生地、紫草、胡麻、杏仁等。以上三种致病性毒皆可导致炎症性毒，因此需配伍白花蛇舌草、金银花、连翘、野菊花、马齿苋等。此外，日光毒亦可导致或加重色素沉着，常用芦荟、茵陈、薄荷、木瓜、玫瑰花、槐花等。

根据临床经验可用刘巧教授研发的“祛斑胶囊”治疗色素沉着性皮肤病，该中成药具有活血化瘀、解毒消斑、疏肝理气、健脾补肾之作用。

外治可配合使用中药倒模面膜术、滚针、梅花针、刺络拔罐、耳穴压豆等方法，达到解毒活血、化瘀祛斑的效果。

【调护】

1.重视情志管理　炎症后色素沉着是易诊难治的损容性皮肤病，病程较长，刘巧教授特别重视患者的情志因素对本病诊治的影响。炎症后色素沉着病程迁延，短期疗效不佳，患者多次治疗后容易对疗效失去信心，从而出现自卑、焦虑甚至抑郁的情绪。因此，在本病的治疗中往往需要医者耐心地进行医患沟通，帮助患者提高对本病的认识，以减轻患者的焦虑和抑郁情绪，同时强调情志在疾病的发生发展及治疗中的重要性，疏导患者树立自信、保持良好的心态。

2.重视调护管理　光毒（紫外线）为炎症后色素沉着的重要影响因素，日晒后色素沉着会明显加重，采取防晒措施可有效避免色素沉着的产生和加重。在炎症后色素沉着的慢病管理中，强调防晒是第一要务，勿跟风相信虚假广告而盲目使用脱色剂，饮食上应多吃富含维生素C的新鲜蔬菜瓜果，少食辛辣、肥甘厚味之品，保证睡眠时间，避免熬夜，适当开展体育锻炼。

【病案举例】

李某，女，21岁。2019年8月12日初诊。

患者因“面部反复起丘疹、暗褐斑3年余”就诊，患者3年余前颜面皮肤起红色炎性丘疹，以痤疮治疗，丘疹症状改善，但留有色素沉着，经久不消。症见：

颜面起红色丘疹，伴散在色素沉着，边界清，褐色，无明显瘙痒；舌红，苔少，脉细数。中医诊断：粉刺（热毒瘀结）。西医诊断：炎症后色素沉着。处方：枇杷叶10g，桑白皮15g，黄芩10g，栀子10g，鱼腥草10g，野菊花15g，金银花10g，连翘10g，生地黄15g，丹皮10g，白茅根30g，女贞子10g，川芎10g，陈皮6g，红花10g，甘草6g。水煎服，每日1剂，分2次服，共7剂。配合中药倒模面膜术，每周一次。嘱保持心情舒畅，注意防晒。

二诊：红色丘疹明显减少，无新发，色素沉着轻微好转。上方去黄芩、鱼腥草、野菊花，加玫瑰花10g、益母草10g、赤芍10g，14剂，并继续配合外治法。

三诊：丘疹基本消退，色斑转为淡褐色。上方去栀子、白茅根，14剂。

四诊：面部肤色较前变亮，斑片进一步转淡，守前方14剂，巩固疗效。

按语： 热毒壅结于肌肤，故发红色炎性丘疹，热炼营血，日久成瘀，瘀热互结，肌肤失养，结瘀成斑，此为热毒瘀结。患者色斑颜色多属暗褐色，面部缺乏光泽。治疗上在枇杷消痤方的基础上加入大量清热解毒活血之品，化瘀解毒，如黄芩、栀子、鱼腥草、野菊花、金银花、连翘等。此外，此类患者多心情欠佳，影响睡眠，在辨证治疗的同时，常加用黄芩、栀子清心除烦。需要注意的是，在治疗的过程中，应根据患者的伴随症状，和可能出现证候的改变，及时调整方药，如果脾虚症状明显，则要加强健脾益气。除了药物内服治疗外，还要结合中药倒模术治疗并嘱患者注意防晒。

（程仕萍）

五、黑变病

黑变病（melanosis）是发生在黏膜或皮肤的一种色素沉着性疾病，以结肠黑变病和面部皮肤黑变病最常见。此章节主要论述皮肤黑变病，它是色素代谢异常导致皮肤或其他器官发生边缘不清的灰褐色色素沉着的皮肤病，由于病因不同，命名也不同。发生于颜面部的又称里尔黑变病（Riehl's melanosis），为一种色素性损容性疾病，以快速进展性的灰褐色皮肤色素沉着为主要表现。该病为一种特殊类型的接触性皮炎，且多与接触化妆品相关，又称为色素性接触性皮炎或色素性化妆品皮炎。皮损常为灰黑、灰褐色至紫褐色斑片，略呈网状，上覆微细粉状鳞屑，可有特征性粉尘样外观。目前临床针对该病没有统一的治疗方案，且该病发病机制尚不明确，属难治性疾病之一。

黑变病属中医学“黧黑斑”“面尘”“面黑皯”“面皯黯”等范畴。其病名在早期文献中已有记载，如《外科大成》载：“黧黑斑多生女子之面，由血弱不华，火燥结成，疑事不决所致。宜服肾气丸以滋化源，洗玉容散，兼戒忧思方可。”《普济方》曰：“痰饮积于脏腑，风邪入于腠理，使气血不和，或涩或浊，不能荣于皮肤，故变生黑皯。若皮肤受风邪，外治则瘥；若脏腑有痰饮，内疗则愈也。”

【病因病机及毒邪发病机制】

中医认为，黑变病的病因病机较为复杂，外因多与接触染毒，或风邪客于肌表有关。内因离不开肝、脾、肾三脏功能失调，或忧思抑郁，肝失疏泄，肝气不舒，气血津液不能正常输布于肌表，气滞血瘀，痰瘀互结于面；或脾失健运，升降失常，湿聚为饮，水湿浊饮上冲于面；或气血不足，肾阴虚不能制火，虚火上炎，灼伤阴液，肌肤失于滋润，结成黑斑。《诸病源候论·面皯候》指出：“人面皮上，或有如乌麻，或如雀卵上之色是也。此由风邪客于皮肤，痰饮渍于腑脏，故生皯。”《太平圣惠方》云：“夫面黛黑者，由脏腑有痰饮，或皮肤受风邪，致令气血不调，则生黑。”故黑变病的发病其根本在内，乃脏腑气血失和的外在表现。

研究表明黑变病的发生可能与长期外用含光感物质、香料、防腐剂等的化妆品，接触煤焦油类制剂，长时间紫外线照射，性激素水平变化，氨基酸和维生素缺乏以及精神等因素有关，从而引起体内氧化与抗氧化防御系统失衡、角质形成细胞和色素细胞损伤、黑色素异常分泌、内分泌代谢紊乱、皮肤屏障破坏而引发黑变病。

引起黑变病发病的毒邪可分为内毒和外毒两大方面。内毒主要责之于痰湿毒和瘀毒。脾为后天之本，气血生化之源，纳运水谷。脾失健运，则气血乏源，水湿内停，津失输布，聚而化湿生痰，阻碍气机，清阳不升，浊阴难降，致使颜面肌肤失于荣养，气血凝滞而现黧黑斑。脾气既弱，肝血亦少，肾水尤亏，精血不能互化，肝脾肾不能互济，血枯而肌肤不泽。气虚不能帅血，血脉涩少，血行无力，血滞成瘀，瘀血停于经络脏腑，肌肤失于润泽而致色素沉着。且病程长，久病入络入血，久病必有瘀。而外毒主要包括化妆品毒、紫外光毒。在临床的长期观察中发现黑变病的发病主要集中在紫外线尤为强烈的夏季，而紫外线可刺激角质形成细胞产生并分泌内皮素21，后者作用于黑素细胞，可诱导黑素细胞的树突延长、增多，加速黑素细胞的增生。

【临床表现】

临床上黑变病以成年人多见，女性较男性多，常见于中年深色肤质女性。皮损好发于面颈曝光部位，特别是额、颞、颧部、耳后、颈的两侧和其他暴露部位最明显，亦可有口唇黏膜受累。临床表现为局限在毛孔周围的淡褐色至紫褐色斑，排列呈网点状，以后逐渐融合成大小不一的斑片，上可覆有微细的粉状鳞屑，一般无自觉症状，呈慢性病程。

【辨证施治】

（1）肝郁气滞证

证候：初起皮疹潮红，自觉瘙痒，日晒加重，逐渐出现黑斑；伴情志抑郁或急躁，喜太息，胁肋胀痛；舌红，苔薄，脉弦细。

治法：疏肝解郁，清热养血。

方药：逍遥散加减。常用柴胡、当归、白芍、白术、茯苓、红花、玫瑰花、香附、郁金、陈皮、川芎、丹参等。热重烦躁者，加黄连、栀子等清热除烦；大便秘结者，加生大黄泻热导滞。

（2）脾虚湿聚证

证候：颜面及四肢皮肤黑斑，灰暗无华；伴见食少纳差，疲倦乏力，便溏；舌胖有齿痕，苔白，脉沉细。

治法：健脾祛湿，化瘀消斑。

方药：参苓白术散加减。常用党参、茯苓、白术、陈皮、扁豆、砂仁、薏苡仁、山药、猪苓、红花、苍术、茵陈等。脘腹胀闷者，加厚朴行气消胀。

（3）肾亏血瘀证

证候：病程较长，颜面皮肤暗黑无华；伴见头晕耳鸣，腰膝酸软，潮热盗汗；舌红有瘀点，苔薄黄，脉弦细。

治法：滋阴补肾，散瘀祛斑。

方药：六味地黄丸合桃红四物汤加减。常用生地黄、山萸肉、怀山药、牡丹皮、茯苓、桃仁、红花、川芎、当归、柴胡、白芍等。

【从毒论治】

黑变病存在痰湿毒、瘀毒、化妆品毒、紫外光毒等。在临床诊治过程中，除遵循辨证施治的基本原则外，痰湿毒应化痰利湿、清热解毒，常用药物有茯苓、薏苡仁、猪苓、泽泻、苍术、白术、滑石、车前子、陈皮。病程较长，久病入络入血，故活血化瘀应贯穿全程。针对瘀毒常用当归、丹参、川芎、凌霄花、玫瑰花、红花、桃仁、赤芍、莪术、郁金等。化妆品毒常用桑叶、防风、僵蚕、蝉蜕、荆芥、凌霄花、槐花等。紫外光毒常用芦荟、马齿苋、茵陈、白花蛇舌草、金银花、玫瑰花、槐花等。

依据黑变病毒邪理论并结合中医传统外治法，刘巧教授将中医面部推拿与中药内服同时运用于患者治疗，以达内外兼顾、双管齐下的目的。

【调护】

1.注重体质调理 黑变病多责之脏腑亏损，气血不足，临床诊治该病时，尤其注重养护患者正气，提高自身卫外能力，正所谓“正气存内，邪不可干；邪之所凑，其气必虚”。所以饮食方面当营养均衡，及时补充富含维生素A、维生素D及高蛋白质的食物，注意微量元素的摄入。其次可依据自身阴阳偏虚偏实选用中药膏方进行调理，增强自身免疫力。

2.注重科学护理 紫外光毒、化妆品毒是黑变病的重要诱因，避免使用劣质化妆品、加强日常防晒对防治黑变病尤为关键。充足的睡眠、适度的劳作、规律的护肤是皮肤病的三大法宝。同时，情绪稳定与否与该病病程长短关系密切，应当注意患者情绪疏导，建立积极向上的心理屏障，避免情绪刺激。

【病案举例】

案例1

邹某，女，42岁。2020年7月8日初诊。

患者因“面部弥漫性黑斑8年余，眼周黑斑颜色加深半个月余”就诊，患者8年余前两侧颧部起灰褐色斑片，无明显痛痒，未予治疗。症见：颜面部、颈部灰褐色色素沉着斑，双颊可见细小皮屑，不痛不痒，诉面部有紧绷感；常感口干口苦，经前乳房胀痛，月经量少，时有血块，平素易怒，纳一般，夜寐欠佳，二便平；舌暗红，有瘀点，苔黄，脉弦细。中医诊断：面尘（肝郁气滞证）。西医诊断：黑变病。处方：当归10g，白芍15g，炒白术10g，柴胡12g，茯苓10g，红花6g，凌霄花10g，丹参10g，醋香附10g，栀子10g，玫瑰花10g，蜜远志10g，青皮10g，陈皮10g，炙甘草6g。水煎服，每日1剂，分2次服，共14剂。配合中医面部美容推拿术，隔天一次。嘱患者规律作息，保持心情舒畅。

二诊：患者面部、颈部色斑颜色较前转淡，自诉近期睡眠好转，胸胁痞胀感减轻，偶有心慌。舌暗红，苔薄黄，脉弦细。遂在原方基础上去栀子、红花，加牡蛎（先煎）30g，14剂。

三诊：面部、颈部色斑明显消退，未诉心慌，余症明显减轻，舌脉象同前。上方减醋香附、牡蛎，14剂。

四诊：面部肤色较前变亮，颈部斑片基本消退，守前方续服14剂。

五诊：面部及颈部皮肤基本恢复正常。

按语：本例为42岁女性患者，首诊时患者面部、颈部斑片已有8年余之久且颜色逐渐加深，考虑久病入络入血。患者常感口干口苦，经前乳房胀痛，月经量少，时有血块，平素易怒及舌脉象，说明郁怒伤肝，肝失疏泄，且体内存在瘀血，血瘀不能荣润肌肤而致斑片滋生。治疗上予丹栀逍遥散配伍大量行气活血药来疏肝理气、活血化瘀，如红花、凌霄花、丹参、醋香附等。此外患者睡眠欠佳，故在疏肝调经的同时不忘加入少量镇静安神之品。整个病程，究其病因，除肝郁血瘀外，还可以看到患者经常使用化妆品，在治疗过程中嘱其禁用后，面部皮肤症状有所减轻，故不排除面部黑斑是由不恰当使用化妆品所致。

案例2

秦某，女，48岁。2020年8月19日初诊。

患者因“面部出现深褐色片状斑块6个月”就诊。患者6个月前面颊部起褐色斑片，颜色逐渐加深，范围逐渐扩大，自行前往药店购买美白祛斑产品（具体不详）擦拭，症状未见缓解。症见：颜面部深褐色斑块，以两颧部为主，上覆细小鳞屑，不痛不痒；时感面部烘热、神疲乏力、耳鸣，诉口干，无口苦，纳一般，夜寐一般，二便调，平素月经量少，偶感痛经；舌质淡紫，中有少量瘀点，苔薄白，脉弦细。中医诊断：面尘（肾亏血瘀证）。西医诊断：黑变病。处方：赤芍15g，熟地黄15g，山药15g，牡丹皮10g，泽泻10g，茯苓10g，山茱萸10g，当归12g，川芎10g，白芍10g，生地10g，盐知母10g，桃仁10g，红花6g，丹参10g，陈皮10g，防风10g，玫瑰花10g，酸枣仁10g。水煎服，每日1剂，分2次服，共14剂。配合中医面部美容推拿术，隔天一次。嘱患者畅情志、避风寒、慎起居，禁用化妆品。

二诊：患者面部斑块较前消退，诉乏力感减轻，饮食、睡眠好转，舌暗红，有瘀点，苔薄白，脉弦细。遂于原方基础上减防风，14剂。

三诊：面部斑块颜色明显转淡，余症均较前缓解，舌淡红，苔薄白，瘀点不显，脉弦细。上方减桃仁，14剂。

四诊：颜面部皮损出现片状正常皮肤，守前方继服14剂。

五诊：面部皮肤基本恢复。

按语：肾为水脏，主津液，肾阴虚衰，阴虚无力制火，火旺消灼阴精，精血同源，日久血虚燥滞，内生瘀血，血不荣面而见斑块。久病必瘀，无瘀不成斑，且患者舌脉象均提示体内有瘀血，故予六味地黄丸合桃红四物汤为基础方来滋阴补肾、活血化瘀。因患者饮食、睡眠一般，故佐以陈皮、酸枣仁理气健脾，养心安神。需要注意的是，遣方施药需随患者症状变化及时进行调整，同时发挥中医特色外治法的优势，双管齐下。

（程仕萍）

第十一节　皮肤附属器疾病

一、玫瑰痤疮

玫瑰痤疮是一种好发于面中部的慢性炎症性皮肤病。其皮损表现多种多样，主要包括阵发性潮红、持续性红斑、毛细血管扩张、丘疹、脓疱及增生肥大等，根据严重程度不同可伴有灼热、水肿、干燥、刺痛等症状，多数表现为面颊部潮红与红斑，只有少数可见鼻部发红和肥大。玫瑰痤疮多累及20~50岁的成年人，女性多于男性。玫瑰痤疮具有一定的损容性，对患者身心健康皆有影响。其发病机制尚不明确，病程迁延，病情反复，且目前治疗手段有限，没有单一的最佳疗法，部分患者的日常护理意识不足，易造成本病的反复发作。

玫瑰痤疮相当于中医外科文献所指之“酒糟鼻”，在不同的文献中名称不同，多归为“酒渣”“肺风”“酒糟鼻”等范畴。《素问·生气通天论》认为“劳汗当风，寒薄为皶，郁乃痤”，提出劳累汗出致腠理疏松，加之风寒外束肌表，致气血郁结于肌肤而发病。《素问·刺热》记载“脾热病者，鼻先赤”，提出脾热是病因之一。《景岳全书》认为“肺经素多风热，色伪红黑，而生皶疖者，亦有之”，指出肺经有热也是病因之一。现中医病名为“酒渣鼻”，西医称其为“玫瑰痤疮”。

【病因病机及毒邪发病机制】

本病早期往往体内郁热，日久则气滞血瘀。

《景岳全书》曰：“肺经素多风热，色伪红黑，而生皶疖者，亦有之。”若脾胃素有积热，其人嗜食辛辣，日久积热易化火，肺经火热循经上达头目，肺之窍为鼻，故可见鼻部红斑，络脉充盈，此乃肺胃热盛所致。饮食不节损伤脾胃，脾主运化，脾失健运则水湿内生聚而为痰，加之久食肥甘厚腻，助长湿热，湿热熏蒸头面，阻滞气机，发于皮肤可见脓疱等。当肺经受风或血热则可见鼻部或鼻翼部红斑，日久不愈则变紫，加之肝气不舒郁滞于内，久则经络气血不通，继而发为脓疱、丘疹等，最终毒邪凝滞，脉络瘀阻发为鼻赘，气滞血瘀为核心病机。本病系肺胃积热，日久化火生毒，脾虚生湿生痰，瘀血蓄积生毒，痰瘀毒三者互为因果，相互转化，合而为邪，积于鼻部，发为酒渣鼻，其中痰湿凝滞为基本病机。

目前，玫瑰痤疮的病因及发病机制尚不明确，有学者认为与遗传、免疫、神经血管功能失调、微生物、皮肤屏障功能及外界环境等因素相关，以上多个环节共同作用可发生玫瑰痤疮。

从毒邪学说角度出发，本病皮损主要表现为红斑、丘疹和毛细血管扩张，首先考虑热毒致病。热的来源有五。其一，《素问·热论》有云："脾热病者，鼻先赤。"即脾热为来源之一。其二，《灵枢·脉度》认为"肺气通于鼻"，即鼻为肺之外窍。《医学心悟》曰："鼻头……赤色者，为肺热……"说明肺热与鼻部红斑密切相关。其三，《彤园医书》言："酒糟鼻……由胃火熏肺……"说明胃火也是主要来源。其四，酒渣鼻等发生在颜面部的红斑类疾患，多与血热有关。其五，本病发于面部，严重影响患者容貌，故患者极易产生焦虑、烦躁等不良情绪，而致心火内生。综上所述，热毒为本病最主要的致病因素。

其次，考虑风毒致病。一者，本病发于人体上部，多分布于面部中央，属阳位，而"风为阳邪，轻扬开泄""易袭阳位"，风邪伤及人体上部，易犯肌表、头面等阳位，风毒上扰头面，使腠理疏松，加之热毒乘机而入，故可见面部诸症。综上可知，风毒亦为本病病因之一。

【临床表现】

玫瑰痤疮多发于面颊部，也可见于口周、鼻部，部分可累及眼和眼周，根据不同部位、不同时期、不同皮损特点，玫瑰痤疮分为红斑毛细血管扩张型、丘疹脓疱型、增生肥大型及眼型，临床可见两种及以上分型相互重叠。

（1）红斑毛细血管扩张型：鼻部及双面颊部油腻发亮，红斑时隐时现或持久不退，伴有或不伴有毛细血管扩张。

（2）丘疹脓疱型：在红斑基础上出现丘疹或脓疱。毛细血管扩张更明显，如红丝缠绕，纵横交错，皮色由鲜红变为紫褐，自觉轻度瘙痒。

（3）肥大增生型：临床较少见，多为病期长久者。可见鼻部结缔组织增生，皮脂腺异常增大，致鼻尖部肥大，形成大小不等的结节状隆起，称为鼻赘。且皮肤增厚，表面凹凸不平，毛细血管扩张更明显。

（4）眼型：眼睛有异物感、烧灼感或刺痛感，干燥，瘙痒，光敏，视物模糊，可以见到巩膜及其他部位毛细血管扩张或眶周水肿。

【辨证施治】

（1）肺经风热证

证候：颜面皮肤无光泽、干燥，面、眼潮红，红斑，毛细血管扩张，自觉灼热瘙痒；伴口干，便干；舌质红，苔薄黄，脉数。

治法：疏风清热，解毒宣肺。

方药：枇杷清肺饮加减。常用枇杷叶、桑白皮、黄连、黄柏、党参、白鲜皮、凌霄花、玫瑰花、甘草等。

（2）湿热毒盛证

证候：面、鼻在红斑的基础上出现丘疹、脓疱，毛细血管扩张明显，自觉灼热瘙痒、疼痛；伴口臭口干，便溏腹胀；舌质红，苔黄腻，脉滑数。

治法：清热解毒，健脾利湿。

方药：黄连解毒汤合凉血四物汤加减。常用黄连、黄芩、黄柏、栀子、生地、丹皮、赤芍、川芎、金银花、薏苡仁、白鲜皮、甘草等。

（3）肝郁血热证

证候：面、眼潮红，红斑，自觉灼热或干燥；伴烦躁，易怒；舌红，苔薄黄，脉弦数。

治法：疏肝解郁，清热凉血。

方药：丹栀逍遥散加减。常用丹皮、栀子、柴胡、当归、白芍、薄荷、白术、茯苓、生地、甘草等。

（4）痰瘀互结证

证候：鼻头增大，出现紫红色结节；舌暗，苔薄，脉涩。

治法：活血化瘀，软坚散结。

方药：通窍活血汤加减。常用赤芍、川芎、桃仁、红花、浙贝、半夏、陈皮、茯苓、甘草等。

【从毒论治】

热毒为本病的主要致病因素。初期多属肺胃热盛之毒，宜入枇杷叶、桑叶、黄芩、桑白皮、白茅根、白花蛇舌草、金银花等疏散风热之药，以及栀子、石膏、牡丹皮、生地黄等清热泻火之药。脾热毒盛者，加黄芩、黄连、滑石，此外在清“脾热”的基础上，需固护“后天之本”，多用党参、白术、薏苡仁、茯苓、山药等。心火毒盛者则加栀子、莲子心以清心火，加淡竹叶、灯心草引心火从小便而出。血热毒者，加玄参、牡丹皮、赤芍、紫草、水牛角以清热凉血。风毒炽盛者，加桑叶、菊花、淡豆豉、柴胡、薄荷、牛蒡子等疏风清热。

外治上也可配合中药洗剂雾化冷喷、针刺、刺络拔罐、耳尖放血等方法达到清热解毒、活血化瘀之效。

【调护】

（1）在治疗之外，对患者的皮肤护理宣教非常重要，宜选择温和、无刺激的面部清洁剂对面部进行适度清洁，加强洁面后的保湿护理，不宜用过热或过冷的水洁面，切勿长期外用抗菌类及含糖皮质激素的药膏或护肤品，外出时应做好物理及化学防晒。

（2）避免食用油腻腥膻、辛辣刺激的食物，避免过度饮酒，适量、规律饮食，养成健康的饮食习惯，养护脾胃功能。

【病案举例】

李某，女，52岁。2018年4月10日初诊。

患者10年前发病，面部皮肤发红发热，鼻头为甚，后鼻部逐渐出现小丘疹。曾于外院多次治疗，诊为“玫瑰痤疮”“酒渣鼻”，予内服“消炎类药物”（具体不详）、外用面膜等治疗，有一定效果，但停药易复发。患者平素大便可，小便黄，纳眠可。专科检查：鼻部、双颊片状红斑，鼻部可见较多毛细血管扩张，散在绿豆大小红色丘疹。舌质红，苔薄黄，脉弦数。中医诊断：酒渣鼻（肝郁血热证）。西医诊断：玫瑰痤疮。治以清热凉血解毒之法。处方：牡丹皮10g，赤芍10g，知母10g，金银花15g，连翘10g，竹叶5g，生地黄30g，紫草20g，槐花10g，山药15g，陈皮6g，甘草6g。用法：上药水煎，分2次饭后温服。

二诊：服上方14剂，面部红斑颜色变淡，原丘疹数量减少，无新发红斑、丘疹。舌尖红，苔薄黄，脉弦细。守上方去牡丹皮，加凌霄花10g、麦冬15g、板蓝根20g。

三诊：服上方14剂，面部红斑明显变淡，范围缩小，鼻部原丘疹数量明显减少，毛细血管扩张情况改善。舌尖红，苔黄厚，脉弦细。守上方去赤芍、连翘、板蓝根，加玫瑰花10g、茯苓15g、白术10g。

按语：方中牡丹皮、赤芍归肝经而入血分，既可清热凉血又可活血祛瘀，共用可达化斑之功。金银花、连翘、竹叶能入心、肺、胃经而清热解毒，且三药轻清透泄，使热邪向外透达而解。生地黄味甘性寒而质润，既可凉血滋阴，又可降心火。紫草、槐花清热凉血，槐花还可疏肝解郁。山药归脾、肺、肾经，健脾益胃可固护脾胃，防诸药伤胃。陈皮燥湿健脾，疏理气机。甘草调和诸药，还可与山药共防凉药伤胃。首诊时患者热象较重，此时以清热解毒、活血化瘀为法。二诊患者症状逐渐控制，故去牡丹皮，防寒凉伤脾，加凌霄花活血化瘀、麦冬滋阴润燥。三诊时情况明显改善，疾病进入痊愈阶段，故除赤芍、连翘、板蓝根等寒凉之品，加玫瑰花以疏肝解郁，调畅气机，茯苓、白术补益脾气。诊治全程以清热解毒、活血化瘀为重点，随症加减，综合治疗，使患者热退红消，气机调畅，故红斑、丘疹、脓疱逐渐减退，效果俱佳。

（黄　港　孙冷冰）

二、痤疮

痤疮是毛囊、皮脂腺组织的一种慢性炎症性皮肤疾病，其好发于颜面及胸背等皮脂丰富的部位，临床表现为粉刺、丘疹、脓疱和结节等多形性皮损。14~19岁的患者占总发病人数的20.1%，20~24岁占43.0%，25~29岁占13.6%，30~39岁占13.6%，40~45岁占1.9%，这提示20~24岁是痤疮的高发年龄。该病好发于青春期，并且此时正是独立面对生活、社交、爱情、事业等问题的重要时期，患者对容貌的关注程度较高，青春期发病容易对患者的心理成长造成严重的负面影响。因此，对于痤疮患者的研究与指导逐渐受到越来越多的关注。

痤疮在古代文献中记载的名称有《素问·生气通天论》之“汗出见湿，郁乃痤”以及“寒薄为皶”，《医宗金鉴·外科心法要诀》之“肺风粉刺”，《素问悬解》之“疖之小者为痤，更小为痱”，《外科启玄》《洞天奥旨·粉花疮》之“粉花疮”等。目前中医将其统称为粉刺。

【病因病机及毒邪发病机制】

古代医家认为，痤疮的病因病机多从外邪、湿聚以及血热立论。如《外科大成·肺风酒刺》云：“肺风由肺经血热郁滞不行而生酒刺也。”其认为风热之邪侵入体内，或素体血热，或嗜食辛辣肥甘，助生内热，日久累及血分，血热郁滞，发为痤疮。而湿聚则见于《素问·生气通天论》：“汗出见湿，郁乃痤。”书中提出汗出之后，毛孔空虚，易于被湿邪侵入，郁聚于局部，则发为痤疮。血热论则认为痤疮是由于素体阳热偏盛，加上青春期生机旺盛，营血日渐偏热，血热外壅，气血郁滞，蕴阻肌肤而成；或因过食辛辣肥甘之品，肺胃积热，循经上熏，血随热行，上壅于胸面而发病。

脏腑与痤疮的关系密切。《黄帝内经》提出“有诸内，必形诸于外”，认为痤疮的发生与脏腑功能失调有一定关系。其中“肺主皮毛”,《医宗金鉴·外科心法要诀》记载:“肺风粉刺,此证由肺经血热而成,好发于鼻面,起碎疙瘩,形如黍屑,色赤肿痛,破出白粉汁,日久皆成白屑,宜内服枇杷清肺饮,外敷颠倒散,缓缓自收功也。”此外,面部是阳明经所过之处,阳明又为多气多血之经,素体胃肠有热,或饮食不节,过食辛辣肥甘厚味,使胃肠积热或湿热内蕴,循经上攻颜面,郁聚于毛孔则发为本病。

研究表明,炎症反应贯穿痤疮整个发病过程,在亚临床皮损阶段即微粉刺的形成过程中已经有炎症反应的参与,并且有学者认为正是由于早期炎症反应才最终导致了临床炎性皮损的出现。目前认为痤疮的发病与遗传、雄激素、痤疮丙酸杆菌、炎症损害和免疫失常、毛囊皮脂腺导管角化异常等因素关系密切。

从毒邪发病学说出发,与脏腑辨证相结合,主要从风毒、热毒、瘀毒论治痤疮。一者患者风热之邪从口鼻、皮毛侵袭,则肺首当其冲,功能失调,外现于皮毛,引起局部皮肤气血郁闭,热血凝滞,因结于面而生疮。其次,患者偏嗜辛辣之品,或多食鱼腥、油腻、肥甘之品以及酗酒,湿热郁久不解,易化热生毒,上蒸于面,表现为热毒证。此外,痤疮后期,虚实夹杂,湿毒与热毒缠绵,疮毒瘀滞于颜面而发病。

【临床表现】

轻度者只有散在的黑头粉刺或炎性丘疹;中度者皮损增多,可见散在的浅在性脓疱;重度者可见深在性脓疱;重度–集簇型者可见结节、囊肿、瘢痕。患者无明显瘙痒,炎症明显时伴疼痛。病程长短不一,青春期后可逐渐痊愈。部分患者发病时间可延长,持续到成人,皮疹反复发生,常因饮食不节或于月经前后加重。临床最常见的是寻常痤疮,亦可见一些特殊类型的痤疮,如聚合性痤疮、暴发性痤疮、坏死性痤疮、婴儿痤疮、月经前痤疮、药物性痤疮和职业性痤疮等。

【辨证施治】

(1)肺经风热证

证候:丘疹色红,或有痒痛,或有脓疱;伴口渴喜饮,大便秘结,小便短赤;舌质红,苔薄黄,脉弦滑。

治法:疏风清肺。

方药:枇杷清肺饮加减。常用枇杷叶、桑白皮、黄芩、赤芍、栀子、鱼腥草、野菊花、金银花、连翘等。伴脾虚者,加陈皮、山药、茯苓。

（2）肠胃湿热证

证候：颜面、胸背部皮肤油腻，皮疹红肿疼痛，或有脓疱；伴口臭，便秘，溲黄；舌质红，苔黄腻，脉滑数。

治法：清热除湿解毒。

方药：茵陈蒿汤加减。常用茵陈、赤芍、苍术、蒲公英、金银花、黄芩、野菊花、生地黄、牡丹皮、栀子、陈皮等。伴大便干结者，加大黄；面部皮肤油腻者，加山楂。

（3）痰湿瘀滞证

证候：皮疹颜色暗红，以结节、脓肿、囊肿、瘢痕为主；伴纳呆，腹胀；舌质暗红，苔黄腻，脉弦滑。

治法：除湿化痰，活血散结。

方药：二陈汤合桃红四物汤加减。常用桃仁、红花、当归、白芍、川芎、生地、制半夏、茯苓、陈皮等。湿瘀明显者，加薏苡仁、丹参；结节、囊肿明显者，加浙贝母。

（4）冲任失调证

证候：皮损好发于额、眉间或两颊，月经前加重，月经后减轻；伴月经不调，经前心烦易怒，乳房胀痛，平素性情急躁；舌质淡红，苔薄，脉沉弦或涩。

治法：调和冲任，理气活血。

方药：逍遥散或二仙汤合知柏地黄丸加减。常用柴胡、白术、芍药、仙茅、淫羊藿、当归、巴戟天、黄柏、知母、山药、熟地黄、牡丹皮、山茱萸、泽泻、茯苓等。伴睡眠不佳者，加合欢皮。

【从毒论治】

痤疮存在风毒、热毒、瘀毒等，在治疗过程中除按照辨证施治的原则外，还应结合痤疮的不同皮损类型、发作部位、伴随症状、不同脏腑以及不同年龄进行辨证。基于此，刘巧教授提出脏腑—部位—皮损辨证以及病因—年龄—部位辨证。

临床上，风毒多从肺经风热论治，好发于青春期前期（18岁之前），发病以肺—鼻翼两旁、躯干为主，临床表现为粉刺、丘疹，病程较短，单纯痤疮或炎症较明显，舌质红，苔薄黄，脉数。风毒致病多因素体阳热亢盛，肺经郁热，或复感风热之邪，上呈颜面而发。治以疏风宣肺、清热散结之法，方用枇杷清肺饮加减，常用药物有枇杷叶、桑白皮、黄芩、赤芍、栀子、鱼腥草、野菊花、金银花、连翘等。

热毒多从脾胃湿热论治，好发于青春期后期（18~25岁），发病以口鼻周、面颊为主，临床表现为脓疱、结节，常伴身困、纳食欠佳、便秘、尿赤，舌红，苔黄腻，脉沉数或滑数有力。治以清热利湿之法，方用黄连解毒汤、茵陈蒿汤加减，常用药物有茵陈、赤芍、苍术、蒲公英、金银花、黄芩、野菊花、生地黄、牡丹皮、栀子、陈皮等。

瘀毒多从气滞血瘀论治，好发于青春期后（25岁以上），发病以肝—面颊两侧为主，临床表现为红色丘疹、脓疱，兼见心烦易怒、乳房胀痛，舌质红，苔黄，脉弦数。瘀毒致病多是生活、工作压力等因素导致肝气失于疏泄，日久郁而化火而发；或机体水湿内停，日久成痰，与运行不畅之气血成痰瘀互结而发。治以疏肝行气、活血解毒之法，方用柴胡疏肝散加减，常用药物：柴胡、香附、川芎、芍药、枳壳、陈皮。

此外，还应重视女性迟发性痤疮（25岁以后）与毒邪致病的关系，治疗上，主要强调火、湿、痰毒在其发病过程中的作用。对于心火旺盛型痤疮，选用导赤散、泻心汤加减；对于脾胃湿热型痤疮，选用黄连解毒汤、茵陈蒿汤加减；对于肝郁火旺型痤疮，选用柴胡疏肝散加减；对于肾阴不足型痤疮，选用知柏地黄丸、二至丸加减进行治疗。

刘巧教授根据临床经验研发的“枇杷清痤胶囊”适用于肺经风热型痤疮，“清热毒胶囊”适用于脾胃湿热型痤疮。外治上，刘巧教授善用中药面膜以及火针疗法治疗痤疮，强调内治与外治相结合，引毒外出。清热毒胶囊对炎性丘疹、结节、囊肿性痤疮有一定疗效，配合火针可明显缩短疗程，且起效迅速；同时，火针治疗不良反应少，仅在治疗中出现可耐受的疼痛。

【调护】

（1）首先要保持皮肤清洁，切忌用手挤压、搔抓患处，以免造成皮肤破损、细菌感染化脓，使面部留下难以消退的瘢痕和色素沉着。

（2）饮食忌烧烤、油炸、辛辣刺激类食物，多食蔬菜水果。

（3）外出尤当注意防晒。

（4）日常面部可做简单的清洁护理工作，应避免浓妆。

（5）避免熬夜，保证睡眠等。

【病案举例】

患者，男，18岁。2020年7月1日初诊。

患者因“额、鼻、两颊散在大量粉刺、丘疹、结节4年”就诊。现病史：患者4年前颜面部出现粉刺、丘疹，后逐渐增多，并出现结节，反复发作，曾自行口服及外用药物（具体不详），疗效不佳。现症见：额、鼻、两颊散在粟米至绿豆大小粉刺、丘疹、脓疱、结节、瘢痕，皮肤潮红；饮食、睡眠可，二便调；舌质红，苔黄腻，脉滑数。中医诊断：粉刺（脾胃热毒证）。西医诊断：痤疮。处方：茵陈10g，茯苓15g，蒲公英10g，鱼腥草10g，金银花10g，黄芩10g，野菊花15g，生地黄15g，牡丹皮10g，炒栀子10g，陈皮6g，白茅根30g，山药15g，炙甘草6g。水煎服，每日1剂，分2次服，共7剂。配合火针、中药面膜加红光综合治疗。嘱少吃辛辣、甜腻食物，避免熬夜，保持心情舒畅。

二诊：患者面部丘疹、脓疱明显消退，面颊部散在结节、红斑，饮食、睡眠可，二便调，舌质红，苔黄腻，脉滑数。遂在上方基础上加赤芍10g、连翘10g、炒薏苡仁20g、浙贝母6g，每日1剂，分2次服，7剂。配合火针、中药面膜加红光综合治疗。

三诊：患者面颊部结节消退，可见红斑、丘疹，饮食、睡眠可，二便调，舌质红，苔薄，脉滑。遂在上方基础上减黄芩、牡丹皮、炒薏苡仁，加炒白术10g、紫花地丁10g、知母10g，每日1剂，分2次服，14剂。配合火针加中药面膜等综合治疗。

四诊：患者近日吃辛辣食物较多，面部新发丘疹、脓疱，饮食、睡眠可，二便调，舌质红，苔薄，脉弦滑。遂在上方基础上加桑白皮10g、夏枯草10g，每日1剂，分2次服，7剂。配合火针、中药面膜加红光综合治疗。

五诊：患者面部皮疹基本消退，饮食、睡眠可，二便调，舌质红，苔薄腻，脉滑。遂在上方基础上减金银花、茵陈、炒栀子、连翘、浙贝母、鱼腥草、知母、桑白皮、夏枯草，加天花粉10g、苍术10g、炒薏苡仁20g，每日1剂，分2次服，14剂，巩固治疗。

按语：该患者素体血热偏盛，嗜食辛辣刺激食物，致使脾胃湿热交蒸，热邪攻于里，而形成热毒，湿邪日久形成痰毒，故而额、鼻、面颊部出现粉刺、丘疹、结节，皮肤潮红，结合舌脉，亦属脾胃湿热之象，且皮疹多发于额、鼻、两颊等纵向部位，故治以清热利湿解毒之法，方用茵陈蒿汤加减。方中茵陈、栀子、鱼腥草清脾胃湿热；金银花、野菊花、黄芩清热解毒；生地、丹皮清热凉血；蒲公英清热利湿解毒；白茅根透清脏腑郁热；茯苓、山药、陈皮顾护脾胃；甘草调和诸药。二诊时，面部丘疹、脓疱明显消退，仅面颊部可见散在结节、红斑，故加赤芍、连翘、炒薏苡仁、浙贝母，以加强清热利湿解毒、软坚散结之力；三诊时，面部结节消退，可见红斑、丘疹，故减黄芩、牡丹皮、炒薏苡仁，加炒白术、紫花地丁、知母，以消斑退红，顾护脾胃；四诊时，患者饮食欠佳，面部新发丘疹、脓疱，故加桑白皮、夏枯草以清肺经之热，散郁结。五诊时，患者面部皮疹基本消退，故减去药方中大量清热解毒、软坚散结药物，保留清热消斑、顾护脾胃之药物以巩固治疗。

（黄　港　孙冷冰）

三、雄激素性脱发

雄激素性脱发（androgenic alopecia，AGA）是开始于青春期后的一种缓慢进行性脱发。临床上常可见男性双侧额角、前发际线后移，头顶部毛发逐渐稀疏；女性仅见头顶部毛发进行性稀疏，但前发际线并不后移。在我国，男性和女性的患病率分别为21.3%和6.0%。AGA虽然不影响身体健康，但极大地伤害了患者的自尊心、自信心，降低了其生活质量。目前，临床上治疗AGA的方法较多，但尚未确定哪种疗法是十分有效的，且治疗周期一般较长，或者费用较高，使患者不易接受。因此，寻找简单有效、安全可行的方法，将其应用于AGA，将会受到患者们的普遍喜爱。

雄激素性脱发属于皮肤科常见病，中医病名为“蛀发癣”“发蛀脱发”等，《外科证治全生集》中最早出现“蛀发癣”这一病名。现代学者多认为“蛀发癣”“发蛀脱发”对应西医学中的“脂溢性脱发”“雄激素性脱发”。

【病因病机及毒邪发病机制】

中医学认为，本病初期往往以血热风燥为主，病久不愈，则可出现血虚风燥之证。此外，脾胃湿热，循经上壅，或肝肾不足，也可导致本病的发生。或血热偏亢，导致风胜则燥，进而耗伤阴血，阴血不能上充颠顶，荣养毛发，毛根干涸，故毛发先焦后脱落；或血虚生风化燥，不能荣养毛发，以致脱发时间长，头发稀疏，干燥枯黄，头皮迭起鳞屑，自觉瘙痒；或脾胃湿热，饮食失节，过食肥甘厚味，损伤脾胃，脾胃运化失职，水谷内停为湿，湿郁化热，致使湿热上蒸颠顶，侵袭发根，发根渐被腐蚀，引起脱发；或肝肾亏损，阴血不足，不能化生精血，毛根空虚，发无生长之源，即致头发大片脱落。

刘巧教授认为，此病病机属“本虚标实”，以“风、湿、热、瘀、毒”为标，以“肝肾不足，气血亏虚”为本，临证常见风湿毒蕴、肝郁血瘀、肝肾不足、气血亏虚、脾胃虚弱，同时血瘀、情志因素贯穿疾病始终。疾病初期，常因脾虚湿蕴，湿热上蒸于头，致使毛发脱落，甚至毛囊闭合，此时期即为脱发的活动期。其主要为内外风合邪而致，外风主要为正气不足，邪风外扰；内风主要为肝风内动，血热生风或血虚风燥所致。其次，毒邪依附于风邪形成风毒，从而导致本病反复发作，顽固难愈。疾病中后期，主要以“肝肾不足，血瘀湿滞”为核心病机。主因本病初期脾虚失运，不能将饮食水谷转输为水谷之精，最终导致后期肝肾不足，精血亏虚，不能随气荣养皮肤，日久气血俱虚，气虚不能推动血行，以致“血瘀之毒”。此外，现代人生活节奏快，压力大，加之本病发病影响其自信心，故患者常常情志抑郁；而脾胃的正常运化有赖于肝气的疏泄，肝气郁滞则脾不得健运，以致“湿滞”，形成湿毒之邪。

【临床表现】

本病多见于男性，先从前额两侧的鬓角部开始，头发逐渐变细软、稀疏、脱落，开始时头皮油腻，秃发渐向顶部延伸，数年至数十年后，额上部和顶部的头发可完全脱光，皮肤光滑、毛孔缩小或遗留少量毳毛，而枕部及两侧颞部仍保留正常的头发。部分患者从头顶部开始脱发。本病亦可见于成年女性，表现为头顶部头发稀疏，但前额部的发际线并不后移。雄激素性脱发可分为干性和湿性：①干性脱屑而痒，可见头发稀少干焦或枯黄；②湿热脱屑而痒重，可见头发黏腻或如油涂水洗。

【辨证施治】

（1）血热风燥证

证候：多见头发干枯，略有焦黄，均匀而稀疏脱落，搔之则白屑飞扬，落之又生，自觉头部烘热，头皮瘙痒；舌质红，苔薄黄，脉细数。

治法：凉血消风，润燥护发。

方药：凉血消风散加减。常用生地、当归、荆芥、蝉蜕、苦参、白蒺藜等。伴头皮干燥，大量头皮屑，毛发枯槁者，加北沙参、生地、玉竹；肝郁气滞者，加柴胡、郁金、炒蒺藜、白芍。

（2）血虚风燥证

证候：多见脱发时间长，头发稀疏，干燥枯黄，头皮迭起鳞屑，自觉瘙痒；伴面色少华，头晕心悸，可有乏力；舌淡苔薄，脉细。

治法：养血活血，祛风润燥。

方药：神应养真丹加减。常用当归、天麻、川芎、羌活、白芍、熟地黄等。

伴脾虚湿盛者，可加山药、陈皮；腹胀者，加苍术、砂仁；气血亏虚者，加太子参、党参；头皮屑较多者，加北沙参、生地。

（3）脾胃湿热证

证候：多见于平素有恣食肥甘厚味习惯者。头发潮湿，状如擦油或水浸，甚则数根头发黏在一起，鳞屑油腻；舌质红，苔黄微腻，脉濡数。

治法：健脾祛湿，清热护发。

方药：四妙丸合除湿胃苓汤或萆薢渗湿汤加减。常用萆薢、白术、泽泻、猪苓、川芎、白鲜皮、桑椹子、生地黄、枸杞子、侧柏叶、淡竹叶、熟地黄、炒蒺藜等。

（4）肝肾不足证

证候：多见平素头发干枯焦黄，发病时头发常常大片而均匀脱落；伴面色苍白，肢冷畏寒，头昏耳鸣，腰膝酸软；舌质淡红，苔少或无，脉沉细无力。

治法：滋肝补肾。

方药：七宝美髯丹加减。常用制何首乌、当归、补骨脂、枸杞、炒菟丝子、茯苓和牛膝等。肝肾不足明显者，加山萸肉；睡眠欠佳者，加合欢皮、柏子仁、酸枣仁；肾精不足者，加桑椹、山萸肉。

【从毒论治】

疾病初期，治宜活血祛风解毒，兼以健脾除湿，方用生发除湿汤。方中萆薢、泽泻祛风除湿，为主药；白术补气健脾以固其本；猪苓性味甘淡，利水同时兼顾健脾化气；川芎、僵蚕活血祛风，引药上行，取“治风先治血，血行风自灭”之意；防风、羌活疏风解表，蝉蜕、蒲公英祛风解表，清热解毒，共达息外风之意；此外，因祛湿药物多性味偏燥，且湿邪郁久也易化生湿热之邪，故以生熟二地同用，补益精血，滋阴清热；炙甘草调和诸药，益气生发。诸药合用，使风邪去，脾得健运，精血上充，毛发得生。疾病后期，治疗应重在滋补肝肾、养血生发，方用生发滋阴汤。方中当归、白芍、川芎、熟地为四物汤主药，活血行滞，养血调血；菟丝子、枸杞、山茱萸、墨旱莲、桑椹子滋补肝肾；羌活祛风湿之邪；北沙参、怀山药、茯苓益气滋阴，养血生发。全方共达滋肝补肾、滋阴润燥生发之功。

同时，肝郁贯穿AGA始终，与瘀毒相关联，因此应关注情志因素。因肝主疏泄，调畅情志，肝失条达，气血失和，致气滞血瘀成毒，发根失于气血的濡润而致脱发。故在治疗上，以疏肝安神解郁为关键。常以柴胡疏肝散、逍遥散进行加减治疗。若患者长期精神紧张，伴夜寐差，不能入睡，则加远志、石菖蒲、合欢皮、酸枣仁以宁心安神，解郁定志。同时，注重心理干预，如顺从情志，着重心理疏导，给予积极向上的心理暗示，并通过转移注意力，如听音乐等消除负面情绪。此外，AGA的核心病机为“瘀毒”，重视从瘀毒论治，重症脱发尤要注重“痰瘀阻络成毒”。瘀毒阻于毛窍，经络不通，瘀血不去，新血不生，发失濡养而脱落。此时，患者脱发量较前减少，病灶范围和数量没有进一步扩大，但其病灶处毛囊及新生毛发量较少，常伴情绪欠佳、睡眠不佳等症状，舌质暗红，有瘀斑。在治疗上，主以活血化瘀生新为法，方用生发活血汤，使瘀血去、新血生，发得所养，常用药物包括党参、熟地、白芍、当归、川芎、枸杞、赤芍、丹参、桃仁、红花。

采用口服中药进行辨证治疗的同时，可以结合中医特色外治法，采用“梅花针—电针—耳穴”进行综合治疗，发挥局部排毒作用。一是通过梅花针扣刺，对毛囊闭塞日久者，可打开闭合毛囊，以达疏通脉络、畅通毛孔、祛表之湿热瘀毒之效；同时对毛囊明显可见者，可达疏通经络气血、蕴养毛囊之效。具体操作需按一定顺序进行扣刺，范围为全头皮，重点扣刺百会、四神聪、头维、生发穴（重点扣刺阿是穴）。二是通过针刺百会、四神聪、头维穴、阿是穴，并加用电针疗法，以增强活血通络、祛除瘀毒的力度。三是常联合应用耳穴贴压心、肝、脾、肾、神门穴位，以期起到调心养肝、健脾补肾、安神助眠的作用。同时，选用内分泌耳穴起整体调节作用。

【调护】

AGA与季节因素以及患者的自身因素如生活作息、饮食、情志、头发护理等密切相关。所以，在治疗的同时，修正患者的生活习惯，进行心理疏导是非常重要的。首先，嘱咐患者在饮食上少吃肥甘厚味之品，多吃黑芝麻、黑木耳、黑米、黑豆、核桃及其他坚果等益气补血生发食物；其次，告知患者睡眠的重要性，让患者保证充足的睡眠，并向患者详尽解释目前治疗方案、治疗周期以及可能取得的效果，提高患者对治疗的自信心。特别是对于心理焦虑的患者，通过团队“一对一”对其进行心理疏导，让患者详悉自己的治疗情况，适时减压，保持愉悦心情。

在头发护理上，建议患者根据自己的发质来挑选洗发水，适时更换洗发水；其次，洗头发建议水温适度，头发自然干，以免发质受损害；再者，因为洗发水常呈碱性，而头发嗜弱酸环境，故建议患者联合使用弱酸性护发素。同时，要注意根据不同季节护发，春夏季建议选用“去油脂”的洗发水，秋冬季建议选用“滋润防燥”的洗发水。

【病案举例】

患者，男，21岁。2020年07月06日初诊。

主诉：脱发伴头皮油腻4年，加重2个月。现病史：4年前，患者出现渐进性头发脱落，头顶部毛发逐渐稀疏，前发际线后移，伴头皮油脂分泌过多，2个月前症状加重，饮食、睡眠可，二便正常，舌质淡，苔白腻，有齿痕，脉沉滑。中医诊断：发蛀脱发（脾湿毒蕴证）。西医诊断：雄激素性脱发。治以健脾祛湿毒之法，处方：萆薢10g，茯苓15g，炒白术10g，炒苍术10g，猪苓10g，当归15g，生地15g，薏苡仁20g，枸杞10g，侧柏叶6g，蒲公英10g，羌活6g，山药15g，炙甘草6g。7剂，水煎服，日2次，饭后服。配合梅花针叩刺治疗。嘱患者保证充足睡眠，清淡饮食，保持愉悦心情。

二诊：患者仍有掉发，但头皮油脂分泌较前减少，腹胀，睡眠欠佳，饮食可，二便正常，舌质淡，苔白腻，有齿痕，脉沉滑。考虑湿阻中焦，故上方中萆薢、猪苓加量至15g，加木瓜10g以利湿邪，加合欢皮10g安神助眠，14剂。配合梅花针叩刺治疗。

三诊：患者掉发较前明显减少，头皮油脂分泌基本正常，睡眠尚可，饮食、二便正常，舌淡红，苔薄白，脉沉细。处方：羌活10g，当归10g，白芍15g，丹参15g，木瓜10g，菟丝子10g，北沙参15g，枸杞10g，远志10g，赤芍15g，山萸肉15g，陈皮6g，合欢皮10g，桑椹子10g，炙甘草6g。7剂。配合梅花针扣刺及电针疗法。嘱患者多吃黑芝麻、黑木耳、黑米、黑豆、核桃等益气补血生发食物，保持愉悦心情。

四诊：患者无异常掉发，头皮可见新生小毳毛，睡眠欠佳，饮食、二便正常，舌淡红，苔薄白，脉沉细。上方加酸枣仁10g以增强安神助眠之力，7剂。配合梅花针—电针—耳穴治疗。

五诊：患者头皮可见大量新生毳毛，睡眠基本正常，饮食、二便可，舌淡红，苔薄白，脉沉弱。上方减酸枣仁10g，加太子参10g以增加补益之功，14剂。外擦米诺地尔酊，配合梅花针—电针—耳穴治疗。

按语：该患者处于青春期，素体生机旺盛，初诊时可见头发进行性减少、脱落，前发际线后移，伴有头皮油脂分泌过多，结合舌脉，属脾湿毒蕴之象，故应用生发除湿汤随证加减，梅花针扣刺头皮一者祛风、湿、热、瘀毒，二者疏通经络，蕴养毛囊。治疗中期见头发脱落减少，头皮油脂分泌明显减少，头皮触感稍硬，法当疏肝解郁毒，活血化瘀生新；同时配合梅花针—电针—耳穴治疗，以增强疗效。后期见头发脱落明显减少，头皮油脂分泌基本正常，结合舌脉，属肝肾不足之象。其以"肝肾不足，瘀毒湿滞"为核心病机，故应用生发养血汤随证加减。且当头皮可见大量新生毳毛时，增强中药及针刺的补益之力，使之茁壮成长为乌黑茂密的头发。

（黄　港　孙冷冰）

四、斑秃

斑秃（alopecia areata，AA）是一种常见的非瘢痕性脱发性疾病，临床可见局限性的单个或多个病灶，属中医学"油风、鬼剃头"范畴。西医学认为斑秃为T淋巴细胞介导的炎症性皮肤病，通常在40岁之前发生，近年来，由于社会压力的不断增大，斑秃的发病年龄愈加趋于年轻。1990~2019年全球斑秃疾病负担的流行病学结果分析中，各年龄组中女性的疾病负担均高于男性，表明女性受斑秃的影响更大，而女性斑秃患者毛发再生的可能性相较于男性来说也更低，其发病年龄通常较男性更早，病程更长。而我国流行病学调查研究显示，我国斑秃患病率约为0.27%，任何年龄均可发生，以青年多见，小儿斑秃病情常常发展迅速且严重。

【病因病机及毒邪发病机制】

中医学认为，斑秃的发病机制大多是过食辛辣炙煿、甘醇厚味，或情志抑郁化火，血热生风，风热上窜颠顶，导致毛发失于阴血濡养而脱落。《内经》曰："肾藏精，其华在发。"《诸病源候论》中述："足少阴之经血，外养于发。"皆提示肾与毛发的生长有密切的关系，中医学认为肝藏血，发为血之余，肾主骨，其荣在发，故头发之生长与肝肾、气血的关系最为密切。其病因病机多为肝肾不足、精血亏虚，常与血热生风、肝热血燥、气血两虚等相关。现代研究表明，遗传因素在本病发生中具有重要的作用，约1/3的斑秃患者有阳性家族史，同卵双生子共同患病率约55%。此外，斑秃进展期的发病机制与自身免疫系统也密切相关。

本病属"本虚标实"，以肝肾不足、气血亏虚为本，以内外风邪为标。根据本病发生发展过程中不同的临床特点可将其分为活动期、稳定期、恢复期，其各个时期与湿热、瘀、毒之邪及情志等不同因素之间皆有关系。斑秃活动期的发病机制与风邪密切相关，如《医宗金鉴》言：“毛孔开张，邪风乘虚而入……不能荣养毛发。”风为阳邪，易袭阳位，头部为诸阳之会，发长于巅顶，最易为风邪所伤。由于患者血虚化燥生风、血热生风或肝风内动等风邪内生，复感外风侵袭毛窍，内外风邪上扰使局部气血失调，不能正常滋养头发，从而导致了脱发。其次，因风邪、湿邪常夹杂为弊，故常以外感风邪夹以内蕴湿热之邪，风携湿热上攻于头部，致使毛发脱落。稳定期斑秃的核心病机属血瘀。如气血虚衰，运行不畅，血不行可致血瘀；肝气郁结，气滞亦致血瘀。斑秃恢复期时，头发生长与肝肾、气血之关系最为密切。此外，情志因素与斑秃疾病发展的各个时期密切相关，工作、生活等社会压力导致情志不畅，甚至夜不能寐均可引发或加重本病。

【临床表现】

斑秃典型的临床表现是头皮处突然发生的形状呈圆形或椭圆形的脱发斑，大小不等，可单发或多发，也可累及胡须、眉毛、睫毛、阴毛、腋毛及体毛，脱发斑通常边界清晰，一般无明显自觉症状，少数患者会产生轻度头皮痒感或紧绷感，部分患者可伴有指（趾）甲变化如甲点状凹陷、点状白甲和甲纵嵴等。患者可能合并如桥本氏甲状腺炎、红斑狼疮、特应性皮炎及白癜风等自身免疫性疾病。

【辨证施治】

（1）脾虚湿蕴证（活动期）

证候：此期病程短，症状多见头皮瘙痒或头皮部出油较多，发质油腻等，其脱发区的数量增多或面积不断增大，拉发实验阳性。

治法：健脾除湿祛风。

方药：生发除湿汤加减。常用萆薢、白术、泽泻、猪苓、川芎、白鲜皮、桑椹子、生地黄、枸杞子、侧柏叶、淡竹叶、熟地黄、炒蒺藜等。脾虚湿滞明显者，加炒薏苡仁、茯苓、陈皮。

（2）肝郁血瘀证（稳定期）

证候：此期患者脱发量较前减少，病灶范围和数量没有扩大，但其病灶处毛囊及新生毛发量也较少。

治法：活血祛瘀解毒。

方药：生发解郁化瘀汤加减。常用柴胡、白芍、鸡血藤、丹参、赤芍、陈皮、焦栀子、当归、桃仁、红花、酸枣仁、川芎、红枣、郁金等。时感气郁烦躁者，加醋香附、厚朴；对于女性患者，伴有情绪低落、焦躁、经前乳房胀痛或痛经者，可加柴胡、香附、炒蒺藜；瘀毒过重者，加蒲公英。

（3）血虚风燥证（恢复期）

证候：此期病灶中心或边缘处出现较多纤细柔软色浅的毳毛，病灶范围进一步缩小。

治法：滋补肝肾，养血生发。

方药：生发养血汤或生发滋阴汤加减。常用羌活、熟地黄、枸杞、川芎、桑椹、木瓜、赤芍、防风、当归、白芍、鸡血藤、黄芪、远志、羌活、菟丝子、北沙参、怀山药、山茱萸、墨旱莲等。若患者长期精神抑郁，压力过大，加柴胡、郁金；长期精神紧张，伴夜寐差，不能入睡者，加远志、石菖蒲、合欢皮、酸枣仁。

【从毒论治】

依据本病发生发展过程中不同的临床特点，可将其分为脾虚湿蕴证（活动期）、肝郁血瘀证（稳定期）、血虚风燥证（恢复期）。

活动期中，治疗重在平内风、息外风，清风毒的同时健脾除湿，祛邪的同时兼顾扶正。主方以生发除湿汤加减。方中以萆薢、泽泻等祛风除湿之药为主药；白术补气健脾以固其本；猪苓性味甘淡，利水的同时兼有行气之力；祛湿药物多性味偏燥，且湿邪日久不除也易化生湿热之邪，故生、熟二地同用，益精补血的同时兼以滋阴清热；加川芎、僵蚕活血祛风解毒，引药上行，取“治风先治血”之意。息外风辅以祛风解表之药物如防风、羌活；清风毒加蝉蜕、蒲公英，疏风解表，清热解毒；炙甘草调和诸药。伴有口干口苦，舌苔黄腻者，加淡竹叶、侧柏叶炭清热祛湿解毒；头皮干燥瘙痒，头皮屑多者，除加祛风邪药物外，另需加麦冬、生地等药物滋阴润燥，滋养头皮。

稳定期中，治疗上重在活血祛瘀解毒，多用生发解郁化瘀汤。方中主要以柴胡、郁金疏肝解郁，桃仁、丹参等活血祛瘀，川芎活血行气，酸枣仁养心安神，白芍养血和营，陈皮理气调中和胃，焦栀子清心除烦，大枣补气和中，炙甘草调和诸药。时感气郁烦躁者加醋香附、厚朴理气调中；伴有舌红苔黄，大便干结者，加以赤芍，与白芍共达滋阴清热通便之效。同时，瘀血久蕴与毒邪易成瘀毒，导致病情顽固难愈，故常辅以清解瘀毒之药物，如蒲公英等。

恢复期中，毒邪已去，重视头发的质与量。头发之质，重在调养气血；头发之量，重在滋补肝肾。临床证型也多为气血两虚型和肝肾阴虚型。治疗上，若为气血两虚型，则以生发养血汤养血生发。本方之根本为益气养血生发，方中以桑椹子、熟地补气养血；鸡血藤补血；炙黄芪补气固表；赤、白二芍同用，养血滋阴，兼顾活血；同时，川芎、羌活行气活血，气行则血行，不使补血之力太过滋腻。若为肝肾阴虚型，则以生发滋阴汤补肝益肾，滋阴生发。其中，以山茱萸、枸杞子平补肝肾，墨旱莲、北沙参补益肝肾的同时清虚热，四药以滋阴为本，白芍养血滋阴，茯苓、山药补气兼以固护脾胃。忧虑过度，睡眠不佳者加酸枣仁、合欢皮、远志以安神解郁助睡眠；发质干枯无泽者，加党参、北沙参以益气养阴，生津润发。

对于情志因素较明显者，治以柔肝平肝、行气解郁毒之法，方用柴胡疏肝散，使气机条达，心情舒畅。若患者长期精神抑郁、压力过大，加大柴胡、郁金用量，以增加疏肝行气解郁毒之力度。若长期精神紧张，伴夜寐差，不能入睡，加远志、石菖蒲、合欢皮、酸枣仁以宁心解郁毒，安神定志。此外，刘巧教授认为，在斑秃的治疗中还需要注重心理干预，需着重疏导和转移患者的心理压力，并给予积极向上的心理暗示，消除负面情绪。

刘巧教授研发的首乌养真胶囊治疗斑秃能够起到滋肝补肾、养血活血、祛风散湿毒，使湿毒去、瘀血去、新血生而发得所养的作用。

同时，本病注重内外合治，善用中医特色外治法，采用“梅花针—电针—耳穴—外用药物”进行综合治疗，以达活血化瘀祛毒、生发养发之功。

【调护】

斑秃与患者的自身因素如生活作息、饮食、情志等密切相关。所以，在治疗的同时，修正患者的生活习惯，进行心理疏导是非常重要的。首先，嘱咐患者在饮食上少吃肥甘厚味之品，多吃黑芝麻、黑木耳、黑米、黑豆、核桃及其他坚果等益气补血生发食物；其次，告知患者睡眠的重要性，让患者保证充足的睡眠，并向患者详尽解释目前治疗方案、治疗周期以及可能取得的效果，提高患者对治疗的自信心。特别是对于心理焦虑的患者，通过团队“一对一”对其进行心理疏导，让患者详悉自己的治疗情况，适时减压，保持愉悦心情。

【病案举例】

患者，女，42岁。2020年5月13日初诊。

主诉为“斑片状脱发1个月”，患者1个月前发现头顶部头发出现斑片状脱落，头皮有瘙痒感，未予治疗，脱发区逐渐扩大。现症见：头顶部出现一块4cm × 5cm大小的脱发区，平素常有焦虑感，纳食可，夜寐常多梦，二便调；舌淡，苔白腻，脉弦。拉发实验阳性。中医诊断：油风病（肝肾亏虚证）。西医诊断：斑秃。治疗主以补肝益肾、养血祛风为法。方药：枸杞子10g，羌活6g，川芎10g，熟地10g，炒菟丝子10g，防风10g，当归10g，郁金10g，柴胡10g，北沙参15g，蒲公英10g，蝉蜕6g，柏子仁10g，合欢皮10g，桑椹子10g，赤芍10g，墨旱莲10g，炙甘草6g。7剂，日一剂，水煎服，分2次温服。配合梅花针治疗。

二诊：脱发区边缘有少许细小白色毛发长出，睡眠较前改善。守上方，去蒲公英、蝉蜕、赤芍、墨旱莲，加木瓜10g、白芍15g、鸡血藤10g、党参10g、山茱萸10g，用法同前。

三诊：病灶四周明显萌发出细软短小的毛发。守上方，继服1个月。

四诊：脱发区见毛发色泽较前变黑，直径较前增大，生长面积约达原先病灶的3/4。1个月后随访，脱发区毛发基本恢复。

按语：患者见头顶部斑片状脱发伴头皮瘙痒，近期脱发增多，脱发区不断扩大，拉发实验阳性，属于斑秃的活动期，治疗注重补益肝肾、养血祛风。用以生发养血汤，方中桑椹子、炒菟丝子、墨旱莲补益肝肾，北沙参、枸杞子、熟地滋阴补血，益精填髓。患者伴有头皮瘙痒感，与风邪侵袭相关，风邪入侵人体，邪气久不解化为风毒，故加以川芎、防风、羌活、当归活血祛风，蝉蜕祛风止痒，蒲公英祛风解毒，柏子仁生发乌发。患者同时见精神焦躁、情志不畅，加用柴胡、郁金疏肝解郁，睡眠不佳加合欢皮安神解郁助眠。治疗后期，毛发生长阶段，营养不足，发质多干燥无泽，证多以肝肾气血亏虚为主。于原方基础上加山茱萸补肾益肝，鸡血藤补血，白芍养血滋阴，润泽发质。同时，本病注重内外合治，可加用梅花针、电针等外治法。

（黄　港　孙冷冰）

第十二节　黏膜及黏膜皮肤交界处疾病

一、唇炎

唇炎是一组唇部黏膜慢性炎症性疾病，在临床上可分为接触性唇炎、剥脱性唇炎、光化性唇炎、腺性唇炎、肉芽肿性唇炎、浆细胞性唇炎等类型。本病多发生于下唇部，临床上以局部红肿痒痛、干燥脱屑、溃烂流黄水为特征。唇炎在中医古籍中有“舔唇风”“唇湿”“驴嘴风”“紧唇”“沈唇”等病名。唇风一名出自明代《外科正宗》，书中认为唇风乃“阳明胃火上攻”所致。

【病因病机及毒邪发病机制】

中医学认为本病主要是由脾、胃湿热内蕴，郁久化火，火邪熏蒸，日久津伤血燥而成。

刘巧教授认为引起唇炎发作的毒邪包括以下几种：一是“日光毒”。研究表明，紫外线照射不仅可以促进黑素生长，还可引发皮肤黏膜细胞水肿、真皮胶原纤维变性、细胞增殖活跃而发为本病。炎症反应的轻重与紫外线照射时间、强度以及个人对日光的敏感程度相关，不管是先天的嘌呤代谢障碍，还是后天肝脏功能障碍以及某些药物、植物引发的嘌呤代谢异常，均会影响人体光敏感性。从中医角度分析，嘌呤代谢障碍、光敏感属于禀赋不耐，为内因，日光毒、食物毒、药物毒等属于外因（诱因）。二是微生物毒、食物毒、化妆品毒和炎症毒等。接触性唇炎为唇部及其周围的皮肤接触某些刺激物或致敏物引起的变态反应性炎症现象，根据其临床特点，可以理解为是热毒、湿毒为患。剥脱性唇炎的原因不明，可能与急性炎症、烟、酒、化妆品刺激有关，其毒邪发病因素复杂，包括炎症毒、日光毒、食物毒、化妆品毒、药物毒。某些具有致敏物的唇膏、牙膏，含有抗生素或其他药品的漱口水等，也可能致敏而发生唇炎。白色念珠感染引起的真菌性唇炎，属于微生物毒，PAS染色可见菌丝。浆细胞性唇炎、腺性唇炎、肉芽肿性唇炎病因不明，可能的发病原因较多，且它们的发病过程均有炎症因子（炎症毒）参与。

【临床表现】

接触性唇炎：常见于女性，发于接触刺激物的部位，损害大小与接触面积大体一致。急性唇炎表现为口唇红肿、水疱、糜烂、结痂，慢性唇炎表现为口舌肿胀、肥厚、干燥、脱屑和皲裂。

光线性唇炎：多见于农民、船（渔）民及户外工作者，多发生于下唇部，也可发生于整个唇部。急性型在强烈日光照射后唇部出现红肿、糜烂、血痂或形成溃疡，多位于下唇，有灼痛感；慢性光线性唇炎较急性多见，表现为口唇干燥脱屑，鳞屑易去除，唇部可肥厚、变硬、皲裂。

剥脱性唇炎：多见于年轻女性，常有神经质表现。皮疹先发于下唇的中部，而后扩展到整个下唇甚至上唇，之后可出现结痂、干燥、皲裂，多数局部有针刺感或灼痛感。

腺性唇炎：多见于中、青年女性，好发于下唇，晨起时上、下唇可粘连，黏膜潮湿、结痂，唇部有显著浸润肥厚。最常见的损害为唇部黄色小结节，为2~4mm大小，中央下凹，管口扩张，数量为几个到十几个，挤压时有黏液样物质从管口排出。

浆细胞性唇炎：无特定好发年龄，皮肤损害以下唇为主，表现为有漆样光泽的红斑，易糜烂结痂或水肿浸润，也可肥厚，后期有萎缩性改变，无明显全身症状，常持续存在。

肉芽肿性唇炎：好发于中青年，上唇多见，口唇弥漫性肿胀、肥厚、粗糙、脱皮、干燥、皲裂，多数局部有疼痛感。

【辨证施治】

（1）风火上乘证

证候：起病迅速，初发时唇部发痒，色红肿痛，继而干燥流滋，如无皮之状；伴口渴口臭，口干喜冷饮，大便燥结；舌质红，苔薄黄，脉滑数。

治法：清热泻火，凉血疏风。

方药：防风通圣散加减。常用防风、荆芥、连翘、白术、黄芩、白芍、当归、桔梗、甘草、栀子、升麻、生石膏、滑石等药物。

（2）脾胃湿热证

证候：唇部红肿、糜烂、渗液、结痂、溃烂，自觉瘙痒、灼痛；不思饮食，脘腹胀满，尿黄；舌红，苔薄黄或黄腻，脉滑数。

治法：健脾和胃，清热除湿。

方药：清脾除湿饮加减。常用苍术、白术、猪苓、茯苓、栀子、黄芩、枳壳、泽泻、淡竹叶、茵陈、灯心草等。

（3）津亏血燥证

证候：口唇干燥、破裂、脱屑，可见痂皮；伴心烦急躁，手足心热；舌红少苔，脉弦细。

治法：滋阴清热，养血润燥。

方药：玉女煎合六味地黄丸加减。常用熟地黄、麦冬、知母、牛膝、山茱萸、山药、泽泻、茯苓、牡丹皮、天花粉、生甘草等。

（4）气虚风盛证

证候：唇风日久，淡红肿胀，破裂流水；伴气短乏力，食少腹胀，大便溏泄，肌肉消瘦；舌质淡红，苔薄白，脉细数。

治法：健脾益气，疏风滋阴。

方药：参苓白术散加减。常用党参、白术、茯苓、陈皮、炒扁豆、山药、薏苡仁、砂仁、甘草等。

【从毒论治】

唇炎发病过程中有湿毒、热毒、燥毒、日光毒、药物毒、食物毒、微生物毒、化妆品毒、炎症性毒等多种因素参与。从定位解毒角度，唇部属于上部，“上焦如羽”，用药上可加金银花、连翘、防风、荆芥、槐花等轻清之品；而脾胃开窍于口，其华在唇，定位为脾胃毒，可酌加败酱草、蒲公英解脾胃毒，配合太子参、茯苓、白术、山药等理气健脾之品顾护脾胃。剥脱性唇炎等以干燥脱屑为主要表现的唇炎，有燥毒、瘀毒为患，可用沙参、麦冬、熟地、玉竹、当归、鸡血藤等滋阴养血之品以抗毒。

急性唇炎以红肿、渗出为主要表现，可采用中药湿敷的外治方法，通过药物的局部作用以增强解毒之力，内外兼治，可以提高疗效、缩短病程。中药湿敷之外用方药可选黄柏、金银花、野菊花等清热燥湿药。对于干燥、脱屑、皲裂的唇部，配合尿素乳膏等保湿剂，可以修复皮肤屏障，提高唇部黏膜对外毒的抵抗力，预防复发。

【调护】

（1）戒除吸烟、舔唇、咬唇或揭唇部皮屑等不良习惯，避免接触可引起唇炎的致敏物。

（2）合理膳食，均衡营养，忌食辛辣醇酒、膏粱厚味，多食新鲜蔬菜、水果以补充微量元素。

（3）加强唇部保湿护理，特别是在干燥季节，可涂合适的唇膏或者尿素乳膏、维生素E乳膏等保湿剂。

（4）对于紫外线（光毒）诱发光线性唇炎的患者，需特别注意防晒，外出应戴上具有防紫外线作用的口罩。

（5）养成刷牙、漱口习惯，保持口腔卫生，预防病原微生物引起的唇炎。

【病案举例】

郑某，女，27岁。初诊日期：2019年11月23日。

患者因“双唇反复干燥、脱屑3年，复发1周”就诊，患者3年前无明显诱因出现双唇干燥、脱屑，有紧绷感，以下唇部为重，自诉外搽唇膏稍缓解，但容易反复，严重时出现皲裂和出血。患者1周前无明显诱因症状出现反复，唇部干燥、皲裂，皲裂处触痛明显，自诉唇部紧绷不适，平素心烦、易怒，偶有手足心热，胃纳可，大便干，小便正常。现症见：双唇干燥脱屑，散在线状皲裂，紧绷感明显，皲裂处疼痛；手足心热，心烦，饮食可，大便干；舌红，苔薄，脉弦细。中医诊断：唇风（津亏血燥证）。西医诊断：剥脱性唇炎。治法：滋阴清热，养血润燥。方药：沙参15g，麦冬15g，女贞子15g，玉竹10g，知母10g，栀子10g，怀山药15g，陈皮6g，当归10g，生地黄10g，川芎6g。共7剂，每日1剂，水煎服，分早晚饭后温服。局部外用尿素乳膏，早晚各一次。

二诊：患者自诉双唇紧绷感及皲裂处疼痛缓解，心烦好转，未诉手足心热，二便正常。查体见患者双唇干燥、脱屑减轻，皲裂变浅，舌质红，苔薄白，脉弦细。前方减玉竹、女贞子，加太子参10g、白术10g、熟地黄10g、鸡血藤15g，7剂，每天1剂，水煎服，早晚饭后温服。继续外用尿素乳膏，早晚各一次。

三诊：双唇变光滑，少许脱屑，皲裂愈合，无疼痛不适，无心烦及手足心热，睡眠、饮食、大小便正常。守前方14剂巩固疗效，每天1剂，水煎服，分早晚饭后温服。

四诊：双唇光滑，恢复正常。

按语： 刘巧教授认为本病为津血亏虚、内生燥邪所致，阴虚血燥日久成瘀，致肌肤皲裂，乃至疼痛，故在一众养阴润燥之品加入当归、川芎、鸡血藤等养血活血之品。在解毒祛邪的同时，注意兼顾脾胃，加太子参、白术益气健脾。外用药选用尿素乳膏润燥保湿。日常调护方面，嘱患者加强唇部保湿，忌食辛辣刺激物，不接触含致敏物的唇膏、牙膏等。

（黄　港　邱善裕）

二、口角炎

口角炎是上下唇联合处口角区皮肤及黏膜发生的各种炎症的总称。临床上以急性期口角部位皮肤起红斑、水疱、渗液和结痂，慢性期皮肤浸润、干燥、皲裂、脱屑为特征。本病在中医文献中有“燕口疮”“剪口疮”“夹口疮”“口角疮”等病名。隋代《诸病源候论·燕口生疮候》记载：“此由脾胃有客热，热气熏发于口，两吻生疮，其疮白色，如燕子之吻，故名为燕口疮也。”

【病因病机及毒邪发病机制】

中医学认为口角炎主要是由饮食不节，脾胃积热，热极伤阴所致。

研究表明，口角炎发病与机械刺激，病原微生物感染，微量元素缺乏，炎症，流涎刺激，劳累与营养不良，铁、蛋白质供给不足及烟酸、维生素B_2缺乏，咬笔等不良习惯有关。

引发口角炎的毒邪包括以下几种：一是传统的“热毒”。心脾积热，热盛肉腐为“毒”，故可致口角皲裂、溃烂。二是微生物毒、炎症毒。如患者牙齿不齐，可致使上下唇交叠，口角发生皱褶，或者长期流涎，此处黏膜经常处于浸渍中，为微生物毒、炎症毒创造入侵机会，容易引发口角炎。维生素B_2缺乏，可引起机体的生物氧化不正常，或引起脂肪代谢不正常，导致口角炎发生，常伴发草莓样舌和阴囊瘙痒等。研究表明引发口角炎的病原菌多为低毒性的葡萄球菌或白色念珠菌，可在擦烂和维生素B_2缺乏的基础上继发感染，多见于儿童，抗细菌、抗真菌治疗有效。某些皮肤病，如异位性皮炎、脂溢性皮炎异常可合并有口角炎，此类则属于炎症毒。咬指、咬铅笔等不良习惯也可诱发或加重口角炎，可能和手指、铅笔表面微生物毒可随着机械刺激小创面入侵口角黏膜有关。

【临床表现】

该病无特定好发年龄与性别，好发于上下唇联合处口角区皮肤及黏膜部位，通常对称分布，少数为单侧性。一般口角皮肤起红斑、水疱、渗液和结痂，张口时可见损害基底发红，其尖端指向口角而成楔形，有裂痛。慢性期该处皮肤浸润、粗糙、皲裂、脱屑，可见从口角向下、向外的辐射状皱纹。

【辨证施治】

（1）脾胃郁热证

证候：口角处红斑、水肿、流涎，继而结痂，疼痛，甚至影响张口说话及进食；口气热臭，口舌干燥，口苦；舌红苔黄，脉滑大而数。

治法：健脾和胃，清热凉血。

方药：清胃散加减。常用生地黄、当归、牡丹皮、黄连、灯心草、升麻、知母、薏苡仁、山药、生甘草等。

（2）阴虚血燥证

证候：面部皮肤腠理干涩，口唇裂缝干痂出血鲜红，口角黏膜皮肤湿润、皲裂、粗糙、脱屑；伴心烦，手足心热；舌红少苔，脉细数。

治法：滋阴清热，养血润燥。

方药：玉女煎合六味地黄丸加减。常用石膏、熟地黄、麦冬、知母、牛膝、山茱萸、山药、泽泻、茯苓、牡丹皮、甘草等。

【从毒论治】

口角炎发病过程中有热毒、微生物毒、炎症性毒等多种因素参与，但其根本原因是脾胃不足，积热内生，热毒熏蒸于口角。口角位于口部，而脾胃开窍于口，引发口角炎的热毒是脾胃积热所致。从毒论治口角炎，可重用石膏、知母清阳明热毒，配合山药、茯苓、白术等调理脾胃，沙参、麦冬、玉竹等养阴生津。急性口角炎如以红肿、渗出为主要表现，也可采用中药湿敷的方法。此外，外治方面还可采用艾灸、针刺、放血等中医特色疗法泄脾胃积热，此亦为排毒法。

【调护】

（1）忌食肥甘厚味之品，戒除烟、酒等不良嗜好。

（2）避免受冷、热刺激。

（3）食用富含B族维生素的蔬菜水果。

（4）如有龋齿、义齿，应及时修复。

（5）注意口腔卫生，养成早晚刷牙和饭后漱口的好习惯。

【病案举例】

梁某，女，53岁。初诊日期：2020年11月21日。

患者因“口角反复皲裂、脱屑2年，复发3天”就诊，患者2年前无明显诱因出现口角干燥、脱屑，口角黏膜逐渐出现皲裂和出血，用药后可好转，患病以来反复发作多次，3天患者口角再次出现皲裂、脱屑。现症见：双侧口角干燥、脱屑、皲裂，紧绷感明显，张口时皲裂处疼痛明显；手足心热，心烦，大便干，小便微黄；舌红，少苔，脉细数。中医诊断：燕口疮（阴虚血燥证）。西医诊断：口角炎。治法：滋阴清热，养血润燥。方药：石膏（先煎）20g，生地黄15g，麦冬15g，知母9g，牛膝9g，山茱萸12g，山药12g，泽泻9g，茯苓9g，牡丹皮9g，甘草6g。共7剂，每日1剂，水煎服，分早晚饭后温服。局部外用尿素乳膏，早晚各一次。

二诊：患者自诉口角处紧绷感及皲裂处疼痛减轻，口角干燥、脱屑减轻，皲裂变浅，心烦、手足心热改善，大便稍干，小便正常，舌红，苔薄，脉弦细。前方减石膏，加白术10g、熟地黄10g，共7剂，每天1剂，水煎服，分早晚饭后温服。继续外用尿素乳膏，早晚各一次。

三诊：口角皲裂愈合，无干燥、脱屑，未诉疼痛，偶有心烦及手足心热，睡眠、饮食、大小便正常。前方减泽泻，加沙参10g，共7剂，每天1剂，水煎服，分早晚饭后温服。

四诊：口角光滑，皮损未见复发。

按语： 本例患者中医辨证属阴虚血燥，方用玉女煎合六味地黄丸加减。方中石膏清阳明热毒，牡丹皮、生地黄凉血滋阴，知母、麦冬养阴生津又清虚热，山药、茯苓调理脾胃，山茱萸平补肝肾，泽泻泄热，牛膝导热下行，甘草清热解毒并调和诸药。刘巧教授认为口角、唇部与脾胃相表里，且脾胃为后天之本，为阴血津液生化之源，故在治疗口角炎遣方用药时常加入茯苓、山药等理气健脾之品。

（黄　港　邱善裕）

三、包皮龟头炎

包皮龟头炎是发生在包皮、龟头及其黏膜部位的炎症性疾病。因其创面在包皮内侧，如袖口包手而不得见，故名"袖口疳"。本病在中医文献中又有"臊疳"之称。明代《外科启玄·袖口疳》认为："此疳是龟头及颈上有疮，肿焮于内，而外则包裹，不见其疮，如袖之包手，故名之。似龟头之缩，最难治之。"

【病因病机及毒邪发病机制】

中医学认为本病主要是肝、胆湿热下注，或局部不洁，蕴久成毒所致；或素体肝、肾不足，或久病不愈，肝、肾阴虚，复感毒邪，聚结阴器，气血壅滞，阻滞经络，而致阴茎龟头红肿溃烂，难以愈合。

西医研究表明包皮龟头炎发病与包皮过长、包皮垢、尿液的刺激、局部物理因素刺激、服装摩擦、病原微生物感染及其他非感染因素有关。

引起包皮龟头炎发病的毒邪因素包括以下几种：一是传统意义上的热毒、湿毒。二是微生物毒。患者由于不洁性交，感染了白色念珠菌、酵母菌、滴虫、衣原体、支原体或淋病双球菌等，这些均归属于微生物毒，可引起包皮龟头炎。三是炎症毒。非感染因素，如由于包皮过长，清洁不充分，包皮垢便会堆积起来，刺激局部的包皮和黏膜发生炎症，属于炎症毒范畴。包皮过长、包皮垢、机械刺激、创伤等因素导致皮肤黏膜屏障受损，则为微生物毒、炎症毒入侵创造了机会。四是药品毒、化学品毒，如避孕套、精油过敏，清洁产品刺激或过敏。

【临床表现】

该病为男性疾病，好发于包皮、龟头及其黏膜部位，可有瘙痒、疼痛、烧灼感，可急性发作，多迁延复发。具体临床表现可分为以下3型。

（1）由刺激因素或细菌感染引起的龟头炎表现为局部水肿性红斑、糜烂、渗液或有脓性分泌物和出血，伴有局部疼痛，可引起腹股沟淋巴结肿大。

（2）念珠菌性龟头炎表现为界线清楚的非化脓性红斑，边缘轻度脱屑，表面或四周有丘疱疹和小脓疱，溃烂后形成白色乳酪状分泌物，有时渗出较少，可为单纯红斑或红斑脱屑性损害，轻度瘙痒，主要有烧灼、疼痛感。

（3）滴虫性龟头炎表现为红斑和糜烂，一般境界清楚，红斑上见针头至粟粒大的小水疱。

【辨证施治】

（1）湿热下注证

证候：发病急，龟头及包皮红肿，排尿刺痛或涩痛，摩擦后尤为明显；伴有发热恶寒，心烦口干，乏力倦怠，睾核肿痛；脉滑数，舌质红，苔薄黄微腻。

治法：清热利湿，泻火解毒。

方药：龙胆泻肝汤加减。常用龙胆草、黄芩、栀子、泽泻、木通、车前子、当归、生地黄、柴胡、败酱草、地锦草、车前草、生甘草等。有滴虫感染或有念珠菌感染者，可加百部、贯众、鹤虱。

（2）毒火郁结证

证候：龟头溃烂生疮，脓液外溢，气味腥臭，局部红肿灼痛，附近睾核肿大，影响正常步履，小便淋漓不畅；舌质红，苔黄，脉弦数。

治法：清热解毒，凉血泻火。

方药：导赤丹加减。常用黄连、黄芩、栀子、木通、生地黄、淡竹叶、泽泻、大黄、生甘草等。

（3）肝肾阴亏证

证候：阴茎肿痛，色暗红，包皮或龟头有肥厚性斑块，溃烂少脓，久不愈合；兼有五心烦热，或有盗汗，可伴有腰酸、早泄等症状；舌红少苔，脉弦洪数。

治法：滋阴清热，泻火解毒。

方药：知柏地黄丸加减。常用熟地黄、山茱萸、山药、泽泻、茯苓、牡丹皮、知母、黄柏、金银花、甘草等。肝经郁热者，可加丹参、泽泻、蒲公英、赤芍。

【从毒论治】

包皮龟头炎的毒邪发病因素包括热毒、湿毒、微生物毒、炎症毒、药物毒、化学品毒等。包皮龟头属于外阴，病位在下部，又为肝经循行部位，因湿热下注或毒火蕴结局部，邪盛为毒。

从毒论治包皮龟头炎讲究解毒方法的灵活应用。

（1）根据毒邪类型论治：针对传统意义的热毒、湿毒，采用清热解毒、燥湿解毒、凉血解毒之法，如选用黄芩、栀子等；针对念珠菌、滴虫感染引起的包皮龟头炎，用百部、贯众、鹤虱等燥湿杀虫之药。

（2）根据毒邪位置论治：包皮龟头属于外阴，病位在下部，又为肝经循行部位，当选用归肝经及泄下焦湿热的中药，如柴胡、龙胆草、车前子、泽泻等。

（3）外治：以清热燥湿、杀虫解毒中药（野菊花、蛇床子、土茯苓、百部等）外洗，直接解局部皮肤黏膜上的毒邪，直达病所，提高疗效。

【调护】

（1）加强性病防治的健康教育，避免不洁性行为。

（2）患病后避免房事，尽快治疗，如性伴侣有妇科炎症，应共同治疗，避免交叉感染。

（3）患者的生活用品及衣物应彻底消毒，内裤应单独清洗，避免与家人、伴侣衣物混洗。

（4）注意个人卫生，经常清洗龟头，免除污垢存积，对顽固性患者，建议采取包皮环切术治疗。

【病案举例】

蔡某，男，31岁。2021年6月21日初诊。

患者因“包皮龟头红肿3天”就诊，患者3天前晨起上厕所时发现包皮龟头红肿，翻转包皮时疼痛，排尿刺痛，伴发热、乏力等不适。症见：包皮龟头红肿，尿痛，发热，乏力倦怠；舌红，苔黄腻，脉滑数。辅助检查：滴虫及真菌镜检阴性，尿常规示白细胞升高、轻度血尿。中医诊断：袖口疳（湿热下注证）。西医诊断：包皮龟头炎。处方：龙胆草10g，黄芩10g，栀子10g，泽泻10g，木通10g，车前子（包煎）12g，当归6g，生地黄12g，柴胡9g，败酱草15g，地锦草15g，车前草15g，生甘草6g。用法：每日1剂，水煎，分2次服，共7剂。配合马齿苋、龙胆草水煎溶液湿敷，2次/日，每次20分钟。

二诊：患者包皮龟头红肿明显消退，排尿轻度刺痛，无发热等不适，守原方7剂。

三诊：患者包皮红肿基本消退，排尿通畅、无疼痛，大便、饮食、睡眠正常，上方减败酱草、地锦草，续服5剂。

四诊：基本痊愈，嘱其注意卫生，忌辛辣刺激食物，预防复发。

按语：患者平素喜饮酒，好食肥甘厚腻，且卫生习惯较差，此次发病是由湿热之邪下注肝经，生虫所致。治疗采用清热利湿、泻火解毒之法，方用龙胆泻肝汤加减，该方侧重解湿毒、热毒，原方基础上加败酱草、地锦草等。外治上采用马齿苋、龙胆草煎水湿敷，增强解毒之力。结合辅助检查结果，如有滴虫（虫毒）感染或有念珠菌（真菌毒）感染，可加百部、贯众、鹤虱等燥湿杀虫之药，针对性地解毒。

（黄　港　邱善裕）

四、急性女阴溃疡

急性女阴溃疡为非接触传染性的阴部良性溃疡，以女性大、小阴唇内侧和前庭黏膜的溃疡和剧痛为特征，易复发。本病在中医文献中有“阴蚀疮”“阴伤蚀疮”“阴疮”等名称。明代《外科正宗·阴疮记》记载：“妇人阴疮，乃七情欲火，伤损肝脾，湿热下注为患，其形固多不一，总由邪火所化也。”

【病因病机及毒邪发病机制】

中医学认为本病主要是由于湿热下注，或肝肾阴虚，兼感毒邪，蕴结肌肤，阻滞经络而发病。研究表明，急性女阴溃疡和非特异性外阴炎、单纯疱疹病毒感染、白塞病、外阴结核、梅毒、性病性淋巴肉芽肿、肿瘤、自身免疫、环境、遗传等因素有关。

引起急性女阴溃疡发病的毒邪因素包括以下几种：一是湿毒、热毒，表现为女阴部位红肿、溃烂、流脓，伴发热等全身表现。二是微生物毒，如外阴结核引起者，通过分泌物培养或病理染色可查出结核杆菌；单纯疱疹病毒感染引起者，可检测出单纯疱疹病毒抗体；性病肉芽肿引起者，可查出衣原体抗体。三是炎症毒，如非特异性外阴炎、白塞病引起者，其发病过程有炎症因子参与，属于炎症毒。四是癌毒，如外阴肿瘤引起者，属于癌毒，包括黑素瘤、鳞状细胞癌等。

【临床表现】

本病好发于青年女性，起病突然，开始为外阴部溃疡，好发部位为大、小阴唇内侧和前庭黏膜，也可伴有口腔溃疡。溃疡大小从数毫米至1~2cm不等，数目不定，可伴有不同程度的全身症状如疲乏无力、发热、食欲减退等，病程一般为3~4周。

【辨证施治】

（1）湿热下注证

证候：患处焮红肿胀，溃烂成疮，脓水黄稠且多，自觉疼痛；伴有畏寒发热，口苦咽干，带下黄白，气味腥臭；脉弦滑数，舌质红，苔黄干或微腻。

治法：清热利湿，泻火解毒。

方药：龙胆泻肝汤加减。常用龙胆草、黄芩、栀子、泽泻、当归、生地黄、柴胡、白茅根、生甘草等。

（2）脾虚湿盛证

证候：口舌生疮，外阴溃疡；形体消瘦，气短懒言，食谷不化，纳少便溏；舌质淡，舌体胖，有齿痕，苔白或白腻。

治法：健脾除湿，补中益气。

方药：除湿胃苓汤加减。常用黄芪、党参、当归、陈皮、柴胡、升麻、茯苓、白扁豆、白术、甘草等。

（3）肝肾阴虚证

证候：初始觉阴器剧痒，搔抓较重，日久则见外阴多处溃烂，大小不一，状如虫蚀，时有清稀渗液，淋漓不尽，病情反复发作，自觉局部疼痛，夜间为甚；伴有心烦少寐，腰酸，头痛，低热，形体消瘦，食少乏力；舌质淡红，苔少，脉细数。

治法：滋补肝肾，清热解毒。

方药：知柏地黄汤加减。常用熟地黄、山药、牡丹皮、茯苓、山茱萸、泽泻等。

【从毒论治】

急性女阴溃疡的毒邪发病因素包括热毒、湿毒、微生物毒、炎症毒、癌毒等。该病为女性疾病，病位在外阴，属于下焦，又为肝经循行部位，是由湿热下注或脾虚湿蕴、阴虚火旺所致，邪盛日久，毒邪犯于外阴，故发为红肿、溃疡。

从毒论治急性女阴溃疡需注意以下几点。

（1）针对传统意义的热毒、湿毒，采用清热解毒、燥湿解毒、凉血解毒之法，如选用黄芩、栀子等药；对结核杆菌、单纯疱疹病毒等微生物毒引起的急性女阴溃疡，应结合抗结核、抗病毒的内服、外用药物。

（2）该病病位在外阴，属于下焦，同样为肝经循行部位，当选用归肝经及泄下焦湿热的中药，如柴胡、龙胆草、车前子、泽泻、黄芩、黄柏等。

（3）内外兼治：除了系统解毒排毒治疗外，主张配合外用药物及中医特色疗法治疗，如溶液坐浴或湿敷、中药熏洗或中药膏散外用等。

（4）以毒攻毒与抗毒结合：对于癌毒引起的女阴溃疡，应用攻伐之剂配合放化疗以毒攻毒，同时配合养阴益气健脾之品抗毒，以防攻伐太过。对于外阴部位腐肉难脱的情况，可用九一丹等以毒攻毒药腐蚀腐肉以去腐生肌，后期腐肉脱净后再外涂生肌膏促进疮面修复。

【调护】

（1）注意早发现、早治疗，树立预防为主、防治结合的意识。

（2）消除可能引起溃疡的诱因，如病原微生物感染、外阴炎症等。

（3）经常洗涤外阴，内裤每日换洗，保持局部清洁干燥。

（4）患病期间禁止房事，避免加重病情或再次损伤。

【病案举例】

郭某，女，42岁。2022年9月15日初诊。

患者因“外阴部溃疡1个月”就诊，患者1个月前自觉外阴瘙痒，反复搔抓后局部出现多个溃烂面，自觉瘙痒，夜间明显。症见：大、小阴唇散在大小不等的溃疡面，表面发白，有渗液；心烦，失眠，食少，乏力；舌质淡红，苔少，脉细数。中医诊断：阴疮（肝肾阴虚证）。西医诊断：急性女阴溃疡。处方：熟地黄15g，山药15g，牡丹皮10g，茯苓15g，山茱萸10g，泽泻15g，知母10g，黄柏10g，红藤10g，败酱草15g，防风10g，甘草3g。用法：每日1剂，分2次服，共14剂。嘱其避免熬夜，保持心情舒畅。

二诊：患者外阴溃疡面积缩小，外阴瘙痒减轻，溃疡处疼痛减轻，精神及胃纳改善。守原方，7剂。

三诊：患者外阴溃疡面积进一步缩小，部分接近愈合，二便、饮食、睡眠正常，局部瘙痒及疼痛明显缓解。上方减败酱草，7剂。

四诊：患者外阴溃疡大部分接近愈合，无疼痛及瘙痒，二便、饮食、睡眠正常。上方减防风、红藤，加太子参15g，14剂。

五诊：基本痊愈。

按语：本病乃因肝肾阴津亏虚，阴液不足，上不能滋润口腔，下不能荣养阴器，兼感毒邪，蕴结肌肤，气血壅滞，阻滞经络则痛，热盛则肉腐或化脓为患。需要注意的是，在治疗的过程中，应根据患者的伴随症状，和可能出现证候的改变，及时调整方药，如果脾虚症状明显，则要加强健脾益气。

（黄　港　邱善裕）

第十三节　结缔组织病

一、红斑狼疮

红斑狼疮是一种慢性、反复迁延的炎症性、免疫性结缔组织病。该病为病谱性疾病，病谱的一端为盘状红斑狼疮，多见于中青年人，男女之比约为1∶3，病变以皮肤损害为主，慢性病程，预后良好；另一端为系统性红斑狼疮，多发于育龄期女性，男女之比约为1∶9，病变除了皮肤损伤外，还常累及内脏器官，并伴有发热、乏力、关节痛等全身症状。本病的病因尚不明确，病情易反复，在诊治上存在一定的难度，且临床尚不能根治本病，其治疗依旧是困扰众多医家和学者的难题。

红斑狼疮在中医文献中记载的名称有《外科启玄》之“日晒疮”，《诸病源候论》之“温毒发斑”，《金匮要略》《诸病源候论》之“阴阳毒”，《诸病源候论·温病发斑候》《诸病源候论·赤丹候》《外台秘要》之“赤丹”，《普济方·肾脏门》之“肾脏风毒”。现中医一般称其为红蝴蝶疮，西医称其为红斑狼疮。

【病因病机及毒邪发病机制】

中医认为本病总因先天禀赋不足，后天失其濡养，肾气素亏，加之七情内伤、劳倦过度而致肝肾亏虚，虚火上炎而发。肝藏血，肾藏精，精血不足，易致阴虚火旺，虚火上炎，兼因腠理不密，日光暴晒，外热入侵，热毒入里，毒热炽盛，相互搏结，致使阴阳失调，运行不畅，气滞血瘀，瘀阻脉络，内侵及脏腑，脏腑功能失调而成。热毒蕴结肌肤，上泛头面，则面生盘状红斑狼疮；热毒内传脏腑，瘀阻于肌肉、关节，则发系统性红斑狼疮。本病病情常虚实互见，变化多端，六淫侵袭、劳倦内伤、七情郁结、妊娠分娩、日光暴晒、内服药物都可成为发病的诱因。

红斑狼疮的病因尚未完全明确，目前认为本病是由于遗传、内分泌、环境、T细胞、B细胞等诸多因素共同作用引发免疫功能紊乱产生过量的自身抗体而发。

红斑狼疮的病因可分为外因和内因。外因是风寒湿热毒邪侵入人体，积聚皮肤腠理，蕴聚于脏腑经络，西医学研究也表明红斑狼疮与感染有关，感染可诱发或加重本病，细菌、真菌、病毒等病原微生物所产生的“毒素”会对人体造成病理性损害，与中医的外感毒邪虽名称不同，但实则为同一物质。内因多是先天禀赋不足，或七情内伤，劳累过度，以致阴阳失调、气血运行不畅，从而生成痰、湿、瘀等病理性产物，久蕴成毒，致使气滞血瘀，郁结壅塞，经络阻隔而发。现代研究也表明红斑狼疮的发病有一定家族聚集倾向，存在NCF2、TNFSF4、STAT4等90余种易感基因，是一种多基因病，易感人群在环境等诸多因素下与自身抗体、免疫复合物及其他细胞因子和炎症介质共同作用而发病。素体禀赋不足（遗传因素）作为内因，外感毒邪如风湿热毒、日光毒等乘虚而入，外因通过内因作用于机体而引发本病。

【临床表现】

1.盘状红斑狼疮（DLE） 主要侵犯皮肤，皮疹呈慢性局限性。好发部位主要是暴露部位，如面部、鼻梁、两颊部，对称分布，状如蝴蝶，其次为口唇、耳部、手背和前额、头皮等处。皮疹为盘状浸润性红斑片块，境界清楚，边缘隆起，中央凹陷，表面附着不易剥离的鳞屑，揭去鳞屑，可见角质栓刺，皮损可见灰白色小片糜烂，绕以紫红色晕，甚至可发生溃疡。一般无自觉症状，有时伴瘙痒、灼热感，全身症状不明显。慢性病程，日晒后加重或复发，常春夏加重，入冬减轻，少数患者在慢性病变的基础上，可以发生皮肤钙质沉着症、基底细胞癌或鳞状细胞癌。1%~5%可转化为系统性红斑狼疮。

2.系统性红斑狼疮（SLE） 80%~90%有皮肤黏膜表现，对称分布，初期见于面部、四肢，后期可见于全身各处。面部蝶形红斑，皮疹多形性，为大小不等、形状不规则的水肿性红斑，表面光滑或附有灰白色鳞屑，伴瘙痒或灼热感。发于指甲根周围可出现出血性红斑，发于口唇可见红斑性唇炎改变。严重者可全身泛发红斑、紫红斑、水疱、糜烂、溃疡。皮疹消退时遗留色素沉着或脱色片块。另外，手部遇冷时有雷诺现象，常为本病的早期症状。80%~90%患者有不规则低热或高热。本病常伴关节痛、关节炎表现，严重者可累及关节、肾脏、心血管系统、呼吸系统、神经精神系统、消化系统、眼部等。

【辨证施治】

（1）气血瘀滞证

证候：本证多见于盘状红斑狼疮。面部蝶形盘状红斑，色暗滞，角栓形成及皮肤萎缩，倦怠乏力；舌质暗红或有瘀斑，苔薄白，脉细涩。

治法：活血化瘀，软坚散结。

方药：秦艽丸合血府逐瘀汤加减。常用秦艽、丹参、玫瑰花、鬼箭羽、白花蛇舌草、连翘、赤芍、当归、红花、陈皮等。关节疼痛者，加威灵仙；气滞明显者，加郁金、香附；伴血虚者，加制首乌、阿胶。

（2）毒热炽盛证

证候：本证多见于系统性红斑狼疮急性期。面部蝶形红斑，关节肌肉酸痛，皮肤紫斑，烦躁口渴，神昏谵语，壮热，手足抽搐，大便秘结，尿短赤；舌质红绛，苔黄腻，脉洪数或弦数。

治法：清热凉血，化斑解毒。

方药：犀角地黄汤加减。常用水牛角、生地黄、牡丹皮、赤芍、生石膏、玄参、金银花、连翘、知母、黄连等。大便干结者，加大黄；小便短赤者，加猪苓、车前子、滑石；神昏谵语者，加安宫牛黄丸或紫雪丹。

（3）阴虚内热证

证候：本证多见于系统性红斑狼疮急性期以发热为主者。持续低热，手足心烦热，斑疹暗红，自汗、盗汗，心烦乏力，懒言，关节痛楚，足跟痛，腰酸，脱发；舌质红，或舌光无苔，脉细数。

治法：滋阴清热。

方药：知柏地黄丸加减。常用生地黄、牡丹皮、泽泻、知母、黄柏、山药、山茱萸、茯苓、地骨皮等。自汗、盗汗者，加黄芪、煅牡蛎；夜寐不安者，加夜交藤、酸枣仁、柏子仁；头发稀疏者，加菟丝子、覆盆子；月经不调者，加益母草；心悸胸闷者，加远志、五味子。

（4）脾肾阳虚证

证候：本证多见于狼疮肾炎。面色无华，面目四肢浮肿，腹胀满，腰膝酸软，乏力，面热肢冷，口不渴，尿少或尿闭；舌质淡，舌体胖嫩，苔少，脉沉细弱。

治法：温补脾肾，壮阳利水。

方药：附桂八味丸合真武汤加减。常用制附子、干姜、茯苓、白术、陈皮、淫羊藿、菟丝子、仙茅、山药、黄芪、茯苓、车前子等。水肿者，加车前子、桑白皮；夜尿多者，加菟丝子；月经量少者，加墨旱莲、益母草。

（5）风湿热闭证

证候：本证多见于系统性红斑狼疮急性期关节损害者。大小关节肿胀酸痛，伸屈不利，肌肉酸痛不适，低热乏力，溲赤便秘；舌质红，苔黄糙，脉沉细弱。

治法：祛风清热，化湿通络。

方药：独活寄生汤加减。常用独活、桑寄生、牛膝、生石膏、知母、虎杖、伸筋草、鬼箭羽、丹参、秦艽、防风、川芎、当归、生地黄等。关节红肿疼痛者，加忍冬藤。

【从毒论治】

毒邪贯穿红斑狼疮发病始终，除按照辨证施治的原则外，可根据毒邪的类型进行药物加减。血热毒盛常用犀角、羚羊角、紫草、槐花、大青叶等；瘀毒常用桃仁、红花、牡丹皮、芍药、丹参、三棱、莪术等；痰毒常用贝母、陈皮、昆布、夏枯草、牛蒡子等；风毒痹阻常用细辛兼以活血行气药；湿毒痹阻常用防己兼以利水渗湿药；寒毒痹阻常用附子兼以行气通络助阳药；日光毒常用芦荟、马齿苋、茵陈、白花蛇舌草、金银花、薄荷、木瓜、玫瑰花、槐花等。内服药物治疗的同时可配合生肌白玉膏外用托毒外出，生肌收敛。

【调护】

（1）加强红斑狼疮知识宣教。本病是自身免疫性结缔组织病，病情易反复，病程长，给患者生理和精神上带来很大的痛苦。因此，治疗中往往需要医者耐心地进行医患沟通，给患者讲解本病的基础知识和最新的治疗动态，消除患者的恐惧心理，为其树立战胜疾病的信心，建立良好的医患关系，使患者积极主动配合治疗，定期复查，长期随访，助其提高生活质量。嘱患者保持心情愉悦，怡情养性，避免精神刺激，注意劳逸结合。

（2）红斑狼疮的患者应注意保持皮肤清洁干燥，避免日光和紫外线直接照射，同时贴身衣物以宽松棉织为宜。为防止雷诺现象，患者要特别注意四肢末端保暖，忌用冷水，平时可用温水洗手泡脚，促进局部血液循环。

（3）生活中要注重起居调摄，强调“起居有常，不妄作劳”，规律作息，避免过度疲劳；加强体育锻炼，增强体质；饮食上应注重营养，忌烟酒和辛辣刺激的食物。

【病案举例】

张某，女，22岁。2019年9月21日初诊。

患者因“面部红斑2个月余”就诊，患者2个月余前无明显诱因左侧面颊出现一块花生大小的暗红斑，自行外搽复方醋酸地塞米松乳膏后皮损颜色稍变淡，但数目逐渐增多，持续低热，夜间汗出尤甚，且出现心悸、乏力、食欲减退、脱发明显等症状。症见：面部绿豆至花生大小的暗红斑，部分融合成片、糜烂、结痂，皮损范围呈蝶形；全身乏力，心悸，脱发，食欲减退，睡眠差，小便黄，腹痛腹泻；舌质红，无苔，脉细数。辅助检查：血常规示白细胞 1.03×10^9/L，血小板 56×10^9/L；尿常规示尿蛋白（++）；免疫学检查示抗核抗体（ANA）阳性，抗双链DNA（dsDNA）抗体阳性，抗Sm抗体阳性，补体C3、C4低于正常范围；胸片正常；心电图正常。中医诊断：红蝴蝶疮（阴虚内热）。西医诊断：系统性红斑狼疮。处方：生地黄15g，知母10g，牡丹皮10g，泽泻10g，黄柏10g，山药15g，山茱萸10g，茯苓15g，地骨皮10g，陈皮6g，枸杞10g，合欢皮10g。7剂，水煎服，每日一剂，分早晚两次温服。其他治疗：泼尼松片50mg口服，每日一次。

二诊：患者皮疹颜色变淡，痂皮脱落，食欲改善，未见发热。守原方去陈皮，加熟地黄10g、墨旱莲10g、女贞子10g，7剂，水煎服，每日一剂，分早晚两次温服。继续泼尼松片50mg口服，每日一次。

三诊：患者皮疹大部分消退，饮食、睡眠可。原方去合欢皮，14剂，水煎服，每日一剂，分早晚两次温服。泼尼松片40mg口服，每日一次。

四诊：患者皮疹基本消退，脱发症状明显好转。复查血常规、尿常规正常。原方继服14剂，泼尼松30mg口服，每日一次，巩固治疗。连续服用1个月，皮损完全控制。复查血常规、尿常规正常。

按语： 患者病程有2个月余，虚热耗伤津液则全身乏力，脱发，食欲减退；舌质红，无苔，脉细数为阴虚内热之象。辨证为阴虚内热证，治宜滋阴清热，方用知柏地黄丸加减。方中生地黄降虚火，山萸肉、枸杞滋肾益肝，山药滋肾补脾，丹皮泻肝火，知母、黄柏清肾中伏火又清肝火，泽泻泄肾降浊，茯苓渗脾湿，陈皮理气健脾，地骨皮滋阴降火，合欢皮宁神安眠。全方紧扣患者证型及症状，对红斑狼疮疗效显著，配合西药可抑制病情进展，又可减少糖皮质激素带来的不良反应。

（胡凤鸣）

二、皮肌炎

皮肌炎是一种累及皮肤和横纹肌的自身免疫性结缔组织病，是多器官受累的疾病。临床上典型皮损为以眼睑为中心的水肿性紫红色斑。肌肉的炎症和变性引起四肢近端肌无力、酸痛及肿胀，可伴有关节、心肌等多器官损害。本病主要有两种类型：儿童型和成人型，儿童型发病高峰为5~15岁，成人型高峰则在45~54

岁，且伴发恶性肿瘤的风险升高。男女患者之比约为1∶2。皮肌炎的病因和发病机制尚不明确，其病程主要呈慢性渐进性，患者生活、活动能力逐渐下降，累及多系统时预后不良，大多数病情易反复。

皮肌炎在中医文献中记载的名称有《素问·五脏生成》《济生方》《备急千金要方》之“肌痹”，《中藏经》之“肉痹”，《素问·痿证》《医方考》《丹溪心法》之“痿证”。现中医一般称其为肌痹，西医称其为皮肌炎。

【病因病机及毒邪发病机制】

中医认为本病是由寒、湿、热邪侵袭，气血亏虚于内所致。因外感寒冷之邪，加之体质阴寒偏盛，不能温煦肌肤而发病；或因外感湿热之邪，郁久化热生毒，致阴阳气血失衡，正不胜邪，淫于肌肤，毒邪侵犯脏腑而发；或因久病不愈，气血内伤，精血暗耗，致气血不能温分肉、肥腠理，从而使气血痹阻、经络阻滞而发病。

皮肌炎的病因尚未十分明确。易感基因、环境应激源、免疫和非免疫诱发机制、干扰素途径信号转导异常等均与皮肌炎的易感性和发病相关。目前主要认为其属自身免疫性疾病，可单独出现或与类风湿关节炎、系统性红斑狼疮及泛发性系统性硬皮病等其他自身免疫性疾病重叠存在。患者体内可查到多种自身抗体，如类风湿因子、抗核抗体、抗Pm-1抗体、抗Jo-1抗体和Mi抗体等。50%的患者抗肌凝蛋白阳性，自身肿瘤组织抗原与肌纤维、腱鞘、血管等有交叉抗原性，与产生的抗体发生抗原-抗体反应而发病。也有人认为皮肌炎是由病毒或弓形虫感染而引起。

本病外因感受暑湿毒气、日光毒、风毒或气候骤变、环境恶化而产生毒邪，加之腠理不固，毒邪侵入人体，蕴于体内，不能及时排出，痹阻经络，肌肉失养而发；内因先天禀赋不足，加之饮食失节，后天脾胃功能虚弱，气血生化无源，气虚无力推动血液运行，气血失调，气血痹阻而发。

引起皮肌炎发病的毒邪有四种：一为热毒。外感湿热之邪或内生寒湿、湿热之邪，均可郁久化热生毒，致使毒邪外犯肌表，内侵脏腑。二为湿毒。外感风湿之邪或外邪内扰脾胃，致使脾胃运化失司，湿邪内生，内外湿邪浸淫日久，化生湿毒乘虚浸淫经脉，导致营卫运行受阻，筋脉失养，不能束骨利关节，故生肌痿、肌痹。故《医方考》云：“有渐于湿……发为肉瘦……湿气着于肌肉……令人癖而不仁。”三为瘀毒。皮肌炎常伴有肌肉疼痛，“不通则痛，不荣则痛”，风寒湿热之邪痹阻经脉，致使气血不畅，瘀血内生，瘀血日久，血行不畅而成瘀毒。四为药物毒、微生物毒、日光毒、炎症毒等。研究表明，儿童皮肌炎患者发病前常有上呼吸道感染史，部分患者发病可能与病毒感染相关，这类微生物可归属于微生物毒范畴。同时某些药物也是诱发皮肌炎的危险因素，如青霉胺、西咪替丁等，若为药物诱发疾病，则可归属于药物毒范畴。另有研究表明，皮肌炎患者体内IL-1β、IL-6、IL-17、IL-23、TNF-α等炎症因子水平升高，IL-10降低，影响Th17/Treg平衡，因此，慢性炎症反应参与皮肌炎的发病过程。此外，部分皮肌炎患者对日光较敏感，其可能与日光毒有关。

【临床表现】

本病可发于任何年龄，以青年女性多见。典型皮损为双上眼睑淡紫红色水肿性斑，此为皮肌炎特征性表现。皮损逐渐向前额、颧、颊、耳前、耳后、颈及上胸部扩散，有时累及头皮。手指关节以及肘、膝关节侧面可见散在扁平的紫红色鳞屑性丘疹、斑疹，称为Gottron征，具有诊断意义。皮肤也可出现弥漫性红斑，常伴有轻度色素沉着或色素脱失，躯干处可有境界不清的暗红斑片，伴有萎缩、毛细血管扩张等皮肤异色症样皮疹，称为异色性皮肌炎。同时，全身肌肉可出现肌无力和疼痛、压痛或有肿胀，四肢近端和躯干部肌肉最易受累。由于肌力下降可伴有运动障碍、活动受限，如上肢上举和步行困难，咽部和食管肌力下降可出现吞咽困难，膈肌、呼吸肌障碍可发生呼吸困难，眼肌障碍可出现复视等。部分患者可合并恶性肿瘤。

【辨证施治】

（1）风湿热毒证

证候：多见于皮肌炎急性发作期。发病急，皮肤红肿疼痛，肌肉、关节酸楚，乏力，高热，胸闷，胃纳呆滞；舌质红，苔黄，脉浮数。

治法：疏风清热，祛湿解毒。

方药：清瘟败毒饮加减。常用生地黄、牡丹皮、赤芍、黄连、黄柏、黄芩、栀子、土茯苓、苍术、鸡血藤、防风等。高热者，加白茅根、羚羊角；关节疼痛者，加秦艽、鸡血藤。

（2）气血两虚证

证候：多见于皮肌炎病程日久，阴阳气血失调而致皮肤肌肉失养者。皮肤、肌肉萎缩消瘦，皮疹暗红或褐色，疲倦乏力，心悸气短，呼吸减轻，食少纳差，便溏腹胀；舌质淡，苔薄，脉细弱。

治法：调和阴阳，补益气血。

方药：八珍汤加减。常用茯苓、白术、党参、黄芪、当归、熟地黄、白芍、川芎、鸡内金、鸡血藤等。纳差者，加鸡内金、麦芽、山药；肌肉酸痛者，加木瓜、鸡血藤。

【从毒论治】

皮肌炎存在热毒、湿毒、瘀毒、日光毒、药物毒、微生物毒、炎症性毒等。在治疗过程中，除按照辨证施治的原则外，热毒常用黄连、菊花、连翘、栀子、青黛、板蓝根等药物；瘀毒常用当归、丹参、川芎、玫瑰花、红花、桃仁、赤芍、莪术等药物；日光毒常用茵陈、白花蛇舌草、金银花、玫瑰花、槐花等药物；微生物毒常用金银花、野菊花、菊花、白花蛇舌草、黄芩、黄连、栀子等；药物毒常用茯苓、苍术、白术、黄柏、薏苡仁、金银花、连翘、生地、丹皮、白茅根等；炎症性毒常用白花蛇舌草、金银花、连翘、马齿苋、凌霄花、玫瑰花等。

同时，对于伴有肌肉无力、萎缩的患者，可辅助透骨草30g、桂枝15g、红花10g，煎水外洗患处，一日一次；或红灵酒外擦按摩；或蜡疗、推拿、针灸等治疗活血化瘀解毒。

【调护】

（1）皮肌炎常为隐匿、慢性起病，有渐感软弱、消瘦、无力等表现，患者易产生焦虑、悲观等负面情绪。在治疗过程中应注重对患者及其家属进行健康宣教，让他们对疾病有充分的认识，鼓励患者树立起战胜疾病的信心，避免不良精神刺激。

（2）皮肌炎患者在疾病活动期要绝对卧床休息，在急性期过后、病情稳定及慢性期缓慢增加活动或锻炼，切忌在疾病早期锻炼。

（3）皮肌炎患者应避免寒冷、感染、日光照射，外出时戴帽子、口罩、手套进行保护。饮食上应予高蛋白、高热量饮食，如牛奶、蛋类、瘦肉、鱼类，适当增加豆类蛋白，多吃新鲜瓜果蔬菜，可少量多餐，忌辛辣刺激食物。

【病案举例】

黄某，男，59岁。2020年5月4日初诊。

患者因“全身红斑伴肌肉酸痛3个月”就诊，患者3个月前无明显诱因全身出现散在红斑伴肌肉酸痛，夜间尤甚，伴见皮肤干燥，肌肉萎缩，疲劳乏力，心悸，食欲减退。症见：全身散在暗红斑，局部肌肉萎缩，额部和上眼睑水肿性红斑和皮肤异色样变，全身皮肤干燥；舌淡，苔薄白，脉细。辅助检查：病理检查示符合皮肌炎；抗核抗体阳性，比值为1∶100；血常规、尿常规、肌红蛋白等未见异常。中医诊断：肌痹（气血两虚）。西医诊断：皮肌炎。处方：茯苓15g，白术10g，党参15g，黄芪15g，当归10g，熟地黄15g，白芍10g，川芎10g，鸡内金10g，鸡血藤10g，甘草3g。14剂，水煎服，每日一剂，分早晚两次温服。

二诊：用药后，患者皮疹颜色明显变淡，肌肉疼痛减轻，余症同前。守原方继续服用14剂，水煎服，每日一剂，分早晚两次温服。

三诊：患者皮疹明显好转，红斑基本消退，肌肉疼痛明显改善，饮食、睡眠可，舌淡红，苔薄白，脉细。原方加石斛以养阴生津，14剂，水煎服，每日一剂，分早晚两次温服。

按语：本病主要是因先天禀赋不足，后天脾胃功能虚弱，气血亏虚于内，气血痹阻而发。方中党参、白术、茯苓、黄芪、甘草补脾益气，当归、白芍、熟地滋养心肝，加川芎入血分而理气，鸡血藤养血活血，鸡内金健脾。全剂配合，共收调和阴阳、补益气血之功。

（胡凤鸣）

三、硬皮病

硬皮病是一种以皮肤及各系统胶原纤维进行性硬化为特征的结缔组织病，临床分为局限性和系统性两型，前者局限于皮肤，后者除皮肤外，还常累及肺、胃肠、心及肾等器官，男女之比为1∶3，以20~50岁者多见。本病可影响人体多个器官，除了不同程度的皮肤受累和雷诺现象外，间质性肺病、广泛的微血管疾病、肠道疾病和心血管并发症也时有发生。硬皮病晚期患者的病症通常伴有肺动脉高压、肺纤维化和小肠功能障碍等。由于自身免疫、组织纤维化和血管病变等的综合影响，其死亡率较高。目前在临床上治疗硬皮病面临的主要问题是疗效欠佳，且在硬皮病的预防性筛查和早期诊断方面尚无成功经验。

硬皮病可归属于中医“痹证”“皮痹”“血痹”“皮痿”等范畴。《诸病源候论》记载：“痹者，风寒湿三气杂至，合而成痹，其状肌肉顽厚，或疼痛，由人体虚，腠理开，故受风邪也。”硬皮病在中医学中虽没有相应的病名，但通过古籍记载的相应症状，可将其归属于皮痹。

【病因病机及毒邪发病机制】

中医认为该病病因病机是寒湿阻滞，阳虚体寒，寒湿凝固，经络不通，犹似严寒冰冻，故肢端发凉，苍白紫绀，皮肤肿胀，逐渐硬化萎缩，呈蜡状，如线

（带）状硬皮病；或脾肾阳虚，卫外不固，腠理不密，寒湿之邪乘虚侵入肌肤，以致经络阻隔，气血凝滞而发病。

西医学认为本病的病因不明，目前的观点主要有免疫学说、胶原合成异常、血管学说等。另外，外伤、感染、毒性刺激、自主神经功能失调、甲状腺或肾上腺功能紊乱等可能与其发病有关，有的学者认为其发病还与遗传有关。

本病是由于内伤七情，肾阳不足，卫外不固，风寒湿邪乘虚侵袭，阻于皮肤、肌肉之间，以致营卫不和，气血凝滞，阻塞不通，或阻于脏腑，脏腑功能失调，气血失和而成。其中，外感风湿之邪或情志内伤脾胃，致使脾胃运化失司，湿邪内生，内外湿邪浸淫日久，化生湿毒乘虚浸淫肌表、经脉，导致营卫运行受阻，肌表失养，逐渐萎缩，故生皮痹；或肾阳不足，寒邪内生，复感风寒湿邪，寒凝成毒，机体温煦功能减弱，气血运行不畅，肌肤失于荣养而致皮痹。同时，寒湿凝滞日久，寒湿毒邪痹阻经脉，气血运行不畅，气滞血瘀，寒凝血瘀，日久则成瘀毒。寒、湿、瘀毒三者相互影响，相互胶结，致使疾病缠绵难愈。此外，硬皮病还存在炎症性毒，研究发现，结缔组织生长因子（CTGF）、血小板衍生生长因子（PDGF）、IL-10、转化生长因子-β（TGF-β）、TNF-α等细胞因子含量与硬皮病皮肤病变、肺纤维化密切相关，此外，TGF-β1/Smad、Notch2等炎症通路均参与硬皮病的发病，因此慢性炎症反应参与硬皮病的发病。

【临床表现】

1.局限性硬皮病（硬斑病） 此型多发于中青年女性，好发于头面、额、四肢、乳房和臀部。发病前局部先感灼热、瘙痒，不久出现鲜红或紫红色带状、圆形或卵圆形斑块，微隆起，中央颜色逐渐变白，呈象牙色，略凹陷，境界明显，周围有细狭紫晕；最后皮肤萎缩变薄，如羊皮纸样，发生硬化而与皮下组织粘连。初起感觉异常，逐渐知觉迟钝，乃至消失。一般不伴全身症状，极少侵犯内脏，预后良好。

2.系统性硬皮病（全身性硬化症） 此型多见于成年女性，可发于全身各部。发病初期可有手指僵硬，肢端动脉痉挛（雷诺现象）等早期征象。皮肤损害主要从四肢远端或面部开始，对称分布，逐渐向近端或全身发展。病程可分为3期，浮肿期：皮肤弥漫性轻度肿胀紧张，皮纹消失，表面光滑，呈苍白、淡黄或黄褐色，自觉瘙痒和紧张感。硬化期：皮肤肿胀消退，逐渐变硬，上皮与皮下组织密切粘连，不能捏起，表面光滑，呈黄褐色，境界明显，感觉迟钝或消失。萎缩期：皮肤萎缩变薄，常累及皮下组织而出现萎缩硬化，可见肢体屈伸受限、口眼开合困难等症状，还可出现假面具样呆板、鹰啄状鼻、爪状手等。晚期常伴食管、心肌、肾、胃肠道及肺部等多系统弥漫性纤维化，部分患者常因心肾衰竭、营养障碍、肺部感染、肠坏死或其他并发症而死亡。

【辨证施治】

（1）风湿痹阻证

证候：多见于局限性硬皮病。四肢或胸前皮肤片状或条状皮损，呈弥漫性实质性肿胀，摸之坚硬如软骨，蜡样光泽，手捏不起，痛痒不显；舌质淡红，苔薄白，脉浮数。

治法：祛风除湿，活血通络。

方药：独活寄生汤加减。常用独活、桑寄生、防风、当归、白芍、黄芪、桑枝、川芎、伸筋草、牛膝、茯苓、生地黄等。风寒较重者，加紫苏、桂枝；风湿重者，加五加皮。

（2）寒盛阳虚证

证候：多见于系统性硬皮病。周身皮肤板硬，手足尤甚，面少表情，眼睑不合，口唇缩小，指（趾）青紫，关节疼痛，腰膝酸软，畏寒肢冷，便溏溺清，或喘咳，胸闷短气；舌质淡红，舌体胖嫩，苔薄白，脉沉细。

治法：温阳散寒，活血通痹。

方药：阳和汤加减。常用熟地黄、肉桂、麻黄、鹿角胶、白芥子、姜炭、丹参、茯苓、白术、鸡血藤、黄芪等。脾阳不振者，加白豆蔻；肾阳虚者，加杜仲、巴戟天；大便溏泄者，加干姜、人参。

【从毒论治】

硬皮病存在湿毒、寒毒、炎症性毒等。在治疗过程中，除按照辨证施治的原则外，湿毒常用土茯苓、苍术、牛膝、泽泻、薏苡仁、山药、艾叶等；寒毒常用桂枝、附子、山萸肉、肉桂、熟地黄、鹿角胶、姜炭等；瘀毒常用当归、丹参、川芎、红花、桃仁、莪术、乳香、没药等；炎症性毒常用当归、白芍、赤芍、丹参等。

同时，可予以伸筋草、透骨草、艾叶、乳香、没药各20g，煎水浸浴1次/日；或红灵酒外擦按摩；或蜡疗、热敏灸、推拿、针灸等治疗散寒除湿，化瘀解毒。

【调护】

（1）注重情志调护，患者易产生焦虑、抑郁等情绪。治疗时要耐心对患者进行心理疏导，帮助患者树立信心，使其正确认识疾病，以更好的心态面对疾病，积极治疗。

（2）注意保暖，平时用温水洗手、洗脚、洗澡，避免用冷水，防止受到寒冷刺激，防止冻伤或外伤。

（3）饮食宜清淡，以高蛋白、高维生素饮食为主，多食新鲜易消化的瓜果蔬菜，忌食烟酒、辛辣刺激食物、坚果类食物。

（4）规律作息，避免劳累。

【病案举例】

王某，女，30岁。2019年4月29日初诊。

患者因“下肢、腹部起斑片伴硬化2年”就诊，患者2年前无明显诱因腹部出现指甲大小的圆形褐色斑片，边界清楚，触之较硬，曾在外院就诊，诊断为“硬皮病”，当时未予处理。皮疹缓慢增大、增多，右大腿及右上肢屈侧逐渐出现褐色斑片，呈带状分布，触之较硬，皮损上毳毛脱落、出汗减少。1年前曾在昆明当地中医院治疗，诊断为“局限性硬皮病”，予中药治疗（具体药物不详），自诉皮疹变软，颜色变淡。症见：右侧腹部见一块手掌大的蜡黄色斑片，表面坚实发亮，毳毛消失，边界清楚；右大腿内侧可见一块与肢体平行分布的带状褐色斑片，表面光亮紧绷，毳毛消失，边界清楚，触之皮革样硬度，其上可见散在瓷白色圆形、椭圆形斑片；右上肢屈侧带状分布圆形斑片，触之稍硬，部分表皮轻度萎缩；咽部不适，时有疼痛，睡眠一般，纳可，二便如常；舌淡红，苔薄白，脉沉细。中医诊断：皮痹（气滞血瘀）。西医诊断：局限性硬皮病。处方：当归10g，熟地15g，赤芍10g，桃仁10g，红花10g，威灵仙10g，桔梗10g，桑寄生15g。7剂，水煎服，每日一剂，分早晚两次温服。其他治疗：配合口服青霉胺片0.25g，每日二次；积雪苷片6mg，每日二次；维生素E软胶囊0.1g，每日三次。

二诊：右侧腹部、右下肢斑片未见明显软化，但斑片颜色变淡。继续使用上方及口服西药。

三诊：右侧腹部、右下肢斑片质地稍有软化，颜色较上次变化不明显。口服西药不变，守原方继服14剂。由于患者工作原因迁往外地，无法继续追踪治疗。

按语：本案患者病程2年，皮肤斑片伴硬化，咽部不适，时有疼痛，舌淡红，苔薄白，脉沉细，辨证为气滞血瘀证，使用桃红四物汤加减治疗。桃红四物汤以祛瘀为核心，辅以养血、行气。方中以强劲的破血之品桃花、红花为主，力主活血化瘀；以甘温之熟地、当归滋阴补肝，养血调经；赤芍养血和营，以增补血之力；威灵仙祛风除湿，通络止痛；桑寄生补肝肾，强筋骨，除风湿，通经络，威灵仙、桑寄生为痹证常用之药；桔梗利咽祛痰。全方配伍得当，使瘀血去，新血生，气机畅，化瘀生新、祛风通络是该方的显著特点。

（胡凤鸣）

第十四节　性传播性疾病

一、淋病

淋病是由淋病奈瑟菌（简称“淋球菌”）引起的一种性传播疾病，其主要表现为泌尿生殖系统化脓性感染，以尿道刺痛、尿道口排出脓性分泌物为特征，可直接感染尿道、前列腺、膀胱、精囊、阴道、宫颈、盆腔、输卵管等，也可延及直肠、肛门、眼结膜、咽部。其发病率居我国性传播疾病第二位，且具有潜伏期短、传染性强的特点。

淋病在中医学中属“淋证”“淋浊”“膏淋”“白浊”“赤白浊”“毒淋”等范畴。

【病因病机及毒邪发病机制】

淋病的病因病机为房事不洁，触染邪毒，湿热淋毒聚结下窍，膀胱气化不利，清浊不分，形成湿热毒蕴证；肝郁气滞，触染淋毒或湿热淋毒久蕴下焦，影响气血运行，败血、浊瘀壅阻尿路、精道，形成气滞血瘀证；失治误治，久治不愈，余毒不解，耗气伤津，肝肾阴虚，形成正虚毒恋证。

本病主要由淋球菌感染引起，淋球菌主要分布在前尿道黏膜表面，通过侵入黏膜下组织和后尿道，引起泌尿生殖系统的化脓性感染，男性最常见的表现是尿道炎，而女性则为宫颈炎。男性局部并发症主要为附睾炎，女性主要为盆腔炎。

淋病的毒邪发病机制多为秽毒邪气入侵体内，缠绵不去，毒积致瘀，瘀毒互结，机体正气被大量耗伤，使得正虚不能胜邪，从而出现毒瘀与正虚互见。毒瘀互结与正虚兼夹是本病的基本病机。秽毒之邪侵入下焦后，其酷烈性导致热毒亢盛，因此疾病之初即见尿痛、尿道口灼热、尿道口溢脓等表现。热毒熏蒸，耗伤肝肾阴液，从而出现肝肾阴虚表现，如腰酸、潮热、盗汗、耳鸣等。同时，热毒熏蒸日久，气血运行受阻，出现毒瘀互结的表现，如腰部刺痛、排尿滴沥等。另外，邪气侵凌，正气耗伤，慢性淋病后期可出现阳气亏耗表现，如气短、肢冷、排尿无力、遇劳则发等。由于本病易缓慢迁延，病程较久，在毒瘀互结之“邪实”与“正虚”互见的过程中，其实都存在“秽毒留恋”这一共同病机，其贯穿于本病之始终，为本病病机一大特点，临证用药不可不思。正因为秽毒留恋病机的存在，才使得本病久久不愈，转为慢性；如若秽毒湮灭，则本病痊愈。当然，肝肾阴虚与脾肾气虚亦可互见，而出现肝脾肾亏虚与秽毒留恋共存的状态。

【临床表现】

1.无并发症淋病 ①男性无并发症淋病：急性尿道炎主要表现为尿道分泌物和排尿困难，通常在接触淋球菌后2~10天内开始，平均3~5天。身体虚弱、性生活过度、酗酒的人潜伏期可缩短，曾不规则使用过抗生素的人潜伏期可延长。初始为前尿道炎，典型症状为尿道口红肿、发痒及轻微刺痛，尿道出现稀薄的黏液，并逐渐增多而溢出尿道口，后出现脓性或脓血性分泌物。少数患者可出现后尿道炎，表现为尿频、会阴坠胀感、夜间阴茎痛性勃起等症状。男性无症状尿道感染<10%。②女性无并发症淋病：在女性中，宫颈是淋球菌最常隐藏和引起感染的地方，临床表现为脓性白带，阴道白带分泌物多者常伴有女阴瘙痒和烧灼感，宫颈充血水肿有黏液脓性分泌物，下腹痛，排尿困难，以及月经间期出血或月经过多。女性尿道感染时表现为尿频、尿急、尿痛，伴烧灼感、尿道口红肿，排出脓性分泌物。少数患者可以有前庭大腺炎和肛周炎的表现。

2.有并发症淋病 急性期后，因治疗不彻底或未经治疗，淋球菌可潜伏于尿道体、尿道隐窝、尿道旁腺，症状持续2个月以上，转为慢性，可继续向后尿道或上生殖道扩散，甚至发生并发症。①男性有并发症淋病：主要有前列腺炎、精囊炎和附睾炎。炎症反复发作形成瘢痕可导致尿道狭窄，部分导致输精管狭窄或堵塞而不育。②女性有并发症淋病：主要为淋菌性盆腔炎，包括子宫内膜炎、输卵管炎、输卵管卵巢囊肿、盆腔腹膜炎、盆腔脓肿以及肝周炎等。淋菌性盆腔炎可造成输卵管狭窄或闭塞，导致不孕症、异位妊娠或慢性下腹痛等。

3.儿童淋病 ①男性儿童多发生尿道炎和包皮龟头炎，有尿痛和尿道分泌物等症状。②幼女淋病：主要为外阴阴道炎，也可以有尿道炎表现。幼女子宫及宫颈与成人不同，未发育完全，淋球菌不容易侵入。临床症状包括外阴、阴道、尿道口红肿，阴道及尿道口有脓性分泌物。严重者可以发生淋菌性直肠炎。

4.眼结膜炎 新生儿多见，出生时经患淋病的母亲产道感染，于出生后2~21天出现，症状常为双侧急性化脓性结膜炎。成人多为间接感染，可为单侧或双侧结膜炎，严重时可感染角膜，发生溃疡穿孔，甚至导致失明。

5. 直肠和口咽感染 男性和女性的直肠和口咽感染通常是无症状的。咽炎发生于有口交行为的患者，少数有咽部不适、干燥、疼痛感等症状，可以看到咽部黏膜充血、咽后壁有黏液或脓性分泌物，或出现扁桃体炎的症状。直肠炎多发生于肛交患者，女性（包括女婴）可能会被阴道分泌物污染导致感染，少数患者会有肛门烧灼、瘙痒或里急后重感。检查肛周直肠可见黏膜充血肿胀，有黏液性或黏液脓性分泌物，或少量直肠出血。

6. 播散性淋病 ①成人播散性淋病：女性通常发生于经期和妊娠期，男性最多见于无症状淋球菌感染。患者常有发热、寒战、全身不适。关节炎-皮炎综合征最常见，早期的肢端部位有出血性或脓疱性皮疹表现，具有特征性，如没有及时治疗可能会出现化脓性关节炎、脑膜炎、心内膜炎、心包炎、心肌炎等。②新生儿播散性淋病：少见，可发生淋菌性败血症、关节炎、脑膜炎等。

【辨证施治】

（1）湿热下注证

证候：本证多见于急性男性淋病。症见突然尿道口红肿，尿急、尿频、尿痛、淋漓不止，尿液混浊如脂，尿道口溢脓，严重者尿道黏膜水肿，附近淋巴结红肿疼痛，时有发热；舌红，苔黄腻，脉滑数。

治法：清热利湿，解毒通淋。

方药：八正散加减。常用车前子、瞿麦、萹蓄、滑石、栀子、木通、淡竹叶、黄柏、甘草等。

（2）湿毒蕴结证

证候：本证多见于急性女性淋病。症见女性白带多，有异臭，宫颈充血、触痛，或有前庭大腺红肿热痛，伴有下腹胀痛、腰痛；舌质淡，苔腻，脉滑。

治法：利湿化浊，解毒止痛。

方药：萆薢分清饮加减。常用萆薢、石菖蒲、益智仁、乌药、黄柏、薏苡仁、泽泻、滑石、栀子、甘草等。

（3）脾肾虚弱夹毒证

证候：本证多见于慢性淋病，病程日久。症见晨尿滴白，时有絮状物排出，尿线变细，会阴或少腹部胀痛，或隐睾结块肿痛，腰酸腿软，酒后或疲劳易复发，失眠多梦，食少纳差，或有阳痿早泄，性欲冷淡；舌质淡，苔白，脉沉细。

治法：健脾益肾，解毒化浊。

方药：知柏地黄汤加减。常用黄柏、知母、生地、山药、泽泻、丹皮、山茱萸、滑石、薏苡仁、甘草等。

【从毒论治】

淋病以毒瘀互结与正虚兼夹为基本病机。在治疗中，疾病初期多属毒瘀互结，应清热解毒，活血化瘀。清热解毒药常用金银花、连翘、土茯苓、板蓝根、黄连、黄芩、黄柏等，活血化瘀药常用当归、丹参、川芎、槐花、凌霄花、玫瑰花、红花、桃仁、赤芍、莪术、郁金等。随着疾病的发展，正气逐渐被消耗，故此时应相应加入补益正气之品，如黄芪、山药、党参、白术、人参等。刘巧教授研发的清湿毒胶囊可以用于治疗淋病，主要药物包括茵陈、土茯苓、苍术、黄柏、鱼腥草、车前子等，运用于淋病、阴道炎、尿道炎、前列腺炎等证属湿毒者疗效确切。

坐浴疗法：①土茯苓汤（土茯苓、地肤子、苦参、芒硝各30g）；②三黄解毒汤（黄芩、黄连、黄柏、山栀子各30g，芒硝10g）；③黄柏苦参汤（黄柏15g，苦参30g）；④大黄黄叶汤（大黄、黄柏、竹叶各10g）。用法：诸药择净，放入药罐中，加清水适量，浸泡5~10分钟后，水煎取汁，放入浴盆中，等候水温合适时外洗患处并坐浴。每日3次，每日1剂。

【调护】

首先提倡洁身自好，杜绝不洁性行为。另外，要注意局部卫生，被带菌分泌物污染的衣物和日常用品要及时清洗消毒。急性期患者应卧床休息，禁止一切剧烈运动以及可以引起精神兴奋的因素，禁食刺激性食物如酒、浓茶和咖啡等，治疗期间禁止性生活。患者在30天内接触过的性伴侣均应做淋球菌的检查，同时进行预防性治疗。

【病案举例】

王某，男，24岁。2018年6月24日初诊。

患者半年前有不洁性行为，1周后出现尿频、尿急，尿道口痒痛并流出黄色液体，经广州某医院皮肤科取尿道分泌物检查发现细胞内革兰氏阴性淋球菌阳性，诊断为“淋病”，经青霉素、四环素等抗生素治疗，疗效不显，特来就诊，要求服中药治疗。现症见：仍感尿频、尿急、尿痛，饮食、大便、睡眠均正常，无恶寒发热。查：阴茎尿道口外侧潮红微肿，尿道有少量黄色丝状黏液溢出，余无特殊；舌质淡，苔黄腻，脉滑。中医诊断：淋证（湿热毒蕴证）。西医诊断：淋病。治以清热解毒、利湿通淋之法。处方：萆薢15g，茵陈12g，金银花15g，白茅根20g，薏苡仁20g，泽泻10g，黄柏10g，山药12g，车前子（包煎）10g，竹叶10g，灯心草4扎，木通10g，甘草6g。水煎服，每日1剂，分2次服，共14剂。

二诊：尿道口浮肿消失，已无分泌物，仍有轻微尿频、尿急、尿痛。效不更方，继服上方7剂。1周后尿道口潮红全部消退，二便正常，停用西药，上方加茯苓15g、白术10g，继续服用7剂，以巩固疗效。

按语：本病因房事不洁，触染邪毒，湿热淋毒聚结下窍，膀胱气化不利，清浊不分形成湿热毒蕴证。方中萆薢可利湿去浊，通络止痛；茵陈、薏苡仁、泽泻清热利湿；金银花、黄柏清热解毒，且黄柏可清泻下焦之火热；竹叶清热泻火，生津利尿；车前子、灯心草、木通利尿通淋；白茅根利尿通淋且清热凉血；山药补气健脾，以防全方寒凉太过，损伤脾胃；甘草调和诸药。全方以“利”为主，旨在泻下焦之毒。二诊时，患者症状较前已有好转，故守前方。1周后基本痊愈，但考虑到疾病后期恐伤及脾气，故加入茯苓及白术补气健脾，以助气机调畅，正气加强。

（黄　港　程仕萍）

二、梅毒

梅毒是由梅毒螺旋体引起的一种慢性、系统性性传播疾病。梅毒在低收入国家流行，在中等收入和高收入国家发病率较低。梅毒几乎可以侵犯任何年龄的人群和全身任何器官，并可产生多种多样的体征和症状。目前，临床中治疗梅毒面临的主要问题是对血清抵抗的发生机制尚未达成共识，常规的西医治疗尽管能够有效控制患者的病情，然而转阴率低，容易复发，效果达不到预期。其主要通过性生活传播，也可通过胎盘传给下一代，危害性极大。

梅毒在《疮疡经验全书》中称为“广疮”“棉花疮”“翻花杨梅”,《岭南卫生方》中称为“杨梅疮”。陈司成的《霉疮秘录》是我国第一部论述梅毒的专著。古代多称之为“疳疮”“花柳病”。

【病因病机及毒邪发病机制】

中医认为本病病因为感染梅毒疫疠之气，内伤脾肺、肝肾，化火生热、挟湿挟痰，外攻肌肤、孔窍，内渍脏腑、骨髓。其主要通过气化传染、精化传染及胎中染毒进行传播。气化传染指非性交传染，因接触被污染的衣物、用具或与梅毒患者接吻、同寝等，致使梅毒疫疠之气侵入人体，脾肺二经受毒，流注阴器，发为疳疮，泛于肌肤，发为梅毒疹。精化传染指不洁性交传染，由于不洁性交，致使梅毒疫疠之气由阴器直接感受，毒邪直入肝肾，深入骨髓，侵入关窍，外发于阴器，内伤于脏腑。胎传梅毒是父母患梅毒，遗毒于胎儿所致。胎儿在母体内感受梅毒疫疠之气，有禀受与染受之分。禀受者由父母先患本病而后结胎；染受者乃先结胎元，父母后患本病，毒气传于胎中。

西医认为梅毒螺旋体为本病的主要病原体，但导致组织损伤的机制，以及最终获得对细菌控制的宿主防御机制，尚不明确。根据传播途径不同可分为获得性梅毒（后天）和胎传梅毒（先天梅毒）。后天梅毒又分为早期和晚期梅毒。早期梅毒指感染梅毒螺旋体2年内的梅毒，包括一期、二期和早期隐性梅毒（又称早期潜伏梅毒）。晚期梅毒的病程≥2年，包括晚期良性梅毒、心血管梅毒、晚期隐性梅毒（又称晚期潜伏梅毒）等，一般将病期不明的隐性梅毒归入晚期隐性梅毒。神经梅毒在梅毒早晚期均可发生。胎传梅毒又分为早期（出生后2年内发现）和晚期（出生2年后发现）胎传梅毒。

引起梅毒发病的毒邪主要为淫秽疫毒、湿热毒。淫秽疫毒：患者多因不洁性交感染，或因禀赋不耐，母病及子，致使婴儿感染。湿热毒：杨梅疮的症状首见于人体外阴部，湿性趋下，易袭阴位。且外阴部乃藏污纳垢之地，湿邪易化热毒，故见外阴部的糜烂、溃脓，小便赤涩，大便秘结。

【临床表现】

1.一期梅毒 ①硬下疳：潜伏期一般为2~4周。常单发，也可多发。初为粟粒大小高出皮面的结节，后可发展成直径1~2cm的圆形或椭圆形浅在溃疡。典型的硬下疳界限清楚，边缘略隆起，疮面较平坦、清洁。触诊浸润明显，呈软骨样硬度，无明显疼痛或轻度触痛。如不治疗，3~6周可逐渐自行愈合。发生于性行为直接接触部位，多见于外生殖器，发生于阴道等部位易漏诊。②腹股沟或皮损近卫淋巴结肿大：可为单侧或双侧，无痛，相互孤立而不粘连，质中，不化脓破溃，表面皮肤无红、肿、热，可有轻度压痛。

2.二期梅毒 可有一期梅毒史（常在硬下疳发生后4~6周出现），病程在2年以内。①皮肤黏膜损害：可模拟各种皮肤病损害，包括斑疹、斑丘疹、丘疹、鳞屑性皮损、毛囊疹及脓疱疹等，分布于躯体和四肢、头面部等部位，常泛发对称。不同患者皮损可有不同，同一患者的皮疹类型较一致。掌跖部暗红斑、脱屑性斑丘疹，外阴及肛周的湿丘疹或扁平湿疣为其特征性损害。皮疹一般无瘙痒。可出现口腔黏膜斑、鼻黏膜结节样损害和虫蚀样脱发。二期复发梅毒皮损数目较少，皮损形态奇特，常呈环状或弓形、弧形。②全身浅表淋巴结可肿大。③可出现梅毒性骨关节、眼、内脏及神经系统损害等。

3.三期梅毒 可有一期或二期梅毒史，病程2年以上。①晚期良性梅毒：皮肤黏膜损害可见头面部及四肢伸侧的结节性梅毒疹，大关节附近的近关节结节，皮肤、口腔、舌咽部树胶肿，上腭及鼻中隔黏膜树胶肿可导致上腭、鼻中隔穿孔和马鞍鼻。②骨梅毒和其他内脏梅毒：可累及呼吸道、消化道、肝、脾、泌尿生殖系统、内分泌腺及骨骼肌等。③心血管梅毒：可发生单纯性主动脉炎、主动脉瓣闭锁不全、主动脉瘤、冠状动脉狭窄、心绞痛等。

4.神经梅毒 ①无症状神经梅毒：无神经系统症状和体征。②脑脊膜神经梅毒：主要发生于早期梅毒，可出现发热、头痛、恶心、呕吐、视乳头水肿、颈项强直、脑膜刺激征阳性等脑膜炎症状，视力下降、复视、上睑下垂、面瘫、听力下降等颅神经受损症状及偏瘫、失语、癫痫发作、下肢无力、感觉异常、轻瘫、截瘫、大小便失禁等脊膜受损症状，亦可出现背痛、感觉丧失、大小便失禁、下肢无力或肌萎缩等多发性神经根病的症状。③脑膜血管梅毒：可发生于早期或晚期梅毒，但多见于晚期梅毒，表现为闭塞性脑血管综合征，若侵犯脑可出现偏瘫、失语、癫痫样发作等。④脑实质梅毒：常见于晚期，是由螺旋体感染引起的慢性脑膜脑炎导致的脑萎缩等脑实质器质性病变，可出现进行性恶化的精神和神经系统损害。⑤眼梅毒：见于梅毒感染各期，可累及眼部所有结构，如角膜、巩膜、虹膜、脉络膜、玻璃体、视网膜及视神经等，常双眼受累。眼梅毒可单独发生，也可以与脊髓痨或麻痹性痴呆同时发生，表现为眼睑下垂、眼球活动受限、球结膜充血、视野缺损、视物变形、视物变色、视野变暗、眼前闪光、眼前有漂浮物、复视、视力下降、失明等。⑥耳梅毒：表现为听力下降、失聪，可伴或不伴耳鸣，为神经梅毒神经系统症状或体征的一部分，听力丧失可伴梅毒性脑膜炎。神经梅毒也可因梅毒螺旋体同时侵犯神经系统不同部位而使临床表现复杂多样，症状体征可以重叠或复合。

5.隐性梅毒（潜伏梅毒） 早期隐性梅毒在近2年内有以下情形：①有明确的高危性行为史，而2年前无高危性行为史。②曾有符合一期或二期梅毒的临床表现，但当时未得到诊断和治疗。③性伴侣有明确的梅毒感染史。晚期隐性梅毒：病程在2年以上。无法判断病程者视为晚期隐性梅毒。

6.胎传梅毒 ①早期胎传梅毒：一般在2岁以内发病，类似于获得性二期梅毒，发育不良，皮损常为红斑、丘疹、扁平湿疣，伴梅毒性鼻炎及喉炎、骨髓炎、骨软骨炎及骨膜炎，可有全身淋巴结肿大、肝脾肿大、贫血等。如有神经系统侵犯可出现相关神经系统症状。②晚期胎传梅毒：一般在2岁或以后发病，类似于获得性三期梅毒，出现炎症性损害（基质性角膜炎、神经性耳聋、鼻或腭树胶肿、克勒顿关节、胫骨骨膜炎等）或标记性损害（前额圆凸、马鞍鼻、佩刀胫、锁胸关节骨质肥厚、郝秦生齿、口腔周围皮肤放射状皲裂等）。③隐性胎传梅毒：即未经治疗的胎传梅毒，无临床症状，梅毒血清学试验阳性，脑脊液检查正常，年龄<2岁者为早期隐性胎传梅毒，≥2岁者为晚期隐性胎传梅毒。

【辨证施治】

梅毒的治疗原则为及早、足量、规范。抗生素治疗为首选，特别是青霉素类。中医药治疗梅毒仅作为驱梅治疗中的辅助疗法。

（1）肝经湿毒证

证候：不洁性生活后出现阴部下疳，患处红肿、糜烂、溃疡，小便赤涩，大便干结，口干口苦；舌质红，苔黄，脉弦数或滑数。

治法：清肝经湿热，泻火解毒。

方药：龙胆泻肝汤加减。常用龙胆草、栀子、黄芩、柴胡、车前草、泽泻、生地、蒲公英、马齿苋、薏苡仁、土茯苓、甘草等。

（2）湿热毒蕴证

证候：下疳初起，如赤豆坚硬或红肿，破后溃疡内翻，色紫红，疮口凹陷，久不收口，可伴发热、头痛、烦躁、口干；舌红，苔黄腻，脉滑数。

治法：清热利湿解毒。

方药：土茯苓合剂加减。常用土茯苓、金银花、威灵仙、白鲜皮、黄柏、滑石、栀子、薏苡仁、黄柏、甘草等。

（3）肺脾蕴毒证

证候：下疳见于非生殖器部位，如手指、口唇、乳房等，杨梅疮小而干，体质壮实，伴有发热、恶寒、大便燥结；舌质淡红，苔薄黄，脉滑。

治法：清肺脾之毒，泻火滋阴。

方药：杨梅一剂散加减。常用麻黄、大黄、威灵仙、金银花、羌活、白芷、皂角刺、防风、黄柏、土茯苓等。

（4）血热蕴毒证

证候：全身皮肤红斑、丘疹，色如玫瑰，不痛不痒，或有脓疱，口舌生疮，口渴喜饮，大便干结；舌绛红，苔黄，脉滑。

治法：凉血解毒，泻下散瘀。

方药：清血搜毒丸加减。常用大黄、荆芥、蒲公英、防风、紫花地丁、黄芩、连翘、木通、土茯苓、甘草等。

（5）毒伏筋骨证

证候：杨梅结毒，筋骨疼痛，关节僵硬，行走不便，肌肉消瘦；舌质暗红，苔黄，脉涩。

治法：解毒活血，通络止痛。

方药：萆薢汤合搜风解毒汤加减。常用土茯苓、金银花、白鲜皮、萆薢、土茯苓、黄柏、威灵仙、薏苡仁、防风、木瓜、皂角刺、甘草等。

（6）肝肾亏损证

证候：杨梅结毒，久治不愈，两足痿弱，筋骨疼痛，肌肤麻木，排尿困难，阳痿遗精，头晕目眩，心慌心悸；舌红，苔少，脉沉细。

治法：滋补肝肾，填髓息风。

方药：地黄饮子加减。常用生地、山茱萸、石斛、麦冬、五味子、石菖蒲、肉苁蓉、肉桂、巴戟天、远志等。

（7）心脾两虚证

证候：杨梅结毒，心悸不安，失眠健忘，头晕目眩，唇甲淡白，面色㿠白，神疲乏力，气短自汗；舌质淡，苔薄白，脉细数或结代。

治法：调补气血，补益心脾。

方药：归脾汤合炙甘草汤加减。常用当归、白术、党参、黄芪、茯神、远志、酸枣仁、木香、桂枝、火麻仁、麦冬、生地、甘草等。

【从毒论治】

引起梅毒发病的因素主要有两种：一为微生物毒。在临床实践中发现，大部分梅毒患者有不洁性生活，与感染者发生性接触时，生殖器皮肤黏膜受到摩擦，微梅毒螺旋体通过小裂隙进入皮肤黏膜的角质形成细胞，因此，感染微生物毒是梅毒发病的根本原因。二为体虚毒恋。中医认为“正气存内，邪不可干”，若外感毒邪，久久不去，耗损正气，伤及气血，致五脏六腑失于濡养，则御邪之力更加不足，而至虚之处即为容邪之所，湿毒、热毒侵犯机体，正不胜邪，毒邪亢盛而发为梅毒。因此体虚毒恋也是导致本病发生的重要因素。

梅毒多以疫毒、湿热毒为甚，在治疗中，宜清热燥湿解毒，常用土茯苓、甘草、当归、金银花、川芎、薏苡仁等药物。刘巧教授研发的清湿毒胶囊可用于治疗梅毒，主要药物包括茵陈、土茯苓、苍术、黄柏、鱼腥草、车前子等，运用于梅毒等证属湿毒者疗效确切。

【调护】

（1）加强性道德修养，严禁性放纵等行为，严守婚姻法，严格做到婚前检查。

（2）一旦怀疑有梅毒感染，应及早就医检查。对梅毒患者的亲属，应进行体格检查。

（3）已感染梅毒的患者，应解除思想顾虑，减轻精神压力，要大胆就医，并积极配合诊治。夫妻之间应互相关怀和体贴，患病期间禁止房事。

（4）饮食要清淡而富有营养，忌辛辣、肥甘厚味及酒类。

（黄　港　程仕萍）

三、生殖器疱疹

生殖器疱疹是一种由单纯疱疹病毒（herpes simplex virus，HSV）引起的性传播疾病。临床表现为外生殖器或肛门周围有群簇或散在的小水疱，2~4天后破溃形成糜烂或溃疡，可出现发热、头痛、乏力等全身症状，腹股沟淋巴结常肿大，有压痛，好发于15~45岁性活跃期男女。目前在临床上治疗生殖器疱疹面临的主要问题是易复发，难以根治，患者的需求难以得到满足，且患者对疾病防护的重要性认识不足，忽视对生殖器疱疹发病诱因的防护。

生殖器疱疹在中医文献中记载的名称有《素问》《外台秘要方》《临证指南医案》《诸病源候论》之“热疮”，《本草求真》之“阴茎热疮”，《本草纲目》《傅青主女科》《滇南本草》之“阴疳”。现中医一般称其为阴部热疮。

【病因病机及毒邪发病机制】

中医认为该病多因不洁性交，感受湿热秽浊之邪，湿热侵及肝经，下注阴部，热炽湿盛，湿热郁蒸而外发疱疹；或素体阴虚，或房劳过度，损伤阴精，加之湿热久恋，日久热盛伤阴，正气不足，邪气缠绵，导致正虚热盛而病情反复发作，经久难愈。

《外科正宗·杂疮毒门·阴疮论第三十九》曰：“妇人阴疮……总由邪火所化也。”《景岳全书·妇人规下·前阴类·阴疮》载：“妇人阴中生疮，多由湿热下注，或七情郁火，或纵情敷药，中于热毒。”《诸病源候论·妇人杂病诸候四·阴疮候》曰：“阴疮者，由三虫、九虫动作，侵食所为也。”《妇人大全良方·众疾门·〈博济方〉论》曰：“妇人三十六种病，皆由子脏冷热，劳损而挟带下，起于胞内也。”《医宗金鉴·外科心法要诀》记载：“妇人阴疮系总名，各有形证各属经……”《外科启玄》曰：“妇女阴户内有疮，名阴疳，是肝经湿热所生，久而有虫作痒，腥臊臭。有因男子交如媾过之，此非肝经湿热，乃感疮毒之气。”

研究发现，HSV侵入机体后，经过治疗，生殖器疱疹皮损可消退，但是机体残留的病毒长期潜存于骶神经节，无法彻底清除病毒，在机体抵抗力下降时或饮酒、疲劳、焦虑、性行为、月经等诱发因素作用下可使潜存骶神经节的病毒激活而复发。

引起生殖器疱疹发病的因素主要有两种：一为微生物毒。在临床实践中发现，大部分生殖器疱疹患者有不洁性生活，与感染者发生性接触时，生殖器皮肤黏膜受到摩擦，HSV通过微小裂隙进入皮肤黏膜的角质形成细胞，病毒在细胞内复制，并直接播散到周围细胞，使受感染的表皮细胞破坏，引起表皮损伤。一些病毒被宿主的免疫反应所清除，但有些病毒逃避了宿主的防御反应而长期潜伏于宿主的神经节中（HSV-1在三叉神经节，HSV-2在骶神经节）。在宿主受外伤、细菌感染、月经来潮、精神创伤及免疫受抑制等情况下，病毒可以复苏和再激活，微生物毒伏于机体，久蕴不散，日久聚湿生热。二为体虚毒恋。中医认为“正气存内，邪不可干”，若外感毒邪，久久不去，耗损正气，伤及气血，致五脏六腑失于濡养，则御邪之力更加不足，而至虚之处即为容邪之所，湿毒、热毒侵犯机体，正不胜邪，毒邪亢盛而发为生殖器疱疹。女性经期、疲劳、焦虑状态等人体免疫力不足的情况下，本病易复发，因此体虚毒恋也是导致本病发生的重要因素。

【临床表现】

生殖器疱疹多发生于青春期后性关系混乱或有不洁性交史的人群，女性感染率高于男性。临床上表现为外生殖器或肛门周围皮肤黏膜出现簇集或散在的丘疱疹或小水疱，很快破溃并形成糜烂面或浅表溃疡，自觉疼痛。患者可出现发热、头痛、乏力等全身症状，可有腹股沟淋巴结肿大，伴压痛。此病易复发，呈一定的周期性。

【辨证施治】

（1）肝经湿热证

证候：生殖器部位出现红斑、群集小水疱、糜烂或溃疡，甚至出现脓疱，自觉灼热、轻痒或疼痛，或有腹股沟淋巴结肿痛；伴口干口苦，小便黄，大便秘结；舌质红，苔黄腻，脉弦数。

治法：清热利湿，化浊解毒。

方药：龙胆泻肝汤加减。常用龙胆草、柴胡、栀子、生地黄、泽泻、木通、黄芩、车前草、地肤子、板蓝根、白鲜皮等。继发感染者，加金银花、蒲公英、紫花地丁清热解毒。

（2）阴虚邪恋证

证候：外生殖器反复出现潮红、水疱、糜烂、溃疡、灼痛，日久不愈，遇劳复发或加重；伴神疲乏力，腰膝酸软，心烦口干，五心烦热，失眠多梦；舌质红，苔少或薄腻，脉弦细数。

治法：滋阴降火，解毒除湿。

方药：知柏地黄丸加减。常用生地黄、山萸肉、怀山药、牡丹皮、茯苓、知母、黄柏、板蓝根、马齿苋等。

【从毒论治】

生殖器疱疹存在微生物毒、湿毒、热毒等。在治疗过程中，除按照辨证施治的原则外，因生殖器疱疹常发于肝经循行之前后二阴，临床常用清肝胆湿热毒的药物如龙胆草、马齿苋、薏苡仁、土茯苓、黄连、黄柏、蒲公英、野菊花、虎杖、板蓝根等。微生物毒常用金银花、野菊花、菊花、白花蛇舌草、黄芩、黄连、栀子等。正虚阴血不足常用益气养阴之黄芪、白术、当归、白芍、熟地、百合、沙参、玉竹、石斛等。刘巧教授研发的清湿毒胶囊可用于治疗本病，主要药物包括茵陈、土茯苓、苍术、黄柏、鱼腥草、车前子等，运用于生殖器疱疹等证属湿毒者疗效确切。

【调护】

1.重视情志管理 生殖器疱疹是难以根治的性传播疾病，病程迁延，刘巧教授特别重视患者的情志因素对本病诊治的影响。生殖器疱疹病情反复，长期疗效不佳，患者多次治疗后容易对疗效失去信心，从而出现焦虑、悲观、无助甚至抑郁的情绪。因此，刘巧教授在本病的治疗中往往耐心地进行医患沟通，详细地为患者解释病情，疾病的防治、转归与注意事项，让患者充分认识病情，减少不必要的焦虑、烦躁等不良情绪，同时强调情志在疾病的发生发展及治疗中的重要性，疏导患者树立自信、保持良好的心态。

2.重视调护管理 免疫力下降为生殖器疱疹发病的重要诱因，加强锻炼、保持良好的生活作息可预防本病的复发或减少复发。刘巧教授在生殖器疱疹的慢病管理中，强调提高免疫力是第一要务，饮食上应多吃富含蛋白质的食物，如牛奶、肉类等，少食辛辣、肥甘厚味之品，保证睡眠时间，避免熬夜，适当开展体育锻炼。

3.重视抗病毒管理 抗病毒治疗是生殖器疱疹的主要治疗方法，以预防其复发，抑制病毒传播给性伴侣。刘巧教授强调应及早足量地进行抗病毒治疗，减少病毒的复制，减轻皮肤症状，缩短病程。若一个疗程未完全痊愈，可延长抗病毒疗程。

【病案举例】

案例1

刘某，女，33岁。2020年9月12日初诊。

患者因“外阴及肛周起水疱伴糜烂半个月余”就诊，症见：双侧阴唇边缘及肛周见丛集透明小水疱，多处水疱破溃糜烂，伴瘙痒不适，口干，无口苦，纳可，寐稍欠安，二便平；舌红，苔黄偏腻，脉弦滑数。中医诊断：阴部热疮（肝湿热毒）。西医诊断：生殖器疱疹。处方：柴胡12g，黄芩10g，龙胆草15g，泽泻10g，茯苓10g，车前草10g，陈皮6g，醋香附10g，白鲜皮10g，益母草15g，炒黄栀子10g，苦参10g，生地10g，酸枣仁10g，炙甘草6g。水煎服，每日1剂，分2次服，共7剂。同时外用川柏止痒洗剂2次/日，配合中药浸洗，每周3次。嘱其日常调护，注意饮食，保持局部清洁，保持心情舒畅。

二诊：患者外阴部及肛周水疱部分消退，破溃糜烂基本愈合，睡眠好转，自诉近期阴部瘙痒感较前缓解。遂在原方基础上减白鲜皮，加黄芪，7剂。

三诊：阴部、肛周水疱基本消退，破溃糜烂愈合结痂，二便、饮食、睡眠正常，上方减醋香附、酸枣仁，加当归、知母，14剂。

四诊：阴部及肛周水疱消退，糜烂愈合结痂，部分痂壳脱落，守前方14剂。

按语：患者肝胆疏泄不畅，湿热侵及肝经，下注阴部，湿热蕴蒸，故可见水疱，湿毒浸淫，则糜烂留滋，此为湿热淫毒。治疗上在龙胆泻肝汤的基础上加入大量祛湿药，祛湿解毒，如：龙胆草、泽泻、茯苓、车前草、苦参等。此外，此类患者多心情欠佳，影响睡眠，在辨证治疗的同时，常加用酸枣仁或柏子仁、五味子、蜜远志等安神之品。需要注意的是，在治疗的过程中，应根据患者的伴随症状，和可能出现证候的改变，及时调整方药，如果脾虚症状明显，则要加强健脾益气。除了药物内服治疗外，还可结合中药浸洗治疗。

案例2

李某，男，40岁。2021年6月6日初诊。

患者因“外生殖器反复出现群集性小水疱8年余，复发加重2天”求诊，自述8年余前不洁性交后出现外阴红斑，迅速变为小水疱，发生破溃、流滋，伴疼痛、瘙痒，此后反复发作，2天前因饮酒而复发。症见：外生殖器及周围皮肤见散在小水疱，伴疼痛、瘙痒，阴茎勃起困难，纳一般，寐欠安，大便秘结，小便色黄，腥臊味浓；舌淡红，苔薄腻，脉弱。西医诊断：生殖器疱疹。中医诊断：阴部热疮（体虚毒恋）。处方：党参15g，黄芪10g，炒白术10g，茯苓15g，山药15g，马齿苋15g，茵陈10g，白花蛇舌草10g，黄柏10g，陈皮6g，当归10g，白芍10g，牡丹皮12g，炙甘草6g。7剂，配合中药浸洗，每周3次。嘱其日常调护，注意饮食，保持局部清洁，保持心情舒畅。

二诊：患者水疱较前减退，破溃、流滋稍好转，睡眠欠安，疲乏感较前好转，大便正常，小便微黄，腥臊味变淡。专科查体同前。遂在原方的基础上去马齿苋、白花蛇舌草，加酸枣仁15g、远志10g，7剂。

三诊：患者水疱基本消退，破溃、流滋愈合结痂干燥，二便、饮食、睡眠基本正常。继续巩固治疗，在原方基础上去远志、酸枣仁，加知母10g、熟地6g，14剂。

按语： 该患者病程日久，正气虚损，加之平素多食肥甘厚腻，睡眠欠安，饮酒后，引动湿热毒邪，复出现疼痛、瘙痒，舌淡红，苔薄腻，脉弱，辨为体虚毒恋证。脾虚湿蕴，运化无权，气血生化乏源，邪盛正虚，引动而发。治疗采用健脾养肾、祛湿解毒的方法，选择参苓白术散合知柏地黄丸为加减方，在此基础上加用马齿苋、茵陈、白花蛇舌草以清热祛湿解毒，加党参、黄芪、当归以益气养血扶正。二诊时皮损稳定，疲劳感好转，睡眠未见明显改善，故在上方基础上加酸枣仁、远志以安神。三诊患者二便、饮食、睡眠均明显改善，疼痛、瘙痒基本缓解，在原方基础上去酸枣仁、远志，添加知母、熟地以养肾阴，巩固疗效。诊治全程以健脾固肾而扶正、祛湿解毒而祛邪为重点，随症加减，综合治疗，使患者脾肾先后天之气互滋互补、精血充盛，故正盛邪退，水疱及其疼痛、瘙痒消失，收效甚佳。

（黄　港　程仕萍）

四、尖锐湿疣

尖锐湿疣也称为肛门生殖器疣，是由人乳头瘤病毒（human papilloma virus，HPV）感染引起的以皮肤黏膜疣状增生性病变为主的性传播疾病。临床表现为外生殖器及肛门周围皮肤黏膜湿润区出现单个或多个淡红色、质地柔软且顶端尖锐的菜花状或鸡冠状赘生物。世界卫生组织（WHO）报告称，全球每年有1.01亿人感染尖锐湿疣，发病率达到0.5%~1.0%，并呈逐年上升趋势。本病主要好发于性活跃的青、中年，男性较女性有更强的易感性，复发率更高，其潜伏期一般为1~8个月，平均为3个月。尽管临床上治疗该病的手段多种多样，但目前没有能够根治的特效药，且该病传染性强，复发率颇高，具有癌变性，需长时间反复治疗，用药副作用大。

尖锐湿疣属中医“臊疣”范畴。中医古籍对本病早有记载，最早可见于《五十二病方》中用针灸法治疣，且《黄帝内经》中已有“疣”的病名。《灵枢·经脉》有“疣目”“千日疮”“枯筋箭”之称。《医宗金鉴》记载：“疳疮又名妒精疮，生于前阴。”其中，生于两阴皮肤黏膜交接处的疣由于湿润、柔软，形如菜花，污秽而色灰，故民间有“菜花疮”之称。《诸病源候论》称此病为“湿涡疮”。现代中医则予以定名为“瘙瘊”，俗称“臊瘊”。

【病因病机及毒邪发病机制】

中医认为本病是由于气血失和，腠理失密，加之房事不洁，感受湿热淫毒和秽浊之邪，毒入营血，复感外邪，内外相搏，内兼湿热，蕴伏血络，日久蕴结肌肤，湿热下注二阴，搏结于皮肤黏膜所致。《灵枢·经脉》谓“虚则生疣”，正气虚，不能鼓邪外出，邪气搏结于皮肤发为疣赘。正虚邪恋，故缠绵难愈，反复发作。《诸病源候论·湿涡疮》则强调“肤腠虚，风湿搏于血气生涡疮”，所谓“邪之所凑，其气必虚”。其病因病机主要表现在三个方面：一是纵欲过度，正虚感邪；二是湿热内蕴，外感邪毒；三是性交不洁，感染邪毒。

研究表明，尖锐湿疣的发病可能与不良性行为、男性包皮过长、免疫功能低下、外伤感染、频繁洗桑拿、家庭成员共用日常生活用品（如浴盆、毛巾、浴巾、马桶圈）等因素有关，HPV病毒通过破损的皮肤黏膜侵入体内，从而引起病毒在体内大量繁殖并造成免疫系统紊乱而发生尖锐湿疣。

引起尖锐湿疣发病的因素可从两方面看待：其一是外感微生物毒。在临床接诊中观察发现，大部分尖锐湿疣患者都有不当性生活史或与尖锐湿疣活动期患者密切接触史，毒邪侵入皮肤，破坏皮肤屏障而见赘生物，入侵五脏六腑而见疼痛等伴随症状，正所谓“有诸形于内，必形于外”。且微生物毒定植机体，久蕴不散，日久聚湿生热，湿热下注，《灵枢·百病始生》言“清湿袭虚，则病起于下”，故而外阴及肛周为尖锐湿疣好发部位。流行病学也指出，对于性活跃的人群，生殖器疣体上常可检测到多种HPV亚型感染，包括高致癌性的基因型。因此，感染微生物毒可认为是尖锐湿疣发病的重要影响因素。其二是体虚毒扰。中医认为“正气存内，邪不可干”，若先天禀赋不足，或后天失养，导致脾肾阳虚，水湿运化失职，伤及气血，致使胞脉空虚，五脏六腑失于濡养，则御邪之力不足，而至虚之处即为容邪之所，湿毒、瘀毒侵犯机体，正不胜邪，毒邪亢盛而发为尖锐湿疣。

【临床表现】

尖锐湿疣多见于性活跃的中青年，男女均可发病。皮损初起可于外生殖器或肛门周围皮肤黏膜湿润区见到单个或多个散在的淡红色小丘疹，质地柔软，顶端尖锐，后渐增多增大，可为丘疹样皮损，也可呈乳头状、菜花状、鸡冠状及蕈样状；疣体常呈白色、粉红色或污灰色，表面易发生糜烂，有渗液、浸渍及破溃，尚可合并出血及感染。多数患者无明显自觉症状，少数可有异物感、灼痛、刺痒或性交不适。部分可发生癌变。

【辨证施治】

（1）湿毒下注证

证候：外生殖器或肛门等处出现疣状赘生物，色灰或褐或淡红，质软，表面秽浊潮湿，触之易出血，恶臭；伴小便黄或不畅；苔黄腻，脉滑或弦数。

治法：利湿化浊，清热解毒。

方药：萆薢解毒汤加减。常用萆薢、当归、牡丹皮、防己、木瓜、茯苓、薏苡仁、秦艽、柴胡、板蓝根、瓜蒌、车前草等。继发感染者，加金银花、蒲公英、紫花地丁清热解毒。

（2）脾虚毒蕴证

证候：外生殖器或肛门处反复出现疣状赘生物，屡治屡出，迁延不愈；伴少食纳差，体弱无力，小便清长，大便稀溏；舌淡红或淡胖大，苔白，脉细弱。

治法：益气健脾，化湿解毒。

方药：参苓白术散合黄连解毒汤加减。常用党参、茯苓、白术、陈皮、扁豆、砂仁、薏苡仁、山药、黄连、黄柏、苍术等。脘腹胀闷者，加厚朴行气消胀；便秘者，加芦荟、火麻仁润肠通便。

【从毒论治】

尖锐湿疣存在微生物毒、湿毒、瘀毒等。因尖锐湿疣常发于前后二阴，属肝经循行之处，且前后二阴为肾开窍之所在，故临床上多选用入肝、肾二经的解毒药如柴胡、大黄、茵陈、龙胆草、生地黄、女贞子、杜仲、菟丝子、熟地黄、三七等。因日久湿聚血瘀，故针对湿毒常选用薏苡仁、白术、茯苓、猪苓、苍术、陈皮、厚朴等；针对瘀毒常选用桃仁、紫草、红花、丹参、川芎、鸡血藤、当归、黄芪等。微生物毒常用大青叶、连翘、野菊花、黄柏、板蓝根、夏枯草、马齿苋、鸦胆子、苦参、蛇床子、土茯苓、板蓝根等。刘巧教授研发的清湿毒胶囊可用于治疗尖锐湿疣，主要药物包括茵陈、土茯苓、苍术、黄柏、鱼腥草、车前子等。

祛除尖锐湿疣之毒，不仅要通过中药内服调摄体质，尤应重视外治法配合治疗，如熏洗法、浸泡法、火针疗法及艾灸疗法等。①熏洗法：将中药煎汤，利用含有药物的水蒸气熏患处，依靠其热力和药力直接作用于病变部位，从而使腠理疏通，气血流畅，以达清热解毒、祛湿止痒的目的。②浸泡法：中药煎汤后，利用高浓度的温热中药洗剂浸泡患处，通过改善病变局部温度、促进毛细血管扩张、加快血液循环，使药物通过皮肤表层渗透至皮肤深层，从而发挥中药祛疣解毒、祛瘀化湿的作用。③火针疗法：取三棱针于酒精灯外焰烧至炽白色，而后迅速直刺疣体或围刺根蒂，视疣体大小反复针刺，以疣体脱落为度。此法既可快速祛疣，也可引火助阳、消瘀散结，缓解局部气血不畅的症状。④艾灸疗法：一般采用直接艾灸疗法，局麻后把艾炷直接放于疣体上点燃，任其烧尽，直至疣体脱落。该法灼烧范围较小，火候能够掌握，能够达到祛疣不伤肤的效果，同时也能温通气血，助养阳气，疏通经络。

【调护】

1.未病先防 不安全性行为是尖锐湿疣的重要诱因，应当树立正确性观念。刘巧教授尤其重视尖锐湿疣的健康教育宣讲，强调未病先防的重要性。性成熟人群当增强自身责任感，避免非婚性行为，限制性伴侣数量，避免接触被污染的血液制品，尽早接种HPV疫苗；饮食上应多吃新鲜蔬菜水果，及时补充维生素，少食辛辣刺激及肥甘油腻之品，戒烟限酒，定期锻炼，保持心情舒畅，按时作息，避免熬夜，养成健康的生活习惯。

2.调畅情志 尖锐湿疣是难治性的性传播疾病，由于受到心理和社会等多种因素的影响，多数患者依从性较差。刘巧教授在临床治疗尖锐湿疣的过程中，格外重视对病患的心理疏导，为其建立积极正确的疾病观，帮助其克服因尖锐湿疣而产生的紧张、焦虑、自卑、恐惧等不良情绪，树立治愈疾病的信心，同时强调情志因素在尖锐湿疣发生发展过程中的作用，协助患者保持良好的精神状态。

【病案举例】

案例1

吴某，女，30岁，未婚。2020年8月16日初诊。

患者因“外阴部红斑、团块、丘疹2年余”就诊，患者2年余前无明显诱因外阴部出现红色小丘疹，无明显不适，后皮损范围逐渐扩大，波及会阴、肛周、腹股沟等部位，因病位隐秘，羞于启齿，未曾就医治疗。现症见：外阴、肛周、腹股沟可见淡红色赘生物，大小不等，部分赘生物重叠成团块，状如菜花，表面粗糙，质地柔软，基底较窄，压之不痛，偶感瘙痒，团块间可见少量脓水样分泌物，气味臊臭。患者自诉5年内曾有冶游史，外阴、肛周、腹股沟处有异物感，平素口黏，未诉口苦，纳一般，寐欠安。舌尖红，苔腻，脉滑数。中医诊断：臊疣（湿毒下注证）。西医诊断：尖锐湿疣。处方：柴胡12g，法半夏10g，黄芩10g，萆薢12g，当归10g，牡丹皮10g，牛膝10g，陈皮6g，防己10g，木瓜10g，薏苡仁10g，黄柏10g，土茯苓12g，大青叶10g，蒲公英10g，连翘10g，炙甘草6g。水煎服，每日1剂，早晚分2次服，共14剂。配合中药熏洗，每日一次。嘱患者畅情志，慎起居，清淡饮食。

二诊：患者自诉外阴、肛周、腹股沟处异物感减轻，赘生物体积较前缩小，夜间睡眠好转，舌淡红，苔薄黄偏腻，脉滑数。遂在原方基础上加猪苓10g，14剂。

三诊：外阴、肛周、腹股沟处赘生物大部分消退，伴见色素沉着，纳可，寐安，二便调，舌淡红，苔薄腻，脉滑。守前方，14剂。

四诊：病情明显好转，身体各处赘生物已基本消退，未诉明显不适。再守前方连服1个月。

五诊：基本痊愈，未留明显瘢痕。随访1年，未见复发。

按语： 病发于二阴，前后二阴为肾开窍之所在，又为肝经循行之处，肝失调达，疏泄失常，故而气机不畅，加之肾主纳气功能失司，气血津液运行失衡，聚而生湿化痰，湿性趋下，则外阴、肛周、腹股沟可见赘生物；湿腻碍脾胃，升清降浊不及，故见口黏，苔腻，脉滑数；疣属肝胆少阳经，故口苦。治疗上在小柴胡汤的基础上配合大量祛湿解毒药，如：萆薢、薏苡仁、陈皮、牡丹皮、防己等，同时兼顾补肾。此外，久病必有瘀，因此在辨证施治时常配伍当归、牡丹皮、丹参等活血祛瘀。需要注意的是，本病治疗上应注重外治法及日常调护，除以中药熏洗配合治疗外，也应注意日常个人卫生，保持正常生活作息。

案例2

宋某，男，47岁，已婚。2020年3月15日初诊。

患者因“阴茎及龟头丘疹半个月”就诊，患者半个月前无明显诱因在阴茎、龟头、尿道口处先后出现10个大小不等的淡红色丘疹，小如粟粒，大如黄豆，呈鸡冠状增生，触之柔软，压之轻微疼痛，瘙痒不显，根部有蒂，有少许渗液，皮疹表面潮湿，闻之有恶臭味。患者诉近年有冶游史，同房时感不适加重，平素感神疲，腹胀不欲食，寐欠安，小便调，大便溏。舌淡，苔白腻，脉细。中医诊断：臊疣（脾虚毒蕴证）。西医诊断：尖锐湿疣。处方：茯苓10g，白术10g，白扁豆10g，陈皮10g，山药12g，砂仁10g，薏苡仁10g，黄连10g，黄柏10g，生栀子10g，玄参10g，土茯苓10g，大青叶10g，当归10g，牡丹皮10g，远志10g，炙甘草6g。水煎服，每日1剂，早晚分2次服，共14剂。配合艾灸，隔日一次；中药熏蒸，每日一次。嘱患者畅情志，忌房事，避风寒。

二诊：患者皮损处丘疹个数较前减少，未见明显渗液，疼痛稍缓解，纳一般，睡眠好转，大便仍稀。遂于原方基础上减生栀子，14剂。

三诊：阴茎、龟头、尿道口处丘疹基本消退，未诉疼痛，纳可，寐尚可，二便调。守前方14剂。

四诊：皮损基本痊愈，少量色素沉着，再守前方连服1个月。

按语：该患者平素感神疲，腹胀不欲食，寐欠安，小便调，大便溏，舌淡，苔白腻，脉细。辨证为脾虚毒蕴证。脾虚气血津液运行不畅，痰湿内生，湿毒互结，下行于阴茎、龟头等处而发为丘疹。治疗上采用益气健脾、化湿解毒之法，采用参苓白术散合黄连解毒汤为主方化裁，在此基础上加土茯苓、大青叶等清热解毒之品，配合当归、牡丹皮以活血化瘀。因患者夜间睡眠不佳，故辅以远志安神。二诊时，患者诸症好转，唯大便仍见稀溏，故于原方基础上减性寒的生栀子。三诊时，病情明显改善，可进一步守前方以促进疾病痊愈。痊愈后连服1个月中药，以巩固疗效，防止复发。诊治全过程辨证施治，内外兼治，随症化裁，内治法与外治法相结合，使患者脾健胃合，疹消痛减，效果甚佳。

（黄　港　程仕萍）

第四章　毒邪发病学说研究现状与展望

第一节　基础研究

随着现代基础医学的迅猛发展，细胞生物学、分子生物学、微生物免疫学、病理生理学等基础医学的发展对中医药研究产生了巨大的影响。“毒邪致病”是中医理论的重要组成部分。“毒邪致病”的病因病机研究、证型研究及治疗药物研究都充分运用了现代基础医学的理论和技术手段。毒邪的基础研究包括基础理论研究和基础实验研究两个重要组成部分。研究者试图从分子、蛋白、细胞层面分析和解释毒邪的产生、发展及内在的致病规律。临床与“毒邪”相关的疾病涉及呼吸、消化、心血管、神经、皮肤等各个系统。因此，毒邪致病的基础研究是既具挑战性又具有广泛临床意义的一个研究领域。

一、毒邪的病因病机研究

中医将毒邪分为内毒和外毒两种类型。其中，从外感受的特殊致病因素称之为外毒，凡来源于身体之外的有害于身体健康的物质均属于外毒。内毒指由内而生之毒，是人体受某种致病因素作用后在疾病发生发展过程中所形成的病理产物，是由脏腑功能和气血运行紊乱，机体内生理或病理产物不能及时排出体外，蕴积于体内而化生。毒邪的病因病机研究主要是研究毒邪在机体产生和发展的内在规律。目前，多从细胞学、分子生物学、微生物学、免疫学等多角度认识毒邪的本质。

（一）毒邪病因病机的细胞学研究

细胞学是研究细胞的形态、功能、周期、分裂及各种细胞器或细胞内信号传导的学科。细胞是人体结构和功能的基本单位。各种致病因素具有改变细胞形态、扰乱细胞正常功能活动的作用。从细胞增殖、自噬、凋亡及信号传导等生理过程，去探究毒邪致病的内在机制是毒邪研究的一个重要方向。

1.细胞增殖与毒邪病因病机的关系　细胞增殖是机体生长发育、繁衍后代、创伤修复等生命活动的基础。细胞的过度增殖或者增殖抑制则会导致一些疾病的发生，如银屑病表现为角质形成细胞的过度增殖。西医学认为，银屑病角质形成细胞增殖为受外界有害因素的刺激导致相关通路激活，从而导致细胞过度增殖。刘巧教授基于“毒邪致病”理论认识银屑病的发病机制，并且采用清血毒胶囊治疗后，角质形成细胞病理性增殖可明显改善。由此可见，毒邪与细胞异常增殖有着密切的联系。肿瘤则是在致瘤因子的刺激下，诱导基因改变，从而出现细胞的过度增殖。廖文豪等认为毒邪具有强烈致癌作用，参与肿瘤发生发展的全过程，与肿瘤的增殖密切相关。王立新提出了毒邪害络损髓是抑制脑缺血后内源性神经干细胞增殖分化的病理机制。由此可知，毒邪是影响细胞正常增殖的因素之一。

2.细胞自噬与毒邪病因病机的关系 自噬是细胞适应外界恶劣环境的一种适应性生物过程。在外环境的刺激下，细胞对自身的受损细胞器、蛋白质或侵入的细菌进行吞噬降解以获得维持生存的氨基酸、核酸及脂肪酸等营养物质。正常的自噬是细胞器更新、细胞产能的有效途径，而自噬能力下降则能引起细胞内衰老的细胞器及错误折叠蛋白的蓄积，使 得侵入细胞的细菌不能被有效清除。中医认为自噬障碍是痰、瘀、浊毒内生的根本原因，衰老细胞器、错误折叠蛋白等的异常蓄积是中医“毒邪”的微观表现。潘韦韦等通过实验研究证实，消渴病的“毒邪”郁滞与自噬调节失衡引起胰岛素抵抗和胰岛 β 细胞衰竭之间存在密切关联性及理论契合性。

3.细胞凋亡与毒邪病因病机的关系 细胞凋亡是细胞自主、程序化死亡的过程。细胞凋亡途径包括死亡受体途径、线粒体凋亡途径。凋亡能使冗余或衰老的细胞通过死亡受体的调控启动凋亡程序，使细胞实现“自杀”式死亡。然而，氧化应激以及细胞生长因子、肿瘤坏死因子等刺激因子也能引起细胞的异常凋亡。目前，诱导异常凋亡的一系列因素与毒邪积聚之间的关系也是毒邪致病机制相关研究的热点。

4.细胞焦亡与毒邪病因病机的关系 细胞焦亡是近年新发现的一种有别于凋亡、坏死的新的细胞死亡方式，是依赖于半胱氨酸依赖性天冬氨酸特异性蛋白酶家族（Caspase）的调控性促炎形式的细胞死亡，其特征在于胞膜孔道形成，质膜破裂，细胞内容物和促炎症介质进入细胞间质，导致炎症和细胞死亡。王宁认为动脉粥样硬化的中医“痰瘀”毒邪发病机制与细胞焦亡的机制相符。周艳彩等认为细胞焦亡参与酒精性肝病的发病机制，并进一步通过实验研究证实酒精诱导的肝细胞炎症小体通路激活促进肝细胞的焦亡与中医“痰瘀毒”导致酒精性肝病的发病机制有其相似之处。

（二）毒邪病因病机的免疫学研究

免疫是指机体识别和清除抗原性异物的生命活动。外邪入侵则会激发机体的免疫机制；内在免疫失衡是痰、瘀、浊毒产生的基础。免疫分为固有性免疫（非特异性免疫）和获得性免疫（特异性免疫）两种类型。特异性免疫又包括体液免疫和细胞免疫。所有参与免疫应答的细胞或其前体细胞均属于免疫细胞。免疫细胞包括淋巴细胞、巨噬细胞、中性粒细胞、血管内皮细胞、造血干细胞等。现代医家多从免疫细胞的分化、功能及相关炎症因子的表达，深入探究免疫与中医毒邪之间的关联。其中，T淋巴细胞、B淋巴细胞、巨噬细胞在毒邪致病的研究中备受关注。赵昌林等在肝癌发病相关研究中发现，毒邪的病变基础是机体的免疫功能下降，尤其是$CD4^+CXCR5^+CD57^+$T细胞的功能抑制。黄淑敏等则比较毒邪和炎症因子在慢性心力衰竭发展过程中的作用，并提出坏死心肌细胞产生的炎症因子是这些毒邪痹阻心脉的微观体现。

研究者普遍认为免疫过程中产生的炎症性反应与中医毒邪致病机制相似。研究发现，阿尔茨海默病的神经炎症发病机制与阿尔茨海默病“毒损脑络”病机理论有不谋而合之处：淀粉样蛋白-β（Aβ）沉积形成的神经炎性斑（Neuritic plaques，NP）、神经元内Tau蛋白过度磷酸化形成的神经原纤维缠结以及小胶质细胞介导神经炎症反应产生的具有神经元毒性的病理产物均属于“内生毒邪”范畴。芦瑞霞等在毒邪学说与冠心病的证治探讨中提出，参与炎症反应的细胞产生的白细胞介素、肿瘤坏死因子、超敏C反应蛋白、血管紧张素、单核细胞趋化蛋白1、前列腺素等因子被认为是中医学所言的“内毒”。

（三）毒邪病因病机的微生物学研究

微生物包括细菌、病毒、真菌、衣原体、支原体、螺旋体等生物群体。人体是微生物的天然宿主，但是，致病微生物的入侵、人体自身微生物群体的比例失调、细菌的移位、细菌释放的毒素入血等都会导致疾病。新型冠状病毒具有暴戾性、传染性、易兼夹六淫致病等特性，属于毒邪范畴。幽门螺杆菌相关性胃病因幽门螺杆菌具有传染性、致病性的特点，中医学也常将其归入外感毒邪-疠气范畴。溃疡性结肠炎的病因病机研究中，有学者提出真菌血症和内毒素血症是本病热毒炽盛的物质基础。毛德文教授提出“毒邪-毒浊”学说的现代致病机制可能为内毒素血症、微生态紊乱。由此可见，病原微生物及其产生的毒素也属于毒邪病因之一。

（四）毒邪病因病机的分子生物学研究

分子生物学的研究内容包括核酸的分子生物学研究、蛋白质的分子生物学研究及信号转导的分子生物学研究。核酸的分子生物学主要研究核酸的结构、功能，遗传信息的转录、翻译及基因表达的调控等。蛋白质的分子生物学主要研究蛋白质的结构和功能。信号转导的分子生物学主要研究细胞与细胞之间或者细胞内部分子之间的信号传导分子基础。核酸、蛋白、分子转导等基础研究已广泛应用于毒邪病因病机的研究，并取得了一定的研究成果。陆冰心等发现α-syn蛋白的错误折叠、异常聚集与进行性扩散与中医毒邪理论非常相似，α-syn对多巴胺神经元产生毒性作用，造成细胞凋亡，使得病情进行性加重，难以治疗。葛玉红认为恶性肿瘤的毒瘀与DNA损伤密切相关。

（五）其他

此外，从遗传学、表观遗传学等角度认识先天之毒、环境毒邪的本质及相关疾病的发病机制也是值得深入探究的领域。

二、毒邪的证型研究

中医认为毒邪多与其他病邪协同致病，且毒邪致病的疾病进程呈动态发展。因此，临床表现出来的证型往往复杂繁多，包括风毒证、湿毒证、热毒证、火毒证、血毒证、毒瘀交阻证等。辨析毒邪证型的本质区别，建立毒邪辨证的客观依据是毒邪证型研究的重点内容。目前，基础研究者试图采用病理指标、生化指标及免疫指标等客观数据为毒邪相关证型的辨析提供理论依据。

（一）病理指标与毒邪证型的相关性研究

常见的病理指标是采用病理切片和染色技术所观察的组织病理变化。病理指标通常用于疾病的诊断及药物治疗效果的评价。毒邪证型研究中病理诊断也可作为一项重要的参考指标。

（二）免疫指标与毒邪证型的相关性研究

免疫指标主要包括胸腺指数、脾指数等免疫器官、组织水平的指标，巨噬细胞、T淋巴细胞、B淋巴细胞等细胞水平的指标以及细胞因子、信号转导分子等分子水平上的指标。研究免疫指标与毒邪相关证型之间的关系，是揭示毒邪证型本质的又一重要研究方向。梁嘉琪通过实验研究发现，不稳定型心绞痛患者热毒血瘀证的表现与免疫细胞分泌的促炎/抗炎因子失衡存在联系。将解毒药物应用于毒邪相关证型，观察药物对免疫指标的影响，从而反证毒邪与免疫指标的关系也是研究毒邪证型的重要方法。

（三）生化指标与毒邪证型的相关研究

生化指标主要包括血糖、血脂、酶类、蛋白表达等检验肝脏、肾脏、胰腺等重要脏器功能的指标。通过观察某一疾病不同证型的生化指标表达情况，探究不同证型生化指标的表达差异，量化证型评定标准，有助于建立毒邪相关证型的客观诊断标准。目前，从生化指标的角度研究证型差异的研究已广泛应用于各种疾病，但是，关于毒邪证型的生化指标表达特异性研究不多见，病证结合归纳总结毒邪相关证型的生化特征也是毒邪证型研究的一个重要思路。

（四）组学指标与毒邪证型的相关性研究

组学是生物医学的一个分支。组学包括蛋白质组学、转录组学、代谢组学等，是从整体研究人体的蛋白质、基因等的表达情况。通过组学指标从整体状态研究毒邪证型与人体蛋白质、基因、代谢产物的整体表达情况，与中医的整体观念相契合。

1.转录组与毒邪证型的相关性研究 转录组学属于功能基因组学的分支。转录组是基因组在细胞内全部转录产物的总称，它反映了特定生理或病理状态下机体细胞所表达的基因种类和水平。转录组学测序应用于毒邪证型研究，则能从整体水平检测不同证型相关组织细胞内的基因表达情况。

2.蛋白组与毒邪证型的相关性研究 蛋白质组学是运用相关的技术研究特定条件下细胞或组织内蛋白质的组成、结构、分布、功能及相互作用的一门学科。蛋白质组具有多样性和动态性，与中医证型的动态变化具有相似之处。将蛋白质组学技术运用于毒邪证型的研究，则能反映相关证型状态下细胞内蛋白的表达、分布及功能状态。近年蛋白质组也被广泛应用于毒邪证型的研究。尚清华初步筛选到了冠心病稳定期患者“瘀毒”病机转变的分子标志物——KNG1和PRDX1，构建了基于“瘀毒致变”理论识别冠心病稳定期高危患者的模型，对于早期识别冠心病稳定期高危患者、提高冠心病的预防水平具有重要的意义。

3.代谢组与毒邪证型的相关研究 代谢组学是研究生命体受到环境因素、生理因素、病理因素或基因变异等因素影响后，表现出的各种代谢物的变化之规律。

采用代谢组学研究毒邪证型，并找出毒邪证型的代谢指纹图谱特征，建立毒邪证候的代谢组模型，是毒邪辨证客观化的重要依据。目前，陈维文等已将代谢组学技术应用于银屑病证型的相关研究，并提出不同的代谢状态可能是不同证型的本质之一。

（四）其他

胃肠镜检、影像学技术也逐渐应用于毒邪证型的相关研究。于浩元通过文献分析发现，不同毒邪导致的胃低级别上皮内瘤变在胃镜下的表现有所差异；然而目前还缺乏毒邪相关的胃黏膜镜像的评价标准。此外，铁死亡、外泌体等相关指标也有待应用于毒邪证型的相关研究。

三、毒邪的治疗药物研究

治疗毒邪的药物研究包括研究药物的有效成分、配伍规律、药理机制等。这些研究是充分认识药物的有效活性成分，开发新药的必要前提；也是了解药物的治疗靶点，提高临床疗效，指导临床用药的客观依据。

（一）药物成分研究

药物成分研究主要是研究单味解毒药物的有效活性成分或鉴定、筛选复方药的有效成分。药物成分研究涉及药物的成分分析，提取方法、分离方法及分子结构研究等。药物成分分析可采用高效液相色谱检测方法，本方法具有操作简便、灵敏度高、实用性强等特点。中药提取的方法又包括水提法、水提醇沉法、酶和复合酶提取法、超声提取法等。不同提取法所获得的提取物有效成分存在差异，如金银花是一种常用的清热解毒药，可以分别采用水、70%甲醇、70%乙醇和70%丙酮等不同类型的溶剂进行提取，提取物的酚酸含量和种类不同。研究表明，采用不同溶剂提取的金银花提取物均具有抗氧化活性，但是对自由基的清除能力是不同的。

临床根据用药需求采用不同的提取方法才能获得相应的有效成分。药物提取后通过进一步纯化获得一定纯度的有效成分。药物纯化的方法又包括超滤法、凝胶色谱法和离子交换柱层析法等。根据药物的理化性质选择不同的纯化方法，得到所需纯度，获取有效成分，再进行提取物的结构分析或生物活性研究。这是提高药物利用率，明确药物毒副作用，开发研究新药的基础研究与必要前提。随着现代药物研究技术的进步和革新，临床已涌现出一批毒邪治疗相关的中成药。喜炎平注射液系穿心莲中提取的穿心莲内酯经磺化制成的中药注射液，具有清热解毒功效，临床广泛用于治疗炎症性疾病。清血毒胶囊是根据刘巧教授的经验方，采用现代制药技术研制的胶囊制剂，现广泛应用于银屑病血毒证的治疗，并取得显著效果。

（二）复方配伍规律研究

中药复方采用君、臣、佐、使配伍用药。复方对机体产生作用的物质基础是中药的有效化学成分，而中药君、臣、佐、使配伍后的化学溶出成分并不是简单的单味药化学成分的相加。中药不同化学成分之间的配伍使用有增溶、助溶甚至产生新的超分子结构的作用。因此，中药的合理配伍应用能提高药效、减轻有毒药物的毒性。通过对川芎配伍雷公藤甲素经皮给药的解毒机制的研究发现，川芎主要成分可影响药物及酶代谢，并发挥抗氧化作用，改善雷公藤甲素导致的皮肤氧化损伤，其作用机制可能是调控机体内有毒物质含量和部分CYP450酶活性，调节过氧化氢酶（CAT）、谷胱甘肽（GSH）等靶基因活性，促进核因子E2相关因子2（Nrf2）合成，发挥抗氧化作用。

目前，随着分子对接技术、数据挖掘技术、网络药理分析方法的应用，不仅可以筛选出某一中药复方的有效成分与其可能作用的靶点，还可以统计出一类解毒复方中每一味解毒药物的应用频次，从而总结出药物的配伍规律。研究人员通过分子对接技术发现，活血药当归配伍解毒药金银花后的主要活性成分beta-谷甾醇、阿魏酸、芦丁、木犀草素、槲皮素与MAPK（-1、-3）、AKT1、PRKC（A、B）结合较好。毒邪具有顽固性，毒邪致病往往缠绵难愈。因此，研究毒邪治疗药物的配伍规则，标准化毒邪治疗药物的配伍应用，提高复方制剂的治疗效果对于毒邪治疗具有深远的意义。

（三）药理机制研究

毒邪治疗药物的机制研究是中药药理研究的一个重要方向，受到中医药研究人员的广泛关注。药理机制研究是明确药物的作用机制，提高药物疗效，改善药物剂型，认识药物不良反应的主要研究方法。药理研究包括临床药理研究和基础药理研究两个重要的部分。基础药理研究主要通过动物或细胞实验，观察药物的作用机制。

治疗毒邪的药物包括中药复方、中成药、单味药、中药提取物等，具有解毒、抗毒、排毒等功效，临床用于治疗肿瘤、心血管病、皮肤病等各种疾病。广大中医药研究人员紧扣现代基础医学的发展前沿，从细胞、基因、蛋白、能量代谢、菌群调控等多方面研究并阐释解毒、排毒、抗毒的现代药理机制。陈勇等研究发现，清热解毒类中药可通过抑制细胞增殖、诱导细胞凋亡、抑制血管新生、抑制转移能力等来协助抗癌。孙璐等通过体外实验发现，泻心汤、三黄虎杖汤、黄连解毒汤和清瘟败毒散4种清热解毒复方中草药体外具有不同程度的抑菌和抑制呼吸综合征病毒（Porcine reproductive and respiratory syndrome virus，PRRSV）的作用。钱彩云等通过实验研究发现，解毒类中药救必应配合败酱草可通过调控DNA甲基化和去甲基化平衡干预溃疡性结肠炎向癌变转化的进程。

近年，随着网络药理学研究的兴起，这一研究方法也逐渐应用于毒邪治疗药物的研究。网络药理学从系统生物学和生物网络平衡的角度阐释疾病的发生发展过程，从改善或恢复生物网络平衡的整体观角度认识药物与机体的相互作用并指导新药开发。它是从整体角度来系统地认识药物与治疗对象之间的分子关联。如李传鹏在研究栀子对缺血性脑卒中与出血性脑卒中的作用机制中，通过检索中药系统药理学数据库与分析平台（TCMSP）、中医药百科全书数据库（ETCM）、中药分子机制的生物信息学分析工具（BATMAN-TCM）以及中医药综合数据库（TCMID）收集相关药物的活性成分，运用TCMSP、STTICH、Swiss数据库进行靶点预测，从在线人类孟德尔遗传数据库（OMIM）、GeneCard数据库、DisGeNET数据库、TTD疾病数据库搜集所研究疾病的靶点，将二者取交集得到的靶标导入STRING平台进行蛋白质相互作用（PPI）网络分析，运用Cytoscape软件进行网络拓扑分析，同时运用DAVID软件对交集靶标进行基因本体论（GO）富集分析和京都基因组百科全书（KEGG）通路分析，最后利用分子对接技术验证药物有效成分与核心靶点的结合作用，从而预测栀子可能通过哪些靶点对缺血性脑卒中与出血性脑卒中发挥治疗效果。网络药理学的系统观念与中医的整体观念高度一致，因此，这种研究方法极其适合用于毒邪治疗药物对机体的作用机制及作用靶点的初步研究。

采用现代基础医学理论和技术手段，从中西医结合的角度明确毒邪的物质基础，诠释毒邪致病的发病机制，探究毒邪治疗药物的有效成分、配伍规律及药理机制。这是追本逐源，探求“毒邪”本质，指导临床毒邪相关疾病治疗，开发新的毒邪治疗药物的迫切需求。现有研究结果表明，病毒、细菌等微生物因素与中医“外毒”的致病特征相似，衰老细胞器及错误折叠蛋白等的异常蓄积、免疫细胞产生的致炎因子等的致病机制与中医“内毒”的致病机制高度吻合。目前，毒邪本质及致病机制从现代基础医学角度的诠释尚未形成共识。因此，毒邪本质及致病机制的基础研究还有待系统和深入的挖掘。刘巧教授认为，外感毒邪不局限于外感六淫过极，还有环境毒邪，饮食、药物毒邪，化妆品毒邪等。因此，毒邪的现代基础研究也应该与中医对毒邪的认识紧密结合，不断创新。高效液相色谱、分子对接和分子生物学等技术的发展为毒邪治疗药物的研究创造了良好条件，促进了毒邪治疗药物研究的飞速发展，并取得了客观的研究成果。毒邪研究是中医研究的一个重要组成部分，有待广大中医药研究者深入探究。

参考文献

[1] 廖文豪，牟钰，赵茂源，等.基于毒邪致病理论治疗肿瘤疾病的思考[J].中国中药杂志，2023，48(05)：1413-1419.

[2] 潘韦韦，金美英，李敏，等.基于“毒邪”理论的调控自噬对2型糖尿病的干预[J].中国老年学杂志，2020，40(05)：1091-1095.

[3] 周艳彩，孔晨帆，杨佳潞，等.基于痰瘀毒病机探讨细胞焦亡与酒精性肝病的关系[J].中医药学报，2022，50(05)：1-4.

[4] 赵昌林.$CD4^{+}CXCR5^{+}CD57^{+}T$细胞在肝癌发病中的作用及解毒抗癌方干预的研究[D].暨南大学，2015.

[5] 黄淑敏，王梓仪，张倩，等.基于“毒邪学说”探讨炎症在慢性心力衰竭发展中的作用[J].中国实验方剂学杂志，2022，28(18)：198-204.

[6] 芦瑞霞，朱晓星，张敏，等.毒邪学说与冠心病的证治探讨[J].中医杂志，2020，61(01)：27-30.

[7] 张凤芹，白光.幽门螺杆菌相关性胃病从“毒、郁”论治[J].辽宁中医杂志，2015，42(07)：1244-1245.

[8] 葛玉红，陈云志，吴大梅，等.恶性肿瘤的中医毒瘀病因病机与DNA损伤修复相关性研究[J].中国民族民间医药，2018，27(03)：1~3.

[9] 梁嘉琪.从促炎/抗炎平衡探讨“瘀毒”理论用于不稳定性心绞痛诊疗[D].北京中医药大学，2018.

[10] 尚青华，徐浩，史大卓，等.冠心病血瘀证“瘀毒”病机转变的蛋白质组学研究[J].中西医结合心脑血管病杂志，2021，19(22)：3825-3829.

[11] 陈维文.从血论治寻常型银屑病及血清代谢组学研究[D].北京中医药大学，2016.

[12] 于浩元，渠晴，刘冬梅.从“毒”论治萎缩性胃炎伴低级别上皮内瘤变中医药现代研究进展［J］.亚太传统医药，2022，18（09）：164-168.
[13] 王桂林，徐未芳，刘乐，等.金银花不同溶剂提取物多酚含量及抗氧化活性［J］.食品研究与开发，2020，41（05）：104-107.
[14] 沈倩.川芎配伍雷公藤甲素经皮给药解毒机理研究［D］.江西中医药大学，2022.

（胡丽霞）

第二节　临床研究

目前，毒邪发病学说已广泛应用于各类皮肤病的病因病机的阐释，并基于毒邪进行针对性治疗，取得了良好的疗效。

一、感染性皮肤病

（一）带状疱疹

带状疱疹是由水痘-带状疱疹病毒感染所引起的急性疱疹性皮肤病。中医称其为“大带”“甑带”“缠腰火丹”“蛇串疮”“蛇窠疮”“蜘蛛疮”等。既往古籍大多从“风毒”“热（火）毒”“湿毒”“染毒”等方面进行病因病机阐述，但现代医家普遍认为本病常为热（火）毒、湿毒、瘀毒三者联合所致。张作舟认为“热聚而成毒”是带状疱疹的核心病机，他提出本病多由五志化火，郁于肝经，蕴而成毒。在急性期多以湿热毒邪阻遏经络为主，木旺克土，在后遗神经痛阶段多以毒邪未尽、气虚血瘀为主，治疗常以解毒扶正法为主。而熊辅信教授认为本病主要与湿毒、火（热）毒密切相关。湿毒阻遏经络，气血不通，故灼热疼痛；毒热蕴于血分则发斑，湿热凝聚不得疏泄，故起红斑、水疱。治疗上从清热解毒、抗病毒、行气活血止痛三方面综合处方。刘友章也认为本病为湿热火毒合而致病。脾虚生内湿，复感湿热毒邪，内外之邪相合，日久化火，湿热火毒内蕴肝胆。治疗上常从湿热火毒着手，采用分期辨证施治的方法，但始终将清热除湿、凉血活血、泻火解毒之法贯穿于整个治疗过程之中。郑学军教授、孙惠红教授均认为湿毒、火（热）毒为本病的核心病机。此外，周宝宽教授认为带状疱疹多以病毒外毒内侵为主，病毒进入体内既可促生痰、瘀，也可转化为毒邪，而痰、瘀又可转化或促生毒邪的产生，故其治疗带状疱疹以湿、痰、瘀、郁、火、毒同治，解毒止痛为先。

（二）扁平疣

扁平疣是一种病毒性皮肤病，现代多认为其发病与毒邪密切相关。其中部分医家认为外感毒邪是其致病病机之一。如陈彤云教授认为扁平疣是由于气血失和、腠理不密致外感邪毒凝聚肌肤所致，故治疗以调和气血、解毒散瘀为原则。魏跃钢教授认为扁平疣发病内因情志不舒，致使气机不畅，瘀血内生，蕴于肌腠；复感风热毒邪，风热血燥；内外相合，发为本病。龚丽萍教授则认为本病为气阴不足，血虚生燥，又复感风湿热毒而发。另一部分医家认为火毒与本病密切相关。如程万里主任认为热邪日久，火炽化为毒邪，毒邪熏蒸皮肤，热毒结聚化为疣，故其治疗的重点在于清热解毒，毒邪得清，则扁平疣得治。雷正权教授认为湿热火毒蕴结、血虚血瘀是扁平疣发生发展的重要因素，治疗上以清泄排毒为原则。此外，还有部分医家认为本病与湿毒、瘀毒相关。如艾儒棣教授认为顽固性扁平疣的病机为湿盛毒聚、热瘀互结，治疗上常以祛湿解毒、清热活血为治疗大法。黄莺认为毒瘀蕴肤为本病病机，治疗上以清热解毒、活血化瘀为基本大法，常取得良好疗效。

（三）丹毒

丹毒之皮疹以红、肿、热、痛为特征，体现出一派火热之象，故临床大部分医家认为本病与火（热）毒邪密切相关。曹奕教授认为血热火毒是丹毒的关键病因病机，血热火毒，破血妄行，则见皮色红如丹；经络不通，不通则痛，则患处疼痛不适。张春海等亦认为外受火毒，热毒搏结，郁阻肌肤为丹毒发病的关键。黄尧洲教授认为热毒是丹毒的重要病因，但年龄、发病部位不同，毒邪亦略有差别，如小儿发生的丹毒常与胎火、胎毒相关，头面部丹毒是感受风热毒邪所致。此外，也有学者认为湿毒与丹毒密切相关，如崔公让教授认为湿邪毒蕴为下肢丹毒的根本病机，故治疗时以清热祛湿解毒为主。

（四）其他

除上述疾病外，毛囊炎、手足口病、疖、痈、足癣等感染性皮肤病均可从毒论治，如任立中等认为时令湿热邪毒为手足口病发病的关键病因，外感时令湿热邪毒，郁于肌肤腠理，热毒郁而为疹，湿气聚而成疱，故而发病。此外，毛囊炎、疖、疔、痈等常与热毒密切相关，治疗时，常采用清热解毒之法。由此可见，毒邪是感染性皮肤病的重要病因病机。

二、变态反应性皮肤病

（一）湿疹

湿疹属中医“湿疮”范畴，中医认为本病外因为外邪内侵肌肤，肌肤营养失和；内因多是血热和内湿，湿热相合，浸淫不休，溃败肌肤而生。部分医家认为本病与毒邪密切相关，湿热毒邪是本病的重要病因病机之一，如国医大师禤国维认为湿疹急性期、亚急性期中风湿热毒郁结是关键病机，临床常用皮肤解毒汤加减健脾解湿毒。牛阳教授亦认为饮食、气候因素造成风湿热邪久积体内、酝酿成毒而导致的气血壅遏是本病的病因病机，治疗常用祛风燥湿、清热解毒之法。另有医家认为热毒为本病发病关键，如刘鸿教授认为六淫之气太过或侵袭人体久留不去，往往郁而化热，积热成毒，故毒邪内盛是湿疹的主要病因病机，治疗应以清热解毒法贯穿始终。也有医家基于王好古之阴证论，认为湿疹与阴毒密切相关，如苏化等认为湿疹为“内已伏阴”，复外受寒邪，内外相引，迁延成阴毒，阴毒寒凝，脉络受损，气液失司，肌肤失荣而致，故临床常用升阳解毒之法，收效颇佳。此外，部分医家对特殊人群或慢性湿疹的毒邪致病有独特观点，如米建平认为各种致病因素，致使急性或亚急性湿疹毒邪蕴积，邪留不去，皮肤失养，毒邪郁闭而发为慢性湿疹，故其临床常以“新八髎穴”联合火针托毒透邪，疗效显著。王俊宏教授提出儿童湿疹以热毒为主者，治疗应以清热解毒为法，此外胎毒亦是儿童发病的关键因素，因此，解毒是治疗湿疹的重点。

（二）特应性皮炎

特应性皮炎属中医的“四弯风”“奶癣”“浸淫疮”等范畴，古代医学典籍中认为本病与胎毒密切相关。时至现今，大部分医家仍认为胎毒为本病重要的病因病机。陈达灿教授认为特应性皮炎根本病因为禀赋不耐，而胎毒遗热是发病的主要诱因。孙占学教授认为特应性皮炎急性期病机主要为患者素体禀赋不耐，内因脾失健运，湿邪内生，又因七情内伤，心火炽盛，在胎毒或风湿热邪等病邪作用下，湿热、血热郁结于肌肤而发病，其中胎毒为重要病因之一。此外，黄尧洲教授亦认为本病为胎毒内蕴，邪火扰心所致。

（三）神经性皮炎

神经性皮炎又名慢性单纯性苔藓，属中医“牛皮癣”“摄领疮”范畴。梁丽珠认为本病是由湿热毒侵袭所致。常风云教授认为神经性皮炎与火（热）毒密切相关，盖七情内伤，肝郁化火，引动心火，心火太过成毒，火（热）毒入营血而发病，治疗以祛风止痒为标，泻火解毒为本。王秀娟主任医师则认为本病与浊毒密切相关，忧思伤脾，湿热蕴蒸，酿成浊毒，壅盛于皮肤肌表，则成本病，临床以行气开郁、健脾利湿、清热化浊为法。此外，周仲瑛教授认为风湿热邪外侵，心肝郁火内伏是本病发生的重要病理基础，瘀热、湿热、风热搏结酿毒是该病的主要病机，治疗以凉血化瘀、利湿润燥、祛风解毒为法。

（四）荨麻疹

荨麻疹属中医“瘾疹”范畴，中医多认为本病为先天禀赋不耐，风邪乘虚侵袭所致；或胃肠积热，复感风邪等所致。部分医家认为本病与毒邪密切相关。周宝宽主任医师认为风毒与荨麻疹密切相关，且易兼夹寒、热、湿、燥之邪致病，治疗常从风毒论治，收效甚佳。禤国维教授认为除了风毒外，感染毒热之邪气是荨麻疹重要发病原因之一，治疗上常用皮肤解毒汤加减。此外，刘金艳等认为毒郁络脉是荨麻疹的核心病机，急性荨麻疹或因外感；或因七情内伤，气机不畅，胃肠积热；或因食物、环境等各种杂毒侵害，毒郁络脉，气血不通，气血津液失常，反凝聚为痰湿、血瘀，阻于络脉而发病。慢性荨麻疹则因久病正气亏损，毒邪入里，郁于脏腑阴络，毒瘀阻络，邪毒胶结，又可致毒损络脉。毒邪隐伏，正气受损，稍遇外因则内外合邪而发病，故反复发作，病情顽固。急、慢性荨麻疹均可从毒论治，以解毒通络为治疗大法。

（五）激素依赖性皮炎

激素依赖性皮炎是长期不规范外用糖皮质激素而出现的皮肤病，属中医“药毒”的范畴。现代医家认为本病与药毒、热毒密切相关。陈达灿教授认为糖皮质激素类制剂属于辛燥甘温之品，滥用或误用日久，药毒之邪滞留肌肤，助阳化热，日久则可出现热毒，故治疗上以解毒药贯穿始终。黄莺教授亦认为糖皮质激素药物长期使用易助阳化热，内伤火毒热邪与外感风邪合而为病，或毒邪日久留而不去，郁而发热，体内毒邪蕴蒸，客于肌表而发为本病。郭顺教授认为具有火热之性的药毒侵犯肌肤，日久热毒伤阴化燥，后期可有瘀象甚至寒象。

三、红斑鳞屑性皮肤病

（一）银屑病

银屑病辨治中对于“毒”邪的认识由来已久，但重视程度不够；直至近现代，银屑病之“毒邪致病”理论逐渐受到临床医师的广泛重视，但对于“毒邪”的认识还存在不同观点。

钟以泽教授认为外感风热与内生湿热之邪相合，血、热、毒搏结肌肤而发为本病，毒邪为其核心病机，治疗时解毒之法应贯穿整个病程。李富玉教授认为银屑病临床辨证时可见湿、热、毒、瘀之象相互兼杂，因此他在治疗时以清热解毒为主。以上医师均认为银屑病中存在“血分蕴毒”的病机，此处的“毒”常被认为是湿热之邪炽盛后酝酿成毒或血热郁久化毒。

郭健等通过对银屑病患者表皮的糠秕孢子菌的研究，认为银屑病可从“虫毒”立论。他们认为银屑病为风、湿、热等外邪与血分燥热搏结，日久化生为“虫毒”，以清热解毒、杀虫疗癣之药治疗亦可取得疗效。李佃贵教授认为，银屑病诸多内外因中浊、毒之邪最为重要；浊为湿之渐，其性似湿，各种因素导致浊邪蕴积，酿生成毒邪，浊毒伏于内而发于外。禤老对于“毒”阐述了自己的认识，他认为银屑病中的致病毒邪应泛指一切急骤而致病缠绵难愈、症状较重的病邪。以上医家对银屑病“毒邪”的性质、致病特点有部分认识。

刘巧教授认为“毒邪”是一种独立的致病因素，它广泛存在于自然六气、动植物、食药物之中，体质虚衰之时，毒邪就会侵袭机体，积于皮腠，导致肌表气血营卫失和、经脉闭塞。临床上皮肤病大多有缠绵难愈、经久难治等特点，因此刘巧教授认为皮肤病存在“毒邪致病”。无论是外来感受的食物毒、药物毒等“外毒”，还是机体内生的热毒、血毒等“内毒”，都能积聚于脏腑、皮腠，日久不解则发为皮肤病。“毒邪”常与他邪合而致病，临床表现出一派火热之象，且疾病特异性较强，病势凶猛，缠绵难愈，部分具有传染性，治疗上采用解毒、排毒、抗毒和以毒攻毒之法。银屑病早期病势急骤，后期缠绵，临床常表现出一派火热之象，这些征象与“毒邪发病”的特性相符，故银屑病存在“毒邪”致病的因素，在治疗时解毒之法应贯穿始终。

（二）扁平苔藓

扁平苔藓是一种皮肤和黏膜的慢性或亚急性炎症，皮肤扁平苔藓属于“紫癜风”范畴，口腔扁平苔藓属中医“口糜”“口疮”“口蕈”范畴。中医认为本病是由湿热毒邪侵淫腠理，深入营血，燔灼营阴；或素体阴虚血分伏热，又复感风湿热邪，风湿热与血热相搏，壅盛成毒，致使脉络受损，血溢脉外而成。而周宝宽主任医师认为皮肤扁平苔藓与风湿热毒及湿热火毒密切相关，或因腠理不密，风邪合湿热之邪侵袭肌肤，郁久化热成毒，形成风湿热毒证；或因情志失和，肝郁气滞，脾失健运，湿热火毒内生，肌肤失养而成。故治疗上常用解毒之法。而对于口腔扁平苔藓，陈国丰教授认为其和浊毒密切相关。浊毒是脏腑虚损，气血津液运化失调，病理因素堆积的产物。患者情志不畅，气机失调，一方面郁而化火，肝火循经上炎，口腔生疮；另一方面气机失调，气血津液失调，浊毒内生，而致病情发作。故临床亦可从毒论治。

（三）其他

除上述疾病外，多形红斑、玫瑰糠疹等红斑鳞屑性皮肤病亦可从毒论治，如禤国维教授认为火（热）毒邪与多形红斑发病密切相关，患者素体湿热内蕴，复感毒邪，热毒内蕴，燔灼营血，以致火毒炽盛，蕴结肌肤而发为本病，临床常用降火解热毒之法治疗。杨恩品教授认为血分热证为玫瑰糠疹的发病基础，邪气积聚日久，可化而为毒，血热毒盛为病情进展的关键，故治疗上亦常用清热解毒之法。

四、结缔组织疾病

（一）红斑狼疮

中医学根据临床症状的不同将红斑狼疮归属于“阴阳毒”“蝴蝶斑”“日晒疮”等范畴。大部分学者认为本病与虚、瘀、热、毒等密切相关。邹秀娟等认为系统性红斑狼疮发病过程中虚、瘀、毒三者并存，其中肾虚为本，热毒、瘀为标。金实教授认为本病病机关键为肾虚瘀毒，其中肾阴亏虚为发病之本，邪毒（火毒、热毒和瘀血）为发病之标，在补肾化毒的基础上分期论治、病证结合，同时注重固护脾胃，以获良效。杨仓良则指出外感风、寒、湿、热毒邪是引起本病的先决条件；禀赋不足及虚毒由生是本病的内因；痰瘀虚毒互致为患是本病的基本病机；临床表现可因毒邪的属性不同而有风、寒、湿、热、痰、瘀、虚毒之分；治疗主张采用祛毒、泄毒、解毒、制毒、搜毒、攻毒的疗法，同时强调扶正祛邪以提高机体自身解毒能力，以便抵御和消除毒邪，从而达到治愈疾病的目的。除上述理论外，蔡辉等以张仲景阴阳毒为理论基础，将致病病势凶猛、变化多端、凶险的邪毒称之为狼毒。他认为系统性红斑狼疮基本病机为狼毒痹阻血络，内侵脏腑，阴虚血热，虚实错杂。病位初起以血脉、筋骨、肌表为主，渐则内损脏腑，以心、肺、脾为主，晚期则与肝、肾、脑等多脏腑相关。

狼疮性肾炎多为系统性红斑狼疮迁延不愈，久病入络，肾络损伤，导致肾脏功能失调而成。莫成荣教授认为其病因病机主要以禀赋不足，五脏亏虚之虚毒为本，痰毒、瘀毒、湿毒、热毒阻滞三焦为标，毒、虚并存而导致机体阴阳失和，气血运行不畅及脏腑功能失调，久病终可及肾，致“毒损肾络”。翟文生等认为本病的发生以热邪为致病之诱因，毒邪为病情发展之基础，瘀血为病情演变之关键，故治疗上应以清热解毒、活血化瘀为基本治则。宋绍亮则认为狼疮性肾炎病性本虚标实，且病程长、难控制、易反复、预后差的临床特点符合伏毒的凶猛、顽固、难治、固结、杂乱的特点，因此他认为“正气亏虚，邪毒内伏”为本病基本病机，治疗上化毒之法需贯穿始终。

（二）干燥综合征

干燥综合征属于中医学“燥痹”范畴，目前普遍从津亏燥盛论治。然而本病起病隐袭，病情顽固，缠绵难愈，非燥邪能比，故也有较多学者从毒论治。康天伦等认为燥邪内侵化瘀为干燥综合征发病的关键；津亏为燥，血凝为瘀，燥邪入络成瘀，瘀久成毒，毒害脏腑，是使本病迁延难愈的关键。临证当从燥、瘀、毒论治，以化瘀为主，兼润燥、解毒，临床取得了较好疗效。胡荫奇教授认为本病当从毒、瘀、虚论治，以先天禀赋不足为之本，热毒为之始，痰瘀为之形，阴虚为之终。初期热毒侵袭，予以清热解毒之法；进展期痰瘀内生，予以活血化瘀、清热散结之法；终末期阴虚内燥，予以滋阴润燥之法。杨仓良则认为先天禀赋不足是本病发病的内在因素，外感毒邪是诱发本病之外因，痰瘀毒内生是导致本病发生及发展的病理基础，临床多用攻毒疗法进行治疗。此外，刘英教授认为本病起病隐匿、发病严重的病理特性及迁延难愈、愈发愈重、顽固难治的临床特性符合“伏毒”致病特点，故认为本病的病机关键为“正虚毒伏”。正虚邪扰，内外之邪搏结，产生热、燥、痰、瘀等病理产物，蓄积日久转酿燥毒、瘀毒，毒潜于清窍、经络及脏腑等处，痹阻津道，津血输布不畅又生燥、瘀，久之伏毒更加深重，津道损伤持续加重，致清窍失养，甚至伏毒内舍，损及脏腑。临床以“清燥解毒、化瘀祛毒、养阴益气”为治疗大法。李佃贵教授常从浊毒论治本病，他认为浊毒之邪壅遏胃脘，影响脾胃功能，导致气、血、津等物质受损，阴虚则滋润之物乏源，机体失养而发为本病。其以气滞、血瘀、津亏为标，浊毒致病为本，虚实夹杂。治疗上应治病求本、清其源头，以化浊解毒法为基本治疗法则，从化浊、理气、活血、清热解毒着手治疗。

（三）皮肌炎

皮肌炎属中医“肌痹”“痿证”范畴，其发病常与热毒密切相关。陆春玲认为皮肌炎急性发作期主要因风热毒邪从外而入，或外邪入里化热，热毒充斥脉络而发病，治疗上常予以清瘟败毒饮加减清热解毒、凉血通络。陈学荣教授认为本病早期多是外感湿热毒邪或毒热内生，使营卫运行受阻，郁久生热，气血运行不畅，筋脉肌肉失润而弛纵不收，成为痿证。陈丽莹亦认为伏热内蕴，或时邪侵袭，与伏热相合，热蕴成毒是皮肌炎重要的继发病理因素。此外，对于多发性肌炎的病因病机，王义军教授认为其发病早期也与热毒相关。本病初期多由各种因素导致卫外不固，感受热毒之邪而发病。热毒之邪阻滞经络，可致肌肉、关节疼痛；热毒之邪灼伤筋络，可见四肢肌肉无力；热毒之邪泛溢肌肤，则见颜面、肢体红色皮疹。

（四）硬皮病

硬皮病属“皮痹”范畴，毒邪与其密切相关。现代研究表明，其发病与瘀毒密切相关。艾儒棣教授认为体虚感邪，瘀毒阻络为本病主要病机，临床上善用活血之法祛除瘀毒。而秦松林等则认为痰湿、瘀血日久化生伏毒，进而导致脉络痹阻而发为硬皮病，治疗上活血化瘀解毒之法贯穿始终。

五、血管及血管周围炎性皮肤病

（一）过敏性紫癜

过敏性紫癜属中医“葡萄疫”“肌衄”“血证”等范畴，不论是过敏性紫癜，还是紫癜性肾炎，现代医家均认为其与毒邪密切相关。部分医家认为本病与风湿热毒密切相关，如徐进秀认为风湿热毒之邪损伤络脉，血溢脉外，阻塞脉络为本病病机，治疗上清热凉血解毒与活血化瘀并重。梁冰教授亦认为过敏性紫癜初期主要与温热毒邪密切相关，治疗上应以凉血解毒为主。部分医家则认为多种毒邪综合作用于机体而发病，如李晓强等认为“毒邪伤络”为本病发病的关键，其中毒邪包括气毒、杂毒、药毒、食毒等外毒，亦包括气、血、津、精、液等生命物质不能正常运行而产生的病理产物。此外，对于儿童过敏性紫癜而言，不仅包括热毒致病，亦有浊毒的影响。如冯晓纯教授认为该病患儿素体若虚，易生内毒，或为外毒所侵，正不胜邪，邪毒化热，毒热侵络，络伤血溢，则发本病。唐丽敏等则认为本病系脾胃本虚，感受浊毒之邪，迫血妄行，瘀阻络脉，血液外溢而致病，故治疗上常用化浊解毒之法。

紫癜性肾炎为过敏性紫癜累及肾脏的阶段，属中医的“尿血”“紫癜”“肌衄”及“水肿”范畴。多数学者认为“瘀”为本病的关键因素，如张君教授认为本病病因为湿、毒（热）、瘀、虚。其中，本虚为发病之本，湿、毒（热）、瘀为发病的重要外在因素。“瘀”贯穿于该病发生之始终，故治疗上活血化瘀法贯穿始终。而马晓燕教授认为除瘀毒外，肾虚毒蕴为其病机关键，热毒、湿毒、瘀毒常相兼并见，治疗当扶正解毒，虚实兼顾。除此之外，伏毒也被认为与本病发病密切相关。唐宽裕等认为邪毒内伏血分为本病根本病机，禀赋不足之体，每易因感受新邪，引动体内“伏毒”而发病。“伏毒”往往依附于热毒、瘀血两种病理因素而存在，贯穿于紫癜性肾炎发生发展的整个过程，临床常以祛毒护正、化解透托为治疗原则。而任献青教授则认为伏毒潜内，肾虚络瘀为本病核心病机。其中，伏毒包括风毒、热毒、湿毒等外感伏毒，也包括胎毒、瘀毒、虚毒等内伤伏毒；治疗应谨守病机，分期论治。

（二）白塞病

白塞病属中医学狐惑范畴，现代医家认为瘀毒、湿毒、火（热）毒与本病发病明确相关。陈旭等认为白塞病多由外感或内生湿热之邪，湿热壅盛，阻络成瘀，瘀久成毒，闭阻孙络而致病，治疗上常以活血化瘀、清热解毒为法。杨星哲亦认为瘀毒胶结为本病核心病机。马武开则认为除瘀毒之外，湿毒也是本病重要病机，各种原因导致的外感湿热之邪与内生湿热之邪相互影响，内蕴成毒，或上熏口眼诸窍，或流注关节经络，或下注二阴而发皮疹。周翠英教授亦认为本病多由外感湿热邪气，或热病后期，余热羁留，或脾虚湿浊内蕴，或阴虚内热、虚火扰动等致湿热毒邪内蕴而致病，临证常以清热解毒、活血化瘀为治疗大法。除上述毒邪外，火毒也是本病发病关键。宋欣伟教授认为本病皮疹一片火势燎原之象，为火毒之证候。其火毒形成或因肝肾之经，郁而化火；或因肝气乘脾，肝经湿热循经上炎；或因素体亏虚，肾阴不足，阴虚阳亢而致。故治疗时常以泻火解毒、引火归元为法。此外，部分医家认为除上述毒邪之外，虫毒亦是本病发病关键。艾儒棣教授认为湿热毒邪久滞化火，热胜则熏蒸周围之气血，气血被煎灼成脓，脓酿而成腐浊，又因感受风燥之邪化腐为虫毒，虫毒沿经络攻注，分蚀于上下，故发本病。

（三）其他

除上述疾病外，结节性红斑、变应性皮肤血管炎等血管及血管周围炎性皮肤病亦可从毒论治。结节性红斑属中医“瓜藤缠”范畴，现代医家认为本病与湿热火（热）毒密切相关。闫小宁教授认为本病毒邪源于脏腑蕴毒，或肝气郁结，或精伤肾水乏源，或饮食伤及脾胃，湿热火毒内蕴，诸邪相合，致使气血阴阳悖乱，热毒痰瘀互结而成本病。苏励教授认为各种因素导致的气阴亏虚为本病发病之本；外感风湿热毒，或内生湿热，两热相搏，经脉痹阻，热毒痰瘀互结，成为发病之标。热毒壅扰，耗气伤阴，故气阴两虚、毒瘀互结是结节性红斑的基本病机。对于变应性皮肤血管炎，陈彤云教授认为本病虚、瘀为本，湿毒、热毒、瘀毒为标，急性期以湿热火毒、瘀血阻络为主，缓解期以气虚血瘀、余毒未清为主，解毒之法贯穿始终。此外，奚九一教授认为变应性皮肤血管炎中痰、湿、热胶结入络成为络毒，络毒致病为本病的重要病机，治疗时需清解络热邪毒。

六、皮肤附属器疾病

（一）痤疮

痤疮在中医文献中记载的病名为“肺风粉刺”“面疮”“面皰”“暗疮”“酒刺”，俗称“青春痘”。目前普遍认为痤疮是因素体阳热偏盛，肺经蕴热，复感风邪，熏蒸于面；或过食辛辣肥甘厚味，助湿化热，湿热互结，上发于面；或脾气不足，湿浊内停，郁久化热，湿得热煎熬成痰而致病。目前多数医家认为痰、热、瘀、毒为本病基本病机，如周宝宽教授认为患者肺胃积热，久蕴不解，脾失健运，化湿生痰；久病气血运行不畅，形成血瘀；热、痰、瘀蓄久生毒及毒邪外侵，诸因上蒸颜面，肌肤失养，发为痤疮。因此治宜清肺化痰、解毒化瘀，肺、脾、胃同调，热、湿、痰、瘀、毒并治。此外，部分医家认为阳郁于上，阴盛于下，寒热错杂为本病发病病机。如王国华认为本病盖因肾阳亏虚，阴盛于下，而阳浮于上，头面部阳热之气较甚，阳郁玄府则更易迅速化火，阳郁日久热毒阻滞经络，生痰生瘀，痰热瘀结而成痤疮。故痤疮的形成以寒热错杂、下寒上热者居多，下焦阳虚是病本。治疗以寒温并用、温阳托毒为主；外治挑刺因势利导，引邪以出。

此外，也有医家认为浊毒与本病密切相关。杨倩教授认为现代人或因饮食不节，恣食肥甘厚腻之品，损伤脾胃致湿浊内生，日久化生浊毒；或因各种原因导致情志不畅，肝气不舒，日久肝郁克脾，脾失健运，致使浊毒内生；或因外受之环境毒、化学毒等邪气蕴结于体内日久而酿成浊毒。浊毒内生，循经外发于皮肤形成痤疮，以“化浊解毒”为治疗原则。

（二）玫瑰痤疮

玫瑰痤疮属中医“酒渣鼻”“酒齇鼻”等范畴，其发病主要与火（热）毒、痰瘀毒邪密切相关。李吉彦主任医师认为各种因素导致脾胃热盛，蕴久循经上犯肺部，脾肺热盛，热毒蕴肤，营血热盛，久病入络，致病情发作，临床常用清肺脾之热、泄毒凉血之法。除了热毒之外，痰瘀毒邪也是重要病机，特别是疾病后期。如周宝宽主任医师认为本病早期由肺胃积热上蒸，热郁生毒及外感毒邪，热毒蕴结肌肤而致；中期多因脾失健运，聚湿生痰，外感毒邪，痰湿毒蕴肌肤而致；日久生瘀生毒，毒瘀互结，凝结鼻部形成鼻赘。故治疗上解毒之法可贯穿始终。

七、色素性皮肤病

（一）黄褐斑

黄褐斑属中医“黧黑斑”范畴，现代医家多从瘀论治，但部分医家也从毒邪对本病理论进行了拓展。计光等认为“火斑”可致黄褐斑，其中面部感受光毒致的结聚火毒是火斑形成的重要病因，对于光毒所致的火毒，常以青蒿鳖甲汤清解光毒。周继刚主任医师认为毒邪是黄褐斑发病的重要因素。各种因素导致脏腑功能失调，气血津液运化失常，产生痰、湿、瘀等病理产物，日久成毒，外发皮肤而致病。其中毒邪包括风毒、寒毒、火（热）毒、湿毒、燥毒等外感毒邪，也包括瘀毒、痰毒等内生毒邪及药毒等。治疗时外毒一般采用解毒之法，内毒则要因势利导，给毒邪以出路。除上述毒邪外，王丽丽等认为黄褐斑病机为肝脾肾三脏功能失调，浊毒内生，阻碍经络气血运行，面部肌肤失养，浊毒郁蒸头面而发病。因此治疗上需注重化浊解毒，加入芳香化浊、利湿泄浊、清热解毒药物。此外，部分医家也将毒邪与西医学理论相结合，如秦天歌认为黄褐斑中存在氧化应激失衡，氧化应激的失衡会引起的代谢产物堆积，与中医理论之“络毒”高度一致。因此治疗中根据治法灵活选择清热、补虚、化瘀类中药，能够有效改善其氧化失衡及病理产物堆积，改善机体微环境氧化应激状态。

（二）白癜风

白癜风属中医“白驳风”范畴，中医学认为本病总由气血失和、脉络瘀阻所致。然而现代研究表明，毒邪与本病发病密切相关。李元文教授认为本病是由于内外毒邪损伤血络，导致气血、营卫失和，络脉失畅而发病。其中外毒包括环境、化妆品、药毒、食品添加剂等，内毒为肝气郁结甚，气郁所化之毒，故常从毒论治本病。刘水清等亦认为内外毒邪是白癜风发病的重要因素，与李元文教授不同的是对内毒的认识。刘水清等认为脏腑病理产物郁积均为内毒，包括肺失宣肃，蕴久而成之热毒；脾胃不运，痰湿停聚所化之痰湿毒；气滞血瘀日久而成之瘀毒等。除上述认识外，王莒生教授认为白癜风发病与络毒相关，各种因素导致的虚、瘀、毒交织痼结，阻滞于浮络、孙络、缠络，导致局部气血运行不畅，肌肤失养而发白斑。此外，王教授还认为白癜风患者皮损内能破坏人体黑素细胞的特异性细胞毒性T淋巴细胞等物质均可称为“毒”。

八、其他

除上述疾病外，结节性痒疹、瘙痒症等瘙痒性皮肤病，生殖器疱疹、淋病、艾滋病等性病都可从毒论治。瘙痒性皮肤病以瘙痒为主要症状，遍身发作，常发无定处，故常被认为与风毒、虫毒密切相关。如孙占学教授认为风毒与虫毒相结，导致气血运行不畅而成结节，日久不消，奇痒无比，故治疗上常解毒祛风散结。李萍教授亦认为结节性痒疹、老年性皮肤瘙痒症等瘙痒性皮肤病常由蕴湿日久、风毒凝聚所致，临床常用全虫方加减祛风解毒。而对于性病，大部分医家认为其发病与微生物毒、湿热毒邪密切相关。如牛德兴主任医师认为外感或内生湿热邪毒蕴于肝胆二经，下注于阴部而发为生殖器疱疹，此外，现代研究发现的HPV病毒亦属毒邪范畴，为致病之关键。

综上可见，毒邪作为重要的病因病机已广泛参与大量皮肤病性病的发病之中，对于其理论的研究取得了一定的成果，但仍存在理论系统不完善、临床研究相对较少等问题，这都亟待我辈皮肤科医师解决。

参考文献

[1] 郝淑贞，宋坪.张作舟教授从毒论治皮肤病初探[J].中国社区医师(综合版)，2007(23)：150.

[2] 梁家芬，李红毅，刘炽.禤国维教授解毒法治疗皮肤病经验浅析[J].环球中医药，2013，6(12)：926-928.
[3] 李美怡，刘鸿.刘鸿教授以毒论治湿疹经验总结[J].陕西中医药大学学报，2016，39(04)：36-38.
[4] 杨素清，谭杰军，闫景东，等.王玉玺教授从“毒”论治银屑病经验介绍[J].新中医，2013，45(01)：192-194.
[5] 杨仓良，王英.从毒论治系统性红斑狼疮[J].新中医，2009，41(11)：9-10+140.
[6] 马武开.白塞病从毒瘀论治探微[J].中国医药学报，2003(02)：100-102.
[7] 周宝宽，周探.从痰、瘀、毒论治面部皮肤病[J].中国民族民间医药，2012，21(03)：72-73.
[8] 王丽丽，朱胜君，张金虎.黄褐斑从浊毒论治浅析[J].四川中医，2012，30(10)：15-17.
[9] 聂晶，蔡玲玲，张历元，等.李元文从毒论治白癜风[J].中医临床研究，2020，12(03)：1-2+7.
[10] 李晓强，刘春援.从“毒邪伤络”探讨过敏性紫癜的病因病机[J].吉林中医药，2012，32(03)：222-223+239.
[11] 王义军.从虚热毒瘀论治多发性肌炎和皮肌炎探讨[J].中国中医基础医学杂志，2018，24(02)：274-275.
[12] 唐宽裕，于俊生.从伏毒论治过敏性紫癜性肾炎初探[J].中华中医药杂志，2013，28(06)：1779-1781.
[13] 周宝宽，周探.皮肌炎证治[J].辽宁中医药大学学报，2012，14(08)：33-34.
[14] 黄业坚，刘俊峰，陈达灿.陈达灿教授治疗特应性皮炎经验浅谈[J].中国中西医结合皮肤性病学杂志，2010，9(03)：165-166.
[15] 杨仓良.从毒论治干燥综合征探析[J].世界中医药，2013，8(04)：388-389.

(龚　坚)

第三节　研究展望

中医毒邪学说从早期医学古籍里面对于单一毒邪的浅显认识，到后期对毒邪性质、致病特点的较深认识，再到现代社会毒邪发病学说的建立，经历几千年的发展，经过了众多医家不断探索、实践与总结，现今虽然已经基本形成，但仍存在一些问题，具体如下。

第一，毒邪定义不统一。毒邪从古就有，但由于医家、学者立足的视隅不同，对于毒邪的论解也有不同，尚无统一定论。崔文成将程度加深的邪气称为毒邪，认为该邪能引起机体严重的气血阴阳失衡，且具备一定的特点或症状。张杰等亦认为外感之病，邪气亢盛而病情危重时才可称毒；内伤之病，湿邪和瘀血长期蕴结郁积到一定程度，引起机体脏器功能严重损伤或衰竭，出现全身中毒症状时才称为毒邪。而王永炎院士认为，毒邪是机体脏腑、气血功能紊乱，有害物质外排不及、长期蕴积的产物，强调邪气盛极、损伤形体后化毒。姜良铎等也将一切人体不需要、有害于健康的物质称之为毒邪。张蕾等明确指出毒邪是一类致病猛烈，能引起机体功能严重失调，而产生剧烈反应和特殊症状的致病因素。同时毒邪亦有内毒、外毒之分，由外而来，侵袭机体，造成毒害的病邪均为外毒；由内而生，导致气血失调、脏腑功能紊乱的病邪均为内毒。由此可见，近现代医家多从疾病的性质、演变、转归等方面对毒邪进行定义，但未形成统一的定义，这对于临床毒邪的推广应用造成了阻碍。

第二，部分毒邪病因、性质界定模糊。《金匮要略心典》言："毒，邪气蕴结不解之谓。"《古书医言》曰："邪盛谓之毒。"提示邪气蕴结日久可化为毒。因此不管是外感风、寒、暑、湿、燥、火等六淫邪气，还是内生痰、湿、瘀等病理产物，都能化生毒邪。但这些六淫邪气、病理产物等病因与它们化生的毒邪病因在概念、性质界定上没有清楚的界限，这对于临床毒邪的诊断造成一定的困扰。

第三，大部分毒邪中医症状描述较为模糊。中医学历经数千年时间，建立起较为完善的理论体系，其中基于病因对应的中医症状描述是临床诊断的重要环节。而"毒邪致病"的体系建立时间较短，对于大部分毒邪的中医症状描述较为模糊，如热毒证、湿热毒证的临床症状主要表现为什么，与热证、湿热证之症状的区别是什么等。尽管目前有学者对于毒邪致病之中医症状进行探讨，但未形成较为统一且完善的观点。

第四，毒邪临床特征不统一。关于毒邪的特性所论众多。刘更生认为毒邪致病具有猛烈性、火热性、善变性、易攻脏腑、易生疮疡等特点。赵智强认为毒邪致病具有暴戾性、依附性、内损性、多发性、顽固性的发病学特点及凶险、怪异、繁杂、难治的证候特征。张允岭等认为中医毒邪具有兼夹性、暴戾性、酷烈性、秽浊性、从化性、正损性、损络性、多发性。王玉玺教授认为毒邪在临床上具有暴戾性、顽固性、多发性、兼夹性、火热性、传染性。由此可见，诸位医家、学者对于毒邪致病特征均有不同的认识，但总体而言，目前较为公认的是毒邪致病具有火热性、猛烈性、顽固性、传染性、特异性、依附性六大特征，而对于其他的特性是否能广泛表现于所有疾病中，则需要我们现代医家进一步探讨。

第五，毒邪发病的传变体系不完善。不同病因作用人体都有相应的传变规律，如温病的三焦或卫气营血传变、伤寒的六经传变。毒邪致病应有其传变规律。敖海清等认为毒邪致病后在体内可经气、血、精三个阶段由浅入深进行传变，同时根据毒邪性质、强度及患者体质等因素，毒邪亦可能直接进入“血”或“精”，或出现气血、精血、气血精同病的状态。章新亮将外毒传变规律归纳为但表不里、但里不表、表里分传、毒邪逆传4种形式。上述学者的研究虽对毒邪发病的传变体系进行了创造性总结，但仍存在传变体系不完善的缺陷。

第六，毒邪与西医学关联性认知不统一。西医学的发展，加深了对疾病的认识，拓展了毒邪的范围，出现了脂毒、糖毒、环境毒、辐射毒等概念。这些毒邪概念的出现从一定程度上对部分疾病中医病因病机进行了解释，但这些毒邪的出现也对中医提出了更高的要求，那就是如何用中医的理论体系去阐述西医学的内涵。此外，结合西医学，毒邪具备生物学基础，但部分学者试图将微观的病理产物与中医的内生毒邪相联系，这也对中医理论提出了挑战。

第七，同类疾病共性病机有待深入研究。中医历来认同“异病同治”，从目前中医病因病机研究现状来看，很多疾病同时存在着相同的“毒邪”病因病机变化，存在着类似的病机演变规律，尤其是同一系统内疾病，如在肿瘤的癌毒、肾系疾病中的浊毒等。类似的病机演变规律为共性病机研究提供了基础，通过对同一系统内疾病共性病机的研究，加强对此类疾病的诊治。

毒邪发病学说仍存在一些问题，这些问题对我们今后的发展方向具有一定的启示作用。一方面，从定义、理、法、方、药入手，进一步完善毒邪发病学说的理论体系，只有完善的理论体系，才能更好地应用于临床诊疗活动中。另一方面，基于毒邪发病学说理论体系，进一步完善毒病类疾病及其辨证论治的研究。从汉代到近现代，从《金匮要略》到《医学衷中参西录》，中医医学古籍记载了众多毒病种类；时至现代，临床毒病种类仍不断增多，但对于其种类及毒邪辨治体系仍有不足。因此，完善毒病类疾病及其辨证论治的研究有助于构建“病-证-症”的体系。第三，加强毒邪发病学说临床及基础研究。通过临床研究，探讨毒邪发病学说临床疗效，印证理论体系的合理性；通过基础研究，创立毒邪发病学说中医病机与治疗机制之间的桥梁，同时为临床治疗提供基础。

西医学对疾病的认识不断进展，中医理论与西医学之间的碰撞，将产生更多的问题，这些问题应用中医学理论去认识、分析、解决，去思考和探索。毒邪发病学说虽有诸多问题，但其因临床实际的需要而表现出强大的生命力。要规范毒邪学说的发展，明确毒邪的概念，归纳总结毒邪致病特征，坚持整体观念，辨证论治，从本质上把握疾病的病因病机，进一步完善中医学毒邪的理论体系，才能更好地用于指导临床。

参考文献

[1] 姜良铎，焦扬，王蕾.从毒论理，从通论治，以调求平[J].中医杂志，2006，47(3)：169-171.

[2] 崔文成.毒邪病因论[J].中医药通报，2008，7(5)：25-28.

[3] 张杰，尹艳艳，王芝兰.中医毒邪辨析[J].中医药信息，2007，24(2)：1-2.

[4] 张蕾，刘更生.毒邪概念辨析[J].中国中医基础医学杂志，2003，9(7)：7-8.

[5] 王倩，陈文强，黄小波.中医学“毒”的研究概况[J].北京中医药，2017，36(8)：756-760.

[6] 王雪可，崔应麟.毒邪学说研究概述[J].中国医药导报，2021，18(01)：136-139.

[7] 张翌蕾，崔应麟.毒邪学说研究进展[J].中华中医药杂志，2020，35(10)：5074-5076.

[8] 杨仓良，杨佳睿，杨涛硕.中医毒邪学说的形成与发展[J].新中医，2020，52(10)：9-13.

[9] 钟霞，焦华琛，李运伦，等.毒邪实质刍议[J].辽宁中医药大学学报，2020，22(05)：88-91.

[10] 张辛欣，焦华琛，李运伦.毒邪实质刍议[J].陕西中医，2019，40(04)：511-514.

[11] 屈静，邹忆怀，支楠.毒邪学说的现代研究进展[J].中国中医急症，2012，21(10)：1629-1631.

[12] 田财军.毒邪学说的现状分析与展望[J].河北中医，2008(07)：748-749.

[13] 敖海清，朱艳芳.“毒邪”的内涵及其致病特点[J].山东中医杂志，2008(01)：5-6.

[14] 赵智强.略论毒邪的致病特点、界定与治疗[J].南京中医药大学学报，2003(02)：73-75.

[15] 刘更生.论毒邪[J].山东中医学院学报，1989(01)：3-5+71.

（严张仁　龚　坚）

附录

根据毒邪发病学说研发的中药制剂介绍

1.枇杷清痤胶囊

【**国家发明专利号**】ZL201110257565.4

【**批准文号**】琼药制字Z20100002

【**药物组成**】枇杷叶、槐花、桑白皮、黄芩、生石膏、知母、生地黄、金银花。

【**功效**】祛风，清热，解毒。

【**适应证**】适用于痤疮、脂溢性皮炎、酒渣鼻等。中医辨证：肺胃热盛所致的粉刺、油风、酒皶；症见颜面、胸背丘疹、粉刺、皮肤红赤，或伴脓头、硬结、鼻赤等。

【**用法用量**】口服，一次4粒，一日3次。

【**不良反应**】本品耐受性良好，不良反应轻微，常见不良反应有恶心、胃脘胀痛。

【**禁忌**】对本品及其辅料过敏者禁用。孕妇及哺乳期女性忌用。

【**方义简释**】方中枇杷叶味苦，微寒，归肺、胃经，苦能泄降，微寒清润，既能清肺之热，又降肺胃之气；黄芩性味苦寒，清热燥湿，泻火解毒；桑白皮甘寒清利，专入肺经，既泄肺中之热邪，又行肺中之痰水。三药合用，能清解肺中风热，清除胃中实火，故共为君药。石膏生用辛甘大寒，入肺、胃经，主以清泄，兼以透表，善清泄气分实热和肺胃实火；知母甘寒质润，归肺、胃、肾经，清热泻火，滋阴润燥。生石膏、知母相须为用，清气分热盛，除肺胃实火，清热而不留邪，祛邪而不伤正。生地黄甘润苦泄寒清，清热凉血；生槐花质轻清泄，凉血解毒；金银花甘寒清泄，清热解毒，共为臣药。全方配伍具有祛风、清热、解毒之功效，使肺胃火热得消，皮肤痤疮得除。同时对脂溢性皮炎、酒渣鼻等也有较好的疗效。

2.清热毒胶囊

【**国家发明专利号**】ZL201110257644.5

【**批准文号**】琼药制字Z20100011

【**药物组成**】金银花、野菊花、黄芩、紫花地丁、黄连、蒲公英、栀子、重楼。

【**功效**】清热解毒。

【**适应证**】适用于疔疮疖肿、银屑病、接触性皮炎、虫咬皮炎等证属热毒者。中医辨证：热毒蕴结肌肤所致的疔疮疖肿，症见局部红肿热痛；或毒邪在卫分气分所致的红斑鲜艳或淡红，皮肤灼热，或肿胀，或化脓等症。

【**用法用量**】口服，一次4粒，一日3次。

【**不良反应**】本品耐受性良好，不良反应轻微，常见不良反应有恶心、胃脘胀痛。

【**禁忌**】对本品及其辅料过敏者禁用。孕妇及哺乳期女性忌用。

【**方义简释**】方中金银花甘寒清泄、轻芳疏透，善解肌表之风热，并清解热毒消肿，为君药。配大苦大寒之黄连泻心火以解毒，因心主神明，火主于心，泻火必先泻心，心火宁则诸经之火自降，并且兼泻中焦之火；佐以野菊花、蒲公英清热解毒，紫花地丁、重楼解毒攻毒，黄芩、栀子泻火解毒。全方配伍，火邪得去，热毒得解，诸症可愈。

3.清湿毒胶囊

【**国家发明专利号**】ZL201110257640.7

【**批准文号**】琼药制字Z20100001

【**药物组成**】茵陈、土茯苓、苍术、黄柏、鱼腥草、车前子等。

【**功效**】利湿解毒。

【**适应证**】适用于淋病、湿疣、疱疹、阴道炎、尿道炎、前列腺炎等证属湿毒者。中医辨证：湿毒内生所致的红斑、丘疹、水疱、糜烂流滋、结痂等；或表现为尿急、尿痛、尿频、尿中流白浊，或睾丸肿痛、少腹胀痛等的性传播疾病。

【**用法用量**】口服，一次4粒，一日3次。

【**不良反应**】本品耐受性良好，不良反应轻微，常见不良反应有恶心、胃脘胀痛。

【**禁忌**】对本品及其辅料过敏者禁用。孕妇及哺乳期女性忌用。

【**方义简释**】方中土茯苓甘淡渗利，性平偏凉，入肝、胃经，功能解毒除湿、通利关节，为治湿浊下注及湿疮湿疹之佳品；茵陈苦微寒而清利，入脾、胃、肝、胆经，善清热利湿。二者共为君药，清热解毒利湿。黄柏苦燥性寒，善清热燥湿，尤善清利下焦湿热；车前子性味甘、寒，归肾、肝、肺经，既利水清热而通淋，治下焦湿热及水肿兼热，又利小便、分清浊而止泻，治暑湿水泄；鱼腥草质轻辛散、微寒清解，既清解透达，善清热解毒，又兼通利，能利尿通淋。三者共为臣药，辅助君药清热解毒利湿。苍术为佐使药，性味辛、苦、温，归脾、胃经，功能燥湿健脾、祛风湿，可佐助主药燥湿。全方配伍，苦寒清燥，共奏利湿解毒之功。故治下肢湿疹、丹毒、丘疹性荨麻疹、足癣感染、脓疱疮、淋病、梅毒、尖锐湿疣、非淋菌性尿道炎（宫颈炎）、生殖器疱疹、慢性前列腺炎等证属湿毒者。

4.清血毒胶囊

【国家发明专利号】ZL201110257612.5

【批准文号】琼药制字Z20100020

【药物组成】生地黄、紫草、羚羊角、全蝎、蜈蚣、土茯苓等。

【功效】凉血解毒。

【适应证】适用于银屑病、药疹、荨麻疹、神经性皮炎、多形红斑等证属血毒者。中医辨证：毒邪入营血分所致的皮肤红斑、紫红，或有瘀斑、紫癜，或全身潮红和大片鳞屑，皮肤灼热，自觉瘙痒或疼痛或麻木等症。

【用法用量】口服，一次4粒，一日3次。

【不良反应】本品耐受性良好，不良反应轻微，常见不良反应有恶心、胃脘胀痛。

【禁忌】对本品及其辅料过敏者禁用。孕妇及哺乳期女性忌用。

【方义简释】方中羚羊角咸、寒，归心、肝二经，咸能入血，寒以胜热，故能气血两清，清热凉血散血，泻火解毒，为君药。全蝎、蜈蚣攻毒解毒，搜风通络止痛；紫草甘咸入血，性寒能清，善清热凉血活血、解毒透疹，使热毒从内而解，三者共为臣药。生地黄苦寒清泄，味甘质润，善清解营血分之热；土茯苓甘淡渗利，性平偏凉，功能解毒利湿。两药合用，凉血化瘀，消斑解毒，清热止痒，故共为佐药。全方配伍，共奏凉血解毒之功。故治银屑病、红皮病、系统性红斑狼疮、皮肌炎、天疱疮的急性期、药物性皮炎、结节性红斑、血管炎等证属血毒者。

5.祛斑胶囊

【国家发明专利号】ZL201110257544.2

【批准文号】琼药制字Z20100021

【药物组成】玄参、蒺藜、白术、香附、白芷、白芍、当归、僵蚕、生地黄等。

【功效】活血化瘀，凉血消斑，疏肝理气，健补脾胃。

【适应证】适用于面部黄褐斑、色素沉着等。中医辨证：用于气滞血瘀，或肝郁气滞，或脾虚血弱，或肾水不足引起的面部黄褐斑。

【用法用量】口服，一次4粒，一日3次。

【不良反应】本品耐受性良好，不良反应轻微，常见不良反应有恶心、胃脘胀痛。

【禁忌】对本品及其辅料过敏者禁用。孕妇及哺乳期女性忌用。

【方义简释】方中当归甘温补润，辛散温通，归肝、心、脾经，善补血活血、调经止痛、润肠通便，并有排脓生肌、祛暗增白、润泽肌肤之功用。现代药理研究显示当归有抗氧化及清除自由基，延缓衰老，提高全身代谢作用。生地黄甘润苦泄寒清，归心、肝、肾经，有清热凉血、养阴生津、驻颜润肤、乌须黑发之功用。白芍酸收甘补微寒，善养血调经、敛阴止汗。白芷辛香温散，有祛风除湿、解毒消肿、通窍止痛、止痒、生肌润泽、去暗白面、除臭香身、洁齿香口、洁发泽发之功用。香附辛散苦降，微甘能和，平而不偏，有疏肝理气、调经止痛之功用。僵蚕性味咸、辛、平，归肝、肺经，有祛风止痛、止痒、祛暗增白、灭瘢痕、解毒散结、化痰软坚、息风止痉之功用。白术甘温苦燥，归脾、胃经，有健脾益气、燥湿利水、止汗、驻颜去暗之功用。蒺藜性味辛、苦、微温，有小毒，专入肝经，有平肝疏肝、祛风明目、解毒止痒之功用。诸药合用，既能疏肝理气、补血活血、化瘀消斑，又有健脾益气、滋阴补肾、养血祛风化斑、去痕白面、润肤驻颜之功效。

6.首乌养真胶囊

【国家发明专利号】Z1201110257590.2

【批准文号】琼药制字Z20100012

【药物组成】制首乌、木瓜、白芍、羌活、蒺藜、天麻、当归、川芎、菟丝子等。

【功效】补肝益肾，养血滋阴。

【适应证】适用于各型脱发、白癜风、头发早白、头发枯黄等证属肝肾阴血不足者。中医辨证：用于肝肾不足所致的脱发，症见毛发松动或呈稀疏状脱落、毛发干燥或油腻、头皮瘙痒；斑秃、全秃、脂溢性脱发与病后、产后脱发见上述证候者；或肝肾阴亏、真阴不足所致的白癜风，症见白斑色乳白、多呈对称、边界清楚，病程较久。

【用法用量】口服，一次4粒，一日3次。

【不良反应】本品耐受性良好，不良反应轻微，常见不良反应有恶心、胃脘胀痛、腹泻。

【禁忌】对本品及其辅料过敏者禁用。孕妇及哺乳期女性忌用。

【方义简释】方中制首乌甘补微温，善补肝肾、益精血、乌须发、解毒通便，为君药。当归、白芍、川芎取四君之意，功能补血、活血、养阴；菟丝子辛润甘补，药性平和，能平补阴阳、补肾益精、养肝柔肝，共为臣药。天麻甘缓不峻，性平不偏，专入肝经，善息风止痉、平抑肝阳、祛风通络；蒺藜苦泄辛散，解肝风之毒，共为佐药。木瓜舒经活络，和胃化湿；羌活辛温苦燥，祛风胜湿。二药均能引经上行，故共为使药。全方配伍，共奏补肝益肾、养血滋阴之功，且能祛风化湿、舒经活络。

7. 寒冰止痒散

【批准文号】琼药制字Z20100003

【药物组成】寒水石、冰片、滑石粉等。

【功效】清凉，止痒，除湿。

【适应证】适用于痱子、湿疹、皮炎的红斑丘疹期以及其他瘙痒性皮肤病。中医辨证：暑热所致的红斑、丘疹、渗出、刺痛、瘙痒等症。

【用法用量】外用，取适量撒布于患处，一日2~3次，或遵医嘱。

【不良反应】本品不良反应轻微。外用偶有皮肤过敏现象。

【禁忌】对本品及其辅料过敏者禁用。孕妇慎用。

【方义简释】本方根据赵炳南验方研发而成。南寒水石为芒硝的天然结晶，性味辛、咸、寒，归心、胃、肾经，功效为清热泻火。冰片辛香走窜，微寒清泄，入心、脾、肺经，外用清热止痛、消肿生肌，为治疗热毒肿痛之良药。滑石粉甘淡性寒，入膀胱与胃经，外用能清热、收湿敛疮，且有润滑作用。三药合用，具有清热解暑、清热泻火、消肿止痛等多种功效。

8. 艾大洗剂

【批准文号】琼制备字Z20210001000

【药物组成】艾叶、大黄、千里光、苦参、地肤子、白鲜皮、马齿苋、防风等。

【功效】清热燥湿，利湿，祛风止痒。

【适应证】本方具有清热燥湿利湿、祛风止痒之功，主要用于治疗湿热浸淫、湿重于热型急性湿疹、特应性皮炎。皮损症见皮损潮红，水疱、糜烂渗出明显，边界弥漫。本方也可用于接触性皮炎糜烂渗出明显者。

【用法用量】先熏后洗或者湿敷，每日2次。

【不良反应】外用偶有皮肤过敏现象。

【禁忌】禁用过热之水烫洗患处。皮肤破溃者慎用。

【方义简释】艾叶辛苦性温，有逐寒湿、理气血、温经止血、安胎之功，《本草纲目》云："温中，逐冷，除湿。"大黄又名将军，性味苦寒，用以清湿热、凉血祛瘀。千里光，苦辛性寒，清热解毒，《本草纲目》曰："主疫气结黄，瘴疟，蛊毒，煮服之，取吐下，亦捣敷蛇犬咬。"苦参清热燥湿，祛风杀虫。地肤子清热利湿，祛风止痒。白鲜皮，能清热燥湿、祛风止痒、解毒，《药性论》云："治一切热毒风，恶风，风疮，疥癣赤烂，眉发脱脆，皮肌急，壮热恶寒。"马齿苋，性味酸寒，归大肠、肝经，有清热解毒、凉血消肿的作用。防风祛风止痒。全方共奏清热燥湿利湿、祛风止痒之功。

9.苍肤洗剂

【批准文号】琼制备字Z20190001000

【药物组成】苍耳子、地肤子、大黄、苦参、土茯苓、白鲜皮、黄精、黄柏等。

【功效】祛风燥湿，杀虫止痒。

【适应证】本方祛风燥湿、杀虫止痒，用于病程日久，缠绵不愈，瘙痒明显，皮损粗糙肥厚或苔藓样变、表面脱屑者，如鳞屑角化型手足癣、体癣、股癣、慢性湿疹等。

【用法用量】待微温后，浸泡外洗20分钟，再用清水冲干净，每日1~2次。

【不良反应】外用偶有皮肤过敏现象。

【禁忌】禁用过热之水烫洗患处。

【方义简释】苍耳子散风寒，通鼻窍，祛风湿，止痒。地肤子清热利湿，祛风止痒。大黄清湿热，凉血祛瘀。现代研究表明大黄煎剂及水、醇、醚提取物在体外对许兰黄癣菌及蒙古变种、同心性毛癣菌等有较高的抑制作用。苦参清热燥湿，祛风杀虫。苦参提取物可减轻二硝基氯苯诱发的变应性接触性皮炎反应，抑制肥大细胞、组胺释放。土茯苓甘淡性平，具有清热除湿、泄浊解毒、通利关节之功，

《本草纲目》记载：“治拘挛骨痛，恶疮痈肿。解汞粉、银朱毒。”白鲜皮能清热燥湿、祛风止痒解毒，《药性论》云：“治一切热毒风，恶风，风疮，疥癣赤烂，眉发脱脆，皮肌急，壮热恶寒。”黄柏苦寒，清热燥湿，泻火解毒。黄柏煎剂对各种致病真菌均有抑制作用。黄精具有养阴润肺、补脾益气、补肾填精之功，《吉林中草药》云：“治脚癣，虫病。”刘巧教授用苍肤洗剂治疗脱屑明显、少许水疱的手足癣、股癣、体癣，临床疗效显著。

（龚　坚　孙冷冰）